品質管理

現代化觀念與實務應用

第六版

鄭春生 著

Quality Management
Contemporary Concepts and Practical Applications

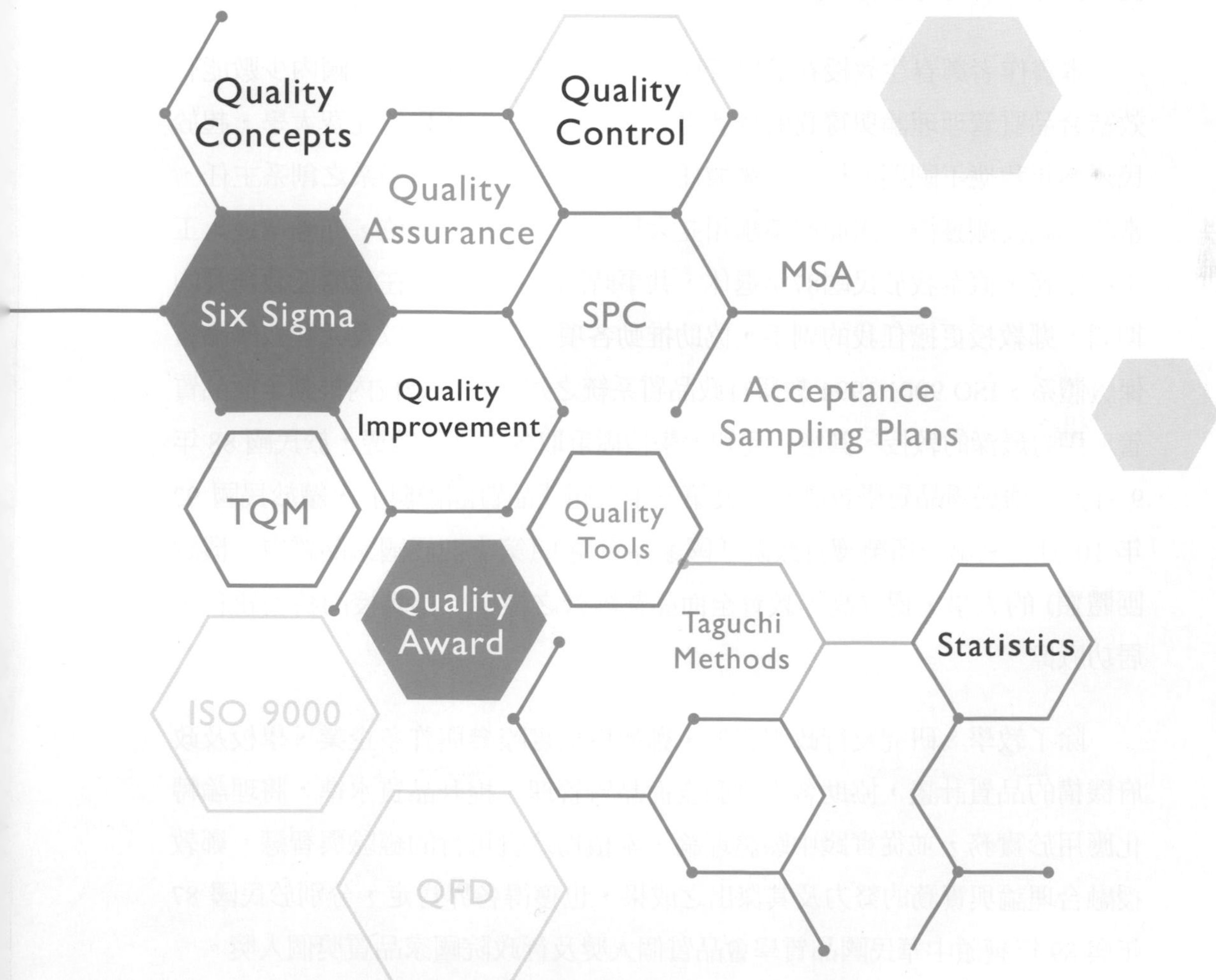

推薦序

近年來由於新興國家相繼崛起與壯大，在全球化競爭日益遽增下，台灣產業面臨了空前嚴峻的挑戰。要提升臺灣的產業競爭力，除了需不斷創新以提高產品及服務的附加價值外，更應持續強化及提升國際市場對「Made in Taiwan」的品質信心。

要確保與提升商品品質，則需仰賴系統化的全面品質管理制度之落實實施，以及受過良好品質管理教育的成員，包括執行品質工作的員工、推動品質制度的管理師或工程師，以及營造品質意識與文化的領導者。除此之外，當然還需要以品質管理爲未來志業的莘莘學子，以及在品質領域孜孜矻矻地從事教育與研究的學者，持續不斷地注入新血與新知。

本書作者鄭春生教授在品質管理領域浸淫逾二十寒暑，爲國內少數能有效結合品質管理理論與實務的學者之一。我和鄭教授相識於元智大學，起於民國78年我應王國明前校長之邀擔任元智工學院工業工程學系之創系主任，當時鄭教授剛獲得美國亞歷桑那州立大學工業工程博士學位，亦應邀進入工工系服務，直至我於民國87年退休，共事時間長達十年。在我擔任教務長的期間，鄭教授更擔任我的副手，協助推動各項教務工作，以及元智教學品質保證體系、ISO 9001:1994 教學行政品質系統之建立等，是校內推動全面品質管理用力最深的教授。其後，元智大學積極爭取各項品質榮譽，於民國 88 年 9 月獲中華民國品質學會評定頒發第三十五屆「品質團體獎」，續於民國 92 年 10 月成爲第一所榮獲行政院「國家品質獎」(第十四屆國家品質獎－機關團體類) 的大學，樹立高等教育全面品質經營之標竿。鄭教授的持續耕耘，居功厥偉。

除了教學、研究及行政服務外，鄭教授更實際參與許多企業、學校及政府機構的品質計畫，協助各界推動全面品質管理、提升品質水準，將理論轉化應用於實務，並從實踐中驗證理論，累積爲珍貴可行的經驗與智慧。鄭教授融合理論與實務的努力及其傑出之成果，也獲得各界肯定，分別於民國 87 年與 89 年獲頒中華民國品質學會品質個人獎及行政院國家品質獎個人獎。

Foreword

鄭教授的著書，與他的教學一樣，有完整流暢的架構，深入淺出的內容，並兼顧理論與實務，此書自 84 年首次出版以來即成爲許多大學校院品質管理課程之教科書，亦非常適合作爲業界之訓練教材，更是從事品質管理工作者及學術研究者最佳的參考用書。

此次改版修訂，除了保留過去著述的精華與優點，增添品質管理領域近年的新知與趨勢外，鄭教授亦配合篇章重點，蒐集整理企業界之品管實務，撰寫成品質管理的個案，提供師生在課堂上深入討論及思考的素材。此外，此書內容亦涵蓋 MINITAB 統計軟體於品質管理之應用解說，讓讀者可與業界實務接軌。鄭教授撰寫此書之良苦用心，相信對提升我國品質教育與產業競爭力將有所裨益，故特此推薦，盼學子及業界皆能因之受惠。

中華民國品質學會第三十四屆理事長

葉若春 謹識

中華民國九十九年一月四日

作者序

本書介紹

這本書第一版的誕生是在 1997 年，轉眼二十餘年過去，原來追求卓越品質的信念就是一條不歸路！

在競爭激烈與快速變化的環境中，提升產品／服務品質，可以降低生產成本並提高生產力，而品質管制和改善更成爲許多組織的重要商業策略，不論是製造業、物流業、財務金融、教育機構、健康照護和政府機構等，品質即是一種競爭優勢，更是一個組織的核心價值。

品質之提升奠基於教育訓練，而訓練教材的良窳更是品質教育成功與否的關鍵因素之一。本書以深入淺出的方式介紹品質管理的原理，提供現代化、系統化之觀念和技術，並運用相關的統計方法來進行品質管制和改善工作，期望能讓讀者深入瞭解品質管理的基本原理及現代化的概念，更重要的是能在未來的工作職場，具備運用品質管理專業知識的能力。

作者三十多年來專注於品質管理和品質改善之專業領域中，不論是教學及研究成果，與企業輔導的實務經驗，均累積了相當豐碩的成果。撰寫本書之目的，期能結合品質管理的理論架構及實務運用，能讓讀者更完整的理解品質管理專業知能的全貌。本書除了可作爲工程、統計、管理以及相關科系品質管理課程的教科書，亦很適合作爲企業內部教育訓練之教材或從事品管相關工作之專業人員自修之用。

先修課程

本書是有關品質管理與品質改善之入門教科書，使用本書並不需要具備高深的統計相關知識，不過若是具有基本的統計知識背景，例如：敘述統計、機率分配、抽樣分配和有關平均數與變異數檢定等的概念，將會更有助於理解本書內容。爰此，本書也以一整章之篇幅，摘要性地介紹與品質管制和改善有關之統計方法，授課教師可視學生修習統計之背景，調整上課進度。

Preface

章節架構

本書共分爲 17 章。第 1 章包含有關品質的基本定義，介紹品質改善的哲學和基本概念。

第 2 章介紹數位於現代化品質管理領域有卓越貢獻的品質大師之哲理，同時也包含全面品質管理之概念與推行方法。另一個重點則在於介紹與全面品質管理相關之改善活動，例如：品管圈、5S、防錯法、FOCUS-PDCA 和 8D。

第 3 章介紹六標準差之概念和品質改善之方法論 DMAIC。DMAIC 是六標準差品質管理之問題解決的過程，它是實施品質改善的一個有效架構。即使公司未推行六標準差，DMAIC 仍可應用於品質改善之專案中。本章同時也介紹應用於新產品 / 流程設計開發之六標準差設計 (DFSS) 的觀念及其應用。

第 4 章主要介紹品質改善中常用的工具和手法，包含品管七手法和品管新七手法。另外，我們也介紹一些適用於品質改善活動之其他圖表方法，例如：時間序列圖、機率圖、箱型圖和失效模式與效應分析。

第 5 章是有關應用於品質改善之統計方法的介紹，主要的主題包含敘述統計和統計假設檢定。對於第一次接觸統計方法的讀者，提供了一個快速入門之管道。已修習過統計學的讀者，仍可透過本章複習一些重要的統計方法。

本書第 6~9 章爲統計製程管制之概念和方法的介紹，包含管制圖之原理和應用、製程能力分析與製程能力指標，以及量測系統分析。第 6 章介紹統計製程管制之基本觀念及管制圖之統計原理、繪製和分析方法。第 7 章介紹計量值管制圖，除了常用之 $\overline{X}-R$ 管制圖外，本章也介紹 $\overline{X}-S$、個別值及移動全距管制圖之應用。另外，本章也介紹一些特殊的製程管制圖，例如適合用來偵測製程參數之微量變化的 CUSUM 和 EWMA 管制圖；適用於短製程之 *Z-MR* 管制圖與應用於監控組間 / 組內變化的 I-MR-R/S 管制圖。本章也探討製程能力分析之基本步驟，並介紹可以顯示一個製程符合產品規格之能力的各種製程能力指標之計算。

第 8 章之內容爲計數值管制圖，包含一般常用之 p、np、c 和 u 管制圖。本章也加入適用於監控低不合格率／缺點率之高產出製程的管制圖。第 9 章介紹量測系統分析之觀念，特別著重於量規再現性與再生性分析 (Gage R&R analysis)。

本書第 10~13 章是有關驗收抽樣計畫之介紹。第 10 章之內容爲驗收抽樣計畫之基本觀念和設計原理，本章也介紹 MIL-STD-105 標準抽樣計畫及其他計數值抽樣計畫。第 11 章介紹計量値抽樣計畫之基本觀念及 MIL-STD-414 標準抽樣計畫。第 12 章之內容則是有關應用於特殊製程之抽樣計畫，例如：連鎖抽樣、連續抽樣和跳批抽樣計畫。此外，爲強調持續不斷改進產品及製程品質之重要性，本修訂版在第 13 章中增加新版的 MIL-STD-1916 驗收抽樣計畫。

第 14 章是介紹日本品管大師田口玄一 (Genichi Taguchi) 之品質哲理和品質工程之基本觀念和應用。現代化之品管觀念強調重視顧客之心聲。品質機能展開是將顧客之需求融入產品和製程之設計。第 15 章介紹如何利用品質機能展開來傾聽顧客和工程的聲音，來設計和開發符合顧客需求之產品／服務，本章也介紹狩野紀昭 (Noriaki Kano) 模型和其在品質機能展開中之應用。

第 16 章之內容爲服務業之品質管理。本章討論服務業之特性和介紹數種服務業品質管理模式。第 17 章簡略探討 ISO 9000 系列國際品質管理標準和各種品質獎項之介紹和比較。

本書特色

此書在每一章節中，針對每一觀念和方法均提供適當之範例和習題，使讀者能夠充分了解這些品質觀念和方法之應用。除此之外，本書學習光碟亦提供了引用文獻之來源，使讀者可以進一步了解本書所介紹之各種方法和觀念。本書教師手冊也包含「實驗講義範本」供授課教師規劃相關實驗內容。

資訊化在現代化的品質管制中扮演一個很重要的角色。本書以易學易懂、廣爲企業界採用的 Minitab 作爲主要的軟體，說明一些統計品管技術的應用。本書在一些章節中介紹電腦軟體之使用，並說明如何解釋電腦輸出圖表之內容。透過 Minitab 電腦軟體，讀者將可更有效地學習統計與品管技術，並能夠與企業界之實務接軌。另外，本書也利用 Excel 來輔助說明一些重要的品質觀念和品質技術。本書所提供之 Minitab 與 Excel 檔案也可以作爲讀者自修之用。

修訂

根據作者之教學經驗和前幾版讀者之回饋意見，在此修訂版中，除了修訂文字及數值之錯誤外，同時增修部分章節內容。此修訂版之增修內容說明如下。

本書第 1 章增加延伸閱讀部分，闡述品質意識之基本觀念及實務界提升品質意識之具體作法。本章同時修訂品質手法及相關事件之發展歷程，特別加入國內之相關內容。第 2 章及第 3 章主要是修訂個案研究之內容。第 5 章爲統計方法之介紹，考量統計手法之應用日益普遍，因此特別增修 Excel 之函數及語法。第 16 章更新與服務品質相關之個案研究。第 17 章內容有重大修改，主要是更新 ISO 9000 系列國際品質管理標準內容和國內外各種品質獎項之架構及評量準則。本章修訂之品質獎項包含戴明獎、美國國家品質獎、歐洲品質獎及中華民國國家品質獎 (全面卓越類及功能典範類)。另外，本章也修訂個案研究之內容，以符合現況。

課程內容之組合

本書的內容相當豐富，除非學生已在其他課程修習過某些主題，否則要在一個學期內完成全部章節的授課，恐怕是一件較困難的事。授課教師可以針對不同的主題組合，來滿足特定之課程需求，建議如下：

選擇 A：1, 3, 4, 5, 6, 7, 8, 9, 10, 11, 12, 13, 14

選擇 B：1, 2, 4, 5, 6, 7, 8, 9, 13, 15, 16, 17

選擇 A 適合工程相關科系之課程，選擇 B 則是適合管理相關之科系採用。當然，使用本書之教師還有其他的選擇，可以依照時間與學生之背景，採取不同的課程內容組合。

教師手冊

本書所提供之教師手冊包含教學用之投影片 (power point 檔)、各章習題之解答，同時也提供教學計畫書和教學進度之範例，以便於授課教師參考。

誌謝

本書撰寫的目的，是希望導引讀者能快速進入品質管理這個領域。對於諸多學者先進及讀者所提供的回饋，都是本書修訂過程中非常寶貴的建議，在此致上最誠摯的謝忱。研究生廖芝逸、邱子宸、張芷瑄、李哲宇、林顥宜、陳冠廷、范振彥、陳佩雯、黃國格、李虹葶、陳忠祐、林雅竹、徐郁涵、陳思蓉、林志鴻、陳琬昕等人協助校稿，是本書能順利付梓，最重要的功臣。最後，要謝謝我的家人，多年來所給予的支持與體諒，是讓我能繼續前進最大的助力及動力。

鄭春生 謹識

於元智大學

2019年12月

本書導讀

書中出現 時提供該資料檔於學習光碟中，以便讀者自修研讀。

而本書所附之學習光碟其內容包含：

1. **自學檔案**：本書提供讀者自修之教材，針對重要之統計／品管觀念加以解說，並詳細說明品管手法／技術之軟體操作過程。
2. **個案研究或品質觀點探討**
3. **習題簡答**
4. **本書參考文獻**

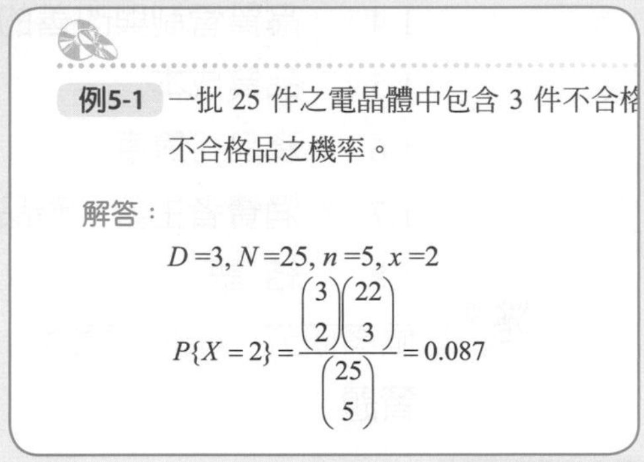

例5-1 一批 25 件之電晶體中包含 3 件不合格
不合格品之機率。

解答：

$D=3, N=25, n=5, x=2$

$$P\{X=2\}=\frac{\binom{3}{2}\binom{22}{3}}{\binom{25}{5}}=0.087$$

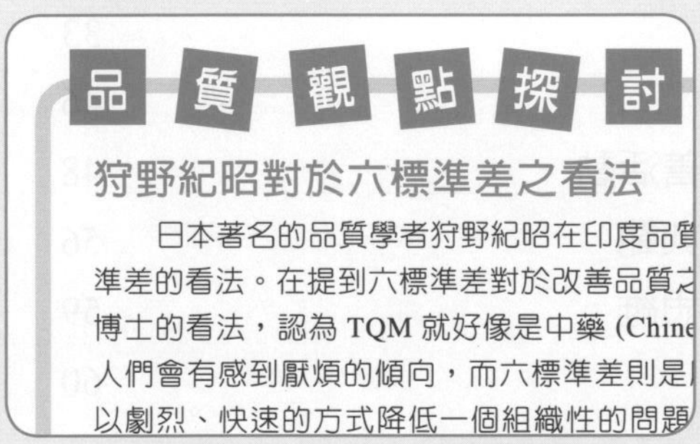

品 質 觀 點 探 討

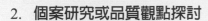

狩野紀昭對於六標準差之看法

日本著名的品質學者狩野紀昭在印度品質
準差的看法。在提到六標準差對於改善品質之
博士的看法，認為 TQM 就好像是中藥 (Chine
人們會有感到厭煩的傾向，而六標準差則是
以劇烈、快速的方式降低一個組織性的問題

個案研究／品質觀點探討：

本書整理與該章內容相關之實務個案或學者所提出之品質觀點，供讀者進行深入研討，以增進學習效果。

習題：

本書提供多元的習題類型包含選擇題、計算題、分析題，適合讀者準備各種品質管理有關之證照考試。

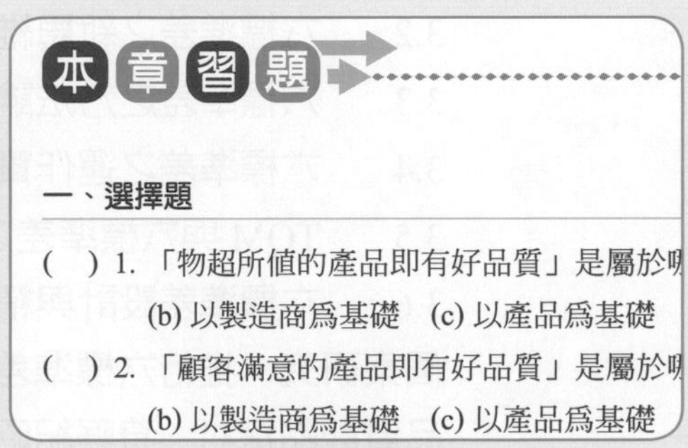

本 章 習 題

一、選擇題

(　) 1. 「物超所值的產品即有好品質」是屬於哪
(b) 以製造商為基礎　(c) 以產品為基礎

(　) 2. 「顧客滿意的產品即有好品質」是屬於哪
(b) 以製造商為基礎　(c) 以產品為基礎

目次

Contents

Chapter 1

品質管理概論

章節概要和學習要點

品質向來是各企業、組織的重要議題之一。近年來，品質已經成為企業主要的策略之一，能夠成功改善品質的企業可以增加生產力、增強市場的滲透力、獲得更高的利潤和更佳之市場競爭力。本章首先介紹品質之基本定義。本書也利用不同品質構面之解說，來讓讀者更深入了解品質之意涵。接著，本章介紹品質管制、品質保證和品質管理之概念。另外，也將探討品質概念之歷史沿革、品質管制和改善技術之演進、品質成本之分類和品質成本管理等議題。

透過本課程，讀者將可了解：

- 傳統和現代化之品質定義。
- 評估產品／服務品質之不同構面。
- 品質管制、品質保證與品質改善之差異。
- 品質概念之歷史沿革。
- 應用於品質管制與改善之各種統計技術。
- 品質成本之分類和品質成本之管理。

1.1 現代化品質的意涵

1.1.1 品質的意義

由於消費者主義 (consumerism) 之盛行，再加上目前消費者具備各種知識和較高之教育水準，品質 (quality) 已成為目前消費者在購買產品或服務時之主要考慮因素。在現代之企業環境下，品質是決定一個組織是否能成長以及獲得競爭力之主要因素。一個以品質為經營策略之公司，將可經由有效之品質管理 (quality management) 和品質改善 (quality improvement) 活動，獲得實質的投資回報。品質與公司所獲得之利潤，可以由市場擴張和成本降低兩個層面來說明。如果一個公司之產品品質確實優於其競爭同業，則可提升消費者對其產品之向心力，其結果是市場占有率增加，生產達到經濟規模，最後造成公司利潤之提升。在另一方面，有效之品質管理和品質改善計畫，可降低重工和報廢成本，其影響為投料量降低、生產力提高和製造成本之降低，最後之結果為利潤的提高。

傳統品質觀念僅侷限於有形產品之品質，近年來品質管理之範圍，已擴展到組織內之各部門及各階層，品質管理之手法和技術也被應用到服務業，因此，目前所稱之品質除產品品質外，尚包括管理品質、人的品質、工作品質及服務品質。雖然品質的涵義已隨時間而改變，但最終之目的還是要得到高品質的產品或服務。在作法上，經營者必須認清產品或服務水準之提升有賴人的品質、工作品質和管理之改善，否則光靠產品之管制並無法保證可得到高品質之產品。

學者專家對於品質之定義有不同之看法，一些較具代表性的定義有下列幾項：

1. 品質是適用 (fitness for use) (Juran, 1974)。
2. 品質是符合要求或規格 (Crosby, 1979)。
3. 一項產品或服務之品質是指其整體之特徵或特性，具有滿足其所規定或隱含需求之能力 (ISO 9000：1994 年版)。
4. 品質是產品出廠後，對社會所造成之損失 (包含產品機能變異及有害之影響) (Taguchi, 1986)。

美國哈佛大學教授 Garvin (1984) 將品質之定義方式劃分為下列五種類型。

第一種類型稱為卓越 (transcendent) 之觀點。在此種觀點下，品質相當於與生俱來

或天生的卓越 (innate excellence)。此種定義的擁護者認爲品質不能很精準地定義，相反的，它是一種簡單但無法分析的特性，只有經歷過才能識別。此種定義方式是來自於古希臘哲學家柏拉圖 (Plato) 對於「美麗 (beauty)」的看法。他認爲「美麗」是一種理想 (platonic) 的形式，是一個無法定義的名詞。也有人稱此種看法爲形而上的定義。

第二種類型稱爲以產品爲基 (product-based) 之定義。在此種觀點下，品質是一種精確而且是可衡量之變數。品質的差異代表一件產品之某些成分或特性之數量的差異。例如：高品質的冰淇淋代表奶乳脂肪的含量較高；或者高品質的室內踏墊代表每平方英吋中的結數 (knots) 較多。在此種定義方式下，產品之品質高低可以由其具有之特性的數量來加以排序。根據產品爲基之看法，我們會有兩個推論或者說必然之結果：第一，我們必須以較高的價格來取得高品質之產品。因爲產品特性之多寡代表成本之高低。第二，品質被視爲是產品與生俱來的特性。

第三種稱爲使用者爲基 (user-based) 之定義。在此種定義之下，高品質之產品是指最能夠符合多數消費者要求之產品。上述「品質是適用」之定義是屬於這一種。此種定義也假設消費者對於最期待之產品特性，有一致性之看法。此種定義必須注意最大化顧客滿意和品質之間雖具有關連，但並不全然相同。一位消費者可能喜愛某一品牌之特殊品味或特色，但其心中仍將其他品牌視爲具有較高之品質。

第四種是以製造爲基 (manufacturing-based) 之定義。在此種定義下，品質代表符合要求 (例如：上述「符合要求或規格」之定義)。任何偏離產品設計或者偏離規格之現象，都代表品質的降低。卓越相當於符合規格，而且第一次就把事情做對 (請參見本書第 2 章克勞斯比之品質管理理論)。在此種思維之下，做工精良的國產車如同進口的高級車，同樣具有高品質。在以製造爲基之定義下，我們會在設計面強調可靠度工程 (reliability engineering)；而在製造面強調統計製程管制 (statistical process control, SPC)。此兩種技術都是強調在早期階段消滅變異，而且它們的目的都是要降低成本。根據製造爲基之想法，提升品質相當於降低變異，並且可以降低成本。此乃因爲預防缺點或不良之成本會低於修理或重工之成本。

最後一種稱爲價值爲基 (value-based) 之定義。在此種定義下，品質可以利用成本和價格來定義。一件高品質之產品是指在消費者能夠負擔的價格之下，提供消費者所期望之績效或性能；或者說在可以接受的成本之下，具備符合性之特質。當以價值爲基來衡量一件產品時，一雙 20,000 元之球鞋將不可能被視爲是高品質之產品，因爲只有極少數的人負擔得起這種產品。

與市場、行銷相關之人員，會比較偏好上述「使用者爲基」和「產品爲基」之定義。對他們而言，高品質代表更好的性能、更具吸引力的特色。他們認爲顧客是品質的仲裁者。市場、行銷人員比較在意的是顧客使用時的感受，反而不在意工廠內發生的事情。相反地，與製造有關之人員認爲品質就是符合規格，因此特別強調第一次就把事情做對。他們認爲不良的品質會帶來重工、報廢成本的增加，也期待品質改善能夠帶來成本的降低。

在提到品質時，顧客滿意 (customer satisfaction) 是一個簡潔而且廣被接受的定義。顧客是指受到產品 (product) 或製 (流) 程影響之任何人 (Juran 和 Gryna, 1993)。我們首先要說明何謂產品。一件產品是一個流程的輸出，它可以是有形或無形。國際標準組織 (ISO) 將產品分成四個一般性之類別：服務、軟體、硬體和已加工之原材料 (processed material)。Juran 和 Gryna (1993) 則是將產品分成物品、軟體和服務。國際標準組織所提到的硬體和加工後之材料爲有形，一般被視爲一個貨物或商品 (goods)。一些範例包含：汽車、印刷電路板、電腦、衣服等。服務是指服務提供者和顧客互動之後的結果，它是指爲他人所做的工作。服務可以有許多不同之型式。服務可以提供用來支持一個組織之產品 (例如：保證條款所規定之服務)。相反地，服務也可以是供應給顧客所提供之產品 (例如：維修服務、運送服務)。服務也包含提供無形的事項給顧客 (例如：娛樂、運輸或者建議)。軟體的一些範例包含：電腦程式、一份報告或者一份指示等。

顧客可分成內部顧客 (internal customers) 和外部顧客 (external customers) 兩種。外部顧客是指受到某一項產品影響的人，但並非屬於生產此產品之公司的成員，包含：最終使用者、中間處理者和零售商，以及政府管理單位和社會整體 (因爲不安全的產品也會對環境造成影響)。內部顧客是指公司內部由於業務之關係，前工程可將後工程視爲其內部顧客。例如：採購部門必須提供適當原料給製造部門以利生產，製造部門可視爲採購部門之內部顧客。另一個例子爲：一家工廠將產品或服務提供給同一家公司之另外一間工廠。

Juran 和 Gryna (1993) 認爲顧客滿意是由產品特色 (product features) 和無缺陷 (freedom from deficiencies) 兩個元素來達成。產品特色是指「設計之品質 (quality of design)」，而無缺陷則是指「符合性之品質 (quality of conformance)」。產品特色是指一件產品爲了滿足顧客需求所具備的特性，例如：汽車的耗油性、機械元件的尺寸、化學物品的黏性、服務的態度。所有的商品和服務都會以不同的等級 (grade) 或者不同的品質水準來生產。而這些不同等級或者不同品質水準之變化都是刻意的，它們是來自於設計之品質的差異，其目的是要形成市場區隔。舉例來說，所有汽車的基本目標都是爲顧客提供安全的運輸。然而，不同汽車會在車身大小、設備、外觀及性能方面有所差異。這些差別是因爲採用刻意之設計差異所造成的結果。以汽車來說，這些設計上的差異包括車身結構所使用之材料、零件之規格、引擎及傳動系統等工程開發所獲得之可靠度以及其他附件或配備。一般而言，設計品質受到產品樣式、成本、公司政策、產品需求、可用原料及產品安全性等因素影響。

缺陷是指錯誤、缺點、失效和偏離規格。無缺陷之程度相當於符合性之品質。符合性品質可以定義爲產品符合設計規格要求的程度 (**註**：有些作者將符合性品質視爲實際製造的品質，將其稱爲製造品質或製程品質)。符合性品質會受到很多因素的影響，包括：(1) 不同製程的選擇；(2) 員工的訓練及監督；(3) 製程管制、測試、檢驗活動的種類；(4) 員工遵守相關程序之程度；(5) 員工品質意識之強弱和達成品質的動機。

設計之品質和符合性之品質具有互相關係，而且可以導致較高的利潤。提升設計品質將造成成本增加，但由於產品特色吸引顧客，廠商可以提高售價，市場占有率也可能提高，最後結果爲利潤之提升。降低產品缺陷可以降低報廢、重工、顧客抱怨，因此提升符合性品質可以降低成本。另外，較高的符合性代表較少的顧客抱怨，因此也可以提升顧客的滿意度。提升符合性品質除了可以降低成本外，還可以降低生產時間，提高生產力，最後使利潤之提升。

品質之意涵會隨著時間和環境變遷而改變。近年來，一些學者專家特別強調變異之重要性，他們認爲品質與變異性 (variability) 成反比，若變異性降低，品質則會提升。在此種定義下，所謂的「品質改善」是指降低產品或服務之變異性。

最近，國際標準組織 (ISO) 也修改了他們對於品質之定義。在 ISO 9000： 2005 (基本原則和詞彙) 中指出，一項事物之品質是將一組固有的特性 (characteristic) 與一組要求 (requirement) 比較之後來決定。如果特性符合所有要求，則代表卓越或高水準之品質。反之，如果無法滿足所有要求，則代表不佳或低水準之品質。根據此定義，品質代表的是一種程度上的問題，屬於相對的概念，相對於一組要求。在此種定義下，顧客滿意是一種感知和感覺，它也是一種程度上的問題。如果顧客認爲他們的要求都已被滿足，則他們將會體驗到高度的滿意。相反地，如果顧客認爲他們的要求並未被滿足，則他們將體驗到較低的滿意。上述之特性是指描述產品 / 服務之適用性的一些相關因素，這些因素稱爲品質特性 (quality characteristics)。品質特性代表的是一件產品、流程或一個系統固有的、與生俱來的特色或性質。品質特性受到一項要求所約束。一個要求代表一種「需要」、「期望」或者「義務」。它來自於一個組織、組織之顧客或者其有利害關係之團體的聲明或暗示。一個明確說明或者具體指定的要求通常是記載在文件中；暗示性的要求是指「常見的作法」或慣例。產品檢驗 (inspection) 是指爲了要評估符合性和一致性，將產品品質特性與產品要求比較之一種活動。檢驗可以利用觀察、量測、測試和判斷來評估符合性和一致性。一般而言，品質特性可區分爲：

1. 物理上的因素：長度、重量、強度、黏度、硬度等。
2. 感官上的因素：品味、外觀、顏色等。
3. 時間上的因素：可靠度、維修度、服務度等。
4. 契約性的因素：保證條款等。
5. 倫理性的因素：禮節及誠實感等。

一般有形產品的品質主要是由前三項特性來描述，而服務的品質則較注重感官和倫理上之因素。服務品質將在本書第 16 章中討論。

品質特性可區分爲計量值 (variable) 及計數值 (attribute) 兩種。品質特性若可量測且可以用數值來表示時，稱其爲計量值，例如產品之尺寸、重量。品質特性若區分爲符合規格 (conforming) 或不合格 (nonconforming)，則稱爲計數值。有些時候，因爲經濟因素，我們可將計量值簡化爲計數值特性。例如，軸承外徑爲計量值特性，爲了簡化量測程序，檢驗人員可使用 go/no-go 量規。在此種情況下，產品外徑可分爲合格或不合格。

1.1.2 品質的構面和品質策略管理

消費者通常利用不同的面向來衡量一件產品 / 服務的品質。美國學者 Garvin (1987) 提出衡量產品 / 服務的八個品質構面 (dimensions of quality)，作爲品質策略管理的基本架構。透過這些品質構面，我們可以思考如何將品質視爲一種策略，利用高品質作爲公司的一種競爭武器。我們要注意的是，這些品質構面不一定適用於所有的產品 / 服務。一般的企業也不一定要追求所有品質構面的卓越。此八個品質構面說明如下。

1. 性能 (performance)

   性能 (功能) 是指產品的主要操作特性，它是用來衡量一件產品 / 服務是否能達成它原本想要完成的工作。對汽車來說，性能包含加速性、操控性、省油、舒適。以電視機而言，此構面包含聲音和圖像的清晰度、顏色。對屬於服務業的速食店而言，此構面代表「點餐」和「出餐」的速度。在購買電腦套裝軟體時，消費者會以執行速度作爲性能指標。由於這個品質構面牽涉到可衡量的屬性，性能之個別面向通常可以被客觀地評估。但我們很難對產品之整體性能發展出一個客觀的評估方式，尤其是牽涉到有些性能並不是每位消費者都需要時。

在衡量產品性能構面時，我們也要特別注意性能之差異，並不全然代表產品品質之差異。例如，我們不能將義大利法拉利跑車之加速性來與一般房車比較，兩者之差異代表的是不同的性能等級。同樣的，我們也不能將一百瓦之燈泡與六十瓦之燈泡比較，兩者之取捨，端看消費者之需求。雖然說消費者一般是根據主觀偏好來訂定性能之標準，但有些時候，消費者對產品性能會有一致的看法，此時將形成被普遍接受的客觀標準。例如，一般消費者在購買汽車時，肅靜性是一種一般性的要求。

2. **特色 (features)**

特色是指補充一件產品 / 服務之基本功能以外的特性 (亦即額外的項目)。例如：航空公司在飛機上提供免費飲料；洗衣機提供不同的清洗週期；彩色電視機的自動調頻器；速食店所提供的兒童遊樂區；試算表套裝軟體之內建統計分析功能。很多產品所具備的彈性和多樣化的選擇也是屬於產品的特色之一。

3. **可靠度 (reliability)**

可靠度是指一件產品 / 服務在一個指定的時間內，會失效的機率。例如：家電產品、汽車在其產品壽命週期中偶爾會需要維修，但如果維修的次數太過於頻繁，顧客會認爲產品不可靠。可靠度通常利用下列指標來衡量：發生第一次失效的平均時間、平均失效間隔時間、單位時間內的失效率。此項品質構面較適用於耐久性的產品，不適用於立即消耗之產品或服務。

4. **符合性 (conformance)**

符合性是指產品 / 服務的設計和操作特性能夠符合公認標準 (預設之標準) 的能力。例如：消費者購買的新車不能缺件、不能有外觀瑕疵；電器用品功能運作正常。在過去，符合性品質也意味著符合工程師所設定之規格。但我們必須了解，最終的產品是由許多零件所構成，單一零件符合規格，並不保證最終的產品不會有瑕疵。此種現象來自於公差之堆疊 (tolerance stack-up)。因此，「符合規格」並不是最終的目標，現代化的品質觀念追求的是「符合目標値 (conformance to target)」。背後的涵義代表著我們要盡可能讓品質特性數據接近目標値及縮小變異性。

5. 耐久性 (durability)

耐久性是衡量產品的有效壽命。在家電產品、汽車產業中，耐久性是顧客衡量品質的重要構面。耐久性可以定義爲：消費者取得一件產品後，一直到此產品失效或損壞爲止，消費者可以實際使用之時間。電燈泡的使用時數就是一個很好的例子。對於可修復之物品而言，我們較難詮釋產品之耐久性。在此種情況下，耐久性可以定義爲：消費者拿到產品一直到產品失效，而消費者寧可重新購買而不願意再花錢修理，所經過的時間間隔。在衡量產品的耐久性時，我們要注意產品壽命的增加，不一定是來自於技術的改進或材料的改善，而是經濟環境的改變。例如，汽車壽命的增加，可能是來自於經濟蕭條和油價的高漲，造成消費者開車的機會減少。

6. 服務性 (serviceability)

服務性是指服務之速度、禮貌、價格之競爭性和修理或修復之容易程度。例如：家電產品修理、汽車修理和定期保養的速度或成本、更正信用卡帳單錯誤所需要的時間。

7. 美感 (aesthetics)

美感是指一件產品或服務之外表、給人之感覺、聽起來的感覺、味道、嗅覺等。例如：飲料公司會以不同的包裝來與競爭對手有所區隔。美感是一種比較主觀的看法，不可能討好每一位消費者，因此公司必須在此項構面中，尋找適當的利基。

8. 意識 (感知) 到的品質 (perceived quality)

消費者並未能完全掌握產品或服務的資訊，因此利用間接的衡量可能是他們比較不同品牌的唯一依據。而聲譽是構成意識品質的主要成份，它的影響力來自於一種類比。消費者會認爲某公司新產品之品質，會與該公司過去之產品品質相同。這就是所謂根據廠商過去的口碑，來判斷產品的品質。例如：美國家電製造商Maytag所生產之洗衣機和烘乾機品質深受消費者肯定。因此，該公司在推出洗碗機時，業務人員也會標榜其產品之可靠度 (即使是新產品尚未能夠被證實)。另外，產品需要被回收或當產品品質有問題時，企業如何對待顧客也會影響顧客之「意識到的品質」。

在上述之構面中，性能、特色和耐久性是屬於以產品爲基之品質定義的重點。當以使用者爲基來定義品質時，我們會著重在服務、美感和意識到的品質。而製造爲基的想法則著重在符合性和可靠度。

Garvin (1987) 所提出的八個構面，提供一個概念性架構 (conceptual framework)，幫助了解產品或服務之多面向本質。當我們要利用這些構面來評估產品 / 服務時，必須先讓這些構面具有可操作性 (operational)，亦即我們要先定義可以衡量之特性 (度量) 來評估一個構面。例如：當我們要評估轎車之性能時，我們可以利用「由靜止狀態到時速 100 公里所需要的時間」來評估其加速性；「每公升汽油之行駛公里數」來衡量其油耗效率。

品質可以作爲公司的競爭策略，以下說明一些成功的例子。早期日本汽車在安全性和汽車鋼板抗腐蝕性的表現較差。日本汽車製造商當初在進入美國市場時，往往強調他們產品的「可靠度」和「符合性」。因此日本汽車的低維修率和烤漆深獲好評，成功導入美國市場。日本山葉 (Yamaha) 鋼琴強調產品可靠度和符合性，因此在短時間內，其品質便獲得很好的評價，對史坦威 (Steinway) 鋼琴造成極大的威脅。此乃因史坦威鋼琴雖然是鋼琴市場中的品牌領導者，在音質、音域、音調和造型上都非常講究，但產品可靠度和符合性並不是其擅長之部分。

日本人在卡式錄影機 (VCR) 市場的優勢是另一個非常好的例子。VCR 並非日本人所發明，而是由歐美廠商所設計及製造。可是這些公司最初的產品卻非常不可靠，而且有很多製造上之缺失。日本人決定進入這個市場時，他們選擇採取可靠度和符合標準 (無缺失) 作爲競爭的構面。這個策略使他們很快地在市場上取得優勢。隨後，他們更擴充這些競爭構面到增加特色、改善功能、簡化維護性、改善外觀等。他們以全面品質策略作爲競爭武器，提升了這個市場的進入障礙，使其他的競爭者難以進入而取得優勢。

上述範例說明一般公司只能 (或只需) 追求一些選擇性的品質構面。事實上，很多公司都被迫如此做，尤其是當他們的競爭對手在某些品質構面，已獲得卓越之成效時。只有少數公司的產品能夠在八個品質構面都獲得非常高之評價，例如：萬寶龍 (Montblanc) 的鋼筆，勞力士 (Rolex) 的手錶、勞斯萊斯 (Rolls-Royce) 的汽車。當然，消費者需要爲這些公司產品的卓越工藝，付出高額的購買價格。品質策略管理 (strategic management of quality) 之關鍵點乃在於管理階層對這些品質構面的認知，和選擇用來競爭的品質構面。一個成功地執行品質策略管理的公司，將能在競爭之市場中屹立不搖。

1.2 品質管制、品質保證與品質管理

在本節中，我們將定義並介紹品質管制、品質保證與品質管理。有效的品質管理，牽涉到成功地執行品質規劃 (quality planning)、品質保證 (quality assurance, QA) 和品質管制 (quality control, QC) 及品質改善。品質規劃包含設定品質目標，說明要使用哪些作業流程和資源來達成品質目標。品質規劃是一種策略活動，它對於企業之長期成功的影

響，就如同產品開發計畫、財務計畫、市場行銷計畫、人力資源計畫等一樣重要。若缺少策略品質計畫，一個企業將會浪費大量的時間、金錢和精力在錯誤的設計、製造上的缺失和顧客抱怨。品質規劃之工作內容包含鑑定企業之內、外部顧客和他們的需求。此過程稱為「傾聽顧客的心聲 (voice of the customer, VOC)」。接著，我們要發展能夠滿足或超出顧客期望之產品 / 服務。品質規劃內容也包含規劃具有系統性之品質改善活動。

品質管制可定義為一組程序或步驟，應用在產品的生產過程中 (或服務提供過程)，用來衡量產品 / 服務之品質特性，並與規格或標準比較，若發現有任何差異則採取適當之行動使其合乎標準及規格。

品質保證是指所有計畫性或系統性的行動，用來對產品或服務能夠滿足品質需求，提供足夠之信心。品質保證之工作範疇包含：設計、開發、生產、分送、安裝、服務和文件系統。品質保證常與「品質管制」一詞混用，但品質保證涵蓋的工作範圍較廣。品質保證的架構包含：

1. 判斷合適的輸入與輸出的技術需求。
2. 供應商的選擇與評比。
3. 測試取得的原物料是否符合協定的品質、績效、安全性，以及可靠度標準。
4. 提供適當的方法來接受、儲存，以及發放原物料。
5. 製程品質的審核。
6. 評估製程以建立必要的改善對策。
7. 稽核完成品是否符合技術、可靠度、維護度以及績效的需求。

由於品質管制和品質保證經常被誤用，一些學者專家將品質管制視為回饋系統 (feedback)，品質保證為前饋系統 (feed-forward)，來區分兩者的差異。前饋系統是要防止缺點的發生，它是屬於主動式 (proactive) 而非被動式 (reactive)。因此，品質保證屬於事前 (產品在開發階段) 之管理手法。而品質管制較屬於事後 (產品在製造過程中或已製造完成) 之管理手法。

我們可以利用圖 1-1 來區分品質管制和品質保證。品質保證包含了品質管制、產品品質和其他品質管理系統。品質保證是用來改善、支援、稽核組織內部之系統、製造流程和產品。品質管制則是著重在監控、改善和稽核製造流程和產品。

品質改善是指任何可以增強一個組織符合品質要求之能力的活動。品質改善的方法可以應用到公司或組織的任何單位，包括製造、製程開發、工程設計、財務會計、行銷、分送和運籌管理、顧客服務和產品服務等範疇。品質改善通常是以專案 (project) 的方式，一個接著一個地達成。改善專案團隊之領導者必須具備統計方面的專業知識，同時也要有實際應用的經驗。在選擇改善專案時，要考慮它是否能對企業產生顯著的影響，同時要能夠與企業之目標連結。

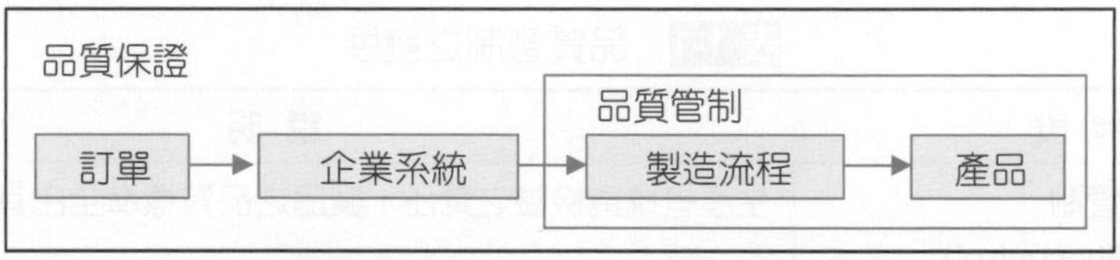

圖 1-1 品質管制和品質保證之比較

我們一般所謂的品質管理是指一個組織內部用來指引、管制、協調品質的所有活動。這些活動包含制定品質政策和設定品質目標，同時也包含品質規劃、品質管制、品質保證和品質改善。

1.3 品質概念之歷史沿革

從古埃及時代開始，人類即已有品質和檢驗之觀念。隨後在經過許多學者之不斷研究，品質管制之觀念和技術已日趨成熟。美國品管專家費根堡 (Feigenbaum, 1983) 將品質管制之歷史沿革分成五個階段：操作員品管、領班品管、檢驗員品管、統計品管及全面品質管制。現今則是進入到以「品質」為中心，強調滿足或超越顧客需求，為各利害關係人創造價值，強化互利的跨組織關係，重視企業倫理與社會責任之全面品質管理/經營 (total quality management, TQM) 時代。

表 1-1 為費根堡所提出之各階段品管之內容。費根堡於 1950 年代所提出之 TQC 是屬於事前預防之品管工作。TQC 將品質管制的觀念擴大至由設計到銷售等職能，其重點在於生產過程中之問題的解決。有些學者認為 TQC 是由具專業知識之品管人員推動品管活動，確保產品品質。日本企業在 1960 年代引進費根堡的 TQC 理念，經過改良後，稱之為全公司品質管制 (company wide quality control, CWQC)。CWQC 是以全體員工合作之方式強調組織中所有過程之問題的解決。CWQC 的內涵包括：

1. 由講求產品品質提升為績效品質。
2. 強調管理的品質。
3. 注重顧客、員工、供應商、分銷商及社會的滿意度。

日本 CWQC 的特色是它採用直向部門和橫向機能的矩陣組織。傳統之企業管理方式是以直線關係爲主體運行，組織式的命令系統是經由上司與部屬的關係而結合。但在執行全公司性的活動時，這種直線組織經常爲各部門間協調、溝通之障礙。機能式管理不僅要求直線組織的連結，橫向功能的意志統一也相當重要。

表 1-1　品質管制之發展

階段	說明
操作員的品質管制 (operator quality control)	生產者擔負檢驗之責任，製品之品質標準全由其自行設立。
領班的品質管制 (foreman quality control)	一組人集合在一起執行相似或特定之工作，並由一個領班負責監督其工作及製品品質。
檢驗員的品質管制 (inspection quality control)	由專人來負責製品之品質，以減輕領班和生產工人之負擔，使其能完全投入生產、製造之工作。
統計品質管制 (statistical quality control, SQC)	將統計方法應用在品質管制上。
全面品質管制 (total quality control, TQC)	由於來自消費者之需求日增，再加上同業競爭，一個公司之品管工作必須擴展至包含市場調查、研究發展、設計管制、進料管制、製程管制、品質保證、銷售服務、顧客抱怨處理等，使公司各部門人員共同參與品質管制之工作。

美國品管專家 Sullivan (1986) 將品質之建立分成七大階段 (見圖 1-2)，他認爲前三項屬於美式 TQC 之範圍，而日式 CWQC 則更講求人性化、社會責任、品質損失及重視顧客之心聲。TQC 與 CWQC 之理念在經過不同學者之增添、改良後，形成 1980 年代所稱之全面品質管理。全面品質管理指公司內所有員工，由管理者至作業員，共同參與持續性之製程 (過程) 改善工作，以全體力量，改進各階層的製程績效。「持續改善」可以簡單地定義爲一個組織內部，定期實施的一組活動，目的是要增強其符合要求之能力。持續改善可以透過下列方式來達成：實施稽核並應用稽核之發現和結論；實施管理審查、分析數據、設立目標和進行矯正及預防措施。

全面品質管理的主要內涵有四大要素：品質及重視顧客之需求，強調團隊合作，持續不斷地改善與創新和管理者領導。全面品質管理在本書第 2 章更深入探討。近年來，我們體會到顧客需求快速改變，特別重視品質管理和改善之實質效益，因此發展出強調以品質改善爲手段，視顧客滿意和爲組織創造財務效益爲主要目標之六標準差 (Six Sigma) 品質計畫。本書將在第3章說明六標準差之理念和作法。表 1-2 彙整重要品質方法之發展和演進。

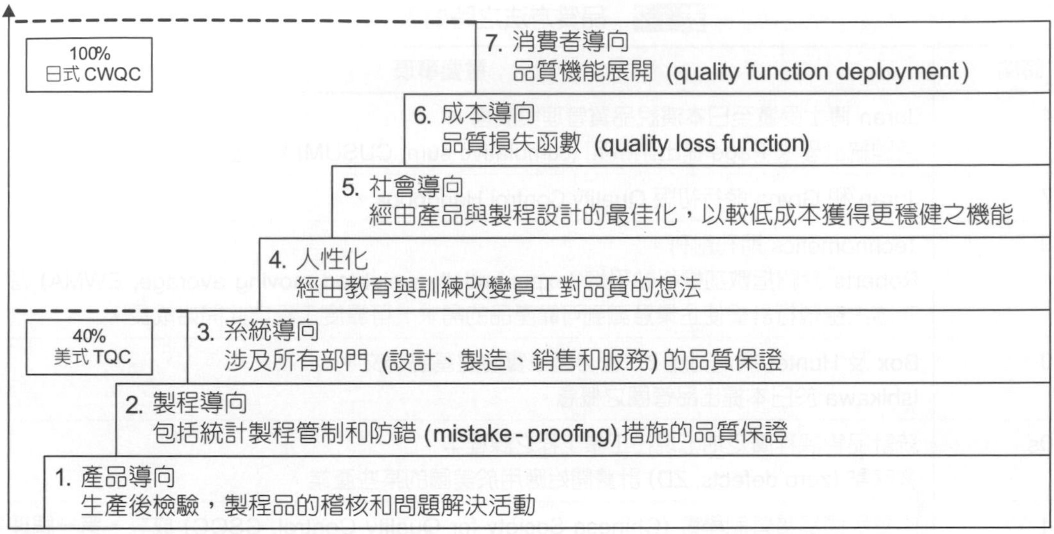

(資料來源：Sullivan, 1986)

圖 1-2 品質建立之七大階段

表 1-2 品質方法之時間表

時間	重要事項
1875	Taylor 提出「科學管理」之原則。
1900~1930	Ford 提出裝配線之生產方法。
1907~1908	AT&T 開始系統化進行產品與物料的檢驗及測試。
1908	任職於 Guinness 釀酒廠，從事品質管制工作的 Gosset，以筆名 "student" 提出 t 分配。
1922~1923	Fisher 發表一系列關於實驗設計應用於農業科學上的重要論文。
1924	Shewhart 在一份貝爾實驗室之技術備忘錄中，提出管制圖的概念。
1928	Dodge 及 Roming 於貝爾實驗室提出允收抽樣之方法。
1931	Shewhart 發表 Economic Control of Quality Manufactured Product 一書，強調統計方法在生產中及管制圖方法中的應用。
1946	由不同的品質學會合併的美國品管學會 (American Society for Quality Control, ASQC) 正式成立。 國際標準組織 (International Organization for Standardization, ISO) 成立。 Deming 受邀於美國軍事部經濟與科學服務處，至日本協助重建日本企業。 日本科學技術連盟 (Japanese Union of Scientists and Engineers, JUSE) 成立。
1948	Taguchi (田口) 開始研究與應用實驗設計。
1950	Deming 開始進行教育日本工業管理者；日本開始廣泛地教授統計品管方法。 Ishikawa (石川馨) 提出特性要因圖。
1950s	Grant 及 Duncan 出版統計品質管制方面的經典書籍。
1951	Feigenbaum 發行初版 Total Quality Control。 JUSE 創設戴明獎 (Deming Prize) 以表揚在品質管制及品質方法上有顯著成就者。
1951+	Box 及 Wilson 發表運用實驗設計和反應曲面法於化學產業中，以達製程最佳化；此後，實驗設計在化學產業界的應用便維持穩定的成長。

表 1-2 品質方法之時間表 (續)

時間	重要事項
1954	Juran 博士受邀至日本演說品質管理與改善。 英國統計學家 Page 提出累積和 (cumulative sum, CUSUM) 管制圖。
1957	Juran 和 Gryna 發行初版 Quality Control Handbook。
1959	Technometics 期刊創刊。 Roberts 介紹指數加權移動平均 (exponentially weighted moving average, EWMA) 管制圖。 美國太空飛行計畫使企業意識到可靠產品的需求，可靠度工程自此開始成長。
1960	Box 及 Hunter 撰寫有關 2^{k-p} 部分因子實驗之基礎論文。 Ishikawa 於日本提出品管圈之概念。
1960s	統計品管課程廣泛地出現在工業工程之課程中。 零缺點 (zero defects, ZD) 計畫開始應用於美國的某些產業。
1964	中華民國品質管制學會 (Chinese Society for Quality Control, CSQC) 成立，第一屆理事長為時任經濟部長之李國鼎先生。
1969	Industrial Quality Control 停止出版，由 Quality Progress 與 Journal of Quality Technology 取代 (Lloyd S. Nelson 是 JQT 的首位編輯)。
1975~1978	針對工程師和科學家所撰寫的實驗設計書籍開始發行。 北美企業開始對品管圈產生興趣，並逐漸形成全面品質管理 (total quality management, TQM)。
1980s	更多組織導入及採用實驗設計，包括：電子業、航太業、半導體業及汽車產業。 Taguchi 關於實驗設計的著作和成果首度在美國出現。
1987	國際標準組織 (ISO) 發行初版品質系統標準 ISO 9000。 摩托羅拉 (Motorola) 公司提出六標準差 (Six Sigma) 品質計畫。
1988	美國國會創設美國國家品質獎 (Malcolm Baldrige National Quality Award)。歐洲創設品質管理基金會實施歐洲品質獎。
1989	Quality Engineering 期刊創刊。
1990	中華民國行政院設置國家品質獎。
1993	中華民國品質管制學會發行品質學報 (Journal of Quality) 期刊。
1996	中華民國品質管制學會為因應品質多元化潮流，更名為「中華民國品質學會 (Chinese Society for Quality, CSQ)」。
1997	摩托羅拉 (Motorola) 公司將六標準差方法推廣至其他行業。 美國品質管制學會更名為美國品質學會 (American Society for Quality, ASQ)，試圖擴大品質改善的範圍。
2000s	ISO 9000:2000 標準發行；供應鏈管理及供應商品質變成是在企業成功的關鍵因素；品質改善活動已從傳統製造業擴展到其他領域，包括：金融服務、保健、保險及公共事業。
2002	亞洲品質網絡 (Asian Network for Quality, ANQ) 組織於2002年底在日本東京成立。ANQ 是由中華民國品質學會前理事長王治翰博士與日本品質管制學會前會長狩野紀昭 (Noriaki Kano) 教授共同號召成立，目前包含 17 個會員組織。
2003	第一屆亞洲品質網絡會議 (ANQ Congress) 於北京舉行。

1.4 品質管制與改善的統計方法

統計學之發展雖早，然而早期均偏重在農業與生物學之應用上，直到 1920 年代，由於抽樣理論發展成熟，統計理論才被有效地應用在品質管制。首先將統計方法應用在品質管制問題的是任職於貝爾電話實驗室 (Bell Telephone Laboratories) 的蕭華特 (Walter A. Shewhart)。 1924 年 5 月 16 日蕭華特在一個備忘錄中提出管制圖之概念。稍後，同在貝爾服務之道奇 (Dodge) 和洛敏 (Roming) 提出驗收抽樣 (acceptance sampling) 之觀念 (見本書第 10、11、12、13 章)。驗收抽樣是最早期的品管觀點，而且它與產品檢驗和測試有著緊密的關聯。驗收抽樣之定義是從一個很大的貨批中，隨機選取樣本，進行檢驗和分類，最後對於整個貨批之處置，做出允收或者拒收之決策。驗收抽樣可以應用於原料或零件的進料檢驗或是最終產品檢驗。由於驗收抽樣屬於事後檢驗，對於品質之提升並無太大之效益，因此管理人員開始重視事前預防之統計製程管制 (見本書第 6、7、8 章)。

統計製程管制是應用統計方法來衡量和分析一個製程的變異。它利用一些手法來監控製程之變異，指出變異的來源以進行改善，其目的是要使製程維持在管制狀態並改善製程能力。統計製程管制所使用的主要工具包含：查檢表、直方圖、流程圖、魚骨圖、散佈圖、柏拉圖、管制圖等 (請參見本書第 4 章)。管制圖 (control chart) 是統計製程管制中的主要工具，它通常應用在監控一個系統的輸出變數，有時也可以應用在輸入變數。

爲了降低品質之變異性，最近工業界也逐漸重視以實驗設計 (design of experiments, DOE，也稱爲 designed experiments) 方法應用於產品和製程之設計。一個製程可以看成是設備、方法或人員的組合，用來將投入之原料轉換成產品。產品會有一項或多項可觀察的品質特性或反應 (response)。製程中有些變數 $x_1,x_2,\ldots,x_p$ 是可控制的 (controllable)；而有些變數 $z_1,z_2,\ldots,z_q$ 則是屬於無法控制的 (uncontrollable) (爲了測試之目的，它們有可能是可控制的)。有時我們將這些無法控制的變數稱爲「雜音 (干擾) 變數 (noise factors)」。

實驗設計有助於尋找影響製程品質特性的變數。實驗設計可以定義爲：有系統性地改變製程之可控制輸入變數 (也稱爲因子)，並確認這些變數對於產品品質特性的影響。統計實驗設計在降低品質特性的變異，以及決定可控制變數的水準 (設定值)，在使製程績效最佳化上有很大的貢獻。透過實驗設計，我們可獲得製程績效和產品品質的重大突破。實驗設計的目的可以歸納爲：

1. 決定哪些變數 $x's$ 對反應變數 (y) 最有影響力。
2. 決定有影響性之 $x's$ 的設定值，使得反應變數 (y) 可以接近要求。
3. 決定有影響性之 $x's$ 的設定值，使得反應變數 (y) 的變異最小。
4. 決定有影響性之 $x's$ 的設定值，使得不可控制變數 (z) 的影響性能夠最小。

由實驗設計之目的可看出它可以應用在製程開發，解決製程問題以提升製程績效，並得到一個穩健 (robust) 或對外在的變異不敏感的製程。

因子設計 (factorial design) 是實驗設計中的一種主要模式，在此種設計中，因子會一起變動，以便測試因子水準所有可能的組合。其他的實驗設計包含部分因子設計、應用於製程最佳化的反應曲面法 (response surface methodology, RSM)。本書第 14 章將介紹強調穩健性設計的田口實驗設計方法。

實驗設計是線外 (off-line) 品管的主要工具，因為它們通常使用於開發活動及製造的早期階段，而非例行的線上 (on-line) 或製程上 (in-process) 的程序。實驗設計在降低變異之過程中扮演極重要的角色。

在確定了影響製程輸出的重要變數後，我們要把有影響力的輸入變數和輸出品質特性間的關係予以模式化。統計技術有助於建立此等模型，例如：迴歸分析和時間序列分析。在確認重要之變數，且將重要變數和製程輸出關係予以量化後，應用一種監視製程的線上統計製程管制技術將帶來很大的效益。例如管制圖可以用來監視製程之輸出，同時可以偵測何時需要改變輸入，以便使製程回到管制狀態下。

對於製程的改善與最適化，統計製程管制與實驗設計都是很有用的工具，而且兩者是高度相關的。例如，若一個製程是在統計管制內，但製程能力很低，於是在改善製程能力之前，必須先降低變異。實驗設計能比統計製程管制更有效地降低變異性。基本上統計製程管制是一種被動的 (passive) 統計方法。我們觀察製程，並等待一些能夠造成有用之改變的資訊。然而若製程是在管制下，被動的觀察是無法產生有用的資訊。另一方面，實驗設計是一種主動 (active) 的統計方法。我們實際地執行一系列的試驗，有系統地改變數個輸入變數後，觀察它對製程輸出變數所造成的相對反應，此種過程將會產生對製程改善有效的資訊。

實驗設計對建立製程的統計管制也是一種很有用的方法。例如，假設管制圖上顯示製程為管制外，而且製程包含許多可控制的輸入變數。除非知道哪些變數是重要的，否則我們很難將製程帶回到管制內。所以，實驗設計可用來辨別哪些變數具有影響力。

實驗設計是改善製造流程的重要而且關鍵的工程工具。它也可以在新製程的開發上廣泛應用。在製程開發初期，使用實驗設計可以獲得下列成果：

1. 改善良率
2. 降低變異並能符合要求
3. 減少開發時間
4. 降低總成本

在新產品開發和改善現有產品時，實驗設計亦能在工程設計活動中扮演重要的角色。例如，實驗設計被廣泛應用在六標準差設計 (DFSS) 活動中 (請參考本書第 3 章)。以下是實驗設計在工程設計上的一些應用：

1. 評估與比較基本設計的結構和配置
2. 評估替代物料
3. 決定影響績效的關鍵設計參數

現代的品質保證系統已較少強調驗收抽樣工作，大部分的重點是放在統計製程管制和實驗設計。驗收抽樣著重於強化符合規格的品質觀點。它的缺點是無法對生產製程或工程設計、研發有任何回饋，因此沒有辦法帶來品質的改善。

以下簡略說明上述品管技術在多數組織中的進展。在早期，管理者經常完全忽視品質問題，而且幾乎沒有任何有效且有組織性的品質改善作法。我們會看到一些驗收抽樣和檢驗方法的少量應用，一般是用在進料檢驗。隨著驗收抽樣之觀念被接受，驗收抽樣方法在企業界之應用逐漸增加，成爲品管的主要工具。這種思維一直持續，直到我們體會出「品質不是檢驗出來的」爲止。品質的思維開始著重在預防型的作爲和製程的改善。

我們了解到統計製程管制和實驗設計對於製造、產品設計活動和製程開發具有重大的影響性。有系統性的導入這些方法，代表企業內品質、成本和生產力之重大改善的起點。在進化的成熟階段，公司會深入地應用統計製程管制和實驗設計，而逐漸不太使用驗收抽樣。

上述三項統計技術，構成統計品質管制 (statistical quality control, SQC) 之主要內容。統計品質管制常與統計製程管制這一個名詞混淆。統計品質管制是指應用統計技術來衡量並改善製程之品質，它所使用的工具包含 SPC、抽樣計畫、實驗設計、製程能力分析、製程改善計畫。

一個很重要的觀念是，統計品管技術必須在一個重視品質改善之品質系統下應用，並且要成爲此系統的一部分，才能發揮它們的效益。一個組織之品質系統要能夠指導整體品質改善哲學，並且保證它能夠在組織內之各層面展開。

1.5 品質成本

一般企業組織大多以成本來評估各項功能組織之運作。但在 1950 年代以前，成本之評估並未涵蓋品質功能。品質成本 (quality cost) 之提出使企業開始以成本之觀念評估品質功能之各項活動。學者將品質成本定義爲獲得「品質」之各項成本，另一些學者則將品質成本視爲不良品質所造成之額外成本。綜合上述兩種定義，品質成本可以是爲了達到與維持某種品質水準所支出的一切成本，以及因爲無法達到該特定品質水準而發生的成本。在過去，品質成本的評估並未受到企業管理者的重視。但隨著生產技術的演進，造成產品複雜化，品質成本也日漸提高。另外，品管工程師和管理階層也希望以金錢表示之品質成本，以作爲溝通之語言。基於上述理由，品質成本分析已被視爲財務控制之管理工具，它同時也可用來協助發掘降低成本之機會。一般而言，品質成本泛指有關於生產、辨認、避免或修理等不合乎規格產品之成本。在下節中我們將說明品質成本之內容。

1.5.1 品質成本之分類

朱蘭 (Juran) 博士是品質成本分析的先驅，他在 1951 年出版的「Quality Control Handbook」書中首先提出品質成本的觀念，將品質成本分爲預防成本 (prevention costs)、評估成本 (appraisal costs)、內部失敗成本 (internal failure costs) 及外部失敗成本 (external failure costs)。表 1-3 說明各項成本之定義。預防成本是指爲了預防不合格品等有關設計及製造之成本。廣泛而言，預防成本是指達到「第一次就做對」所產生之成本。評估成本或稱鑑定成本是指有關量測、評估、稽核產品、零件、及材料是否合乎規格之成本。內部失敗成本是發生於當產品、材料、零件及服務不能合乎顧客要求時，這種失敗成本是發生於產品尚未送達顧客前。若無不合格品則此成本並不存在。外部失敗成本是指當產品已運至使用者手上，卻被發現不符合規格所產生之成本。預防成本與評估成本又統稱爲符合成本 (conformance costs)，是爲了使產品合乎規格或滿足顧客需求之成本。內部和外部失敗成本則被稱爲不符合成本 (nonconformance costs)，是指不能合乎規格或無法滿足顧客需求所產生之成本。

表 1-3 品質成本之分類

預防成本項目	說明
品質計畫及工程	為了規劃整體品質計畫、檢驗計畫、可靠度計畫、數據系統等品質保證工作所產生之成本。
新產品評估	評估新產品所發生之測試、實驗程序等工作所發生之成本。
產品／製程設計	設計及選擇適當生產程序以使產品合乎規格之成本。
製程管制	由於管制及監視製程以提升產品品質所發生之成本，例如使用管制圖。
品質數據蒐集及分析	有關蒐集產品、製程數據並加以分析以辨認製程問題，及整理、綜合品質資訊所產生之成本。
訓練	包含發展、準備、實施、操作和維持與品質有關之正式訓練計畫成本。
燒入 (burn-in)	為了避免產品早期失效，在產品運送前的作業所造成之成本。
評估成本項目	**說明**
檢驗及測試外購材料	有關測試、檢驗材料及定期至供應商審核品保系統所發生之成本。
產品檢驗及測試	在製造之各階段檢驗產品是否合乎規格之成本，包含最終檢驗、包裝出貨檢驗、產品壽命檢驗、環境測試及可靠度測試等。
材料及服務之消耗	指在破壞性測試及可靠度測試所消耗之材料所產生之成本。
量測儀器之維護	定期查驗量測儀器所產生之成本。
內部失敗成本項目	**說明**
報廢	由於不合格品無法很經濟地修理而產生之人工、材料等的損失。
重工	修改不合格品所產生之成本。
重驗	重新檢驗因為重工或其他修改之產品所發生的成本。
失效分析	分析產品失效原因之成本。
怠工	由於不合格品 (例如材料) 使生產設備怠工所發生之成本。
生產量之損失	目前之生產量比改善控制後所能得到之產量為低所產生之成本，例如：由於飲料填裝設備不穩定，造成填裝過量之損失。
次級品降價求售所造成之損失	正常售價和次級品售價間之差異。此種情況常發生在紡織業、成衣業和電子業。
外部失敗成本項目	**說明**
顧客抱怨處理	處理因不合格品所產生之顧客抱怨的成本。
產品／材料之退回	回收、搬運、及更換從顧客退回之不合格品或材料之成本。
保證費用	在保證期間服務之成本。
間接成本	顧客向心力、公司商譽、市場占有率等之損失。
責任成本	產品責任訴訟所產生的成本或賠償。

依照朱蘭的觀念，預防與評估成本會使品質提升，但內部失敗和外部失敗成本係由於品質不良所致；因此，預防和評估成本與內部失敗和外部失敗成本呈現反向關係，故欲減少失敗成本，必須增加預防成本和評估成本。

品質成本在應用上之策略有：(1) 發掘失敗成本，並將其降低爲零；(2) 投資在適當之預防性工作上，以獲得改善；(3) 改善生產程序，以降低評估成本；(4) 持續評估預防性工作，必要時改變方向，以進一步獲得改善。上述策略是建立在失敗是由某種原因所造成，這些原因可預防，而且是在預防之成本低於失敗成本之前提上。

1.5.2 品質成本之管理

品質成本分析的主要功能是發掘改善之機會，並量測改善所帶來之效益。爲了達到此目的，我們必須要有一個量測品質成本之基礎以便於比較。整體品質成本會隨著時間因產量、人工成本或材料成本而改變，因此品質成本之數值並不能直接用來當作比較之基準。在實務上，我們可以用工時、成本或銷售量作爲分母，計算品質成本之比例，一些可採行之方法說明如下：

1. 人工成本為基礎

   此方法是計算每單位直接人工工時之品質成本。此比例值只適用於短期分析，直接人工工時可能會因生產自動化而有所改變。另一可行方法是計算每單位直接人工成本之品質成本，此可消除通貨膨脹的因素。

2. 製造成本為基礎

   此方法是計算每單位製造成本之品質成本。製造成本包含直接人工成本、材料成本和間接成本。此法受物價波動或自動化之影響較小。

3. 銷售額為基礎

   此方法是計算每單位銷售額之品質成本。此比例值不適用於短期分析，因爲銷售額與生產有一時間差，而且會有季節性之變化。另外，售價改變也會影響此比例值之正確性。

4. 以生產為基礎

   此方法是計算每單位產量 (件數) 之品質成本。若一公司產品種類複雜，則可能須對不同產品給予不同之權重。

在經營管理上品質成本分析之應用非常廣泛，表 1-4 列舉一些可能之應用。

表 1-4　品質成本分析之應用

項目	說明
效益量測	比較各類品質活動之效益。
品質分析	根據生產線或生產流程之成本，分析製程品質之主要問題範圍。
改善規劃	在有限資源下，品質成本分析可以指出投入何種改善方案，可以帶來最高之效益。
預算規劃	規劃各項品質管制計畫之預算以達成公司目標。
成效預測	評估和保證各項與公司目標有關之活動的成效。

在分析品質成本時，最困擾的問題在於如何決定最適當之品質成本大小，此問題並無一個明確答案。因為品質成本的大小依產業別而定。在有些公司，品質成本占銷售額之 4% 或 5%，而在另一些公司中，品質成本可能占銷售額之 35% 或甚至 40%。由於品質成本之大小並無一個絕對標準值，一個較正確的作法是拿品質成本資料，作為比較不同時段之成效的相對比較基準。當目前之績效與過去有所不同時，此項事實將會反應在品質成本之差異上，並可以用來提醒管理者該採取適當之措施。

品質成本分析之另一項問題在於分析人員無法取得品質成本之正確數值。此乃因為大多數之品質成本項目，並不會反映在公司的會計紀錄上。為解決成本資料取得的問題，一個可行之方法是利用估計或在研究期間，特別建立監視程序來蒐集品質成本資料。

各項品質成本並非獨立，而是互相影響。例如增加預防成本將可降低評估成本或失敗成本。但由於總品質成本是四項成本之總和，預防成本若無限制地增加，將會造成總成本增加。因此，希望藉由少量增加預防和鑑定成本來換取大量減少的失敗成本。品質成本分析主要目的是要發掘改善之機會，並藉以降低成本 (主要指失敗成本)。在降低成本的過程中，可能會伴隨著預防和鑑定成本之增加。在初期，預防和鑑定成本甚至可能高過失敗成本。但一個組織如果有心做好品質改善工作，則有可能將品質成本降低。

並非所有實施品質成本計畫之企業都能獲得效益。失敗的原因在於管理者未能將品質成本之情報，拿來作為發掘改善機會之工具。一個企業如果只將品質成本資料作為一項紀錄，而不去尋找改善的機會，則品質成本計畫將永遠無法獲得任何效益。另一個造成失敗的原因在於管理者太過於注重數字上之完美。將品質成本視為會計系統的一部分，而非管理上之工具，將造成嚴重錯誤。這種做法增加了許多建立和分析這些資料的時間，同時也使管理者對品質成本計畫之有效性喪失信心。

1.6 產品可靠度

可靠度 (reliability) 是指產品被顧客使用時，能長時間維持良好成效之能力。美國品質學會將可靠度定義爲一項物品在指定之條件下，能在指定之使用時間內，執行所要求之功能的能力 (或機率)。

可靠度與性能品質 (quality of performance) 有關。性能品質是指產品被實際使用時，滿足顧客需求之程度，它與設計之品質和符合性之品質有關。由於產品或服務最終是由顧客決定能否被接受，因此可靠度愈高，顧客之滿意程度也愈高 (**註**：可靠度有時也被視爲產品出廠後之品質)。可靠度是在產品設計階段，透過數據分析來獲得。

1.7 消費者主義、產品安全和產品責任

消費者是指購買產品使用之個人。由於生活水準和教育水準提高，目前消費者對於產品品質和安全性之要求也日益增加。如果消費者對於品質或安全性不滿意，會希望製造商能夠聽取他們的意見。此股經濟上的力量稱爲消費者主義。消費者主義和產品責任，是造成企業重新考慮以品質保證做爲經營策略之主要原因。

消費者主義之興起是因爲消費者感受到太多不合格品和產品之失效。在競爭市場上，一個企業能否成功，主要是看此組織是否能了解顧客在品質方面的需求。一個企業必須對顧客之反應能夠有效且迅速地做出適當之行動，而且最好是能預測顧客之期望，在顧客還未將其反應以言語表現前，就能採取因應措施。如果一個公司不願聽取顧客之抱怨，則此顧客會將其反應傳給其他願意聆聽的消費者。長久下來，一個企業之產品品質聲譽將會受損。

從顧客處所獲得之產品失效數據，應該被視爲一項重要、有價值的情報來源。產品失效並非都能在製造過程中發現，然而這些失效數據卻是採取改善措施之基礎。產品失效數據可由保證期內產品失效請求更換或維護之資料、產品稽核或正式之產品失效服務表單等處獲得。在這些失效報告上，必須註明顧客所在位置、顧客抱怨內容、問題之說明、料號、序號、修理成本等資料。如果處理恰當，這些報告上資料將可用來找出造成失效之產品或零件及失效之原因。

最近，工業界已逐漸重視產品在保證期間內失效，或者是功能異常所造成的產品責任 (product liability) 問題。產品責任是指生產者或其他人員因其產品或服務對人體之傷

害，或其他損害等所應負之責任。產品責任訴訟將會對企業帶來極大之損失。來自於社會、市場和經濟上的壓力是造成生產者重視產品責任之主要原因。製造商和銷售商必須爲不合格品對消費者或使用者及其財產所造成的損失和傷害負責。雖然產品製造技術不斷在進步，但仍會發生產品責任問題。理由之一是因爲產品設計日趨複雜，消費者雖然有較高的品質意識，但仍常有不知如何操作而產生安全上之問題。此外，由於市場競爭激烈，造成產品未經完整測試便已投入市場，自然會產生產品安全上之問題。

最近幾年，嚴格責任 (strict liability) 之概念要求企業必須對產品失效和法律問題作事先計畫，當某一事件發生時，企業必須承擔責任。嚴格責任之特點是當顧客對品質不滿意時，製造商必須透過服務、修理或以更換不合格品之方式做出迅速回應。製造商和銷售商在消費者使用產品的過程中，必須對產品功能、產品對環境之影響和產品之安全性負責。

1.8 結語

在現代之企業環境下，品質是決定一個組織是否能成長以及獲得競爭能力之主要因素。一個以品質爲經營策略之公司，將可經由有效之品質管制和品質改善活動，獲得實質的投資回報。自從費根堡提出全面品管之觀念後，全員參與和持續改善已成爲目前品管活動之重點。另外，顧客滿意也常被當作衡量品質的重要指標。品質活動不僅要重視外部顧客，同時也要滿足內部顧客之需求。

重要的是管理階層要認清品質改善必須是全面、全公司性的活動，而且組織內部的每一個單位都要積極、主動地參與。促使員工參與是組織內部資深、高階主管的責任及重要的挑戰。一些品質大師的品質哲學都意味著品質的責任遍布整個組織。品質並非全是品質部門的責任，畢竟他們並不是產品設計、製造、運送及服務的部門。

不過，當我們接受「品質是每一位員工之職責」這種哲學時，我們也要注意品質也可能淪爲「無人負責」。由於品質改善活動非常廣泛，在改善初期，高階主管的承諾、保證就顯得非常重要。高階主管的承諾包含強調品質的重要性、確認組織內各部門之品質責任及所有管理人員和員工對品質改善所應負的責任。

在品管技術方面，管理者已了解到光靠檢驗無法提升品質。未來品管技術之應用應該著重於統計製程管制、實驗設計等預防性品管手法。

延伸閱讀

品質意識 (quality awareness)

隨著社會環境變化和科技之演進，品質管制之發展已經從「統計品質管制」、「全面品質管制」發展到目前之「全面品質管理」。品質之觀念也從「品質是製造出來的」、「品質是設計出來的」，進展到目前之最新觀念-「品質是習慣出來的」。

在目前全面品質管理之觀念下，品質是全面性的，它是組織內每個成員的責任。隨著品質管理之發展，我們已逐漸體會到在生產或服務過程中，「人」是影響品質之最關鍵因素。員工品質意識的強弱和技術水準的高低，決定產品品質的水準。要提升品質，企業不僅要重視技術水準，更要加強員工的品質意識。企業必須將人性因素視為品質管理中的一個重要課題。簡單來說，加強品質意 就是要提升組織內每一位員工對於品質的關 。品質意識是一種理性認知成分，指人們對於產品品質、工作品質、服務品質的認識與了解；掌握品質知識的程度，對品質的思想認識、信念以及品質素養；對品質的評價等，都屬於品質意識的範疇。品質意識包含三個元素：

1. 員工體會到滿足內、外部顧客需求之重要性；
2. 員工體會到做好本身工作之重要性；
3. 員工樂意參與品質之持續改善。

要提升員工品質意識，企業首先要培養員工重視品質的基本觀念。員工是生產過程的執行者，是產品品質的直接影響者。企業要讓員工認識到提升品質的重要意義，使企業制定的品質方針能夠落實。如果員工具有強烈的品質意識，將會積極預防和杜絕品質問題的產生。企業要讓每位員工都認識到，在激烈的市場競爭中，沒有好的品質，企業就無法生存，更談不上有新的發展。企業沒有市場，員工就很可能失去工作機會。

第二，要建立員工重視個人工作品質之品質意識，要在員工心中樹立強烈的責任感，使員工自覺、主動的關心品質。每一員工要將下一製程 (the next process) 當作是自己的「顧客」，並了解其需求和滿意度。每一員工必須要求自己第一次就把事情做對， 應將達成顧客滿意為個人的使命。第三，員工要有持續改善之品質意識。要提供高水準之品質，必須全體員工自發、自覺的參與持續改善活動。為了確保穩定的品質，在每一過程中都必需徹底依照規定執行，並不斷的研究、開發新產品、新技術、改善製程，使產品或服務品質都能讓顧客滿意甚至感動，達成公司永續經營之目的。

提升員工之品質意識是企業追求競爭優勢的唯一方法，在企業全體員工都注重品質的條件下，企業所生產的產品才能獲得顧客的信賴。企業提升員工品質意識之具體作法包含：品質資訊之傳播；定期舉辦品質月 (Quality Month) 活動；進行教育訓練。

在一個組織內，建立品質意識可以從建立和散播品質資訊著手。這些品質資訊可以提供重要品質問題之事實、改善的必要性和改善的方案。在建立品質意識時，我們必須依組織內部不同成員之性質，以不同方式來表達品質資訊。對於高階管理者，品質資訊可以用與金錢 (財務) 有關之項目來表示，例如品質成本、產品銷售收入或降低成本之機會。對於現場主管或員工，品質資訊可以利用與產品有關之方式表達，例如不合格率、重工件數、缺點數等。中階管理者則可以採用上述兩種方式同時進行。

定期之品質月活動可包含海報之展示、口號及標語 (slogan) 之設計競賽；品質有關之演講；品質相關議題之測驗；品質知識競賽；品質改善活動成果和品質問題之經驗分享等。

許多專家學者 (如：Deming, Juran 和 Ishikawa等) 都強調教育訓練對品質有很大的影響。因此，教育訓練也是提升員工品質意 之一種作法。教育訓練在於培養員工的知識、技能、態度、習慣與解決問題的能力，激發員工最大的潛能，以因應公司目前或未來的需要。教育訓練可使員工對於品質具有相同之觀念、看法及認知。為提升員工之品質意識，企業可加強品管七手法、統計手法等教育訓練項目。

問題：

1. 「品質是價值與尊嚴的起點」和「品質是國家民族繁榮昌盛的根本」，這兩句話是提升員工品質意識常用的口號和標語，請根據文獻說明其出處。
2. 在上個世紀末期，國外有很多電影情節提到台灣製 (Made in Taiwan, MIT)。例如：1987年的電影「致命的吸引力 (Fatal Attraction)」；「摩登大聖續集 (Son of the Mask)」；1998年的電影「世界末日 (Armageddon)」。請上網搜尋，說明這 3 部電影，有哪些情節牽涉到利用「品質」的議題，以「台灣製」來稱讚或詆毀台灣形象。

本章習題

一、選擇題

(　) 1. 「物超所值的產品即有好品質」是屬於哪一種品質的定義？(a) 以使用者爲基礎 (b) 以製造商爲基礎　(c) 以產品爲基礎　(d) 以價值爲基礎。

(　) 2. 「顧客滿意的產品即有好品質」是屬於哪一種品質的定義？(a) 以使用者爲基礎 (b) 以製造商爲基礎　(c) 以產品爲基礎　(d) 以價值爲基礎。

(　) 3. 「品質是適用 (fitness for use)」是屬於哪一種品質之定義方式？(a) 使用者爲基 (b) 製造爲基　(c) 價值爲基　(d) 產品爲基。

(　) 4. 下列哪一種品質定義方式會讓我們在設計面強調可靠度工程而在製造面強調統計製程管制？(a) 以產品爲基　(b) 以價值爲基　(c) 以製造爲基　(d) 以使用者爲基。

(　) 5. 「品質是適用 (fitness for use)」之定義是由下列哪一位學者所提出？(a) Ishikawa (b) Juran　(c) Crosby　(d) Shewhart。

(　) 6. 「品質是符合要求」之定義是由下列哪一位學者所提出？(a) Ishikawa　(b) Juran (c) Crosby　(d) Feigenbaum。

(　) 7. 下列哪一項不屬於統計製程管制所使用到的工具？(a) 查檢表　(b) 直方圖 (c) 管制圖　(d) 可靠度分析。

(　) 8. 「全面品質管制，TQC」之觀念是由下列哪一位學者所提出？(a) Ishikawa　(b) Juran (c) Crosby　(d) Feigenbaum。

(　) 9. 下列敘述何者爲正確？(a) 實驗設計是一種線上 (on-line) 的品管技術　(b) 管制圖是一種線外 (off-line) 的品管技術　(c) 對於製程改善，統計製程管制和實驗設計是兩種完全不同的工具，兩者毫無關聯　(d) 在製程改善上，實驗設計可以用來降低變異性。

(　)10. 下列敘述何者爲正確？(a) JUSE 是日本品質管制學會的簡稱　(b) 品管圈的觀念是由日本人所提出　(c) 實驗設計的觀念最早是由日本人所提出　(d) CWQC 最早是由美國人所提出的管理觀念。

(　)11. Malcolm Baldrige National Quality Award 是哪一國的國家品質獎？(a) 英國　(b) 法國　(c) 美國　(d) 德國。

(　)12. 將實驗設計方法應用於農業科學的是哪一位學者？(a) Box　(b) Fisher　(c) Shewhart (d) Deming。

(　)13. 發明指數加權移動平均 (EWMA) 管制圖的是哪一位學者？(a) Deming　(b) Box (c) Roberts　(d) Page。

(　)14. 首先將實驗設計和反應曲面法應用於化學產業的是哪一位學者？ (a) Crosby (b) Box　(c) Deming　(d) Taguchi。

(　)15. 下列敘述何者爲不正確？ (a) SPC 是一種被動的 (passive) 統計方法　(b) 實驗設計是一種主動 (active) 的統計方法　(c) 實驗設計不能應用在產品開發階段 (d) 實驗設計也可以協助我們建立製程的統計管制。

(　)16. 國際標準組織 (International Organization for Standardization) 之總部位於哪一國？ (a) 英國　(b) 法國　(c) 美國　(d) 瑞士。

(　)17. 下列哪一項不屬於統計品質管制 (SQC) 之主要內容？ (a) 可靠度工程　(b) 實驗設計　(c) 統計製程管制　(d) 驗收抽樣。

(　)18. 累積和 (CUSUM) 管制圖是由下列哪一位學者所提出？ (a) Fisher　(b) Hunter (c) Shewhart　(d) Page。

(　)19. 簡稱爲 DOE 的是哪一種品管技術？ (a) 可靠度工程　(b) 品質機能展開　(c) 實驗設計　(d) 田口方法。

(　)20. 簡稱爲 SPC 的是哪一種品管技術？ (a) 因子設計　(b) 品質機能展開　(c) 統計製程管制　(d) 失效模式和效應分析。

(　)21. 特性要因圖是由下列哪一位學者所提出？ (a) Fisher　(b) Ishikawa　(c) Shewhart (d) Page。

(　)22. 道奇 (Dodge) 和洛敏 (Roming) 對於品質管制之貢獻主要在 (a) 可靠度工程 (b) 驗收抽樣　(c) 實驗設計　(d) 管制圖。

(　)23. 中華民國品質學會簡稱爲 (a) ASQ　(b) CSQ　(c) JSQ　(d) TSQ。

(　)24. 下列哪一組織不是在西元 1946 年成立？ (a) 美國品管學會 ASQC　(b) 國際標準組織 ISO　(c) 日本 JUSE　(d) 中華民國品管學會 CSQC。

(　)25. ISO 所發行之初版品質系統標準是在何時？ (a) 2000　(b) 1987　(c) 1997　(d) 1958。

(　)26. 下列哪一項手法不屬於 SQC 之範圍？ (a) DOE　(b) SPC　(c) 抽樣計畫　(d) FMEA。

( )27. 簡稱為 QFD 的是哪一種品管技術？(a) 統計品質管制 (b) 統計製程管制 (c) 品質機能展開 (d) 失效模式和效應分析。

( )28. 國際標準組織簡稱為 (a) ASQ (b) ISO (c) JUSE (d) NQA。

( )29. 下列哪一項是屬於預防成本？(a) 製程管制 (b) 失效分析 (c) 量測儀器之維護 (d) 顧客抱怨處理。

( )30. 外部失敗成本包括哪些項目？(a) 進料、製程及成本之檢驗 (b) 修理、重工、廢品及損壞 (c) 工具維護、量具管制 (d) 顧客抱怨、退貨。

( )31. 由產線下游驗退加工零件所造成的再製成本屬於 (a) 外部失敗成本 (b) 評估成本 (c) 製程測量成本 (d) 內部失敗成本。

( )32. 在品質成本之分類中，下列何者不是屬於內部失敗成本？(a) 產品報廢 (b) 重工 (c) 失效分析 (d) 品質數據蒐集及分析。

( )33. 下列哪一項是屬於評估成本？(a) 製程管制 (b) 失效分析 (c) 量測儀器之維護 (d) 顧客抱怨處理。

( )34. 與「品質、品質管制」相關之教育訓練費用是屬於 (a) 預防成本 (b) 評估成本 (c) 內部失敗成本 (d) 外部失敗成本。

( )35. 下列哪些項目屬於預防成本？(a) 品質規劃 (b) 花在品質系統稽核上的時間 (c) 設置品質記錄系統的成本 (d) 以上皆是。

( )36. 下列哪一項不屬於品質管制及改善之技術性工具？(a) SPC (b) DOE (c) ISO 9000 (d) 驗收抽樣。

二、問答題

1. 說明品質之定義。
2. 請根據詞源學 (etymology) 分析「質」的意義。
3. 請以「手機」為例，說明八個品質構面。
4. 請針對「微波爐」，說明其「性能」和「特色」品質構面。
5. 請針對「電冰箱」，說明其「性能」和「特色」品質構面。
6. 區別品質管制、品質保證及品質管理。
7. 比較 TQC、CWQC 與 TQM 之差異。
8. 說明品質成本之分類並各舉一例。
9. 說明品質管制和改善技術之演進。

10. 請說明 SPC 和 DOE 在品質改善中所扮演之角色。兩者有何關聯？
11. 請說明爲什麼光靠事後之檢驗無法提升產品品質。
12. 何謂可靠度？
13. 說明何謂產品責任。
14. 在國內我們一般稱「quality improvement」爲品質改善，請搜尋相關資料，瞭解日本人如何稱呼「quality improvement」。
15. 美國人爲了擴大品質改善的範圍，將原本的美國品質管制學會 (ASQC) 改名爲美國品質學會 (ASQ)。而我國的中華民國品質學會 (CSQ) 原名爲中華民國品質管制學會 (CSQC)。請搜尋相關資料，瞭解日本人爲何仍稱其學會爲 「The Japanese Society for Quality Control」。
16. 在日本與品質有關的學會稱爲「The Japanese Society for Quality Control」，日本人用漢字來表達稱爲「日本品質管理學會」。換言之，英文的「Control」在日本稱爲「管理」。請搜尋相關資料，瞭解日本人又是如何稱呼「Total Quality Management」。

NOTE

Chapter 2

全面品質管理

章節概要和學習要點

本章說明全面品質管理之概念，並簡介對全面品質管理有貢獻之品管大師的理論，包含美國戴明、朱蘭、克勞斯比、費根堡和日本石川馨等人。而另一個重點在於介紹與全面品質管理相關之改善活動。

透過本課程，讀者將可了解：

- 全面品質管理之意義。
- 全面品質管理之推動模式。
- 品質大師之品質管理哲學。
- 與全面品質管理相關之改善活動。

2.1 全面品質管理概論

全面品質管理 (total quality management, TQM)，或稱全面品質經營是目前廣受企業界注意之品質觀念。除了統計方法之運用外，TQM 牽涉到顧客和供應商之互動關係。重視生產過程是 TQM 之一項重要特色。顧客對於產品之定義及評估，被作爲生產過程之輸入，其目的是用來提升產品之成效及提供更高層之顧客滿意度。

全面品質管理源自於全面品質管制 (TQC) 和全公司品質管制 (CWQC) 之觀念，自從在美國推行後，即獲得品管界之重視，美國不但將它列爲國家品質獎評審重點 (見本書第 17 章)，美國國防部更將 TQM 的做法編成指引，要求所有的美國國防合約商據以執行。TQM 的指導原則在告訴企業經營者從事經營活動時，必須以顧客爲重，結合企業整體力量不斷解決問題以提升產品和服務品質，爭取市場上的優勢地位。

美國國防部將 TQM 定義爲一種企業經營的理念，同時也是代表企業組織持續改善的基礎和一組指導原則。它應用數理方法及人力資源以改善本身所提供的產品和服務，以及組織內所有的過程，其目的是要追求符合顧客目前與未來的需求。TQM 包含了經營理念、政策與程序及一套改善工具。在全面品質管理中，「全面」代表組織中各單位、各層級員工都需要以追求品質爲目標，「品質」代表組織各層面之卓越性，「管理」則是將透過管理過程追求高品質之結果 (Bounds 等人，1994)。

上述之定義提到「品質」是追求各層面之卓越性，而非單純之產品品質。傳統之「品質」是指狹義的產品品質，學者將這種側重產品品質的品管作法稱爲小 q (Juran 和 Gryna, 1993)。在 TQM 中，品質意味組織內各項活動及最終產品的卓越程度，無論使用者是內部或外部顧客，品質是以使用者滿意程度來判斷，這種作法被稱爲大 Q 的觀念。表 2-1 比較小 q 和大 Q 間之差異。

表 2-1 小 q 和大 Q 間之差異

類 別	小 q 觀念	大 Q 觀念
產品方面	製造品為主	所有產品及服務
製造方面	與貨品有直接關係的製程	製程、支援及業務等過程均包含在內
職能方面	只將製造產品有直接相關的部門納入	將企業所有部門均納入
設施方面	以工廠為主	所有設施
顧客方面	以外部顧客為對象	含企業内及外的顧客
品質成本	只管不良的產品	包含追求事事完美以消除不良品的成本

實施 TQM 是一個長期之過程，需要領導和完善之管理。成功推行 TQM 之企業與其他企業之主要不同點有：(1) 管理階層之領導；(2) 具有不凡之目標；(3) 完善之行動計畫；(4) 全員以品質為目標；(5) 重視教育訓練。

一個 TQM 架構之主要機能元素包含：重視顧客、持續改善和全員參與。重視顧客是指追求內、外部顧客的滿意，持續改善是透過員工的教育訓練來完成。全員參與指組織內員工和組織之供應商協力合作追求高品質。有些學者則以哲理 (philosophy)、政策程序和工具來說明 TQM 之構成元素。哲理包含管理階層之承諾、持續改善、重視顧客和全員參與。政策和程序包含教育訓練、資源、員工之激勵等。工具則是指品管手法、電腦設備和量測系統等。由 TQM 之構成元素來看，TQM 之完善實施應包含員工獲得授權以團隊合作之方式結合解決問題和績效量測之方法，有系統地分析製程和產品。TQM 之目的是要創造一個工作環境 (包含企業內之員工和其供應商)，鼓勵員工學習、合作，發揮其潛能，用以追求內、外部顧客之滿意。TQM 所具備的特質有下列幾項 (Burr, 1993；戴久永，1992)：

1. 專注於顧客要求 (顧客導向)。
2. 支持性的組織文化。
3. 持續不斷地改善品質。
4. 全員參與、團隊合作。
5. 組織中所有人員接受品質管理訓練。
6. 高階管理領導與承諾。
7. 客觀的衡量標準。

2.2 品質理論和管理策略

全面品質管理之理論是集合多位品質管理專家之理念所構成。本節將介紹和探討下列幾位品質大師之品質管理理論：戴明 (W. Edwards Deming)、朱蘭 (Joseph M. Juran)、克勞斯比 (Philip B. Crosby)、費根堡 (A. V. Feigenbaum) 和石川馨 (Kaoru Ishikawa)。這些專家之理論的相同處多於相異處，這些管理先驅都強調品質是重要的競爭武器、管理在品質改善上扮演重要的角色，他們也都強調統計方法和技術在一個組織之品質改善上的重要性。

2.2.1 戴明之品質管理理論

戴明 (10/14/1900-12/20/1993)，出生於美國愛荷華州，1927 年取得耶魯大學的數學及物理學位，隨即任職於美國農業部，期間曾隨蕭華特 (Shewhart) 學習統計品管。1950年7月應日本科學技術連盟 (JUSE) 之邀赴日進行爲期八天的講學，講授統計品質管制，帶動了日本的品質革命。日本製造業在 1970 及 1980 年代之所以有相當好的統計品管能力，原因之一便是得力於戴明博士的幫助。戴明被日本人稱爲「第三波工業革命之父」與「品質之神」。日本科學技術連盟更於 1951 年以戴明捐贈的課程講義版稅加上募得之資金，設置戴明獎 (Deming Prize)，用以獎勵應用統計品管有卓越成就的企業。戴明對美國企業雖然有許多貢獻，但眞正廣爲世人所知，則始於 1980 年 6 月 24 日在 NBC 電視頻道播放的一部「日本能，我們爲什麼不能 (If Japan Can... Why Can't We?)」的電視影片。此影片探討並說明日本人如何遵循戴明之建議，進行持續改善，最後取得全世界大部分的汽車和電子業市場。

戴明的品質管理理念主要包含：(1) 淵博知識系統 (system of profound knowledge)；(2) P-D-C-A 循環；(3) 改善過程；(4) 品質改善連鎖反應；(5) 一般原因 (common causes) 與特殊原因 (special causes)；(6) 七項致命的病菌 (seven deadly diseases)；(7) 十四項管理原則。分敘如下：

一、淵博知識系統

戴明之淵博知識 (或稱深層知識) 系統是由四個部分構成：(1) 瞭解系統；(2) 變異知識；(3) 知識理論；及 (4) 心理學知識。戴明認爲現行的管理風格必須進行轉型，轉型需要具備淵博知識。系統內的各組成份子應該互相強化而非競爭，並應進行最佳化 (優化) 以達成系統的目的。在政府單位與教育機構也同樣要進行轉型。根據戴明之看法，一個系統是由相互依賴的組成元素所構成，這些元素必須合作以達成系統之目標。一個系統必須要有目標，如果沒有目標就沒有系統的存在。一個元素的最佳 (適) 化並不代表整個系統的最佳化。一個系統必須加以管理，所謂最佳 (適) 化是管理者協調組織中各組成元素之努力，來達成預設之目標。

在變異知識中，戴明指出沒有任何兩樣東西是完全一樣的。變異是自然、天生的，它是生活中不可避免的一部分。品質改善或持續改善的目的是要隨著時間將製程的水準調整到目標值，並降低變異的程度。戴明認爲一個流程中的變異大部分是屬於一般原因所造成，這是流程設計時固有的變異。管理者控制流程的設計，系統內之一般員工則是受限於當初的設計。戴明認爲，一個流程必須處於統計管制內 (in statistical control)，才能有一個可定義 (definable) 之製程能力。在持續改善過程中，戴明提出兩種常犯的錯誤：(1) 將結果誤認爲是來自於特殊原因，而實際上是來自於一般原因所造成的變異；(2) 將結果視爲是來自於一般原因之變異，而實際上是特殊原因所造成的變異。戴明也指出，在使用資料或數據時，必須要有各種不確定性來源之知識。量測本身就是一個過程，我們必須要知道量測系統是否爲穩定。戴明也認爲眞實值 (true value) 並不存在，量測值會隨著操作定義 (operational definition) 之不同而改變。

戴明的知識理論指出，一個系統之改善有賴我們對於組織之持續研究。改善是對於系統的學習，並發展出新的知識。學習的過程包含：(1) 理論之形成；(2) 根據過去的經驗進行預測；(3) 測試理論；(4) 檢查結果。戴明認爲知識依賴理論，而一般人常將資訊 (information) 誤認爲是知識，例如：字典內有許多資訊，但它們不是知識。戴明指出過去的經驗如果沒有任何理論，將無法教我們任何東西。實務將形成常規，但它並不代表完美。抄襲範例並不會帶來知識。如果只是抄襲他人成功的範例，而不借助理論來了解其成功的原因，將會帶來大災難。

對於心理學知識，戴明認爲心理學可以協助我們了解人性和人類行爲；人和環境之間的交互作用；領導者和員工之間的交互作用。戴明認爲管理員工必須具備心理學和激勵員工之知識。工作滿意度和激勵員工是屬於內在的因素，獎勵和表揚是屬於外在的因素。管理者必須利用適當的內、外在因素的組合，來激勵和管理系統內的組成份子，以達成系統的最佳化。

二、P-D-C-A 循環

P-D-C-A 循環是由美國蕭華特博士所提出，稱爲Shewhart循環，在 1950 年代，日本人將其改稱爲戴明循環 (Deming Cycle)。如圖 2-1 所示，此循環是不斷重複計畫 (plan)、執行 (do)、檢討 (check) 和行動 (action) 等四項活動。戴明將第三步驟改爲研究 (study)，因此也稱爲 PDSA 循環。(**註**：「check」一詞，國內之其他翻譯有「檢視、檢核、查核」；「action」一詞，國內之其他翻譯爲「對策」)

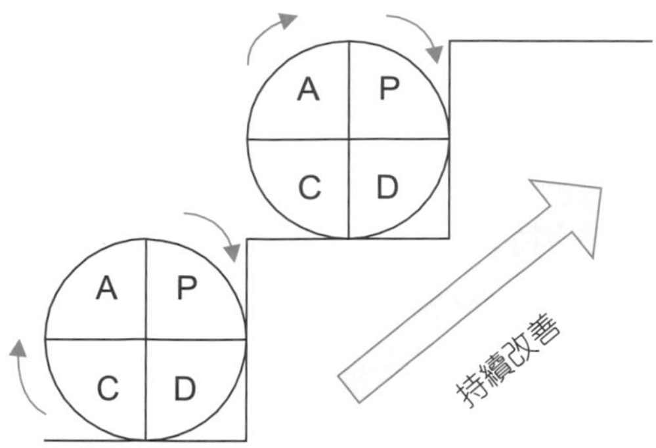

圖 2-1 戴明 (P-D-C-A) 循環

計畫階段之主要工作是訂定各項標準或規格，執行階段則是將步驟 1 之計畫付諸實施，檢討是將實際作業與原定計畫比較，查明其差異性。行動 (對策) 是調查實際作業成果與目標值之偏差，採取矯正行動並確認其效果。表 2-2 說明戴明循環各階段之工作內容。

表 2-2 P-D-C-A 循環

階段	說明
計畫	(1) **決定目標**：根據市場需要、公司的技術與製造成本、原料的供應與經濟性等因素，訂定產品的品質水準。 (2) **決定達成目標的方法**：當產品的品質目標決定之後，進一步訂定原材料之規格、設備、機器、工具之標準、操作標準及檢驗標準等。
執行	(1) **教育訓練**：針對各種標準預先教導員工，使其熟悉各項標準，並確實按標準工作。 (2) **生產作業**：依照標準作業實際操作，注意員工是否按照作業標準工作，隨時予以指正。如果原訂之作業標準不夠齊全或不切實際時，應鼓勵員工提出建議，以便進行改善。
檢討	(1) **量測**：量測產品之品質特性，並做成記錄。 (2) **分析**：利用統計或其他方法整理、分析量測之數據，推論產品之品質狀況。 (3) **判定**：根據分析之結果，判定是否存在差異。
行動	(1) **研擬改善對策**：深入研究造成差異之原因，採取有效措施，防止差異原因再發生。 (2) **改善對策之複核**：執行改善措施後，應對產品抽樣測定，以判定改善措施是否達到預期之效果。若改善措施無效，則應重新研擬改善對策。 (3) **標準化**：若改善對策被證明有效，則應將修改之作業方法予以標準化，並根據新的作業方法訓練員工，使同樣之問題不再發生。

三、改善過程

戴明認爲在製 (過) 程末端從事檢驗以判定其優劣爲時已晚，也所費不貲。戴明強調將檢驗不良轉換爲預防不良。預防不良的方法可由製程分析、管制與改善獲得。製程管制可先由量測值瞭解變異性，若有失控或管制外之情形，應立即採取矯正措施，使其產品與服務均能滿足顧客的需求。

四、品質改善連鎖反應

戴明常用品質改善連鎖反應之觀念說明品質改善所帶來之效應。品質改善可以減少重工、錯誤、延遲，因而降低成本。另外，較佳的產能與物料使用率也可以使成本降低。產能改善後，我們可以用較佳的品質及較低的價格獲得市場占有率。組織可以維持生存持續經營，並提供更多的工作機會。

五、一般原因與特殊原因

戴明認爲沒有一種東西是兩件完全一樣的，他將變異的原因以統計技術區分爲一般 (或譯爲共同) 原因和特殊原因兩類。他認爲一般原因是由於系統或系統管理方式所產生，不是一般工人所能處理，只有管理者或管理系統者才能改造它，所以應該爲它負責。戴明將變異責任的歸屬明確區分爲管理者與作業員，並認爲建立制度與改善制度是管理者之責，按制度要求把工作做好則是作業員之責。

六、七項致命的病菌

除了重視系統外，戴明以企業醫生的角色從企業診斷的經驗中指出，在追求品質改善過程中，有時會受到可怕的與致命的管理病菌侵害而受阻，要設法避免。戴明列舉出七項，稱爲「seven deadly diseases」，說明如下：

1. 缺乏一致的目標，作爲產品 / 服務市場長期規劃的基礎。
2. 強調短期的利潤。
3. 過分依賴績效評估。
4. 管理的流動性 (management mobility)。
5. 只以可見的數字經營公司。
6. 過度的醫療成本。
7. 過度的責任成本。

戴明認爲上述七項病菌是他的管理理念能否被有效實施的障礙。第四項，管理的流動性是指管理者並沒有將時間花在該負責的工作上。管理者花較多的時間在思考自己的未來，而不是思考如何將目前的工作做得更好。

七、十四點原則

戴明的管理理論是執行品質與生產力改善的重要基準。其理論摘錄在他的管理十四點原則中。以下簡短的說明及介紹其十四點原則：

1. **建立永續之公司目標**

   建立公司持續改善產品和服務之目標，並且清楚地公佈給每一位員工。持續地改善產品設計和成效，投資於研發及創新工作，將使組織獲得長期之回報。

2. **各階層員工採用新的哲理**

   採用新的品質哲理，拒絕不良的工作、不合格品或不良的服務。生產一件不合格品之成本與生產一件合格品之成本相當 (有時更高)，由於不合格產生之報廢、重工和其他損失，將耗費公司大量的資源。

3. **不要依賴大量檢驗來管制品質**

   檢驗爲區別不合格品和合格品之過程，它並未考慮問題之眞正原因，亦即檢驗並未考慮何種原因造成不合格品之產生及如何消除這些原因。生產不合格品是要付出代價的。有一些不合格品可以重工，但另一些可能要報廢。由於重工和報廢都將造成資源之使用和成本之支出，製造者將會根據不合格品之比例調整單位售價。此將造成市場占有率之降低，同時產能也會受到影響。依賴大量檢驗將無法刺激員工認眞地檢查製程，以防止缺點之發生，使得不合格品持續地產生。例如：某一產品是由多位檢驗員負責，由於預期其他檢驗員也會查出不合格品，檢驗員不會認眞地執行檢驗之工作。另外，工作疲勞也會影響檢驗之成效。檢驗代表不合格品是可以預期的，戴明認爲依賴大量檢驗如同計畫缺點將會出現。經由製程之改善，預防不合格品，才能眞正獲得高品質之產品。

4. **不要單以價格來選擇供應商**

   價格只有在與品質同時考慮時，才能有意義地評量供應商之產品，換句話說，在選擇供應商時必須考慮整體之成本而非採購成本。在考慮產品品質時，得標者並非是具有最低價格之供應商。在選擇供應商時，應優先考慮能以現代方法從事品質改善且能證明其製程管制和能力之供應商。

5. **持續改善生產和服務系統**

強調缺點之預防，持續地對生產及服務系統進行改善，有賴於員工之參與和使用統計方法進行製程之改善。

6. **對所有員工進行教育訓練**

製程之持續改善有賴於員工熟悉統計方法和技術，員工除了接受和其工作有關之技術方面的教育外，尚需學習和品質生產力提升有關之方法。教育訓練之做法需能鼓勵員工在其日常工作中使用這些方法。

7. **實行現代化之督導方法**

主管爲管理階層和作業員間溝通橋樑，應該避免被動地監視作業員，而是應該主動地協助作業員完成工作。

8. **驅除恐懼**

管理階層的責任之一是驅除組織內各成員之恐懼。組織內之恐懼將帶來極大的經濟損失。員工將不再對其工作、生產方法、影響製程之參數、操作條件等提出問題，對於品質和生產效率將產生極大之影響。

9. **消除部門間之障礙**

持續的品質和生產力之改善有賴不同部門間的團隊合作。部門間之障礙將使資訊無法流通，個人或部門之目標無法與全公司的目標一致。

10. **清除目標和口號**

口號和設定目標本身並沒有任何用處，除非有達成目標之具體步驟。

11. **消除配額和工作標準**

工作標準並非由眞正執行工作的人所建立，這些標準是依據數量而非品質來決定。由工作標準所定義之配額將造成持續改善之障礙，因爲配額將鼓勵員工達成一定數量，而非生產可接受之產品。戴明認爲配額將鼓勵員工生產不合格品，配額也無法區分作業員之責任和管理階層之責任。員工可能會因無法達成配額，而遭到處罰，但這些可能不是員工之責任。此將造成員工自尊和工作士氣受損。

12. **消除使基層員工氣餒之障礙**

管理階層必須聽取基層員工之建議，意見和抱怨。從事實際作業之基層員工對其工作最爲了解，對於製程之改善可能有具備價值之想法，管理階層需將他們視爲企業之主要參與者。

13. 對每一員工建立持續之教育訓練計畫

接受簡單、有效之統計方法之訓練必須視為每一員工之義務。讓每一員工了解統計方法之使用，將可使其更能發覺不良品質之原因和確認品質改善之機會。戴明認為教育是使每一員工參與品質改善過程之一種方法。

14. 建立高層管理體系，使其有活力地倡導前 13 項原則

由上述 14 點原則可看出，戴明強調改變 (change) 和指導改變過程的管理者角色。戴明同時也強調統計分析和工具之應用。

2.2.2 朱蘭之品質管理理論

朱蘭博士 (12/24/1904-2/28/2008) 出生於羅馬尼亞，1912 年移民美國，1924-1941 年間服務於西方電氣公司而與蕭華特博士共事，也承蒙其教誨。朱蘭將品質定義為「適合使用」，並強調在產品特性與產品無缺陷之間要取得平衡。他認為任何受到產品影響者皆為顧客，包括在開發階段處理產品的內部顧客，以及接受成品的外部顧客。其所撰寫之品質管制手冊 (Quality Control Handbook) 自 1957 年出版以來，便是品質方法和品質改善的標準參考書。

朱蘭的主要貢獻之一，是將「柏拉圖原理」導入品質管理領域。朱蘭認為大多數品質不良的問題可歸咎於「重要的少數」(vital few) 原因，其餘的原因多為「不重要的多數」(trivial many)。在解決問題時，應先處理重要的少數項目，才容易獲得高效益。

朱蘭認為許多品質問題是由管理不良所引起，至少有 80% 的品質問題應該由管理階層負責，其餘的 20% 才是技術的問題。他認為要了解品質問題，首先要找出其發生問題的眞正原因，採用品質管理的手段，以符合顧客要求與適合使用作為品質目標，不斷從事研究－開發－設計－規格－製造規劃－採購－生產－製程管制－檢驗－測試－銷售－售後服務－研究，這種技術與管理的交互運用，形成朱蘭的品質進步螺旋 (the spiral of progress in quality)。

朱蘭建議以品質規劃 (quality planning)、品質管制和品質改善 (quality improvement) 作為品質管理之三項基本程序，此稱為品質三部曲 (quality trilogy) (Juran, 1986)。表 2-3 說明品質三部曲之工作內容。品質規劃階段包含確認外部顧客和決定他們的需求。接著，我們要設計和開發能夠反應顧客需求的產品或服務，而產生這些產品和服務的過程也將繼續被發展。品質管制則是為了確保產品或服務能滿足顧客需求，此階段最主要的工具是統計製程管制圖。品質改善階段則希望能提升現有的品質水準。品質改善可以是連續、漸增的 (incremental) 或是突破性的 (breakthrough)。突破性的改善包含研究一個流程，確認一組改變措施，使流程績效可以得到巨大而且快速的改善。實驗設計通常是用來達到突破性改善的主要工具。

表 2-3 品質三部曲之工作內容

品質規劃	品質管制	品質改善
(1) 確認內部及外部顧客 (2) 決定顧客之需求 (3) 發展產品特色以回應顧客之需求 (4) 以最低成本建立品質目標以符合顧客之需求 (5) 發展一製程以生產需要之產品特色 (6) 證明製程之能力	(1) 選擇管制對象 (2) 選擇量測單位 (3) 建立量測程序 (4) 建立成效之標準 (5) 衡量產品之實際成效 (6) 解析實際成效和標準間之差異 (7) 採取行動	(1) 證明改善之需要 (2) 確認改善之專案計畫 (3) 指導專案計畫之進行 (4) 探討問題之原因 (5) 找尋原因 (6) 提供矯正措施 (7) 證明矯正措施在作業條件下為有效 (8) 提供維持目前績效之管制

圖 2-2 爲品質三部曲之圖示。當完成品質規劃後，在品質管制階段我們要監控品質之變化。管制圖是此階段最主要的工具，它可用來偵測出製程中是否存在偶發 (sporadic) 的問題並進行改善，維持製程之穩定。當製程穩定後，仍有一些長期存在的問題 (chronic waste) 影響品質，換言之，穩定之製程並不代表其績效可以被接受。接著，進入改善階段，提升品質水準。若要得到突破性之改善，我們可以採用實驗設計方法，找出較佳的製程參數。當獲得較佳之品質水準後，我們仍然需要持續進行管制，維持改善之成果 (hold the gain)。本書第 3 章將會介紹六標準差之方法論，我們可看出六標準差之想法與朱蘭之品質三部曲的理念類似。

朱蘭談到品質改善時，他要求用專案的方式，一個接著一個地 (project-by-project) 進行。他建議組成兩種團隊：指導小組 (steering arm) 與診斷小組 (diagnostic arm)。管理者委員會可以向所有員工徵求改善專案計畫提案，選出當年專案，指派一組人審查每一提案。提案審查小組數應視入選提案數而定。此方法需要小組成員開發團隊領導與團隊參與的技巧及解決問題工具的知識。同時，所有員工都要具備從事改善所需的技巧並加入改善的過程。

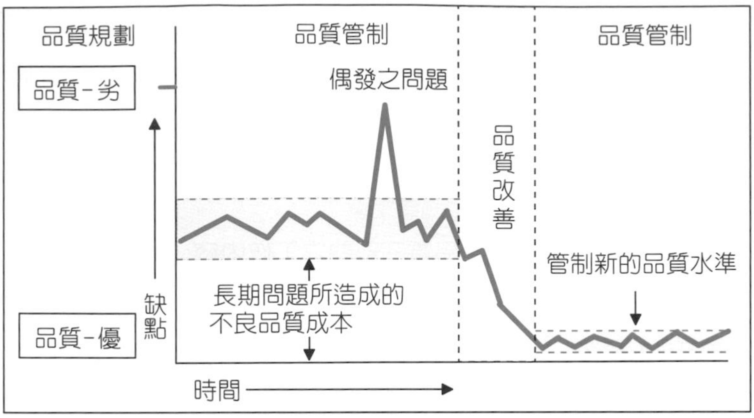

圖 2-2 品質三部曲之圖示

對於透過大幅度改善來獲得績效之顯著成長，朱蘭提出一個通用的模型，稱爲突破順序 (breakthrough sequence)：(1) 證明突破之需要性；(2) 鑑定問題之少數重要貢獻因子；(3) 組成突破改善之團隊；(4) 解決問題；(5) 排除抵抗改變之阻力；(6) 進行變革；(7) 進行管制並維持改善成果。在上述過程中，步驟 2 是指鑑定重要少數的專案。步驟 4 包含進行分析以發覺、找到問題的原因。在步驟 5 中，我們要確認受到變革影響的相關人員以降低阻力。在步驟 6 中，我們也要考慮受到變革影響之相關人員所需要的訓練。步驟 7 是進行管制以維持改善之成果，但也不能使持續改善受到限制。

2.2.3 克勞斯比之品質管理理論

克勞斯比先生 (6/18/1926-8/18/2001) 出生於美國西維吉尼亞州。克勞斯比編寫「品質管制從 A 到 Y (Quality Control from A to Y)」，是他說明預防觀念的第一篇文章。1961 年，當他任職於美國馬丁公司的飛彈部門時，提出零缺點「zero defects」之觀念。他認爲零缺點不只是激勵的口號，而是一種態度與對預防不良發生的承諾。他在 1979 年出版的「品質是免費 (Quality is Free)」一書中 (Crosby, 1979)，試圖將其品質理念傳達給美國的管理者。書中強調品質是免費的，但它不是禮品。換言之，我們仍必須投入心力在品質改善活動。「品質是免費」的背後意義是指任何的品質改善都會獲得回報。品質與成本不是對立的，品質提升成本自然會降低。不合標準的代價 (事後的矯正費用) 可以用來作爲診斷組織運作的效益與效率，是一項很好的管理工具。

克勞斯比的品質管理理念強調第一次就把事情做對 (do it right the first time, DIRFT)，而不是依賴檢驗。他將品質定義爲符合需求 (conformance to requirements)。克勞斯比在他的「不流淚的品質 (Quality without Tears)」一書中 (Crosby, 1984) 提出品質管理四大定律 (absolutes for quality management)：

1. 品質的定義是符合需求。
2. 品質是來自於預防系統。
3. 績效標準是零缺點。
4. 以產品不符合需求的代價衡量品質。

克勞斯比在其「品質是免費」一書中，提出品質管理成熟方格 (quality management maturity grid, QMMG) 之概念，此方法可以讓公司管理者自我評估其現行地位。成熟方格之縱軸列出量測項目，橫軸劃分不確定 (uncertainty)、覺醒 (awakening)、啓蒙 (enlightenment)、明智 (wisdom)、及確定(certainty) 五個階段，由縱軸測量項目在各階段之表現，以顯示其管理的成熟度。

1. **不確定**：企業內部員工努力工作，但品質問題仍不斷發生。產品始終無法令人滿意，卻不知道原因何在。管理階層對品質沒有概念，也不知道如何改善品質。
2. **覺醒**：管理階層開始瞭解品質管理的重要性，但卻仍不願投入時間、金錢去改善它；有意改善品質，卻害怕改變。企業內部所作的努力僅侷限於品管人員的測試和評估，缺乏一套解決品質問題的長程計畫。
3. **啓蒙**：管理階層決定提出品質政策，並著手品質改善計畫。管理階層在此階段成立健全的品質部門並充分授權以示決心。企業內部進行各種測試、評估、分析的工作，每一部門都編列品質管理訓練經費，並由品質改善小組推動品質改善活動。
4. **明智**：公司對品質管理開始有正確的態度，各部門都把改善品質、預防問題，視爲重要的任務。公司內部因爲品質不符合要求而產生的成本顯著降低。
5. **確定**：管理階層視品質管理爲公司之命脈，有良好的預防系統來減少問題的發生，品質成本降低到大約只相當於品管部門的薪資與測試成本，品質管理工作需持續不斷推動。

零缺點計畫 (zero defects program) 是克勞斯比任職於美國馬丁公司的飛彈部門時所提出之改善觀念。零缺點計畫之主要目的是在消除缺點，它是以零缺點爲最終目標 (但未必是絕對零缺點)，訂定短期目標，努力達成，然後進一步修訂，繼續推行以便進一步降低缺點。在實務中，缺點或員工之過失可能來自於下列一項或多項因素之組合：

1. **員工專業知識或技術不足**：不知如何正確地執行一項工作。
2. **工作環境欠佳**：缺乏正確執行一項工作所需之工具設備或舒適之環境，造成工作績效不佳。
3. **員工之疏忽**：員工未認眞地執行一項工作，以致於發生錯誤。

上述前兩個問題可經由員工之訓練或工具之更換來解決。而第三項則有賴員工工作態度改變來完成。零缺點計畫是一種簡易之方法，用以保證組織內部每一位成員了解其個人在組織之產品和服務上的重要性，養成第一次就做對之工作態度；另一方面，管理階層也要體認其屬下員工之重要貢獻。

零缺點計畫本身主要是一種哲理而並不完全是技術。零缺點計畫包含員工激勵和缺點預防兩個層面。激勵層面主要在使員工具有責任心與榮譽感，降低本身之錯誤並追求完美之工作。預防層面則是鼓勵員工協助降低屬於系統性而且可以控制之錯誤。在此層面上，零缺點計畫之重點是放在生產過程中，預防缺點產生，而不是缺點發生後才採取改正措施。

零缺點計畫可應用於企業中之任何業務及作業，其實施步驟包含組成適當之組織、訂定目標、評價及獎勵。零缺點計畫是一種具有經濟性之品質改善活動。它所能帶來之可能效益有：提高員工技能或知識、發揮員工潛能、激發員工創造之風氣、減少工作錯誤之發生等好處。推行零缺點計畫時，所面臨之一項重要問題是若只依賴激勵員工之方法，缺乏管理階層之承諾或統計、工程方面之技術支援時，則不太可能成功。由工業界之經驗顯示，同時考慮激勵和預防層面之公司，在推行零缺點計畫所獲得之效益，將會比只考慮激勵措施之公司來得高。

2.2.4 費根堡之品質管理理論

費根堡出生於美國紐約市，1951 年獲得 MIT 博士，1942-1968 年間任職於美國 GE 公司。他在 1951 年出版「Total Quality Control」一書，使全面品質管制成爲熱門的名詞 (Feigenbaum, 1983)。這本書中的觀念影響了 1950 年代初期許多日本早期的品質管理哲學。事實上，許多公司使用全面品質管制這個名詞來描述他們的努力。他提出了改善品質的三個步驟：品質領導、品質技術和組織投入。關於品質技術 (quality technology)，費根堡所指的是統計方法和其他技巧性以及工程的方法。

費根堡關心組織結構和改善品質的系統。他提出了十九個步驟的改善方法，而其中第十七個步驟所使用的就是統計方法。他最早建議專門能力應該專屬於一個特定部門，這和現代認為統計工具的知識和使用應該擴展至全公司正好相反。然而，費根堡對組織的研究非常重要，因為品質改善並非單純的基礎活動，它需要許多管理行為協助。

2.2.5 石川馨之品質管理理論

石川馨博士 (7/13/1915-4/16/1989) 出生於日本東京，1939 年畢業於東京大學應用化學系，1952 年獲得戴明個人獎。石川馨博士是特性要因分析圖的發明人，也是公認的「品管圈之父」。他認為如果管理階層能夠了解統計技術，並對品管圈成員之建議採取後續行動，則品管圈可以產生很大的效益。石川馨博士畢生致力於「品質管制」的推廣工作，對日本之產品品質提升，重塑高品質形象，有很大的貢獻。他倡導「全公司品管」(company-wide quality control) 的觀念與做法，廣為企業界品質經營者接受。而他的名言「品管始於教育，終於教育」，已成為追求高品質的公開秘笈。石川馨採取廣義的方式定義品質，他認為品質包含：工作品質、服務品質、資訊品質、製程品質、部門品質、人的品質 (包括：作業員、工程師、管理者)、制度品質、公司品質、目標品質等。他的品管理念可歸納為下列數項：

1. 品管是為了能製造出滿足顧客需求的產品為主，顧客需求年年在變，品質也要不斷提升。
2. 強調顧客導向。
3. 以廣義的涵義定義品質，將下一製程視為顧客。

石川馨認為品管是一種思想革命，管理者應對組織內之所有成員實施教育訓練，以徹底轉變其觀念，創造遵守標準之風氣。他的全公司品管之主張涵蓋：(1) 經營階層品質管制；(2) 作業階層品質管制 (即品管圈)；(3) 橫跨機能品質管制；(4) 供應商及採購品質管制。

2.3 全面品質管理之推行模式

TQM 提供一個組織在管理及各項作業持續改善所需要的領導能力、訓練與激勵的經營理念。全面品質管理的推動將是一項持續進行、永無止境的工作。TQM 之推行牽涉到公司內部之改變，包含管理方式及技巧、團隊合作、獎勵制度等。TQM 的推行模式包含下列幾個步驟 (戴久永，1992)：

1. 建立經營與文化環境。
2. 界定組織內各部門的任務。
3. 設定績效改善的機會、目標及優先順序。
4. 建立改善專案與行動計畫。
5. 採用改善工具與方法執行專案。
6. 確認效果。
7. 檢討與再循環。

在實施 TQM 時，管理階層可採用的策略說明如下。

1. **追求新的策略思考模式**

   在 TQM 的理念下，工作心態應從「若產品沒缺點，不必修改它」，改變為「應如何改善」。換言之，TQM 強調過程的持續改善，而不僅是符合標準而已。

2. **熟知顧客**

   一個組織中之成員必須體認「使用者滿意」是最基本的需求，無論這些使用者是內部或外部的顧客。

3. **設計顧客的需求**

   品質是符合顧客的期望或需求，因此熟知內部與外部顧客的需求，是滿足他們的先決條件。

4. **注重事前預防**

   在產品或服務的發展初期就考慮品質的問題，才能獲得最大的效益。一個組織內之成員必須要有「錯誤可以預防」的觀念。

5. **減少浪費**

   浪費是指未能增加附加價值的動作，各種浪費都可以藉著過程改善而降低。

6. 追求持續改善的策略

持續改善牽涉每一位員工，它的目的廣泛，涵蓋產品的品質、成本及安全性。持續改善有助於員工能力的提升。

7. 使用有系統性的思考方法從事過程改善

有步驟及有系統的方法能幫助使用者認清改善的時機。改善的績效可提供回饋，協助確認有待解決的下一階段問題所在。

8. 縮小變異性

對任何品質特性，無論其是否存在不合格品，都應持續減少變異性。當變異性縮減，零件品質將更爲接近，完成品也將更好且更爲可靠。

9. 考慮技術面與社會面

對於技術面的改變，常會伴隨著員工對於社會層面的反對 (被迫學習新的技能或工作方式)。因此實施 TQM 必須採用兼顧技術面與社會面平衡的作法。

10. 將上述原則應用於所有部門

在 TQM 的理念下，任何職能部門都會生產產品，因此只要有過程存在，就應該可以被改善。實施 TQM 應該包含所有的組織功能。

全面品質管理 TQM 強調全員參與，以團隊合作方式持續改善品質。教育訓練是 TQM 中之重要工作，並且牽涉到組織內各基層員工。有些學者建議教育訓練應由上 (管理階層) 至下 (基層員工) 之方式進行。此方式是可以讓多數之基層員工了解到管理階層之重視，因而有意願接受品管方面之訓練。但其缺點是要花費很長之時間，才能讓全體員工接受訓練，因此另一些學者建議品管教育訓練由管理階層和基層員工同時開始。訓練課程之內容依不同階層之需求而定，其主題包含下列品質觀念和手法：品管七手法、環境品質 5S、統計製程管制、改善活動、全面品質管制、ISO 9000 系列、品管圈、方針管理、全面生產保養、品管新七手法、品質機能展開和田口品質工程等。

成功地實施 TQM 將能有效激勵員工、提高生產力和提高顧客滿意度。高品質之產品或服務，能增加企業之市場占有率和利潤。TQM 之持續改善可消除或減少企業內部無附加價值之活動，降低產品週期時間，增加顧客滿意程度和產品之銷售量。

2.4 與全面品質管理相關之改善活動

2.4.1 品管圈

品管圈 (quality control circle) (又稱爲品質圈，quality circle) 是源自日本之一種員工激勵活動，希望由在現場工作的第一線人員，自主地、自發地、持續地進行改善的小集團活動。品管圈之成員爲具有相同工作性質之員工 (可能爲同一部門) 通常包含 5 至 10 位自願參與之員工，包含作業員、領班、管理人員等，其目的是在研究改善工作之效率，其研究對象不限於品質問題，尚可包含生產力、成本、工作安全和其他製造環境等層面。

品管圈之起源是基於下列基本之人性考量：

1. 員工希望做好自己的工作。
2. 員工希望參與影響其工作之決策。
3. 員工希望獲得更多之資訊以便更了解其組織內之目標和問題。
4. 員工希望獲得肯定、責任感及自尊。

品管圈活動之理念是認爲現場工作人員比其他人更了解其工作內容，這些員工應該參與改善浪費之活動和建議解決問題之方法。品管圈活動是由教育訓練開始，包含數據蒐集和分析、研討過去成功之品管圈活動專案和完成一項實際專案。自 1962 年日本推行品管圈活動後，此方法已引起其他國家之重視和採用。品管圈活動可經由資訊之蒐集，產生一些對工作改善有效之建議。推行品管圈活動所能得到之效益包含：

1. 增進員工個人之工作能力。
2. 提高員工個人之自尊。
3. 協助員工改變個人之工作習性。
4. 改變員工之工作態度。
5. 改善員工之作業環境。
6. 使員工更深入了解品質之重要性。
7. 增進員工和管理人員之溝通。

品管圈活動之成功與否取決於三項因素：(1) 基本統計方法之運用；(2) 團隊合作；(3) 工作滿意。統計方法之使用提供一個解決問題之系統化方法。在品管圈中所研究之問題，其答案或建議並非主觀之意見或憑空想像，而是需要科學化之分析方法。美國工業界自 1970 年代引進品管圈之觀念，但其成效遠不如日本，其中一項因素在於美國現場工作人員缺乏統計方法之訓練。一般而言，品管圈活動所使用之品管手法包含特性要因圖、查檢表 (檢核表) 等，請參考第 4 章之說明。這些工具可協助品管圈成員蒐集數據，並以系統性、合乎邏輯的方法來解決問題。

影響品管圈成功與否之第二項因素爲團隊合作，此要素可協助意見之溝通、員工問題之改善、良好工作態度之建立。第三項因素爲員工的工作滿意，經由品管圈活動，可建立員工發表看法和陳述意見之管道。由於員工的看法被重視，其工作滿意程度可因此而增加。

除了上述三項因素外，有些學者認爲文化和技術上之差異也是影響品管圈活動是否能夠成功之主要因素。在西方社會中，工程師或管理階層大都不願將傳統上屬於自已的權力或特權託付給現場工作人員。另一方面，現場員工不認爲他們有替公司解決問題之責任；然而這些員工對於品質和製程之改善通常有很好之想法，因此，如何改變員工之工作態度將是一項很重要之挑戰。另外，中、高階層管理人員之觀念和認知也是需要加強的部分。多數管理人員並未體認品質在生產力提升上之重要性，或利用工程和技術能力以提升品質和生產力。

對於品管圈之推動，學者專家有下列建議：

1. 對於員工的努力要加以獎勵，即使他們的提案未被採用。
2. 經由提案制度，提供金錢上之獎勵。
3. 對員工提供足夠的訓練，以使他們能處理更複雜的問題。
4. 提供一個系統以使員工能組成跨部門之品管圈。
5. 對中階管理人員提供必要之工具和技術之訓練。
6. 管理人員重視員工解決問題之過程的品質而非成果。

品管圈解決問題的步驟稱爲 QC Story。它原本是 QCC 小組實施改善活動後，爲了將活動成果發表或做成報告時，所採用的一種書寫整理的程序。今日談到 QC Story 是把它當作：(1) 解決問題的進行順序；(2) 將活動做歸納整理的順序；(3) 活動結果讓別人容易瞭解的順序。QC Story 包含：(1) 圈之組成；(2) 主題選定；(3) 活動計畫；(4) 現況調查；(5) 目標設定；(6) 要因分析；(7) 對策擬定及評估；(8) 對策實施；(9) 效果確認；(10) 標準化；(11) 檢討與改善；(12) 成果發表。

2.4.2 5S

5S 是日本人所發明的一種工作場所改善流程，其目的是要提高工作效率、消除浪費、降低成本、維持良好品質、降低安全事故、建立人性化管理。成功的推行 5S 可以提高公司及產品或服務的形象，掃除企業內部管理上的死角，創造一個良好的工作環境，並且可以當作公關資料用來吸引人才。5S 包含整理 (seiri)、整頓 (seiton)、清掃 (seiso)、清潔 (seiketsu)、素養 (shitsuke) 五項工作。

一、整理

「整理」是指對工作場所中的物品、機器設備清楚地區分為需要的東西與不需要東西，對於需要的東西加以妥善的保管，不需要的東西則加以處理或報廢丟棄。整理並不只是把物品排好或堆好，整理是從將物品區分為「要」與「不要」開始，它是用來管理「要」與「不要」的東西，而整理後只留下必要的東西。

二、整頓

「整頓」的主要意義是指將整理後所留下的東西標示、歸位、定位，把想要的東西或經常使用的東西放在隨手可取得的地方。整頓並不只是將東西整齊的排好，那只算是陳列。整頓是把要用的東西以最簡便的方式放好，並使大家都能一目了然。整頓必須要想出能符合安全、品質、提高效率等要求之物品擺放方式。整頓可以防止意外事故的發生，另一方面則是消除無謂的尋找，縮短前置作業時間 (生產前的準備工作)，使文件、物品或工具隨時保持在立即可取的狀態。

三、清掃

「清掃」是徹底將自己的工作環境四周打掃乾淨，其中包括自己所保管的物品、治工具、模具、機器設備等在內，而且要保持乾淨狀態。清掃不單是把東西弄乾淨，而是要把自己經常使用的東西弄乾淨，沒有一絲汙垢，並經常保持這種狀態。

四、清潔

所謂「清潔」是指維持清掃的成果，使自己所負責的工作區域、機器設備保持在乾淨、無汙垢的狀態。改善容易發生汙垢、灰塵等的機器設備、物品，並設法消滅污染源。簡單來說，清潔之目的是要維持整理、整頓、清掃 3S 之成果。

五、素養

「素養」是以人性爲出發點，透過整理、整頓、清掃、清潔等合理化的改善活動，培養企業內部的共同管理語言，使全體人員養成遵守標準、規定的習慣。素養可以養成企業內部人員的自主管理，消除各種管理上的突發狀況。

在實務上，5S 可配合目視管理、看板管理和顏色管理等方法來推行。目視管理是將所傳達的訊息明確地標示出來，使接受者能簡單地分辨出傳達的意義。形跡管理和顏色識別均屬於目視管理。看板管理可以明確地標示出時間、地點、物品。在顏色管理之應用上，我們可利用不同之色旗來表示各部門推行 5S 計畫之程度並作評核。

在西方國家，5S 可以利用下列英文來表達：sort、straighten、shine、systemise 和 sustain。除此之外，一些專家建議加入 safety 和 security 兩項構成 7S。

2.4.3 防錯法

「第一次就做對 (do it right the first time)」 是不錯之想法，但如果能達到「在第一次不可能犯錯 (impossible to do it wrong the first time)」將會更好。防錯法 (mistake-proofing) 之狹義定義爲：如何使錯誤絕不會發生之方法；廣義上是指如何使錯誤發生的機會減至最低的程度。防錯之概念起源於日本，日本工程師新鄉重夫 (Shigeo Shingo) 將此概念稱爲 Poka Yoke。早期防錯法被稱爲防呆 (愚) (fool-proofing) 法，由於擔心此種稱呼會對多數藍領工人造成歧視與不敬，現在多稱爲防錯法。

在企業界之應用中，防錯法之概念在於認爲產品 / 流程之缺點或瑕疵是來自於錯誤的動作。錯誤是指任何偏離正常流程的活動，錯誤包含一些在正常流程中出現不該發生的情形或者應該出現的動作根本未發生。如果能防止錯誤的發生，自然不會造成有缺點的產品 / 流程。換言之，防止缺點的發生不如在源頭防止錯誤發生。日本人強調防錯法是實現預防性品管之具體作法。除了企業界之應用外，在日常生活中，我們也可以發現許多產品或流程之設計是基於防錯法。例如：防止小孩打開之藥物瓶蓋；機器設備上需雙手動作之按鈕；咖啡壺之自動斷電關閉；飛機上洗手間門關閉後，燈才亮起；旅館中爲乾淨的浴巾加上紙環；信封上的透明紙窗；汽車未關大燈之警示。

防錯法之設計有幾種原則可以參考：

1. **排除 (elimination)**：透過產品或流程的重新設計，除去造成錯誤的可能性。
2. **替代 (replacement)**：利用更可靠的方法來代替。

3. **預防 (prevention)**：使產品或流程根本不可能出現錯誤。
4. **簡易化 (facilitation)**：利用一些技術或者合併某些步驟，使作業變得更容易執行。
5. **檢出 (detection)**：在下一個流程開始之前，鑑定出錯誤，並解決問題。
6. **緩和影響 (mitigation)**：利用一些方法，使作業錯誤的影響能夠被緩和或被吸收。

2.4.4 FOCUS-PDCA

FOCUS-PDCA 是由美國 HCA (Hospital Corporation of America) 所提出之一種持續改善的架構。除了傳統之 PDCA 外，另外加上 FOCUS 五個步驟，形成一個包含九個步驟之持續改善模型，其內容請參考表 2-4。

表 2-4　FOCUS-PDCA

步驟	說明
Find	找出一個需要改善的流程
Organize	由熟悉流程的人員組成一個小組
Clarify	闡明目前對該流程的瞭解 (研究流程，鑑定問題所牽涉到的範圍)
Understand	瞭解流程異常的原因 (找出造成流程變異、績效不佳之原因)
Select	選擇一個流程改善計畫 (方案)
Plan	規劃改善及持續資料蒐集
Do	進行改善及資料蒐集與分析
Check	驗證改善的結果並學習經驗
Act	保持既有成果及持續此改善過程

以下簡略說明 FOCUS-PDCA 各步驟之工作項目：

1. 找出一個需要改善的流程 (Find a process that needs improvement)

   此步驟之主要工作有：

   - 我們所要改善的流程是什麼？
   - 是否有對於此流程的簡單描述？
   - 流程的問題有哪些？
   - 哪些人會從流程的改善獲益？

2. 由熟悉流程的人員組成一個小組 (Organize the team that knows the process)

   此步驟之主要工作有：

- 決定改善小組之規模和成員。
- 選擇熟悉此流程之成員。

3. 闡明目前對該流程的瞭解 (Clarify current knowledge of the process)

此步驟之主要工作有：

- 目前之流程如何運作？
- 顧客有哪些？
- 顧客的需求是什麼？
- 此流程實際進行方式？
- 此流程是否過於複雜或有多餘之步驟？

4. 瞭解流程異常的原因 (Understand sources of process variation)

透過資料之蒐集和分析後，可以深入了解目前之流程，有助於規劃改善方案。此階段所蒐集到之資料也有助於改善前後績效之比較。此步驟之主要工作有：

- 產生變異 (或造成不良品質) 的主要原因有哪些？
- 有哪些關鍵特性是可以被量測的？
- 要蒐集哪些數據？ 何人在何處、何時，如何蒐集數據？
- 數據反應的是一般原因或特殊原因？
- 有哪些變異之原因可以被改變以便改善此流程？

5. 選擇一個流程改善計畫 (方案) (Select the potential process improvement)

一個流程通常有很多改善的機會，我們要選擇最有可能成功，而且可行性最高之改善機會。此步驟之主要工作有：

- 選擇流程之一部分來進行改善。
- 決定改善流程所必須採取之方案、對策 (actions)。

6. 規劃改善及持續資料蒐集 (Plan the improvement and continue data collection)

此步驟之主要工作有：

- 有哪些流程改善需要進行試行 (pilot) ？
- 哪些人 (Who) 負責執行試行？
- 如何 (How) 進行此試行？
- 在哪裡 (Where) 測試試行結果？
- 在何時 (When) 進行測試？
- 需要蒐集哪些數據來衡量改善之成果？

7. 進行改善及資料蒐集與分析 (Do the improvement, data collection and data analysis)
   此步驟之主要工作有：
   - 執行改善對策，記錄執行過程中所遭遇到之問題和意外的事項。
   - 記錄改善過程中所學到的經驗。
8. 驗證改善的結果並學習經驗 (Check the results and lessons learned)
   此步驟之主要工作有：
   - 流程的改善是否符合預期？
   - 數據是否支持改善的成果？
   - 改善之成果和學習到之經驗。
9. 保持既得成果及繼續此改善過程 (Act to hold the gain and to continue to improve the process)
   改善方案所作之改變必須加以文件化，亦即修改相關之程序書、工作指導書。此項改變必須在組織內部進行溝通。此步驟之主要工作有：
   - 改善後之流程有哪些部分需要標準化？
   - 有哪些政策和程序需要修訂？
   - 有哪些人需要被告知此項改善？
   - 持續改善此流程之下一個步驟是什麼？

2.4.5 8D (Eight Disciplines)

8D 是由美國福特汽車所提出之一種解決問題的方法論，通常被用來作爲回應顧客抱怨的一種標準步驟，廣泛的被應用在電子產業中。8D 之觀念可追溯至 1974 年美國軍方所發行之標準 MIL-STD-1520，稱爲「不符合物料之矯正措施和處置系統 (corrective action and disposition system for nonconforming material)」。8D 流程之結果爲一個被業界視爲常規之報告，強調利用事實來解決問題。8D 包含下列步驟：

1. 組成團隊

   組成跨功能團隊小組，小組成員必須具備解決問題和進行矯正措施的專業知識、時間、權限、以及技巧。此跨功能小組必須選出一位領導者。

2. 敘述問題

這個步驟需詳細敘述 (內部 / 外部) 顧客的問題，並加以記錄和評估，然後運用 5W1H (What、When、Where、Why、Who 和 How) 將各項資訊加以量化，以供後續分析使用。

3. 實施與驗證暫時性矯正行動

在尚未確定永久對策之前，為防止問題繼續擴大，需先實施暫時性行動 (治標)，使內部 / 外部顧客不再受到該問題的困擾，並驗證此矯正行動的有效性，此步驟也稱為防堵措施 (containment)。

4. 定義及證實真正肇因

鑑定所有會造成該問題的可能原因。根據問題描述和數據，運用各種分析工具來驗證各個可能原因 (此相當於將原因篩選，由可能原因中找出眞正的原因)。找出眞因後，接著鑑定各種消除眞因之矯正措施。

5. 確認矯正行動

開始確認所選定的矯正措施可以為顧客解決問題，同時不會衍生出不良之影響 (副作用)。

6. 實施永久性矯正措施

鑑定並實施所需要的永久性矯正措施，採取持續性的管制來確定該眞正原因已被消除。最重要的是，一旦開始正式生產後，必須觀察和監控此對策長期的影響；若有必要，則實施額外的管制措施。

7. 防止再發

為防止該問題或類似問題再度發生，我們可以修訂規範或規格、操作或訓練手冊、檢討工作流程和改善工作方式。

8. 恭喜團隊成就

肯定團隊的集體努力，並將成果和經驗與其他部門一起分享。

個案研究

推行全面品質管理之典範

1990 年 1 月 25 日，欣興電子公司 (Unimicron Technology Corporation) 重組「新興電子」並更名為欣興電子股份有限公司。欣興電子位於臺灣電路板製造工業的重鎮——桃園縣，主要股東為聯華電子股份有限公司。創立初期規模小又處於虧損狀態，經營艱辛。但團隊秉持著「服務導向，品質至上，追求員工、股東、客戶滿意」的企業使命，以及懷抱著成為世界級公司的旺盛企圖心及理想，十幾年來以穩健踏實的步伐，良好策略發展的運用，欣興電子在 2008 年成為華人地區第一大，2009 年名列世界排名第一大之專業印刷電路板製造商。

欣興電子公司的服務專業為各類印刷電路板、IC 載板、IC 之預燒測試等，所生產製造的產品廣泛應用在電腦、通訊、消費性產品及工業用產品等相關領域，特別在手機、載板的領域已是世界重要的供應商。目前臺灣員工數約為二萬七千五百人，銷售、服務據點遍及歐、亞、美洲等地。此外，因應客戶的需求，在大陸的華東、華南、湖北等地區，亦建立了強而有力的生產基地，提供客戶全方位的服務。

欣興電子公司成立之後，很快度過生存期走向成長期，為使公司有更好的經營體質，高階主管經過多次的討論並凝聚共識，陸續擬定公司的願景、使命、價值觀與經營理念，建立全面品質管理經營的管理體制，進而發展為企業經營的最高指導原則，引領全體同仁共同朝向優質公司的目標前進。

為了能夠具體有效的落實公司的使命與願景，欣興電子公司是以全面品質管理 (TQM) 的方式，透過系統化的執行機制，確實運轉 PDCAB (註：B 指 benchmark) 管理循環，讓公司的服務力、技術力、管理力表現更為突出，達成做為世界級一流高科技公司的願景。欣興電子推動全面品質管理，依據自身企業發展階段性的需求及目標，循序展開各種活動，自 1996 年成立 TQM 委員會以來迄今概分為三個階段：

1996~2004：奠基期

2005~2012：成長期

2013~2018：精進期

TQM 的核心活動包含下列項目：

1. 高階主管的承諾、服務與領導。
2. 客戶滿意的經營。
3. 全員參與持續不斷的改善。
4. 流程管理與品質資訊管理與應用。
5. 員工教育訓練與成長。
6. 品質管理體系的建構。
7. 最佳實務 (best practice) 的運用。
8. 運用優質方針管理，邁向世界級公司。

欣興電子 TQM 的運作機制包含數個委員會，各委員會之職責說明如下：

1. 團結圈委員會：全公司團結圈、改善提案活動辦法修正及推動，訓練成效與任務執行追蹤、記錄及整理成檔案，訓練評核結果結合員工升遷制度，健全公司人力資源體系。
2. 教育訓練委員會：深植正確的 TQM 觀念活用於工作及生活中，建立階層別、機能別教育訓練體系，培育幹部、經營人才及內部師資。
3. 標準化／知識管理委員會：落實品質系統運作，讓品質持續不斷向上提升，全公司知識管理體系之運作。
4. 精實／六標準差委員會：訂定 Lean / Six Sigma 推行計畫及各項品質指標，並追蹤改善現況，協助各廠／單位之專案選擇，GB / BB / MBB 的認證審核。

欣興電子之團結圈委員會成立於 1996 年 2 月，負責推動全公司團結圈之相關活動，團結圈活動至 2018 年已進入第 45 期。團結圈委員會成軍之後，成績斐然，團結圈之績效多次獲得外部肯定，獲頒全國團結圈金塔獎及銀塔獎。除了團結圈外，欣興電子也積極推動跨功能部門之改善活動。欣興電子之六標準差活動始於 2002 年，該公司於 2003 年成立六標準差委員會，主要工作包含：

1. 輔助監督和確保 Lean / Six Sigma 專案的品質。
2. 訂定 Lean / Six Sigma 推行計畫及各項品質指標，並追蹤改善現況。
3. 協助各廠／單位之專案選擇。
4. GB / BB / MBB 的認證審核。
5. 依年度活動計畫定期舉辦專案發表會及各項活化活動。

欣興電子於 2005 年獲得第 16 屆國家品質獎。評審委員在總評時認為，欣興電子於 1996 年成立 TQM 委員會，1998 年推動方針管理，2001 年與 2004 年分別導入六標準差、策略規劃、平衡計分卡、高階主管策略地圖等，並於 2004 年整合成「優質方針管理體系」，頗有特色，特別是策略管理與六標準差的充分結合，值得業界學習與觀摩。

欣興電子於得獎感言中提到，該公司爭取國家品質獎緣起於推行全面品質管理的活動已進行多年且成效頗為顯著，藉由推動國家品質獎的過程激勵員工士氣、提升公司全體同仁的品質意識，進一步強化企業體質及增加競爭力，加速邁向世界級一流公司的願景。由於對推行全面品質管理具有傑出貢獻，欣興電子董事長也於 2007 年經由六大工商團體推薦，獲頒第 18 屆國家品質獎個人獎 (實踐類)。

個案問題討論：

1. 欣興電子推行 TQM 之作法是否符合學理之要求。
2. 請討論欣興電子推行 TQM 之特色和成功的關鍵因素。
3. 請討論欣興電子之世界排名逐漸提升的主要原因。

資料來源：

1. 欣興電子網站，http://www.unimicron.com/index.htm
2. 中華民國第 16 屆國家品質獎頒獎典禮手冊，中衛發展中心。
3. 經濟部工業局，國家品質獎得獎者標竿案例集，中華民國 102 年 8 月。

品質觀點探討

狩野紀昭之品質思維

日本品質學者狩野紀昭曾提出三個層次之品質思維 (Three levels thinking of quality, TLTQ)。第一個層次之品質是利用品質管制活動來符合顧客基本的要求。在第二個層次，我們透過品質管理，滿足顧客之明確陳述的要求而使顧客滿意 (customer satisfaction)。而在第三個層次，我們透過魅力品質的創造，滿足顧客潛在的需求而使顧客欣喜 (customer delight)。

狩野紀昭將品質管理 (quality management) 分成三個 別。第一種是屬於維持目前之架構，我們監視是否存在因未遵守標準作業程序 (SOP) 而造成的離群值。第二種也是屬於維持目前之架構，但我們針對即使遵守標準作業程序但仍長期存在的問題，進行問題的解決 (problem solving)。第三種則是創造、改變成一種新的架構，此屬於為了追求傑出目標之任務達成型 (task achieving) 品質管理。

問題的解決是屬於逐步的改善 (incremental improvement)；而任務達成型品質管理則是屬於突破性的改善 (breakthrough improvement)。狩野紀昭將問題解決定義為：在維持目前系統的架構下，為了填補目前之水準和目標值之間的差距，所進行的所有活動。任務達成可定義為：透過建立一個新的系統，來達成既定目標之所有活動。

問題討論：

1. 請討論對於一般日常作業的維持，是否適合採用 PDCA 管理循環。如果不適合，您有何建議？
2. 請討論 PDCA 管理循環之步驟是否適合應用於問題解決的過程。
3. 請討論有哪些品管技術和手法適用於第一種類型之品質管理。
4. 請討論有哪些品管技術和手法適用於第二種類型之品質管理。
5. 請討論有哪些品管技術和手法適用於第三種類型之品質管理。

資料來源：

1. Kano, N., 2008, Three level thinking of quality and integrated quality management procedure for great journey in quality, 2008 ISQ Annual Conference, Gurgaon, India.

本章習題

一、選擇題

( ) 1. 「淵博知識系統」是由下列哪一位學者所提出？(a) Deming (b) Juran (c) Crosby (d) Shewhart。

( ) 2. 下列哪一位學者將「柏拉圖原理」導入品質管理領域？(a) Crosby (b) Juran (c) Deming (d) Shewhart。

( ) 3. 「品質三部曲」是下列哪一位學者之品質理念？(a) Deming (b) Juran (c) Crosby (d) Shewhart。

( ) 4. 倡導品質改善要以專案 (project) 的方式來進行的是下列哪一位學者？(a) Shewhart (b) Deming (c) Crosby (d) Juran。

( ) 5. 「品質管理成熟方格」是由下列哪位學者所提出？(a) Deming (b) Juran (c) Crosby (d) Taguchi。

( ) 6. 下列哪一項與 Crosby 無關？(a) PDCA (b) 品質是免費 (c) 品質管理成熟方格 (d) 零缺點計畫。

( ) 7. 倡導「全公司品管 (CWQC)」的是下列哪一位學者？(a) Ishikawa (b) Juran (c) Crosby (d) Shewhart。

( ) 8. 下列哪一項爲正確？(a) Deming 提出 TQC 之觀念 (b) Juran 提出品管圈之作法來改善品質 (c) Crosby 認爲品質是符合需求 (d) 戴明獎 (Deming Prize) 是由美國政府所設立的品質獎項。

( ) 9. 下列哪一項是由 Juran 所提出？(a) 突破順序模型 (b) 品質是符合要求 (c) 不流淚的品質 (d) 六標準差。

( )10. 被日本人尊稱爲「品質之神」的是下列哪一位學者？(a) Ishikawa (b) Juran (c) Crosby (d) Deming。

( )11. 下列哪一項不包含在 5S 中？(a) 整頓 (b) 整理 (c) 清掃 (d) 安全。

( )12. 將物品區分爲「要」與「不要」是屬於下列哪一項的工作範圍？(a) 整頓 (b) 整理 (c) 清掃 (d) 清潔。

( )13. 被世人尊稱爲「品管圈之父」的是下列哪一位學者？(a) Juran (b) Ishikawa (c) Crosby (d) Deming。

( )14. 提出「品質進步螺旋 (the spiral of progress in quality)」的是下列哪一位學者？(a) Ishikawa (b) Juran (c) Crosby (d) Feigenbaum。

( )15. 下列哪一項不包含在品質三部曲中？(a) 品質規劃 (b) 品質改善 (c) 品質稽核 (d) 品質管制。

( )16. 下列哪一項不包含在 8D 中？(a) 組成團隊 (b) 定義問題 (c) 原因診斷 (d) 稽核供應商。

( )17. 下列哪一項與Ishikawa 無關？(a) 特性要因圖 (b) 魚骨圖 (c) 品管圈 (d) 七項致命的病菌。

( )18. 8D 是由下列哪一家公司所倡導？(a) 日本 SONY (b) 日本豐田 (c) 美國福特 (d) 德國西門子。

( )19. PDCA 管理循環中的「A」代表的活動是 (a) 決定目標 (b) 標準化 (c) 量測品質特性 (d) 統計分析。

( )20. 根據戴明與朱蘭的理論，主要的品質問題與下列何者相關？(a) 未建立專門執行檢驗的品管部門 (b) 缺乏生產數量的配額制 (c) 管理階層未設計及改善製程 (d) 過度依賴統計分析工具。

( )21. 提倡以「不符合標準的代價」來衡量品質的是哪一位學者？(a) Deming (b) Juran (c) Crosby (d) Taguchi。

( )22. FOCUS-PDCA 管理循環中的「S」代表的活動是 (a) 研究 (b) 選擇改善計畫 (c) 標準化 (d) 排序。

( )23. 提出「全面品質管制 (TQC)」概念的是下列哪一位學者？(a) Ishikawa (b) Juran (c) Crosby (d) Feigenbaum。

( )24. FOCUS-PDCA 管理循環中的第一個「C」代表的活動是 (a) 研究 (b) 檢查 (c) 闡明 (d) 選擇。

( )25. 提出「品質管理四大定律 (absolutes for quality management)」的是下列哪一位學者？(a) Ishikawa (b) Juran (c) Crosby (d) Feigenbaum。

( )26. 朱蘭 (Juran) 博士曾在哪些公司服務？(a) 西方電氣公司 (b) 福特公司 (c) 美國馬丁公司 (d) 全錄公司。

( )27. 下列哪一項是防錯法的設計原則？(a) 排除 (b) 預防 (c) 簡易化 (d) 以上皆是。

二、問答題

1. 說明 TQM 之定義。
2. 說明 TQM 之特質。
3. 說明 TQM 之推行模式。
4. 請說明 Juran 之品質三部曲。
5. 比較小 q 和大 Q 之差異。
6. 請說明在下列物品 / 場合可以發現到哪些防錯法之機制：
   (a) 自動原子筆。
   (b) ATM。
   (c) 地下室停車場入口。
   (d) 牆壁電源插座。
   (e) 轎車。
7. QC Story 依照活動主題的特性可分爲「問題解決型」及「課題達成型」，請參考相關文獻，說明兩者之差異。
8. 請將本書所介紹的 QC Story 步驟，劃分爲 P、D、C 和 A 四個階段。
9. 請將本書所介紹的 8D 步驟，劃分爲 P、D、C 和 A 四個階段。

Chapter 3

六標準差 Six Sigma

章節概要和學習要點

本章之目的是在介紹六標準差之概念、六標準差之新思維和其實務之運作，本章也將介紹六標準差的方法論和其使用到的工具。另外，我們也會探討六標準差和傳統品質管理的差異。最後，我們將簡略地介紹六標準差設計和精實六標準差。

透過本課程，讀者將可了解：

- 六標準差之定義。
- 六標準差之統計意義。
- 六標準差之新思維。
- 六標準差之方法論。
- 六標準差之實務運作。
- 六標準差設計和精實六標準差。

3.1 六標準差概論

每一個企業因爲有顧客，所以能夠存在。不管是內部顧客或外部顧客都有其需求或要求。一個企業如果能夠符合顧客的要求，則代表具有效益 (effectiveness)。效益代表一個企業能夠滿足或者超越顧客要求的程度，如果一個企業不具有效益，而且沒有任何改善的話，遲早將會關門或者倒閉。但是，一個只專注於顧客效益的企業，遲早也會被市場淘汰。一個企業必須具有效率 (efficiency) 才能獲利並且生存下去。效率是指在追求效益的過程中，所消耗的資源 (包含時間、人力、成本)。

在 1980 年代初，企業間的品質水準差距頗大，一些企業只要應用簡易的品管七手法 (見本書第 4 章)，即可獲得顯著的改善成效。到了 1990 年代，企業間品質的差距已逐漸消失，但是，統計品管工具的應用並未隨著顧客對於品質需求的增加而提升。另外，企業雖然強調改善品質的重要性，但並未具有利潤的概念。主要是因爲品質改善並未強調改善專案選擇的重要性。因此，許多企業雖然獲得品質的改善，但並未能轉換爲公司的財務效益。換言之，品質工作者通常可以獲得品質之改善但並未能產生太大的財務效益。

六標準差 (Six Sigma) 創造一種品質管理之新思維，它可以同時 (或更強調) 追求效益及效率。六標準差是 1980 年代由美國摩托羅拉公司 (Motorola) 所發展出來的管理手法。1981 年，摩托羅拉公司執行長蓋爾文 (Bob Galvin) 要求公司的績效在5年內要改善 10 倍。被稱爲六標準差之父的摩托羅拉公司工程師史密斯 (Bill Smith) 提出「Six Sigma」此名詞。1987 年 11 月 15 日，摩托羅拉公司開始推行六標準差，要求公司的品質水準要達到 3.4 ppm (3.4 defective parts per million)。由於推行六標準差成功，摩托羅拉公司於 1988 年獲得第一屆美國國家品質獎。摩托羅拉公司並開始向各界分享其六標準差的經驗。

許多企業開始了解到六標準差之潛在利益，並且開始採納六標準差之原理和方法。從 1987 到 1993 年，摩托羅拉公司降低其產品之不良率約 1300%。美國聯訊 (Allied Signal) 公司於 1994 年開始推行六標準差，至 1998 年共獲得十二億之節省金額。之後，美國聯訊之執行長包西迪 (Bossidy) 說服當時美國奇異 (GE) 公司執行長威爾許 (Jack Welch) 開始推動六標準差。1995 年開始，奇異公司在威爾許的大力推動下，驚人的績效，使六標準差蔚爲風潮。威爾許稱讚六標準差是「奇異公司所推行過最重要的方案」。威爾許認爲「任何接觸六標準差的人都會成功 (Everyone who touches it wins)」。

奇異公司的成功，證明了六標準差爲企業改善生產力和獲利之價值。從此以後，許多美國財星雜誌前 500 大 (Fortune 500) 的公司也開始推動六標準差。許多大型公司更要求其供應商採用六標準差的手法來進行改善。

奇異公司在推行六標準差品質管理時，將顧客 (customer)、流程 (process)、與員工 (employee) 視爲品質之三個關鍵要素。奇異公司認爲顧客定義品質，取悅顧客是公司必須做到的事情。因爲如果我們不做，其他公司將會取而代之。重視流程之觀念在於要從顧客的觀點來看公司的績效。從顧客的需求觀點，我們可以確認能爲顧客加值及改善的地方。奇異公司認爲員工是構成品質的第三個要素，因爲人創造結果，每一位員工的參與，對公司追求品質的過程是不可或缺的。奇異公司要求每一位員工必須接受六標準差策略及統計方法的訓練，並主張品質是每一位員工的責任，公司的成功必須依賴每一位員工的參與，員工必須受到激勵而且具備專業知識。

六標準差從摩托羅拉公司提出最初的觀念至今，總共經歷三個世代。第一個世代之六標準差，強調消滅缺點和降低製程變異，摩托羅拉公司是這一個世代的代表。在第二個世代，除了維持消滅缺點和降低製程變異之觀念外，六標準差也強調透過改善專案，降低成本進而提升企業的績效。一般公認，美國奇異公司是這一個世代最成功的範例。到了第三世代，六標準差特別強調爲整個組織、利害關係人和社會創造價值。創造價值可以有很多的形式，例如：增加股票價值和紅利、維持或增加工作職缺、擴展市場、開發新產品、提高顧客滿意度等。

彙整專家學者之看法，六標準差在管理上具有下列意義：

1. 六標準差是一種追求高績效，以數據驅動 (data driven) 之做法，用來分析造成問題之根源並加以解決。六標準差將企業之產出與市場需求連結在一起。
2. 六標準差係以滿足顧客需求爲根本，著重於降低成本、消除浪費、減少變異和系統化的解決問題，使所有流程操作皆朝向零缺失的經營目標。
3. 六標準差是一個企業系統，透過「以顧客爲尊」，流程管理和執行，以及善用資料和事實等方式，使公司維持長期興隆。
4. 六標準差不只是一種統計名詞或手法，更是企業經營的策略與手段。它也是一種工作態度和思考的模式。

Six Sigma 中之 Sigma (σ)爲一個希臘字母，在統計學中σ是用來衡量變異性 (variation) 之單位，稱爲標準差 (standard deviation)。Six Sigma 之策略是量測任何企業流程偏移目標値之程度。σ 也可以說是用來衡量企業之流程達到無缺點 (defect-free) 之能力。此處的缺點是指任何造成顧客不滿意的事物，缺點一詞適用於產品、服務、流程或商業交易。

六標準差製程代表的涵義是：製程平均數和最近之規格界限間的距離，相當於六個標準差。圖 3-1 爲六標準差之圖示，此圖所顯示的情況下，不太可能會出現不合格品或缺點。

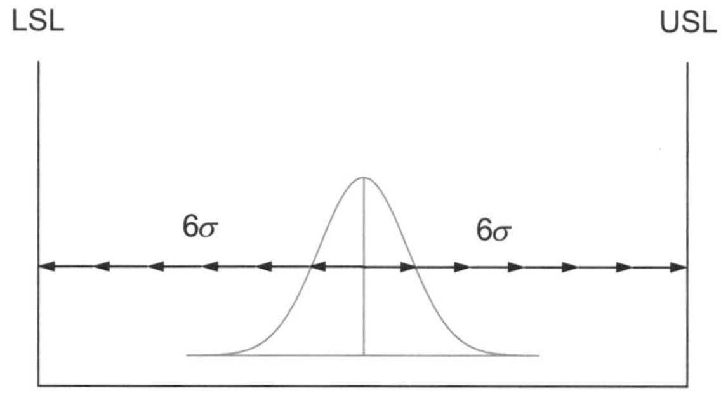

圖 3-1 六標準差之圖示

當製程標準差增大，或製程平均數偏離規格的中心時，則平均數與最近的規格界限間之距離，只能換算成較少的標準差倍數，代表產品超出規格界限的可能性會增加。圖 3-2 比較三標準差品質水準和六標準差品質水準之差異。在三標準差製程之下，由於標準差較大，製程平均數到規格界限之間的距離，只能換算成三個標準差；相反的，在六標準差製程之下，由於標準差較小，相同的距離卻能換算成六個標準差。對於計量值品質數據，六標準差之改善策略相當於調整平均數及／或降低變異數。圖 3-3 說明六標準差之改善策略。

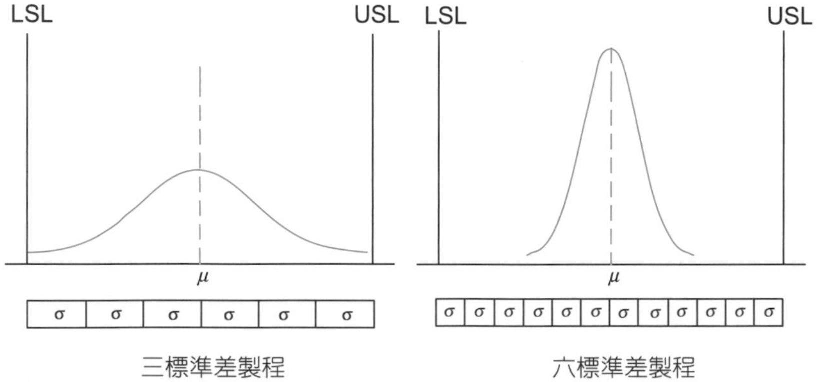

圖 3-2 三標準差品質和六標準差品質之差異

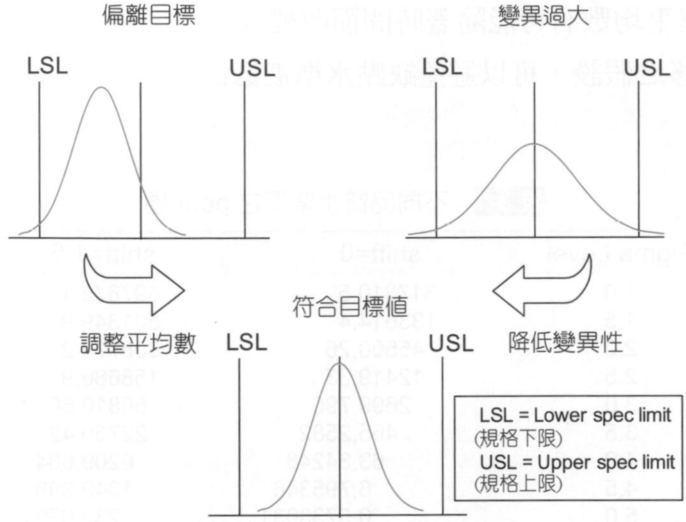

圖 3-3 Six Sigma 之改善策略

為了衡量製程之績效，六標準差提出一個績效衡量指標，稱為 Sigma 水準 (Sigma Level)，一般以符號 Z 來表示。Z 可以表示一個製程發生缺點或不合格品的可能性，Z 值愈大，表示愈不容易發現缺點或不合格品。以機率分配之理論而言，如果品質數據符合常態分配，在六標準差之製程下，每十億件產品中約只有 2 件不合格品。但一般所謂「六標準差績效」卻是指每百萬件中有 3.4 件不合格品，稱為 3.4 ppm。其差異乃在於摩托羅拉公司假設允許製程有 1.5-sigma 之偏移 (參見圖 3-4)。

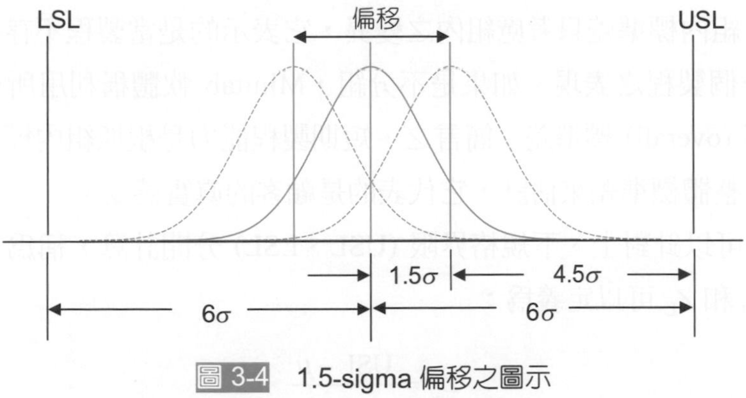

圖 3-4 1.5-sigma 偏移之圖示

此 1.5-sigma 偏移之假設，讓六標準差品質計畫惹來很多爭議。傳統上，當我們要估計製程績效時，必須要求製程是穩定的 (亦即平均數和標準差是固定的)。換言之，除非製程是處於穩定狀態，否則製程績效是不可預測的。根據摩托羅拉公司的經驗顯示，製程在一段長時間下的績效並不如製程短期之績效。因此，1.5-sigma 之偏移是為了考慮在長期下，製程平均數有可能隨著時間而改變或者長期觀察之標準差大於短期標準差。1.5-sigma 偏移之假設，可以避免缺點水準被低估。表 3-1 顯示不同品質水準下之 ppm值。

表 3-1 不同品質水準下之 ppm 值

Sigma Level	shift=0	shift=1.5
1.0	317310.5	697672.1
1.5	133614.4	501349.9
2.0	45500.26	308770.2
2.5	12419.33	158686.9
3.0	2699.796	66810.60
3.5	465.2582	22750.42
4.0	63.34248	6209.684
4.5	6.795346	1349.899
5.0	0.5733031	232.6291
5.5	0.0379791	31.67124
6.0	0.0019732	3.397673
6.5	0.0000803	0.2866516
7.0	0.0000026	0.0189896

在 1.5-sigma 偏移之假設下，一個製程之績效可以利用短期製程能力 (short-term capability) 和長期績效 (long-term performance) 兩種指標來評估。兩者之主要差別在於估計標準差的方式不同。如果利用合理樣本組 (rational subgroups) 之方式抽樣 (見本書第6章)，我們可以估計組內 (within subgroup) 標準差；另外，如果數據已經分組，則可以利用各組之標準差獲得一個聯合估計 (pooled) 之標準差。這種方式所得到的標準差，也屬於組內標準差。組內標準差只考慮組內之變異，它表示的是當製程不存在偏移、漂移或其他變異時，一個製程之表現。如果是不分組，Minitab 軟體稱利用所有數據估計得到之標準差爲整體 (overall) 標準差。簡言之，短期製程能力是根據組內標準差來計算，而長期績效是利用整體標準差來估計，它代表的是顧客的眞實感受。

Sigma 水準可以針對上、下規格界限 (USL、LSL) 分開計算，稱爲 Z_U 和 Z_L。對於計量值資料，Z_U 和 Z_L 可以定義爲：

$$Z_U = \frac{\text{USL} - \mu}{\sigma}$$

$$Z_L = \frac{\mu - \text{LSL}}{\sigma}$$

當品質特性具有雙邊規格之情形，我們會根據 Z_U 和 Z_L 計算一個整體之 Sigma 水準，稱爲 Z_{Bench}，以方便比較不同之製程。假設 $P(Z > Z_U) = a$，且 $P(Z < -Z_L) = b$，則

Z_{Bench} 要滿足 $P(Z < Z_{Bench}) = 1-(a+b)$。圖 3-5 說明 Z_{Bench} 之概念，此例假設 $Z_U = 1.5$, $Z_L = 2$ (見圖 3-5(a))。利用 Minitab 軟體我們可以得到合格率爲 0.910443，利用常態分配之反函數，我們可以算出對應合格率等於 0.910443 之 $Z_{Bench} = 1.34$ (見圖 3-5(b))。一般而言，$Z_{Bench} < \min\{Z_L, Z_U\}$。

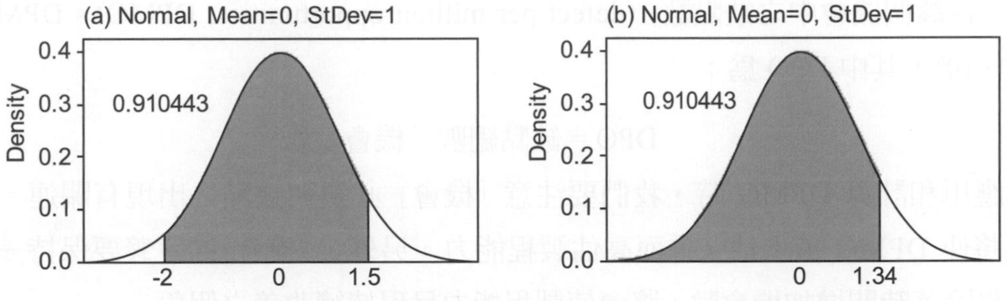

圖 3-5 Z_{Bench} 之計算

有些時候，製程之績效是利用計數值資料來衡量，例如：不合格品 (不良品) 或者不合格點 (缺點)。當我們利用不合格品數作爲績效之度量時，通常會使用百萬件中之不合格品數 (parts per million (ppm) defectives) 來表達製程能力。若有需要，我們也可以將「ppm defectives」轉換爲 Sigma 水準。

對於缺點資料，我們會以單位缺點數 (defects per unit, DPU) 來衡量製程能力。在介紹其他衡量指標之前，我們先釐清下列名詞：

1. **缺點(defect)**

   缺點 (缺失、缺陷) 是指任何無法滿足顧客需求之事項，例如：發貨單中之錯誤；不正確或不完整之顧客訂單。

2. **單位 (unit)**

   單位數是檢驗或測試之物件、次組件、組件或系統之數目。

3. **機會(opportunity)**

   機會是指一個檢驗單位中，會有不符合標準或規格之項目。機會也是指檢驗或測試的特性。機會必須是可量測而且彼此之間是獨立的。機會之總數可用來表示一項產品或服務之複雜程度。例如：一塊印刷電路板有 200 個焊點，代表有 200 個出現焊接缺陷機會；一張申請表有 15 個欄目就有 15 個出現塡表缺陷的機會。

DPU 可定義爲：

$$DPU = 缺點總數 / 單位數$$

DPU 指標的弱點或不周延之處，在於它並未考慮產品之複雜性。換言之，在複雜之產品上，愈容易發現缺點，因此 DPU 也會較大。爲了考量複雜性，一個較適當之度量稱爲「百萬個機會中之缺點數」(defect per million opportunities, DPMO)。DPMO 定義爲 DPO×10^6，其中 DPO 爲：

$$DPO = 缺點總數 / 機會總數$$

在應用和計算 DPMO 時，我們要注意「機會」必須與缺點之出現有關連。高估機會數，將使 DPMO 被低估，進而高估製程能力。另外，「機會」的定義要保持一致。否則，如果隨著時間增加機會數，將會使製程能力呈現持續改善之假象。

有些人可能會認爲，六標準差之目標 3.4 ppm 是否設得太高、不合理。對於此一論點，我們可以利用一個例子來說明即使是簡單的產品或服務流程，也可能需要達到六標準差品質水準。假設在速食店中，顧客所點購之餐點包含麵包、肉塊…飲料，共 10 個構成元素。我們想知道，每一個元素都達到 3-sigma 水準 (99.73% 良率) 是否足夠？

若假設 10 個元素均爲獨立，則我們可以獲得一個品質良好的餐點之機率爲

$$P\{一份良好之餐點\}=(0.9973)^{10}=0.9733$$

此數值看起來似乎還不錯。接著，我們假設一個家庭有 4 人點餐，則

$$P\{四份良好之餐點\}=(0.9733)^{4}=0.8975$$

若此家庭每一個月到速食店用餐一次，則一年內都可以得到良好餐點之機率爲

$$P\{一年內都得到良好的餐點\}=(0.8975)^{12}=0.2731$$

此機率非常小，顯然是不能被接受。由此可知，即使是只牽涉到非常簡單之產品的服務系統，我們仍然需要提供高水準之品質和服務，才能讓消費者體驗到高品質的服務。在過去，一般製造業的 Sigma 水準大約是 3~4 (參見圖 3-6)。一個組織必須達到六標準差之水準，才能稱爲是「世界級」的品質水準和成爲同業的標竿。由圖 3-7 可看出品質改善的困難度，要邁向更高的 Sigma 水準時，其困難度也越來越高。這也就是爲什麼六標準差要強調採用有紀律之方法論。

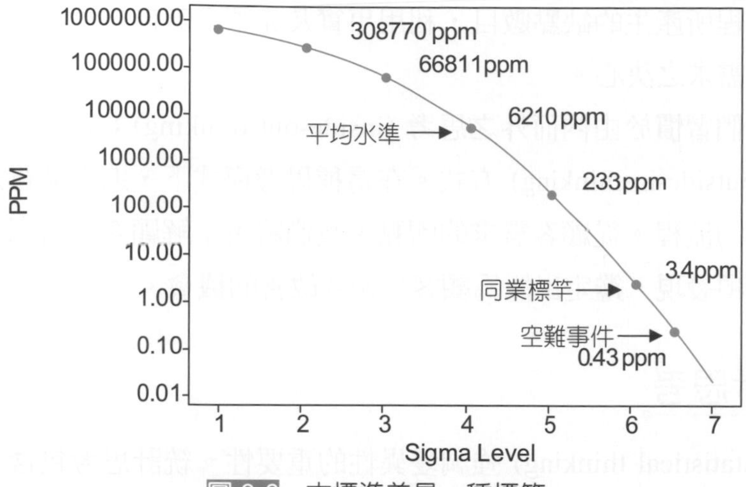

圖 3-6 六標準差是一種標竿

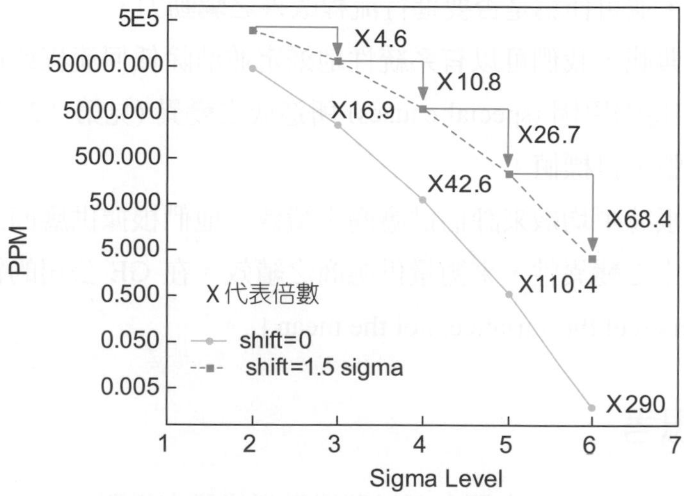

圖 3-7 達成六標準差之困難度

3.2 六標準差之新思維

3.2.1 顧客導向思考

顧客導向思考 (customer thinking) 之思維強調顧客才是判斷品質好壞的人。顧客定義品質，他們對產品的績效、可靠度、價格、準時的運送和售後服務皆有所期待。在競爭的環境之下，一個企業的績效只是「好」並不足夠。取悅顧客是任何公司都必須做到的事情，因爲如果我們不做，其他公司將會取而代之。在顧客導向思考下，我們利用規格來判斷一個流程所產生的缺點數目，利用事實及完整之數據和資料來與顧客溝通，向顧客表露解決其需求之決心。

傳統上，我們習慣於由內而外之思考 (inside-out thinking)；而六標準差則是強調由外而內之思考 (outside-in thinking) 方式。在這種思考模式下，追求品質是先從顧客的觀點來檢視組織內的流程。從顧客需求的觀點，我們將可了解顧客所看到及感受到的績效水準，並根據此項發現，鑑定出能爲顧客加值或改善的機會。

3.2.2 統計思考

統計思考 (statistical thinking) 強調變異性的重要性。統計思考包含下列三項要點：(1) 任何事情都可以視爲一個流程 (process)；(2) 所有的流程都存在固有之變異；(3) 數據可以用來了解變異，並可作爲是否要進行流程改善之驅動力。

透過統計思考典範，我們可以有系統性地鑑定並消除任何流程或產品中的一般原因 (common causes) 和特殊原因 (special causes) 所造成之變異 (見第 3.3 節之說明)。同時，平均數也可以被調整至目標值。

顧客通常不是根據平均數來評估供應商之績效，他們根據供應商之每一項交易或所提供之產品 / 服務中之變異性，來衡量供應商之績效。在 GE 公司的網頁可以看到這一句話「Our customers feel the variance, not the mean」。

3.2.3 因果思考

因果思考 (causal thinking) 之觀念可以利用下列式子來說明：

$$y = f(x_1, x_2, ..., x_k)$$

其中 y 稱爲輸出變數，x 爲輸入變數。變數 $x's$ 是影響輸出變數 y 之關鍵因素。也就是說輸出變數 y 是由輸入變數 $x's$ 來決定。若對 $x's$ 有充分的瞭解，則可以正確地預測 y，不需要量測或檢驗 y。若對 $x's$ 所知不多，則必須依賴檢驗、測試等沒有加值的工作。若能控制關鍵之 $x's$，則可減少對於 y 之檢驗工作。在因果思考下，我們可以依下列步驟來鑑定 $x's$：

1. 利用簡易之圖形方法 (見本書第 4 章所介紹之方法) 使 y 之變異情形浮現，並據以設立因果假設 (hypotheses)。
2. 利用統計方法驗證可能影響 y 之關鍵 $x's$ (見本書第 5 章所介紹之方法)。

3. 關鍵變數 *x's* 將成爲 *y* 之領先指標 (leading indicator) 或早期警告系統。藉由關注領先指標，我們將可防止問題之產生，以避免影響顧客或影響財務績效。

上述步驟也可說是六標準差解決問題之策略。六標準差期望避免利用個人之直覺、本能反應、經驗來解決問題。

3.3 六標準差之方法論

對於品質和流程改善，六標準差使用一個結構化、包含五個階段之解決問題的方法論，稱爲「DMAIC」。DMAIC 包含 define (定義)；measure (衡量)；analyze (分析)；improve (改善)；control (管制) 等五個階段。DMAIC 適用於改善現有之產品／服務。DMAIC 方法論是一個非常一般性的程序，也可以應用於尚未展開六標準差的公司。例如：在一個精實 (lean) 專案中，我們可以利用 DMAIC 方法論來降低週期時間、改善生產率和降低浪費。表 3-2 彙整 DMAIC 各階段之步驟。本節以下說明各階段之主要工作內容。

「定義階段」之主要目的是要鑑定專案的改善機會，確認它具有獲得突破性改善之可能性。一個好的專案，要使顧客和企業都感受到它的重要性。在定義階段，首先要完成的項目爲專案章程 (project charter)。一般而言，專案的贊助者 (sponsor) 或者盟主，在專案章程之發展過程中，扮演很重要的角色。專案章程是一種文件，記錄下列事項：

1. **目的 (business case)**：描述此專案之成案理由，及執行此專案所能帶來的好處。此部分之內容包含：此專案之重要性 (例如：改善顧客滿意、降低缺點、增加市場占有率、節省成本)；此專案是否與企業經營方針配合？此專案如何影響其他部門及個人？
2. **問題描述 (problem statement)**：利用可以量測之用詞，來說明問題在何時、何處出現及其嚴重性。
3. **目標 (objectives)**：利用可以量測之用詞，來描述專案之目標和效益。專案目標可以用「SMART」之方式陳述，亦即要提供特定的 (specific)、可量測的 (measurable)、可達到的 (attainable)、相關的 (relevant)、有時限的 (time bound) 資訊。
4. **範圍 (scope)**：定義專案的範圍 (boundaries)，說明專案牽涉到哪一個流程？一個流程的起點與終點爲何？企業內有哪些部分涵蓋在內？有哪些問題項目並不利用此專案解決？有哪些情況是超出專案小組之能力所能處理？

5. **專案之規劃 (plan)**：鑑定完成專案所需要的工作事項及時程。說明為了完成專案所需要的資源 (人員、物料、空間、預算)。
6. **專案成員之選擇 (team selection)**：此部分要說明小組內部成員之組成及其職責、專案之領導人、小組成員如何聚會討論。
7. **預估專案之財務效益(financial benefits)**：小組成員估計六標準差專案所能帶來之財務效益和完成專案所需之費用，此項估計要獲得財務人員之同意。

我們要注意，專案章程中之問題描述，必須是著重在症狀，而不是原因或者是解決問題之方案。換言之，如果已經能夠掌握到問題之原因或者解決之方案，那就是代表我們不需要六標準差 DMAIC 之過程，直接實施解決方案即可。在專案章程中，我們也要確認受到專案影響之顧客關鍵品質特性 (critical-to-quality characteristics, CTQ)。另外，我們也要明確的指出影響 CTQ 的內部流程。

專案章程完成後，必須獲得利害關係人 (stakeholder) 之同意。獲得利害關係人同意是一種溝通方式，可以確保專案與組織之目標一致，並獲得所需要資源之承諾。

表 3-2　六標準差之 DMAIC 方法論

階　段	步　驟	內　容
DEFINE	A. 專案 CTQs B. 獲得核可之專案章程 C. 高階流程圖	1. 根據顧客需求及公司之策略目標，鑑定並選擇專案 2. 定義專案
MEASURE	1. 選擇 CTQ 特性 2. 定義績效標準 3. 量測系統分析	1. 轉換 CTQ $\rightarrow y$ 2. 如何衡量 y 3. 是否能正確的衡量 y
ANALYZE	4. 確認製程能力 5. 定義績效目標 6. 鑑定變異來源	1. y 目前之績效 2. y 之改善目標 3. 列出可能之 $x's$
IMPROVE	7. 篩選可能之原因 8. 發覺變數間之關係 9. 建立操作允差	1. 縮小 $x's$ 之範圍 2. 找出 $y=f(x's)$ 之關係 3. 關鍵 $x's$ 之目標值和允許範圍
CONTROL	10. 量測系統分析 11. 決定製程能力 12. 實施製程管制	1. 是否能正確的衡量 $x's$ 2. y 之績效 (改善前後之比較) 3. 監控 $x's$ 及 / 或 y

在定義階段，我們會應用到一些圖形工具，例如：流程圖、價值溪流圖 (value stream map) 和高階流程圖 (high level process map)。 高階流程圖是以 4~10 個關鍵步驟完成 Six Sigma 專案之定義。高階流程圖以結構性、簡單、視覺化的方法定義一個流程。它提供

一個流程之整體觀，用來鑑定輸入、流程、輸出、範圍，並可爲更詳細之流程圖奠立基礎。高階流程圖通常稱爲 SIPOC 流程圖，S 代表供應商 (者) (suppliers)，I 代表輸入 (inputs)，P 代表流程 (process)，O 代表輸出 (output)，C 代表顧客 (customers)。圖 3-8 爲 SIPOC 流程圖之基本圖形。

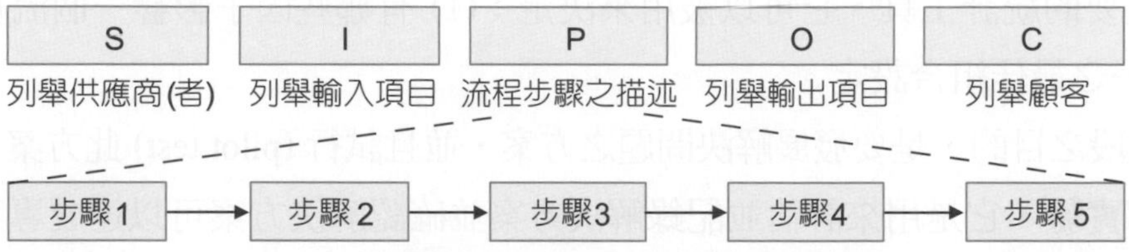

圖 3-8 SIPOC 流程圖

「衡量階段」之主要目的是爲了評估和了解一個流程的現況。此牽涉到蒐集有關品質、成本或者週期時間的量測值。在此階段，我們要列出關鍵的製程輸出變數和關鍵的製程輸入變數。值得注意的是，我們要確認能夠與顧客滿意度，或者與顧客之 CTQ 具有關聯性。在衡量階段，我們可能會利用到過去之歷史資料，但有些時候，我們必須要規劃一個新的數據蒐集計畫，因爲過去的資料可能不完整或者資料的記錄方式不符合要求。蒐集到之數據將會被用來決定目前之現況，或者用來決定製程之底線績效 (baseline performance)。在此階段，我們也要評估量測系統之能力。在衡量階段蒐集到之數據，可能會以下列工具來呈現，例如：直方圖、時間序列圖、柏拉圖、散佈圖等工具 (這些工具將在本書第 4 章介紹)。

「分析階段」之主要目的，是利用衡量階段的數據，開始決定一個流程中之因果關係，並了解變異之不同來源；換言之，在分析階段我們要決定造成缺點、品質問題、顧客議題、週期時間或者影響產出之可能原因。變異之來源可以分成兩大類：一般原因和特殊原因，一般而言，一般原因是指深留在系統內部或是一個流程內之變異來源。特殊原因則是由於外部因素所造成。消滅一般原因所造成之變異，意味我們必須改變系統或者流程本身。當特殊原因存在時，我們必須先提出改善方案，將此種原因消滅後，再進行一般原因之改善。

分析階段最常用的工具有：管制圖、假設檢定 (hypothesis testing)、迴歸分析 (regression analysis) 等方法。管制圖是用來區隔一般原因和特殊原因。假設檢定可以用來判斷哪些因子是具有統計顯著性，迴歸分析可以用來建立輸入變數和輸出變數之間的關係。

在「改善階段」，我們利用創意思考的方式，決定有哪些流程的改變，可以對流程之績效產生期望之改變。對於某些類型之問題，我們會利用流程圖、價值溪流圖來重新設計流程，以便改善工作流程 (work flow)、降低瓶頸和在製品 (work in process)。防錯法 (mistake-proofing) 之概念，有時也可以用來設計新的作業方式。「實驗設計」 是改善階段中，最重要的統計工具。它可以被用來決定：(1) 有哪些因子影響一個流程之結果；(2) 決定因子之最佳組合設定。

改善階段之目的，是要發展解決問題之方案，並且試行 (pilot test) 此方案。試行相當於一種確認實驗，它是用來評估並記錄解決方案並確認解決方案可以達成專案之目標。在改善階段，我們必須進行風險評估和風險管理，畢竟，改善意味著一種新的作法，在實施上可能會遭遇到阻礙或者失敗的風險。

「管制階段」之目的，是要將改善後之流程移交給流程擁有者。此階段也要完成流程管制計畫 (process control plan) 和其他的必要程序，以確保專案所獲得之效益可以被制度化。我們希望專案改善之經驗和成果，能夠被推廣應用到組織內部類似的流程。流程擁有者將會收到流程改善前後之關鍵測度，有關作業和訓練之文件及更新後之流程圖。流程管制計畫是用來監控解決方案實施之情形，它包含定期稽核的方法和相關的測度。管制圖是管制階段中最重要的工具之一。在專案結束後，流程擁有者必須對流程之績效持續地驗證數個月，確保改善績效能夠維持而且保持穩定。

3.4 六標準差之運作實務

美國摩托羅拉公司於 1980 年代中期開始推動六標準差，並讓該公司贏得第一屆美國馬康巴拉治國家品質獎 (Malcolm Baldrige National Quality Award)。摩托羅拉公司推行六標準差專案時較著重於產品品質及製程品管。而美國奇異公司之六標準差則推展到所有跟顧客滿意、顧客服務有關的重要流程。

六標準差強調有實質效益的專案，將品質與財務連結，追求公司財務之帳本底線績效 (bottom line results)。六標準差要求改善專案要有可衡量之結果，每一專案均必須有實質的收入或節約 (財務人員的參與專案為一特色)。其特色有下列數點：

1. 在專案進行之初，進行財務效益之分析，以利管理階層排列優先順序。
2. 在專案進行中及結束後，進行財務分析，以了解專案之回收利益。

3. 將日常工作成果轉換為管理階層容易了解之項目—錢。
4. 訓練及改變員工之工作態度—降低成本、增加利潤。

六標準差專案計畫除了上面所提的特色之外，還有許多特點，例如：

1. 高階經營管理人員的積極參與。奇異公司的 40% 年終獎金是跟六標準差專案的執行成效有關。
2. 專案要跟公司之策略規劃結合在一起。
3. 進行大量的訓練。員工樂於接受訓練，因為六標準差專案的執行成效也會影響到員工升遷。
4. 採用嚴謹的方法論。
5. 專案之快速完成 (3 至 6 個月)。
6. 重視顧客與流程。六標準差專案著重在關鍵流程上，以顧客聲音為驅動力。
7. 採用嚴謹、完善的統計分析手法。數據導向的做法必須仰賴統計分析。

3.4.1 專案之選擇

使用專案的方式是品質改善和流程改善的一個基本觀點。專案可以說是六標準差不可缺的元素，利用專案的方式進行品質的改善可以追溯到朱蘭 (請參考本書第 2 章之說明)。他強烈主張利用一個專案接著一個專案 (project-by-project) 的方式來改善品質。我們要瞭解的是，選擇和管理專案並成功地完成專案，不只是對六標準差很重要，對於展開任何有系統性的企業專案，它們都可以說是非常關鍵的部分。一個專案必須代表一個潛在的突破，能夠對產品或服務產生重要的改善。專案的影響性要以對企業財務的影響來評估，評估的工作通常是由財務或者會計部門來負責，可以確保得到一個比較客觀的評估。很明顯地，我們會偏好一個具有較高潛在影響性的專案。與財務系統整合是六標準差的一個標準實務，即使一家公司並沒有展開六標準差，它也必須是改善專案的一部分。

專案的價值必須要很明確地被鑑定出來，而且專案必須要能夠與公司各階層的企業目標調準 (aligned)。在最高的公司階層，高階管理者及相關人員比較有興趣的是股價、EPS、紅利、投資報酬率、營業額的成長、新設計之產品和專利等項目；而在作業層級或者業務部門，經理人員比較有興趣的是一些工廠測度，例如：良率、週期時間、生產力、利潤和損失的最佳化、顧客滿意度、產品運送的績效、成本的降低、員工和顧客的安全、資產的有效應用、新產品的導入、市場和銷售的效益、人力資源的發展和供應鏈

的績效 (品質、成本、交期)。將專案與業務部門的目標和公司層級的測度調準，可以確保選擇到最佳的專案。

一開始，多數的公司都會著手進行能夠顯示改善努力之成就的專案。這些專案通常著重在企業內部充滿機會的領域，而且通常是由現有的問題所驅動。此一種專案類型的來源通常是來自顧客所提出的問題，或者顧客滿意度調查的回饋資料。一開始利用此種投機取巧的方式來挑選專案可能會成功，但它不能保證長期的成功，因爲簡單的專案將會很快地耗盡 (此一論點請參考本章 3.5 節，日本學者狩野紀昭的「濕毛巾」理論)。我們必須發展一個不同的專案定義和選擇方式，較常用的方式是將專案建立在企業的策略目標上。在此種方式下，我們必須定義一組主要的關鍵企業流程，還有驅動這些流程的測度 (metrics)，才能確保成功的專案展開。對公司有重要貢獻的專案，必須要能夠注重關鍵的企業測度和策略目標，並且是關鍵流程間的介面。採用上述方式可能面臨一些風險：我們使用數量龐大的專案，但可能仍只是集中在公司範圍狹小的面向上，而且專案的影響性也會受到延誤。一個優良的專案選擇和管理系統可以避免上述問題的發生。許多公司設立正式的專案選擇委員會，顧客和專案委員會委員定期開會討論，協助達成目標。理想上，專案必須是具有戰略性並且能夠與公司的測度完美的調準，而非局部、戰術性。局部的專案通常會降級演變爲救火 (fire fighting)，它們提出的解決方案很少能夠在企業的其他部門被廣泛地實施，而且這些解決方案通常不具有永久性，在短時間之內同樣的問題還是會再次發生。許多公司建立一種儀表板系統 (dashboard)，利用圖形的方式來追蹤趨勢和成果，可以有效地促進專案的選擇和流程的管理。

專案選擇可以說是任何企業改善過程中最重要的部分。一個專案必須要能夠在一個合理的時間範圍內完成，並且要能夠對於關鍵的企業測度產生實質的影響，這也代表我們要花費很多的心力來定義一個組織的關鍵企業流程，瞭解它們的相互關係，並發展合適的績效度量 (performance measures)。

專案的實質影響是我們在評估專案時的重要考量。假設一個流程目前爲 3σ 品質水準，若假設平均數有 1.5-sigma 之偏移，根據表 3-1 可得其品質爲 66811 ppm。如果每一年的改善比例爲 20%，根據下式可以得知，要經過 25 年才能達到約 5σ 品質水準 (232.6 ppm)。

$$66811 \times (1-0.2)^{25} = 252.4$$

雖然說品質改善是一個永無止盡的過程，但沒有任何一個管理者會同意或贊成這一種改善專案。上述的計算過程說明爲何我們要強調挑選能夠爲企業帶來眞正的影響而且具有高投資回收的專案。此也說明爲何六標準差強調專案的定義、管理、執行和應用，同時要求組織內部最優秀的人員投入這些工作。

3.4.2 專案之審查

通行閘門 (tollgates) 可以說是六標準差 DMAIC 專案中的一個重要觀念，相當於專案審查。在每一個通行閘門，專案小組之成員向管理階層和流程的擁有者報告專案的進度。在一個六標準差組織中，參加專案審查之人員包含專案的盟主、黑帶大師和其他未直接參與專案的黑帶。通行閘門相當於專案審查的時機點，確保專案小組改善方向之正確性，並評估專案小組是否能夠如期地完成專案。透過專案審查，可以檢視目前專案小組所採用之改善工具是否正確，並爲未來階段可以使用之工具提供指引。六標準差 DMAIC 的成功因素之一，就在於它注重在一組少量工具的有效應用。利用專案審查之機會，專案小組成員也可以獲得有關專案問題的其他資訊，例如在審查過程中會鑑定組織的問題、專案成功的阻礙因素和應變之道。對於整體解決問題的流程而言，通行閘門和專案審查可以說是非常關鍵的項目。一般我們會要求六標準差專案在完成一個階段之工作後，隨即進行專案審查。

3.4.3 基礎結構之建立

六標準差是一種從上而下 (top-down) 的管理方式，由公司的高階主管 (如執行長，CEO) 來領導執行。除了高階主管之外，還有一些重要角色的設計，稱爲基礎結構 (infra structure)，分別說明如下：

1. **盟主 (champions)**

   盟主是由組織內部之高階經理人員來擔任，他們肩負六標準差的成敗責任。盟主必須具有解決衝突，掃除專案之障礙的能力。其職責包含：訂定專案選擇標準；核准或拒絕改善行動方案之建議；批准已完成之專案。

2. **黑帶大師 (master black belts, MBB)**

   黑帶大師也稱爲「大黑帶」，他們需設定品質目標，選擇適當專案與監督／訓練黑帶人員。大黑帶被期許負有更多管理方面的角色與對工具方法有更深入的瞭解，有時候大黑帶也被視爲是公司內部的品質顧問。

3. 黑帶 (black belts, BB)

黑帶是全職身分，比較偏向操作執行角色。在許多個案中，黑帶是執行特定問題之工作團隊的領導者。

4. 綠帶 (green belts, GB)

綠帶係由大黑帶及黑帶所訓練，主要是負責六標準差專案的執行工作，他們本身有固定的工作，亦即屬於兼職的工作。

3.4.4 教育訓練

奇異公司在推行六標準差時，對員工之教育訓練投入非常多的經費，這也是奇異公司推行成功的重要因素之一。奇異公司六標準差之教育訓練是有很完整的規劃，而且徹底的執行。以 CEO 及盟主來說，也有一至三星期的教育訓練，其重點在於如何擬定遠景與策略、如何管理變革，以及領導、溝通等。教育訓練分量最重的是黑帶，至少有三、四星期的訓練。教育訓練是配合專案運作 DMAIC 而進行的，通常是每階段先訓練三天至一星期，再執行三星期。其訓練內容有專案管理、溝通與領導、計畫執行，而主要內容在於統計手法，以及 DMAIC 的運作步驟。至於非全職參與的綠帶，也有兩星期的教育訓練，內容也是 DMAIC 之運作方式及統計手法。

六標準差之訓練模式具有下列特色：

1. 以專案為基礎

專案與組織的財務底線要求連結，易受到組織與接受訓練者的重視。

2. 強調實務應用

六標準差訓練著重於如何應用工具來改善流程，而不是在於工具本身。

3. 電腦與軟體的廣泛應用

學習者有更多的時間學習方法的應用及解釋結果。

4. 改善手法的準則或指示 (road map)

六標準差整合過去之統計品管手法，並提供實務應用之指示，使用者可以很清楚的了解問題改善或流程改善程序和可以使用的分析工具。

3.5 TQM 與六標準差之比較

TQM 是以全公司性的方式，來實施並管理品質改善活動的一種策略。TQM 自 1980 年代中期開始推動以來，其觀念已被製造業、服務業，甚至政府部門、非營利機構所接受。TQM 是一種管理理念與哲學，也是一套運作手法，藉由全員參與及團隊合作的方式，持續改善組織內部之所有流程，並追求產品、服務及組織內每一個層面的品質，來滿足顧客需求與期望。一般而言，推行全面品質之組織會有一個品質委員會 (quality council) 或者一個高階之團隊，來處理策略品質計畫。另外，還會有一個跨功能之小組，處理特定之品質改善議題。

然而，六標準差之擁護者認爲 TQM 已經過時，甚至已被六標準差所取代，他們的看法是 TQM 只提供了管理理念與哲學，欠缺一套業界可以遵循之具體作法 (recipe)。

TQM 被認爲只獲得少量之成功，其原因在於多數企業並沒有投入眞正的心力，並廣泛採用技術性的工具來降低變異。多數企業認爲推行 TQM 的重點之一在於教育訓練，因此，很多企業所投入的努力，是針對內部員工進行廣泛的 TQM 理念之訓練，再加上少數基本手法的訓練。但是教育訓練通常是由人力資源部門負責，造成教育訓練之結果無法產生實際的效益。課程講師並不了解到底要教授什麼樣的手法。一般企業以受過訓練的人數百分比來衡量 TQM 之成功與否，而不是衡量對企業之經營成果產生多少可量化之影響。對於 TQM 無法獲得顯著成功的原因，我們可以整理出下列幾項一般性項目：

1. 缺乏由上而下、高階管理階層之承諾和參與。
2. 未充分應用統計方法，而且並沒有完全體認到降低變異是品質改善之最主要目標。
3. 採用太過於一般性之目標，而非企業經營成果導向之目標。
4. 太過於重視廣泛之訓練而不是「專注」、「技術性」的教育訓練。

除了上述原因外，造成 TQM 無法獲得穩定成功之因素，在於許多管理階層將它視爲另一個改善品質之計畫。在 1950 到 1960 年代，充滿著品質計畫，例如：「零缺點 (zero defects)」、「價值工程 (value engineering)」，但這些計畫對於品質和生產力之改善，只有非常少的實質效益。在 1980 年代 TQM 之全盛期，還有另外一個非常流行之「品質是免費 (quality is free)」的計畫被提出來，著重於鑑定各項品質成本 (或不良品之成本)。雖然鑑定品質成本是有用的一件工作，但是「品質是免費」計畫的實務工作者，並不知道要如何改善複雜的工業流程，同時他們也欠缺有關統計方法之相關知識，並不知道它們在品質改善中所扮演的角色。

根據文獻中學者專家之看法，六標準差與傳統品管系統之差異可以整理出下列數點：

1. 採用由上而下的做法，因爲組織運作的優先次序，需由高階主管決定。
2. 評估顧客滿意的標準與評量企業獲利能力的標準一致，避免造成品質投資浪費。
3. 接受小幅改善但也接受劇變(流程的重新設計)。
4. 以財務績效評量改善之成果。
5. 品質改善專案由專業人員負責。
6. 品質改善專案由「非品管部門」發起。
7. 著重財務、有形的結果。
8. 有效運用統計、品質改善手法，並將過去之統計改善手法依序連結成一整體之解決問題的步驟。
9. 強調基礎建設，由接受嚴格訓練之各部門人員負責六標準差之領導、展開及實施。
10. 追求品質並非與企業目標脫節，而是要能滿足顧客並爲公司創造利潤，換言之，品質之追求並不是獨立於組織目標之外。
11. 實務性的訓練 (pragmatic training)。

日本品質學者狩野紀昭曾經研究六標準差的獨到之處 (陳麗妃，2003)，他認爲六標準差有下列三個強烈的特點，這些特點彼此之間相互整合，而非獨立無關的。

1. 在高階主管的強力支持下，挑選出一個跟公司獲利有直接關聯的主題，在短時間內利用專案的方式將其完成。在進行專案之前，財務部門會加以評估，並從中選出能產生巨大財務效果的改善主題。
2. 由全職的黑帶領導專案團隊，此團隊獨立於現有的組織，執行由高階主管所挑選出的主題並完成專案。
3. 黑帶的訓練與專案同步進行。在訓練期間，黑帶除了專案之外沒有其他的任務在身。

狩野紀昭認爲 TQM 和六標準差都具有相同的管理哲學，都是希望能協助公司達成全面品質的目標。兩者都強調高階主管的領導與承諾是成功的關鍵因素，同時指出品質改善對企業長期成功的重要性。對於六標準差之缺點，狩野紀昭有下列看法。對於六標準差專案，高階主管挑選最重要的主題事項來改善財務底限，這些專案的主題都是經過財務部門評估和預測當專案成功時，其財務的成效，以直接連結至營運的績效。狩野紀昭認爲這是六標準差的優點。不過，根據他的觀察，六標準差的改善專案大多是以除去流程中無效率的浪費以及降低成本爲主題。他認爲大部分六標準差的專案似乎專注在基本的期望品質上 (見本書第 15 章)，亦即透過消除缺點來獲得顧客滿意。

狩野紀昭也認爲造就六標準差實質豐碩的財務成果的原因，可能在於服務業廣泛地採行六標準差。比起製造業，以往服務業對於推行改善活動並不熱衷，品質水準也不高。他認爲服務業就如同一條非常潮濕的毛巾，只要稍加扭轉，就可以擰出一些水。換言之，在改善空間很大的情況下，只要稍加改善，即能看出很大的改善成果。其次，他也認爲六標準差在提升顧客滿意水準的活動是較弱的。根據狩野紀昭之研究，六標準差對於根基於組織的活動也較弱。在六標準差中，策略 (方針) 管理變成是專案導向的，而展開至各部門或各處室就不再那麼必要了。日常管理和品管圈活動也不那麼被強調，在六標準差中並沒有全員參與的觀念。對於教育訓練，狩野紀昭認爲六標準差之訓練內容與日本科學技術連盟 (JUSE) 的基礎課程差不多，但是參加的方式並不相同。對於日本科學技術連盟的基礎課程而言，參加者仍然要負責他們的主要業務，而小組討論的主題也不完全是根據他們認爲最有意義的事情來挑選。相對地，在黑帶訓練中，高階主管挑選出專案要解決的主題，而參加訓練者將以全職的方式負責專案，在訓練期間完全不會有其他的任務。

TQM 和六標準差各有擁護者，雖然 TQM 之實務運作有許多缺點，但是六標準差強調之重視顧客、持續改善流程之品質理念並未與 TQM 有所衝突。較中肯之評論應該是 TQM 提供品質管理理念與哲學，而六標準差則是提供了品質和流程改善之具體作法。

3.6 六標準差設計與精實六標準差

3.6.1 六標準差設計

一個組織利用六標準差之 DMAIC 步驟來改善流程後，可以得到局部之最大績效 (local maximum performance)，此相當於產品、服務、流程在設計時應有之績效。一般來說，六標準差改善能夠帶領企業達到的境界有其限制。當一企業的品質由3σ、4σ逐漸改善，並朝向6σ的方向前進時，往往會在5σ的地方停頓下來 (稱之爲 five sigma wall,

5σ 擋牆) 很難再突破。若此績效無法滿足競爭之要求時，則我們應考慮重新設計產品、服務、流程，使其滿足市場 (目標顧客) 和組織需要的競爭地位。在此種情況下，一個組織利用嚴謹的步驟來設計產品、服務、流程，目的是要降低開發成本、上市時間、提高效益、滿足顧客需求並達到六標準差之品質水準，此種設計過程稱爲「六標準差設計 (design for six sigma, DFSS)」。

DFSS 是要設計產品 / 服務，使其具有內建 (built-in) 之六標準差品質。透過 DFSS 所設計之產品 / 服務，能具有高效率、高產出及對製程變異具有穩健性 (robustness) 之特性。DFSS 是一種以主動、系統工程、結果爲導向之設計流程，並使用具有預測能力之統計設計方法、工程分析方法之整合工具。六標準差改善將重心放在如何使生產和企業流程更有效率，藉以消除錯誤和節省成本；而 DFSS 則是將重點放在更早的階段，從開發或是重新設計流程本身著手，在一開始就把流程設計好，如此一來，錯誤自然就不會在後面的執行階段發生。與六標準差的 DMAIC 相較下，DMAIC 是處理現有的流程，而 DFSS 則是專注於產品與流程的設計；DMAIC是較爲被動的，而 DFSS 則更爲積極主動。

以下說明 DFSS 之必要性。在高度競爭的環境中，產品搶先上市不一定能保證成功。致勝之關鍵在於產品 / 服務之創新及完美無缺，而其秘訣則是在於重視設計。過去之研究顯示，新產品或流程之品質問題有80%可追溯至設計階段。DFSS 著重於開發產品 / 服務，使企業提供之顧客關鍵需求特性能達到六標準差之績效水準。DFSS 是透過卓越之設計來取悅顧客。就生產而言，「製造」的過程只可能削弱原先設計的品質，並不會改善設計的品質。DFSS 的眞諦是一開始就要做正確，這種做法可以大幅減少事後進行修補的需求。此種觀念相當於「現在付出代價，還是以後再付更高的代價」。

DMAIC 的獲益是較好量化的，而通常透過 DFSS 之獲益是較難量化的，但是其影響是較爲長期的。導入 DFSS 可以獲得下列優點：

1. 縮短產品開發、上市時間。
2. 降低產品生命週期成本 (從開發、製造至售後服務與支援)。
3. 充分了解顧客的期望及他們對產品或服務的優先需求。
4. 降低產品設計變更之次數。
5. 增加產品或服務的品質及可靠度。
6. 預判並避免品質問題。
7. 改善企業內部各功能部門之間的溝通。

8. 增加產品績效的穩健性。
9. 改善市占率及企業獲利率。

不像六標準差改善有一個很明確而且通用的 DMAIC 改善步驟，六標準差設計並沒有一個普遍認可之方法論。六標準差設計會隨著不同的公司、不同的輔導單位、不同的產品和流程，而有不同的方法論。以下介紹一些較常見的方法論。

DMADV 是 DFSS 中最常見之方法論，包含五個步驟用來達成六標準差品質水準，其內容簡略說明如下：

1. 定義 (define)：定義設計目標，確保能夠與顧客需求一致並且符合公司的策略。
2. 衡量 (measure)：衡量關鍵品質特性 (CTQs)、產品能力、生產製程能力和風險。
3. 分析 (analyze)：分析並發展設計之替代方案，建立高階設計並評估設計能力以便選擇最佳之設計。
4. 設計 (design)：進行細部設計，將設計最佳化，並且進行設計驗證之規劃。
5. 驗證 (verify)：完成設計後，進行設計之驗證，準備試行，進行生產。

IDOV 是另一個在製造業被廣泛使用之六標準差設計方法論，包含鑑定 (identify)、設計 (design)、最適化 (optimize) 和確認 (validate) 四個階段。Brue 和 Launsby (2003) 建議在此四階段之前，另外加入一個規劃階段 (plan)，期望能在專案執行之前，正確的選擇專案及確定專案時程，以利後續專案的進行，以下爲對於 IDOV 流程的簡單說明：

1. 規劃階段 (plan/prerequisites)：規劃重要步驟，讓團隊有一個成功的開始，此階段之主要工作包含：(a) 選定專案：根據顧客意見、顧客調查、公司內部資料、標竿學習等來源，選擇一個適切的專案；(b) 建立專案章程。
2. 鑑定 (identify)：根據顧客的心聲選出最佳的產品或服務概念。此階段之主要工作包含：(a) 定義顧客；(b) 鑑定與了解顧客需求；(c) 將顧客需求和其他需求轉換爲關鍵品質特性與技術需求，並訂定績效目標、規格等；(d) 將焦點從關鍵品質要素轉移到關鍵流程指標。
3. 設計 (design)：此階段之工作是將顧客所在意的關鍵品質特性轉換爲功能需求，並發展出不同的替代概念或解決方案。透過一個選擇過程，小組成員可以評估並選擇最適之概念或解決方案。此階段之主要工作包含：(a) 發展不同的替代概念或解決方案，並從中選擇最適之概念；(b) 建立關鍵設計元素之目標值與允差值；(c) 評估流程績效；(d) 執行差距分析 (gap analysis)；(e) 鑑定、評估與管理風險。

4. **最適化 (optimize)**：利用先進的統計工具和模型來預測並最適化設計的績效。此階段之主要工作包含：(a) 評估製程能力；(b) 發展出穩健設計；(c) 防錯；(d) 統計允差分析。最適化必須取得品質、成本和上市時間三者之平衡。
5. **驗證／確認 (verify/validate)**：證明產品或流程的確能滿足顧客的需求 (滿足顧客的關鍵品質特性)。此階段之主要工作包含：(a) 驗證產品或服務及其流程的有效性；(b) 失效分析、可靠度與風險管理；(c) 執行統計製程管制；(d) 定義與執行管制計畫。

除了上述兩種方法論外，專家學者也針對不同的產業和產品提出其他方法論。IDDOV 為 Chowdhury (2002) 所建議之 DFSS 步驟，包含鑑定 (identify)、定義 (define)、發展 (develop)、最適化 (optimize)、驗證 (verify) 五個階段。Creveling 等人 (2003) 針對新技術和新產品設計，提出兩種不同的方法論。對於新技術之設計，他們建議採用創造 (invention)、革新 (innovation)、發展 (develop)、最適化 (optimize) 和驗證 (verify) 五個階段，簡稱為 IIDOV。對於發展新產品，Creveling 等人 (2003) 建議之方法論包含概念 (concept)、設計 (design)、最適化 (optimize) 和驗證 (verify) 四個階段，簡稱 CDOV。

3.6.2 精實六標準差

在最近幾年，有些專家將六標準差與精實生產 (lean production) 結合，形成一種新的方法論，稱為精實六標準差 (Lean Six Sigma)。精實生產或製造，是一種哲學及一組管理技術，著重於持續消滅浪費，目的是要讓每一個流程或者每一項工作，在顧客眼中都是屬於能夠加值。「浪費」是指不必要的過長週期時間、在加值活動之間的等候時間。浪費也包括因為品質問題所造成的重工和報廢。浪費會讓一個組織變得緩慢、沒有效率而且沒有競爭力。精實生產的方法能夠消滅浪費，透過組織中工作流程的順暢，讓一個組織的生產較為敏捷、靈活，能夠以最適當的方法迅速地滿足顧客需求。

在過去，熱衷精實生產的專家認為六標準差比較不注重速度和流程。另一方面，六標準差的擁護者認為精實生產之方法無法處理顧客需求和流程變異等重要觀念。

簡單來說，精實六標準差乃藉由快速改進顧客滿意、成本、品質、流程速度和投入資本等方面，以追求股東最大利益的方法。六標準差的成功在於高階管理階層的領導與承諾，專注在達成企業的目標，產品／服務的關鍵品質特性首先被定義，接著應用解決問題的工具來完成策略性企業成果。六標準差運用一種有紀律的 DMAIC 方法來減少不

良 (或錯誤)，目標是希望達到每百萬個機會中低於 3.4 個缺點之製程品質水準，DMAIC 觀念的實施需要許多方法和統計工具。雖然六標準差的觀念和工具並不是很新，但它確實擁有獨特之處，例如：它是一個高度重視資料數據的方法，此因素也是促使六標準差成功的關鍵。

精實生產和六標準差必須融合的原因在於：(1) 精實生產無法確保流程在統計管制之下；(2) 六標準差本身無法大幅改進流程速度或減少投入資本。六標準差將重心放在如何使生產和企業流程更有效率；而精實六標準差的興趣則在於流程的品質與速度。當六標準差無法大幅改善流程速度時，可藉由精實六標準差來達成。簡言之，精實六標準差就是要把產品或服務做得又好又快，此外，我們也可以更進一步地將精實六標準差的方法與工具應用在產品開發階段，稱爲精實六標準差的設計 (design for Lean Six Sigma) (George, 2002)。

精實六標準差之哲學、原理和工具是源自六標準差和精實生產。但是，精實六標準差之目標是成長而不只是降低成本。精實六標準差更強調效益 (effectiveness) 而不只是效率問題 (efficiency)。在此種思維之下，精實六標準差著重於「做對的事情」。精實六標準差不只是改善現有的流程來降低成本，更重要的是它也強調在企業內各個領域需具有創新的能力。

個案研究

推行六標準差之典範

欣興電子公司於 2005 年獲得第 16 屆國家品質獎。該公司於 1996 年成立 TQM 委員會，其 TQM 之推動可概分為三個階段。從 2003 年開始，欣興電子 TQM 之推動強調「具吸引力的創新品質」，展開之活動包含：

1. 全面導入六標準差活動

降低製程變異，提升產品開發與設計能力，塑造欣興電子六標準差企業文化。

2. 推動學分制訓練體系

陸續開辦領班學、課長學、高階主管管理精華班等課程，並透過 e-learning 系統，擴大學習層面。

3. 優質方針管理體系

結合方針管理、策略規劃與平衡計分卡，建立「優質方針管理體系」，開辦高階主管願景與策略共識營，凝聚經營團隊共識，擘畫公司經營策略。

4. 推動全公司安全月活動，落實安全生產的理念

結合安全、健康與環保三要素，落實日常安全管理，有效降低工安風險，打造友善工作環境及提供充足健康促進活動，使全體員工達到工作和健康之平衡。

欣興電子之六標準差活動始於 2002 年，該公司於 2003 年成立六標準差委員會，2009 年配合精實管理 (Lean) 活動推行，改為精實管理／六標準差委員會，主要工作包含：

1. 輔助監督和確保 Lean / Six Sigma 專案的品質。
2. 訂定 Lean / Six Sigma 推行計畫及各項品質指標，並追蹤改善現況。
3. 協助各廠／單位之專案選擇。
4. GB / BB / MBB 的認證審核。
5. 依年度活動計畫定期舉辦專案發表會及各項活化活動。

在公司高階主管之支持下，欣興電子之六標準差活動成績斐然，包括：

1. 2003 年延攬廠內外部專家，成立 Six Sigma 專家團隊。

2. 2003 年發展專案選擇 (project selection) 運作機制及專案選擇資訊系統。
3. 2004 年開始導入六標準差設計 DFSS 訓練課程。
4. 2007 年榮獲第二十屆全國團結圈團結組金塔獎。
5. 自 2008 年開始，結合精實之概念，開始推動精實六標準差。
6. 欣興電子所制訂之六標準差執行流程包含：(1) 專案管理 (2) 輔導並追蹤專案 (3) 專案完成 (4) 效益稽核 (5) 成果發表會 (6) 知識分享。過程中也包含認證審核及專案獎勵核發。

為了宣示推行六標準差之決心，欣興電子特別設計了一個六標準差之代表標識 (請參閱該公司網頁)。在代表標識中，欣興電子特別將其產品的特色加入到「SIGMA」一字中，狀似印刷電路板的線路與防焊綠漆；紅色的「6」字則表示推行的熱情，有如手握拳並豎起大拇指，表示品質向上提升的決心與成為世界一流公司的願景。從欣興電子採用之訓練方式和策略也可以看出其推行六標準差決心。在推行六標準差之初期，如同一般公司，欣興電子採取派員參加外部訓練之方式。為了真正落實，欣興電子也委託學術機構撰寫符合該公司產業特性之客製化訓練教材，並與學術機構長期配合，進行六標準差 BB 之教育訓練。在公司內部嚴謹規劃和外部學術機構之配合下，欣興電子所採行之訓練方式有效地將六標準差之觀念灌輸到各階層員工身上，使受訓之員工能將所學之方法應用在日常工作上，提升工作之效率和企業經營之績效。

與國外推行六標準差之方式接軌，欣興電子也將六標準差活動與升等結合，公司規定課長級以上之主管，需要有 GB 認證；經理級以上之主管，則需要有 BB 認證。為配合年度方針方策展開，各部門均設定 GB、BB 專案數的目標值，並進行進度追蹤。每季也會檢討目標達成之狀況。

在公司高階主管的支持和各階層員工的努力下，經過八年之耕耘，欣興電子在六標準差品質管理之推行方式和績效方面，都可作為國內各企業學習的標竿。

個案問題討論：

1. 請討論欣興電子如何看待六標準差和 TQM。
2. 請討論欣興電子推行六標準差之特色和成功的關鍵因素。
3. 從哪些地方可以看出欣興電子推行六標準差之決心？

資料來源：

1. 欣興電子網站，http://www.unimicron.com/index.htm
2. 中華民國第 16 屆國家品質獎頒獎典禮手冊，中衛發展中心。
3. 經濟部工業局，國家品質獎得獎者標竿案例集，中華民國 102 年 8 月。

品質觀點探討

狩野紀昭對於六標準差之看法

日本著名的品質學者狩野紀昭在印度品質學會的一次演講中，表達他對六標準差的看法。在提到六標準差對於改善品質之主要貢獻時，狩野紀昭引述石川馨博士的看法，認為 TQM 就好像是中藥 (Chinese medicine)，其藥性溫和緩慢，但人們會有感到厭煩的傾向，而六標準差則是屬於西藥 (western medicine)，適合以劇烈、快速的方式降低一個組織性的問題所造成的損失。他認為六標準差會使喜歡新事物的公司導入具有新的縮寫字之品質活動，例如：DMAIC、黑帶 (BB)、綠帶 (GB)、DPMO 等。狩野紀昭認為六標準差對於日本公司並沒有造成太顯著的影響，反而引起很多困惑，因為對於六標準差的獨特性仍缺少一個很清晰的解釋和說明。談到六標準差如何阻礙 (影響) 品質 (或品質活動) 時，狩野紀昭認為六標準差的顧問師讓一般人誤會、曲解 TQM，因為他們並沒有澄清六標準差從 TQM 繼承了什麼事項及六標準差的獨特性。狩野紀昭認為六標準差就好像放在降落傘內從天而降。狩野紀昭認為六標準差的 DMAIC 非常類似日本問題解決之QC Story。他強烈地希望六標準差的專家們能夠澄清 DMAIC 何時、何地、如何產生。狩野紀昭期望美國的學者能夠澄清：(1) 六標準差的獨特性；(2) 六標準差 (Six Sigma) 是否能夠被接受為一個學術用詞 (academic term)。狩野紀昭認為六標準差的知識大部分是由顧問師所傳授。

對於六標準差，狩野紀昭的看法和觀點可以整理為：六標準差是一種推行 TQM 的地圖或者 TQM 的增進和推廣方法。他同意利用黑帶和綠帶之資格認證系統來作為推廣六標準差之方式是一件有趣的事情。他認為六標準差雖有創新性 (innovative) 但並不是新穎的 (original) 或具有獨創性的。狩野紀昭主張人們應心存謙虛並不要忘了對前輩應有的尊敬。他認為我們應該澄清一個新的方法中所具備的新的元素，這是品質學者的一個重要責任。狩野紀昭認為我們經常需要對 TQM 進行革新和創新，不只在其原理、方法論和技術，同時也包含了 TQM 的增進和推廣方法。

問題討論：

1. 請進行文獻之研究和分析，探討日本人當初在提出和推廣品管圈的 QC Story 時，是否也有說明 QC Story 之內容主要是源自於何人之成果和貢獻。
2. 請討論狩野紀昭是以什麼樣的觀點和主張認為六標準差並無新意，您是否同意其看法。

資料來源：

1. Kano, N., 2008, My views on Six Sigma in contrast with TQM, 2008 ISQ Annual Conference, Gurgaon, India.

本章習題

一、選擇題

(　) 1. 哪一家公司首先提出六標準差 (Six Sigma) 之概念？(a) GE　(b) Allied Signal　(c) Motorola　(d) Minitab。

(　) 2. 下列有關 Six Sigma 之敘述，何者不正確？(a) 方法論包含 DMAIC 和 DFSS　(b) 著重在公司獲利，較不重視顧客滿意度　(c) 著重於降低變異性和缺陷　(d) 專案在 3-6 個月內完成。

(　) 3. 3.4 ppm 相當於不良率為 (a) 0.34　(b) 0.0000034　(c) 0.034　(d) 0.000000034。

(　) 4. 找尋並篩選問題原因之工作主要在哪一個步驟？ (a) Measure　(b) Define　(c) Analyze　(d) Control。

(　) 5. 在六標準差中，績效指標 Sigma Level 是以哪一個符號來表示？ (a) F　(b) C_{pk}　(c) C_p　(d) Z。

(　) 6. 實驗設計簡稱為下列何項？ (a) DFSS　(b) SPC　(c) DOE　(d) QFD。

(　) 7. 製作專案章程 (project charter) 主要是在哪一個階段開始進行？ (a) Measure　(b) Define　(c) Analyze　(d) Control。

(　) 8. 實驗設計主要是在哪一個階段進行？(a) Measure　(b) Improve　(c) Analyze　(d) Control。

(　) 9. 管制圖主要是應用在哪一個階段？(a) Measure 和 Control　(b) Define 和 Measure　(c) Measure 和 Analyze　(d) Analyze 和 Control。

(　)10. 下列哪些人與Six Sigma 之運作無關？(a) GB　(b) BB　(c) Champion　(d) 以上皆非。

(　)11. 下列何者不是高階流程圖之應用目的？ (a) 專案選擇之最佳化　(b) 界定專案　(c) 計算專案之財務效益　(d) 建立專案之績效標準。

(　)12. SIPOC 圖中之「C」是指？ (a) constraint　(b) cost　(c) customer　(d) conclusion。

(　)13. 下列何者不屬於專案章程之內容？ (a) 問題之原因　(b) 成案之理由　(c) 改善目標　(d) 小組成員及職責。

(　)14. 下列何者不是 MBB 之主要工作？ (a) 指導黑帶　(b) 執行專案　(c) 批准已完成之專案　(d) 分享 Six Sigma 手法的專業經驗。

(　)15. 下列有關專案章程之敘述不正確？(a) 設定小組之方向　(b) 培養小組成員之歸屬感　(c) 專案章程完成後則不能修改　(d) 釐清小組成員之責任。

(　)16. 在 SIPOC 流程圖中，「S」是指？(a) standard　(b) sustain　(c) supplier　(d) special。

(　)17. 某一件產品是由 250 個獨立的零件所組成，這些零件必須都是良品才能使最終產品具有正常功能，若每一個零件之良率均爲 0.99，請問最終產品爲良品之機率爲多少？(a) 250(0.99)　(b) $1-(0.01)^{250}$　(c) $(0.99)^{250}$　(d)$1-(0.99)^{250}$。

二、問答題

1. 請說明六標準差之績效指標 Sigma Level 和統計學中之標準化值 ($(X-\mu)/\sigma$) 有何不同？
2. 在 Six Sigma 中，通常採用 Sigma Level Z 來呈現一個流程的績效，請問此與傳統之製程能力指標有何差別？兩者有何關聯性？
3. 請說明 Sigma Level Z 和不合格率之間具有明確之一對一的關係。
4. 在一篇文章中 (Kano, N., 2003, What is unique about Six Sigma？-In comparison with TQM, Quality, 33, 2, 168-175)，日本學者狩野紀昭指出：「當問到實施六標準差的方法，常會提到 DMAIC。這是將問題解決步驟的名稱加以重新包裝。有人說 DMAIC 是六標準差特有的方法，但我們可以立即了解那是出自於日本的 QC Story。QC Story 是日本在 1980 年代介紹到美國去的一般問題解決的程序，而 DMAIC 只不過是它的另一個不同的稱呼。我談過的人很少有人 (如果有的話) 知道 DMAIC 是源自於日本。」請搜尋相關資料，找出日本之 QC Story 又是源自於美國哪一位學者之理論？
5. 請討論 DMAIC 與 PDCA 之相似處。
6. 請討論如果未推行六標準差，是否仍可採用 DMAIC 五個步驟來解決問題。
7. 請說明當 Sigma Level 爲負值時，其代表的涵義。
8. 請參考精實生產之文獻，列出生產系統中常見的浪費。
9. 請討論 DMAIC 方法論之步驟與本書第 2 章所介紹之品質三部曲中「品質改善」步驟的相似性。

三、計算題

1. 假設某一個品質特性之目標值為 100，上、下規格界限分別為 USL=130, LSL=70。如果製程標準差為 5.0，請計算當製程平均數 $\overline{X}$ =100 和 107.5 時之 Z_U 和 Z_L。
2. 同第 1 題，但假設製程標準差為 6.0。
3. 請計算第 1 題之 Z_{Bench}。
4. 請計算第 2 題之 Z_{Bench}。
5. 請計算下列之 Z_{Bench} 值，請根據計算之結果，歸納出 Z_{Bench} 和 Z_U 及 Z_L 之關係。

	A	B	C
Z_U	3	4	1
Z_L	3	2	5
Z_{Bench}			

6. 假設製程平均數產生 1.8-sigma 之偏移，請計算當 Sigma Level 為 1.0、1.5 和 2.0 時之 ppm 值。

Chapter 4

品質改善工具和手法

章節概要和學習要點

本章之主要目的是在於介紹解決品質問題和品質改善過程中，較常使用到的一些工具，包含解決品質問題之品質管理七手法及適用於品質規劃之品質管理新七手法。這些方法之共同特點在於它們都是一些簡易的表單和圖形方法，不牽涉到複雜之數學運算。另外，我們也將介紹一些非常適用於品質改善活動之其他圖形方法。

透過本課程，讀者將可了解：

- 品質管理七手法之原理和應用。
- 品質管理新七手法之原理和應用。
- 其他分析工具和方法：時間序列圖、機率圖、箱型圖和 FMEA 分析。

4.1 品質管理七手法

品質管理七手法是七項簡易之圖形方法所組成。在品管作業中，它們當作解決問題或是品質改善之工具，這些手法通常都不需複雜之計算。在國內，我們一般稱其爲QC 七手法，而在國外採用之名稱有「seven basic tools of quality; basic seven tools; QC seven tools; magnificent seven」等數項。QC 七手法要歸功於日本品質大師石川馨博士 (Kaoru Ishikawa) 之倡導。他認爲超過 95% 之品質相關問題都可以透過這七項基本工具來解決。雖然品管七手法被日本人成功地應用在品管作業中，但七手法並非日本人所發明 (除了特性要因圖外)，日本人之主要貢獻在於散播這些手法並且將其應用在品管工作上。另外，品管七手法並非只能應用在品管上，它們也可應用在其他領域中。事實上，有些手法當初並非爲了品管工作才被提出。上述工具是統計製程管制之主要部分，這些工具必須整合在一個完整的統計製程管制計畫內，才能發揮它們的效益。

品管七手法包含：

1. 檢核表 (check sheets)
2. 散佈圖 (scatter diagrams)
3. 直方圖 (histograms)
4. 柏拉圖 (Pareto diagrams)
5. 特性要因圖 (cause and effect diagrams)
6. 層別法 (stratification)
7. 管制圖 (control charts)

上述 7 種方法中，因爲管制圖之原理和使用較爲複雜，將在本書第 6、7、8 章進行深入探討。本節只針對其他六項做一說明。另外，必須要提醒讀者的是，上述之層別法有時會被流程圖 (flow charts) 所取代。

4.1.1 檢核表

檢核表是以一種簡單的方法將問題查檢出來的表格或圖。在蒐集數據時，我們可以設計一種簡單的表格，將其有關項目和預定蒐集的數據，依其使用目的，以很簡單的符號填註，用以了解現狀、做分析或核對點檢之用，依此原則設計出來的表格或圖，被稱之爲檢核表或稱爲查檢表。

在品管工作中，使用檢核表的目的有下列幾項：

1. 日常管理

品質管制項目的點檢、作業前的點檢、設備安全的點檢、作業標準是否被遵守的點檢。

2. 特別調查

爲了製程問題原因調查、產品不良原因調查或爲了發現改善點所進行的點檢。

3. 取得記錄

爲了要製作報告所進行之數據蒐集和檢核。

檢核表並沒有一個特定之格式，使用者可依問題之特性自行設計。設計檢核表時須考慮下列原則：

1. 要能一眼看出整體形狀、要簡明、易填寫，且記錄之項目和方式力求簡單。
2. 盡可能以符號代替複雜之文字。
3. 數據之履歷要清楚。
4. 點檢項目要隨時檢討，將必要的加進去，不必要的刪除。
5. 點檢之結果必須反應至現場有關單位。
6. 當檢核表使用不同符號時，要在表中註明其所代表的意義。

一般而言，檢核表可分爲點檢用檢核表及記錄用檢核表，此兩種檢核表說明如下：

1. 點檢用檢核表

點檢用檢核表 (見表 4-1) 是爲了要確認作業實施、機械設備的實施情形、預防發生不良或事故、確保安全時使用。例如機械定期保養檢核表、不安全處所檢核表等，這種檢核表主要是調查作業過程之情形，可防止作業的遺漏或疏失。

2. 記錄用檢核表

此種檢核表是將數據分爲幾個項目別，以符號或數字記錄的圖或表。例如在已分組的數字表上做記號以記錄出現次數，或直接在產品、零件的圖面上做記號所製成的表。

表 4-1　點檢用檢核表

三次元量床開機檢核表					
次序	項 目	狀 態	次序	項 目	狀 態
1	打開總電源開關		7	啓動 CMM 電源	
2	開啓空氣壓縮機		8	打開電腦主機	
3	啓動氣閥		9	開啓介面裝置	
4	開啓空氣乾燥機		10	打開螢幕	
5	啓動變壓器		11	啓動印表機	
6	啓動穩壓器		12	按下操作盒開關	

表 4-2 爲記錄用之檢核表，表之上半部記錄一些基本資料，包含產品名稱、檢驗人員、時間、日期等，表中畫記也可採用「正」字。此種檢核表一般也稱之爲計數表 (tally sheet)，我們可以看出此種檢核表之應用有助於根據類別來整理資料。

表 4-2　記錄用檢核表

產品名稱：輪圈 測試方法： 樣本大小： 日期：	位置： 檢驗員： 批號：	
項目	畫記	不合格點數
素材生銹	卌 卌 ||	12
切斷毛邊	卌 卌 卌 卌 卌 卌 卌 卌 |	41
刻印不明	|||	3
整形壓傷	卌	5
熔接段差	卌 ||	7
削邊毛尖	卌 |	6
沖孔毛尖	||	2
其他	卌 |||	8
總和		84

圖 4-1 爲一用於輪胎鋼圈外觀檢查之檢核表，此表是以缺點及瑕疵裂痕爲研究對象。表中包含產品之簡圖，並在圖上區分位置，其設計目的是要了解缺點是否集中於某一處，以便採取改善措施。此種檢核表一般被稱爲位置圖 (location plot) 或缺點集中圖 (defect concentration plot)，在此種檢核表上，也可使用不同之符號來代表各類缺點項目，這些符號必須在圖上說明。

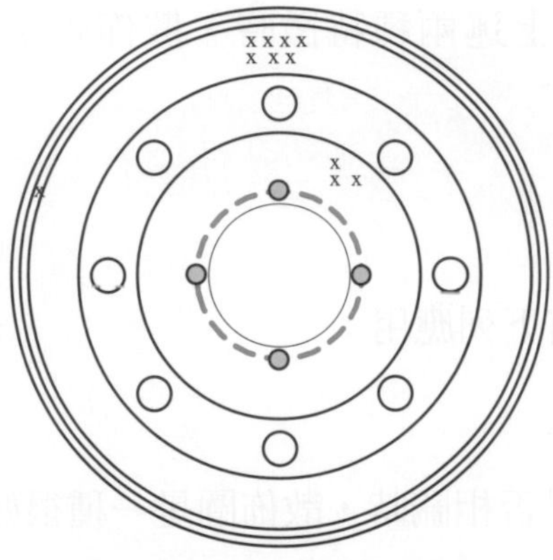

圖 4-1 輪胎鋼圈外觀之檢核表

4.1.2 散佈圖

散佈圖之使用大約始於 1750-1800 年，它又被稱為 X-Y plot 或 crossplot。散佈圖通常是用來研究兩變數間之相關性 (association)，它包含水平及垂直兩軸，用以代表成對兩變數之數據。在受到控制的實驗中，可以允許我們決定因果關係。若兩變數間呈現原因及結果之關係時，在繪圖時一般是將代表原因之變數 (或稱為自變數，independent variable) 置於 X 軸 (橫軸)，另外將代表結果之變數 (或稱為應變數，dependent variable) 置於 Y 軸 (縱軸)。散佈圖顯示兩個變數之間的相關性，但不一定是因果關係。例如：將冷氣機的銷售量與冰淇淋的銷售量繪製散佈圖，我們會觀察到正相關存在。但兩者並不存在因果關係，亦即冰淇淋的銷售量並不會直接影響或改變冷氣機的銷售量。實際上，溫度的改變才是影響冷氣機銷售量的原因。

根據散佈圖上點的分布狀態，兩特性值間之關係可分為下列三種：

1. 當其中一變數值愈大，另一變數之數值也有增加的傾向時，代表此兩變數為正相關 (positive correlation)。

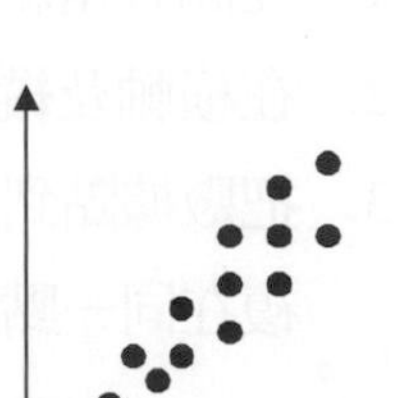

2. 當其中一變數的數值愈大，另一變數的數值卻愈小時，代表此兩變數為負相關 (negative correlation)。

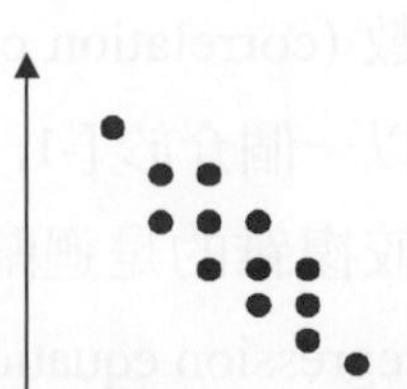

3. 當兩個變數之值不具有上述兩種特徵時，散佈圖幾乎近似圓形，代表兩者無相關。

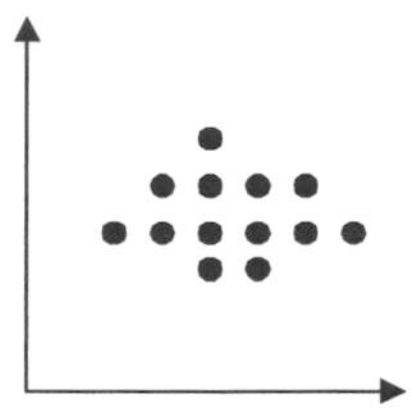

散佈圖在品管領域中可有下列應用：

1. 調查兩特性值間之相關性

   在調查兩個特性值之間是否相關時，散佈圖是一種很好的工具，因爲可經由視覺直接解析判斷其相關性，所以在品管中被廣泛應用。

2. 判斷異常值之存在與否

   一般而言，異常值多半因爲作業失誤、測量失誤、記錄失誤等而發生，在製作散佈圖時，這些異常值常會偏離其他值甚多，因此很容易察覺出來。

3. 應用於問題解決步驟中

   在問題解決之過程中，散佈圖常被應用在「要因解析」上。當找出了某現象所發生的原因後，若特性及要因皆爲計量值時，便可利用散佈圖來驗證其是否爲具有影響性之要因。

4. 其他

   除了上述 3 種主要應用外，散佈圖也可用來檢測數據是否存在趨勢 (trend) 或用於決定最佳操作範圍等應用。

散佈圖之製作包括下列步驟：

1. 先調查兩組數據是否有關係，然後蒐集數據並整理到數據表上。
2. 在橫軸及縱軸上，點上尺度。橫軸愈向右，其值愈大，縱軸愈向上，其值愈大。
3. 把數據點到座標上。當兩個數據重複在同一位置時，點上一圓記號 ○，但三點數據重複在同一點上時，點上一個雙重圓記號 ◎。當然，使用者也可採用其他符號表示。

除了簡單的散佈圖外，我們也可以進行相關分析 (correlation analysis) 並計算相關係數 (correlation coefficient)。相關係數是用來決定兩個變數之間關係的強弱，相關程度是以一個介於 [-1, +1] 之數值來表達，稱爲皮爾森相關係數 (Pearson correlation coefficient)。較複雜的是迴歸分析 (regression analysis)，它是利用一個數學式 (稱爲迴歸方程式，regression equation) 來表達一個變數 y 和另一個 (或其他多個) 變數 x 之間的關係。

當我們觀察散佈圖時，要特別注意斜率的大小和相關係數間之關係。在圖 4-2(a) 中，三組數據 A、B、C 之斜率雖然不同，但三組數據之相關係數均為 1.0。而在圖 4-2(b) 中，A、B、C 三組數據之相關係數分別為：0.993、0.973、1.0。

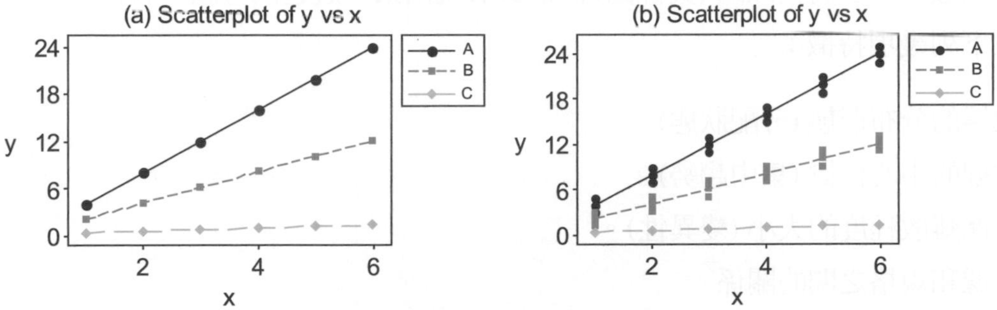

圖 4-2 斜率和相關性之間的關係

例4-1 假設 X 表材料的成分 (%)，Y 表硬度，請依下表之數據繪製散佈圖。

散佈圖數據

編號	X	Y	編號	X	Y	編號	X	Y	編號	X	Y
1	0.8	12	6	1.7	15	11	2.3	19	16	2.9	48
2	0.9	16	7	1.8	33	12	2.5	30	17	3.1	23
3	1.2	12	8	1.9	44	13	2.5	40	18	3.2	30
4	1.4	20	9	2.1	30	14	2.8	25	19	3.3	40
5	1.5	25	10	2.1	35	15	2.9	35	20	3.4	46

解答：

Minitab 可以在散佈圖上顯示迴歸線 (regression line)，將兩個變數之間的關係予以量化。

在此例中，我們可以得到下列迴歸方程式，

$$y = 8.395 + 9.257x$$

迴歸方程式顯示截距為 8.395，斜率為 9.257。此例 x 變數和 y 變數之間存在「正相關」。請注意如何利用「目視」的方法估計截距和斜率。

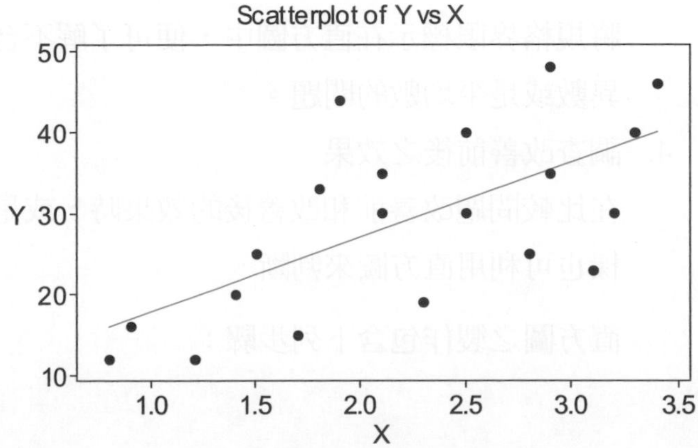

4.1.3 直方圖

直方圖是將數據分布的範圍，劃分爲幾個區間，將出現在各區間內的數據之出現次數作成次數表，並將其以圖 (長條圖) 的形式表現出來。透過直方圖，我們可以了解一組數據之下列幾項特徵：

1. 數據的分布形態 (分配狀態)。
2. 數據的中心位置 (集中趨勢)。
3. 數據離散程度的大小 (變異性)。
4. 數據和規格之間的關係。

直方圖與條形圖 (bar graph) 類似，但兩者仍有下列不同點：

1. 在條形圖中線條可爲垂直或水平，而在直方圖中線條爲垂直狀。
2. 在條形圖中每一線條之寬度不具任何意義，而在直方圖中，線條之寬度代表該類別所涵蓋之範圍。

在品管作業中，通常會在下列情形使用到直方圖：

1. 掌握數據的分布狀態 (分配狀態)
   將數據之分配與預期之分配比較。
2. 調查離散或偏離的原因
   在調查離散或偏離的原因時，也可以使用直方圖。例如將工程之作業者、機械／設備、材料／配件、作業方法等之直方圖加以比較，便可以知道離散之成因爲何，也可掌握工程之良劣不齊程度、製品之不良狀況等。
3. 與規格作比較、檢視有無問題
   將規格界限標示在直方圖中，便可了解不合格品之比例。由直方圖也可判斷出是變異數或是平均數的問題。
4. 調查改善前後之效果
   在比較問題改善前和改善後的效果時，或是要了解平均數或變異數是否改變時，同樣也可利用直方圖來判斷。

直方圖之製作包含下列步驟：

步驟1： 確立調查之目的

在製作直方圖時，必須先確認自己想利用直方圖來獲得哪些訊息。例如：「調查產品之品質特性的分布情況」、「調查品質特性和規格值的關係」等等。

步驟2： 蒐集數據

步驟3： 求出數據的最大值 (L) 和最小值 (S) 及全距 (R)

全距 $R = L - S$

步驟4： 決定區間數

在繪製直方圖時，區間之數目會影響到直方圖之外觀，一個簡單的方法是利用下列公式計算區間數，區間數 $k = \sqrt{n}$, n 爲數據個數。例如：$n = 50$ 時，$k = \sqrt{50} = 7.071$ (取 7)。另一個法則是取 k 個區間，滿足 $2^{k-1} \le n < 2^k$。

步驟5： 求出區間之寬幅 (h)，$h = R / k$

步驟6： 決定區間之界限值 (上下界限值)

第一區間之下側界限值＝S – (測定單位) / 2

第一區間之上側界限值＝第一區間之下側界限值＋h

設 $e = (S + hk) - L$

若 $e > (h / 2)$，則將第一區間之下側界限值設爲

$(S -$ (測定單位) $/ 2 - e / 2)$

步驟7： 求出區間之中心值

步驟8： 製作次數表

步驟9： 計算數據之次數

先確認該數據應畫記入哪一個欄位中，然後在「次數畫記欄」上作記號。當數據全部畫記完畢時，便將數據塡入各區間之次數欄中，再合計是否和全部數據相等。

步驟10： 作圖

在圖中塡上橫軸及縱軸，以完成的次數表爲基礎，將第一區間至最後一個區間之次數當作高度依序畫上去。

步驟11： 記入數據之相關資料和必要事項

在圖中之空白處，記入數據之取得時間、數量和工程名稱等。

步驟12： 進行觀察和分析

分析的重點在於觀察直方圖的特徵：

1. 數據的分布情形。
2. 數據的中心位置。
3. 數據的離散程度。
4. 數據和規格之關係。

現今統計軟體已經非常成熟，有些軟體 (如 Minitab) 可以在直方圖上顯示配適數據之機率分配曲線。圖 4-3 顯示一個包含常態機率分配曲線之直方圖，此範例之機率分配的參數，是根據樣本資料所獲得之估計值 (也可以是使用者指定之參數)。

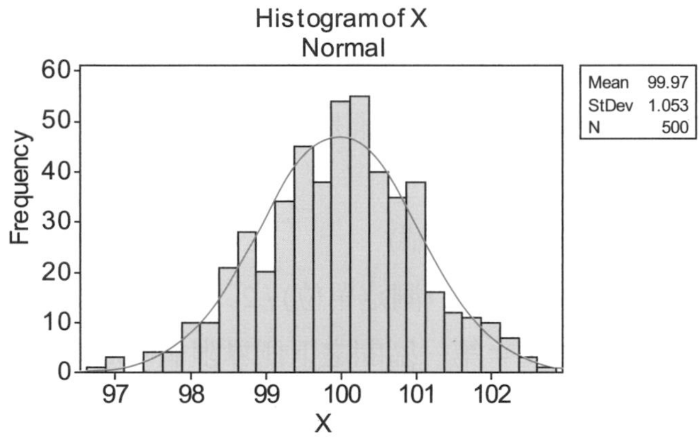

圖 4-3 包含機率分配曲線之直方圖

例4-2 假設一組數據之最大值為 4.555，最小值為 4.510，直方圖之組數取 7。試計算第一區間之上下界限值。

解答：

全距 $R = L - S = 4.555 - 4.510 = 0.045$

組寬度 $h = 0.045/7 = 0.00643 \rightarrow 0.007$

$e = (4.510 + 7 \times 0.007) - 4.555 = 0.004$

因此第一區間之下側界限值 $= (4.510 - 0.001/2) - (0.004/2) = 4.5075$

第一區間之上側界限值 $= 4.5075 + 0.007 = 4.5145$

直方圖可以顯示數據之變化情形，觀察直方圖之外觀可以協助找出數據中之異常變化。一些常見直方圖之形狀和其造成的原因說明如下。

1. 鐘型分配 (The bell-shaped distribution)

在直方圖中，數據分布範圍之中央有一高峰，且整體圖形接近對稱，此種直方圖顯示數據分配爲 (或接近) 常態分配。(見圖 4-4)

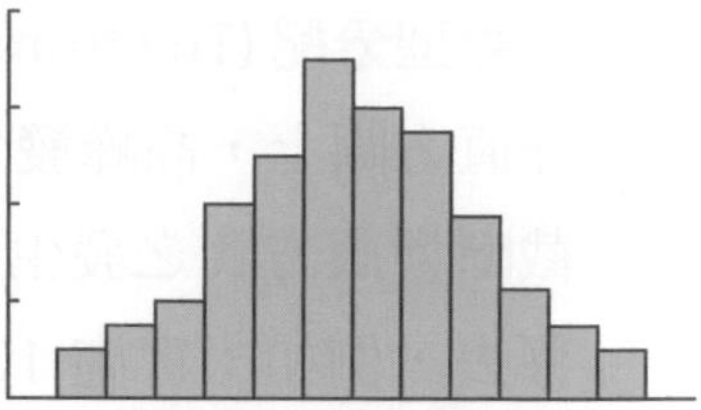

圖 4-4 鐘型分配

2. 雙峰分配 (The double-peaked distribution)

在直方圖中，數據分布範圍之中央有一低谷 (在中央的次數較少)，而且兩旁各有一高峰，此種圖形係混合兩個鐘型分配，可能的原因爲數據來自兩部不同之機器、兩個 (組) 不同之操作員、兩個不同之班別、兩種不同之原料、或兩條不同生產線。(見圖 4-5)

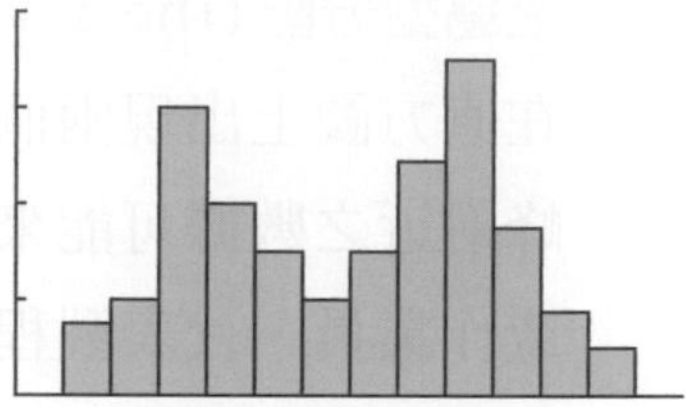

圖 4-5 雙峰分配

3. 高原型分配 (The plateau distribution)

各區間內的數字變化不大，且呈高原般的形狀，沒有顯著之高峰和尾端，此種直方圖代表數據來自於多個鐘型分配數據。一種可能之原因是無標準作業程序，作業員各行其是，造成極大之變異。本書第 14 章中將會以此種圖形說明不正常之作業。(見圖 4-6)

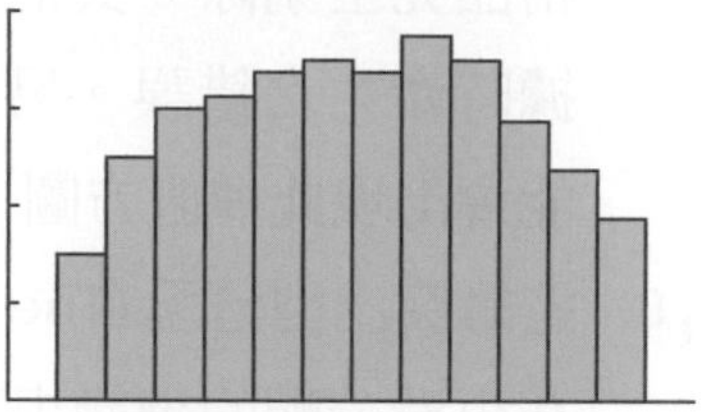

圖 4-6 高原型分配

4. 梳狀分配 (The comb distribution)

在直方圖中，次數的高低起伏很不整齊，有點像牙齒不全或是齒梳型的形狀。當區間之寬度並非爲測定單位的整數倍時，或是測定者在刻度上有特殊癖好時，會出現此種圖形。(見圖 4-7)

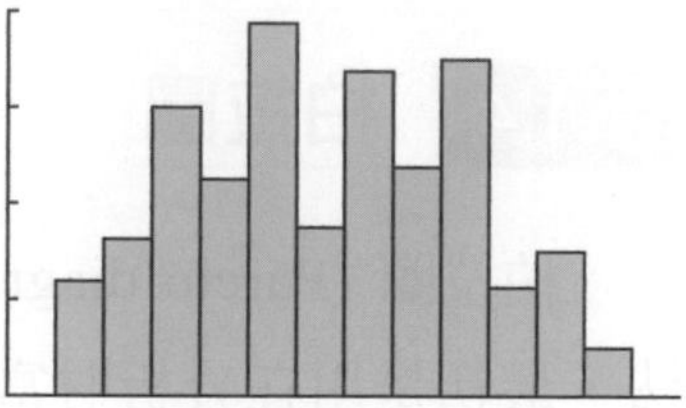

圖 4-7 梳狀分配

5. 偏歪型分配 (The skewed distribution)

在此種直方圖上，高峰並不是在數據分布範圍之中央，某一側之尾巴很快結束，但另一側則有相當長之尾巴。若分配之尾巴向右延伸，此稱爲右偏 (skewed right) 分配，若分配之尾巴向左延伸，則稱之爲左偏 (skewed left) 分配。偏歪型分配通常發生在數據只有單邊規格界限時，例如產品之強度。(見圖 4-8)

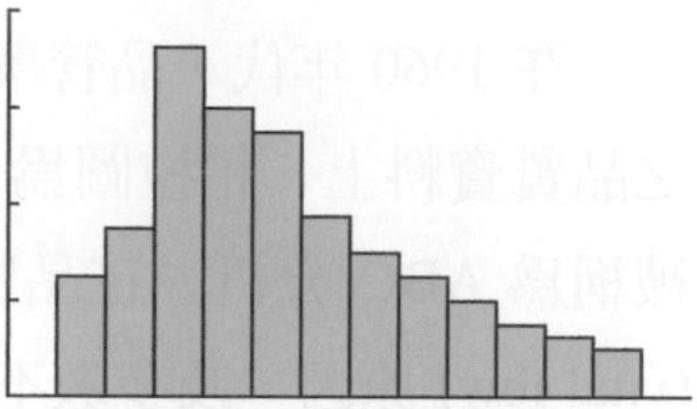

圖 4-8 偏歪型分配

6. **截斷型分配 (The truncated distribution)**

在直方圖上，高峰發生在 (或靠近) 數據分布之邊緣。截斷型直方圖之發生是將某些數據自鐘型分配數據中移去，例如：實施 100% 全檢，將不合格品之數據剔除。(見圖 4-9)

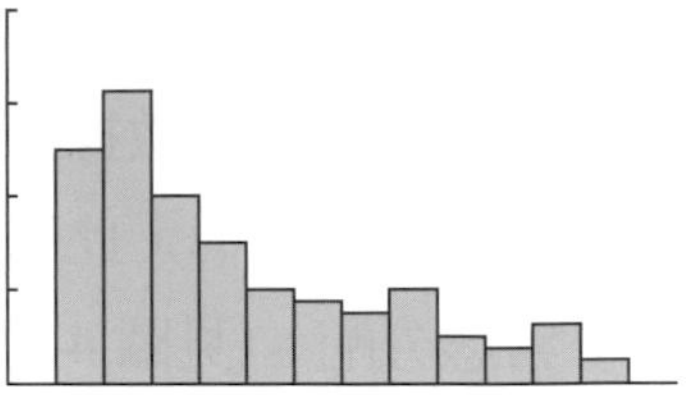

圖 4-9　截斷型分配

7. **離島型分配 (The isolated peaked distribution)**

在直方圖上出現兩個高度相差甚多之高峰。較低之高峰附近之數據可能來自於某一特別之機器、製造程序或作業員，代表製程之異常原因。如果較低高峰之旁邊為一截斷型分配，則代表在篩選過程中，未將不合格品完全剔除。其他可能之原因為量測誤差或抄寫數據時產生之錯誤。另外，當數據存在測定誤差時也可能會出現此種直方圖。(見圖 4-10)

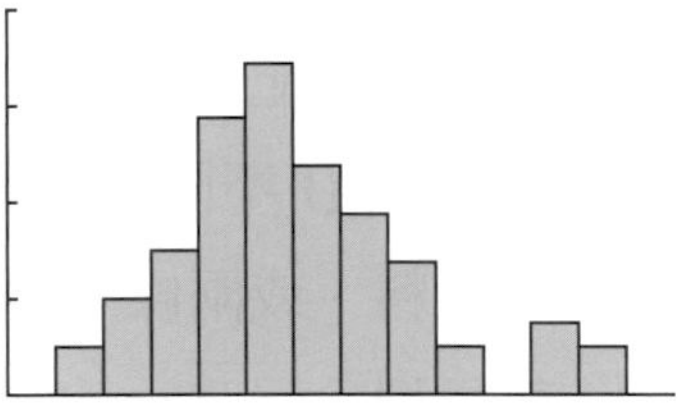

圖 4-10　離島型分配

8. **邊緣突出型分配 (The edge-peaked distribution)**

在平滑分配的邊緣出現一突出之高峰。此種情形通常為資料記錄錯誤所造成。(見圖 4-11)

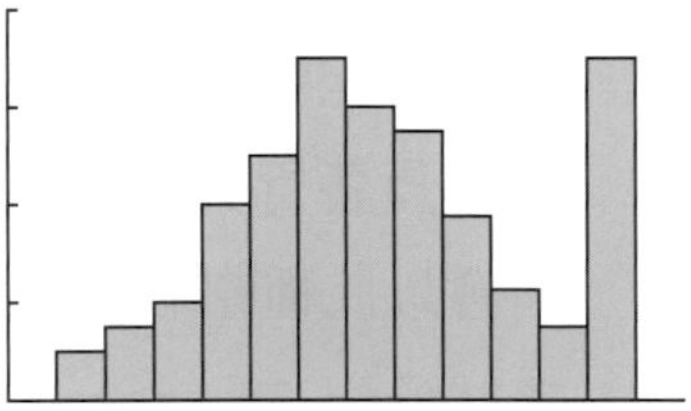

圖 4-11　邊緣突出型分配

4.1.4 柏拉圖

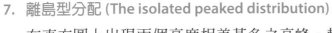

柏拉圖 (Pareto diagrams) 是由義大利經濟學者 Vilfredo Pareto 所提出之圖形分析法，最初是用在分析財富之分布上，其目的是說明少部分的人 (20%) 占有大部分財富 (80%)。他認為只要控制那些 20% 的少數人，便可以控制該社會的財富和經濟，此稱為柏拉圖原理 (Pareto principle) ，又稱為 80/20 原則 (80/20 rule)。

在 1960 年代，品管學者朱蘭博士將柏拉圖導入品管工作中，做為分析屬性或計數值之品質資料上。柏拉圖為一通用之工具，亦可用在其他領域中，例如在存貨管理上，它被稱為 ABC 分析。在品質改善活動中，柏拉圖通常用來區分造成品質問題之少數重要 (vital few) 原因，及多數不重要 (trivial many) 之原因。當我們要解決品質問題時，應先專注於重要少數的項目，而暫時忽略瑣碎的多數項目，如此才能在短時間內或資源有限之情況下，獲得顯著之改善成果。為了強調剩餘之 80% 原因也不能被完全忽略，朱蘭後來偏好使用有用的多數 (useful many)，來取代原來的「不重要的多數」此一稱呼。

圖 4-12 為一典型之柏拉圖，橫軸代表問題之類別，縱軸表每一類問題發生之次數。為突顯各項問題之重要性，橫軸之項目通常依縱軸所代表之意義，由大至小，由左而右排列。柏拉圖之主要特色在於提供視覺之效果，可以有效吸引有關人員對於重要項目之注意力。在圖 4-12 中，A、B 兩類問題發生之次數較多，因此可歸類為少數重要的問題，其他則稱為多數不重要的問題。在柏拉圖上，右縱軸亦可加入累積比例 (累積百分率)，使問題之表示更為清晰。例如在圖 4-12 之範例中，A、B 兩項問題約占全體缺點總數之 80%。

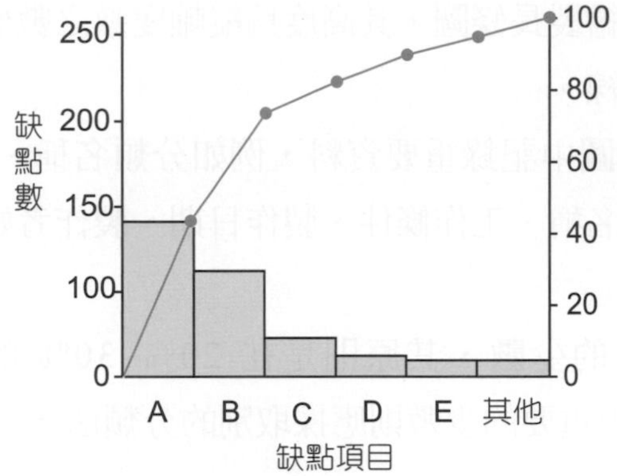

圖 4-12 柏拉圖

一個製作完善之柏拉圖，可以提供下列訊息：

1. 了解哪些項目屬於重要問題。
2. 一眼就能明白事情的大小順序。
3. 知道每一項目在整體中所占的比例。
4. 可以預測減少某一項目後之整體效益。
5. 可以知道改善之效果如何。
6. 可以知道改善前後不良內容及缺點內容之變化。

柏拉圖的製作包括下列步驟：

1. 座標之取法

   縱軸－不合格率、故障次數、損失金額或災害件數 (見表 4-3)。

   橫軸－代表材料總別、機器總別、缺點總別或加工方法等。

2. 蒐集數據資料

   分類項目決定以後，接下來是蒐集數據資料。一組好的數據資料必須要掌握正確的事實，而且必須具有代表性。

3. 整理數據資料
   (1) 依蒐集項目數據的大小順序排列。
   (2) 計算累積個 (次) 數和累積百分率。
   (3) 將出現次數少的項目整理成「其他」項。柏拉圖中分類項目一般採用 5 至 10 項，其餘的全部歸類為其他項。
4. 柏拉圖之繪製
   (1) 依橫軸之項目別，繪製長條圖，其高度為縱軸變數之數值。
   (2) 畫出累積百分率曲線。
   (3) 為便於查閱，可在圖中記錄重要資料，例如分類名稱、數據調查資料的時間、數據的合計、工程名稱、工作條件、製作日期、製作者姓名等必要事項。
5. 觀察與分析

   在柏拉圖中找出重要的少數，其原則是在 20%~30% 的項目中，占累積和的 70%~80%。若不能找出重要的少數則應採取別的分類法。

在繪製柏拉圖時應注意下列事項：

1. 依問題之特性，柏拉圖之左縱軸可定義為發生次數或成本。若每一缺點項目所造成之損失不同，則縱軸最好以金額表示較為妥當。
2. 當分類項目很多時，通常將若干次數少或成本低之項目合併為其他項目，置於圖之最右端。有些學者仍建議將橫軸之各項目由大至小排列，其他項目不一定位於最右端。
3. 如果柏拉圖是被當作比較用途 (例如改善前後之比較)，則縱軸最好是用次數而非比例值，因為有時次數已降低，但各分類之比例值無太大變化。

表 4-3 柏拉圖縱軸項目示例

項 目	示 例
品 質	不合格品數、修改數、缺點數、異議件數、失誤件數、不完備件數、設計變更件數、退件數、不合格率、保留數、特別採用件數等。
時 間	停止 (休止) 時間、修改時間、安排程序時間、故障修理時間、等待受理時間、異常處理時間等。
交貨期	延遲件數、未準時交貨率、未立即答覆率等。
生產量	修改件數、退回件數等。
安 全	災害件數、意外事故件數、嚴重率、次數比例、職業傷害件數等。
成 本	損失金額、浪費的使用量 (水、電力、燃油、消耗品、材料)。

例4-3 表 4-4 爲某品牌汽車檢驗之檢核表，試製作柏拉圖，並指出少數重要的不良項目。

表 4-4 汽車檢驗之檢核表

現象／部位	車 頭	斜 板	鳥 嘴	左側車身	右側車身	其 他	小 計
斑 點		𝍷𝍷𝍷	𝍷𝍷	𝍸			10
漆太薄				𝍸𝍷𝍷𝍷	𝍸𝍸𝍷𝍷𝍷𝍷		22
流 漆		𝍷	𝍷	𝍷	𝍸	𝍷𝍷𝍷	11
底漆(凹凸)	𝍷𝍷𝍷			𝍷	𝍷	𝍷	6
底漆(流漆)				𝍷		𝍷	2
刮 傷				𝍷			1
灰 塵	𝍸𝍸𝍸𝍸𝍸	𝍸𝍸𝍸𝍸𝍸	𝍸𝍸𝍸𝍸	𝍸𝍷𝍷𝍷𝍷	𝍸𝍷𝍷𝍷𝍷	𝍸𝍷𝍷	95
碰 撞	𝍸𝍸𝍸	𝍸𝍸𝍷𝍷	𝍸𝍸𝍷𝍷	𝍸𝍸𝍷	𝍸𝍸𝍷	𝍷	62
磨光的痕跡		𝍷					1
小 計	43	42	35	37	40	13	總和 210

解答：

根據檢核表，我們可計算不良項目之累積個數及累積比例。由於有數項發生次數較少，因此合併於其他項目之後，其結果如表 4-5 所示。

表 4-5 汽車檢驗之缺點累積個數及累積比例

編 號	不良項目	缺點數	累積個數	累積比例 (%)
1	灰 塵	95	95	45.23
2	碰 撞	62	157	74.76
3	塗 太 薄	22	179	85.23
4	流 漆	11	190	90.47
5	斑 點	10	200	95.23
6	底漆 (凹凸)	(6)		
7	底漆 (流漆)	(1)		
8	刮 傷	(2)		
9	磨光的痕跡	(1)		
No．6~9	其 他	10	210	100
合 計		210	210	100%

圖 4-13 爲完成之柏拉圖，我們可發現「灰塵」和「碰撞」兩項的累積比例約爲 75%，因此這兩項可視爲重要的少數。

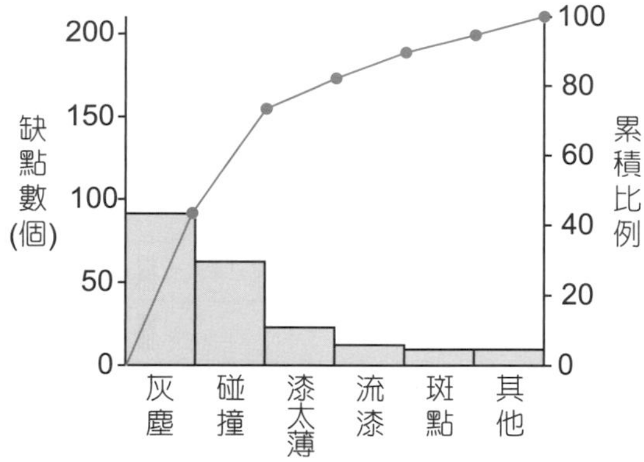

圖 4-13 完成圖

4.1.5 特性要因圖

特性要因圖 (cause-and-effect diagram) 爲一問題分析工具，用以辨認造成某一特定問題之所有可能原因。測試所有可能原因爲費時且困難之工作。利用特性要因圖可以去除不重要之原因而專注於最有可能之原因上。在問題解決之步驟上，我們通常是先使用柏拉圖用以篩除不重要之因素，但柏拉圖只能幫助分析者找出少數重要之問題，卻不能指出造成問題之原因。若要研究造成問題之原因則必須進行特性要因分析。而特性要因圖可對問題做更精細之研究分析。特性要因圖爲石川馨博士 (Ishikawa) 於 1943 年所發展出來，因此又稱 Ishikawa diagram。由於此圖之結構 (形狀、外觀) 類似魚骨，因此又稱魚骨圖 (fishbone diagram)。由於此圖是用來研究造成某一問題之可能原因，因此一般稱爲特性要因圖。

特性要因圖可視爲一腦力激盪 (brain storming) 之工具。其基本構成元素爲符號及線，用以表示原因和結果間之關係。特性要因圖是一個多用途且極爲有效之分析工具。在問題預防或解決問題之過程中，特性要因分析具有下列 3 項優點：

1. 對於一個特定問題，特性要因圖可以提供一個開放討論 (open discussion) 之架構。
2. 特性要因圖可以使我們集中注意力於發掘造成問題的原因，使這些原因顯現出來並且容易令人了解。
3. 特性要因分析可鼓勵各階層之員工參與問題的解決，並且使得在同一組人員中得到更好的溝通。

在特性要因分析中，特性是指工作的結果或是工程產生的結果，表 4-6 中列舉一些範例。要因是指對結果 (特性) 造成影響，而被舉出來的原因。在製造過程中，品質特性之變異通常起因於 4M 的差別：作業員 (manpower)；機器設備 (machinery)；材料 (materials)；作業方法 (methods)，因此大骨的要因通常採用4M檢討，但是也不必拘泥於此。除了上述 4 種分類外，最近一些學者專家建議另外加入量測 (measurement) 和環境 (mother nature) 兩個分類，稱爲 6M。在某些情況下，我們可能無法事先決定原因的大分類，此時可以先將原因全部列出，接著再以其他方法 (如本章 4.2 節的親和圖) 將原因分組，並對各組命名。

表 4-6 特性分類之示例

項 目	示 例
品 質	外觀、尺寸、重量、純度、不合格件數、異議件數、不合格率等。
數量、交貨期	工作率 (運轉率)、生產量、出貨量、交貨延期日數、準時交貨率等。
成 本	材料費、加工費、人工費、加班時間、銷售額、賠償金額等。
士 氣	出勤率、參加率、提案件數、改善件數等。
安 全	災害率、意外事件數、職業傷害件數、無意外時間等。

特性要因圖之製作一般包括下列步驟：

步驟1： 決定特性

特性是現況中的重要問題。用文句表現特性時，最好以一看就知道「不好」的形式，比較容易發現要因。

步驟2： 塡入要因的背骨

將特性 (問題之描述) 寫在右端並加外框，然後加一條由左至右的粗箭號線條 (背骨)。

步驟3： 塡入要因大骨

將可能影響特性的要因分類，然後從背骨的左斜方加條大骨，並且在骨前端的「□」內塡入相關要因。大骨一般分成 4 至 8 根，如圖 4-14 所示。

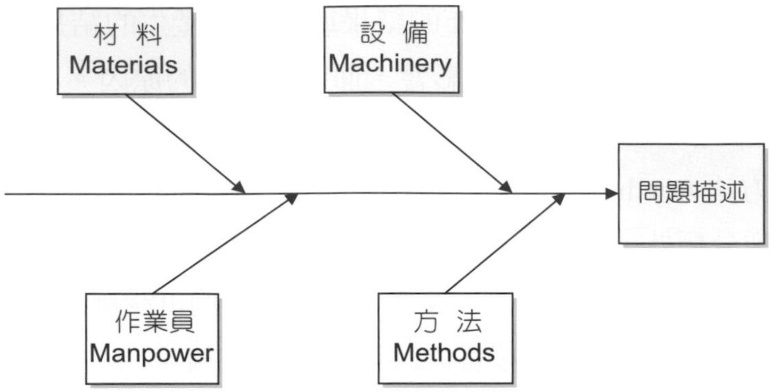

圖 4-14 特性要因圖

步驟4： 集體思考後填入次要因

針對某一主要因進行集體思考，並追究爲什麼、什麼原因 (要因)，然後填入次要因。

步驟5： 檢核是否遺漏要因

填完主要因、次要因後，整理檢視一下，看看是否所有被列爲可能要因 (原因) 都填入，如有遺漏立即添加。

步驟6： 找出重要影響度的原因

從許多要因中，決定出對結果 (特性) 影響較大的重要要因，用圓圈圈起或加紅圈方便辨識。

步驟7： 驗證

掌握事實，驗證所選出的要因是否爲眞正的要因。

步驟8： 填入必要事項

將標題、產品名稱 (商品名)、工程 (製程) 名稱、製作單位、製作小組、參加人員等資料，塡在空白的地方。

特性要因圖依其應用之不同，可分爲三大類：問題原因之列舉 (cause enumeration)，散佈分析 (dispersion analysis) 及製程分析 (process analysis)。問題原因列舉最接近於腦力激盪，此爲一種自由思考的方式用以發掘造成問題的所有可能原因。此種方式之優點是所有可能原因均可被列舉出，而其主要缺點是繪製不易。

第二種特性要因圖稱爲散佈分析，此種方式極類似於原因之列舉。不同的是，在散佈分析中，問題原因先區分爲組，而所有之思考都集中在此類原因上，當此類原因都被列舉後再進行另一組原因。而在原因列舉中，所有可能原因之列舉爲一隨機次序。最後一種特性要因圖稱爲製程分析，此種方式是先將製造程序列出，再將有關每一製程之可能原因列出。在列舉影響每一製程之原因時可考慮人力、方法、材料及機器，此種分析方式由於考慮製造的順序，因此較容易了解。此種魚骨圖的缺點在於相同原因可能在不同製程步驟中重複列舉。圖 4-15 爲特性要因圖之範例。

特性要因圖爲一簡易的問題分析工具，其目的是找出造成品質問題之最主要原因並採取改正行動以防止類似問題再發生。若要獲得較精確之結果可考慮使用實驗設計方法。

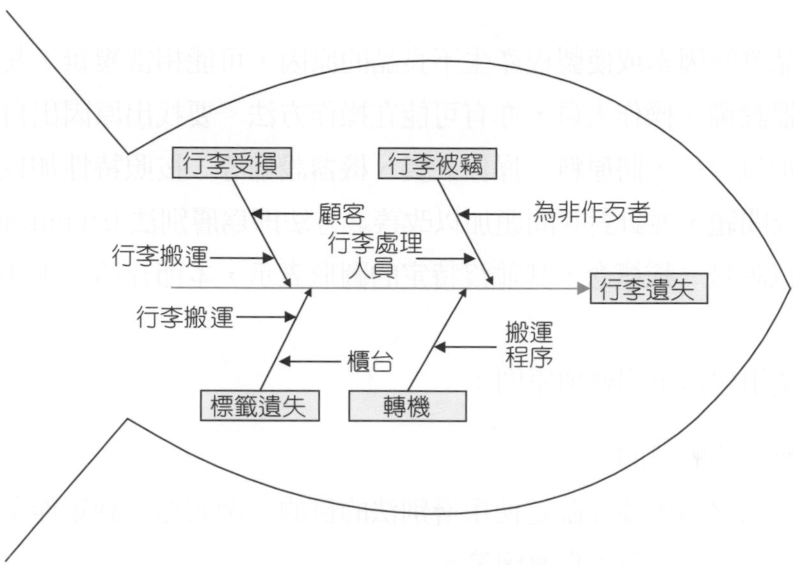

圖 4-15 特性要因圖之範例

4.1.6 流程圖

流程圖爲一圖形法，用來記錄和描述一個複雜過程 (process) 之各項作業和順序。圖 4-16 列舉流程圖中較常用到之符號和其意義。過程是指任何以人工、機器完成之作業和功能。在代表決策 / 判斷之菱形中，通常包含「是 / 否」之類的問題或是「眞 / 僞」之類的測試。在此符號中，會有兩個箭頭從該菱形 (通常爲右側和下面之點) 拉出，箭頭上標示 「是 (眞)」 和「否 (僞)」。

在品質改善之應用中，我們可以透過流程圖分析，了解流程中可能產生變異來源的步驟有哪些，並決定應採取何種措施來改善流程。在有些應用中，我們也可以透過流程圖分析了解哪些步驟是可以增加價值 (value-added)，或者哪些步驟是沒有價值，進而進行刪除、簡化、合併或者重組來進行製程的改善。

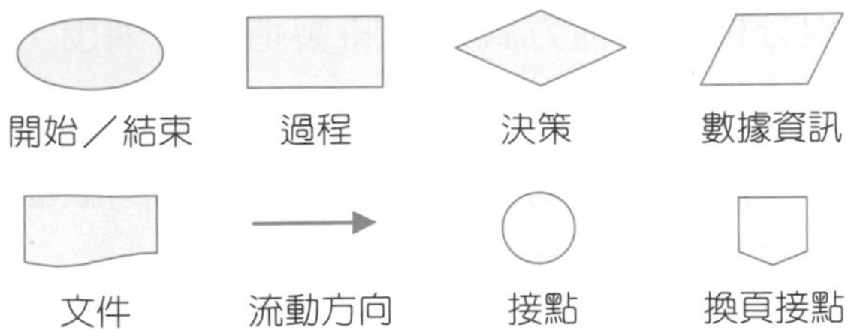

圖 4-16 流程圖所用之符號

4.1.7 層別法

影響產品品質的因素或使製程產生不良品的原因，可能相當複雜，其原因可能在材料、零件、機器設備、操作人員，亦有可能在操作方法。要找出原因出自何處，就必須透過數據分類加以分析，將原料、操作人員、機器設備等，按照特性加以分門別類，找出其中的差異及問題，並針對其問題加以改善之方法即爲層別法 (stratification) 或稱分層法。層別法可以說是一種概念，其並沒特定的圖形表示，本節介紹之手法都可配合層別法一起使用。

層別法之使用包括下列幾項原則：

1. 確定使用層別法的目的

   在使用層別法之前，要先確定使用層別法的目的，例如爲了評定作業員的績效、生產線的效率、抑或分析不良原因等。

表 4-7 層別之基準

區 分	項 目
員工層別	職位、性別、工作、班別、年齡、經歷、薪資、教育程度、健康、興趣、專長、特殊才能、機器熟練度等。
組織層別	工廠、部門、科、班、所、組等。
原料層別	原製造商、供應商、產地、性質、形狀、批量、成分、尺寸等。
時間層別	年、季、月、期、週、日、上下午、作業時間等。
環境／氣候	溫度、溼度、壓力、風向、噪音、光度等。
設備層別	原製造商、供應商、形狀、尺寸、新舊、機種、工具、用途等。
作業層別 (方法／條件)	方法、步驟、自動／手動、速度、溫度、溼度、壓力、排序、時間、場所、操作員、數量等。
銷售層別	固定／一般顧客、市場、管道、輸送方式等。
量測層別	方法、器具、人員、場所等。
商品層別	設計師、形狀、大小、重量、價格、庫存、名稱、銷售等。

2. 層別的項目

一般影響品質特性的原因包括時間、原料、機器設備、作業方法與作業的人員等。表 4-7 爲一般常採用之層別基準。

圖 4-17 爲層別法之範例。由圖 4-17(a) 可看出變數 y 和變數 x_1 存在正相關。圖 4-17(b) 是根據另一變數 x_2 將數據分成兩組，由此圖可看出變數 y 和變數 x_1 仍存在正相關，迴歸線顯示兩組數據的斜率相近但截距並不相同。

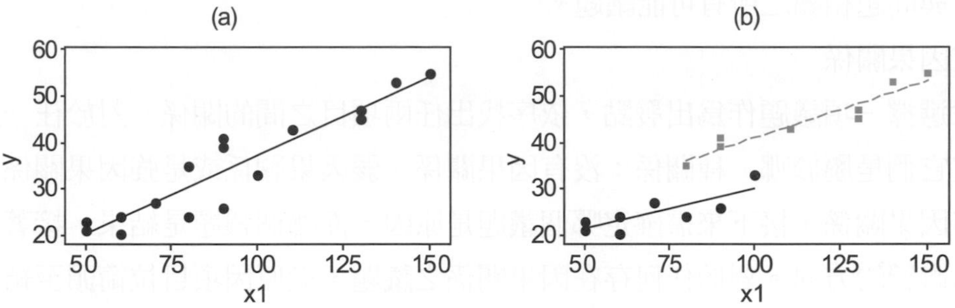

圖 4-17 層別法之範例

4.2 品質管理新七手法

品管新七手法爲處理文字資料之手法，1972 年日本科學技術連盟的納谷嘉信 (Yoshinobu Nayatani) 教授，研究歸納出七項工具，爲與原有的「QC 七手法」作區別，所以稱爲「QC 新七手法」。品管新七手法包含下列工具 (Mizuno, 1988)：

1. 關聯圖 (relations diagrams，也稱爲interrelationship digraph)
2. 親和圖 (affinity diagrams)
3. 系統圖 (systematic diagrams)
4. 過程決策計畫圖 (process decision program chart, PDPC 圖)
5. 矩陣圖 (matrix diagrams)
6. 矩陣數據分析 (matrix data analysis)
7. 箭頭圖 (arrow diagrams)

關聯圖是 1960 年代由日本慶應大學千住鎮雄教授所開發出來的方法。它是用來爲具有複雜因果關係的問題找出解決的方法，並且可以幫助分析團隊之成員釐清在各項議題中，何者爲驅動力 (原因) 或何者爲結果 (outcomes)。關聯圖一般是由矩形盒 (box)

或橢圓形及箭頭所構成，問題本身置於雙線之矩形盒內，其他因素則置於單線之矩形盒內，各矩形盒可以利用箭頭連接。關聯圖可以當作分析及溝通的工具。關聯圖可有不同的型式，圖 4-18 為中央集中型之關聯圖，此種型式是將重要項目或應該解決的問題排列在中央，並把相關的各個要因從較相近的關係由內往四周排列。製作關聯圖包含下列基本步驟：

1. 確認問題。
2. 寫下與問題相關之所有可能議題。
3. 決定因果關係

   任意選擇一項議題作為出發點，依序找出任兩項目之間的關係。對於任一對議題，決定它們是屬於哪一種關係：沒有因果關係、弱因果關係或是強因果關係。如果確定有因果關係，接下來需確定哪個議題是原因，而哪個議題是結果，接著以箭頭來表示影響的方向。對於任何存在因果關係之議題，從原因項目拉箭頭至結果項目。若議題之間存在強因果關係，則以實線表示；若為弱因果關係，則用虛線表示。若兩個議題之間彼此互相影響，則以影響最大的為主。
4. 計算每個議題的箭頭數目

   拉出去最多箭頭的議題為問題之根因 (root cause)；而接受最多箭頭的議題則為關鍵之結果。

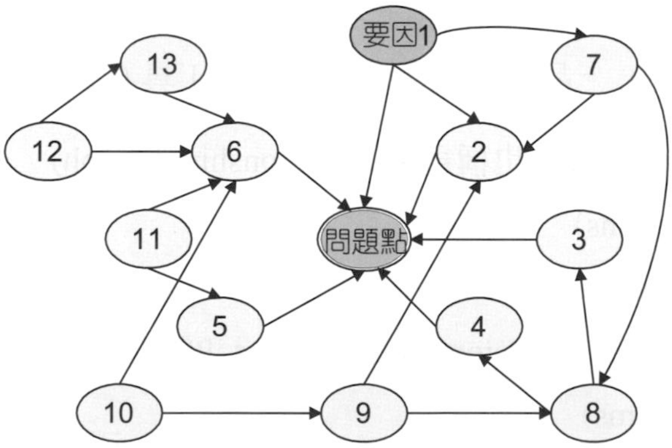

圖 4-18　中央集中型關聯圖

親和圖又稱 KJ 法，它是由日本川喜田二郎博士 (Jiro Kawakita) 於 1953 年所提出。親和圖是用來蒐集事實、看法和意見，並且將它們組織化。親和圖之製作包括下列步驟：

1. 選定題目。
2. 蒐集敘述性的語言資料。
3. 將敘述性資料記錄於卡片上。
4. 將步驟 3 之卡片分組。
5. 給予各組卡片一個適當之標題。
6. 繪製親和圖。
7. 將結果發表。

親和圖是由矩形盒或橢圓形所構成，內容爲各項事實、看法或意見，歸於同一組之矩形盒可以用橢圓形加以包圍，並且加上標題。在親和圖上，各組間之關係可以用箭頭來表達。圖 4-19 爲親和圖之基本圖形，圖 4-20 爲利用親和圖來找出顧客在購屋時之潛在需求的範例。

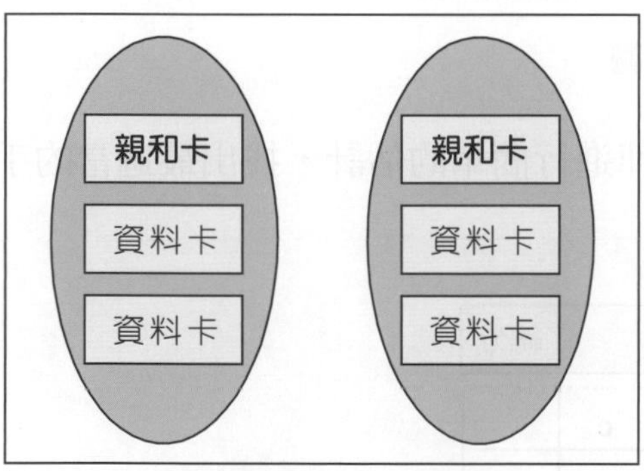

圖 4-19 親和圖

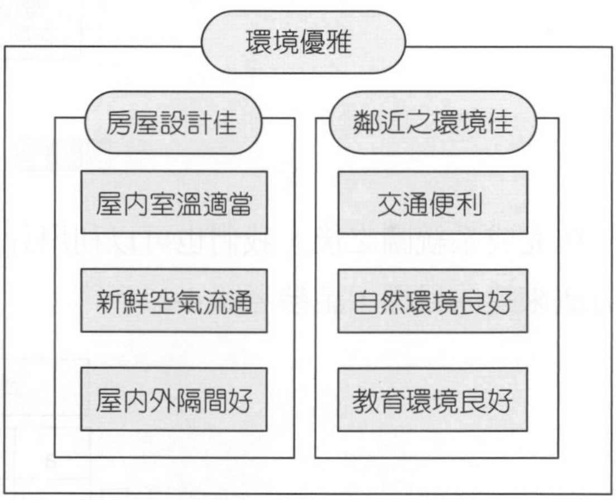

圖 4-20 親和圖之範例

系統圖 (圖 4-21) 通常是用來描述解決問題所需之步驟。它可以幫助團隊對於問題的本質有更進一步的瞭解，並且讓團隊在解決問題的時候，得以聚焦在某一些特定的任務上，對於問題的處理能夠更有效率。系統圖通常由左至右展開，包含目的及達成目的之各項手段的階層關係。系統圖之製作是由最高層之目標 (goal) 開始，接著找出達成目標之各種手段，各項手段將成爲目的 (objective) 並繼續找出各項手段。系統圖之階層數並非固定，可視要求的詳細程度而定。系統圖有時也稱爲樹狀圖 (tree diagram)。繪製系統圖包含下列基本步驟：

1. 決定主要目標：我們可以從親和圖的標題卡片中，選取最重要的議題做爲目標。
2. 針對此目標進行腦力激盪，思考能夠完成此目標的所有可能方法或手段，並以樹狀圖之形式表達。
3. 再將各手段與方法繼續向下展開成次手段或方法。
4. 依此類推，直到找出所有可能的手段或方法。

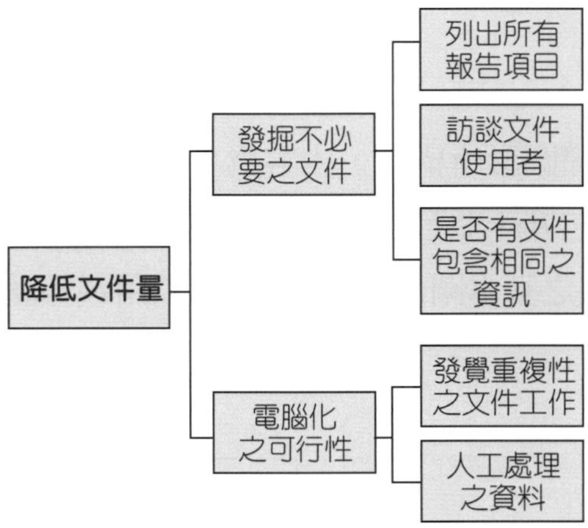

圖 4-21　系統圖

在完成系統圖之後，我們也可以利用評價矩陣進行簡單的估計，找出最適當的手段或方法來達成目標，請參考圖 4-22。

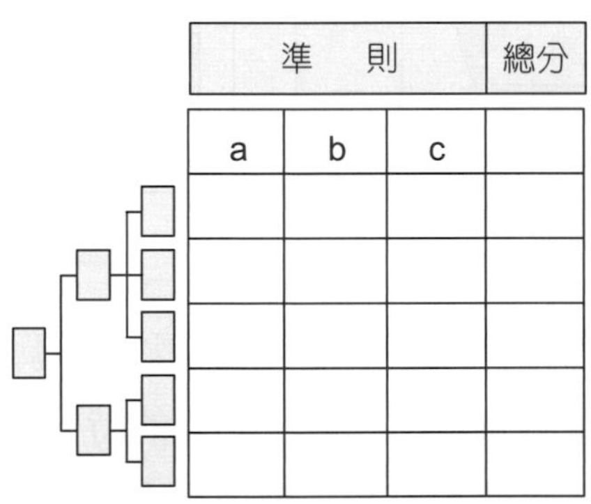

圖 4-22　結合評價矩陣之系統圖

PDPC 圖是日本東京大學教授近藤次郎 (Jiro Kondo) 於 1968 年所開發。PDPC 圖是一種用來處理偶發事件的方法，它可用來分析在一項計畫或改善過程中，會出錯或會遭遇到的問題，進而提出對策和防範措施。PDPC 圖也可說是用來評估一個過程之各種替代方案，其目的是希望從整體觀點發展出一個最佳的過程。製作 PDPC 圖包含下列幾個步驟：

1. 列出所要分析之流程的各個步驟。
2. 思考每一個步驟中可能會發生的問題。
3. 列出解決問題的方法或防範措施。
4. 評估這些對策的可行性，並且在可行處以「○」做爲標示，在不可行處則以「×」予以標示。圖 4-23 爲 PDPC 圖之基本圖形，圖 4-24 顯示一個 PDPC 圖之範例。

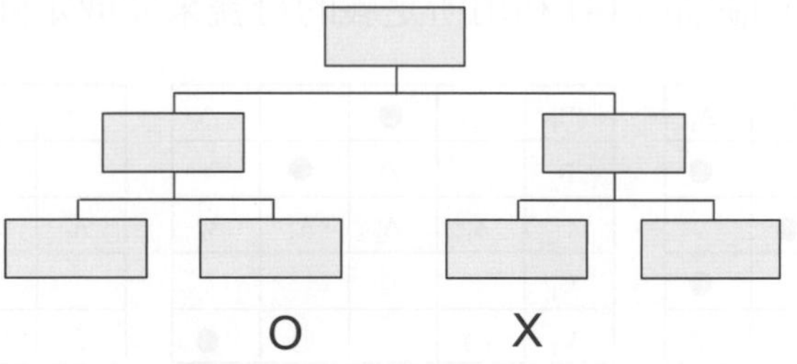

圖 4-23 PDPC 圖之基本圖形

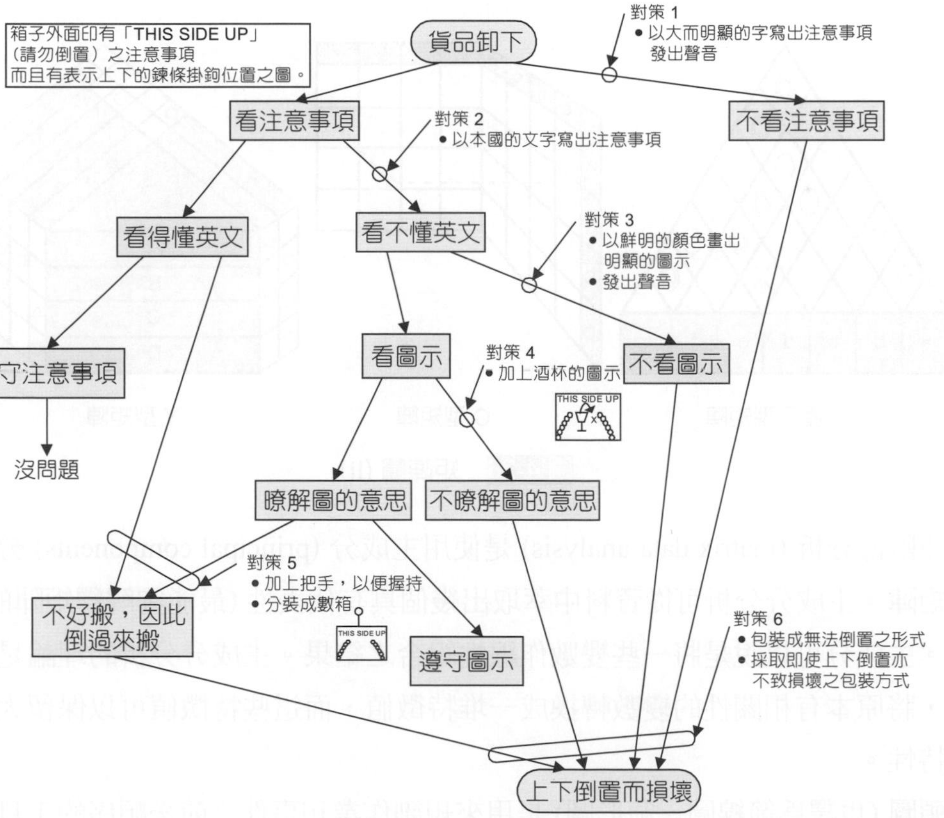

圖 4-24 PDPC 圖之範例

矩陣圖是設計用來找出兩組 (或多組) 因子之關係。矩陣圖可用於資源規劃、產品／製程之定義及設計、防錯措施等。本書所介紹之品質機能展開法即是矩陣圖之應用。矩陣圖的型態有好幾種，最多可分析四維空間之資料。圖 4-25 顯示稱作 L 型、T 型以及 X 型之矩陣圖。圖 4-26 則是顯示稱作屋頂型、C 型以及 Y 型之矩陣圖。製作矩陣圖包含下列五個步驟：(1) 決定影響決策之重要因素；(2) 選擇最合適的矩陣圖類型；(3) 以符號來表示兩群因素之間的關係；(4) 利用所定義的符號來完成矩陣圖；(5) 分析矩陣圖。

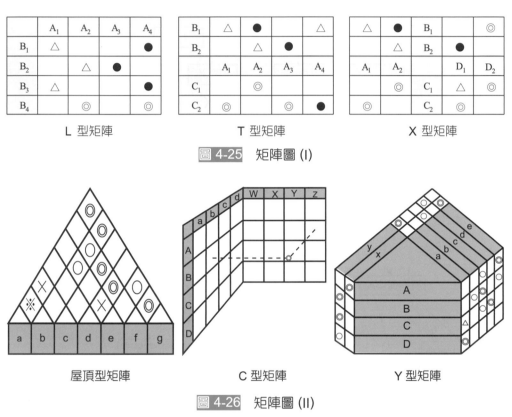

	A_1	A_2	A_3	A_4
B_1	△			●
B_2		△	●	
B_3	△			●
B_4		◎		◎

L 型矩陣

B_1	△	●		△
B_2		△	●	
	A_1	A_2	A_3	A_4
C_1		◎		
C_2	◎		◎	●

T 型矩陣

△	●	B_1		◎
	△	B_2	●	
A_1	A_2		D_1	D_2
	◎	C_1	△	◎
◎		C_2	◎	

X 型矩陣

圖 4-25　矩陣圖 (I)

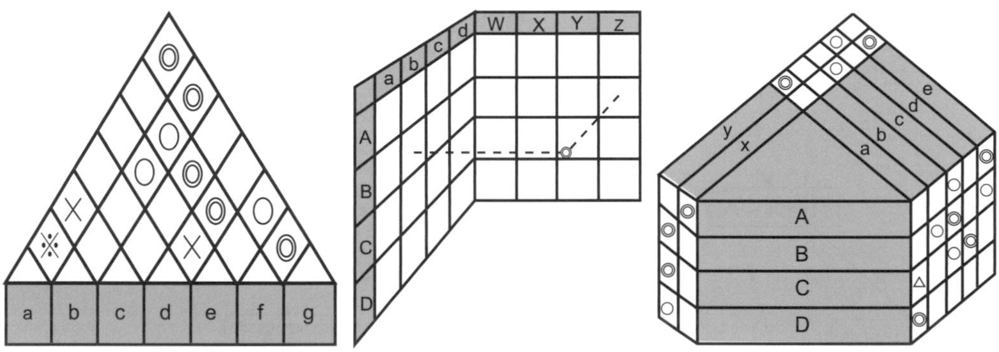

屋頂型矩陣　　C 型矩陣　　Y 型矩陣

圖 4-26　矩陣圖 (II)

矩陣數據分析 (matrix data analysis) 是使用主成分 (principal components) 分析法來分析相關矩陣。主成分分析可從資料中萃取出幾個具有代表性 (最能夠解釋矩陣的變異) 的主成分。主成分可以說是將一些變數作線性組合之結果。主成分分析的理論是藉由轉換的方式，將原本有相關性的變數轉換成一堆特徵值，而這些特徵值可以保留大部分原始資料的特性。

箭頭圖 (也譯爲箭線圖、箭形圖) 是用來規劃作業和事件之前後順序的工具。箭頭圖是 1957 年由美國杜邦公司推出發展而成。箭頭圖如同甘特圖 (Gantt chart) 一樣，都可表達作業之時間和先後順序，但箭頭圖所表達之先後順序關係，能比甘特圖提供更細部之情報。節點 (以圓圈表示) 是用來表示開始或結束，實線箭頭用來表示需花時間之作業，虛線則是用來表示各事件間之關係。各節點可以利用數字編號來區別。箭頭圖可當作製作品質計畫時，委派責任及制訂時間表之工具。箭頭圖主要是處理品質規劃中之人員 (who)、地點 (where) 及時間 (when) 等因素，本節前 6 項手法則是處理事件 (what)、手段 (how) 及理由 (why) 等要素。圖 4-27 爲箭頭圖之範例。

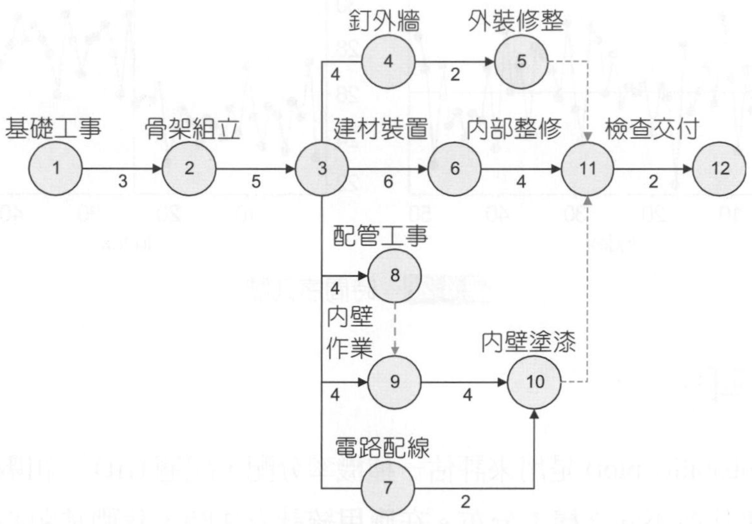

圖 4-27 箭頭圖

4.3 其他分析工具和方法

4.3.1 時間序列圖

時間序列圖 (time series plot) 可以用來顯示數據隨時間變化之情形、集中趨勢。在品質改善之應用中，時間序列圖主要是用來顯示流程、產品或其他因素在一段時間內的變異，是用來了解流程的一項有利工具。時間序列圖是一種非常簡易之手法，但其應用非常廣，在品質改善中，時間序列圖可以用來：

1. 觀察輸出變數 y (或輸入變數 x) 改變之時間點。
2. 可觀察數據之分布特徵：集中趨勢、散佈情形。適用於 y 或 x 之數據。
3. 觀察 y 在改善前、後之績效表現。
4. 在改善前建立 y 的底線績效。
5. 鑑定 y 產生趨勢變化或非隨機性變化之可能原因。

圖 4-28 爲時間序列圖之範例。圖 4-28(a) 顯示數據爲穩定，由圖可看出平均數大約爲 25。如果圖 4-28(b) 爲比較改善前、後績效之範例，則根據圖形之變化，我們可以初步判斷改善前後之績效有差異 (顯著性必須用其他統計方法來驗證)。圖 4-28(b) 也可能是製程監控之範例。由圖可看出，製程平均數從第 25 組樣本開始偏移至 28 (大約)。

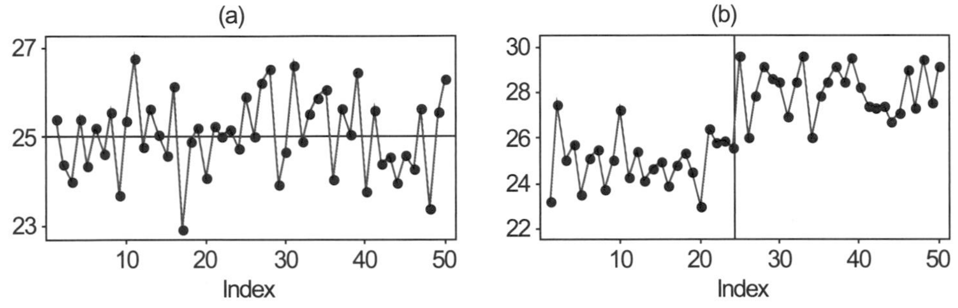

圖 4-28 時間序列圖

4.3.2 機率圖

機率圖 (probability plot) 是用來評估一種機率分配，配適 (fit) 一組數據之優劣程度，這種圖也可用來比較不同之樣本分布。在應用統計方法時，我們常關心數據是否符合常態分配，此乃因爲很多統計方法都假設數據必須符合常態分配。因此，在進行統計分析之前，我們必須驗證此項假設是否成立。機率圖是達成上述目的之簡易方法，下列說明牽涉到統計方法之部分，請參考本書第 5 章。

爲了建立一張機率圖，我們首先將樣本資料由小到大排序，也就是說，將 $x_1,x_2,\ldots,x_n$ 排成 $x_{(1)},x_{(2)},\ldots,x_{(n)}$，其中 $x_{(1)}$ 爲最小的觀察值，$x_{(2)}$ 爲次小的觀察值，依此類推，而 $x_{(n)}$ 爲最大的觀察值。排序完成後，我們將 $x_{(j)}$ 與其相對應的估計累積機率畫在適當的機率圖紙上。表 4-8 列出數種計算估計之累積機率的公式，對於最小之數值 i 設爲 1，對於最大之數值 i 設爲 n (n 爲樣本個數)。假如所畫的點大約落在一直線上，則表示我們所假設的分配 (hypothesized distribution) 是合適的；假如所畫的點嚴重地而且有系統地偏離一直線，則代表我們假設的分配是不合適，當然，此種判斷方式較爲主觀。粗筆 (fat pencil) 檢定是一種非正式的判定方法，它是一種快速的視覺判斷方式。我們可以想像將一隻粗的筆放在配適線上，如果它可以涵蓋所有的數據點，則母體很可能是符合假設之分配。

表 4-8 估計之累積機率的計算公式

方法	公式
Median rank (Benard)	$(i-0.3)/(n+0.4)$
Mean rank (Herd-Johnson)	$i/(n+1)$
Modified Kaplan-Meier (Hazen)	$(i-0.5)/n$
Kaplan-Meier	i/n

有些電腦軟體 (Minitab) 也會在機率圖上顯示百分點值 (percentiles) 的 95% 信賴區間和參數之估計及假設檢定之 P 值，這些資訊可以協助使用者判斷一種分配配適數據之優劣程度。

圖 4-29 爲利用 Minitab 軟體所獲得之機率圖。累積機率之計算顯示於表 4-9。由於檢定之 P 值 (0.908) 大於一般採用之顯著水準 0.05，因此，我們不能拒絕「數據符合常態分配」之虛無假設。

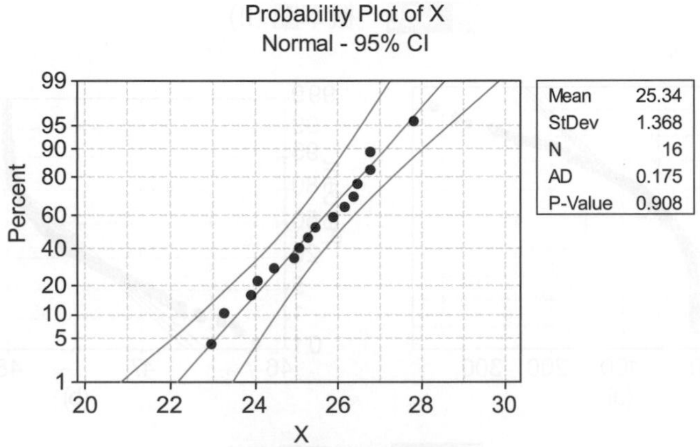

圖 4-29 機率圖 (I)

表 4-9 累積機率之計算

j	$x_{(j)}$	$(i-0.3)/(n+0.4)$
1	22.964	4.268
2	23.244	10.366
3	23.904	16.463
4	24.050	22.561
5	24.439	28.659
6	24.923	34.756
7	25.058	40.854
8	25.278	46.951
9	25.446	53.049
10	25.860	59.146
11	26.159	65.244
12	26.361	71.341
13	26.459	77.439
14	26.746	83.537
15	26.765	89.634
16	27.783	95.732

利用機率圖也可以看出數據中的異常現象。例如：圖 4-30 爲包含兩組數據之機率圖。圖 4-31(a) 爲右偏分配數據之機率圖，圖 4-31(b) 爲左偏分配數據之機率圖。

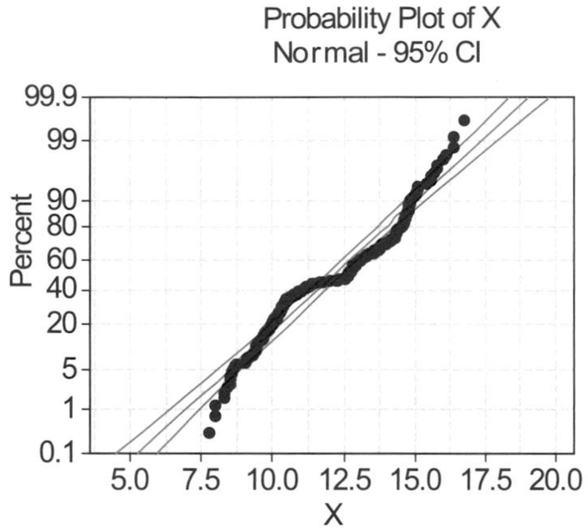

圖 4-30 機率圖 (II)

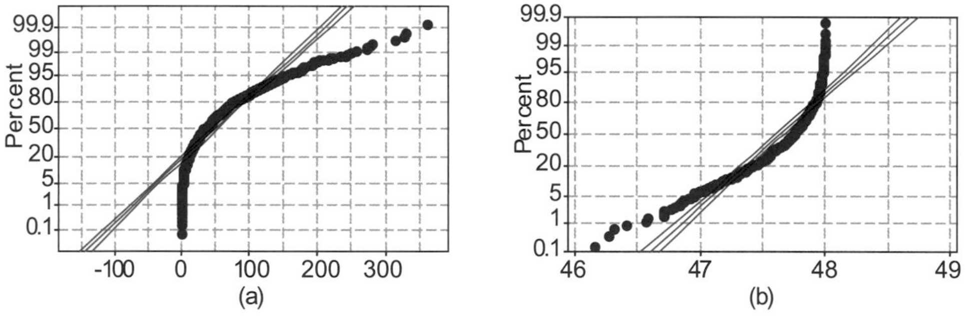

圖 4-31 機率圖 (III)

4.3.3 箱型圖

箱型圖 (box plot) 可以同時顯示資料的一些重要特徵，諸如位置或集中趨勢、分散或變異程度、偏離對稱性，以及確認資料的離群值 (outliers)。一張箱型圖是以一個四方形的箱子顯示一組數據的 3 個四分位數 (quartile) 並與最大值和最小值以水平或垂直的方式排列。此箱子圍起四分位距 (interquartile range, IQR)，其下方 (或左側) 代表第 1 四分位數 Q_1，而上方 (或右側) 則是代表第 3 四分位數 Q_3。在箱型圖中有一條通過中位數的線，而在箱型圖的兩個邊緣，則有向極端值延伸出去的直線，稱爲鬚 (whisker)，有些作者便稱箱型圖爲盒鬚圖 (box and whisker plot)。在一些電腦程式中，鬚最多只能從箱子的邊界延伸 $1.5(Q_3-Q_1)$ 的距離，而在這些界限之外的觀察值，則稱爲潛在的離群值。

亦即離群值是指超出 $\mathrm{UL}=Q_3+1.5(Q_3-Q_1)$ 及 $\mathrm{LL}=Q_1-1.5(Q_3-Q_1)$ 之數值。這種基本程序的改變稱爲修正後的箱型圖 (modified box plot)。圖 4-32 說明上述箱型圖之基本原理。

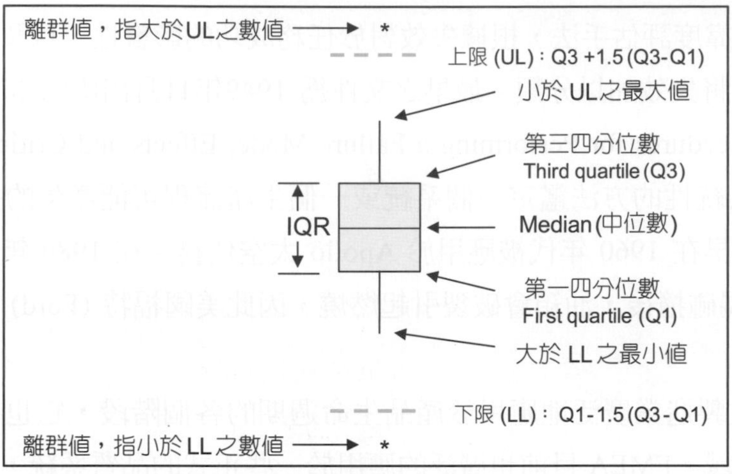

圖 4-32　箱型圖

圖 4-33 爲箱型圖之範例，此例之品質特性爲產品之外徑，共有三週之資料 (W1-W3)。由圖 4-33(a) 可看出，外徑之中位數隨著時間逐漸增加。由於加工機器共有兩部，我們可將「機器」視爲一個層別變數，由圖 4-33(b) 可看出，機器 1 之產出非常不穩定，中位數隨著時間逐漸增加，機器 2 則顯得相當穩定。由此範例可以很容易的了解箱型圖之優點，相對於直方圖或其他的手法，箱型圖可以很容易地呈現並比較組內和組間之變異。

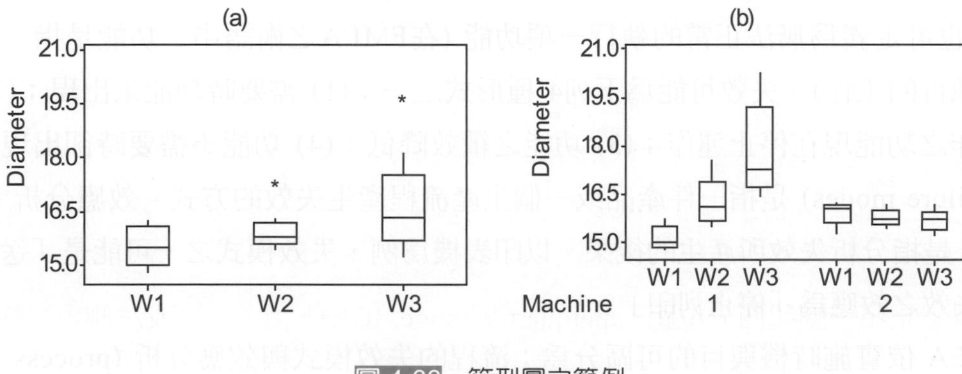

圖 4-33　箱型圖之範例

4.3.4 失效模式與效應分析

失效模式與效應分析 (Failure Modes and Effects Analysis, FMEA) 是由美國軍方所發展出來的一種可靠度評估手法，根據失效對於任務成功的影響性，以及對於人身、設備安全之影響性，將失效加以分類。最早之文件為 1949年11月出版的 Military Procedure MIL-P-1629 (Procedures for Performing a Failure Mode, Effects and Criticality Analysis)。FMEA 係指以系統性的方法鑑定一個系統或一個生產流程可能產生的失效，是一種風險評估技術。最早在 1960 年代被應用於 Apollo 太空任務。在 1980 年代，因為當時的 Pinto 車型在車禍碰撞後，油箱會破裂引起燃燒，因此美國福特 (Ford) 汽車公司也開始應用 FMEA。

FMEA 已被製造業廣泛地應用於產品生命週期的各個階段，它也被應用於後勤、醫療、資訊等領域。FMEA 目前也廣泛的應用於一些正式的品質系統，例如 QS-9000、ISO/TS 16949。2002 年美國醫療機構評鑑單位 (Joint Commission on Accreditation of Healthcare Organizations, JCAHO) 正式將 FMEA 介紹給醫療照護產業，公開支持與推行 FMEA 手法用以改善及降低醫療風險的發生。

FMEA 之內涵主要是鑑定產品或製程之失效方式，並規劃如何預防失效之發生。其運作方式包含下列步驟：(1) 鑑定可能之失效模式，並對其所造成之效應給予評等；(2) 客觀評估原因出現之機率及偵測問題原因之能力；(3) 對產品或製程之缺失給予排列優先順序；(4) 預防問題再度發生。

失效 (failures) 是指那些會影響顧客的錯誤或缺陷 (可以是潛在的或實際的錯誤或缺陷)，也可定義為無法正常的執行一項功能 (在FMEA之術語中，功能是指一個元件或系統執行的工作)。失效可能為下列4 種形式之一：(1) 需要時功能未出現；(2) 以前可以運作之功能現在停止運作；(3) 功能之績效降低；(4) 功能不需要時卻出現。失效模式 (failure modes) 是指一件產品或一個生產流程產生失效的方式。效應分析 (effects analysis) 是指分析失效所產生的後果。以印表機為例，失效模式之一可能是「送紙匣卡紙」，失效之效應為「停止列印」。

FMEA 依實施時機與目的可區分為：流程的失效模式與效應分析 (process FMEA, PFMEA) 以及設計的失效模式與效應分析 (design FMEA, DFMEA)。DFMEA 是在開始投入量產之前，用來分析產品內在、固有 (inherent) 之可能的失效。DFMEA 可以將可能之問題在設計開發階段排除 (design-out)，此時產生的相關成本為最低。DFMEA 著重於因爲不良設計所造成的潛在失效模式，因此常被用於系統、次系統，以及元件此三個層面。此種類型的 FMEA 是用來分析硬體、功能，或者是這兩者的組合。PFMEA 通常是在系統、次系統或元件水準上，分析製造或組裝流程。此種 FMEA 著重於因爲製造或組裝所造成缺陷的潛在失效模式。PFMEA 可以協助工程人員和管理人員決定如何分配時間和資源，來避免這些潛在的失效。雖然目的、術語和一些執行細節可能會不同，但 DFMEA 與 PFMEA 之基本方法論是相通的。

FMEA 有一個通用的分析表格 (參見表 4-10)。流程的失效模式與效應分析可以從流程圖分析開始，鑑定具有顯著影響而且較可能發生失效之流程步驟。根據所選擇的流程步驟，以腦力激盪法找出可能的失效模式。當列舉出各種失效模式後，我們可以開始思考當一種失效模式出現時，會產生何種效應。有些失效模式可能只會產生一種效應，但有些失效模式可能會造成多種效應 (亦即失效模式與效應並非一對一之關係)。我們可以利用「假如…則…」(If-then) 之觀念，來鑑定失效模式之效應，並以嚴重度 (severity, SEV) 來評估當一個失效發生時，其效應之嚴重程度。嚴重度是指失效模式之效應影響顧客 (內外部) 之程度，它可根據過去的經驗、小組成員之專業知識來評定。由於一種失效會有多種效應而其嚴重程度可能不同，因此我們必須針對每一種效應 (不是針對失效) 來評定分數。通常是以 1 分代表最不嚴重，10 分代表最爲嚴重。

對於每一失效模式，我們要鑑定其產生之原因。以上述印表機之「送紙匣卡紙」失效模式而言，其原因可能是：已裝訂之紙張、紙張未對齊或者紙張太厚。根據原因出現之發生頻率 (可能性) 給予評分，發生率 (度) (occurrence, OCC) 是針對造成失效模式之原因的發生頻率來評定，決定發生率的最佳方法是利用製程中之資料來評定 (例如失效紀錄表或製程能力資料等)。如果製程資料無法獲得，則我們需要憑藉經驗與專業知識來估計某種原因所造成之失效模式的發生頻率。發生率之評定通常以 1 分爲最低發生頻率，10 分爲最高發生頻率。

表 4-10　FMEA 分析表

流程步驟	潛在失效模式	潛在失效效應	嚴重度	潛在失效原因	發生率	現行管制方法	偵測度	RPN	建議改善行動	負責人員與完成日期	結果				
											採取之行動	嚴重度	發生率	偵測度	改善後的RPN

接著我們要鑑定目前可以預防或偵測出原因發生之機制，例如 SPC、教育訓練、維修、檢驗，SOP 等。以印表機之「送紙匣卡紙」失效模式而言，偵測失效模式之方式爲機器停止並且顯示「送紙匣卡紙」之訊息。我們會根據目前管制方法偵測出原因之偵測度 (偵測能力，亦稱難檢度) (detection, DET) 給予評分。偵測度通常是以1分代表最容易偵測，10 分代表偵測最爲困難。當使用的管制方法愈多時，偵測度分數將會較低；當無任何管制方法時，偵測度之分數將會最高。

在 FMEA 中，風險之評估可以利用風險優先度 (數) (risk priority number, RPN) 來評估。RPN 值等於上述嚴重度、發生度和偵測度三個獨立評估項目之乘積，亦即 RPN=SEV×OCC×DET。RPN 值愈高，愈需立即採取行動，當嚴重度指標是 9-10，不論 RPN 值爲多少，都必須立即採取行動。當改善行動實施後，須重新計算新的 RPN 值，並持續進行改善行動，直至所有失效模式的 RPN 值都可接受爲止。RPN 值的改變可能是來自於：(1) 消除失效模式 (有些失效較容易預防)、(2) 降低失效的嚴重度、(3) 降低失效模式的發生率、(4) 改善偵測能力。

HFMEA 是應用於醫療體系之一種 FMEA 分析方法。HFMEA 方法源自於 FMEA 的概念，不同之處爲 HFMEA 將 FMEA 三維的風險分析簡化爲二維。

HFMEA 的建構包含下列 5 個步驟：

1. 選擇需要檢視的流程

   選擇需要檢視的高風險流程，清楚定義流程的範圍。

2. 組成團隊

   組成團隊並說明團隊的任務和目標、團隊的成員、成員需具備之能力、進行的時程表，以及需要哪些支援或資源。

3. 繪製流程圖

   在此步驟中，我們以圖形的方式來描述一個流程。

4. 危害分析

   危害分析 (hazard analysis) 之目的是要決定每一個失效模式的嚴重度和發生率，並計算其危害指數 (hazard score)，再運用決策樹決定是否要採取行動。

5. 擬定行動與結果之衡量

   針對造成失效模式的原因決定行動策略；確認一個結果之度量方式，用來評估新設計之流程的績效；指派專人負責完成行動方案。

對於 HFMEA，我們有一個制式的表格可以使用 (參見表 4-11)。分析過程中各步驟之重要觀念說明如下。步驟 1 中，所謂高風險流程是指：(1) 複雜性高或步驟多的作業、(2) 輸入 (input) 來源具有高差異性、(3) 未標準化的作業、(4) 緊密相依的作業、(5) 作業時間間隔太緊或太鬆、(6) 高度依賴人員的判斷或決定的流程。我們可以根據：內部的品管資料、顧客反應、相類似機構的資料、衛生主管機關或衛生政策、病人安全年度目標、異常事件報告分析等資料來源，選擇高風險之流程。

表 4-11　HFMEA 分析表範例

	失效模式			評量			決策樹分析				行動之種類	採取之行動	結果之度量	負責人員	管理認可
流程步驟	潛在失效模式	潛在失效原因	潛在失效影響	嚴重度	發生率	危險評量	單一弱點	現有控制	可偵測性	是否繼續					

團隊的任務為進行流程與 HFMEA 分析，提出改善建議並執行改善行動。在步驟 2 中，選擇 HFMEA 團隊成員時需注意下列原則：(1) 以不超過 10 人為理想、團隊領導者應具廣泛的知識基礎，同時受尊崇與信任、(2) 包括最了解該流程或議題的員工、(3) 包括不同的知識背景、(4) 包含具有決策權或被授權的人、(5) 包含欲執行改變的關鍵人物、(6) 包含相關部門的代表。

在步驟 3 中，我們以圖形的方式來描述一個流程。繪製流程圖需定義：繪製所要分析的目標流程，對每一步驟給予編號；對於複雜的流程可先分為幾個次流程，再將次流程展開，至於展開到何種程度，則可視重要性與可管理性決定；最後是與團隊成員共同確認流程之真實性與正確性。

第 4 步驟之危害分析的內容包含：(1) 列出每一個次流程或步驟之所有可能的失效模式、(2) 決定每一個失效模式的嚴重度和發生率，並計算其危害指數、(3) 運用決策樹決定是否採取行動、(4) 列出決定採取行動的失效模式之可能原因。

HFMEA 之危害指數矩陣是應用潛在失效發生的嚴重度及發生率為危險分析的要素。嚴重度是依照嚴重程度大小，分為嚴重 (4 分)、重度 (3 分)、中度 (2 分)、輕度 (1 分) 四個等級。發生率是依照發生頻率，根據主觀分類準則，分為經常、偶爾、不常、罕見四個等級 (請參考表 4-12)。考量嚴重度和發生機率後，我們可以得到如表 4-13 之危害指數

矩陣 (hazard scoring matrix)，其中最高爲 16 分，最低爲 1 分，對於指數高於 8 分者，應盡可能減少發生的機率，或是降低失效模式其發生後可能造成傷害的嚴重性。圖 4-34 爲 HFMEA 所使用之決策樹，我們可以利用它來決定是否要進行步驟 5。

表 4-12　HFMEA 發生率之分類

分類	分數	定　義
經常 (frequent)	4	預期很短時間內會再次發生或一年發生數次
偶爾 (occasional)	3	很可能再次發生或 1-2 年內發生幾次
不常 (uncommon)	2	某些情形下可能再次發生或 2-5 年發生一次
罕見 (remote)	1	很少發生，只在特定情形下發生或 5-30 年發生一次

表 4-13　HFMEA 危害指數矩陣

嚴重度 / 機率	極嚴重	嚴重	中度嚴重	輕度嚴重
經常	**16**	**12**	**8**	4
偶爾	**12**	**9**	6	3
不常	**8**	6	4	2
罕見	4	3	2	1

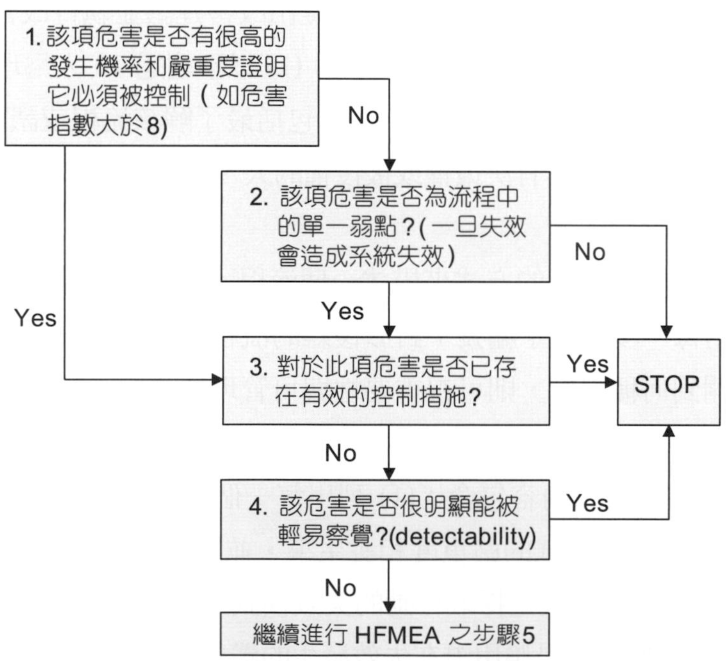

圖 4-34　HFMEA 之決策樹

在第 5 步驟中，我們要完成下列工作：

1. 針對造成失效模式的原因，說明要採取「消除」、「控制」或「接受」三者中之哪一個決定。
2. 擬訂消除或控制失效模式原因的行動方案。
3. 選定可以用來分析和測試新設計之流程的結果度量。
4. 選定負責執行行動方案的人員或部門。
5. 管理階層是否同意該措施。

HFMEA 之行動策略包含：消除、控制和減緩 (mitigate)。消除是指盡可能減少發生的機會和條件；控制是要建立屏障，讓失效模式一旦發生可輕易被察覺；減緩則是要降低失效模式發生後可能造成傷害的嚴重性。改善行動之優先性要考量下列幾點：成功的機會與影響、效果之持續性、穩定性、風險、組織可以提供之支援程度、執行障礙、費用／時間以及可測量性。行動方案之內容要包含：(1) 如何執行 (How)、目標爲何 (What)；(2) 執行時間表 (When)；(3) 誰負責執行 (Who)？影響哪些部門哪些人？(4) 從哪裡開始 (Where)？(5) 如何讓該知道的人知道 (How communicated)？

個案研究

利用品管圈提升工作效率

臺灣日光燈公司在一項 QCC 活動中，選定「提高效率」作為活動主題。其選題理由為：(1) 配合公司營運目標應付市場的需求、(2) 提高製造效率創造課內的效益、(3) 效率涵蓋材料費用及加工費用其成效容易顯現。表 4-14 為此小組之活動計畫書。圖 4-35 為要因分析之魚骨圖。圖 4-36 為確認改善對策之分析圖。

表 4-14 活動計畫書

計畫線 ——— 實施線 ———

4W1H 活動方式	重點	項目	職責分配	8月 1 2 3 4	9月 1 2 3 4	10月 1 2 3 4	11月 1 2 3 4	改善歷程
	問題發生	選定主題	全員					腦力激盪
		目標設定	全員					數據收集
		數據收集	組員甲					數據收集
	為何產生	要因分析	全員					魚骨圖
	如何改善	對策擬定	全員					統計圖
	改善過程	對策實施	全員					愚巧法
	比較	效果確認	組員乙					推移圖
	修改資料	標準化	全員					新標準
	再次檢討	檢討	全員					座談會

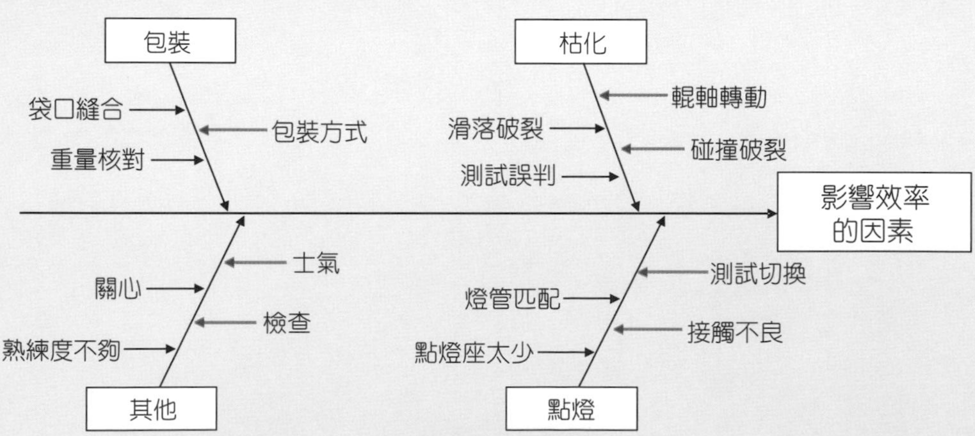

圖 4-35 要因分析

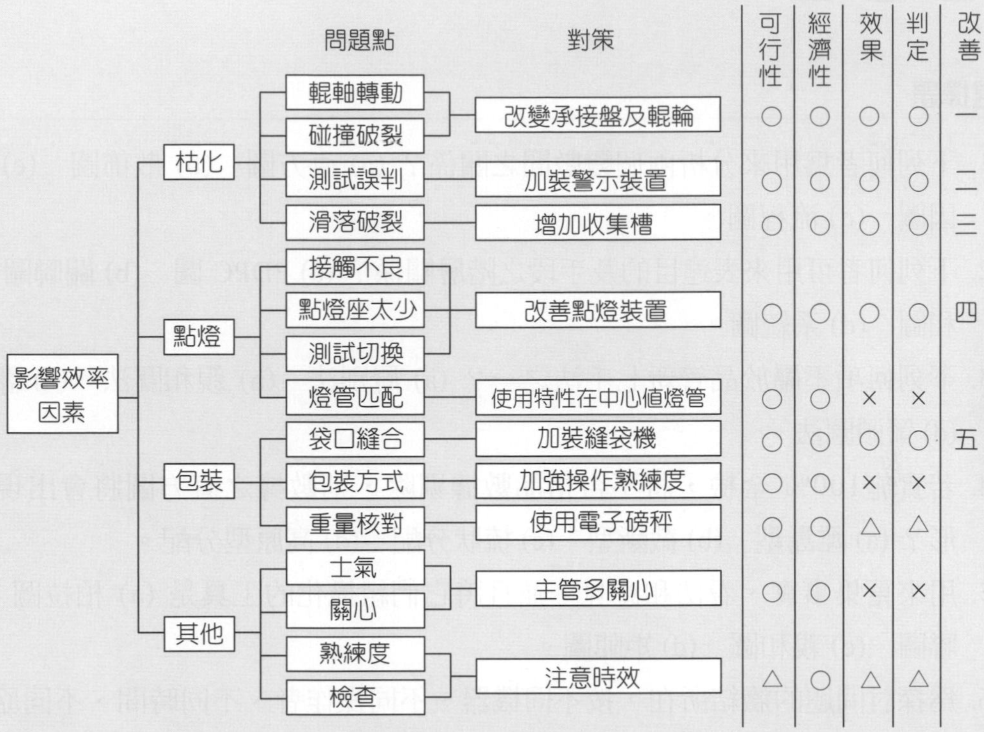

圖 4-36　改善對策之確認

個案問題討論：

1. 此小組之活動計畫是採用 4W1H，請在活動計畫書中之第 1 列各欄標示此 5 個階段 (請用 WHO、WHAT 等來標示)，另外，請在第 2 列標示中文的意義。
2. 此圈之工作項目共有 9 項，請以 P、D、C 和 A 將此 9 個項目分類。
3. 在要因分析中，圈員共找出 15 個影響效率的因素。接著，圈員利用品管手法確認改善對策。請討論在要因分析和確認改善對策之過程中，圈員使用之分析手法和過程是否恰當。提出您的建議。

資料來源：

1. 第一屆品質優良案例獎得獎案例精華輯，中國生產力中心，臺北，2001 年。

本章習題

一、選擇題

(　) 1. 下列何者爲用來分析兩個變數間之關係？ (a) 直方圖　(b) 散佈圖　(c) 特性要因圖　(d) 流程圖。

(　) 2. 下列何者可用來表達目的及手段之階層關係？ (a) PDPC 圖　(b) 關聯圖　(c) 親和圖　(d) 系統圖。

(　) 3. 下列何項不屬於品管新七手法之一？ (a) 層別法　(b) 親和圖法　(c) 關聯圖法　(d) 箭頭圖法。

(　) 4. 若實施100% 全檢，將不合格品數據剔除，則數據之直方圖將會出現何種情形？ (a) 離島型　(b) 截斷型　(c) 梳狀分配　(d) 高原型分配。

(　) 5. 用來蒐集事實、看法和意見，並且將它們組織化的工具是 (a) 柏拉圖　(b) 關聯圖　(c) 親和圖　(d) 矩陣圖。

(　) 6. 爲探討問題的癥結所在，按不同機器、不同操作者、不同時間、不同原料等分別觀察而使用的技巧爲 (a) 層別法　(b) 柏拉圖　(c) 查檢表　(d) 散佈圖。

(　) 7. 下列何項爲描述問題之因果關係的圖形輔助工具，將原因和結果，目的和手段等糾纏在一起的問題明確化，找出適切的解決對策？ (a) 直方圖　(b) 關聯圖　(c) 柏拉圖　(d) 管制圖。

(　) 8. 關聯圖是用來發現問題之因果關係的圖形工具，請問下列何者工具亦有相同之功能？ (a) 特性要因圖　(b) 散佈圖　(c) 系統圖　(d) 時間序列圖。

(　) 9. 下列何者可用來分析品質問題之優先次序？ (a) 特性要因圖　(b) 關聯圖　(c) 柏拉圖　(d) PDPC 圖。

(　)10. 假設有 5 種缺點項目，其發生次數爲 A = 40, B = 10, C = 30, D = 15, E = 5。在繪製柏拉圖時，請問累積至缺點項目D之累積百分比爲多少？ (a) 95%　(b) 85%　(c) 15%　(d) 30%。

(　)11. 公司建立良好的品質改善方案，其首要步驟在於：(a) 決定顧客之需求　(b) 決定製程能力　(c) 評估供應商之品質系統　(d) 參與設計評核活動。

(　)12. 當一位品管人員懷疑產品缺點數與生產數量可能有相關時，請問下列何種工具較爲有用？ (a) 檢核表　(b) 特性要因圖　(c) 柏拉圖　(d) 散佈圖。

( )13. 下列何者爲記錄造成品質問題之原因的工具？ (a) 直方圖 (b) 散佈圖 (c) 特性要因圖 (d) 管制圖。

( )14. 若混合多個常態分配，則數據之直方圖將會出現何種情形？ (a) 離島型 (b) 截斷型 (c) 梳狀分配 (d) 高原型分配。

( )15. 若直方圖呈現高原型分配，請問最有可能是何種原因造成？ (a) 輸入錯誤 (b) 實施全數檢驗 (c) 儀器誤差過大 (d) 生產線中混入多種不同供應商之原料。

( )16. 下列哪一項工具沒有使用到統計方法？ (a) control chart (b) regression (c) FMEA (d) run chart。

( )17. 下列哪一種工具不屬於品管七手法或新七手法之一？ (a) FMEA (b) 柏拉圖 (c) 親和圖 (d) 魚骨圖。

( )18. 下列哪一項工具具有排序之功能？ (a) affinity diagram (b) Pareto chart (c) fish bone diagram (d) histogram。

( )19. 下列哪一項工具原先並非爲品質管理之目的而發明？ (a) cause and effect diagram (b) Pareto chart (c) control chart (d) QFD。

( )20. 下列哪一項工具不適用於分析「文字」資料？ (a) 親和圖 (b) 直方圖 (c) 特性要因圖 (d) QFD。

( )21. 下列何種方法適合用來將顧客心聲資料整理、分類並鑑定顧客之共同看法？ (a) 柏拉圖 (b) 魚骨圖 (c) 關聯圖 (d) 親和圖。

( )22. 在 FMEA 之操作中，RPN 不包含下列哪一項？ (a) severity (b) detection (c) cost (d) occurrence。

( )23. 下列哪一項工具是屬於長條圖 (bar graph) 之應用？ (a) 柏拉圖 (b) control chart (c) time series plot (d) histogram。

( )24. 下列哪一項工具牽涉到「重要性排序」？ (a) FMEA (b) 魚骨圖 (c) 關聯圖 (d) 親和圖。

( )25. 下列哪一項不包含在 FMEA 表中？ (a) cost (b) process (c) failure model (d) control method。

( )26. 下列敘述何者錯誤？ (a) FMEA 表中包含原因 (cause) (b) FMEA 表中包含行動方案 (action) (c) FMEA 表中包含改善前後之 RPN 值 (d) FMEA 表完成後則不能修改。

( )27. 下列哪一項工具不是日本人所發明？ (a) FMEA (b) QFD (c) cause and effect diagram (d) 魚骨圖。

(　)28. 下列敘述何者錯誤？ (a) 在 FMEA 表中，RPN 越大之項目表示越重要，應優先改善　(b) 在 FMEA 表中，越常出現之項目其權重應越大　(c) 在 FMEA 表中，愈容易偵測之項目其權重應越大　(d) 在 FMEA 表中，嚴重度一般分爲十個等級。

(　)29. 下列敘述何者錯誤？ (a) FMEA 與管制計畫無關　(b) FMEA 是屬於一種預防性的改善　(c) FMEA 可用來作爲記錄問題原因之工具　(d) FMEA 可用來作爲選擇專案問題之工具。

(　)30. 最早提出柏拉圖分析法的是哪一位？ (a) Deming　(b) Juran　(c) Pareto　(d) Shewhart。

(　)31. 簡稱爲 KJ 法的是哪一種手法？ (a) 關聯圖　(b) 親和圖　(c) 系統圖　(d) 過程決策計畫圖。

(　)32. 可以分析四組變數間之關係的是哪一種矩陣圖？ (a) Y型　(b) L型　(c) X型　(d) 屋頂型。

(　)33. 可以將多個變數的問題轉化爲較少變數的資料分析手法稱爲什麼？ (a) PDPC法　(b) 親和圖　(c) C&E diagram　(d) 矩陣資料分析。

(　)34. 整理歸納品管新七手法的是哪一位？ (a) 石川馨　(b) 戴明　(c) 納谷嘉信　(d) 朱蘭。

(　)35. 下列哪一種手法，可以有系統性的確認一個發展中之計畫，可能出現的障礙和出錯之處，並提出改善對策？ (a) 親和圖　(b) 關聯圖　(c) PDPC 法　(d) 系統圖。

(　)36. 下列哪一種圖中，可以看出一組數據之四分位數？ (a) 時間序列圖　(b) 箱型圖　(c) 直方圖　(d) PDPC 圖。

(　)37. 有關 HFMEA 之敘述，何者爲正確？ (a) 嚴重程度分爲 5 個等級　(b) 發生率分爲 3 個等級　(c) HFMEA 使用二維之危險分析　(d) 偵測度分爲 10 個等級。

(　)38. 在繪製下列哪一種圖時，必須先將數據排序？ (a) 時間序列圖　(b) 機率圖　(c) 管制圖　(d) 系統圖。

(　)39. 在下列哪一種圖中，可以看出一組數據之 IQR？ (a) 箱型圖　(b) 管制圖　(c) 機率圖　(d) 位置圖。

二、問答題

1. 說明柏拉圖之用途。
2. 說明特性要因圖之種類及用途。
3. 說明層別法之目的和做法。

4. 說明直方圖之應用。
5. 舉例說明缺點集中圖之應用。
6. 在品質七手法中，散佈圖是一種簡易、視覺化的方法，用來研究兩個變數間之關係。請說明在品質改善過程中，還可以用哪些手法更深入的研究變數間之關係。
7. 請列舉兩種在品質改善中，可以用來判斷數據是否符合常態分配之手法或工具。請說明這些方法的應用。
8. 請根據機率圖之原理，試說明如何從機率圖約略估計一組數據之平均數和標準差？
9. 在品質管制和改善中，我們利用柏拉圖來排列問題之優先次序。少數品管人員習慣利用圓餅形圖 (pie chart) 來呈現不同問題之重要性。請參考下列圓餅形圖，比較圓餅形圖和柏拉圖所提供資訊的差異。

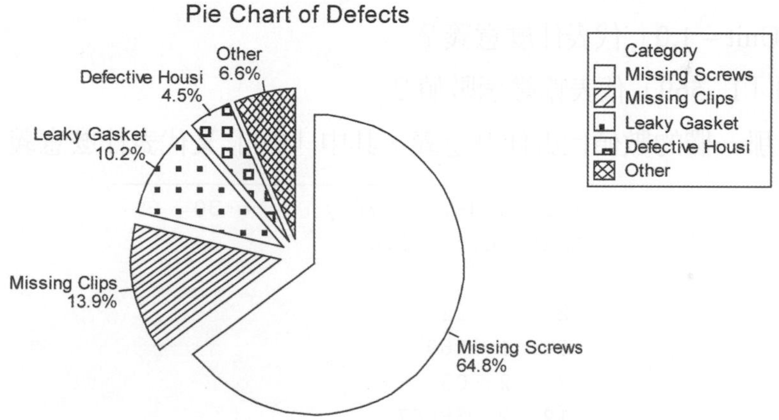

10. 根據下列機率圖，我們如何判斷 A、B 何者平均數較大？何者標準差較大？

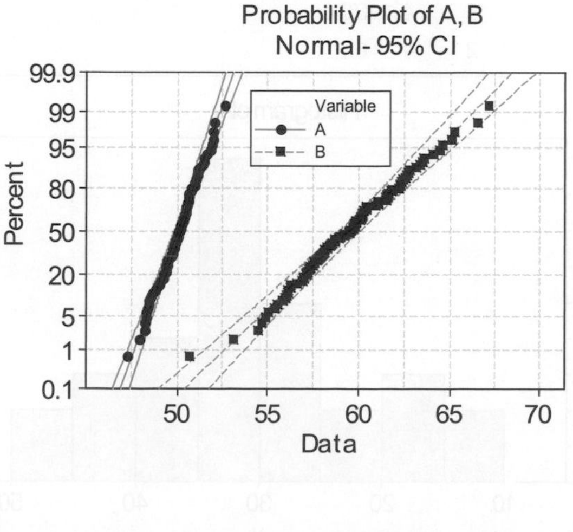

11. 假設已知一組數據之中位數等於 16，最小值等於 12，最大值等於 20，四分位距 IQR = 4，請問下圖 (a) - (d) 中，哪一個是此組數據之箱型圖。

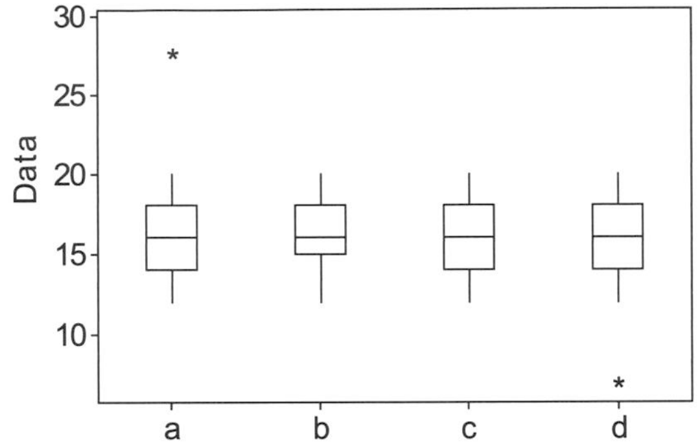

12. 莖葉圖 (stem-and-leaf plot) 也可以用來顯示一組數據之分布特徵。請根據下列莖葉圖和其對應之直方圖，回答下列問題：
    (a)「Leaf Unit = 1.0」代表什麼意義？
    (b) 第二列「1 569」代表哪幾個數值？
    (c) 最左邊那一欄的數值代表什麼意義，其中「(9)」又代表什麼意義？

```
Stem-and-leaf of y  N  = 30
Leaf Unit = 1.0

  2   1  22
  5   1  569
  7   2  03
 12   2  55667
 (9)  3  000233334
  9   3  5567
  5   4  004
  2   4  68
```

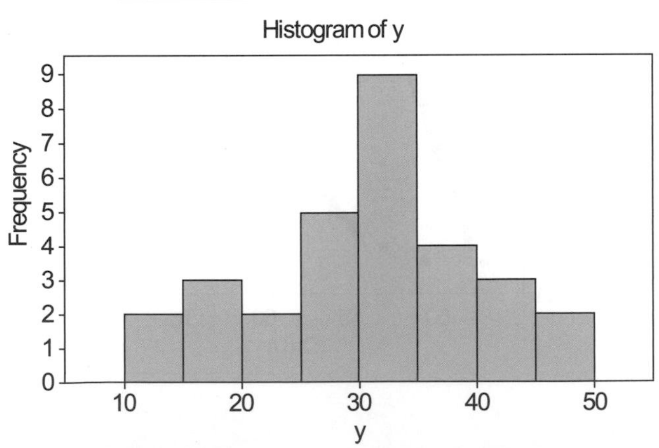

13. 請討論在 FMEA 中，風險優先度 (RPN) 計算方式之缺點。

三、計算題

1. 下列數據爲單槽洗衣機之傳動軸鎖固定於外槽的螺絲鎖固扭力值，試繪製直方圖。

57	60	54	54	63	59	61	57	62	57	68	49
58	58	57	58	57	61	57	53	64	63	60	59
67	57	53	64	55	66	62	57	57	62	58	65
65	60	52	60	53	61	59	60	58	57	57	50
60	57	57	66	63	59	61	60	68	62	64	60

2. 下列數據爲某月份東園牌之雙槽洗衣機之不合格點資料，試繪製柏拉圖。

不合格點項目	出現次數
脫水運轉異音	10
冷卻扇變形	8
洗衣機安裝不良	9
底座安裝不良	34
煞車失效	18
迴轉翼旋轉偏心	13
脫水槽傾斜	1
控制面板印刷不良	1
端子脫落	2
配線錯誤	1
排水閥不止水	1
傳動軸漏水	4

3. 請大概畫出與下列機率圖對應之直方圖和箱型圖。

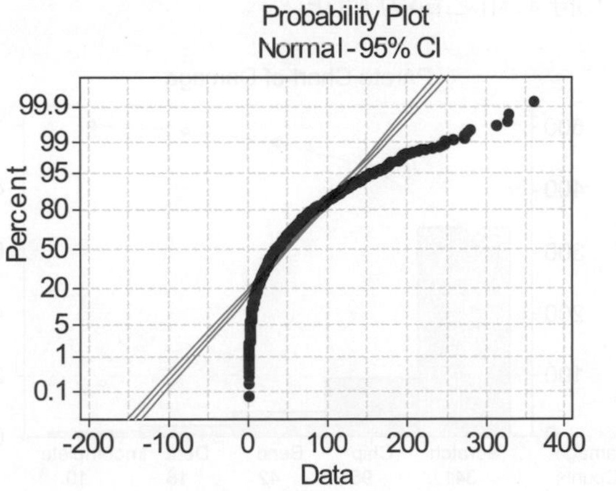

4. 請大概畫出與下列機率圖對應之直方圖和箱型圖。

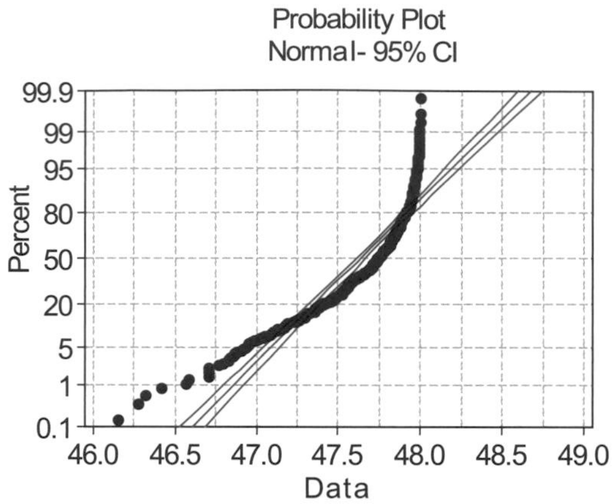

5. 請根據下列數據 (由左至右，由上而下讀取) 繪製時間序列圖。並以目視之方法，大概估計此組數據之斜率。

10.17	11.21	11.84	12.59	13.31
10.22	11.46	11.95	12.65	13.82
10.54	11.37	12.23	13.02	13.82
10.99	11.26	12.29	13.12	14.06

6. 如果根據下列數據繪製機率圖，請計算數據「9」(有兩個) 之累積機率值。

5	4	7	8	9
3	9	6	1	2

7. 請根據下列柏拉圖，將未知之部分補足。

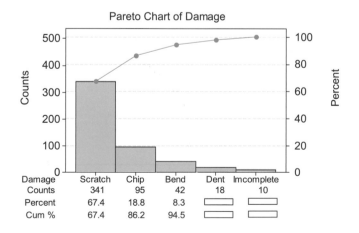

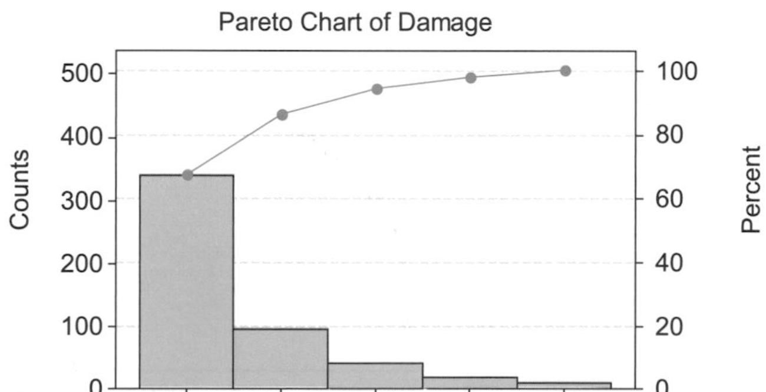

Damage	Scratch	Chip	Bend	Dent	Imcomplete
Counts	341	95	42	18	10
Percent	67.4	18.8	8.3	☐	☐
Cum %	67.4	86.2	94.5	☐	☐

8. 在品管圈活動中，圈員習慣利用所謂的推移圖來呈現改善前、改善中和改善後績效之差異。下列數據爲一家電子公司之表面黏著技術 (SMT) 加工製程之設備可動率。1 月至 4 月爲改善前，5 月至 7 月爲改善中，8 月至 10 月爲改善後。請製作一張推移圖，來呈現改善之成果。

月份	1月	2月	3月	4月	5月	6月	7月	8月	9月	10月
可動率	64	65.5	64.4	75.2	77.2	68.9	79.7	84.5	88.7	91.6

9. 在一個製造直流無刷散熱風扇的電機工業公司中，一個品管圈小組選定「提升壽命試驗之檢測效率」作爲改善主題。圈員將檢測過程分爲 5 項，並記錄每個月所花費的時間：(1) 風扇拆裝鎖付時間 (379.3)；(2) 執行檢測時間 (252.8)；(3) 執行執表時間 (73.0)；(4) 每日點檢時間 (12.5)；(5) 其他 (36.7)。圈員打算在這些項目中選擇一個改善重點，請利用適當的方法分析，來表達此品管圈之改善重點。

四、分析題

1. 位於中壢工業區之東園電機股份有限公司在 3 月份共生產三種窗型冷氣機，不同機型之冷氣機是由三條不同生產線製造、裝配。下表爲各機型之平均不合格率。

窗型冷氣機製程不合格率

型 號	製程不合格率	第一週	第二週	第三週	第四週
AK1601	8.0%	7.0%	6.1%	10.1%	8.8%
AK1602	4.2%	5.1%	2.6%	7.2%	1.9%
AK1603	2.6%	2.4%	0.8%	2.9%	4.3%

由於 AK1601 型之不合格率過高，因此管理單位打算從此機型著手改善，下表爲該型冷氣機之不合格點的分布。

AK1601 之不合格點分布

分　類	不合格點項目	不合格點數
電氣部分	電磁聲	2
	風速相反	1
	絕緣不良	1
	耐壓不良	3
構造部分	油污	3
	異音	40
	刮傷	5
	塗裝不良	2
	銅管外露	12
	異物	1
系統部分	冷媒不足	2
	電流過小	1
	冷媒音	1
	不冷	1

試根據上述資料回答下列問題。

(1) 品管工程師從構造部分之異音項目著手改善，請問其可能之理由爲何？如果有任何學理基礎，請說明其內容。

(2) 品管工程師與生技部門人員討論後，認爲生產線之作業員相當熟練，因此異音之發生可能與製造參數有關。由於製程之參數頗多，請建議一可行之程序來設定製程之最佳參數組合以降低異音。

(3) 若三種機型之冷氣機是由不同生產線、班別混合生產，請問在蒐集數據時該如何進行較爲妥當。

Chapter 5

應用於品質管制與改善之統計方法

章節概要和學習要點

統計方法在品質管制與改善活動中扮演極為重要的角色。本章之目的是介紹統計之基本觀念和應用於品質管理之基本統計手法，內容涵蓋敘述統計與推論統計。本章配合品管工作說明統計方法之應用，在講解範例時，亦搭配統計軟體的使用，經由輸出報表之說明，使讀者能更了解統計方法在品管工作上之應用。

透過本課程，讀者將可了解：

- 統計學之基本概念。
- 各種機率分配之理論和應用。
- 各種抽樣分配之理論和應用。
- 估計和假設檢定。
- 統計軟體之應用。

5.1 統計學概論

改善 (improvement) 是一個企業維持生存之必要條件。改善也代表一種改變 (changes)。爲了作出正確的改變我們必須根據事實 (facts) 來做決策。爲了獲得事實，我們必須回答下列兩項問題：(1) 我們要使用哪些數據，這些數據如何獲得？(2) 我們要如何詮釋？統計學 (Statistics) 正是回答上述兩個問題之一門科學。

統計學是有關數據蒐集、分類、列表、分析和根據數據或資訊做推論之一門科學。統計學可概分爲 (1) 敘述統計 (descriptive statistics)；(2) 推論統計 (inferential statistics)。敘述統計是根據蒐集到之資訊來描述一群事物。推論統計則是根據樣本 (sample) 中之資訊來獲得母體 (population) 之重要結論。母體或稱群體是所有具共同特徵之事物所構成之集合。樣本則是母體之子集合。例如我們想要知道 8 月份某品牌沙拉油之平均重量，則 8 月份所生產之該品牌沙拉油構成一個母體。今從母體中隨機抽出 400 瓶沙拉油，就是一組樣本。

母體之特徵是由參數 (parameters) 來描述，例如沙拉油之重量爲其參數之一。統計量 (statistic) 或估計量 (estimator) 則是用來描述樣本之特徵。在品質管理中，分析人員必須對蒐集到之數據加以描述，以了解製程或產品之重要特性。第 5.2 節將介紹一些可以從數據中，彙整重要情報之數值量測。機率分配 (probability distribution) 通常被用來當作是描述或做爲品質特性之模式。例如二項分配常被用來描述產品上之不合格品數的分配。這些機率分配的參數通常爲未知，且會隨時間而改變。因此，我們需要發展適當之程序來估計機率分配之參數，並且解決推論或以決策爲導向之問題。推論統計方法中之參數估計法和假設檢定 (hypothesis testing) 可以處理這一方面的問題。在後續章節中，我們將介紹一些機率分配和重要之統計方法，並以範例說明這些方法在品質管理上之應用。

5.2 敘述統計

一組數據必須加以描述，才能讓他人了解其特性。一組數據之變化情形，除了可以用圖形法來表示外，數量化之描述亦可以提供有用之情報。數據之量化表示法有很多種，常用的有平均數 (mean)、中位數 (median)、眾數 (mode)、變異數 (variance)、標準差 (standard deviation) 和全距 (range)。前三項主要是用來描述數據的集中趨勢，以了解數據的位置和群聚情形。在品管中，集中趨勢之資訊可以讓我們了解製程參數是否該調整。後三項主要是用來描述數據的變異性或散佈情形。以下介紹一些重要的量化表示方法。

1. 平均數

假設 $X_1, X_2, \ldots, X_n$ 為樣本中之觀測值，樣本數據之集中趨勢可由樣本平均數來衡量，樣本平均數定義為

$$\overline{X} = \frac{X_1 + X_2 + \cdots + X_n}{n} = \frac{\sum_{i=1}^{n} X_i}{n}$$

母體平均數是將母體中之所有數據加總後，除以母體大小 N，可表示為

$$\mu = \frac{\sum_{i=1}^{N} X_i}{N}$$

2. 中位數

中位數亦可用來衡量數據之集中趨勢。中位數是指數據由小至大排列後，位於中間之觀測值。若數據個數為偶數，則中間兩數值之平均數為中位數。

3. 眾數

眾數是指一組數據中，發生次數最多之數值。

4. 變異數

變異數是用來衡量數據之散佈情形。樣本變異數 S^2 為

$$S^2 = \frac{\sum_{i=1}^{n} (X_i - \overline{X})^2}{n-1} = \frac{\sum_{i=1}^{n} X_i^2 - \frac{\left(\sum_{i=1}^{n} X_i\right)^2}{n}}{n-1}$$

母體變異數 σ^2 為

$$\sigma^2 = \frac{\sum_{i=1}^{N} (X_i - \mu)^2}{N}$$

5. 標準差

標準差為變異數之平方根，亦即

$$S = \sqrt{\frac{\sum_{i=1}^{n} (X_i - \overline{X})^2}{n-1}}$$

母體標準差為

$$\sigma = \sqrt{\frac{\sum_{i=1}^{N}(X_i - \mu)^2}{N}}$$

6. 全距

全距可定義為一組數據中最大值 (L) 與最小值 (S) 之差異量，可表示為 $R = L - S$。全距之計算相當簡易，但缺點是它忽略了最大值和最小值間之資訊，因此有可能兩組數據之變異性差別很大，但卻具有相同之全距。例如 {2, 2, 2, 3, 3, 4, 20} 與 {2, 4, 8, 12, 15, 18, 20} 兩組數據之全距均為 18，但變異性並不相同。

以上所介紹之公式只適用於未分組數據，若數據屬分組或列舉式資料，則需使用不同之公式計算，讀者可參考一般統計書籍。

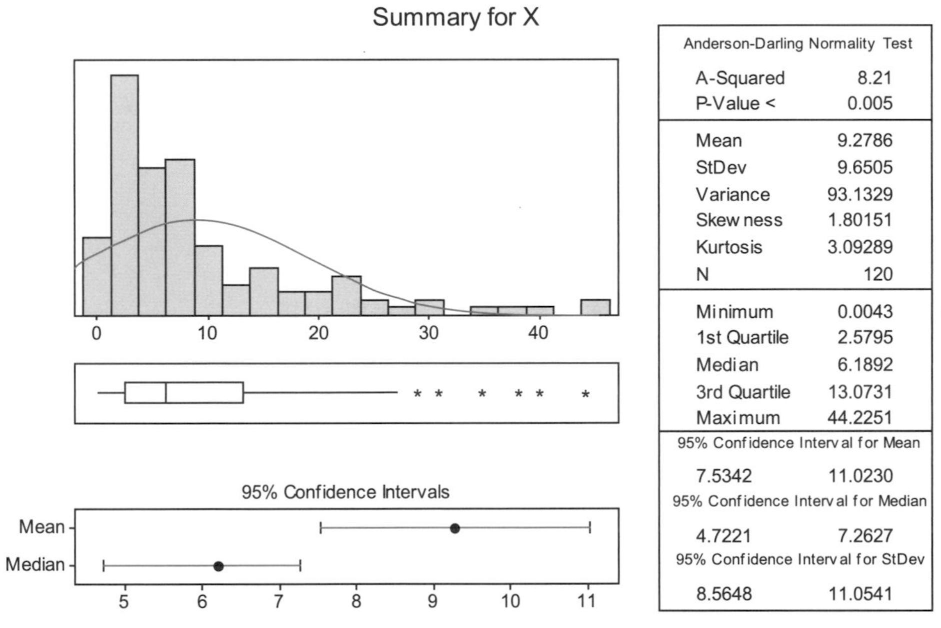

圖 5-1 敘述統計和圖形分析之彙整

Minitab 軟體提供一個彙整敘述統計和圖形分析之功能，請參考圖 5-1。在品質改善之過程中，當我們要描述一個問題時，此彙整報表有助於改善小組成員了解現況和進行溝通。在此圖中，直方圖和箱形圖顯示數據為一個右偏之分配。常態分配檢定之 $P-Value$ 非常小 (小於 0.005)，因此我們要拒絕數據符合常態分配之虛無假設。在此圖中，Minitab 也顯示數據之偏態 (skewness) 係數和峰度 (kurtosis) 係數。偏態指出一個分配以其平均數為中心的不對稱程度。正的偏態係數指出分配有一個不對稱尾端向正值方向延伸 (也稱為右偏)。負的偏態係數指出分配有一個不對稱的尾端向負值方向延伸 (也稱為左偏)。當偏態係數等於 (接近) 0 時，則此分配為對稱分配。峰度係數是顯示與常態分配相較時，一組資料相對尖峰集中或平坦分布的程度。當峰度係數大於 0 時，則分配為高狹峰，係數小於 0 時，則分配為低闊峰。對於常態分配峰度係數等於 (接近) 0。在此例中，偏態係數 = 1.80151，顯示數據為右偏。峰度係數 = 3.09289，顯示數據呈現一個高狹峰。對於右偏分配而言，平均數落在中位數之右方。對左偏分配來說，平均數將會在中位數之左方。

5.3 機率分配

群體中之數據值可以用機率分配來描述。機率分配為一數學模式，用來描述一個隨機變數 (以符號 X 表示) 之所有可能值 (稱為變量，以 x 表示) 之出現機率。機率分配可分成連續和不連續兩種。

1. **連續分配**

   若一變數是以連續尺度來量測，而且其變量可為某一特定區間內之任意值時，則其機率分配為連續。例如產品之內、外徑尺寸。

2. **不連續分配**

   若變數只能為某些特定值，例如 x=0, 1, 2，則稱其機率分配為不連續或離散 (discrete)。例如一件產品上之不合格點數之分配為不連續分配。

圖 5-2 為兩種機率分配之圖例。對於不連續之機率分配，隨機變數 X 等於某特定值 x 之機率可寫成

$$P\{X = x\} = p(x)$$

$p(x)$ 稱為機率結集 (質量) 函數 (probability mass function, pmf)。

對於連續機率分配，隨機變數落在 a,b 兩數值所界定之區域的機率為

$$P\{a \le X \le b\} = \int_a^b f(x)dx$$

$f(x)$ 稱為機率密度函數 (probability density function, pdf)。

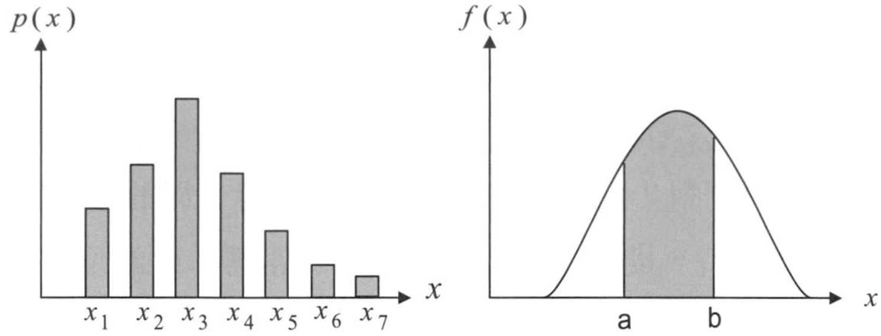

圖 5-2 機率分配

有時我們會用機率函數 (probability function) 一詞來代表連續型和離散型分配。若將機率函數視爲一個通稱時，則會以機率密度函數來代表連續型和離散型之機率函數。舉例而言，函數 $p(x)$ 可以稱爲機率函數、機率結集 (質量) 函數、或者離散型之機率密度函數。

累積分配函數 (cumulative distribution function, cdf) 是指隨機變數小於或等於某一個特定值 x 之機率 (有時，我們只稱分配函數)。對於連續型分配，累積分配函數可以定義爲

$$F(x) = P\{X \le x\} = \int_{-\infty}^{x} f(u)du$$

對於離散型分配，累積分配函數可以定義爲

$$F(x) = P\{X \le x\} = \sum_{x_i \le x} p(x_i)$$

5.3.1 超幾何分配

在品質管理中，超幾何分配 (hypergeometric distribution) 可應用於自有限貨批中抽樣檢驗之驗收抽樣計畫 (見本書第 9 章)。在大小爲 N 之有限群體中，有 D 件屬於第一類，$N-D$ 件爲第二類。今從群體中以不投返 (without replacement) 之方式隨機抽取 n 件樣本，其中有 X 件屬於第一類，則 X 爲超幾何分配隨機變數。超幾何分配屬不連續分配，其機率結集函數爲

$$P\{X = x\} = p(x) = \frac{\binom{D}{x}\binom{N-D}{n-x}}{\binom{N}{n}} \qquad x = 0, 1, 2, ..., \min(n, D)$$

超幾何分配之平均數和變異數分別爲

$$\mu = \frac{nD}{N}$$

$$\sigma^2 = \frac{nD}{N}\left(1 - \frac{D}{N}\right)\left(\frac{N-n}{N-1}\right)$$

例5-1 一批 25 件之電晶體中包含 3 件不合格品，今隨機抽取 5 件，試計算發現 2 件不合格品之機率。

解答：

$D=3, N=25, n=5, x=2$

$$P\{X=2\} = \frac{\binom{3}{2}\binom{22}{3}}{\binom{25}{5}} = 0.087$$

利用 Minitab 軟體，我們可以得到超幾何分配之機率密度函數 (pdf) 如表 5-1 所示。請注意，Minitab 不使用 pmf 此名稱。

表 5-1 超幾何分配之機率密度函數

```
Probability Density Function
Hypergeometric with N = 25, M = 3, and n = 5

x  P( X = x )
0    0.495652
1    0.413043
2    0.086957
3    0.004348
```

5.3.2 二項分配

白努利試驗 (Bernoulli trials) 是指在含有連續 n 項獨立試驗之過程中，每一項試驗之結果分爲成功或失敗兩種情況。若每次試驗中，成功之機率 p 爲固定，則在 n 次白努利試驗中，發現 x 次成功之機率可寫成

$$P\{X=x\} = p(x) = \binom{n}{x} p^x (1-p)^{n-x} \qquad x = 0, 1, \ldots, n$$

上述機率函數稱爲二項分配 (binomial distribution)。二項分配之參數爲 n 及 p，其中 n 爲一個正整數，p 之範圍爲 $0<p<1$。二項分配之平均數爲 $\mu = np$，變異數爲 $\sigma^2 = np(1-p)$。圖 5-3 爲具有 $n = 15, p=0.15$ 之二項分配圖。

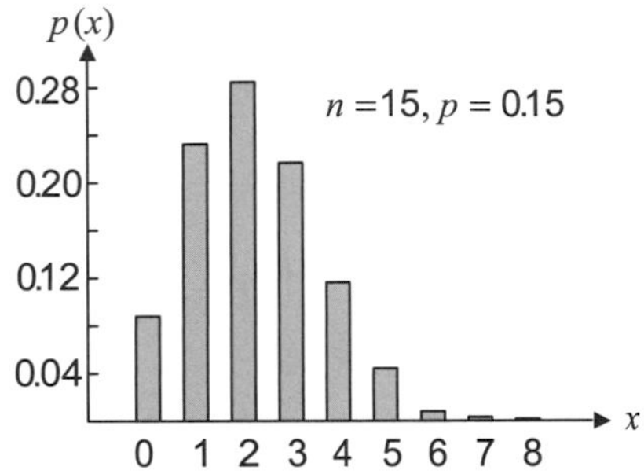

圖 5-3　二項分配，$n = 15, p = 0.15$

在品質管理中，我們最常使用之隨機變數爲樣本不合格率 (見本書第 8 章)，可寫成

$$\hat{p} = \frac{X}{n}$$

其中 X 爲具有參數 n 和 p 之二項分配。$\hat{p}$ 之機率分配可由二項分配獲得

$$P\{\hat{p} \le a\} = P\left\{\frac{X}{n} \le a\right\} = P\{X \le na\} = \sum_{x=0}^{[na]} \binom{n}{x} p^x (1-p)^{n-x}$$

其中 $[na]$ 代表小於或等於 na 之最大整數。$\hat{p}$ 之平均數爲 p，$\hat{p}$ 之變異數爲

$$\sigma_{\hat{p}}^2 = \frac{p(1-p)}{n}$$

上述平均值和變異數之公式將在本書第 8 章中，發展不合格率和不合格品數管制圖時用到。

圖 5-4 顯示 n 固定時，p 值改變對二項分配形狀的影響。由圖可看出，隨著 p 從 0 增加到 0.5 或從 1 減少到 0.5，分配會愈加對稱。圖 5-5 顯示 p 固定時，改變 n 值對二項分配形狀的影響。當 p 固定時，隨著 n 增加，分配會更加對稱。

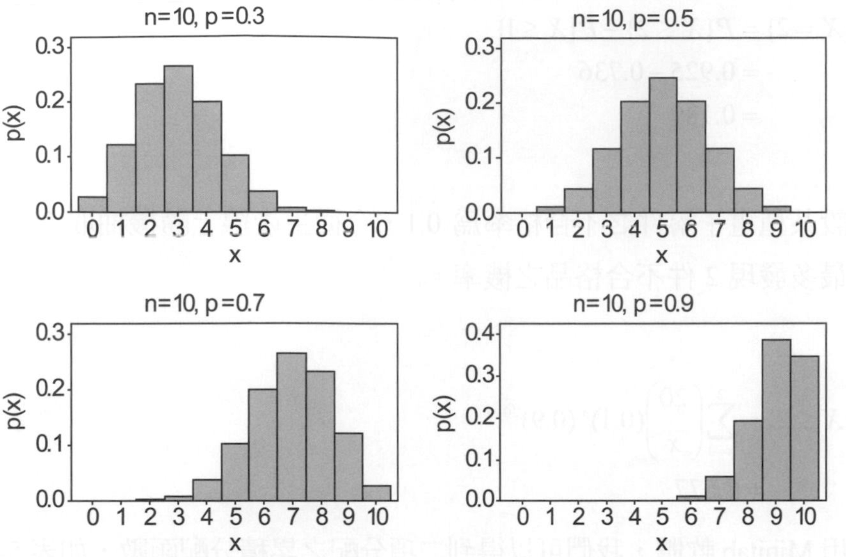

圖 5-4　固定 n, p 值改變對二項分配形狀的影響

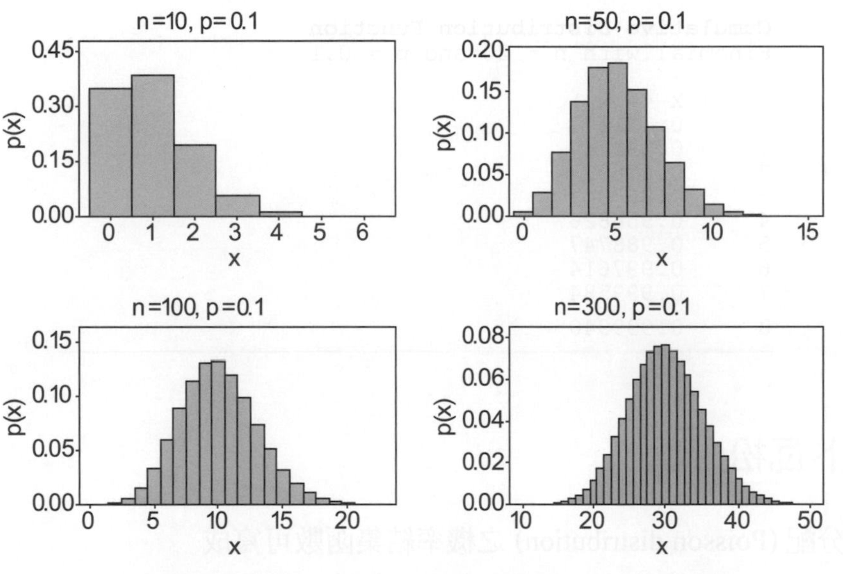

圖 5-5　固定 p, n 值不同對二項分配形狀的影響

例5-2　某製造程序之不合格率爲 5%，今從製程中隨機抽取 20 件檢查，試根據課本附表，求發現 2 件不合格品之機率。

解答：

本書之附表爲累積二項分配，因此發現 2 件不合格品之機率爲

$$P\{X=2\}=P\{X\le 2\}-P\{X\le 1\}$$
$$=0.925-0.736$$
$$=0.189$$

例5-3 假設某種電子零件之不合格率爲 0.1，今從生產線上隨機抽取 20 個零件，試計算最多發現 2 件不合格品之機率。

解答：

$$P\{X\le 2\}=\sum_{x=0}^{2}\binom{20}{x}(0.1)^x(0.9)^{20-x}$$
$$=0.677$$

利用 Minitab 軟體，我們可以得到二項分配之累積分配函數，如表 5-2 所示。

表 5-2 二項分配之累積分配函數

```
Cumulative Distribution Function
Binomial with n = 20 and p = 0.1

x  P( X <= x )
0     0.121577
1     0.391747
2     0.676927
3     0.867047
4     0.956826
5     0.988747
6     0.997614
7     0.999584
8     0.999940
```

5.3.3 卜瓦松分配

卜瓦松分配 (Poisson distribution) 之機率結集函數可寫成

$$p(x)=\frac{e^{-\lambda}\lambda^x}{x!}\quad x=0,1,\ldots$$

其中 $\lambda>0$，λ 爲平均數。卜瓦松分配之平均數和變異數相等，亦即 $\mu=\sigma^2=\lambda$。圖 5-6 爲 $\lambda=2$ 之卜瓦松分配圖，當 x=1 時 $p(x)$=0.271。圖 5-7 顯示不同 λ 值的卜瓦松分配。我們可看出，隨著 λ 增加，卜瓦松分配會更加對稱。在品質管理中，卜瓦松分配之典型應用是做爲描述產品不合格點數之模式 (見本書第 8 章)。平均數和變異數相等之特性將在發展不合格點數管制圖時用到。

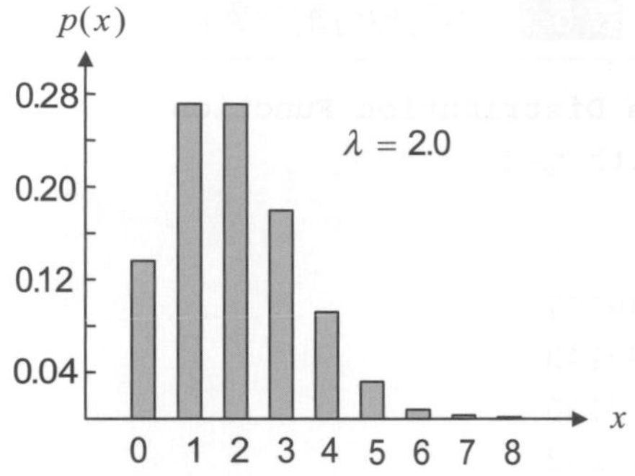

圖 5-6 $\lambda = 2$ 之卜瓦松分配

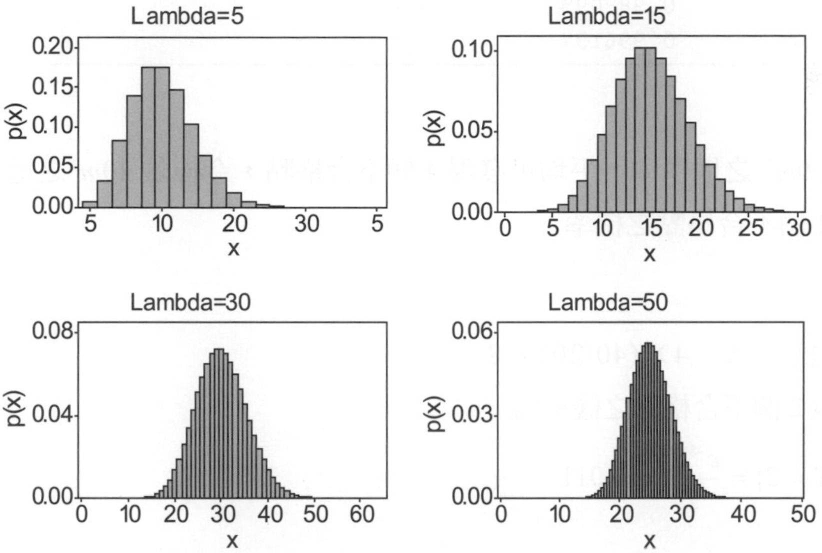

圖 5-7 不同 λ 值的卜瓦松分配

例5-4 某種印刷電路板之平均不合格點數爲 $\lambda = 3$，今隨機抽取一件檢查，試根據本書之附表，求至少發現 4 個不合格點之機率。

解答：

$P\{X \geq 4\} = 1 - P\{X \leq 3\} = 1 - 0.647 = 0.353$ 。

利用 Minitab 軟體，我們可以得到卜瓦松分配之累積分配函數，如表 5-3 所示。

表 5-3 卜瓦松分配之累積分配函數

```
Cumulative Distribution Function
Poisson with mean = 3

x   P( X <= x )
0      0.049787
1      0.199148
2      0.423190
3      0.647232
4      0.815263
5      0.916082
6      0.966491
7      0.988095
8      0.996197
```

例5-5 在 $20m^2$ 之地毯中，平均可發現 4 個不合格點，今檢驗 $40m^2$ 之地毯，試計算發現 2 個不合格點之機率。

解答：

由題意，$\lambda = 4 \times (40/20) = 8$

發現 2 個不合格點之機率爲

$$P\{X = 2\} = \frac{e^{-8}8^2}{2!} = 0.011$$

5.3.4 巴斯卡分配

如同二項分配，巴斯卡 (Pascal) 分配也是以白努利試驗爲基礎。假設在一連串的獨立試驗中，每次成功的機率爲 p，令 X 代表第 r 次爲成功的試驗，則 X 爲巴斯卡隨機變數，其機率分配爲：

$$p(x) = \binom{x-1}{r-1} p^r (1-p)^{x-r} \quad x = r, r+1, r+2, \cdots$$

其中 r 爲正整數，平均數與變異數爲：

$$\mu = \frac{r}{p}$$

和

$$\sigma^2 = \frac{r(1-p)}{p^2}$$

當 $r>0$ 且不一定爲整數時，則上述分配稱爲負二項分配 (negative binomial distribution)。即使當 r 爲整數時，一般還是將上述分配稱爲負二項分配。如同卜瓦松分配，負二項分配常用來當作計數型資料之分配模型。二項分配與負二項分配之間存在重要的二元性 (duality)：在二項分配中，我們固定樣本大小 (白努利試驗的次數)，然後去觀察成功出現的次數；而在負二項分配中，我們固定成功的次數，然後觀察出現該成功次數所需要的樣本大小 (白努利試驗的次數)。另一個特殊狀況是當 $r=1$ 時，稱爲幾何分配 (geometric distribution)，它是出現第一次成功所需要之白努利試驗次數的分配。

5.3.5 常態分配

若 X 爲常態 (normal) 隨機變數，則 X 的機率密度函數爲

$$f(x)=\frac{1}{\sigma\sqrt{2\pi}}e^{-\frac{1}{2}\left(\frac{x-\mu}{\sigma}\right)^2} \quad -\infty<x<\infty$$

常態分配 (normal distribution) 之參數爲平均數 μ 和變異數 σ^2，其中 $-\infty<\mu<\infty$，$\sigma^2>0$。常態分配一般以符號 $X\sim N(\mu,\sigma^2)$ 表示，代表 X 服從平均數爲 μ，變異數爲 σ^2 之常態分配。常態分配之外觀爲鐘型，並且爲對稱 (參見圖 5-8)。

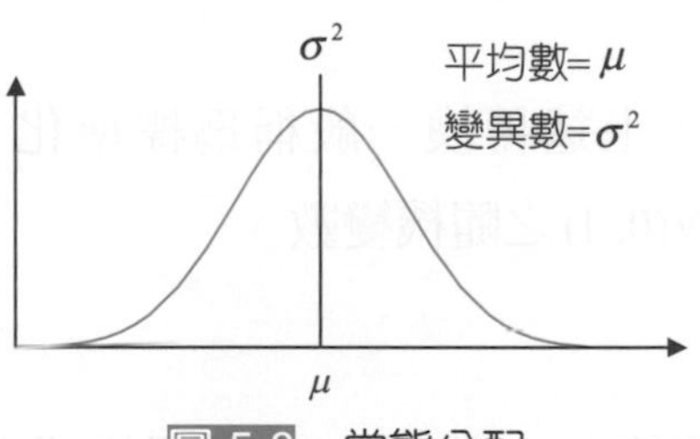

圖 5-8 常態分配

圖 5-9 爲常態分配下，數據之分布情形。由圖可看出有 68.26% 之群體會落在 $\mu\pm\sigma$ 所界定之範圍內。落在 $\mu\pm2\sigma$ 內之機率有 95.46%，而落在 $\mu\pm3\sigma$ 內之機率爲 99.73%。

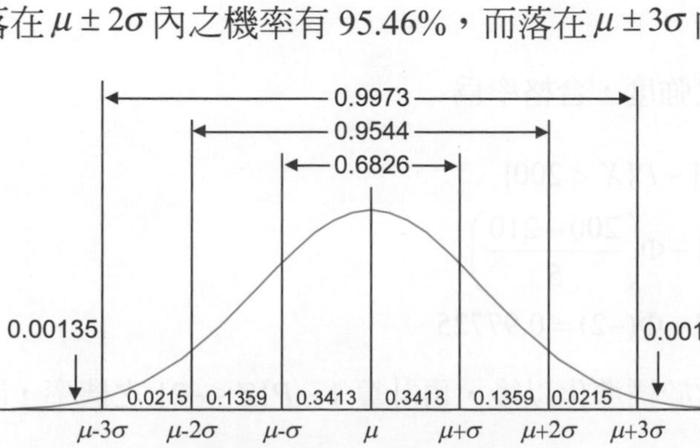

圖 5-9 常態分配機率之分布

常態分配之累積分配函數 $F(x)$ 定義為常態隨機變數 X 小於或等於 x 之機率，可寫成

$$P\{X \le x\} = F(x) = \int_{-\infty}^{x} \frac{1}{\sigma\sqrt{2\pi}} e^{-\frac{1}{2}\left(\frac{t-\mu}{\sigma}\right)^2} dt$$

在計算上述機率時，我們先將 X 轉換成一個新的變數 Z，以避免須根據 μ 和 σ 之組合來求解，變數 Z 定義為

$$Z = \frac{X-\mu}{\sigma}$$

常態分配之累積分配函數可寫成

$$P\{X \le a\} = P\left\{Z \le \frac{a-\mu}{\sigma}\right\} = \Phi\left(\frac{a-\mu}{\sigma}\right)$$

其中 $\Phi(\cdot)$ 代表標準常態分配 ($\mu=0, \sigma=1$) 之累積分配函數。標準常態分配定義為

$$f(z) = \frac{1}{\sqrt{2\pi}} e^{-z^2/2} \qquad -\infty \le z \le \infty$$

$$\Phi(z) = \int_{-\infty}^{z} f(t)dt$$

$\Phi(z)$ 可由本書附表 4 查得。上述轉換一般稱為標準化 (standardization)，用來將 $N(\mu, \sigma^2)$ 之隨機變數轉換成 $N(0, 1)$ 之隨機變數。

例5-6 某項金屬物品之強度符合 $N(210, 25)$ 。其規格要求強度至少為 200*psi*，試計算此項產品符合規格之機率。

解答：

設 X 為產品之強度，合格率為

$$\begin{aligned} P\{X \ge 200\} &= 1 - P\{X < 200\} \\ &= 1 - \Phi\left(\frac{200-210}{5}\right) \\ &= 1 - \Phi(-2) = 0.97725 \end{aligned}$$

上述計算相當於標準化以後，再計算 $1-P\{Z \le -2\}$ 之機率，請參考圖 5-10。

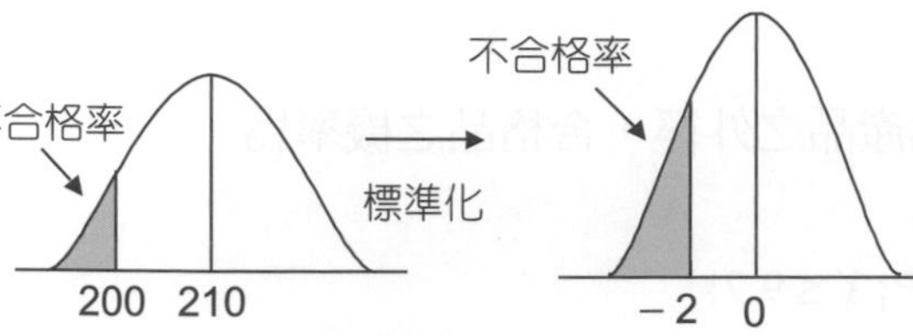

圖 5-10 標準化

利用 Minitab 軟體之分配圖 (distribution plot) 功能，我們可以得到小於 200 之機率爲 0.02275 (參考圖 5-11)，相當於合格率爲 0.97725。

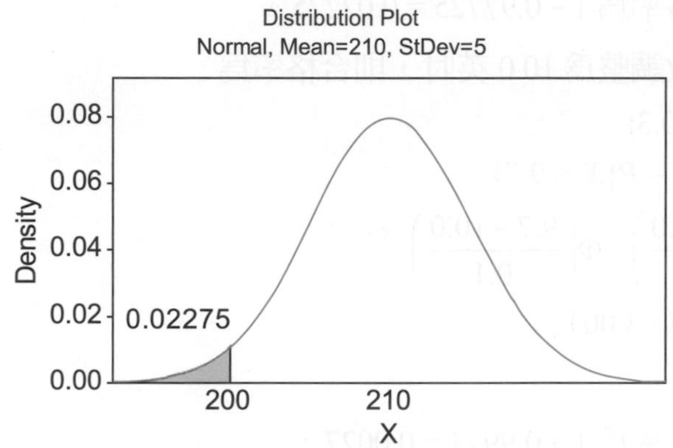

圖 5-11 常態分配之分布圖

例5-7 某金屬物品之抗張強度爲 $N(50, 4)$，試計算抗張強度低於 46 磅之機率和高於 52 磅之機率。

解答：

設 X 爲產品之抗張強度

$$P\{X \le 46\} = P\left\{Z \le \frac{46-50}{2}\right\} = \Phi(-2) = 0.02275$$

$$P\{X \ge 52\} = 1 - P\left\{Z \le \frac{52-50}{2}\right\} = 1 - \Phi(1) = 0.15866$$

例5-8 產品之外徑爲 $N(10.1, 0.01)$，規格設爲 10 ± 0.3 英吋。回答下列問題。

(a) 計算不合格品之機率。

(b) 若調整機器之參數設定，可將產品外徑平均數調爲 10.0 英吋，試計算此時之合格率。

解答：

設隨機變數 X 爲產品之外徑，合格品之機率爲

$$
\begin{aligned}
& P\{9.7 \le X \le 10.3\} \\
& = P\{X \le 10.3\} - P\{X \le 9.7\} \\
& = \Phi\left(\frac{10.3-10.1}{0.1}\right) - \Phi\left(\frac{9.7-10.1}{0.1}\right) \\
& = 0.97725 - 0.0000 \\
& = 0.97725
\end{aligned}
$$

因此，不合格率爲 $1-0.97725=0.02275$。

若可將平均數調整爲 10.0 英吋，則合格率爲

$$
\begin{aligned}
& P\{9.7 \le X \le 10.3\} \\
& = P\{X \le 10.3\} - P\{X \le 9.7\} \\
& = \Phi\left(\frac{10.3-10.0}{0.1}\right) - \Phi\left(\frac{9.7-10.0}{0.1}\right) \\
& = \Phi(3.00) - \Phi(-3.00) \\
& = 0.9973
\end{aligned}
$$

因此，不合格率爲 $1-0.9973=0.0027$。

5.3.6 指數分配

指數分配 (exponential distribution) 通常應用於可靠度分析，用來描述產品失效時間。指數隨機變數之機率密度函數爲

$$f(x) = \lambda e^{-\lambda x} \quad x \ge 0$$

其中 $\lambda > 0$ 爲一常數。圖 5-12 顯示指數分配之機率密度函數。指數隨機變數之平均數和變異數分別爲

$$
\begin{aligned}
\mu &= 1/\lambda \\
\sigma^2 &= 1/\lambda^2
\end{aligned}
$$

指數分配之累積分配函數可寫成 $F(x) = 1 - e^{-\lambda x}$，圖 5-13 爲指數分配之累積分配函數之圖形。

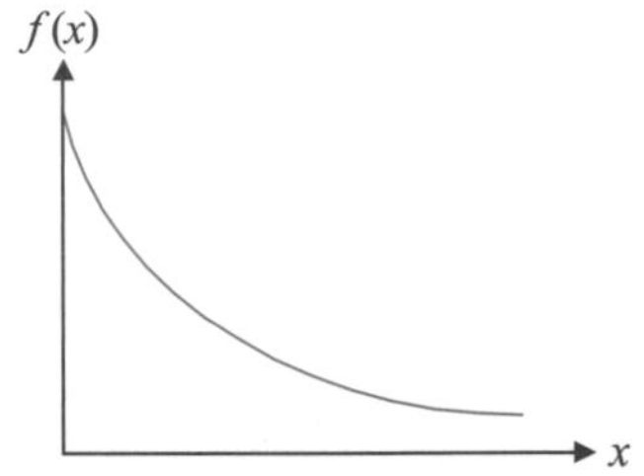

圖 5-12 指數分配之機率密度函數圖形

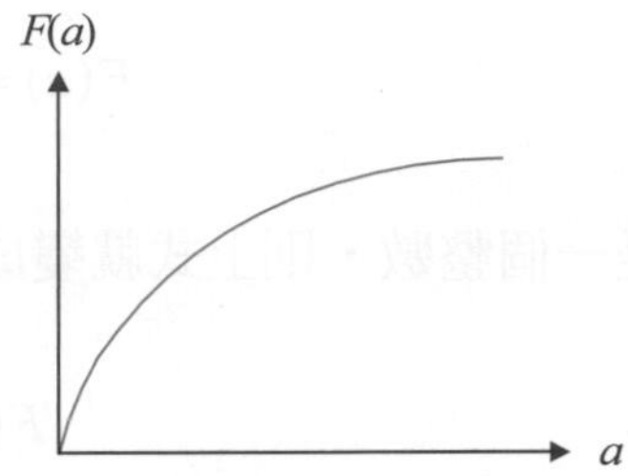

圖 5-13 指數分配之累積分配函數圖形

在可靠度之應用中，參數 λ 稱爲系統之失效率，平均數 $1/\lambda$ 稱爲平均失效時間 (mean time to failure)。

例5-9 假設電子零件之失效率爲 λ =1/2000 (次 / 小時)。計算此零件之壽命超過 2000 小時之機率。

解答：

零件超過 2,000 小時而不失效之機率爲

$1-F(2000)=e^{-2000\lambda}=e^{-1}=0.36788$

5.3.7 伽瑪分配

伽瑪 (gamma) 隨機變數之機率分配定義如下。伽瑪分配可寫成：

$$f(x)=\frac{\lambda}{\Gamma(r)}(\lambda x)^{r-1}e^{-\lambda x} \qquad x\geq 0$$

其中形狀參數 (shape parameter) $r>0$，尺度參數 (scale parameter) $\lambda>0$，伽瑪分配之平均數爲 $\mu=r/\lambda$，變異數爲 $\sigma^2=r/\lambda^2$。在上式中，$\Gamma(r)$ 稱爲伽瑪函數(gamma function)，定義爲 $\Gamma(r)=\int_0^\infty x^{r-1}e^{-x}dx$，其中 $r>0$。若 r 爲正整數，則 $\Gamma(r)=(r-1)!$。

圖 5-14 顯示一些伽瑪分配。若 $r=1$，則伽瑪分配將成爲參數等於 λ 的指數分配。伽瑪分配根據 r 與 λ 值之不同，而有各種不同的形狀。這種特性使得它成爲多數連續型隨機變數所採用的模式。

若參數 r 爲一個整數，則伽瑪分配爲 r 個獨立、參數爲 λ 且分配相同的指數分配之和。換言之，若 $x_1,x_2,\ldots x_r$ 是參數爲 λ 且獨立的指數隨機變數，則 $y=x_1+x_2+\cdots+x_r$ 便是以 r 與 λ 爲參數的伽瑪分配。

伽瑪的累積分配函數可寫成：

$$F(a)=1-\int_a^{\infty}\frac{\lambda}{\Gamma(r)}(\lambda t)^{r-1}e^{-\lambda t}dt$$

若 r 是一個整數，則上式就變成：

$$F(a)=1-\sum_{k=0}^{r-1}e^{-\lambda a}\frac{(\lambda a)^k}{k!}$$

因此，伽瑪之累積分配可由參數爲 λa 的 r 個卜瓦松分配之和求得。我們將卜瓦松分配當成在一個固定區間內某事件發生次數的模式，則伽瑪分配即爲要達到特定的發生次數，所需要的區間長度之模式。

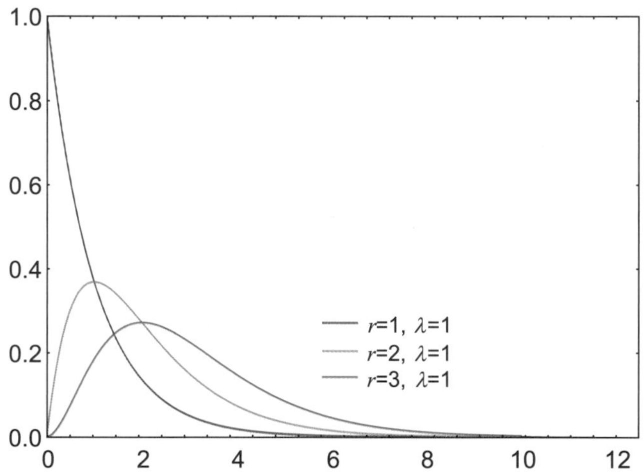

圖 5-14 伽瑪分配

5.3.8 韋伯分配

韋伯分配 (Weibull distribution) 可定義爲

$$f(x)=\frac{\beta}{\alpha}\left(\frac{x-\delta}{\alpha}\right)^{\beta-1}\exp\left[-\left(\frac{x-\delta}{\alpha}\right)^{\beta}\right]\quad x\geq\delta$$

參數 δ 稱爲位置參數 (location parameter)，其範圍爲 $-\infty<\delta<\infty$，$\alpha>0$ 稱爲尺度參數，$\beta>0$ 稱爲形狀參數。韋伯分配之平均數和變異數爲

$$\mu=\delta+\alpha\Gamma\left(1+\frac{1}{\beta}\right)$$

$$\sigma^2=\alpha^2\left\{\Gamma\left(1+\frac{2}{\beta}\right)-\left[\Gamma\left(1+\frac{1}{\beta}\right)\right]^2\right\}$$

韋伯分配非常具有彈性，其分配之外觀可依δ、α和β之不同組合產生各種變化(請參考圖 5-15)。

當$\delta=0$且$\beta=1$時，韋伯分配將成爲平均數爲$1/\alpha$之指數分配。韋伯分配之累積分配函數爲

$$F(x)=1-\exp\left[-\left(\frac{x-\delta}{\alpha}\right)\right]^{\beta}$$

韋伯分配通常被應用在可靠度工程中，作爲電子、機械元素和一個系統之失效時間的模式。

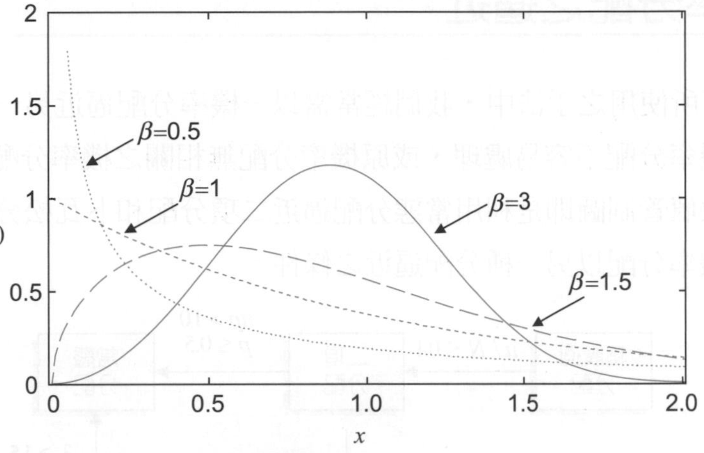

圖 5-15 韋伯分配

例5-10 某電子零件之失效時間爲$\delta=0$、$\beta=1/2$和$\alpha=400$小時之韋伯分配。

(a) 計算平均失效時間和其標準差。

(b) 求零件最少能使用 1000 小時之機率。

解答：

平均失效時間

$$\begin{aligned}\mu &= E(X)\\ &= 0+400\Gamma(1+2)\\ &= 400\Gamma(3)\\ &= 400(2!)=800\end{aligned}$$

變異數為

$$\sigma^2 = (400)^2\{\Gamma(1+4) - [\Gamma(1+2)]^2\} = 3.2\times 10^6$$

標準差 $\sigma = 1788.85$ 小時

使用壽命超過 1000 小時之機率為

$$\begin{aligned} P\{X > 1000\} &= 1 - P\{X \le 1000\} \\ &= 1 - \{1 - \exp[-(1000/400)^{1/2}]\} \\ &= \exp[-(2.5)^{1/2}] \\ &= \exp(-1.581) = 0.2057 \end{aligned}$$

5.4 機率分配之逼近

在統計品管所使用之手法中，我們經常需以一機率分配逼近另一種分配。這種情形通常發生在原機率分配不容易處理，或原機率分配無相關之機率分配表可查詢時。第 8 章所介紹之計數值管制圖即是利用常態分配逼近二項分配和卜瓦松分配所發展出來。圖 5-16 列出一個機率分配以另一種分配逼近之條件。

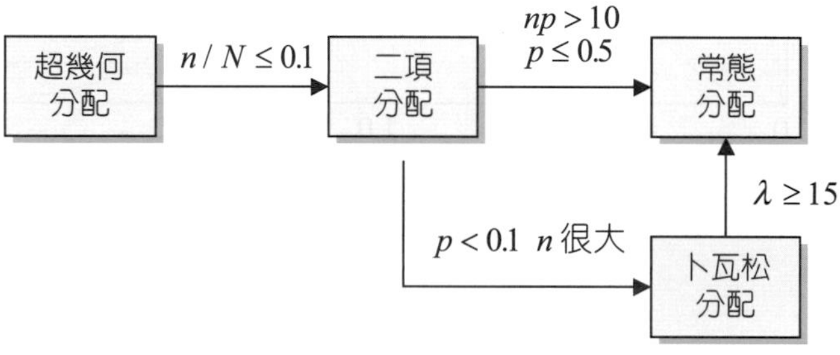

圖 5-16 逼近之條件

5.4.1 二項分配逼近超幾何分配

當 n/N 之比例 (稱為抽樣率) 很小時 (一般要求 $n/N < 0.1$)，具有參數 $p = D/N$ 之二項分配，可以逼近超幾何分配。此逼近在設計驗收抽樣計畫時相當有用。

例5-11 假設一批 80 件之產品中包含 4 件不合格品，試以超幾何分配和二項分配計算在 $n = 8$ 之隨機樣本中，最多發現 1 件不合格品之機率。

解答：

由超幾何分配計算可得

$$P\{X \le 1\} = \frac{\binom{4}{0}\binom{76}{8} + \binom{4}{1}\binom{76}{7}}{\binom{80}{8}} = 0.9522$$

不合格率 $p = 4/80 = 0.05$，由二項分配計算可得

$$P\{X \le 1\} = \sum_{x=0}^{1}\binom{8}{x}(0.05)^x(0.95)^{8-x} = 0.9428$$

5.4.2 卜瓦松分配逼近二項分配

當參數 p 很小 (一般要求 $p < 0.1$)，n 很大且 $\lambda = np$ 為固定常數時，我們可以利用卜瓦松分配逼近二項分配。當 n 愈大且 p 愈小時，逼近效果越佳。

例5-12 假設電晶體之不合格率為 0.04。試以二項分配和卜瓦松分配計算在 $n = 100$ 之樣本中發現 3 件或少於 3 件不合格品之機率。

解答：

由二項分配

$$P\{X \le 3\} = \sum_{x=0}^{3}\binom{100}{x}(0.04)^x(0.96)^{100-x} = 0.429$$

由卜瓦松分配 $\lambda = 100(0.04) = 4$

$$P\{X \le 3\} = \sum_{x=0}^{3}\frac{4^x e^{-4}}{x!} = 0.433$$

5.4.3 常態分配逼近二項分配

當樣本大小 n 很大且 p 接近 0.5 時，具有參數 $\mu = np$, $\sigma^2 = np(1-p)$ 之常態分配可以逼近二項分配。亦即

$$P\{X = a\} = \binom{n}{a}p^a(1-p)^{n-a} \cong \frac{1}{\sqrt{2\pi np(1-p)}}e^{-\frac{1}{2}\left[(a-np)^2/np(1-p)\right]}$$

由於二項分配為離散，而常態分配為連續型，在計算機率時，我們需加入連續性修正項 (continuity correction)。

$$P\{X=a\}\cong\Phi\left(\frac{a+\frac{1}{2}-np}{\sqrt{np(1-p)}}\right)-\Phi\left(\frac{a-\frac{1}{2}-np}{\sqrt{np(1-p)}}\right)$$

其中，Φ爲標準常態分配之累積分配函數。下列公式可以計算 X 落在一個區域內之機率

$$P\{a\le X\le b\}\cong\Phi\left(\frac{b+\frac{1}{2}-np}{\sqrt{np(1-p)}}\right)-\Phi\left(\frac{a-\frac{1}{2}-np}{\sqrt{np(1-p)}}\right)$$

當 p 接近 0.5 且 $n>10$ 時，常態分配可以獲得很好之逼近效果。對於其他之 p 值，我們需要更大之 n 值，以獲得較佳之逼近效果。一般而言，當 $p<1/(n+1)$ 或 $p>n/(n+1)$ 時或超過 $np\pm 3\sqrt{np(1-p)}$ 時，逼近之效果不佳。

常態分配亦可用來逼近隨機變數 $\hat{p}=X/n$，此時常態分配之參數爲平均數 p，變異數爲 $p(1-p)/n$，公式可寫成

$$P\{u\le\hat{p}\le v\}=\Phi\left(\frac{v-p}{\sqrt{p(1-p)/n}}\right)-\Phi\left(\frac{u-p}{\sqrt{p(1-p)/n}}\right)$$

例5-13 一批電子零件中有 20% 爲不合格品，今抽取 100 件樣本，試分別利用二項分配和常態分配計算其中有 20 至 25 件爲不合格品之機率爲。

解答：

若由二項分配計算，其機率爲

$$P\{20\le X\le 25\}=\sum_{x=20}^{25}\binom{100}{x}(0.2)^x(0.8)^{100-x}=0.4523$$

若由常態分配逼近，平均數爲 $np=100(0.2)=20$，標準差爲 $\sqrt{np(1-p)}=4$，因此不合格率爲

$$P\{20\le X\le 25\}=\Phi\left(\frac{25.5-20}{4}\right)-\Phi\left(\frac{19.5-20}{4}\right)$$
$$=\Phi(1.375)-\Phi(-0.125)=0.9154-0.4503=0.4651$$

5.4.4 常態分配逼近卜瓦松分配

當卜瓦松分配之參數 λ 很大，則具有參數 $\mu=\sigma^2=\lambda$ 之常態分配可以逼近卜瓦松分配，亦即

$$P\{a \le X \le b\} = \Phi\left(\frac{(b+0.5)-\lambda}{\sqrt{\lambda}}\right) - \Phi\left(\frac{(a-0.5)-\lambda}{\sqrt{\lambda}}\right)$$

例5-14 在一年內，某 CNC 車床故障次數之平均數為 16 次，試以卜瓦松分配和常態分配計算在一年內發現 12 次到 16 次故障的機率。

解答：

卜瓦松分配之參數 λ =16，故障機率為

$P\{12 \le X \le 16\} = 0.566 - 0.127 = 0.439$

常態分配之參數 $\mu=\lambda=16,\ \sigma=\sqrt{\lambda}=4.0$，故障機率為

$$P\{12 \le X \le 16\} = \Phi\left(\frac{(16+0.5)-16}{4.0}\right) - \Phi\left(\frac{(12-0.5)-16}{4.0}\right) = 0.419$$

5.5 抽樣分配

由母體中抽取樣本，根據樣本資料計算獲得之樣本各種特徵值稱為統計量。例如：若 $X_1, X_2, \ldots, X_n$ 為樣本中之觀測值。則樣本平均數 $\overline{X}$ 和標準差 S 均稱為統計量。由於統計量為隨機抽樣之函數，因此兩個不同之樣本將產生不同之統計量。

若能夠知道樣本所來自母體之機率分配，則可以決定由樣本所計算得到之統計量的機率分配。統計量之機率分配稱為抽樣分配 (sampling distribution)。假設 X 為具有平均數 μ 和變異數 σ^2 之常態分配。若 $X_1, X_2, \ldots, X_n$ 為樣本大小等於 n 之隨機樣本，當樣本大小 n 很大時，則樣本平均數 $\overline{X}$ 將符合 $N(\mu, \sigma^2/n)$ 之分配，此稱為中央極限定理 (central limit theorem)。若原母體之分配極為接近常態，則 $n \ge 5$ 時，$\overline{X}$ 之分配會趨近於常態。當原母體非常偏離常態時，則需較大之樣本大小 (n>100)。第 7 章所介紹之 $\overline{X}$ 管制圖即是利用中央極限定理來發展。

5.5.1 自常態分配抽樣

在本節中我們將介紹數種定義於常態分配之抽樣分配，包含卡方分配(χ^2 distribution)、t 分配和 F 分配。

1. 卡方分配

假設 n 個獨立之隨機變數爲 $X_1, X_2, \ldots, X_n$，其平均數爲 $\mu_1, \mu_2, \ldots, \mu_n$，變異數爲 $\sigma_1^2, \sigma_2^2, \ldots, \sigma_n^2$。令

$$\chi^2 = \sum_{i=1}^{n} \left(\frac{X_i - \mu_i}{\sigma_i} \right)^2$$

則隨機變數 χ^2 爲自由度 $v = n$ 之卡方分配。χ^2 之機率分配爲

$$f(\chi^2) = \frac{1}{2^{n/2}\Gamma(n/2)} (\chi^2)^{\frac{n}{2}-1} e^{-\chi^2/2} \quad \chi^2 > 0$$

卡方分配之平均數爲 $\mu = n$，變異數 $\sigma^2 = 2n$。圖 5-17 顯示數種不同之卡方分配。

若 $X_1, X_2, \ldots, X_n$ 爲自 $N(\mu, \sigma^2)$ 所抽取之隨機樣本，則隨機變數

$$\frac{\sum_{i=1}^{n} (X_i - \overline{X})^2}{\sigma^2} = \frac{(n-1)S^2}{\sigma^2}$$

將爲 χ^2_{n-1} 之分配。

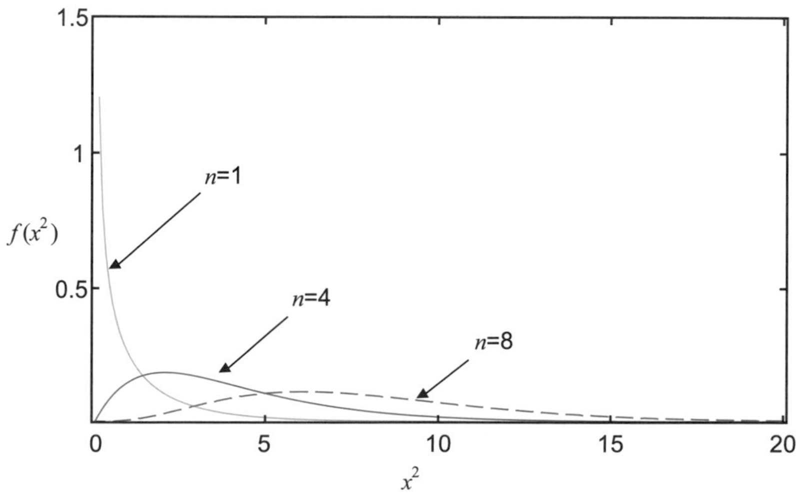

圖 5-17 卡方分配

2. t 分配

若 X 和 χ_k^2 分別爲獨立之標準常態和自由度爲 k 之卡方隨機變數。則隨機變數

$$t=\frac{X}{\sqrt{\dfrac{\chi_k^2}{k}}}$$

爲自由度等於 k 之 t 分配，以符號 tk 表示。t 之機率分配爲

$$f(t)=\frac{\Gamma\left[(k+1)/2\right]}{\sqrt{k\pi}\,\Gamma(k/2)}\left(\frac{t^2}{k}+1\right)^{-(k+1)/2}\qquad -\infty<t<\infty$$

t 之平均數爲 $\mu=0$，當 $k>2$，$\sigma^2=k/(k-2)$。圖 5-18 爲數種不同之 t 分配圖形。當 $k=\infty$時，t 分配將成爲標準常態分配。

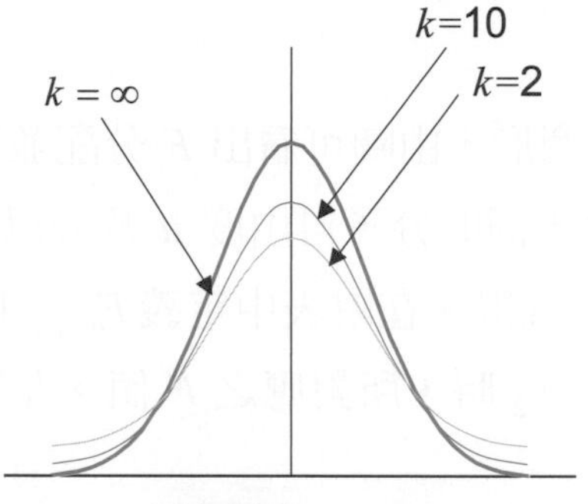

圖 5-18　t 分配

若自 $N(\mu,\sigma^2)$ 之母體隨機抽取樣本大小爲 n 之樣本，則

$$\frac{\overline{X}-\mu}{S/\sqrt{n}}=\frac{\dfrac{\overline{X}-\mu}{\sigma/\sqrt{n}}}{S/\sigma}=\frac{N(0,1)}{\sqrt{\chi_{n-1}^2/(n-1)}}$$

將符合 t_{n-1} 之分配。

t 分配之百分點可由附表查得。表中定義 $t_{\alpha,v}$ 爲自由度等於 v，右尾機率等於 α 所對應之 t 值。例如 $t_{0.05,5}=2.015$。

3. F 分配

若 χ_u^2 和 χ_v^2 爲兩個獨立之卡方隨機變數，自由度分別爲 u 及 v，則

$$F_{u,v}=\frac{\chi_u^2/u}{\chi_v^2/v}$$

將爲 F 分配。F 之密度函數爲

$$f(F)=\frac{\Gamma\left(\frac{u+v}{2}\right)\left(\frac{u}{v}\right)^{u/2}}{\Gamma\left(\frac{u}{2}\right)\Gamma\left(\frac{v}{2}\right)}\frac{F^{\frac{u}{2}-1}}{\left[\left(\frac{u}{v}\right)F+1\right]^{(u+v)/2}} \qquad F\geq 0$$

若 $X_1 \sim N(\mu_1,\sigma_1^2)$、$X_2 \sim N(\mu_2,\sigma_2^2)$。今自第一個母體抽取樣本大小爲 n_1 之隨機樣本，計算出變異數爲 S_1^2，另自第二個母體隨機抽取樣本大小爲 n_2 之隨機樣本，變異數爲 S_2^2，則

$$\frac{S_1^2/\sigma_1^2}{S_2^2/\sigma_2^2}$$

將符合 F_{n_1-1,n_2-1} 之分配。

圖 5-19 爲數種 F 分配之圖形，由圖可看出 F 分配並不爲對稱，F 隨機變數的範圍介於 0 及 ∞ 之間，隨著不同的分子自由度 u 及分母自由度 v 而有不同的形狀。F 分配之百分點值可由附表查得。在附表中定義 F_{α,v_1,v_2} 爲右尾機率等於 α，分子自由度爲 v_1，分母自由度等於 v_2 時，所對應之 F 值。左尾之百分點可由下列關係式求得。

$$F_{1-\alpha,v_1,v_2}=\frac{1}{F_{\alpha,v_2,v_1}}$$

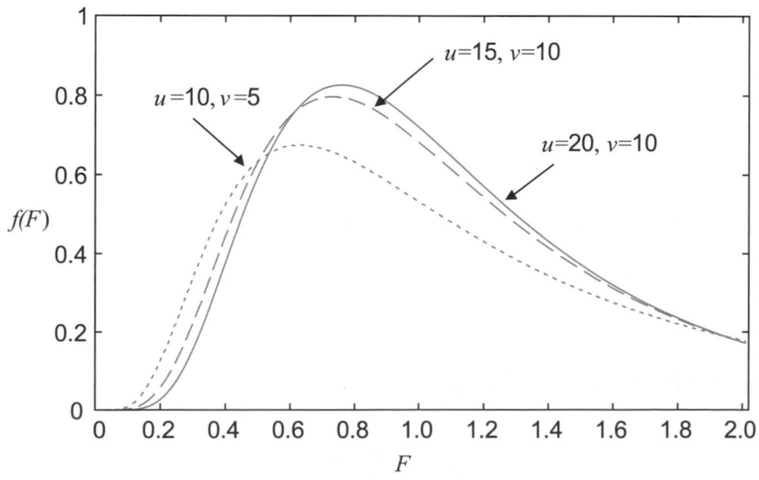

圖 5-19 F 分配

5.5.2 自二項分配抽樣

假設$X_1, X_2, ..., X_n$爲白努利過程之觀測值，此白努利試驗之參數爲p。各觀測值之和$X = X_1 + X_2 + \cdots + X_n$，將爲二項分配，參數爲$n$和$p$。由於$X_i$之值爲0或1，因此樣本平均數

$$\overline{X} = \frac{1}{n}\sum_{i=1}^{n} X_i$$

爲離散之隨機變數，其可能值爲$\{0, 1/n, 2/n, ..., (n-1)/n, 1\}$。$\overline{X}$之分配爲

$$P\{\overline{X} \le a\} = P\{X \le an\} = \sum_{k=0}^{[an]} \binom{n}{k} p^k (1-p)^{n-k}$$

其中$[an]$爲小於或等於an之最大整數。$\overline{X}$之平均數和變異數爲

$$\mu_{\overline{X}} = p$$

$$\sigma_{\overline{X}}^2 = \frac{p(1-p)}{n}$$

5.5.3 自卜瓦松分配抽樣

假設卜瓦松分配之參數爲λ，今抽取n個隨機樣本，分別爲$X_1, X_2, ..., X_n$。此n個樣本之和爲$X = X_1 + X_2 + \cdots + X_n$，其分配仍爲卜瓦松分配，參數爲$n\lambda$。

一般而言，n個獨立之卜瓦松隨機變數之和的分配仍爲卜瓦松分配，其參數爲各卜瓦松參數之和。樣本平均數爲

$$\overline{X} = \frac{1}{n}\sum_{i=1}^{n} X_i$$

此爲一離散之隨機變數，其可能值爲$\{0, 1, 1/n, 2/n, ...\}$，$\overline{X}$之機率分配爲

$$P\{\overline{X} \le a\} = P\{X \le na\} = \sum_{k=0}^{[na]} \frac{e^{-n\lambda}(n\lambda)^k}{k!}$$

其中$[na]$爲小於或等於na之最大整數。$\overline{X}$之平均數和變異數爲

$$\mu_{\overline{X}} = \lambda$$

$$\sigma_{\overline{X}}^2 = \frac{\lambda}{n}$$

在品質管理中，我們所考慮的是卜瓦松隨機變數之一般線性組合，如

$$L = a_1X_1 + a_2X_2 + \cdots + a_mX_m = \sum_{i=1}^{m} a_iX_i$$

其中 $\{X_i\}$ 爲獨立之卜瓦松隨機變數，參數爲 $\{\lambda_i\}$,$\{a_i\}$ 爲常數。在品質管理中，此種線性組合是應用在一件產品包含種不同之缺點或不合格點，每一種缺點均爲卜瓦松分配，參數爲 λ_i。線性組合之係數 $\{a_i\}$ 可視爲每一種缺點之重要權數，例如功能上之缺點其權數可較外觀缺點爲大。

5.6 估 計

推論統計中之估計可分爲兩種：(1) 點估計 (point estimation)；(2) 區間估計 (interval estimation)。估計量 (estimator) 或稱估計式爲用來估算母體參數之統計量；估計值 (estimate) 則是指將樣本資料代入估計式後所得之特定值。估計量與估計值之關係有如隨機變數與變量之關係。例如統計量 $\overline{X}$ 爲母體平均數之估計量，在獲得樣本資料後，計算所得之平均數稱爲估計值。

所謂點估計是利用樣本資料求得一估計值，用以表示未知參數的方法。點估計量 (point estimator) 是指能夠產生單一數值，做爲未知參數之估計值的統計量。例如我們想要知道某月份活塞外徑之平均數。今由該月份所產生之活塞環中抽取 50 件，計算出平均數爲 $\overline{X} = 0.5cm$，則 $0.5cm$ 可視爲外徑之點估計值。

參數之區間估計是尋找由兩個端點 U 和 L 所定義之區間，使得參數落在此區間內之機率具有某種水準，亦即

$$P\{L \le \theta \le U\} = 1-\alpha$$

$1-\alpha$ 乃稱爲信賴係數 (confidence coefficient)，又可稱之爲信賴水準 (level of confidence)，L 稱爲信賴下限，U 稱爲信賴上限。$U-\theta$ 或 $\theta-L$ 稱爲信賴區間之正確度 (accuracy)。上述之區間稱爲未知參數 θ 之 $100(1-\alpha)\%$ 雙邊 (two-sided) 信賴區間 (confidence interval)。在有些應用上，可能需要單邊之信賴區間，參數 θ 之單邊 $100(1-\alpha)\%$ 的信賴下限爲 $L \le \theta$，亦即 $P\{L \le \theta\} = 1-\alpha$，而 θ 之單邊 $100(1-\alpha)\%$ 信賴上限爲 $\theta \le U$，亦即 $P\{\theta \le U\} = 1-\alpha$。

一般來說，我們所選擇之信賴區間型式是依問題之特性而定。例如產品之重要品質特性爲強度時，我們可能對左尾信賴區間較有興趣。本節以下將說明不同情形下，信賴區間之算法。

1. 母體平均數之信賴區間，變異數已知

假設隨機變數 X 的平均數 μ 爲未知，變異數已知爲 σ^2。由樣本大小爲 n 之樣本中，估計得到之樣本平均數爲 $\overline{X}$，則母體平均數 μ 之 $100(1-\alpha)\%$ 信賴區間爲

$$\overline{X} - z_{\alpha/2}\frac{\sigma}{\sqrt{n}} \le \mu \le \overline{X} + z_{\alpha/2}\frac{\sigma}{\sqrt{n}}$$

若母體之分配不爲常態，則上述區間可視爲 μ 之近似信賴區間。

2. 常態分配母體平均數之信賴區間，變異數未知

X 爲常態分配隨機變數，平均數 μ 和變異數 σ^2 均爲未知。今由樣本大小等於 n 之樣本中，估計得知樣本平均數爲 $\overline{X}$，樣本標準差爲 S，則平均數之 $100(1-\alpha)\%$ 信賴區間爲

$$\overline{X} - t_{\alpha/2,n-1}\frac{S}{\sqrt{n}} \le \mu \le \overline{X} + t_{\alpha/2,n-1}\frac{S}{\sqrt{n}}$$

例5-15 某種變壓器之輸出電壓的標準差爲 10V，由 50 個觀測值獲得輸出電壓之平均數爲 119V。試建立輸出電壓平均數之 95% 信賴區間。

解答：

$n=50, \sigma=10, \bar{x}=119$，故信賴區間爲

$$119-1.96\frac{10}{\sqrt{50}} \le \mu \le 119+1.96\frac{10}{\sqrt{50}}$$

$$116.23 \le \mu \le 121.77$$

利用 Minitab 軟體，可以得到表 5-4 之結果，Minitab 軟體允許使用者設定不同之 α 值。

表 5-4 母體平均數之信賴區間

```
One-Sample Z
The assumed standard deviation = 10

 N    Mean  SE Mean       95% CI
50  119.00     1.41  (116.23, 121.77)
```

例5-16 包裝用箱之爆裂強度爲一重要之品質特性，根據過去之經驗，爆裂強度之分配爲常態分配，但平均數和變異數均爲未知。由樣本大小 $n = 20$ 之樣本中，算出樣本平均數 $\bar{x} = 60.48\ psi$，樣本標準差爲 $2.56\ psi$，試計算爆裂強度之左尾 95% 信賴區間。

解答：

查表 $t_{0.05,19} = 1.729$，左尾信賴區間爲

$$\mu \ge 60.48 - 1.729\frac{2.56}{\sqrt{20}} = 59.49\,psi$$

利用 Minitab 軟體，我們可以得到表 5-5 之結果。

表 5-5 母體平均數之信賴區間，變異數未知

```
One-Sample T
                                     95% Lower
 N     Mean   StDev  SE Mean             Bound
20   60.480   2.560    0.572            59.490
```

3. 二母體平均數差之信賴區間，變異數已知

隨機變數 X_1 之平均數爲 μ_1，變異數爲 σ_1^2, X_2 之平均數爲 μ_2，變異數爲 σ_2^2。若 μ_1 和 μ_2 爲未知，σ_1^2 和 σ_2^2 爲已知，今由二母體各抽取樣本大小等於 n_1 和 n_2 之兩組樣本，樣本平均數爲 $\bar{X}_1$ 和 $\bar{X}_2$，則平均數差 $(\mu_1 - \mu_2)$ 之 $100(1-\alpha)\%$ 信賴區間爲

$$\bar{X}_1 - \bar{X}_2 - z_{\alpha/2}\sqrt{\frac{\sigma_1^2}{n_1} + \frac{\sigma_2^2}{n_2}} \le \mu_1 - \mu_2 \le \bar{X}_1 - \bar{X}_2 + z_{\alpha/2}\sqrt{\frac{\sigma_1^2}{n_1} + \frac{\sigma_2^2}{n_2}}$$

4. 兩個常態母體平均數差之信賴區間，變異數未知但可假設相等

假設 $X_1 \sim N(\mu_1, \sigma_1^2), X_2 \sim N(\mu_2, \sigma_2^2)$，平均數 μ_1、μ_2 和變異數 σ_1^2、σ_2^2 均爲未知，但兩母體之變異數可假設爲相等，亦即 $\sigma_1^2 = \sigma_2^2 = \sigma^2$。現由兩個母體抽取樣本大小分別爲 n_1 和 n_2 之兩組樣本，第一組樣本之平均數爲 $\bar{X}_1$，變異數爲 S_1^2，第二組樣本之平均數爲 $\bar{X}_2$，變異數爲 S_2^2。由於兩母體之變異數假設爲相等 $(\sigma_1^2 = \sigma_2^2 = \sigma^2)$，首先依下列公式計算混合樣本變異數 (pooled sample variance) S_p^2，作爲 σ^2 之估計値。

$$S_p^2 = \frac{(n_1 - 1)S_1^2 + (n_2 - 1)S_2^2}{n_1 + n_2 - 2}$$

兩母體平均數差$(\mu_1-\mu_2)$之$100(1-\alpha)\%$信賴區間爲

$$\overline{X}_1-\overline{X}_2-t_{\alpha/2,n_1+n_2-2}S_p\sqrt{\frac{1}{n_1}+\frac{1}{n_2}}\le\mu_1-\mu_2$$
$$\le\overline{X}_1-\overline{X}_2+t_{\alpha/2,n_1+n_2-2}S_p\sqrt{\frac{1}{n_1}+\frac{1}{n_2}}$$

5. 比例值之信賴區間

(1) 一個比例值之信賴區間

若 n 很大且 $p\ge0.1$，則利用常態分配逼近二項分配，比例值 p 之$100(1-\alpha)\%$信賴區間爲

$$\hat{p}-z_{\alpha/2}\sqrt{\frac{\hat{p}(1-\hat{p})}{n}}\le p\le\hat{p}+z_{\alpha/2}\sqrt{\frac{\hat{p}(1-\hat{p})}{n}}$$

若 n 很小，則需以二項分配表建立信賴區間；若 n 很大，但 p 很小 $(np<5)$，則可以利用卜瓦松分配逼近二項分配計算信賴區間。

(2) 兩母體比例差之信賴區間

假設從具有參數 p_1 之二項分配母體抽取 n_1 件，樣本不合格率爲 $\hat{p}_1$，另外從參數爲 p_2 之母體中抽取 n_2 件，樣本不合格率爲 $\hat{p}_2$ ，則 p_1-p_2 之$100(1-\alpha)\%$信賴區間爲

$$\hat{p}_1-\hat{p}_2-z_{\alpha/2}\sqrt{\frac{\hat{p}_1(1-\hat{p}_1)}{n_1}+\frac{\hat{p}_2(1-\hat{p}_2)}{n_2}}\le p_1-p_2\le\hat{p}_1-\hat{p}_2+z_{\alpha/2}\sqrt{\frac{\hat{p}_1(1-\hat{p}_1)}{n_1}+\frac{\hat{p}_2(1-\hat{p}_2)}{n_2}}$$

例5-17 隨機抽取某產品 200 件，發現其中有 24 件爲不合格品，試計算不合格率之點估計和 95% 信賴區間。

解答：

不合格率 $\hat{p}=24/200=0.12$

利用常態分配逼近二項分配之方式，不合格率之 95% 信賴區間爲

$$0.12-1.96\sqrt{\frac{0.12(0.88)}{200}}\le p\le0.12+1.96\sqrt{\frac{0.12(0.88)}{200}}$$
$$0.075\le p\le0.165$$

6. 常態分配變異數之信賴區間

假設 X 為常態分配之隨機變數，其平均數 μ 和變異數 σ^2 均為未知。今從樣本大小為 n 之隨機樣本估計得樣本變異數為 S^2，則變異數之 $100(1-\alpha)\%$ 雙邊信賴區間為

$$\frac{(n-1)S^2}{\chi^2_{\alpha/2,n-1}} \le \sigma^2 \le \frac{(n-1)S^2}{\chi^2_{1-\alpha/2,n-1}}$$

其中 $\chi^2_{\alpha/2,n-1}$ 為卡方分配右尾尾端機率為 $\alpha/2$ 所對應卡方值，亦即 $P\{\chi^2_{n-1} \ge \chi^2_{\alpha/2,n-1}\} = \alpha/2$。

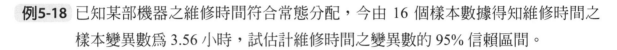

例5-18 已知某部機器之維修時間符合常態分配，今由 16 個樣本數據得知維修時間之樣本變異數為 3.56 小時，試估計維修時間之變異數的 95% 信賴區間。

解答：

由題意 $\alpha = 5\%$，$n = 16$，查卡方分配表得知 $\chi^2_{0.025,15} = 27.49$，$\chi^2_{0.975,15} = 6.26$，因此信賴區間為

$$\frac{15(3.56)}{27.49} \le \sigma^2 \le \frac{15(3.56)}{6.26}$$

$$1.94 \le \sigma^2 \le 8.53$$

利用 Minitab 軟體，我們可以得到表 5-6 之結果。Minitab 軟體允許使用者輸入標準差或變異數。

表 5-6 變異數之信賴區間

```
95% Confidence Intervals

                CI for        CI for
Method          StDev        Variance
Standard    (1.39, 2.92)   (1.94, 8.53)
```

7. 二常態母體變異數比的信賴區間

假設 $X_1 \sim N(\mu_1,\sigma_1^2), X_2 \sim N(\mu_2,\sigma_2^2)$，其中 μ_1、σ_1^2、μ_2 和 σ_2^2 均為未知。若 S_1^2 和 S_2^2 為樣本變異數，樣本大小分別為 n_1 和 n_2，則兩常態母體變異數比的雙邊 $100(1-\alpha)\%$ 信賴區間為

$$\frac{S_1^2}{S_2^2}F_{1-\alpha/2,n_2-1,n_1-1} \le \frac{\sigma_1^2}{\sigma_2^2} \le \frac{S_1^2}{S_2^2}F_{\alpha/2,n_2-1,n_1-1}$$

其中 $F_{\alpha/2,\nu_1,\nu_2}$ 為 F 分配右尾尾端機率為 $\alpha/2$ 所對應之 F 值，亦即 $P\{F_{\nu_1,\nu_2} \ge F_{\alpha/2,\nu_1,\nu_2}\} = \alpha/2$。

例5-19 電話機之外殼是由甲、乙兩個作業員負責裝配。由 11 個樣本得知甲作業員裝配時間之變異數為 $s_1^2 = 2.69$，另外由 10 個樣本得到乙作業員裝配時間變異數為 $s_2^2 = 3.24$。試估計兩變異數比之 95% 信賴區間。

解答：

σ_1^2/σ_2^2之95%信賴區間為

$$\frac{S_1^2}{S_2^2}F_{1-\alpha/2,9,10} \le \frac{\sigma_1^2}{\sigma_2^2} \le \frac{S_1^2}{S_2^2}F_{\alpha/2,9,10}$$

查 F 分配表 $F_{0.025,9,10} = 3.78$，$F_{0.975,9,10}$ 之值可由下列關係求得

$$F_{1-\alpha,v_1,v_2} = \frac{1}{F_{\alpha,v_2,v_1}},\ F_{0.975,9,10} = \frac{1}{F_{0.025,10,9}} = \frac{1}{3.96} = 0.25$$

將各項資料代入公式得

$$\frac{2.69}{3.24}(0.25) \le \frac{\sigma_1^2}{\sigma_2^2} \le \frac{2.69}{3.24}(3.78)$$

$$0.21 \le \frac{\sigma_1^2}{\sigma_2^2} \le 3.14$$

5.7 假設檢定

在品質改善的過程中，我們必須找出一個流程之輸入變數 ($x's$) 與輸出變數 (y) 之因果關係。在鑑定出關鍵重要少數的 $x's$ 後，再針對這些 $x's$ 進行改善 (包含決定 $x's$ 最佳設定值、操作範圍)。傳統上，對於一個問題，我們常依賴直覺或經驗提出應急之道 (quick fix) 或權宜之計，這些作為我們稱為救火 (fire fighting)。救火只是根據可能之原因 (potential causes) 提出解決之道，但通常只消滅了症狀 (symptom) 但未徹底解決問題。要徹底解決問題 (治本)，防止相同之問題再次發生，則有賴於找出問題之眞正原因 (root causes)，並加以解決。統計分析手法對於找出問題之眞正原因，將有很大的助益。

本節之內容主要在介紹各種假設檢定之方法。假設檢定在品質改善過程中，扮演一個很重要的角色。在製程改善中，我們必須鑑定影響平均值或標準差之關鍵因子，在找出關鍵因子並調整製程後，我們必須驗證改善之成效。利用簡易之圖形方法或統計量 (樣本平均值或標準差) 並無法決定改善前、後之績效是否有顯著差別 (這些手法也較為主觀)。為提高決策品質，統計假設檢定可以較客觀的判斷是否有差異，並且決定所觀察到之差異是眞的差別或只是機遇之變異。

假設檢定是指根據機率理論，由樣本資料來驗證對母體參數之假設是否成立之統計方法。統計假設 (statistical hypothesis) 是對機率分配之參數值所做之陳述。例如某產品長度之目標值爲 40 *cm*，品管工程師想要知道 5 月份產品長度之平均數是否與 40 *cm*不同，此種問題即屬假設檢定之範例。在假設檢定中，會有兩種不同之假設，分別稱爲虛無假設 (null hypothesis) H_0和對立假設 (alternative hypothesis) H_a。虛無假設爲測試環境之陳述，而對立假設則是我們想要證明之部份的陳述。在本例中，此兩項假設可表示爲

$$H_0 : \mu = 40$$
$$H_a : \mu \neq 40$$

以上所列爲雙邊檢定 (two-sided test) 之範例。當然，有些情形下可能需要單邊之統計假設。例如，$H_0 : \mu = 40,\ H_a : \mu > 40$，代表我們想要知道產品長度是否超過 40*cm*，此稱爲右尾之單邊檢定；反之，如果$H_0 : \mu = 40,\ H_a : \mu < 40$，代表我們想要知道這產品長度是否低於 40*cm*，此稱爲左尾之單邊檢定。

假設檢定之過程包含下列步驟：

1. 決定H_0及H_a。
2. 決定合適之檢定統計量 (test statistic)。假設檢定是根據樣本中之資訊來進行。用來作假設檢定之樣本統計量稱爲檢定統計量。一般我們是用點估計值之正規化值 (normalized value) 或標準化值 (standardized value) 作爲檢定統計量。檢定統計量之型式是根據所要檢定之參數來決定。
3. 根據樣本大小 *n*，由母體抽取一組隨機樣本，計算檢定統計量之值。檢定統計量之公式依檢定參數而定。
4. 根據選取之顯著水準，做出拒絕或不拒絕H_0之決策。若檢定統計量落在拒絕區域，則拒絕H_0，否則不能拒絕H_0(fail to reject H_0)。(**註**：一般稱爲不能拒絕H_0，而非接受H_0)。

在步驟 1 中，我們必須決定虛無假設和對立假設。對於如何設立虛無假設和對立假設，有一些基本原則可以遵循。虛無假設可以粗略地與法律上無罪推定相比較。通常研究者希望拒絕虛無假設以證實其相反的陳述爲眞。虛無假設可以根據過去之研究或一般知識來設立，對立假設是我們相信爲眞實或希望證明它爲眞實。對立假設也稱爲研究假設 (research hypothesis) 或實驗假設 (experimental hypothesis)。將想要利用樣本統計量去驗證的假設設爲對立假設，想要否定的假設設爲虛無假設。亦即，研究者希望放棄的假設，不希望接受的假設，可置於虛無假設中。如果錯誤地拒絕某一假設的後果較錯誤地

不拒絕該假設的後果更爲嚴重者，則可將該假設設爲虛無假設。當我們將他人的主張做爲虛無假設時，樣本統計值可能大於或小於他人 (或單位、機構) 所宣稱的值，若樣本統計值大於宣稱值，則對立假設設爲大於宣稱值，虛無假設則設爲小於或等於宣稱值。

假設檢定中存在兩種錯誤，分別稱爲型 I (type I error) 和型 II 誤差 (type II error)。型 I 誤差是指 H_0 爲眞時，做出拒絕 H_0 之錯誤機率，一般以 α 表示；而型 II 誤差則是指 H_0 爲僞，而做出不拒絕 H_0 之錯誤機率，一般以 β 表示。$1-\beta$ 稱爲假設檢定之檢定力 (power)。表 5-7 彙整說明在假設檢定中型 I 和型 II 誤差的發生。

表 5-7　型 I 和型 II 誤差

	決策	
母體真相	不拒絕 H_0	拒絕 H_0
H_0 為真	正確決策 $1-\alpha$	型I誤差 α
H_0 為偽	型II誤差 β	正確決策 $1-\beta$

在品管工作中，型 I 及型 II 誤差依應用之不同，而有不同之意義和解釋。驗收抽樣計畫中，α 稱爲生產者風險 (producer's risk)，亦即代表一個優良之貨批被拒收之機率；另外，β 稱爲消費者風險 (consumer's risk)，代表不合格之貨批被判爲允收之機率 (見本書第 10 章)。在統計製程管制，α 代表一個正常之製程，被誤判爲異常之機率，而 β 爲一個具有異常原因之製程，被誤判爲正常，而繼續生產之機率 (見本書第 6 章)。在品管之應用中，一般是先宣告型 I 誤差 α 和樣本大小 n，型 II 誤差則是在選定之 α 和 n 下之結果。第 5.8 節將說明型 II 誤差之計算。

顯著水準 (level of significance) 是一種機率值，介於 0~1 之間。較常用的顯著水準值爲 0.05，在此水準下，會偵測到實際上並不存在之效應 (例如：平均數改變) 的機會只有 5%。較小之顯著水準代表我們較不會錯誤地拒絕虛無假設，但較小之顯著水準同時也代表偵測到實際存在之效應的機會也降低 (較小之檢定力)。選擇顯著水準之大小要視情況而定，請參見以下之說明。有時我們會選擇較小之 α 值，例如：工程師決定是否要購買一種新的生產設備。新的設備之不良品較低，因此可以節省更多的成本，但新設備之成本非常高，工程師必須確保新的設備確實可以降低不良率。在此種情況，工程師可以使用較小之 α 值，例如：0.001。此代表當新設備與現有設備沒有差異存在時，我們只有 0.1% 之機會認爲新設備較佳。換句話說，我們有很高的機會認爲新、舊設備沒有顯著差異 (除非有相當大的差別)。在有些時候，則會選擇較大之 α 值，例如：飛機製造商之工程師懷疑一種較便宜之滾珠軸承的強度不足。由於省下微量之零件成本無法與空難發生之成本相比較，工程師可以採用較大之α值，例如：0.1。較大之α值雖能代表我們會較容易拒絕虛無假設，但也代表我們更容易偵測到便宜零件之強度不足 (左尾檢定)。

對於判斷統計顯著性，可採用下列 3 種方法，分別爲：(1) 臨界值 (critical value) 法；(2) P 值 (*P–value*) 法；(3) 信賴區間 (confidence interval)。第一種方法是傳統的判斷方式，我們根據選取之顯著水準α和檢定統計量之機率分配，找出拒絕H_0之區域。造成拒絕H_0之所有檢定統計量的值，稱爲臨界區域 (critical region) 或稱爲拒絕區域 (rejection region)。接受區域與拒絕區域之分界值稱爲臨界值 (critical value)。

傳統的假設檢定方法必須先決定顯著水準α，然後才能進行檢定的工作，如果由於顯著水準α不同，則可能有不同的結論，爲了避免這些困擾，我們可利用 P 值法來進行檢定的工作。P 值可解釋爲在 H_0爲眞之情況下，獲得至少與目前之檢定統計量一樣極端 (extreme) 的機率。若 P 值很小，代表觀察結果屬於不尋常。P 值必須根據假設之分配或參考分配 (常態分配、t 分配、F 分配) 來計算。若該 P 值很大，表示該樣本統計量來自H_0的可能性大，因此不能拒絕H_0；反之，若 P 值很小，則表示在H_0爲眞的情況下，出現大於樣本統計量觀察值的機率很小，因此拒絕H_0。也有學者將 P 值定義爲：拒絕虛無假設之最小顯著水準。在應用上，一般將α設爲 0.05。若 P 值小於 0.05，則表示要拒絕H_0。

在以下數小節中，我們將討論數種常用之平均數和變異數假設檢定方法。

5.7.1 常態母體平均數 μ 的檢定

本節說明各種平均數檢定的檢定統計量，在不同之對立假設下，拒絕H_0之條件彙整於表 5-8。

1. 變異數已知

假設 X 爲一隨機變數，變異數已知爲σ^2，平均數μ爲未知。虛無假設爲$H_0:\mu=\mu_0$ (μ_0爲一標準值)。今隨機抽取樣本大小爲 n 之樣本，其樣本平均數爲$\overline{X}$，則檢定統計量爲

$$Z=\frac{\overline{X}-\mu_0}{\sigma/\sqrt{n}}$$

2. 變異數未知

當母體標準差未知時，我們可以用樣本標準差 S 估計，若樣本大小 $n \geq 30$，則檢定統計量爲

$$Z = \frac{\overline{X} - \mu_0}{S / \sqrt{n}}$$

若樣本大小 $n < 30$，則採用下列統計量

$$t = \frac{\overline{X} - \mu_0}{S / \sqrt{n}}$$

表 5-8 常態母體平均數的檢定

虛無假設	對立假設	檢定統計量	拒絕 H_0 之條件
$H_0 : \mu = \mu_0$	$H_a : \mu \neq \mu_0$ $H_a : \mu > \mu_0$ $H_a : \mu < \mu_0$	$Z = \frac{\overline{X} - \mu_0}{\sigma / \sqrt{n}}$	$\lvert Z \rvert > z_{\alpha/2}$ $Z > z_\alpha$ $Z < -z_\alpha$
$H_0 : \mu = \mu_0$	$H_a : \mu \neq \mu_0$ $H_a : \mu > \mu_0$ $H_a : \mu < \mu_0$	$t = \frac{\overline{X} - \mu_0}{S / \sqrt{n}}$	$\lvert t \rvert > t_{\alpha/2,n-1}$ $t > t_{\alpha,n-1}$ $t < -t_{\alpha,n-1}$

例5-20 某金屬產品之強度要求最少爲 250 *psi*，現抽取 28 個樣本，計算得強度之樣本平均數爲 $\bar{x}$=265 *psi*，標準差爲 36 *psi*，以 $\alpha = 5\%$ 之顯著水準，檢定產品之強度超過 250 *psi*。

解答：

根據題意，統計假設可寫成：

$H_0 : \mu = 250,\ H_a : \mu > 250$

檢定統計量之值爲

$$t = \frac{\bar{x} - 250}{36 / \sqrt{n}} = \frac{265 - 250}{36 / \sqrt{28}} = 2.20$$

臨界值 $t_{0.05,27} = 1.703$。由於 t>1.703，因此拒絕 H_0，亦即產品強度超過 250 *psi*。利用 Excel 求算臨界值可得：`T.INV(0.95,27)=1.7033`。我們也可以利用 Excel 計算 P 值得到 `T.DIST.RT(2.2,27)=0.0183`。若爲左尾檢定，則 P 值爲：`T.DIST(-2.2,27,1)=0.0183`。

利用 Minitab 軟體，亦可得到相同之結果，如表 5-9 所示。

表 5-9 Minitab One-Sample T 檢定之結果

```
One-Sample T
Test of mu = 250 vs > 250
                                     95% Lower
 N     Mean  StDev  SE Mean          Bound      T       P
28   265.00  36.00     6.80         253.41   2.20   0.018
```

例5-21 某產品壽命之最低要求為 2000 小時。今抽取 $n = 45$ 之樣本，計算出壽命之平均數 $\bar{x} = 2091.4$，標準差為 245.6。請說明此產品之壽命是否超過最低要求。假設 $\alpha = 0.05$。

解答：

$H_0 : \mu = 2000,\ H_a : \mu > 2000$

t 檢定統計量之值為

$$t = \frac{2091.4 - 2000}{245.6/\sqrt{45}} = \frac{91.4}{36.61} = 2.50$$

臨界值 $t_{0.05,44} = 1.68$。由於 $t > 1.68$，因此必須拒絕 H_0，產品壽命超過最低要求。

利用 Excel 求算臨界值可得：`T.INV(0.95,44)=1.6802`。

先前提到我們可以利用信賴區間來判斷顯著性。在圖 5-20 中，95% 信賴區間並未涵蓋到 H_0 所假設之值 (2000)。因此，在 $\alpha = 5\%$ 之下，我們必須拒絕 H_0。另一方面，99% 信賴區間可以涵蓋到 H_0 所假設之值，所以在 $\alpha = 1\%$ 之下，不拒絕 H_0 (圖 5-21)。從此例我們也可看出，當 α 較小時，統計檢定變得比較保守，亦即錯誤地拒絕 H_0 的機會變得較小。

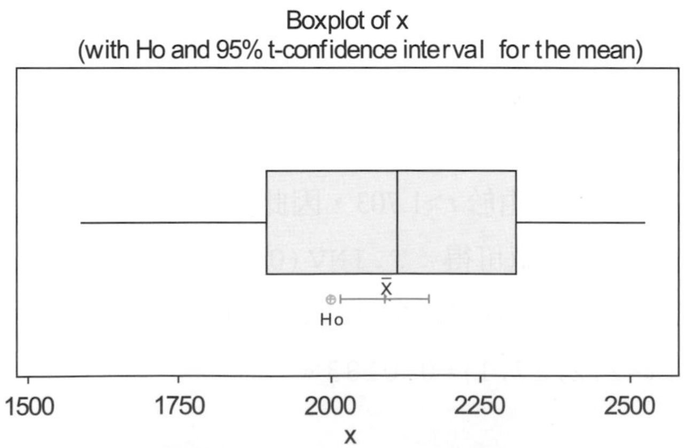

圖 5-20 t 檢定之 95% 信賴區間

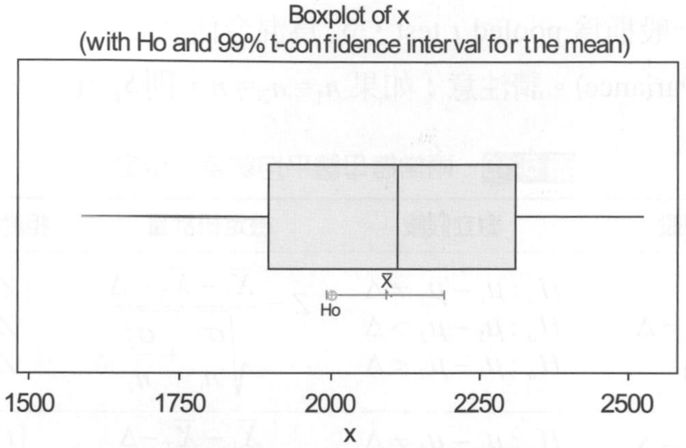

圖 5-21 t 檢定之 99% 信賴區間

5.7.2 兩常態母體平均數差的檢定

本節說明平均數差的檢定統計量，在不同之對立假設下，拒絕 H_0 之條件彙整於表 5-10。

1. 二母體之變異數 σ_1^2 和 σ_2^2 已知

假設二母體之平均數 μ_1 和 μ_2 為未知，但已知變異數為 σ_1^2 和 σ_2^2。虛無假設為

$$H_0 : \mu_1 - \mu_2 = \Delta$$

今從第 1 個母體抽取 n_1 個隨機樣本，樣本平均數為 $\overline{X}_1$，另從第 2 個母體抽取 n_2 個隨機樣本，計算得知樣本平均數為 $\overline{X}_2$，檢定統計量可寫成

$$Z = \frac{\overline{X}_1 - \overline{X}_2 - \Delta}{\sqrt{\dfrac{\sigma_1^2}{n_1} + \dfrac{\sigma_2^2}{n_2}}}$$

2. 二母體之變異數 σ_1^2 和 σ_2^2 為未知，但可假設相等

假設 $\sigma_1^2 = \sigma_2^2 = \sigma^2$，則 σ^2 之不偏估計量為

$$S_p^2 = \frac{(n_1 - 1)S_1^2 + (n_2 - 1)S_2^2}{n_1 + n_2 - 2}$$

其中 S_1^2 和 S_2^2 為樣本變異數，檢定統計量可寫成

$$t = \frac{\overline{X}_1 - \overline{X}_2 - \Delta}{S_p\sqrt{\dfrac{1}{n_1} + \dfrac{1}{n_2}}}$$

上述檢定程序一般稱爲 pooled t test，S_p^2 爲混合估計之共同變異數 (pooled estimate of the common variance)。請注意：如果 $n_1 = n_2 = n$，則 $S_p^2 = (S_1^2 + S_2^2)/2$。

表 5-10　兩常態母體平均數差的檢定

虛無假設	對立假設	檢定統計量	拒絕 H_0 之條件
$H_0: \mu_1 - \mu_2 = \Delta$ σ_1^2 和 σ_2^2 已知	$H_a: \mu_1 - \mu_2 \neq \Delta$ $H_a: \mu_1 - \mu_2 > \Delta$ $H_a: \mu_1 - \mu_2 < \Delta$	$Z = \dfrac{\overline{X}_1 - \overline{X}_2 - \Delta}{\sqrt{\dfrac{\sigma_1^2}{n_1} + \dfrac{\sigma_2^2}{n_2}}}$	$\lvert Z \rvert > z_{\alpha/2}$ $Z > z_\alpha$ $Z < -z_\alpha$
$H_0: \mu_1 - \mu_2 = \Delta$ σ_1^2 和 σ_2^2 為未知， 但可假設相等	$H_a: \mu_1 - \mu_2 \neq \Delta$ $H_a: \mu_1 - \mu_2 > \Delta$ $H_a: \mu_1 - \mu_2 < \Delta$	$t = \dfrac{\overline{X}_1 - \overline{X}_2 - \Delta}{S_p\sqrt{\dfrac{1}{n_1} + \dfrac{1}{n_2}}}$	$\lvert t \rvert > t_{\alpha/2, n_1+n_2-2}$ $t > t_{\alpha, n_1+n_2-2}$ $t < -t_{\alpha, n_1+n_2-2}$
$H_0: \mu_1 - \mu_2 = \Delta$ σ_1^2 和 σ_2^2 為未知 且 $\sigma_1^2 \neq \sigma_2^2$	$H_a: \mu_1 - \mu_2 \neq \Delta$ $H_a: \mu_1 - \mu_2 > \Delta$ $H_a: \mu_1 - \mu_2 < \Delta$	$t = \dfrac{\overline{X}_1 - \overline{X}_2 - \Delta}{\sqrt{\dfrac{S_1^2}{n_1} + \dfrac{S_2^2}{n_2}}}$	$\lvert t \rvert > t_{\alpha/2, v}$ $t > t_{\alpha, v}$ $t < -t_{\alpha, v}$
$H_0: \mu_D = \Delta$ $\mu_D = \mu_1 - \mu_2$ 成對樣本	$H_a: \mu_D \neq \Delta$ $H_a: \mu_D > \Delta$ $H_a: \mu_D < \Delta$	$t = \dfrac{\overline{D} - \Delta}{\dfrac{S_D}{\sqrt{n}}}$	$\lvert t \rvert > t_{\alpha/2, n-1}$ $t > t_{\alpha, n-1}$ $t < -t_{\alpha, n-1}$

3. 二母體之變異數 σ_1^2 和 σ_2^2 為未知且 $\sigma_1^2 \neq \sigma_2^2$

若 $\sigma_1^2 \neq \sigma_2^2$，則檢定統計量爲

$$t = \frac{\overline{X}_1 - \overline{X}_2 - \Delta}{\sqrt{\dfrac{S_1^2}{n_1} + \dfrac{S_2^2}{n_2}}}$$

自由度爲

$$v = \frac{\left(\dfrac{S_1^2}{n_1} + \dfrac{S_2^2}{n_2}\right)^2}{\dfrac{\left(\dfrac{S_1^2}{n_1}\right)^2}{n_1 - 1} + \dfrac{\left(\dfrac{S_2^2}{n_2}\right)^2}{n_2 - 1}}$$

上述公式所得之自由度可能不爲整數，一般是取小於 v 之最大整數值，以獲得保守之結果。

4. 兩常態母體平均數差的檢定，變異數未知，成對樣本

考慮 n 組成對資料，$(X_1,Y_1),(X_2,Y_2),...,(X_n,Y_n)$。隨機變數 X 和 Y 為常態分配，平均數為 μ_1 和 μ_2。設隨機變數 $D=X-Y$，則

$$\mu_D = \mu_1 - \mu_2$$

檢定 μ_D 之虛無假設可寫成

$$H_0 : \mu_D = \Delta$$

檢定統計量為

$$t = \frac{\overline{D} - \Delta}{S_D / \sqrt{n}}$$

上述方法稱為成對 t 檢定 (paired t test)，可應用於 $\sigma_1^2 \neq \sigma_2^2$ 之情況。

例5-22 為比較兩種品牌鋼筋之負荷能力，由樣本所蒐集到之資料如下表。已知二變異數不相等，試以 α=5% 檢定甲品牌所能承擔之負荷大於乙品牌。

甲品牌	乙品牌
n_1= 20	n_2= 15
$\bar{x}_1$= 2500	$\bar{x}_2$= 2480
s_1^2= 100	s_2^2= 120

解答：

$$H_0 : \mu_1 = \mu_2$$
$$H_a : \mu_1 > \mu_2$$

$$v = \frac{\left(\frac{100}{20} + \frac{120}{15}\right)^2}{\frac{\left(\frac{100}{20}\right)^2}{20-1} + \frac{\left(\frac{120}{15}\right)^2}{15-1}} = 28.71$$

取小於 v 之最大整數得自由度為 28。

檢定統計量之值為

$$t = \frac{2500 - 2480}{\sqrt{\frac{100}{20} + \frac{120}{15}}} = 5.55$$

查表 $t_{0.05,28}=1.701$，由於 $t>t_{0.05,28}$，因此拒絕 H_0，甲品牌之負荷能力大於乙品牌。利用 Excel 求算臨界值可得：`T.INV(0.95,28)=1.7011`。

利用 Minitab 軟體，所得到之結果如表 5-11 所示。請注意：在 Minitab 軟體之操作中，我們不勾選「assume equal variances」。

表 5-11 Minitab Two-Sample T 檢定之結果，假設變異數不相等

```
Two-Sample T-Test and CI
Sample    N     Mean  StDev  SE Mean
1        20   2500.0   10.0      2.2
2        15   2480.0   11.0      2.8

Difference = mu (1) - mu (2)
Estimate for difference:  20.00
95% lower bound for difference:  13.87
T-Test of difference = 0 (vs >): T-Value = 5.55
P-Value = 0.000  DF = 28
```

例5-23 電話機之裝配有兩種方法可採用。今對第一種方法觀察 16 個樣本，其裝配時間之 $\bar{x}_1=30.21$, $s_1^2=5.46$。另由第二種方法觀察 14 個樣本，得 $\bar{x}_2=27.84$, $s_2^2=4.87$。若兩種方法之裝配時間之變異數可假設相等，試以 α=5% 檢定兩種裝配方法是否有顯著誤差。

解答：

由題意

$H_0:\mu_1=\mu_2$

$H_a:\mu_1\neq\mu_2$

$$s_p^2=\frac{(16-1)(5.46)+(14-1)(4.87)}{(16-1)+(14-1)}=5.19,\ s_p=2.28$$

$$t=\frac{30.21-27.84}{2.28\sqrt{\frac{1}{16}+\frac{1}{14}}}=2.84$$

臨界值 $t_{0.025,28}=2.048$

由於 $t>2.048$，因此我們拒絕 H_0，亦即新、舊方法之裝配時間有顯著性差異。利用 Excel 求算臨界值可得：`T.INV.2T(0.05,28)=2.0484`。我們也可以利用 Excel 計算 P 值：`T.DIST.2T(2.84,28)=0.0083`。利用 Minitab 軟體，可以得到表 5-12 之結果。在此例中，我們要勾選「assume equal variances」。

表 5-12 Minitab Two-Sample T 檢定之結果，假設變異數相等

```
Two-Sample T-Test and CI
Sample    N   Mean  StDev  SE Mean
1        16  30.21   2.34     0.58
2        14  27.84   2.21     0.59

Difference = mu (1) - mu (2)
Estimate for difference:  2.370
95% CI for difference:  (0.663, 4.077)
T-Test of difference = 0 (vs not =): T-Value = 2.84
P-Value = 0.008  DF = 28
Both use Pooled StDev = 2.2773
```

例5-24 某種金屬片之腐蝕速率與許多環境因素有關。塗裝材料可以減緩腐蝕之速率。為了客觀比較 A、B 兩種塗裝材料之差異，現將每一種金屬片均分為兩部分，分別塗抹兩種塗裝材料。工程師將六片金屬片放置於不同環境下進行測試，記錄到達某種腐蝕程度之時間 (月)。請以 $\alpha = 0.05$ 檢定材料 B 優於材料A。

A	7.4	15.1	12.8	20.4	10.2	8.5
B	7.8	15.9	13.4	21.5	10.9	8.8

解答：

不同金屬片本身之腐蝕速率即有差異，因此我們必須將不同材料塗抹於同一金屬片上，才能正確、公平比較塗裝材料之差異。此例之試驗是控制金屬片再比較塗裝材料之差異，適用於成對檢定。若將材料 B 之數據視為第一個樣本，則可採用右尾檢定。Minitab 之輸出如表 5-13 所示。

表 5-13 金屬片腐蝕速率 Minitab Paired T 檢定之結果

```
Paired T-Test and CI: B, A
             N       Mean     StDev   SE Mean
B            6    13.0500    5.0970    2.0808
A            6    12.4000    4.8270    1.9706
Difference   6   0.650000  0.288097  0.117615
95% lower bound for mean difference: 0.413000
T-Test of mean difference = 0 (vs > 0): T-Value = 5.53
P-Value = 0.001
```

由於 P 值小於 0.05，故拒絕 H_0，亦即 B 材料優於 A 材料。此例若將 A、B 材料視為兩個獨立樣本，則 $S_p = 4.9638$。若與成對公式 t 檢定所估計之 S_D=0.288097 比較，我們可看出成對檢定之降低雜音 (noise reduction) 的特性。此例若採用一般之 t 檢定 (Minitab 之輸出如表 5-14 所示)，則結論是無法拒絕 H_0(P值 = 0.413>0.05)，此乃因為標準差中包含金屬片和塗裝材料兩者之變異，造成標準差太大。

表 5-14 金屬片腐蝕速率 Minitab Two-Sample T 檢定之結果

```
Two-Sample T-Test and CI: B, A
Two-sample T for B vs A

   N   Mean   StDev  SE Mean
B  6  13.05    5.10      2.1
A  6  12.40    4.83      2.0

Difference = mu (B) - mu (A)
Estimate for difference:  0.650000
95% lower bound for difference:  -4.544264
T-Test of difference = 0 (vs >): T-Value = 0.23
P-Value = 0.413  DF = 10
Both use Pooled StDev = 4.9638
```

5.7.3 常態母體變異數的檢定

本節介紹母體變異的檢定方法和檢定統計量，在不同之對立假設下，拒絕之條件彙整於表 5-15。

表 5-15 常態母體變異數的檢定

虛無假設	對立假設	檢定統計量	拒絕 H_0 之條件
$H_0:\sigma^2=\sigma_0^2$	$H_a:\sigma^2\neq\sigma_0^2$ $H_a:\sigma^2>\sigma_0^2$ $H_a:\sigma^2<\sigma_0^2$	$\chi^2=\dfrac{(n-1)S^2}{\sigma_0^2}$	$\chi^2>\chi^2_{\alpha/2,n-1}$ $\chi^2<\chi^2_{1-\alpha/2,n-1}$ $\chi^2>\chi^2_{\alpha,n-1}$ $\chi^2<\chi^2_{1-\alpha,n-1}$
$H_0:\sigma_1^2=\sigma_2^2$	$H_a:\sigma_1^2\neq\sigma_2^2$ $H_a:\sigma_1^2>\sigma_2^2$ $H_a:\sigma_1^2<\sigma_2^2$	$F=\dfrac{S_1^2}{S_2^2}$	$F>F_{\alpha/2,n_1-1,n_2-1}$ $F<F_{1-\alpha/2,n_1-1,n_2-1}$ $F>F_{\alpha,n_1-1,n_2-1}$ $F<F_{1-\alpha,n_1-1,n_2-1}$

1. 一個常態母體變異數之檢定

若要檢定一個常態母體之變異數等於一個常數σ_0^2，則檢定統計量為

$$\chi^2=\frac{(n-1)S^2}{\sigma_0^2}$$

其中 S^2 為自樣本大小等於 n 之隨機樣本所估計之樣本變異數。虛無假設可寫成 $H_0:\sigma^2=\sigma_0^2$。

2. 兩個常態母體變異數的檢定

假設自變異數爲 σ_1^2 、 σ_2^2 之兩個常態母體分別抽取一組樣本，樣本大小爲 n_1 及 n_2。樣本之變異數爲S_1^2和S_2^2，虛無假設爲

$$H_0:\sigma_1^2=\sigma_2^2$$

則檢定統計量爲

$$F=\frac{S_1^2}{S_2^2}$$

例5-25 罐裝飲料之重量爲一重要之品質特性，產品之規格要求重量之變異數不得超過 0.3，今抽取 $n=10$ 之樣本，計算得知樣本變異數 $s^2=0.42$。試以$\alpha=0.01$ 檢定產品重量之變異數是否超過 0.3。

解答：

由題意

$H_0:\sigma^2=0.3$

$H_a:\sigma^2>0.3$

檢定統計量之值爲$\chi^2=\dfrac{(9)(0.42)}{0.3}=12.6$

由於$\chi^2=12.6<\chi^2_{0.01,9}=21.67$

因此不能拒絕H_0，亦即產品重量之變異數並未超過 0.3。

利用 Excel 求算臨界值可得：`CHISQ.INV(0.99,9)=21.666`，此爲右尾之臨界值。在函數 `CHISQ.INV` 中，第一個引數代表的是從左側至某一個數值 x 之累積機率。因此，若要計算左尾之臨界值，可利用`CHISQ.INV(0.01,9)=2.088`。第一個引數爲 0.01，得到左側臨界值爲 2.088，代表在 2.088 左測之機率爲 0.01。根據 Minitab 軟體之分配圖功能，可以很容易的求得臨界值 (參考圖5-22)。此例之 P 值 = 0.182 (`1- CHISQ.DIST(12.6,9,1)=0.1816`)，代表在分配中比 12.6 更爲極端 (更大) 之機率爲 0.182，請參考圖 5-23。

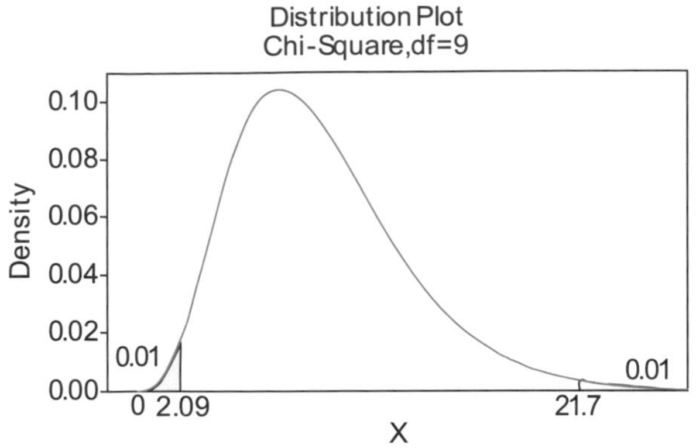

圖 5-22　卡方分配之臨界值

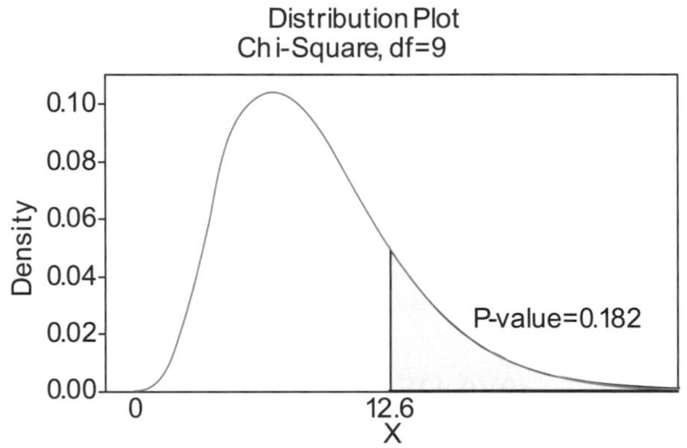

圖 5-23　卡方分配之 P 值

利用 Minitab 軟體，可以得到表 5-16 之結果。

表 5-16　Minitab One Variance 檢定之結果

```
Test and CI for One Variance
Method
Null hypothesis          Sigma-squared = 0.3
Alternative hypothesis   Sigma-squared > 0.3
Statistics
 N  StDev  Variance
10  0.648     0.420
99% One-Sided Confidence Intervals
          Lower Bound   Lower Bound
Method      for StDev  for Variance
Standard        0.418         0.174
Tests
Method    Chi-Square  DF  P-Value
Standard       12.60   9    0.182
```

例5-26 爲研究兩個製程所生產之產品長度的變異程度，今自每一製程抽取一組樣本，其樣本大小和樣本標準差爲

$s_1 = 0.78 \quad n_1 = 10$

$s_2 = 0.32 \quad n_2 = 15$

試以 $\alpha = 0.05$ 之顯著水準，檢定第二個製程比第一個製程更爲穩定。

解答：

假設製程 1 及 2 之母體變異數爲 σ_1^2 和 σ_2^2，由題意可將虛無假設和對立假設寫成

$H_0 : \sigma_1^2 = \sigma_2^2$

$H_a : \sigma_1^2 > \sigma_2^2$

檢定統計量爲 $F = \dfrac{(0.78)^2}{(0.32)^2} = 5.94$

查表得 $F_{0.05,9,14} = 2.65$。由於 $F = 5.94 > F_{0.05,9,14}$，因此拒絕 H_0，表示第二個製程之產品長度較穩定。

利用 Excel 求算臨界值可得：`F.INV(0.95,9,14)=2.646`。左尾臨界值爲 `F.INV(0.05,9,14)=0.3305`。在函數 `F.INV` 中，第一個引數爲機率，其定義和 `CHISQ.INV` 相同。

此例之 P 值 = 0.001675 (`1-F.DIST(5.94,9,14,1)=0.001675`)。

此例若改爲左尾檢定，則檢定統計量爲 $F = (0.32)^2/(0.78)^2 = 0.1683$。

此時 P 值 = 0.001672 (`F.DIST(0.1683,14,9,1)=0.001672`) 與左尾檢定相同。

5.7.4 比例值之檢定

本節介紹比例值之檢定方法和檢定統計量，在不同之對立假設下，拒絕之條件彙整於表 5-17。

1. 一個母體比例值之檢定

若要檢定一個二項分配之參數 p 是否等於某一標準值 p_0，則虛無假設可寫成 $H_0 : p = p_0$。自母體中抽取樣本大小等於 n 之樣本，其中有 X 個是屬於 p 所對應之分類，則 p 之估計量爲 $\hat{p} = X/n$，檢定統計量爲

$$Z = \frac{\hat{p} - p_0}{\sqrt{\dfrac{p_0(1-p_0)}{n}}}$$

表 5-17 比例值之檢定

虛無假設	對立假設	檢定統計量	拒絕 H_0 之條件
$H_0: p=p_0$	$H_a: p \neq p_0$ $H_a: p > p_0$ $H_a: p < p_0$	$Z=\dfrac{\hat{p}-p_0}{\sqrt{\dfrac{p_0(1-p_0)}{n}}}$	$\lvert Z\rvert > z_{\alpha/2}$ $Z > z_\alpha$ $Z < -z_\alpha$
$H_0: p_1=p_2$	$H_a: p_1 \neq p_2$ $H_a: p_1 > p_2$ $H_a: p_1 < p_2$	$Z=\dfrac{\hat{p}_1-\hat{p}_2}{\sqrt{\hat{p}(1-\hat{p})\left(\dfrac{1}{n_1}+\dfrac{1}{n_2}\right)}}$	$\lvert Z\rvert > z_{\alpha/2}$ $Z > z_\alpha$ $Z < -z_\alpha$

2. 兩個母體比例差之檢定

兩個母體比例差之檢定的虛無假設可寫成

$$H_0:\ p_1-p_2=0$$

自母體 1 抽取 n_1 個隨機樣本，母體 2 抽取 n_2 個樣本。設隨機變數 X_1 代表在樣本中對應於 p_1 之分類的個數，而 X_2 爲樣本中 p_2 所代表之分類的個數，則比例值 p_1 和 p_2 的估計量爲 $\hat{p}_1=X_1/n_1$, $\hat{p}_2=X_2/n_2$,。在虛無假設爲眞之情況下，可設 $p_1=p_2=p$，則兩個樣本統計量可合併以獲得一估計量 $\hat{p}$, $\hat{p}$ 爲

$$\hat{p}=\frac{n_1\hat{p}_1+n_2\hat{p}_2}{n_1+n_2}$$

檢定 H_0 之統計量爲

$$Z=\frac{\hat{p}_1-\hat{p}_2}{\sqrt{\hat{p}(1-\hat{p})\left(\dfrac{1}{n_1}+\dfrac{1}{n_2}\right)}}$$

有時虛無假設可寫成

$$H_0: p_1-p_2=\Delta$$

此時檢定統計量爲

$$Z=\frac{\hat{p}_1-\hat{p}_2-\Delta}{\sqrt{\dfrac{\hat{p}_1(1-\hat{p}_1)}{n_1}+\dfrac{\hat{p}_2(1-\hat{p}_2)}{n_2}}}$$

例5-27 品管工程師自某一生產線抽取 200 件產品，發現其中有 25 件爲不合格品，請以α=5% 之顯著水準，檢定產品之不合格率超過 10%。

解答：

$H_0: p=0.1,\ \ H_a: p>0.1$

不合格率之估計值爲 $25/200=0.125$

$$z=\frac{0.125-0.1}{\sqrt{\frac{(0.1)(0.9)}{200}}}=1.179$$

臨界值 $z_{0.05}=1.645$

由於 $z<z_{0.05}$，因此不能拒絕 H_0，產品之不合格率並未超過 10%。利用 Minitab 軟體可以得到表 5-18 之結果。請注意：此例使用常態逼近。

表 5-18 Minitab One Proportion 檢定之結果

```
Test and CI for One Proportion
Test of p = 0.1 vs p > 0.1

                                  95% Lower
Sample    X    N  Sample p        Bound  Z-Value  P-Value
1        25  200  0.125000     0.086535     1.18    0.119

Using the normal approximation.
```

例5-28 在 LCD 玻璃基板切割不良率之品質改善專案中，工程師以魚骨圖分析後，認爲輪刀之角度是一個可能之影響因子，工程師打算將角度由目前之 110° 改爲 115°。爲了確認輪刀角度爲一關鍵因子，工程師進行一項實驗，比較不良率是否改善。在 115° 下，取得 n_1= 55300 之樣本，不良數爲 x_1= 250；在 110° 下，取得 n_2= 40500 之樣本，不良數爲 x_2= 225。請以$\alpha=0.05$，利用適當的方法進行分析。

解答：

統計假設可寫成$H_0：p_{115}=p_{110},\ H_a：p_{115}<p_{110}$。利用兩個母體比例差之檢定，可以得到表 5-19 之結果，由於 p 值 = 0.012 小於α，因此拒絕 H_0，亦即採用 115° 之輪刀可以顯著地降低切割製程不良率。

表 5-19 Minitab Two Proportions 檢定之結果

```
Test and CI for Two Proportions
Sample      X      N   Sample p
1         250  55300   0.004521
2         225  40500   0.005556

Difference = p (1) - p (2)
Estimate for difference:  -0.00103476
95% upper bound for difference:  -0.000267135
Test for difference = 0 (vs < 0):  Z = -2.25
P-Value = 0.012
Fisher's exact test: P-Value = 0.014
```

例5-29 爲比較供應商之品質，今從甲、乙供應商所送來之零件中分別抽取 n_1=200, n_2= 250 之樣本，樣本之不合格率分別爲 p_1= 0.05, p_2= 0.028，請以 $\alpha = 0.05$ 之顯著水準，檢定產品不合格率之差超過 0.02。

解答：

由題意

$H_0 : p_1 - p_2 = 0.02$

$H_a : p_1 - p_2 > 0.02$

檢定統計量

$$z = \frac{(0.05 - 0.028) - 0.02}{\sqrt{\frac{(0.05)(0.95)}{200} + \frac{(0.028)(0.972)}{250}}} = 0.1075$$

臨界值爲 $z_\alpha = z_{0.05} = 1.645$，由於 $z = 0.1075 < z_{0.05} = 1.645$，因此我們認爲不合格率之差並未超過 0.02。利用 Minitab 軟體，我們可以得到表 5-20 之結果。

表 5-20 Minitab Two Proportions 檢定之結果

```
Test and CI for Two Proportions
Sample     X    N  Sample p
1         10  200  0.050000
2          7  250  0.028000

Difference = p (1) - p (2)
Estimate for difference:  0.022
95% lower bound for difference: -0.00861214
Test for difference = 0.02 (vs > 0.02):  Z = 0.11
P-Value = 0.457
```

5.8 變異數分析

變異數分析 (ANalysis Of VAriance, ANOVA) 是用來檢定兩個或多個母體平均數爲相等之假設。ANOVA 比較在不同因子水準下之反應變數的平均數，以評估一個或多個因子之重要性。虛無假設爲所有母體平均數 (因子水準之平均) 均相等，對立假設爲至少有一個爲不相等。ANOVA 要求數據服從常態分配，各因子水準具有相同之變異數。

ANOVA 是將檢定兩母體平均數相等的 t 檢定擴充到更一般性的虛無假設 (可用於兩個母體以上)。變異數分析名稱之由來是因爲它根據變異數來決定平均數是否相等。變異數分析比較組間平均數之變異數和組內變異數，用來決定各組是來自於同一個母體或者各組來自於具有不同特性之數個母體。

單因子變異數分析 (One-Way ANOVA) 是最簡單的變異數分析法，它可用來檢定多個母體之平均值。例如：我們要設計一項實驗來評估地毯之耐久性，可以將每一種類之地毯放置在 10 個家庭中，在 60 天後評估地毯之耐久性，由於只評估一個因子 (地毯種類)，因此屬於單因子之 ANOVA。當比較多個平均值時，我們可使用 t 檢定，每一次比較兩個平均值，但無法控制整體之型 I 錯誤。One-Way ANOVA 使用一個檢定統計量用來比較多個平均值，並且控制整體之型 I 錯誤。

ANOVA 分析之數學原理已超出本書之範圍，讀者可參考一般之統計書籍。以下利用一個簡單的範例來說明 ANOVA 和一般平均數檢定之關係。

例5-30 工程師懷疑 A、B 兩種產品組裝方法之時間有差異。今蒐集 16 個 A 方法之組裝時間和 14 個 B 方法之組裝時間進行比較，數據如表 5-21 所示 。

表 5-21 產品組裝時間

A	A	B	B
30.23	26.57	29.08	28.00
29.46	28.39	26.96	26.70
28.48	32.12	29.22	29.71
28.89	30.69	26.34	29.73
30.96	29.99	27.89	28.90
31.15	29.56	26.16	28.85
28.49	32.10	27.37	
28.17	30.56	30.51	

解答：

如果假設兩種組裝方法之變異數為相等，利用 Minitab 軟體可以得到表 5-22 之結果。

表 5-22 產品組裝時間 Two-Sample T 檢定之結果

```
Two-Sample T-Test and CI: Method A, Method B
Two-sample T for Method A vs Method B

            N    Mean   StDev   SE Mean
Method A   16   29.74    1.53      0.38
Method B   14   28.24    1.38      0.37

Difference = mu (Method A) - mu (Method B)
Estimate for difference:  1.49384
95% CI for difference:  (0.39832, 2.58936)
T-Test of difference = 0 (vs not =): T-Value = 2.79
P-Value = 0.009  DF = 28
Both use Pooled StDev = 1.4614
```

由於 P 值 = 0.009<0.05，因此拒絕 H_0，亦即 A、B 兩種方法之組裝時間有顯著性差異。利用單因子變異數分析，我們將組裝方法視為一個因子，具有兩個水準(只有兩種方法)。利用 Minitab 軟體可以得到表 5-23 之結果。請注意：ANOVA 分析之 P 值與 t 檢定之結果相同，我們也可以看出 $t^2=F$，兩種分析方法所使用之標準差均為 1.461。

表 5-23 產品組裝時間 One-Way ANOVA 檢定之結果

```
One-way ANOVA: A, B
Source   DF     SS     MS     F      P
Factor    1  16.66  16.66  7.80  0.009
Error    28  59.80   2.14
Total    29  76.46

S = 1.461   R-Sq = 21.79%   R-Sq(adj) = 19.00%
```

5.9 型 II 誤差

在假設檢定中，我們可能需要決定檢定方法之型 II 誤差和檢定力。以下將以雙尾之平均數檢定來說明型 II 誤差和檢定力之計算。假設虛無和對立假設為

$$H_0: \mu = \mu_0$$
$$H_a: \mu \neq \mu_0$$

另假設母體變異數σ^2爲已知，檢定統計量爲

$$Z = \frac{\overline{X} - \mu_0}{\frac{\sigma}{\sqrt{n}}}$$

在 H_0 成立之情況下，Z 之分配爲 $N(0,1)$。若眞實之平均數爲 $\mu_1, \mu_1 = \mu + \delta,\ \delta > 0$。則檢定統計量之分配爲

$$Z \sim N\left(\frac{\delta\sqrt{n}}{\sigma}, 1\right)$$

圖 5-24 顯示假設檢定之型 II 誤差。由圖可看出，型 II 誤差是指 H_a 爲眞時，統計量 Z 落在接受區域內之機率。亦即 $-z_{\alpha/2} \le Z \le z_{\alpha/2}$，而且 $Z \sim N\left(\frac{\delta\sqrt{n}}{\sigma}, 1\right)$。型 II 誤差以數學式表示可定義爲

$$\beta = \Phi\left(z_{\alpha/2} - \frac{\delta\sqrt{n}}{\sigma}\right) - \Phi\left(-z_{\alpha/2} - \frac{\delta\sqrt{n}}{\sigma}\right)$$

上述公式亦適用於$\delta < 0$之情況。

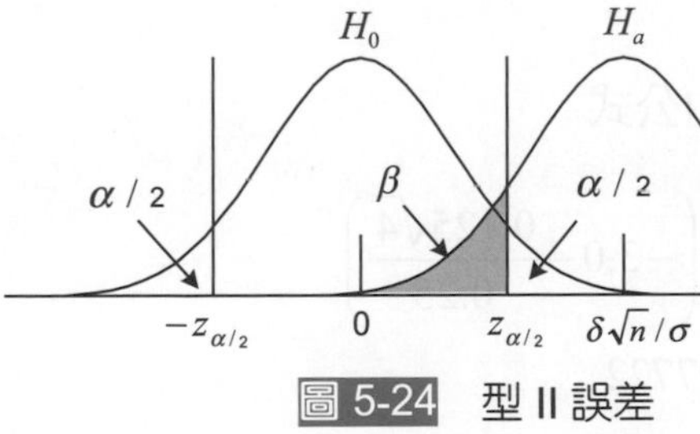

圖 5-24 型 II 誤差

在計算型 II 誤差之公式中，我們可看出β爲樣本大小 n、α和平均數變化量δ之函數，亦可以利用圖形之方式來描述這些參數間之關係。此種圖一般稱爲操作特性曲線圖 (operating characteristic curve, OC 曲線)。圖 5-25 爲α= 0.05 之下，雙尾平均數檢定之 OC 曲線。在此圖中，縱軸爲型 II 誤差值，橫軸定義爲 $d = |\delta|/\sigma$，亦即平均數之變化量以標準差之倍數表示，稱其爲 d。在相同之 n 和α下，平均數之變化量愈大 (d 愈大)，則型 II 誤差 β 愈小。此非常合乎直覺，愈明顯之變化，愈容易偵測。在相同之δ和α下，當樣本大小 n 增加時，型 II 誤差愈小，亦即在相同之平均數變化量下，增加樣本大小 n 可提升檢定力。

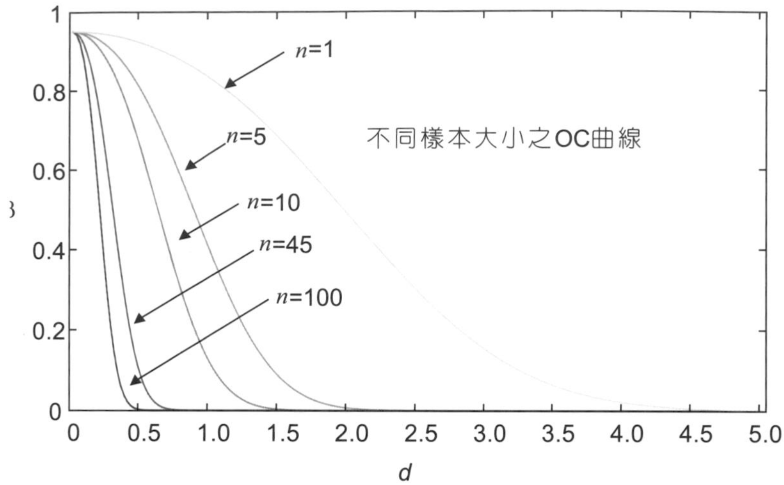

圖 5-25 $\alpha = 0.05$ 時，雙尾平均數檢定之 OC 曲線

例5-31 已知飲料重量之平均數為 10.0，標準差為 0.25。某一平均數假設檢定所使用之樣本大小 $n=4$。若 α 採用 0.27%，試計算在眞實平均數為 10.125 下，此項假設檢定之型 II 誤差。

解答：

依題意 $\delta = 0.125$

查表 $z_{\alpha/2} = z_{0.00135} = 3.0$，由公式

$$\beta = \Phi\left(3.0 - \frac{0.125\sqrt{4}}{0.25}\right) - \Phi\left(-3.0 - \frac{0.125\sqrt{4}}{0.25}\right)$$
$$= \Phi(2.0) - \Phi(-4.0) = 0.97722$$

檢定力 $1-\beta = 1 - 0.97722 = 0.02278$

一些統計軟體可以繪製檢定力曲線圖，例如圖 5-26 為利用 Minitab 軟體所得到之曲線圖。圖中顯示當 $\delta = 0.125$ (圖中橫軸 Difference 相當於 δ) 時，檢定力為 0.022783。請注意，當「Difference」為 0 時，檢定力並不為 0，此時之檢定力值相當於假設檢定所使用之型 I 誤差 α 值。在使用Minitab軟體時，使用者必須輸入下列三項中之兩項：(1) 樣本大小 (sample sizes)；(2) 平均數變化量 (differences)；(3) 檢定力 (power values)。

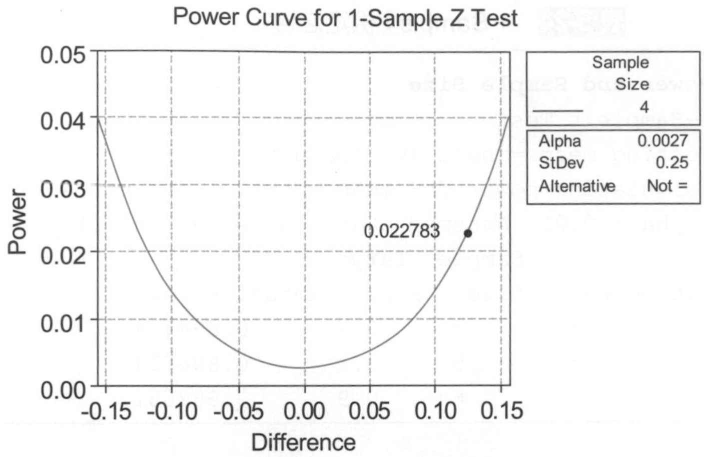

圖 5-26 檢定力曲線圖

第 7、8 章所介紹之管制圖爲假設檢定之一種應用，上例即是用來說明如何計算計量值$\overline{X}$管制圖之型 II 誤差。一般管制圖使用 3 倍標準差之管制界限，此相當於使用$\alpha = 0.27\%$。上例所描述之情況相當於管制圖之中心線爲 10，$1-\beta$爲平均值偏移至 10.125 時，管制圖能偵測到變化之機率。

例5-32 一家乳品工廠的生產經理爲了要滿足所宣稱的需求，在包裝冰淇淋時必須維持嚴格管制。半加侖冰淇淋之變動不能大於 3 盎司，已知標準差爲 1。在 99% 信心水準下要決定估計平均數時所需之樣本個數，以獲得檢定力爲 0.7、0.8、0.9。

解答：

圖 5-27 顯示爲了獲得指定之檢定力所需要的樣本個數。我們要注意：要滿足檢定力之目標值，可能會產生非整數之樣本大小。在上述分析中，我們也將得到實際之檢定力。例如：當樣本大小爲 5 時，實際之檢定力爲 0.895，而當樣本大小爲 6 時，實際之檢定力爲 0.983。利用 Minitab 軟體可以得到表 5-24 之結果。

表 5-24 1-Sample *t* 檢定之檢定力和樣本大小

```
Power and Sample Size
1-Sample t Test
Testing mean = null (versus not = null)
Calculating power for mean = null + difference
Alpha = 0.01  Assumed standard deviation = 1
              Sample  Target
Difference      Size   Power  Actual Power
         3         5     0.7      0.894714
         3         5     0.8      0.894714
         3         6     0.9      0.982651
```

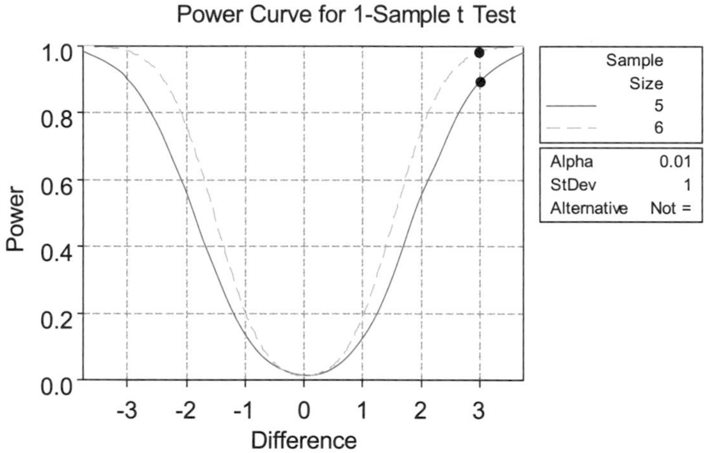

圖 5-27 *t* 檢定之檢定力曲線圖

圖 5-28 比較不同 δ 值下之檢定力，由此圖可以很清楚看出當 n、α 固定時，檢定力隨著 $|\delta|$ 之增加而增加。圖 5-29 爲根據圖 5-26 之條件，將 α 設爲 0.05 所獲得之曲線圖。比較圖 5-28 和 5-29，我們可以獲得下列結論：當 n 和 δ 固定時，使用較大之 α 值，在同一 δ 值下，可以得到較高之檢定力值，亦即較大之 α 值可以換取較小之 β 值或較高之檢定力 $(1-\beta)$。圖 5-30 顯示，當 α 固定時，爲了獲得相同之 β 值，n 隨著 $|\delta|$ 之增加而減少，換言之，平均數檢定方法可以檢出微小之平均數差，但必須使用非常大之 n。

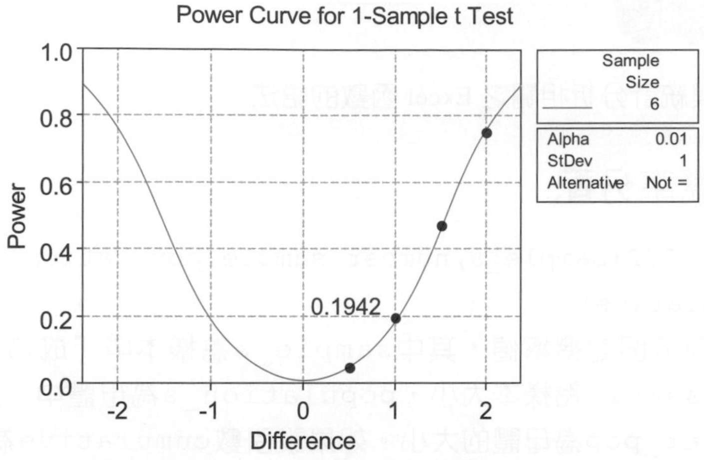

圖 5-28 不同δ值下之檢定力 ($\alpha = 0.01$)

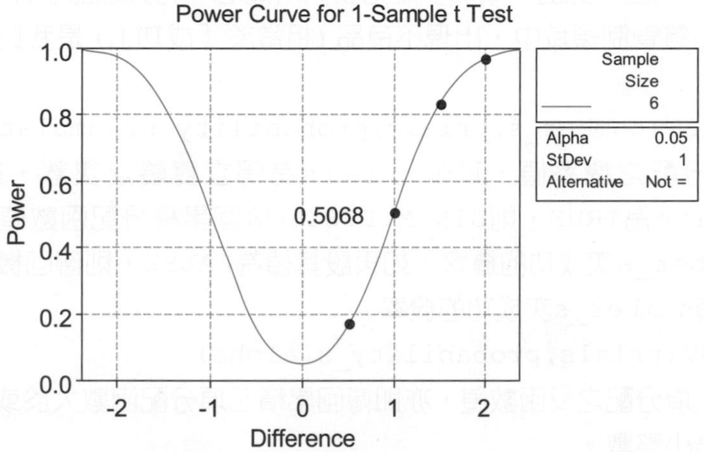

圖 5-29 不同δ值下之檢定力 ($\alpha = 0.05$)

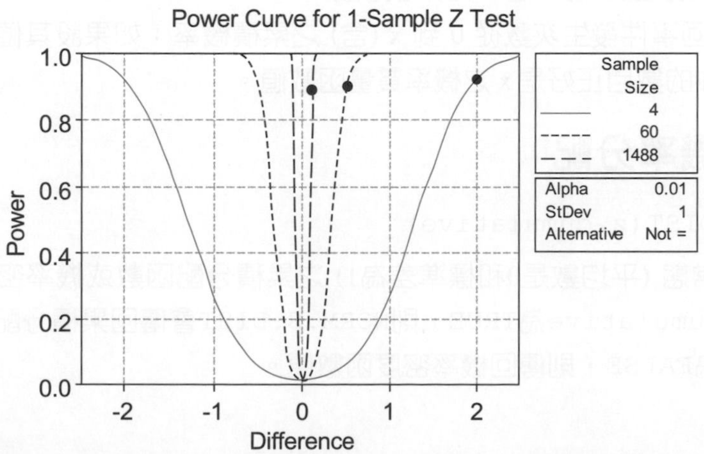

圖 5-30 當α固定時，為了獲得相同之β值，n 隨著δ之增加而減少

延伸閱讀

以下彙整與統計分析相關之 Excel 函數的語法。

◆ 離散型機率分配

(1) HYPGEOM.DIST(sample_s,number_sample,population_s,number_pop,cumulative)
傳回超幾何分配之機率值，其中sample_s為樣本中「成功」之次數，number_sample為樣本大小，population_s為母體中「成功」之次數，number_pop為母體的大小。如果設引數cumulative為TRUE，則HYPGEOM.DIST會傳回累積分配函數值；如果設其值為FALSE，則傳回機率質量函數值。(註：此處「成功」是指我們所關心、有興趣的事件 (event) 是否出現。在品質管制領域中，出現不良品 (相當於「成功」) 是我們所關心的事件。)

(2) BINOM.DIST(number_s,trials,probability_s,cumulative)
傳回二項分配之機率值，其中trials為獨立實驗之次數，如果設引數cumulative為TRUE，則BINOM.DIST會傳回累積分配函數值，代表最多(含)有number_s次成功的機率；如果設其值為FALSE，則傳回機率質量函數值，代表有number_s次成功的機率。

(3) BINOM.INV(trials,probability_s,alpha)
傳回累積二項分配之反函數值，亦即傳回累積二項分配函數大於或等於臨界值alpha之最小整數。

(4) POISSON.DIST(x,mean,cumulative)
傳回卜瓦松分配之機率值。如果設引數cumulative為TRUE，POISSON.DIST將傳回事件發生次數從 0 到 x (含) 之累積機率；如果設其值為FALSE，則傳回事件的數目正好是 x 之機率質量函數值。

◆ 連續型機率分配

(1) NORM.S.DIST(z,cumulative)
傳回標準常態 (平均數是0和標準差為1) 之累積分配函數或機率密度函數。如果設引數cumulative為TRUE，則NORM.S.DIST會傳回累積分配函數值；如果設其值為FALSE，則傳回機率密度函數值。

(2) NORM.DIST(x,mean,standard_dev,cumulative)

根據指定之平均數和標準差，傳回其常態累積分配函數或機率密度函數。如果設引數cumulative是TRUE，則NORM.DIST會傳回累積分配函數值；如果設其值為FALSE，則傳回機率密度函數值。

(3) NORM.S.INV(probability)

傳回標準常態累積分配函數之反函數值。

(4) NORM.INV(probability,mean,standard_dev)

根據指定的平均數和標準差，傳回常態累積分配函數之反函數值。

(5) STANDARDIZE(x,mean,standard_dev)

根據mean及standard_dev，傳回數值 x 標準化後的值。

(6) EXPON.DIST(x,lambda,cumulative)

傳回指數分配之累積分配函數或機率密度函數。如果設引數cumulative為TURE，則EXPON.DIST會傳回累積分配函數值；如果設其值為FALSE，則傳回機率密度函數值。

(7) GAMMA.DIST(x,alpha,beta,cumulative)

傳回伽瑪 (gamma) 分配之累積分配函數或機率密度函數，其中 alpha 為形狀參數，1/beta 稱為尺度參數。如果設引數 cumulative 為 TURE，則 GAMMA.DIST 會傳回累積分配函數值；如果設其值為 FALSE，則傳回機率密度函數值。

(8) GAMMA.INV(probability,alpha,beta)

傳回伽瑪累積分配之反函數值。如果 p=GAMMA.DIST(x,…)，則 GAMMA.INV(p,…)=x。

◆ 抽樣分配

(1) CHISQ.DIST(x,deg_freedom,cumulative)

傳回左尾卡方分配之機率值，$P\{X \geq x\}$。如果設引數cumulative為TURE，則CHISQ.DIST會傳回累積分配函數值；如果設其值為FALSE，則傳回機率密度函數值。

(2) CHISQ.INV(probability,deg_freedom)

傳回卡方分配之左尾機率的反函數值，如果probability=CHISQ.DIST(x,_)，則CHISQ.INV(probability,_)=x。

(3) T.DIST(x,deg_freedom,cumulative)
傳回左尾 t 分配之機率值，如果設引數cumulative為TURE，則T.DIST會傳回累積分配函數值：如果設其值為FALSE，則傳回機率密度函數值。

(4) T.INV(probability,deg_freedom)
傳回 t 分配之左尾機率的反函數值。

(5) F.DIST(x,deg_freedom1,deg_freedom2,cumulative)
傳回左尾 F 分配之機率值。如果設引數cumulative為TURE，則F.DIST會傳回累積分配函數值；如果設其值為FALSE，則傳回機率密度函數值。

(6) F.INV(probability,deg_freedom1,deg_freedom2)
傳回 F 分配之左尾機率的反函數值。
如果 p= F.DIST(x, …)，則 F.INV(p, …)=x。

◆ 假設檢定

(1) CHISQ.TEST(actual_range,expected_range)
傳回卡方獨立性檢定之 P 值(使用者必須自行算出預測值)。

(2) CONFIDENCE.NORM(alpha,standard_dev,size)
使用常態分配，傳回母體平均數的信賴區間，其中alpha為顯著水準，standard_dev為已知的母體標準差，size為樣本大小。

(3) CONFIDENCE.T(alpha,standard_dev,size)
使用 t 分配，傳回母體平均數的信賴區間，其中alpha為顯著水準，standard_dev為已知的樣本標準差，size為樣本大小。

(4) F.TEST(array1,array2)
傳回雙尾 F 檢定之 P 值。

(5) T.TEST(array1,array2,tails,type)
傳回 t 檢定之 P 值。tails=1代表單尾檢定，tails=2代表雙尾檢定。若type=1代表成對檢定，type=2代表兩個母體變異數可假設相等，type=3代表兩個母體變異數為不相等。

(6) Z.TEST(array,x,[sigma])
傳回右尾 z 檢定之 P 值，其中 x 為給定之母體平均數，sigma為標準差。若sigma未給定，則從樣本資料估計。

本章習題

一、選擇題

( ) 1. 假設一組數據之中位數爲 15，第一四分位數 Q_1= 7，第三四分位數 Q_3 爲 20，請問四分位距 IQR (inter-quartile range) 爲多少？(a) 8 (b) 13 (c) 3 (d) 13.5。

( ) 2. 在衡量一片產品之缺點數時，下列哪一種分配適合做爲其機率分配？(a) 二項分配 (b) 卜瓦松分配 (c) 常態分配 (d) 超幾何分配。

( ) 3. 若一組常態分配數據之平均數爲 15，標準差爲 5。請問數據「30」標準化後之值爲多少？(a) 3 (b) 6 (c) 5 (d) 2。

( ) 4. 下列哪一種統計量未使用全部之數據？(a) 平均數 (b) 標準差 (c) 全距 (d) 變異數。

( ) 5. 假設一組數據爲{5,6,4,5,5}，下列何者爲不正確？(a) 平均數 = 5 (b) 中位數 = 4 (c) 眾數 = 5 (d) 全距 = 2。

( ) 6. 承第5題，平均數之標準誤 (SE mean) 等於多少？(a) 0.5 (b) $\sqrt{2}$ (c) $1/\sqrt{2}$ (d) $\sqrt{0.1}$。

( ) 7. 在統計假設檢定中，通常可利用 *P* 值 (*P–value*) 來進行顯著性之判定，請問 *P* 值是根據下列哪一個值所計算出來的？(a) 臨界值 (b) 型 I 誤差 (c) 型 II 誤差 (d) 檢定統計量。

( ) 8. 有10道選擇題，假設都不會且每題互爲獨立，則猜對題數之機率分配屬於 (a) 超幾何分配 (b) 二項分配 (c) 卜瓦松分配 (d) 常態分配。

( ) 9. 在管制圖理論中，單位面積不良缺點數的分配是接近：(a) 常態分配 (b) 超幾何分配 (c) 二項分配 (d) 卜瓦松分配。

( )10. 某一常態分配之平均數爲 $\mu = 100$，標準差 $\sigma = 32$，今自此分配抽樣，已知樣本大小 $n = 16$，則各樣本之平均數的分配爲 (a) 均等分配，平均數爲 100，標準差爲 8 (b) 常態分配，平均數爲 25，標準差爲 8 (c) 常態分配，平均數爲 100，標準差爲 8 (d) 卡方分配，平均數爲 100，標準差爲 8。

( )11. 在 $20m^2$之地毯中，平均可發現 2 個不合格點，今檢驗 $10m^2$之地毯，發現 1 個不合格點之機率爲 (a) e^{-1} (b) $2e^{-2}$ (c) $4e^{-4}$ (d) $0.5e^{-0.5}$。

( )12. 在假設檢定中，如果吾人想要檢定一個母體之變異數，是利用下列何者？(a) 常態分配 (b) *t* 分配 (c) χ^2 分配 (d) *F* 分配。

( )13. 若隨機變數 X 及 Y 均呈常態分配，則 X–Y 之標準差爲何？(a) $\sigma_x^2+\sigma_y^2$ (b) $\sigma_x^2-\sigma_y^2$ (c) $\sqrt{\sigma_x^2+\sigma_y^2}$ (d) $\sqrt{\sigma_x^2-\sigma_y^2}$ 。

( )14. 某種產品之平均不合格率爲 0.01，今抽取 n=100 件之樣本，請問其中剛好有 1 件不合格品之機率爲何？(a) $(0.01)^{99}$ (b) $99(0.99)^{99}$ (c) $(0.99)^{99}$ (d) $0.01(0.99)^{99}$。

( )15. 某一產品之失效時間呈指數分配，且平均失效時間 (MTBF $=1/\lambda$) = 200 小時，求該產品可維持 200 小時之機率？(a) 0.9 (b) 0.63 (c) 0.37 (d) 0.2。

( )16. 下列哪一項不屬於敘述統計？(a) mean (b) 2-sample *t* test (c) standard deviation (d) variance。

( )17. 2-sample *t* test 是用來檢定 (a) 一個母體之平均數 (b) 兩個母體之平均數 (c) 一個母體之標準差 (d) 兩個母體之變異數。

( )18. 下列何項不屬於推論統計？(a) ANOVA (b) range (c) regression (d) control chart。

( )19. 一個右尾 one-sample *t* 之檢定統計量爲 t =2.5, $P-Value=0.01$，臨界值 = 1.71，在相同之數據下，若改用左尾檢定，請問下列何者正確？(a) t =-2.5 (b) $P-Value=0.99$ (c) 臨界值=1.71 (d) $P-Value=0.01$。

( )20. 在一個 one-sample Z 之單尾檢定中，已知 $\bar{x}=18,\ \mu_0=17.5,\ \sigma=1,\ n=16$，檢定結果之 P–$Value=0.02275$，若改爲雙尾檢定，請問下列何者正確？(a) P–$Value=0.02275$ (b)P–$Value=0.0455$ (c) P–$Value=0.97725$ (d) P–$Value=0.9545$。

( )21. 在一個右尾 one-sample Z 檢定中使用之顯著水準爲 0.08，已知檢定統計量爲 2，臨界值爲 1.41，請問下列何者爲正確？(a) 拒絕 H_a (b) 接受 H_a (c) 拒絕 H_0 (d) 不拒絕 H_0。

( )22. 在一個不合格率比例值之單尾檢定中，假設之比例值爲 $p_0=0.05$，由 n=100 之樣本資料估計得 $\hat{p}=0.05$。若使用雙尾檢定，請問 (檢定統計量與 P–$Value$) 爲多少？(a) $t=0$, P–$Value$ =0.5 (b) $Z=0$, P–$Value$ =0.5 (c) $Z=0$, P–$Value$ =1.0 (d) $t=0$, P–$Value$=1.0。

( )23. 在一個不合格率之比例值檢定中，已知 $\hat{p}=0.05$, p_0=0.04, n=100。請問檢定統計量爲何？(a) 0.48 (b) 1.51 (c) 0.51 (d) 2.02。

( )24. 假設某依品質特性服從常態分配，其單邊規格上限 = 136。在下列哪一種情況下，不合格率最小？(a) N(130, 4) (b) N(128, 9) (c) N(134, 1) (d) N(135, 0.25)。

(　)25. 已知某一個品質特性之數據符合常態分配，其規格上下限爲 USL = 112, LSL = 88。若此品牌特性之平均數爲 100，標準差爲 4，請問合格率爲多少？ (a) 95.44% (b) 99.73% (c) 0.27% (d) 99.865%。

二、問答題

1. 試舉例說明參數和統計量之差別。
2. 試說明爲什麼集中趨勢之量測不足以描述製程或產品之特性。
3. 參考一般統計書籍，說明一個優良之點估計量應該具有之特性。
4. 試區別虛無假設和對立假設。
5. 說明中央極限定理之內容及其在品管中之應用。

三、計算題

1. 某電子零件之批量 $N = 40$，其內含有不合格品 4 件。今隨機抽取 5 件爲樣本，試計算在樣本內所發現不合格品數之平均數和變異數。
2. 某種電子感測器之批量爲 $N= 200$，其中有 12 件爲不合格品。今自其中抽取 20 件，試計算不超過 4 件不合格品之機率。
3. 機械加工產品之長度符合常態分配，平均數爲 120 mm，標準差爲 2 mm，試計算產品長度落在 120±6 mm 間之機率。
4. 某廠牌可程式計算機之不合格率爲 0.02，今抽取 100 件，試以卜瓦松分配計算樣本中包含二件及二件以上不合格品之機率。
5. 汽車電瓶之壽命爲常態分配，平均數爲 1120 天，標準差爲 40 天，試計算電瓶壽命超過 1200 天之機率。
6. 輪胎之平均壽命符合 $N(40000,3000^2)$ 之分配，回答下列問題。
   (a) 計算超過 40000 公里不失效之比例。
   (b) 若保證期限爲 35000 公里，計算在保證期內顧客要求更換之比例。
   (c) 若製造商希望在保證期內更換之產品比例爲 0.025，此時保證公里數定在何處較適當。
7. 飲料用塑膠瓶之不合格率爲 0.03，今抽取 900 件，試計算在樣本中發現不合格品少於或等於 30 件之機率。
8. 某電源變壓器之輸出電壓符合平均數爲 118V 和變異數爲 $4.5V^2$ 之常態分配。此產品之規格爲 120±8V，試計算合格品之機率。

9. 某紡織廠織出之布匹平均每 50 平方碼上有 3 個缺點，現檢查 100 平方碼之布匹，發現少於或等於 6 個缺點之機率為何？
10. 輪胎之不合格率為 0.01，今自該批產品中抽取 200 件，試以二項分配及卜瓦松分配計算在樣本中發現兩個及兩個以上不合格品之機率。
11. 電瓶之平均值壽命為 5000 小時，其失效時間為隨機、獨立並符合指數分配。試計算電瓶最少可使用 6000 小時而不失效之機率。
12. 利用附表，求出下列各值

    (a) $z_{0.025}$　(b) $z_{0.05}$　(c) $z_{0.00135}$

    (d) $z_{0.001}$　(e) $-z_{0.01}$　(f) $-z_{0.00135}$
13. 利用附表，求出下列各值

    (a) $t_{0.05,20}$　(b) $t_{0.02,30}$　(c) $t_{0.05,120}$
14. 利用附表，求出下列各值

    (a) $\chi^2_{0.05,20}$　(b) $\chi^2_{0.005,2}$　(c) $\chi^2_{0.995,10}$

    (d) $\chi^2_{0.99,100}$　(e) $\chi^2_{0.5,12}$　(f) $\chi^2_{0.95,14}$
15. 利用附表，求出下列各值

    (a) $F_{0.25,10,20}$　(b) $F_{0.1,10,10}$　(c) $F_{0.9,12,10}$

    (d) $F_{0.25,8,19}$　(e) $F_{0.1,12,10}$　(f) $F_{0.75,12,10}$
16. 某種小客車每公升汽油行駛里程之分配為常態分配，由抽樣所得之資料為

10.3	12.4	16.1	9.8	10.1	11.2	11.3
9.8	11.5	12.8	9.6	10.7	12.1	10.4

    試計算每公升行駛里程平均數之 95% 信賴區間。
17. 假設 25 個鋼樑樣本之平均斷裂強度為 52640 *psi*，標準差已知為 480 *psi*。計算平均斷裂強度之 95% 信賴區間。
18. 電池的壽命標準差已知為 25 小時，今隨機抽查 20 個，所得壽命之平均數為 $\overline{x} = 800$ 小時，試以 $\alpha = 5\%$，計算電池平均壽命 μ 的信賴區間。
19. 假設由兩常態母體所分別抽出之樣本變異數為 $S_1^2 = 2.83$, $S_2^2 = 1.69$，樣本大小 $n_1 = n_2 = 9$。試計算兩母體變異數比之 95% 信賴區間。
20. 由生產線隨機抽取 100 顆 DRAM，能夠正常使用超過 4200 小時的比例為 0.92，試計算此比例值之 95% 信賴區間。

21. 甲、乙兩種品牌電視機之保證期限爲五年，今從甲品牌之電視機中抽取 50 部，其中有 12 部在保證期限內故障，另從乙品牌電視機中抽取 60 部，其中有 12 部在保證期限內故障。假設信賴係數爲 0.98，試計算兩品牌電視機在保證期限內故障之比例的信賴區間。

22. 電視機工廠宣稱其日產量爲 500 台，今由 30 天之日產量記錄，計算得到樣本平均數爲 $\bar{x}=485$ 台，樣本標準差爲 $s=60$ 台。試以 $\alpha=5\%$ 檢定該工廠之宣稱是否正確。

23. 某個人電腦公司之硬碟機可向 A、B 兩供應商購買，公司決定若兩供應商之不合格率相差在 1% 以上時，則向不合格率較低之供應商購買。現由 A 供應商所提供之硬碟機中，隨機抽取 100 件，其中有7件爲不合格品；B 供應商所提供之硬碟機中隨機抽取 120 件，發現有 6 件不合格品，試以 $\alpha=5\%$ 之顯著水準做正確之決策。

24. 根據歷史資料，印刷電路板之不合格率爲 2.5%，爲降低產品不合格率，工程師已對製程進行改善，在改善後，蒐集 $n=300$ 之樣本，發現樣本不合格率爲 1.8%。試以 $\alpha=5\%$ 之信賴水準，檢定改善措施是否確實可降低不合格率。

25. 某健康減肥中心推出三個月減肥計畫，今隨機抽取 10 名參與減肥者，分別測得減肥計畫前後之體重如下表所示，試以 $\alpha=5\%$ 檢定減肥計畫之成效。

減肥計畫前	78	80	80	69	72	75	89	64	72	100
減肥計畫後	72	86	62	57	68	68	72	58	74	89

26. 某工廠使用兩部量測儀器來量測人造纖維之抗張強度。爲比較此兩部儀器是否具有相同之量測能力，工程師抽取 10 個樣本，每個樣本又分成兩部分，分別在每一部儀器上量測，所得之資料如下所示，並以 $\alpha=5\%$ 之顯著水準，檢定此兩部儀器具有相同之量測能力。

樣本	設備 1	設備 2
1	82	76
2	78	74
3	72	75
4	80	76
5	74	78
6	72	75
7	77	81
8	80	79
9	82	84
10	81	82

27. 假設由 20 個樣本所估計之汽車引擎檢修時間之變異數爲 $s^2 = 3.42\,hr^2$。以 $\alpha = 0.05$ 檢定檢修時間之變異數是否爲 $1\,hr^2$。

28. 某半導體之合約要求不合格率不得超過 5%。在隨機抽取之 100 件樣本中發現有 6 件爲不合格品。試以 $\alpha = 5\%$ 檢定此產品是否符合合約上之規格要求。

29. 某銀行爲提升其服務品質，對所屬行員進行訓練課程。在訓練實施前後，該銀行分別隨機訪問 15 位客戶請其評分，在訓練實施前平均分數爲 72 分，標準差爲 7 分，實施後之平均數爲 84 分，標準差爲 5 分。假設客戶之評分服從常態分配，且變異數未知但可假設相等，試以 $\alpha = 5\%$ 檢定訓練課程是否提升服務品質。

30. 由 15 個樣本得知 CNC 銑床之維修時間的標準差爲 0.22 小時，試以 $\alpha = 5\%$ 檢定維修時間之變異數小於 0.05。

31. 兩個製程之產品的外徑尺寸符合常態分配。今自兩製程分別抽取樣本大小等於 10 之樣本，外徑尺寸之變異數分別爲 $S_1^2 = 0.87$, $S_2^2 = 0.35$。試以 $\alpha = 0.05$，檢定兩製程之變異數是否相等。

32. 假設兩生產線之產品重量分配爲常態分配。今自兩生產線分別抽出 n_1=15 和 n_2=20 之兩組樣本，計算得知樣本變異數分別爲 $S_1^2 = 0.27$, $S_2^2 = 0.69$，試以 $\alpha = 0.05$ 之顯著水準檢定兩生產線之產品重量的變異程度是否一致。

33. 假設利用 Minitab 進行一項平均數檢定獲得下列結果。

```
One-Sample Z
Test of mu = 22 vs not = 22
The assumed standard deviation = 5

 N    Mean   SE Mean       95% CI            Z       P
25   20.00      x.xx   (xx.xx, xx.xx)     x.xx    x.xx
```

(a) 請計算 SE Mean。

(b) 請計算檢定統計量。

(c) 請計算 P 值。

(d) 請計算 95% 信賴區間。

(e) 如果對立假設爲 $H_a : \mu > 22$，請問 P 值爲多少？

34. 假設利用 Minitab 進行一項平均數檢定獲得下列結果。

```
One-Sample T
Test of mu = 32 vs not = 32

 N   Mean   StDev  SE Mean       95% CI            T      P
36  30.00   6.00     1.00  (27.97, 32.03)      x.xx  0.053
```

(a) 此為雙尾或單尾檢定？

(b) 請計算檢定統計量。

(c) 請問 t 檢定統計量之自由度為多少？

(d) 在顯著水準為 0.05 下，是否可以拒絕虛無假設？

35. 假設利用 Minitab 進行一項平均數檢定獲得下列結果。

```
Two-Sample T-Test and CI
Sample    N   Mean   StDev  SE Mean
1        25  12.00    3.00     0.60
2        25  11.00    4.00     0.80

Difference = mu (1) - mu (2)
Estimate for difference:  1.00
95% CI for difference:  (-1.01, 3.01)
T-Test of difference = 0 (vs not =): T-Value = x.xx
P-Value = 0.322   DF = xx
Both use Pooled StDev = x.xxxx
```

(a) 請計算檢定統計量。

(b) 請計算自由度。

(c) 此例假設兩個母體之變異數為相等，請問S_p^2為多少？

NOTE

Chapter 6

統計製程管制與管制圖

章節概要和學習要點

統計製程管制是應用統計方法，來衡量和分析一個製程的變異。它利用一些手法來監控製程之變異，指出變異的來源並進行改善，其目的是要使製程維持在管制內並改善製程之能力。統計製程管制所使用的主要工具包含本書第 4 章所介紹的一些圖形分析方法和管制圖等。本章之內容主要是說明統計製程管制之基本概念，同時介紹管制圖之統計原理和其應用。

透過本課程，讀者將可了解：

- 一個製程中之機遇和可歸屬原因。
- 管制圖之統計基礎。
- 合理樣本組之概念。
- 管制圖之績效指標。
- 測試法則如何應用於管制圖之分析。

6.1 統計製程管制概論

統計製程管制 (statistical process control, SPC) 是利用分析樣本資料 (樣本統計量)，來判斷製程是否處於可接受之狀態，在必要時採取調整製程參數之行動，使製程平均數能符合目標值並降低產品品質特性之變異性。統計製程管制可以定義爲：「利用統計技術來分析、監視、管制並改善一個製程」。統計製程管制之主要構想是要透過管制變異，來得到一個穩定、一致性的製程，以避免缺點的產生。統計製程管制不僅管制產品品質數據，同時也管制製程。統計製程管制爲預防性之品質管制手法，它比事後之檢驗更能提升產品品質。統計製程管制可以用圖 6-1 來說明。一個典型製程之輸入包括：原料、機器、方法、工具、操作員和周圍環境因素，其輸出爲產品。產品之品質水準是由其品質特性來衡量。

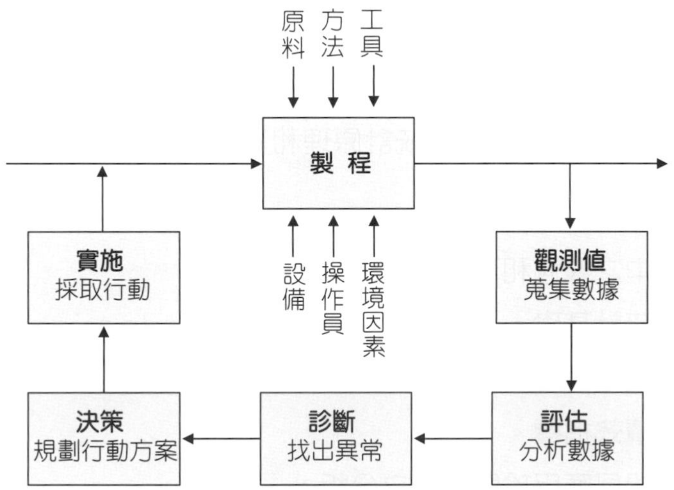

圖 6-1　統計製程管制

統計製程管制之第一項工作是利用檢驗設備或數據蒐集設備，來量測或蒐集產品品質特性資料。統計製程管制之第二項工作爲評估、分析品質特性資料。在統計製程管制中，我們通常是以一個統計模式 (例如常態分配或卜瓦松分配) 來作爲判斷製程是否爲正常的決策基準。目前最常用的工具爲依據統計原理所發展出來的管制圖 (control chart)，當管制圖判斷製程不穩定時，接下來的工作是探討造成製程異常的原因，此階段之工作稱爲診斷 (diagnosis)。當找出造成製程不穩定之原因後，我們必須規劃一些改善措施。當決定好改善措施後，必須調整製程之可控制因素，使得相同之製程問題不再發生。上述各項步驟須重複進行，使製程平均數能符合目標值，並持續降低變異性。

6.2 製程變異

任何製造程序所生產出來的產品不可能完全相同 (若相同則是量測設備精密度之限制)，而且產品之品質特性也不可能都符合目標值，此種現象是由製程之變異 (variation) 所造成。製程之變異來自於操作方法、設備、人員、材料和環境因素，可分成機遇原因 (chance causes) 和可歸屬原因 (assignable causes)。品管專家戴明將機遇原因稱爲一般原因 (common causes)，另外稱可歸屬原因爲特殊原因 (special causes)。(**註**：一般原因有時也譯爲共通原因)。

機遇原因是一個製程所固有之變異隨時都存在，我們稱這些機遇原因爲一個製程之自然變異。當一製程只存在機遇原因時，我們稱此製程爲穩定 (stable)。可歸屬原因是偶爾出現，但這類因素對製程之影響性卻相當大。以麵包之烘烤製程爲例，烤箱之自動調溫器 (thermostat) 會允許溫度稍微地增加或減少，此相當於一般原因造成之變異。改變烤箱之溫度或者在烘烤的過程中，多次開關烤箱的門，將使溫度產生變動，此屬於特殊原因造成的變異。材料也是製程變異的來源，例如：在一個塑膠射出成型的製程中，供應商塑膠原料之輕微變異會造成批與批之間產品強度的變異，此屬於一般原因之變異。另一種情形可能是更換供應商，一家比較不可靠的供應商，其所提供的原料將使我們生產出來的產品強度出現偏移，並影響產品的一致性。這種變異是屬於特殊原因造成的變異。在非製造流程中，也會存在兩種變異。例如：在記錄訪談資料之流程中，一位有經驗的操作員也會偶爾出錯，此爲一般原因之變異。一位經驗不足的操作員，若出現許多資料輸入錯誤，則屬於特殊原因造成的變異。表 6-1 爲此兩種變異原因之比較。表 6-2 列舉造成此兩種變異之可能原因。

表 6-1 製程變異之比較

	機遇原因	可歸屬原因
特性	種類很多 隨時存在 每類之影響性小 不易消除	種類少 偶爾發生 每類之影響性皆很大 可經濟的消除

表 6-2 製程變異之原因

	機遇原因	可歸屬原因
示例	原料之變異 機器之振動 環境不良 (灰塵、溼度、光線) 產品設計不良 設備未符合要求	錯誤之工具 不正確之原料 作業員之錯誤 未正確實施設備維護 不正確之操作方法

美國品管大師戴明認爲 85% 之製程變異是由機遇原因所造成，而且消除這些變異原因是管理階層之責任。另外 15% 則是由可歸屬原因所造成，作業員和管理階層負有消除此類原因之責任。製程之管制可經由消除可歸屬原因來達成，至於製程之改善則必須透過降低機遇原因。

獲得一個穩定之製程是實施統計製程管制之目的之一。當製程受到可歸屬原因影響，而呈現不穩定之情形時，產品品質特性之分布將會隨時間改變外觀、變異性和平均數 (見圖 6-2)。當品質特性無法預測時，製程改善將很難進行。

一個穩定之製程可以有下列優點：

1. 管理者可以了解製程能力並預測產品績效、成本和品質水準。
2. 可以獲得較高之生產力和較低之成本。
3. 管理者可以量測對系統所作之任何改變之效果。
4. 若管理者想要調整規格界限，一個穩定之製程可以提供可信賴之情報。

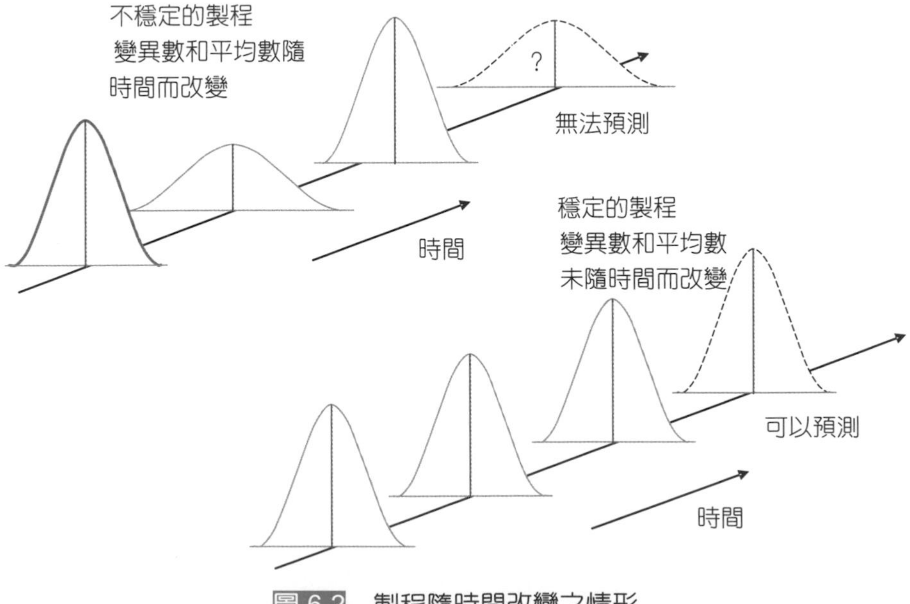

圖 6-2 製程隨時間改變之情形

當一個製程只受到機遇原因影響時，管理階層必須再進一步採取行動，縮小產品績效和顧客需求間之差異。一些可行的方法有：(1) 採取一些調整或改善措施，使製程平均數能符合目標值；(2) 採取改善措施，降低製程變異性。這些措施代表製程持續之改善。當我們要消除製程中之機遇原因時，通常需要對製程進行大幅度的改善。實驗設計適合應用在機遇原因之改善。

在傳統品質觀念下，一般都認爲只要產品品質特性能符合規格就可以接受。在本書第 14 章中，我們將介紹田口玄一之品質損失觀念，由田口之品質損失觀念，我們將可了解符合規格並不是品管之最後目的。品質特性只要偏離目標值就會造成損失，即使是在規格界限內。

戴明也認爲管理階層必須持續降低品質特性之變異，不管製程是在管制內或管制外，即使只有少數不合格品也要如此做。當產品之變異性降低後，產品將更爲近似，顧客也更容易預測產品之績效，其滿意度也會提升。對管理階層來說，管理人員對製程之產出和能力將更爲確定，對於製程所作之任何改變，將更能掌握其結果。

6.3 管制圖

管制圖爲一種圖形表示工具，用來監視品質特性之量測值隨時間變化之情形。管制圖係於 1924 年，由美國蕭華特 (W. A. Shewhart) 博士所發明。因爲其用法簡單、效果顯著，而且應用範圍極廣，遂成爲實施品質管制時不可或缺之工具。任何依據此管制圖所延伸之管制圖，都稱爲蕭華特管制圖。

典型之管制圖包含一條中心線 (centerline, CL)，用來代表當製程處於統計管制內時品質特性之平均數。此圖同時包含兩條水平線，稱爲上管制界限 (upper control limit, UCL) 及下管制界限 (lower control limit, LCL)。

圖 6-3 爲一典型之管制圖，圖中所描繪之點爲樣本統計量 (sample statistics)，例如樣本平均數、樣本全距或樣本標準差。樣本統計量是使用者根據選定之品質特性 (如長度、重量、不合格率)，由製程蒐集樣本數據，加以計算後所獲得。只要點都落在管制界限內且無非隨機性之變化，則製程可視爲在統計管制內 (in statistical control)，對製程不需採取任何行動；但只要有一點落在管制界限外或數據呈現非隨機性之變化，代表製程受到可歸屬原因影響，則稱製程爲不穩定或管制外 (out of control)。此時我們必須研究造成此種變異之原因，並採取改善行動以去除此變異。

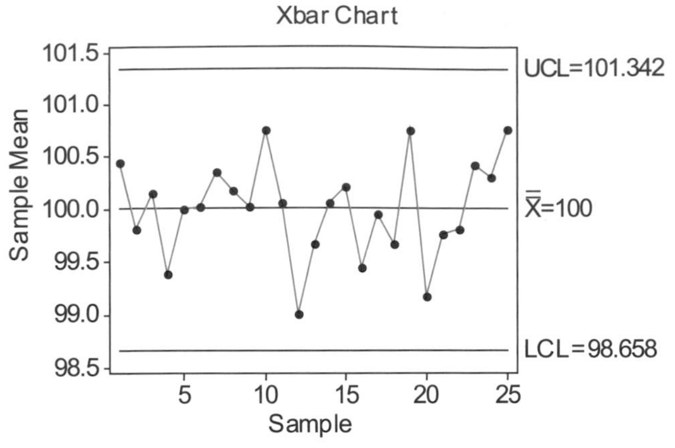

圖 6-3 典型之管制圖

管制圖可以用來區別機遇原因和可歸屬原因。管制圖之目的之一，就是要盡快偵測到可歸屬原因，以便採取矯正行動。當可歸屬原因經由修正行動而消失後，製程將再回到統計管制內。

管制圖的建立，包含下列步驟：

1. 選擇品質特性。
2. 決定管制圖之種類。
3. 決定樣本大小、抽樣頻率和抽樣方式。
4. 蒐集數據。
5. 計算管制界限，一般包含中心線和上、下管制界限。
6. 將樣本統計量描繪在圖上，判斷製程是否在管制內。若有一點 (或數點) 超出管制界限或點呈現非隨機性變化，則要診斷是否是由可歸屬原因所造成。若是由可歸屬原因所造成，則在診斷出其原因後，將可歸屬原因所對應之點剔除 (除了超出管制界限之點外，亦可能包含未超出管制界限外之點)，重新計算管制界限，並分析製程是否在管制內。只有在管制圖上無任何的點超出管制界限且無非隨機性之變化時，其管制界限才可用來管制未來之製程。
7. 繼續蒐集數據，利用管制圖監視製程。

管制圖的應用，可以分成兩個階段，稱爲階段 I (phase I) 和階段 II (phase II)。此兩階段有其不同的目標。在階段 I 中，我們蒐集製程的資料並採用回顧型 (retrospective) 分析，其目的是要建立試用管制界限 (trial control limits) 來驗證在數據蒐集的這一段期間內，製程是否在管制內。同時，我們也要決定一組可以用來管制未來製程之管制界限。

上述的步驟是在管制圖應用初期，必須完成的工作。管制圖在第 I 階段中主要是協助作業人員，將製程帶到統計管制內的狀態。階段 I 也可稱爲基礎期 (base period)。第 II 階段開始之前，我們可以從穩定的製程中，蒐集到「乾淨」的資料，用來代表製程在管制內時之績效。在第 II 階段，我們利用管制圖來監控製程，由每一個樣本所得到的樣本統計量，將會與管制界限作比較，藉此判斷製程是否爲穩定。階段 II 也可稱爲監視期 (monitoring period)。

在階段 I 中，我們蒐集 *m* (大約是 20 或 25) 組資料來計算試用管制界限，並將此 *m* 組資料來與試用管制界限作比較。在階段 I 的一開始，製程大都是處於管制外，所以分析者的目標是將製程帶到一個統計管制內的狀態。由於階段 I 之數據是要建立一個標準，用來監視隨後之製程數據，因此，在階段 I 中之數據不得包含可歸屬原因。爲判斷是否存在可歸屬原因，我們將數據描繪在圖上，並以試用管制界限判斷是否有點超出管制界限，或者數據存在非隨機性之變化。如果上述情況存在，則必須診斷可歸屬原因，並將其相對應之點剔除，重新計算管制界限。一個必須遵守之原則是數據中不得存在可歸屬原因，亦即不得有點超出管制界限而且不得有非隨機性之變化。在確定沒有可歸屬原因後，我們將管制界限用來管制未來之製程數據，此後即進入階段 II。有些時候，管制圖之參數會使用標準值，在這種情況下，階段 I 之工作將可省略。在監視期中，我們繼續蒐集數據，並利用管制圖來判斷製程是否存在可歸屬原因。

一般而言，蕭華特管制圖在階段 I 中是非常有效率的，此乃因爲蕭華特管制圖很容易建立和解釋。除此之外，蕭華特管制圖對於偵測持續性而且較大的製程參數偏移、離群值、測量誤差、資料紀錄及／或傳送的錯誤等方面也都有很大的效益。另外，蕭華特管制圖上所呈現的樣式 (pattern)， 通常很容易被解釋並且具有實質的意義。先前所介紹的輔助法則，也可以很容易的應用到蕭華特管制圖中 (大部分 SPC 軟體都提供這些功能)。在階段 I 中發生的可歸屬原因，通常都會造成製程大幅度的偏移，而此種大幅度的偏移剛好是蕭華特管制圖最有效益的情況。在此階段中，平均連串長度 (average run length, ARL) 並不是一個合理的績效指標，因爲在此階段，我們比較在意偵測到可歸屬原因的機率，而不是發生錯誤警訊的機率，有關於平均連串長度之說明，請參考本書第 7 章。

在階段 II 中，我們通常假設製程是處於穩定的狀態下。而且可歸屬原因在此階段只會造成製程的小幅度偏移，因爲 (理論上) 大部分重要的變異原因都在階段 I 中被有系統性地消除。階段 II 強調的是製程的監控 (process monitoring)，而不是把不穩定的製程帶到穩定的狀態。在階段 II 中，平均連串長度可以用來評估管制圖的績效。在階段 II 中，製程只會出現小幅度或中等的偏移，因此，傳統蕭華特管制圖並無法得到很好的效益。在此階段，我們也不建議使用輔助法則來提高管制圖的靈敏度，因爲這些法則會增加管制圖的錯誤警告率。我們建議採用累積和管制圖 (cumulative sum control chart, CUSUM 管制圖) 以及指數加權移動平均管制圖 (exponentially weighted moving average control chart, EWMA 管制圖)，來偵測製程微量的變化。

管制圖可以有許多應用方式，在大多數之應用上，管制圖是用來做製程之監控。亦即蒐集製程樣本數據用來設立管制圖，若樣本統計量落在管制界限內且沒有任何非隨機之變化，則視製程爲管制內。管制圖也可以用來決定過去之製程數據是否在管制內，及未來之製程是否將在管制內。

管制圖亦可用來作爲製程改善的工具 (參考圖 6-4)。實務上，很多製程可能不是處於統計管制內，因此，我們可以利用管制圖來鑑定可歸屬原因，將此種原因消除後，製程之變異將可以降低，進而改善製程。一個很重要的觀念是：管制圖只會偵測和判斷製程中是否存在可歸屬原因並提出警訊。消滅可歸屬原因必須仰賴管理階層、工程人員和操作員採取矯正行動。在鑑定和消除可歸屬原因之過程中，必須找出問題的根本原因 (root cause) 並提出解決方案。注重表面的解決方案並不會帶來眞正、長期的製程改善。一個有效的 SPC 系統必須發展一個有效的矯正行動系統。

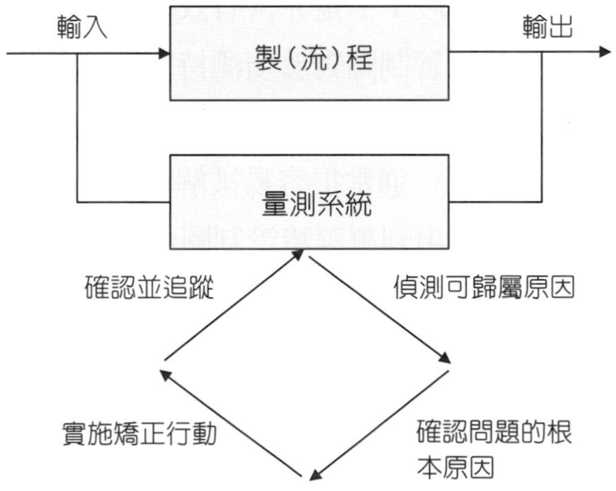

圖 6-4 不穩定製程之改善

在管制圖之應用上，與矯正行動有關的部分稱爲「管制外行動方案 (out-of-control-action-plan, OCAP)」。OCAP 是一個流程圖或以文字爲基礎的敘述，用來說明當一個事

件 (指管制圖上的管制外訊號) 發生之後，我們必須採取的一連串行動。OCAP 包含了檢查點 (checkpoint)，代表可能的可歸屬原因和結點 (terminator)，代表爲了解決管制外之狀態和爲了消除可歸屬原因所需採取之行動。OCAP 中之檢查點和結點必須按照次序來說明，以利製程診斷之工作。一般來說，過去製程或者產品之失效分析有助於設計一個 OCAP。另外，我們必須將 OCAP 看成是一種仍在使用中的文件 (living documents)，當我們隨著時間獲得更多的知識，並對一個製程有更深入的瞭解後，可以修改 OCAP 之內容。當我們在導入管制圖時，也必須要發展一個 OCAP。沒有 OCAP 的管制圖是不可能變成一個有用的製程改善工具。

管制圖也可用來做爲估計之工具，當製程是在管制內時，則可預測一些製程參數，例如平均數、標準差、不良率等。這些估計值可以用來決定一個製程生產合格品之能力，稱爲製程能力分析 (process capability analysis)。製程能力分析 (請參見本書第 7 章) 對於在產品壽命週期內所發生的許多管理決策問題有很大的影響，例如自製或外購之決策，降低製程變異之改善績效的確認及與供應商或顧客之間有關品質的合約。

管制圖可以分爲兩大類，若品質特性可以用數值來量測並表示時，則稱爲計量值 (variable)。在此種情況下，一般是用集中趨勢 (central tendency) 之量測及變異性 (variability) 之量測來描述品質特性。用來管制計量值品質特性的管制圖稱爲計量值管制圖 (variable control charts)。但有些品質特性並不能以計量或連續尺度來表示，例如：依據某些特性判別是合格品或不合格品，或者是計算每一件產品上之不合格點數，用來管制此類品質特性的管制圖稱爲計數值管制圖 (attribute control charts)。

管制界限之修改是管制圖應用的一個重要議題。管制界限修改之時機包含：(1) 爲了製程改善，我們改變製程之參數，而且其效益已經過證實；(2) 一個製程剛開始使用管制圖，在抽樣、量測及繪圖都已熟練後，可考慮修改管制界限。管制界限之修改必須慎重考慮，一般之修改原則：(1) 根據時間：每星期、每月；(2) 根據樣本組數：每 25、50、100 組樣本修正一次。在修正管制界限時，仍要蒐集足夠之數據 (20 組以上)，以計算管制界限。上述修正原則僅供參考，因爲每一種製程之產量、生產速度、抽樣頻率均不相同。

管制圖在品質管制上是一個非常重要之技術，使用管制圖將能帶來下列優點和好處：

1. 提供採取修正行動之時機

管制圖可以告知何時製程存在問題，必須採取修正行動。

2. 品質改善

管制圖除了被用來管制一個製程外，管制圖還可以作爲開始進行品質改善和評估品質改善之基礎。

3. 改善生產力

管制圖之有效運用可降低報廢和重工。報廢和重工的降低代表生產力增加、成本降低和產能之增加。

4. 預防不良品

管制圖爲一預防性之管理工具，強調第一次就做對，它比事後之檢驗更能提升產品之品質。

5. 預防不需要之製程調整

由管制圖可獲知調整製程參數之最佳時機，以避免因過度調整，使製程變異性增加，造成製程成效惡化。

6. 提供矯正行動之型式

管制圖上之非隨機性樣式 (nonrandom patterns) 可以提供診斷製程異常之情報。一個非隨機性模型通常是由一組可歸屬原因所造成。由管制圖上之非隨機性樣式可了解製程何時爲異常，並可縮小尋找問題原因之範圍，降低診斷時間 (見本書第 7 章)。

7. 提供製程能力之資訊

管制圖可提供製程參數、製程之穩定程度和製程能力等資訊，對於產品和製程之設計者非常有幫助。

8. 設立產品規格

由管制圖所提供之製程能力方面的資訊，可用來協助決定實際之產品規格。

6.3.1 管制圖之統計原理

管制圖可以說是統計假設檢定 (見本書第 5 章) 之圖形表示法。使用管制圖可以視爲利用假設檢定來判定製程是否爲統計管制內。將樣本統計量描繪在管制圖上，可視爲執行一次假設檢定。一點落在管制界限內相當於不能拒絕製程是在管制內之虛無假設；另一方面，一點落在管制界限外相當於拒絕接受製程爲管制內之假設。如同統計假設檢定，管制圖之型 I 誤差是指當製程實際爲管制內時，卻誤判爲管制外之機率；型 II 誤差相當於製程實際爲管制外，卻誤判爲統計管制內之機率。

管制圖可以用一個通式來表示。設 y 爲一品質特性之樣本統計量，y 之平均數 μ_y 爲，標準差爲 σ_y ，則

$$\text{UCL} = \mu_y + k\sigma_y$$
$$\text{CL} = \mu_y$$
$$\text{LCL} = \mu_y - k\sigma_y$$

其中 k 爲管制界限至中心線之距離，並以樣本統計量之標準差的倍數來表示。μ_y 和 σ_y 通常爲未知，必須從製程蒐集數據來估計。上述公式表示管制界限是設在距離平均數 (μ_y) k 倍標準差處。k 一般設爲 3，因此我們稱此管制圖爲 3 個 (倍) 標準差管制圖。較大之 k 值可降低管制圖之型 I 誤差，但也將使管制圖偵測異常之能力受損，亦即型 II 誤差將會增加。另一方面，較小之 k 值將使管制圖之型 II 誤差降低 (較靈敏)，但也將使型 I 誤差增加。

我們以一個簡單的例子來說明上述之觀念。假設製程平均數爲 150，製程標準差爲 6，若樣本大小 n 爲 4，利用中央極限定理可知爲趨近常態分配，平均數應爲 150，且樣本平均數之標準差爲

$$\sigma_{\bar{X}} = \frac{\sigma}{\sqrt{n}} = \frac{6}{\sqrt{4}} = 3$$

若設 k 爲一常數3，則上管制界限 (UCL) 及下管制界限 (LCL) 可寫爲

$$\text{UCL}=150+3(3)=159$$
$$\text{LCL}=150-3(3)=141$$

對一給定之標準差，管制界限間之寬度與樣本大小成反比。選擇 k 值相當於爲 H_0：$\mu=150$, H_a：$\mu \neq 150$ 之假設檢定設定臨界區域。管制圖可視爲在不同時間點，重複做統計假設檢定。上述之觀念請參考圖 6-5。

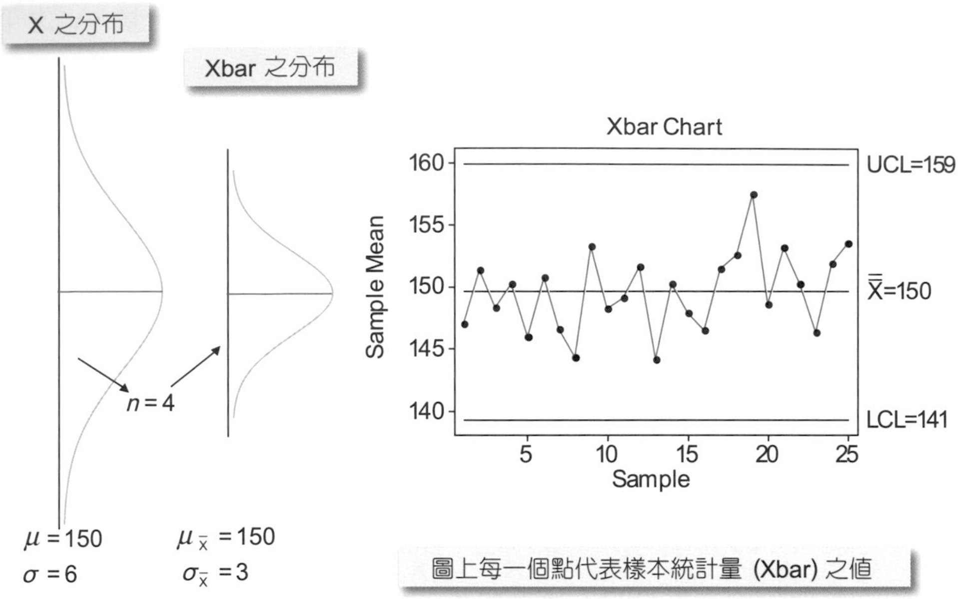

圖 6-5 管制圖之原理

6.3.2 管制界限之選擇

管制界限之決定在管制圖之使用上爲一重要之決策。將管制界限移離平均線將會減少型 I 誤差之發生，但需注意的是將管制界限加寬也將會使型 II 誤差增加，亦即當製程實際是管制外，但由於點均落在管制界限內，而誤認製程爲管制內。

圖 6-6 可以用來說明管制界限寬度對於型 I 和型 II 誤差之影響。在圖 6-6(a) 中，我們可以看出製程平均數維持在 CL，如果管制界限爲 UCL 和 LCL，其型 I 誤差爲 α，若將管制界限改爲 UCL* 和 LCL* (較窄)，則落在 UCL* 和 LCL* 以外之機率會增加，此現象代表型 I 誤差增加。另一方面，在圖 6-6(b) 中，製程平均數已由 μ_0 移至 μ_1，若管制界限爲 UCL 和 LCL，則落在管制界限內之面積代表型 II 誤差 β 之大小。如果我們採用的管制界限爲 UCL* 和 LCL*，則落在管制界限內之機率將更大，而落在管制界限外之機率將更小，此代表愈不容易偵測到製程參數已改變。

當品質特性爲常態分配時，使用 3 倍標準差之管制界限的型I誤差爲 0.0027，亦即製程爲正常時，在 10000 點中將出現 27 次錯誤之警告。除了直接使用標準差之倍數做爲管制界限外，亦可規定型 I 誤差之機率以計算相對之管制界限，此種管制界限稱爲機率界限 (probability limits)。例如以 0.001 爲單邊之型 I 誤差時，由常態分配表可知標準差之倍數爲 3.09，這種管制界限稱爲「0.001 機率界限」。在美國通常是利用標準差之倍數做爲管制界限，而在英國或其他歐洲國家則是使用機率水準爲 0.001 之機率界限。

除了一般管制界限外，我們亦可在管制圖上加入另一組界限 (在原來之管制界限的內側)，稱爲警告界限 (warning limits)。當一點落在警告界限外但在管制界限內時，可作爲一種警告用途，表示製程可能存在可歸屬原因，如果連續兩點落在該區間內，則表示製程已受到可歸屬原因影響。

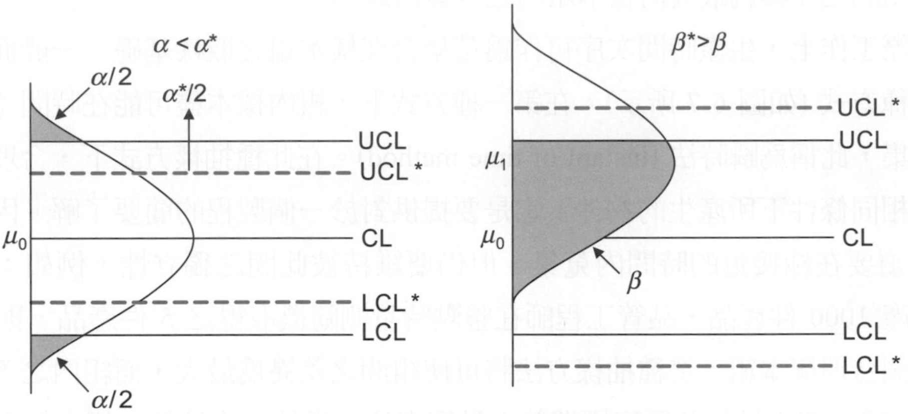

(a) 較窄之管制界限造成型 I 誤差增加　(b) 較寬之管制界限造成型 II 誤差增加

圖 6-6 管制界限對型 I 和型 II 誤差之影響

6.3.3 樣本大小及抽樣頻率

在設計管制圖時，我們必須決定樣本之大小及抽樣之頻率。一般而言，大樣本可以很容易地偵測出製程之小量跳動 (偏移)。選定樣本大小時，必須先決定所要偵測之製程跳動的大小。當製程跳動量相當大時，則可使用小樣本，反之若製程跳動小時則最好使用大樣本。

除了決定樣本大小外，我們同時需決定抽樣之頻率。次數頻繁地抽取大樣本將可以提供較多之製程資訊。但受到資源之限制，此並非可行之抽樣方法。較可行之方法是在長時間間隔下取大樣本，或短時間間隔下取小樣本。在實務上，後者之抽樣方式較常採用。製程穩定與否也影響樣本大小和抽樣頻率。當製程穩定且在管制內時，我們通常會使用較長之抽樣間隔。若製程變異性有變大之趨勢時，則會考慮較小之抽樣間隔。在大量生產或有多種可歸屬原因出現下，較適合以小樣本而高頻率之抽樣。除了上述之考慮因素外，獲得品質資訊之成本和未發現不合格品所造成之損失，也可作爲決定抽樣頻率之依據。

6.3.4 合理樣本組

管制圖之使用是根據合理樣本組 (rational subgroups) 之概念來蒐集樣本數據。利用合理樣本組之目的是為了區分一個製程中之兩種變異：組內變異 (within subgroup variation) 和組間變異 (between subgroup variation)。一般而言，這代表當可歸屬原因出現時，樣本組間之差異為最大而樣本組內之差異為最小。

在實際工作上，生產時間次序可作為蒐集合理樣本組之取樣基礎。一般而言，抽樣有下列兩種方式 (如圖 6-7 所示)。在第一種方式下，組內樣本盡可能在時間差距很短之情況下蒐集，此稱為瞬時法 (instant of time method)。在此種抽樣方式下，合理樣本組是指一組在相同條件下所產生的物件，它是要提供對於一個製程的簡要了解。因此，組內之樣本必須要在極接近的時間內蒐集，但仍要維持彼此間之獨立性，例如：一部機器每小時生產 1000 件產品，品管工程師在整點時量測隨機取得之 5 件產品，則此 5 件產品代表一個合理樣本組。這種抽樣方法將可使組間之差異為最大，而組內之差異為最小 (同質性較高)，它也是估計製程標準差之最好方法。另外，由於每一樣本組對應於某一時間點，因此對於診斷可歸屬原因較為方便。

在第二種方式下，樣本組內之數據為來自於上次抽樣後具代表性之產品。此種抽樣方式之每一樣本可視為在抽樣間隔內之隨機樣本。此種抽樣方式有時稱為定時法 (period of time method) 或稱分散式抽樣 (distributed sampling)，這種抽樣方法通常是應用在決定自上次抽樣後之產品是否可接受時所使用。

在上述兩種蒐集樣本之方法中，以瞬時法較為常用。當製程存在平均數瞬間跳動 (sudden shift) 時，瞬時法較容易偵測到此製程之變化。如果製程平均數是定期的跳動，而且跳動後會再回復到正常水準，則瞬時法並無法有效地偵測到此種變化，除非平均數之跳動剛好出現在抽樣這一段時間內。

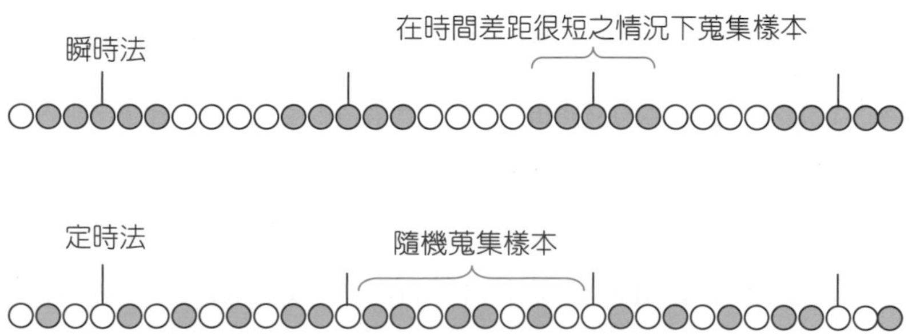

圖 6-7 瞬時法與定時法抽樣方式之比較

除了以生產之時間次序爲基準外，在抽樣時也需考慮生產製造上之特性。一個重要之原則是樣本組所來自之批必須是具有同質性，這也代表可能需要依機器別、作業員別使用不同管制圖來管制。例如產品可由多部機器加工，這些機器之使用程度或製程能力可能並不相同，若將來自於多部機器之樣本數據混合在一起，則無法判斷某些機器是否在管制外。一個較合理之作法是對不同機器之輸出，以不同之管制圖管制。另外，同一機器上之不同加工頭或同一產品上不同位置之相同品質特性，也會有類似之問題。

6.3.5 管制圖之研判

使用管制圖的目的之一是要決定製程是否爲管制外，以便採取改善措施。傳統之蕭華特管制圖只考慮最近之一點是否落在管制界限內，作爲製程是否在管制內之依據。但所有點均落在管制界限內，並不能保證製程爲統計管制內。爲了彌補傳統管制圖之缺失，專家學者另外提出一些測試法則來判斷製程數據，在文獻上，這些法則稱爲輔助法則 (supplementary rules) 或敏感性法則 (sensitizing rules)。較常用的法則有區間測試 (zone tests) (Western Electric, 1956) 及連串測試 (run tests) (Grant 和 Leavenworth, 1988)。

區間測試可適用於管制圖之兩側，它將管制圖之兩側各區分爲三個區間，每一個區間之寬度爲一個標準差，如圖 6-8 所示。區間測試包含下列 4 個法則：

WE1. 一點落在 A 區以外 (超出管制界限)。
WE2. 連續三點中有二點落在 A 區或 A 區以外。
WE3. 連續五點中有四點落在 B 區或 B 區以外。
WE4. 連續八點在中心線之同一側。

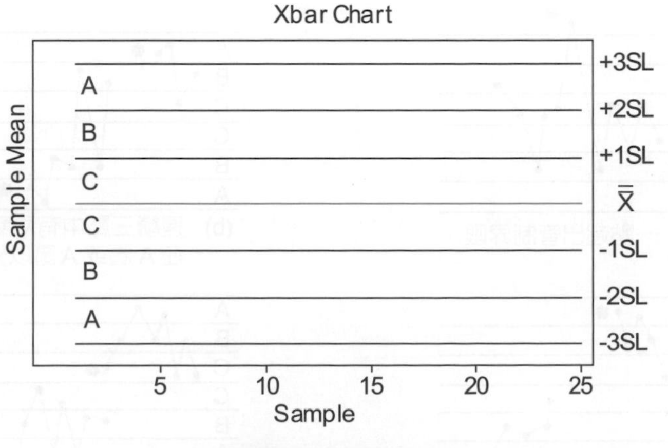

圖 6-8 區間測試法

上述法則有一成立時，則判斷製程在管制外。區間測試法則之範例請參考圖 6-9。

連串測試包含下列法則：

GL1. 連續七點落在中心線之同一側。

GL2. 連續十一點中有十點落在中心線之同一側。

GL3. 連續十四點中有十二點落在中心線之同一側。

GL4. 連續十七點中有十四點落在中心線之同一側。

GL5. 連續二十點中有十六點落在中心線之同一側。

爲了偵測管制圖上之非隨機性變化，Nelson (1984, 1985) 建議以下列四個法則來測試管制圖：

NE1. 連續六點持續地上升或下降 (趨勢變化)。

NE2. 連續十四點交替著上下跳動 (系統性樣式)。

NE3. 連續十五點在中心線上下兩側之 C 區 (層別樣式)。

NE4. 連續八點在中心兩側但無點在 C 區 (混合樣式)。

Nelson法則之範例請參考圖 6-10。這些法則主要是用來偵測非隨機性樣式 (又稱非自然樣式 (unnatural patterns)，見本書第 7 章)。

以上所介紹之測試法則並非固定，讀者也可自行設計 (Minitab 統計軟體允許使用者設計不同之法則)，但必須了解測試法則所帶來之影響。一般來說，使用測試法則對管制圖會帶來兩種效果：(1) 型 I 誤差會增加，亦即正常之製程被誤判爲管制外之機率會增加；(2) 型 II 誤差會降低，當製程存在可歸屬原因時，使用測試法則可以更快地偵測到製程之異常變化。

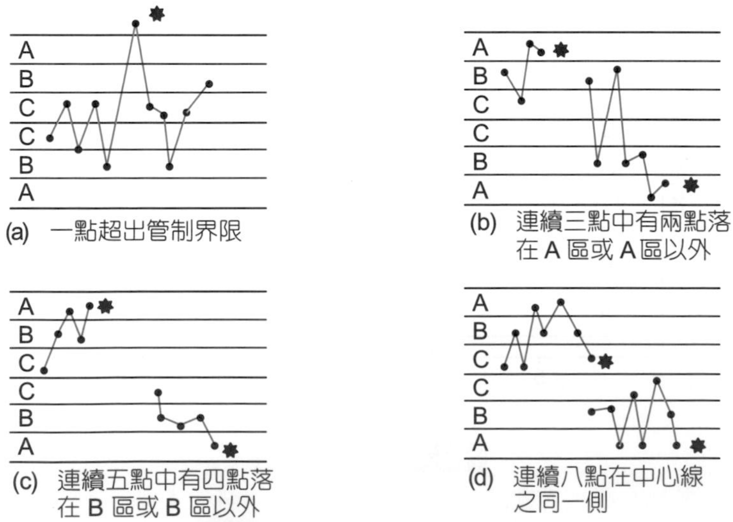
A
B
C
C
B
A
(a) 一點超出管制界限
(b) 連續三點中有兩點落在 A 區或 A 區以外
(c) 連續五點中有四點落在 B 區或 B 區以外
(d) 連續八點在中心線之同一側

圖 6-9 區間測試法則之範例

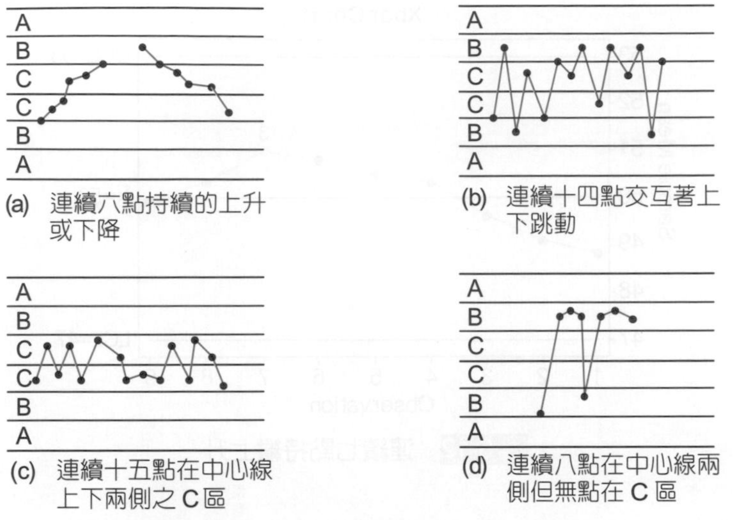

圖 6-10 偵測非隨機性樣式之測試法則

一些軟體 (如 Minitab) 會在管制圖上標示違反的法則 (圖 6-11)。以 Minitab 軟體而言，當一個點同時違反數個法則時，Minitab 會在圖上標示編號最小之法則。對於以上所介紹之法則，有幾點必須提出來說明。第一，WE4 法則爲「連續八點在中心線之同一側」，但也有學者或電腦軟體建議使用「七或九點在中心線之同一側」。第二，NE1 法則對偵測數據之趨勢變化並無幫助，反而增加錯誤警告。第三，有些軟體對 NE1 和 NE2 法則有不同之解釋，例如必須出現七點持續上升 (或下降)，Minitab 才會出現警告 (參考圖 6-12)，NE2 則是要有 15 點交替著上、下跳動 (參考圖 6-13)。

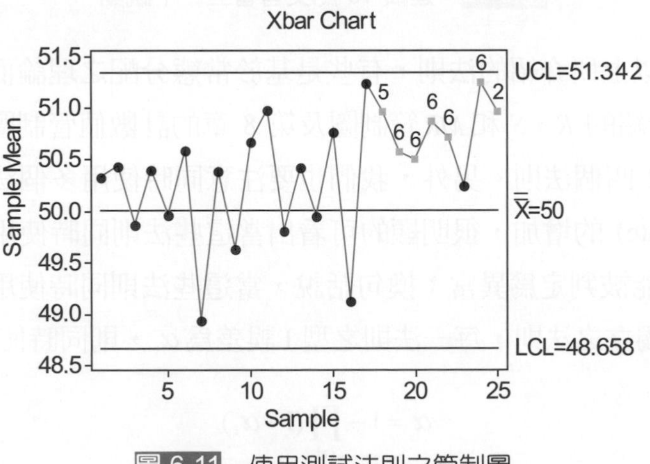

圖 6-11 使用測試法則之管制圖

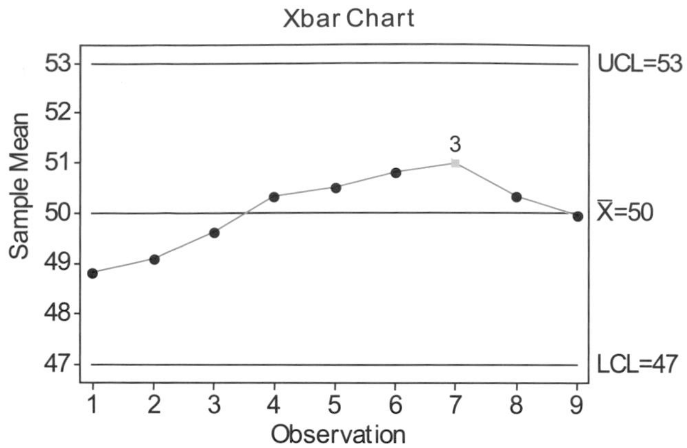

圖 6-12 連續七點持續上升

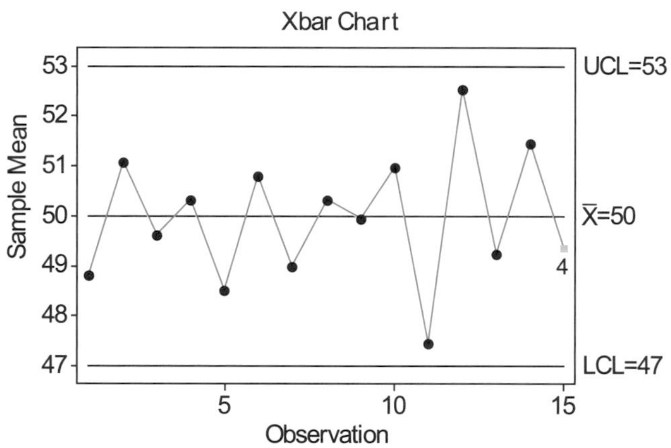

圖 6-13 連續 15 點交替著上、下跳動

我們必須注意以上所介紹的法則，有些是基於常態分配之理論而建立。部分管制圖 (例如：第 7 章所介紹的 *R*、*S* 和 *MR* 管制圖及第 8 章的計數值管制圖) 只能使用 WE1、WE4、NE1 和 NE2 四個法則。另外，我們也要注意同時使用多個法則所造成之錯誤警告率 (false alarm rate) 的增加，很明顯的可看出當這些法則同時使用時，一組實際爲隨機分配之數據也可能被判定爲異常；換句話說，當這些法則同時使用時，型 I 錯誤將會增加。假設有 r 個獨立之法則，每一法則之型 I 誤差爲 α_i，則同時使用時之型 I 誤差爲

$$\alpha = 1 - \prod_{i=1}^{r}(1-\alpha_i)$$

若有 4 個法則，其 α 值各爲 0.02, 0.01, 0.10 及 0.05，則同時使用四個法則之整體型 I 誤差 α 爲

$$\alpha = 1 - (0.98)(0.99)(0.90)(0.95) = 0.17$$

上述公式假設測試法則間爲獨立，但實際上各法則間可能不爲獨立，因此，上述公式所得之結果僅爲一近似值。

例6-1 請根據 Western Electric 之四個區間測試法則分析下列管制圖，寫出在第幾組違反哪一個法則。

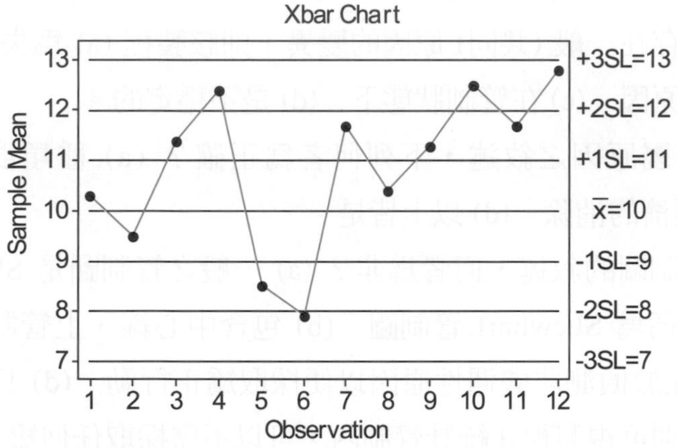

解答：

第 7-11 點發現連續 5 點中有 4 點在 B 區或 B 區以外 (WE 3 法則)。

第 8-12 點發現連續 5 點中有 4 點在 B 區或 B 區以外。

第 10-12 點也發現連續 3 點中有 2 點在 A 區或 A 區以外 (WE 2 法則)。

請注意：雖然在第 4-6 點中，第 4 點和第 6 點雖然落在 A 區，但屬於中心線之不同側，因此並未違反 WE 2 法則。

同樣的，在第 2-6 點中，第 4-6 點落在 B 區和 B 區外，但第 3 點和第 4 點落在中心線上側之 B 區和 B 區外，而第 5 點和第 6 點落在中心線下側之 B 區和 B 區外，屬於中心線之不同側，因此並未違反 WE 3 法則。

本章習題

一、選擇題

(　) 1. 假設$\overline{X}$管制圖之型 I 誤差為 0.04，則此管制圖平均經過多少組樣本後才會出現一次誤判？ (a) 150　(b) 370　(c) 25　(d) 200。

(　) 2. 製程中若只存在一般 (共同) 原因的變異，則該製程 (a) 為失去管制　(b) 必須探索可歸屬的原因　(c) 在管制狀態下　(d) 是不穩定的。

(　) 3. 有關於可歸屬原因之敘述，下列何者為正確？ (a) 種類很少　(b) 偶爾發生　(c) 可以很經濟的消除　(d) 以上皆是。

(　) 4. 以下對於管制圖的敘述，何者為非？ (a) 一般之管制圖是 Shewhart 博士發展出來的，故又稱為 Shewhart 管制圖　(b) 包含中心線、上管制界限與下管制界限　(c) 其目的在於偵測非機遇性原因以便採取矯正行動　(d) 只要樣本點都落在管制界限內，則可視製程在統計管制內，可以不需採取任何矯正行動。

(　) 5. 有關於一般原因之敘述，下列何者為正確？ (a) 可經濟性地消除　(b) 種類很少　(c) 隨時存在　(d) 對製程的影響性很大。

(　) 6. 下列製程變異的原因，何者是屬於「機遇原因」？ (a) 不正確的原料　(b) 機器之微量振動　(c) 不正確的操作方法　(d) 工具之誤用。

(　) 7. 若製程在管制內時，發現連續 8 點在管制中心線同一側之機率為？ (a) 0.5^8　(b) 0.36^8　(c) 0.5^7　(d) 0.5^9。

(　) 8. 當每組樣本大小 (n) 增加時，管制圖之管制界限寬度將 (a) 變窄　(b) 變寬　(c) 不變　(d) 不一定。

(　) 9. $\overline{X}$管制圖上出現平均數瞬間偏移之樣式，最有可能是由於下列何原因所造成？ (a) 溫度或溼度的循環影響　(b) 製程參數條件更改　(c) 工具或模具損耗　(d) 季節變化。

(　)10. 以下敘述何者為非？ (a) 管制圖之管制界限是由規格來決定　(b) 管制圖不只是應用於製程管理，也可應用於製程解析　(c) 即使製程未變化，管制圖上也會出現超出管制界限外的點　(d) 管制圖是一種以統計的方式判定製程有無異常的工具。

(　)11. 對於製程變異原因之敘述，下列何者為正確？ (a) 可歸屬原因之影響性比機遇原因小　(b) 可歸屬原因之種類通常較機遇原因為多　(c) 可歸屬原因為持續存在　(d) 可歸屬原因為偶爾發生，但影響性很大。

(　)12. 下列何者爲非？ (a) 管制圖選取樣本組的基本原則是「組間均勻，組內變異大」 (b) 管制特性的選擇以易於測定或是易突顯製程異常之項目爲佳 (c) 管制圖之管制界限，在製程未變更的狀況下也必須定期重新檢視 (d) 即使管制圖呈現管制狀態內，我們也無法斷定其製程績效良好。

(　)13. 使用管制圖時，若將 3 個標準差的管制界限改爲 2 個標準差的管制界限，則 (a) 型 I 誤差變小 (b) 型 II 誤差變大 (c) 型 I 誤差不變 (d) 型 I 誤差變大。

(　)14. 統計製程管制圖的虛無假設 (null hypothesis) 爲 (a) 製程不穩定 (b) 製程處於管制狀態 (c) 製程處於非管制狀態 (d) 出現特殊原因。

(　)15. 下列關於管制圖之敘述，何者爲錯誤？ (a) 可以用來區分一般原因和特殊原因所造成之變異 (b) 下管制界限不能是負值 (c) 屬於 SQC 之工具 (d) 以上皆非。

(　)16. 可以用來區分一般原因和特殊原因的是哪一種手法？ (a) 特性要因圖 (b) 管制圖 (c) FMEA (d) 以上皆非。

(　)17. 下列關於管制圖之敘述，何者爲正確？ (a) 管制上限以 USL 表示 (b) 由 Deming 所發明 (c) 分爲計量值和計數值管制圖兩類 (d) 屬於品管新七手法之一種。

(　)18. 我們之所以稱 SPC 爲被動式的品管手法，是因爲 (a) 沒有考慮型 II 誤差 (b) 只要製程是穩定且在管制內時，就不會去調整製程參數 (c) 無法提供如何調整製程參數之資訊 (d) 無法找出造成製程問題之原因。

二、問答題

1. 說明不適合統計製程管制之生產形態或時機。
2. 請詳細說明管制圖與統計假設檢定之關係。
3. 請以偵測製程異常之觀點來說明在固定時間抽樣所可能造成之缺點。
4. 在統計製程管制中，多數學者對合理樣本之定義爲：「選擇適當之樣本，使得樣本組內之變異最小，而組間之變異最大」，請說明理由。
5. 「在進行統計製程管制前，製程必須在管制內」，說明此段話之眞正涵意。
6. 在 Shewhart 管制圖中，型 II 誤差是隨著樣本大小 n 之減少而增加，但多數學者仍建議使用較小之 n。請說明理由。
7. 說明機遇原因與可歸屬原因之差別，分別各舉一例。
8. 定義並解釋管制圖中之型 I 和型 II 誤差。
9. 說明管制界限之寬度如何影響管制圖之型 I 和型 II 誤差。

10. 說明在使用管制圖時，如何選取合理樣本組。
11. 說明使用管制圖之目的。
12. 說明使用管制圖所能帶來之好處。
13. 何謂管制圖之警告界限？請說明它們如何應用。
14. 若一個製程處於統計管制內，此是否意味產品一定是符合規格？
15. 若管制圖顯示製程為管制內，請問此是否代表製程已經很穩定，不需要進行任何改善？
16. 在應用管制圖時，我們會使用一些輔助法則 (如區間測試法則)，請說明使用這些法則對管制圖效益的影響。
17. 在統計製程管制中，我們會利用管制圖來區別製程存在可歸屬原因或機遇原因，請說明在管制圖之應用中，我們如何提升管制圖偵測可歸屬原因之靈敏度。

Chapter 7

計量值管制圖

章節概要和學習要點

一個品質特性如果可以用數值的尺度來衡量，則稱之為計量值 (variable)。例如：長、寬、溫度和容積的量測。本章除了介紹一些傳統的計量值管制圖外，同時也將介紹時間加權 (time-weighted) 管制圖。這種管制圖對於製程微量變動的偵測比傳統蕭華特管制圖更有效率，為了評估品質特性符合規格之能力，我們將學習製程能力分析和製程能力指標。最後，本章也介紹為了因應現代複雜生產方式之特殊用途管制圖，例如監控同一個製程之不同料號產品的 $Z-MR$管制圖；監控產品件內和件間變異的 I-MR-R/S 管制圖。

透過本課程，讀者將可了解：

- 計量值管制圖之統計基礎。
- 如何建立計量值管制圖。
- 如何設計和建立時間加權管制圖。
- 如何區別管制圖上之非隨機性樣式和其原因。
- 如何利用管制圖之資訊來估計製程能力和計算製程能力指標。
- 如何設計和建立 $Z-MR$管制圖、I-MR-R/S 管制圖。
- 如何利用電腦軟體建立和分析管制圖，以及利用電腦軟體進行製程能力分析。

7.1 概論

第 6 章所介紹的是管制圖之基本觀念，本章之重點則是在介紹管制計量值數據之管制圖。計量值數據是由可以用數值尺度 (numerical scale) 量測之品質特性上量測得到，例如：長度、厚度、外徑、黏度等。對於計量值品質特性，其平均數和變異性都可提供有關製程之重要情報，因此這兩者之統計量必須管制，以便使製程能夠在管制內。

圖 7-1 可以用來說明爲什麼平均數和變異性都須加以管制。在圖 7-1(a) 中，我們可以看出平均數偏移將會使不合格率增加；而在圖 7-1(b) 中，變異性增加也會使不合格率增加。

一般來說，計量值資料可以比計數值資料提供更多之資訊。計數值數據只能提供定性之資訊 (例如一件產品是否合格)，但並未顯示一個品質特性不合格之程度。例如某一品質特性之規格爲 100±0.2 *mm*，則具有 100.5 *mm* 與 98.9 *mm* 品質特性之產品都爲不合格，但兩者差異卻很大。從上述說明可以看出計數值資料損失了一些情報。

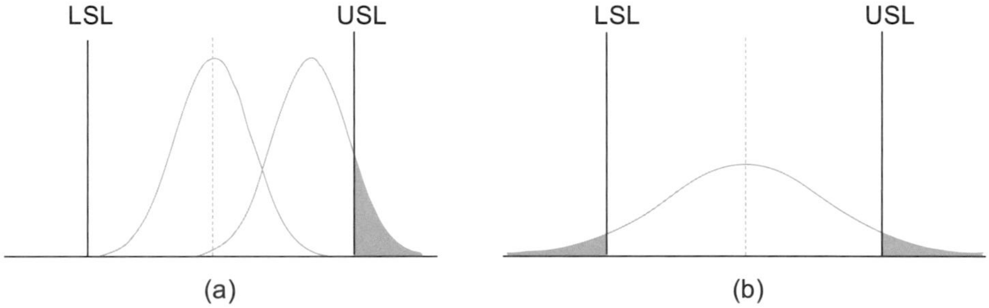

圖 7-1 平均數和變異性改變對不合格率之影響

獲得計量值資料之成本通常遠高於計數值數據，此乃因爲計數值品質特性之檢驗可以利用簡單之 go/no-go 量規來檢驗。當使用自動化檢驗設備時，計量值與計數值品質特性之變動檢驗成本可能相差不遠，但計量值品質特性之檢驗仍有較高之固定檢驗成本 (檢驗設備之投資)。

7.2 平均數與全距管制圖

在計量值管制圖中，$\overline{X}$–R 管制圖爲最常用的一種品質管制技術，此兩種管制圖通常一起使用。$\overline{X}$ (平均數) 管制圖是用來管制製程平均數之變化，亦即數據分配之集中趨勢的變化。R (全距) 管制圖則是用來管制製程變異性或散佈之變化。

假設一品質特性符合常態分配，其平均數爲μ，標準差爲σ，若從製程中抽取一組樣本大小爲 n 之樣本，其數值爲 $X_1, X_2, ..., X_n$，則此組樣本之組平均數爲

$$\overline{X} = \frac{\sum_{i=1}^{n} X_i}{n}$$

從中央極限定理可知，$\overline{X}$將爲$N(\mu,\sigma^2/n)$之分配，亦即$\overline{X}$之平均數$\mu_{\overline{X}} = \mu$, $\overline{X}$之標準差$\sigma_{\overline{X}} = \sigma/\sqrt{n}$。管制組平均數$\overline{X}$之管制圖即稱爲$\overline{X}$管制圖，由管制界限之通式可知，$\overline{X}$管制圖之管制界限爲

$$\begin{aligned} \text{UCL}_{\overline{X}} &= \mu_{\overline{X}} + 3\sigma_{\overline{X}} = \mu + 3\frac{\sigma}{\sqrt{n}} \\ \text{CL}_{\overline{X}} &= \mu_{\overline{X}} = \mu \\ \text{LCL}_{\overline{X}} &= \mu_{\overline{X}} - 3\sigma_{\overline{X}} = \mu - 3\frac{\sigma}{\sqrt{n}} \end{aligned}$$

即使品質特性不符合常態分配，只要 n 夠大，則上述管制界限仍可視爲正確。

由於μ和σ通常爲未知，因此我們必須從製程數據來估計此兩個製程參數。假設今從製程蒐集 m 組 ($m \geq 20$) 樣本大小爲 n 之樣本，各組之組平均數爲 $\overline{X}_1, \overline{X}_2, ..., \overline{X}_m$，則總平均數爲

$$\overline{\overline{X}} = \frac{\sum_{i=1}^{m} \overline{X}_i}{m}$$

$\overline{\overline{X}}$可當作μ之估計值，此數值也將成爲$\overline{X}$管制圖之中心線，獲得$\overline{\overline{X}}$後，$\overline{X}$管制圖之管制界限可寫成

$$\begin{aligned} \text{UCL}_{\overline{X}} &= \mu_{\overline{X}} + 3\sigma_{\overline{X}} = \overline{\overline{X}} + 3\frac{\sigma}{\sqrt{n}} \\ \text{CL}_{\overline{X}} &= \mu_{\overline{X}} = \overline{\overline{X}} \\ \text{LCL}_{\overline{X}} &= \mu_{\overline{X}} - 3\sigma_{\overline{X}} = \overline{\overline{X}} - 3\frac{\sigma}{\sqrt{n}} \end{aligned}$$

上式中，σ仍爲未知。製程標準差σ (或稱個別數據之標準差) 並非從製程數據直接估計，而是利用σ與全距之關係來間接估計。組全距定義爲一組數據中之最大值減最小值，在蒐集到之 m 組樣本中，假設組全距分別爲 $R1, R2, ..., Rm$，則組全距之平均數爲

$$\overline{R} = \frac{\sum_{i=1}^{m} R_i}{m}$$

若從常態分配抽樣，則相對全距 (relative range) $W = R/\sigma$, W 爲樣本大小 n 之函數。W 之平均數 (或期望值) 爲 d_2(參見附表 1)。由$\sigma = R/W$，可得

$$E(\sigma)=\hat{\sigma}=E\left(\frac{R}{W}\right)=\frac{E(R)}{E(W)}=\frac{E(R)}{d_2}$$

由於 $E(R)=\overline{R}$，因此 $\hat{\sigma}=\overline{R}/d_2$。在獲得標準差之估計值後，$\overline{X}$管制圖之管制界限可改寫成

$$\begin{aligned}\text{UCL}_{\overline{X}}&=\mu_{\overline{X}}+3\sigma_{\overline{X}}=\overline{\overline{X}}+3\frac{\sigma}{\sqrt{n}}\\&=\overline{\overline{X}}+3\frac{(\overline{R}/d_2)}{\sqrt{n}}=\overline{\overline{X}}+3\frac{\overline{R}}{d_2\sqrt{n}}\\\text{CL}_{\overline{X}}&=\mu_{\overline{X}}=\overline{\overline{X}}\\\text{LCL}_{\overline{X}}&=\mu_{\overline{X}}-3\sigma_{\overline{X}}=\overline{\overline{X}}-3\frac{\overline{R}}{d_2\sqrt{n}}\end{aligned}$$

爲了簡化計算程序，我們可設

$$A_2=\frac{3}{d_2\sqrt{n}}$$

其中 $A2$ 與 n 有關，可由附表1獲得。在實務工作上，我們將$\overline{X}$管制圖之管制界限簡化爲

$$\begin{aligned}\text{UCL}_{\overline{X}}&=\overline{\overline{X}}+A_2\overline{R}\\\text{CL}_{\overline{X}}&=\overline{\overline{X}}\\\text{LCL}_{\overline{X}}&=\overline{\overline{X}}-A_2\overline{R}\end{aligned}$$

管制組全距之管制圖稱爲 R 管制圖，其管制界限可寫成

$$\begin{aligned}\text{UCL}_R&=\mu_R+3\sigma_R=\overline{R}+3\sigma_R\\\text{CL}_R&=\mu_R=\overline{R}\\\text{LCL}_R&=\mu_R-3\sigma_R=\overline{R}-3\sigma_R\end{aligned}$$

上述各式中，σ_R仍爲未知，同樣的我們可從相對全距來估計。由$W=R/\sigma$，可得

$$R=\sigma W$$

另外由$V(R)=V(\sigma W)=\sigma^2V(W)$，可得全距之標準差爲

$$\sigma_R=\sigma\sigma_W$$

相對全距 W 之標準差爲 $d3$ (見附表1)，因此上式又可寫成

$$\sigma_R=d_3\sigma$$

先前已說明$\hat{\sigma} = \overline{R}/d_2$，因此

$$\hat{\sigma}_R = d_3\left(\frac{\overline{R}}{d_2}\right)$$

獲得$\hat{\sigma}_R$後，我們可將 R 管制圖之管制界限寫成

$$\begin{aligned}
\mathrm{UCL}_R &= \mu_R + 3d_3\left(\frac{\overline{R}}{d_2}\right) = \left[1 + \frac{3d_3}{d_2}\right]\overline{R} \\
\mathrm{CL}_R &= \overline{R} \\
\mathrm{LCL}_R &= \mu_R - 3d_3\left(\frac{\overline{R}}{d_2}\right) = \left[1 - \frac{3d_3}{d_2}\right]\overline{R}
\end{aligned}$$

同樣的，為了簡化計算，我們設

$$D_3 = 1 - \frac{3d_3}{d_2},\ D_4 = 1 + \frac{3d_3}{d_2}$$

則 R 管制圖之管制界限可簡化為

$$\begin{aligned}
\mathrm{UCL}_R &= D_4\overline{R} \\
\mathrm{CL}_R &= \overline{R} \\
\mathrm{LCL}_R &= D_3\overline{R}
\end{aligned}$$

一般而言，一張計量值管制圖只能管制一種品質特性，但一般產品上都會有數種品質特性。如果每一種品質特性都用管制圖來管制，則會造成工作上之龐大負擔。一種可行之方法是利用在第 4 章中所介紹之柏拉圖原理，找出影響不合格率或總成本最高之項目來加以管制。

在蒐集品質數據時，一些相關基本資料也要記錄，以供診斷可歸屬原因之依據，例如：樣本組之編號、抽樣之日期和時間、料號、批號、作業名稱、作業員、機器設備名稱、量具、量測單位和製程之變動情形。

在獲得試用管制界限後，我們必須觀察管制圖上是否存在超出管制界限外之點或存在非隨機性之變化。如果上述情形存在，則必須尋找可歸屬原因，並將其對應之點剔除，重新計算管制界限。由於管制界限之改變，原本未超出管制界限之點有可能超出新的管制界限，因此尋找可歸屬原因，計算新管制界限之程序必須重複進行，直到管制圖上沒有超出管制界限外之點且無非隨機性之變化。

在使用 R 管制圖時，一個困惑之問題是超出 LCL_R ($LCL_R > 0$) 之點是否要剔除。從統計觀點來說，超出 LCL_R之點爲管制外，但另一方面，此又代表一種良好之製程狀態(全距愈小愈好，表示變異性小)。因此，首先要查明是否爲計算或登錄之錯誤，若不是這些原因所引起，則可能是由製程方面之原因所造成。此時，我們仍要診斷其原因 (可能是一種我們需要之操作狀態)，找出原因後，應該將製程設定成該種狀態，以便使變異性降低。如果是因製程方面之原因造成點超出LCL_R，則在計算管制界限時，不可將這些點排除在外。

例7-1 製程工程師擬以管制圖監控油封內徑之變化，現蒐集 25 組樣本數據 (表 7-1)，樣本大小 n=5，請建立$\overline{X}$–R管制圖並分析。

表 7-1 $\overline{X}$–R 管制圖數據

組別	數據				
1	49.4	49.8	49.7	49.7	49.5
2	49.4	49.4	49.8	49.5	49.3
3	49.3	49.3	49.5	49.3	49.5
4	49.5	49.6	49.6	49.5	49.8
5	49.5	50.0	49.7	49.9	49.4
6	49.5	49.5	49.4	49.3	49.6
7	49.6	49.6	49.9	49.5	49.6
8	49.4	49.6	49.5	49.3	49.4
9	49.7	50.0	49.8	49.0	49.4
10	49.9	49.5	49.7	49.7	49.6
11	49.7	49.4	49.2	49.4	49.5
12	49.9	49.6	49.5	49.3	49.7
13	49.7	49.6	49.7	49.9	49.5
14	49.2	49.4	49.2	49.3	49.7
15	49.4	49.5	49.6	49.7	49.8
16	49.1	49.4	49.6	49.6	49.3
17	49.6	49.2	49.7	49.6	49.8
18	49.2	49.1	49.6	49.3	49.5
19	49.5	49.7	49.2	49.1	49.5
20	49.6	49.4	49.5	49.8	49.9
21	49.6	49.4	49.4	49.6	49.7
22	49.6	49.3	49.7	49.6	49.6
23	49.5	49.1	49.4	49.5	49.5
24	49.5	49.6	49.2	49.0	49.4
25	49.5	49.4	49.4	49.7	49.7

解答：

首先，根據蒐集到的樣本資料計算$\overline{\overline{X}}$和$\overline{R}$，

$$\overline{\overline{X}} = 1238/25 = 49.52$$

$$\overline{R} = 11.5/25 = 0.46$$

$\overline{X}$ 管制圖之試用管制界限爲：

$$\text{UCL}_{\overline{X}} = \overline{\overline{X}} + A_2\overline{R} = 49.52 + 0.577 \times 0.46 = 49.7853$$

$$\text{CL}_{\overline{X}} = \overline{\overline{X}} = 49.52$$

$$\text{LCL}_{\overline{X}} = \overline{\overline{X}} - A_2\overline{R} = 49.52 - 0.577 \times 0.46 = 49.2547$$

R 管制圖之試用管制界限爲：

$$\text{UCL}_R = D_4\overline{R} = 2.114 \times 0.46 = 0.973$$

$$\text{CL}_R = \overline{R} = 0.46$$

$$\text{LCL}_R = D_3\overline{R} = 0$$

利用 Minitab 軟體所得到之 $\overline{X}$–R 管制圖如圖 7-2 所示，由圖可知 R 管制圖之第 9 組超出上管制界限，因此我們須修正試用管制界限。假設造成第 9 組全距超出管制界限之可歸屬原因已找出且已改善，則剔除第 9 組數據後可得：

$$\overline{\overline{X}} = 1188.42/24 = 49.5175$$

$$\overline{R} = 10.5/24 = 0.4375$$

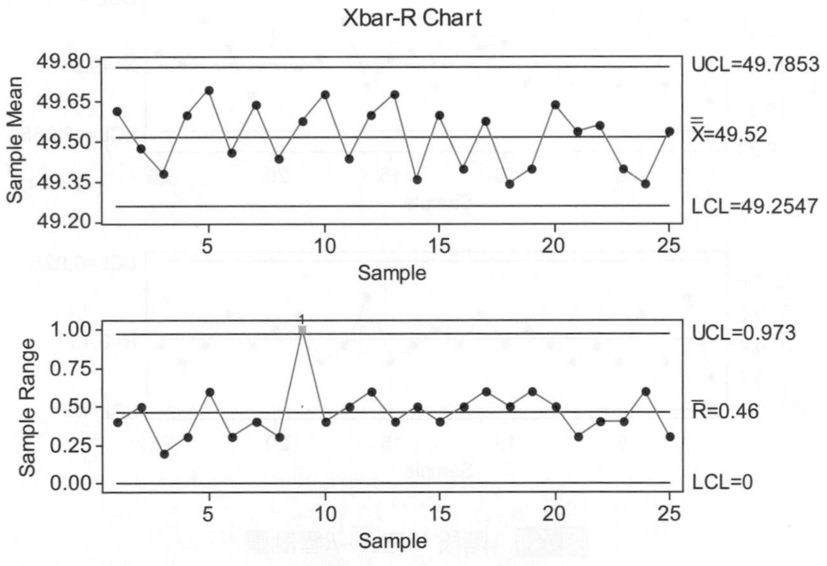

圖 7-2 $\overline{X} - R$ 管制圖

在 Minitab 中，我們可以選擇保留或不呈現管制外的點，圖 7-3 爲修正後之 $\overline{X}$–R 管制圖，管制外的點仍保留以供參考。由圖可看出，製程是在管制內。至此，我們已經完成階段 I 之分析。如果將此組管制界限用來監控未來之製程，則可得到階段 II 之管制圖，如圖 7-4 所示。

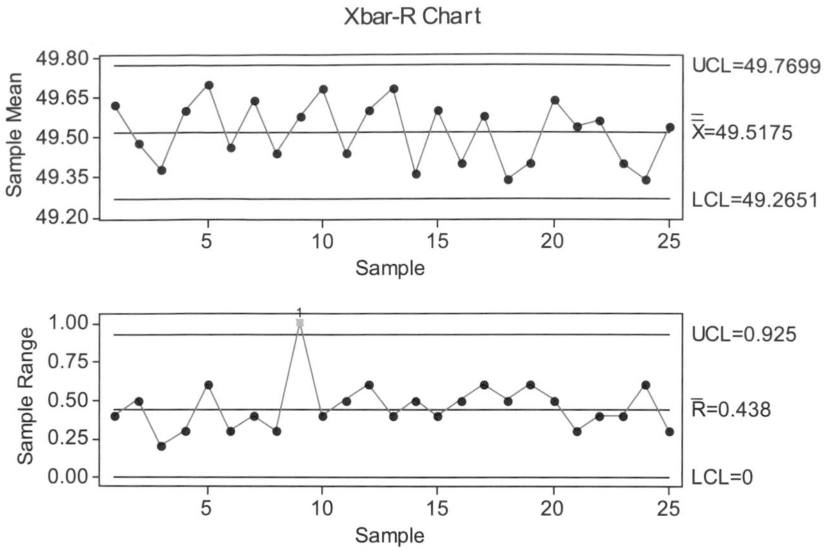

圖 7-3 修正後之$\overline{X}$–R管制圖

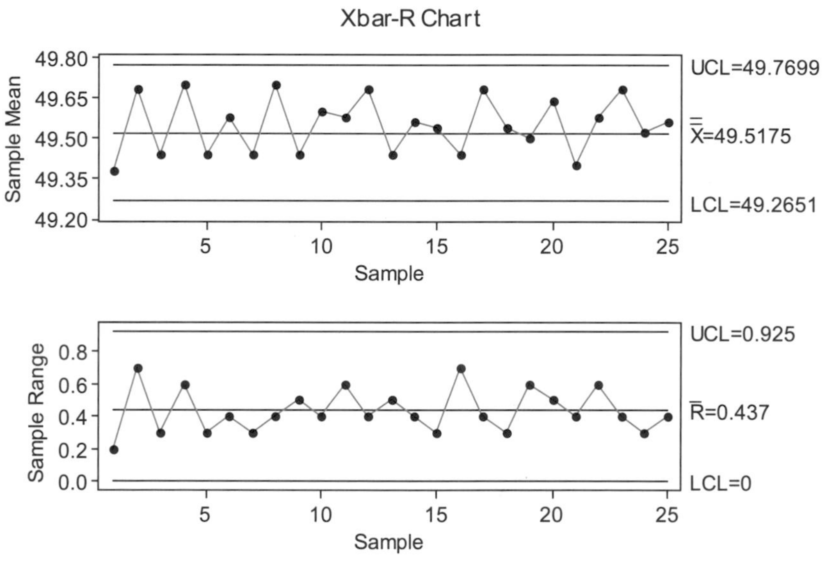

圖 7-4 階段 II 之$\overline{X}$–R管制圖

例7-2 由 n=4 之 25 組樣本獲得$\overline{\overline{X}}$=10.02, $\overline{R}$=2.4708，試計算$\overline{X}$管制圖之 0.01 機率界限(單邊型 I 誤差爲 0.01)。

解答：

$$\hat{\sigma} = \overline{R} / d_2 = 2.4708 / 2.059 = 1.2$$

$$\hat{\sigma}_{\overline{X}} = \hat{\sigma} / \sqrt{n} = 1.2 / \sqrt{4} = 0.6$$

由常態分配表可得

$\Phi(2.326) = 0.990$

(請參見右圖)

因此 0.01 機率界限爲

$$\bar{\bar{X}} \pm (2.326)\sigma_{\bar{X}} = 10.02 \pm (2.326)(0.6)$$
$$= 10.02 \pm 1.3956$$

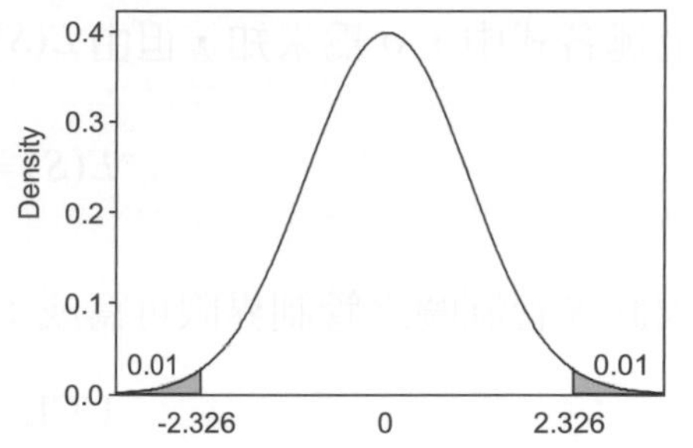

7.3 平均數與標準差管制圖

在實務上，$\bar{X}-R$管制圖之應用非常廣泛，主要是因爲計算相當簡易。當樣本大小 $n>10$時，以樣本全距 R 估計製程變異性不如樣本標準差 S 來得有效率，因此當 $n>10$ 時，我們一般是以 $\bar{X}-S$ 管制圖 (稱爲平均數與標準差管制圖) 來監視計量值品質數據。

樣本標準差可寫成：

$$S = \sqrt{\frac{\sum_{i=1}^{n}(X_i - \bar{X})^2}{n-1}}$$

若品質特性爲常態分配，其標準差爲σ，則樣本標準差之平均數和標準差 (σ_S) 爲：

$$E(S) = c_4\sigma$$
$$\sigma_S = \sigma\sqrt{1-c_4^2}$$

上式中 c_4 與 n 有關，可查附表 1 獲得，c_4 可定義爲：

$$c_4 = \left[\frac{2}{(n-1)}\right]^{1/2} \frac{[(n-2)/2]!}{[(n-3)/2]!}$$

若由製程蒐集 m 組樣本，各組之標準差爲 $S_1, S_2, ..., S_m$，則其平均數爲：

$$\bar{S} = \frac{\sum_{i=1}^{m} S_i}{m}$$

$\bar{S}$可作爲 S 管制圖之中心線，由管制界限之通式可得

$$\text{UCL}_S = \bar{S} + 3\sigma_S = \bar{S} + 3\sigma\sqrt{1-c_4^2}$$
$$\text{CL}_S = \bar{S}$$
$$\text{LCL}_S = \bar{S} - 3\sigma_S = \bar{S} - 3\sigma\sqrt{1-c_4^2}$$

上述各式中，σ 爲未知，但由 $E(S)=c_4\sigma$ 可得

$$E(S)=\bar{S}=c_4\sigma \text{ ， } \hat{\sigma}=\frac{\bar{S}}{c_4}$$

因此 S 管制圖之管制界限可寫成：

$$\begin{aligned}
\mathrm{UCL}_S &= \bar{S}+3\sigma\sqrt{1-c_4^2} \\
&= \bar{S}+3\frac{\bar{S}}{c_4}\sqrt{1-c_4^2} \\
&= \left(1+\frac{3\sqrt{1-c_4^2}}{c_4}\right)\bar{S}
\end{aligned}$$

$$\begin{aligned}
\mathrm{CL}_S &= \bar{S} \\
\mathrm{LCL}_S &= \bar{S}-3\sigma\sqrt{1-c_4^2} \\
&= \bar{S}-3\frac{\bar{S}}{c_4}\sqrt{1-c_4^2} \\
&= \left(1-\frac{3\sqrt{1-c_4^2}}{c_4}\right)\bar{S}
\end{aligned}$$

若設

$$B_3=\left(1-\frac{3\sqrt{1-c_4^2}}{c_4}\right)$$
$$B_4=\left(1+\frac{3\sqrt{1-c_4^2}}{c_4}\right)$$

則 S 管制圖之管制界限可簡化爲：

$$\begin{aligned}
\mathrm{UCL}_S &= B_4\bar{S} \\
\mathrm{CL}_S &= \bar{S} \\
\mathrm{LCL}_S &= B_3\bar{S}
\end{aligned}$$

其中 $B3$、$B4$ 列於附表 1。

因爲 σ 是由$\overline{S}/c_4$來估計，因此$\overline{X}$管制圖之管制界限公式與 7.2 節所介紹的並不相同，$\overline{X}$管制圖之管制界限公式爲：

$$\mathrm{UCL}_{\overline{X}} = \overline{\overline{X}} + 3\frac{\sigma}{\sqrt{n}}$$

$$\mathrm{CL}_{\overline{X}} = \overline{\overline{X}}$$

$$\mathrm{LCL}_{\overline{X}} = \overline{\overline{X}} - 3\frac{\sigma}{\sqrt{n}}$$

若將σ以$\overline{S}/c4$代入，則可得

$$\mathrm{UCL}_{\overline{X}} = \overline{\overline{X}} + 3\left(\frac{\overline{S}}{c_4}\right)\Big/\sqrt{n} = \overline{\overline{X}} + 3\left(\frac{\overline{S}}{c_4\sqrt{n}}\right)$$

$$\mathrm{CL}_{\overline{X}} = \overline{\overline{X}}$$

$$\mathrm{LCL}_{\overline{X}} = \overline{\overline{X}} - 3\left(\frac{\overline{S}}{c_4}\right)\Big/\sqrt{n} = \overline{\overline{X}} - 3\left(\frac{\overline{S}}{c_4\sqrt{n}}\right)$$

若設 $A_3 = 3/(c_4\sqrt{n})$，則$\overline{X}$管制圖之管制界限可簡化爲：

$$\mathrm{UCL}_{\overline{X}} = \overline{\overline{X}} + A_3\overline{S}$$

$$\mathrm{CL}_{\overline{X}} = \overline{\overline{X}}$$

$$\mathrm{LCL}_{\overline{X}} = \overline{\overline{X}} - A_3\overline{S}$$

$\overline{X}$–S管制圖可以很容易地應用於樣本大小不固定之情形。此時我們必須利用加權平均 (weighted avcrage) 的方式來計算$\overline{\overline{X}}$和$\overline{S}$。假設 n_i 爲第 i 組樣本之觀測值個數，則$\overline{\overline{X}}$和$\overline{S}$可計算如下：

$$\overline{\overline{X}} = \frac{\sum_{i=1}^{m} n_i \overline{X}_i}{\sum_{i=1}^{m} n_i}$$

$$\overline{S} = \left[\frac{\sum_{i=1}^{m}(n_i - 1)S_i^2}{\sum_{i=1}^{m} n_i - m}\right]^{1/2}$$

管制界限之係數 A_3、B_3 和 B_4 必須根據各組之樣本大小 n_i 來決定。

表 7-2 $\overline{X}$–S 管制圖數據

組別	數據					$\overline{X}$	S
1	65.012	64.998	65.122	64.892	65.134	65.0316	0.0996
2	65.141	65.012	65.034	65.011	65.018	65.0432	0.0554
3	64.890	65.101	65.001	64.889	64.890	64.9542	0.0952
4	65.012	65.120	64.892	65.122	65.123	65.0538	0.1022
5	64.954	64.992	64.891	64.981	64.877	64.9390	0.0523
6	65.123	65.134	65.145	65.067	64.997	65.0932	0.0616
7	64.981	64.998	64.982	65.098	64.754	64.9626	0.1263
8	65.013	65.021	65.102	65.011	65.001	65.0296	0.0411
9	64.890	64.899	64.856	65.112	64.998	64.9510	0.1044
10	64.998	65.123	65.126	65.132	65.145	65.1049	0.0603
11	65.046	65.034	65.034	65.134	65.002	65.0500	0.0497
12	65.123	65.267	64.899	64.875	65.108	65.0544	0.1652
13	64.892	64.983	64.957	64.876	64.998	64.9412	0.0545
14	65.111	64.945	65.107	64.892	65.011	65.0132	0.0971
15	64.998	65.001	64.825	65.129	65.111	65.0128	0.1212
16	64.983	65.102	65.119	65.178	65.112	65.0988	0.0712
17	64.898	64.782	65.111	64.981	65.121	64.9786	0.1440
18	65.127	65.124	65.019	65.228	65.112	65.1220	0.0741
19	64.897	65.002	64.981	64.867	65.021	64.9536	0.0677
20	65.009	65.123	65.018	65.012	64.889	65.0102	0.0829
21	64.976	65.113	64.982	64.789	65.112	64.9944	0.1328
22	65.145	65.126	65.136	65.109	65.077	65.1186	0.0268
23	64.998	64.981	64.821	64.975	65.114	64.9778	0.1044
24	65.022	65.178	65.118	65.109	65.091	65.1036	0.0561
25	65.102	65.116	65.167	65.090	64.999	65.0948	0.0611

例7-3 表 7-2 爲印刷電路板之厚度資料，試根據這些數據建立$\overline{X}$–S管制圖。

解答：

在此例中，組數 $m=25$，樣本大小 $n=5$，根據蒐集到的樣本資料計算$\overline{\overline{X}}$和$\overline{S}$，

$$\overline{\overline{X}} = \frac{1625.6871}{25} = 65.0275$$

$$\overline{S} = \frac{2.1072}{25} = 0.0843$$

$\overline{X}$管制圖之管制界限爲

$$\text{UCL} = \overline{\overline{X}} + A_3\overline{S} = 65.0275 + 1.427(0.0843) = 65.1478$$

$$\text{CL} = \overline{\overline{X}} = 65.0275$$

$$\text{LCL} = \overline{\overline{X}} - A_3\overline{S} = 65.0275 - 1.427(0.0843) = 64.9072$$

S 管制圖之管制界限爲

$$\text{UCL} = B_4\overline{S} = 2.089(0.0843) = 0.1761$$
$$\text{CL} = \overline{S} = 0.0843$$
$$\text{LCL} = B_3\overline{S} = 0$$

$\overline{X}$–S 管制圖如圖 7-5 所示，由圖可看出製程在管制內，此管制圖可用來管制未來之製程。

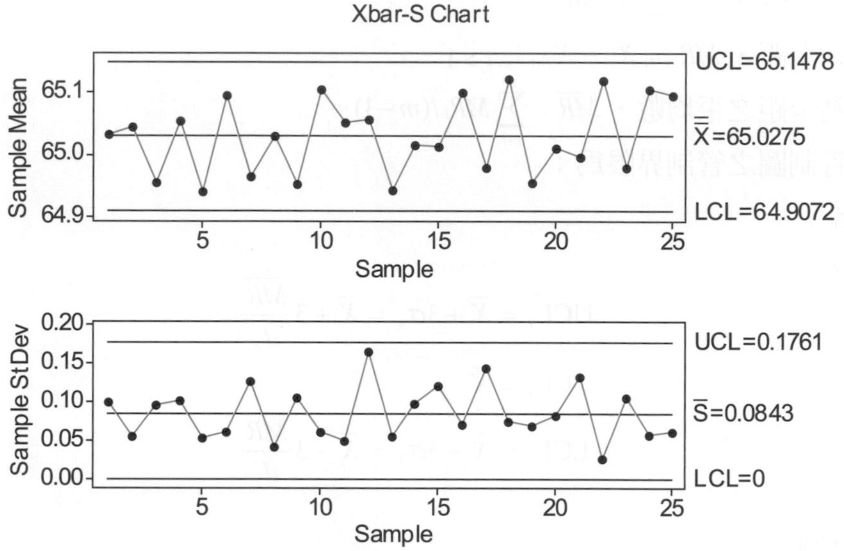

圖 7-5　$\overline{X}-S$ 管制圖

7.4 個別值和移動全距管制圖

在有些情況之下，我們可能無法 (或不需) 使用 $n > 1$ 之樣本。當 $n=1$ 時，個別值 (individuals) 和移動全距 (moving range) 管制圖 (稱爲 $I-MR$ 管制圖) 是一種可行的管制方法。

$I-MR$ 管制圖適用於下列情況：

1. 產品製造需要很長的時間，才能獲得一個測定值。
2. 產品非常昂貴。
3. 破壞性之檢驗。
4. 所選取的樣本，是屬於一種極爲均勻一致的產品 (例如化學物品)。在此種情況下，$n > 1$ 之樣本並無提供更多之情報。

5. 採用 100% 全檢。
6. 分析或量測一件產品品質較為麻煩且費時。
7. 應用於管制製程條件如溫度、壓力、溼度等。

$I-MR$ 管制圖之製作包含下列步驟：

1. 計算總平均數，$\overline{X}=\sum_{i=1}^{m} X_i/m$
2. 計算移動全距，$MR_i=|X_i-X_{i-1}|,\ i>1$
3. 計算移動全距之平均數，$\overline{MR}=\sum_{i=2}^{m} MR_i/(m-1)$
4 $I-MR$ 管制圖之管制界限為：

I 管制圖

$$\mathrm{UCL}_I=\overline{X}+3\sigma_X=\overline{X}+3\frac{\overline{MR}}{d_2}$$
$$\mathrm{CL}_I=\overline{X}$$
$$\mathrm{LCL}_I=\overline{X}-3\sigma_X=\overline{X}-3\frac{\overline{MR}}{d_2}$$

MR 管制圖

$$\mathrm{UCL}_{MR}=D_4\overline{MR}$$
$$\mathrm{CL}_{MR}=\overline{MR}$$
$$\mathrm{LCL}_{MR}=D_3\overline{MR}$$

上述移動全距定義為相鄰兩個數據之差的絕對值，因此須以 n=2 查管制界限之各項係數。移動全距亦可以其他方式定義，例如定義移動全距為最近連續 k 個數據中之最大值減最小值 (我們稱移動全距之長度為 k)，此時須以 n=k 查各項係數，而且

$$\overline{MR}=\frac{\sum_{i=k}^{m} MR_i}{m-k+1}$$

有些作者會以 $E_2=3/d_2$ 表示，上述 I 管制圖之公式可改寫成：

$$\mathrm{UCL}_I=\overline{X}+E_2\overline{MR}$$
$$\mathrm{CL}_I=\overline{X}$$
$$\mathrm{LCL}_I=\overline{X}-E_2\overline{MR}$$

(**註**：本書並未提供 E_2 值)

當我們應用 $I-MR$ 管制圖時，有一些事項必須加以注意。首先要說明的是製程標準差的估計。在 $I-MR$ 管制圖中，製程標準差是由 $\overline{MR}/d_2$ 來估計，此乃因爲數據若存在趨勢變化時，移動全距較不受影響。有些學者則認爲利用 S/c_4 比 $\overline{MR}/d_2$ 更有效率 (Cryer 和 Ryan, 1990)。當製程已在管制內時，他們建議以 S/c_4 來監視製程。在管制圖剛建立時，最好比較 S/c_4 和 $\overline{MR}/d_2$ 是否差異很大。若兩者之值並不吻合，則表示製程中可能存在一些問題，必須調查其原因。

一般電腦軟體可以允許使用者設定移動全距之長度 k，必須注意：較大之 k 值將會產生更多標準差估計之偏差。當一個個別值受到可歸屬原因影響時，最多將會有 k 個移動全距受到其影響。當製程平均數產生持續性之偏移時，則最多將會有 k–1 個移動全距受到其影響。另外，當我們在應用 $I-MR$ 管制圖之前，最好先利用一些方法 (例如本書第 4 章介紹的直方圖和機率圖) 確認數據是符合常態分配。

例7-4 表 7-3 爲 20 件金屬製品之硬度資料，試以下列數據建立 $I-MR$ 管制圖。

解答：

首先，利用機率圖確認數據符合是否常態分配，由 Minitab 軟體得到 P 值爲 0.749 (見圖 7-6)，遠大於一般採用的顯著水準 $\alpha=0.05$，因此我們不能拒絕數據來自常態分配之虛無假設。由樣本資料可以估計 $\overline{X}$ 和 $\overline{MR}$。

$\overline{X} = 1003.2/20 = 50.16$

$\overline{MR} = 20.92/19 = 1.1011$

由 $n=2$ 查表得 $d_2=1.128$，因此 I 管制圖之管制界限爲：

$$\text{UCL}_I = \overline{X} + 3\frac{\overline{MR}}{d_2} = 50.16 + 3(1.1011/1.128) = 53.0885$$

$$\text{CL}_I = 50.16$$

$$\text{LCL}_I = \overline{X} - 3\frac{\overline{MR}}{d_2} = 47.2315$$

由 $n=2$ 查表得 $D_4 = 3.267, D_3 = 0$，因此 MR 管制圖之管制界限爲

$$\text{UCL}_{MR} = D_4\overline{MR} = 3.267(1.1011) = 3.5973$$

$$\text{CL}_{MR} = \overline{MR} = 1.1011$$

$$\text{LCL}_{MR} = D_3\overline{MR} = 0(1.1011) = 0$$

$I-MR$管制圖如圖 7-7 所示，請注意：在此例中我們得到 19 個移動全距值，此乃因爲根據定義，第 1 組數據無法計算移動全距。由圖可判斷製程在管制內，上述管制界限可用來管制未來之製程。

表 7-3 $I-MR$管制圖數據

組別	X	MR	組別	X	MR
1	50.32	–	11	50.11	0.35
2	49.23	1.09	12	48.89	1.22
3	50.67	1.44	13	50.87	1.98
4	48.98	1.69	14	50.12	0.75
5	49.87	0.89	15	52.11	1.99
6	50.89	1.02	16	49.35	2.76
7	50.87	0.02	17	50.78	1.43
8	49.78	1.09	18	50.14	0.64
9	50.45	0.67	19	50.45	0.31
10	49.76	0.69	20	49.56	0.89

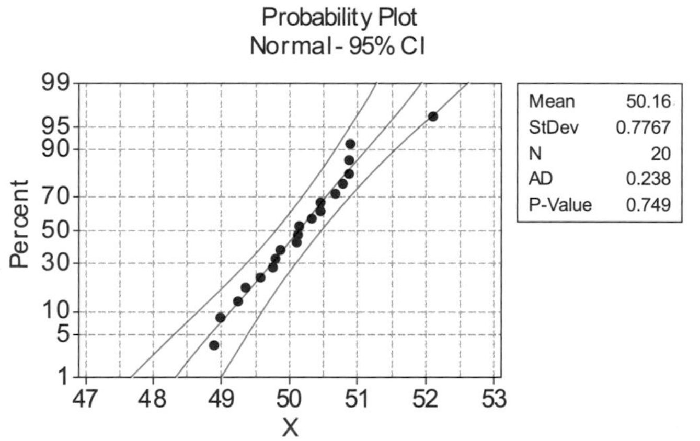

圖 7-6 表 7-3 硬度資料之機率圖

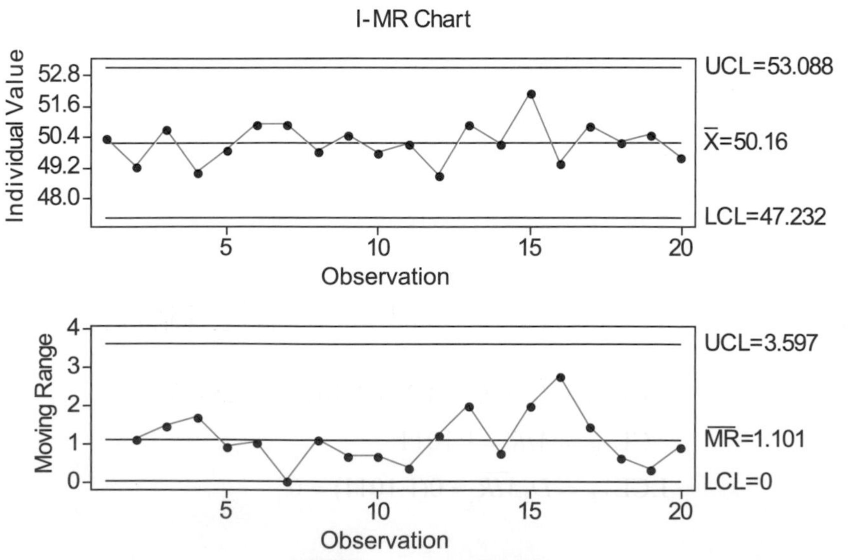

圖 7-7 $I-MR$管制圖

7.5 給定標準值或目標值之計量值管制圖

以上各節所介紹的是根據蒐集樣本資料來建立計量值管制圖。在建立管制圖之過程中，我們可發現最重要的工作為估計製程的平均數和標準差。有些時候，管理階層可能會給定製程平均數和標準差之標準值或目標值，此時管制界限之公式要加以修改。假設製程平均數之標準值為μ，標準差之標準值為σ，各種計量值管制圖之管制界限說明如下。

$\overline{X}$管制圖之公式為

$$(\text{UCL}_{\overline{X}}, \text{LCL}_{\overline{X}}) = \mu \pm 3\frac{\sigma}{\sqrt{n}}$$

若設$A = 3/\sqrt{n}$，則具有標準值之$\overline{X}$管制圖之管制界限為

$$\text{UCL}_{\overline{X}} = \mu + A\sigma$$
$$\text{CL}_{\overline{X}} = \mu$$
$$\text{LCL}_{\overline{X}} = \mu - A\sigma$$

係數A可由附表1獲得。

對於R管制圖，我們由$\hat{\sigma} = \overline{R}/d_2$之關係，可得$\overline{R} = d_2\sigma$，再利用$\hat{\sigma}_R = d_3\sigma$可得管制界限為

$$\text{UCL}_R = \overline{R} + 3\sigma_R = d_2\sigma + 3d_3\sigma = (d_2 + 3d_3)\sigma$$
$$\text{LCL}_R = \overline{R} - 3\sigma_R = d_2\sigma - 3d_3\sigma = (d_2 - 3d_3)\sigma$$

若設$D_1 = d_2 - 3d_3,\ D_2 = d_2 + 3d_3$，則管制界限為

$$\text{UCL}_R = D_2\sigma$$
$$\text{CL}_R = d_2\sigma$$
$$\text{LCL}_R = D_1\sigma$$

$D1, D2$ 可由附表1獲得。

在S管制圖中，我們由$\hat{\sigma} = \overline{S}/c_4$，可得$\overline{S} = c_4\sigma$，再加上$\sigma_S = \sigma\sqrt{1-c_4^2}$，可得

$$\text{UCL}_S = \overline{S} + 3\sigma_S = c_4\sigma + 3\sigma\sqrt{1-c_4^2}$$
$$\text{LCL}_S = \overline{S} - 3\sigma_S = c_4\sigma - 3\sigma\sqrt{1-c_4^2}$$

若設 $B_5 = c_4 - 3\sqrt{1-c_4^2}$，$B_6 = c_4 + 3\sqrt{1-c_4^2}$，則管制界限為

$$\begin{aligned} \mathrm{UCL}_S &= B_6\sigma \\ \mathrm{CL}_S &= c_4\sigma \\ \mathrm{LCL}_S &= B_5\sigma \end{aligned}$$

在個別值和移動全距管制圖中，若可設定目標值，則 I 管制圖之管制界限為

$$\begin{aligned} \mathrm{UCL}_I &= \mu + 3\sigma \\ \mathrm{CL}_I &= \mu \\ \mathrm{LCL}_I &= \mu - 3\sigma \end{aligned}$$

移動全距管制圖之管制界限為

$$\begin{aligned} \mathrm{UCL}_{MR} &= D_4(d_2\sigma) \\ \mathrm{CL}_{MR} &= d_2\sigma \\ \mathrm{LCL}_{MR} &= D_3(d_2\sigma) \end{aligned}$$

當使用標準值來建立管制圖時，對於超出管制界限外的點之研判要特別注意。即使製程並未存在可歸屬原因，在管制圖上仍可能會出現很多管制外之點，此乃因給定之目標值未必能與目前之製程狀態一致。使用者可能會花費很多時間尋找可歸屬原因。如果是 $\overline{X}$ 管制圖上出現管制外之點，則一般可由調整製程參數，使得平均數能符合目標值，但要降低製程變異性則牽涉到製程之重大改變。在沒有可歸屬原因出現之情況下，R (或 S) 管制圖出現管制外之點，代表目前之製程無法符合目標值。此訊息可提供管理階層參考，以便設立較為實際之目標值。

7.6 計量值管制圖之操作特性函數

計量值管制圖偵測製程參數跳動之能力，通常是以其操作特性曲線 (見本書第5章) 來描述。本節將以 $\overline{X}$ 管制圖為例，說明其操作特性曲線的建立。

假設製程標準差 σ 為已知且保持不變。若平均數由管制內時之 μ_0 跳動 (偏移) 到另一個值 μ_1，其中 $\mu_1 = \mu_0 + k\sigma$ (此代表平均數之改變量為 $k\sigma$)，則 $\overline{X}$ 管制圖無法在平均數跳動後，立刻偵測到製程變化之機率為 β (亦即製程平均數已改變，但誤判為無變化之機率)。β 值可以由下列公式計算

$$\beta = P\{\mathrm{LCL} \le \overline{X} \le \mathrm{UCL} \mid \mu = \mu_1 = \mu_0 + k\sigma\}$$

由於 $\overline{X}$ 服從 $N(\mu,\sigma^2/n)$，而且上、下管制界限可以寫成

$$\text{UCL} = \mu_0 + 3\sigma/\sqrt{n}\,,\ \text{LCL} = \mu_0 - 3\sigma/\sqrt{n}$$

因此我們可以將 β 改寫成

$$\begin{aligned}\beta &= \Phi\left[\frac{\text{UCL}-(\mu_0+k\sigma)}{\sigma/\sqrt{n}}\right]-\Phi\left[\frac{\text{LCL}-(\mu_0+k\sigma)}{\sigma/\sqrt{n}}\right]\\ &= \Phi\left[\frac{\mu_0+(3\sigma/\sqrt{n})-(\mu_0+k\sigma)}{\sigma/\sqrt{n}}\right]-\Phi\left[\frac{\mu_0-(3\sigma/\sqrt{n})-(\mu_0+k\sigma)}{\sigma/\sqrt{n}}\right]\\ &= \Phi(3-k\sqrt{n})-\Phi(-3-k\sqrt{n})\end{aligned}$$

其中 Φ 表示標準常態分配之累積分配函數。

例如：$n=4$，在平均數跳動量爲 2σ 時，β 値爲

$$\beta = \Phi(3-2\sqrt{4})-\Phi(-3-2\sqrt{4}) = \Phi(-1)-\Phi(-7) \cong 0.15866$$

以上之 β 値爲 $\overline{X}$ 管制圖無法在製程平均數跳動後之第 1 組樣本，偵測到異常之機率；反之，$\overline{X}$ 管制圖在製程平均數跳動後之第 1 組樣本，偵測到平均數改變之機率爲 $1-\beta = 1-0.15866 = 0.84134$。

操作特性曲線是將平均數之跳動量與其相對應之 β 値繪圖，其中平均數之跳動量是以標準差之倍數表示，圖 7-8 爲各種樣本大小之下，$\overline{X}$ 管制圖之操作特性曲線。由圖 7-8 可看出，當樣本大小 n 較小時，$\overline{X}$ 管制圖並無法有效地偵測到製程微量之變化。例如 $n=5$，跳動量爲 1.5σ 時，我們獲得之 β 値大約爲 0.36，換句話說，$\overline{X}$ 管制圖可以在跳動後之第 1 組樣本，偵測到平均數改變之機率只有 $1-\beta = 0.64$。一個特殊的情形是 $n=1$, $k=3$，我們可以靠直覺得知 β 約爲 0.5。管制圖在平均數跳動後之第 r 組樣本，偵測到平均數改變之機率可寫成下列一般式：

$$\beta^{r-1}(1-\beta)$$

假設管制圖在平均數改變後之第 r 組 ($r \geq 1$) 樣本，偵測到製程之變化，則 r 之平均數 (期望値) 稱爲平均連串長度 (average run length, ARL)，

$$\text{ARL} = \sum_{r=1}^{\infty} r\,\beta^{r-1}(1-\beta) = \frac{1}{1-\beta}$$

例如 $n=5$，平均數之跳動量爲 1.5σ，則 ARL= $1/(1-\beta)$ =1/0.64=1.56。

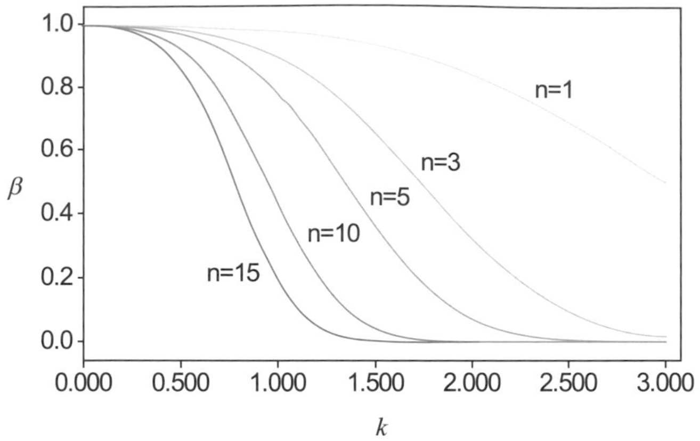

圖 7-8 操作特性曲線圖

對於蕭華特管制圖，平均連串長度 ARL 可表示爲

ARL = 1/(點超出管制界限的機率)

當製程爲管制內時，$ARL=1/\alpha$ (此稱爲管制內 ARL)，而製程爲管制外時，$ARL=1/(1-\beta)$ (此稱爲管制外 ARL)。圖 7-9 爲 ARL 曲線圖，在此圖中 ARL 是指偵測到製程跳動所需之樣本組數。當樣本大小 $n=5$ 時，偵測 1.5σ 之平均數跳動需要 1.56 組樣本；而當 $n=10$ 時，我們只需一組樣本即可偵測到製程跳動。一個容易理解的情形是 $n=1,\ k=3$，我們可以靠直覺得知 ARL 約爲 2.0。

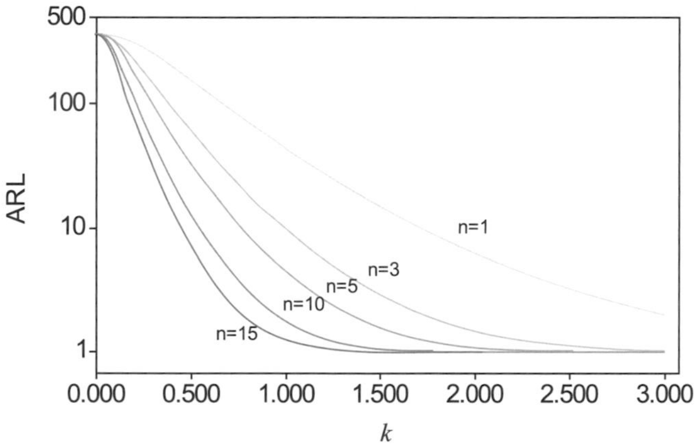

圖 7-9 ARL 曲線圖

7.7 累積和管制法

傳統蕭華特管制圖只利用最近一組樣本統計量來判斷製程是否在管制內，對於過去數據之變化則未加以考慮，此種特性造成蕭華特管制圖對於大量變動非常有效，但對於微量的變動則較不靈敏。蕭華特管制圖雖可以使用輔助法則來改善其對於微量變動之偵測能力，但也容易使型 I 誤差增加。由 Page (1954) 所提出之累積和管制圖 (cumulative sum control chart, CUSUM 管制圖) 對製程微量之變化較蕭華特管制圖更有效率，累積和管制法是根據下列統計量來管制製程平均數。

$$C_i^+ = \max[0, Z_i - k + C_{i-1}^+]$$
$$C_i^- = \max[0, -Z_i - k + C_{i-1}^-]$$
$$C_0^+ = C_0^- = 0$$
$$Z_i = \frac{(\overline{X}_i - \mu)}{\sigma_{\overline{X}}}$$

其中 Z_i 代表標準化值，參數 k 稱爲參考值 (reference value)。若 C_i^+ 或 C_i^- 大於決策區間值 h (decision interval value)，則判斷製程爲異常。當樣本大小爲 1 時，可用 X_i 代替 $\overline{X}_i$，以 σ_X 取代 $\sigma_{\overline{X}}$。當樣本大小 $n>1$ 時，μ 可由 $\overline{\overline{X}}$ 來估計，σ 可由 $\overline{R}/d_2$ 或 $\overline{S}/c_4$ 估計。如同蕭華特管制圖，累積和管制圖也可將 C_i^+ 和 C_i^- 繪在圖上，用來表示製程之變化。

一般而言，較小的參數 k 是用來偵測較微量之參數變化。參數 $k=0.5$, $h=5$ 之組合在實務上較常使用。當 $k=3$, $h=0$ 時，上述 CUSUM 管制圖則簡化爲傳統 $\overline{X}$ 管制圖。表 7-4 列舉不同的參數 k 和 h 之組合，以使得 CUSUM 管制圖之管制內 ARL 能與一般之 $\overline{X}$ 管制圖相同。CUSUM 管制圖亦可用來管制其他樣本統計量，例如全距、標準差、不合格率、不合格點數等。

表 7-4　具有管制內 ARL=370 之不同的參數組合

k	0.25	0.5	0.75	1.0	1.25	1.5
h	8.01	4.77	3.34	2.52	1.99	1.61

表 7-5 之數據是用來說明 CUSUM 管制圖之應用。此例假設製程標準差爲 2，平均數爲 5，CUSUM 管制圖之參數爲 $k=0.5$, $h=5.0$。假設 μ_0 和 σ_0 分別代表製程在管制內時之平均數和標準差，如果採用非標準化之 CUSUM 管制圖，我們要先計算下列管制統計量：

$$C_i^+ = \max\{0, (X_i - \mu_0) - K + C_{i-1}^+\}$$

$$C_i^- = \max\{0, -(X_i - \mu_0) - K + C_{i-1}^-\}$$

其中 $K = k\sigma_0$，$C_0^+ = C_0^- = \mu_0$，決策區間 $H = h\sigma_0$。圖 7-10 爲利用 Minitab 所獲得之 CUSUM 管制圖。請注意，Minitab 是將 C_i^+ 和 $-C_i^-$ 畫在同一張圖上。在此範例中，我們可以看到一個很重要的現象：當一個管制統計量之值持續在增加時，另一個管制統計量之值將維持爲 0。

表 7-5 CUSUM 管制圖數據

X	Z	$C_i^+(X)$	$C_i^-(X)$	$C_i^+(Z)$	$C_i^-(Z)$
4.5	-0.25	0	0	0	0
5.5	0.25	0	0	0	0
2.5	-1.25	0	1.5	0	0.75
6.5	0.75	0.5	0	0.25	0
4	-0.5	0	0	0	0
4.5	-0.25	0	0	0	0
6	0.5	0	0	0	0
4	-0.5	0	0	0	0
3.5	-0.75	0	0.5	0	0.25
6.5	0.75	0.5	0	0.25	0
7	1	1.5	0	0.75	0
2.5	-1.25	0	1.5	0	0.75
4	-0.5	0	1.5	0	0.75
6.5	0.75	0.5	0	0.25	0
4.5	-0.25	0	0	0	0
6	0.5	0	0	0	0
5.5	0.25	0	0	0	0
7	1	1	0	0.5	0
4.5	-0.25	0	0	0	0
8	1.5	2	0	1	0
8.5	1.75	4.5	0	2.25	0
7	1	5.5	0	2.75	0
7.5	1.25	7	0	3.5	0
9	2	10	0	5	0
9.5	2.25	13.5	0	6.75	0

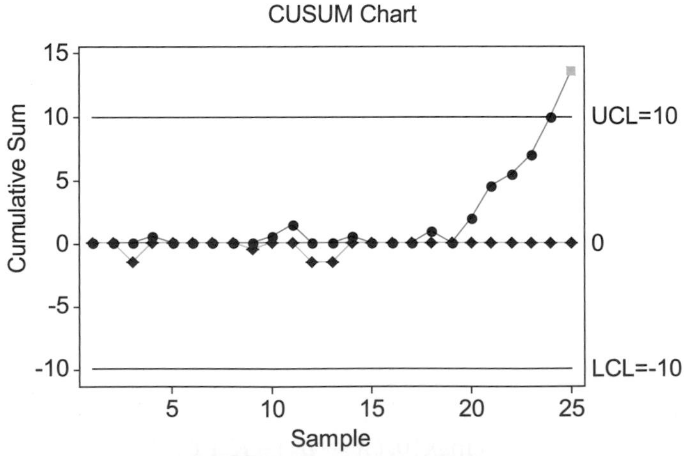

圖 7-10 CUSUM 管制圖

7.8 指數加權移動平均管制圖

指數加權移動平均數 (exponentially weighted moving average, EWMA) 管制圖是由 Robert (1959) 所提出，又稱爲幾何移動平均數 (geometric movingaverage, GMA) 管制圖。如同 CUSUM 管制圖，EWMA 管制圖也適用於管制製程之微量變動。指數加權移動平均數定義爲

$$E_i = \lambda \overline{X}_i + (1-\lambda)E_{i-1}$$

其中 λ 爲一常數，稱爲平滑常數 (smoothing constant) 或加權常數 (weight constant)，其範圍爲 $0 < \lambda < 1$。E_i 之起始值爲 $E_0 = \overline{\overline{X}}$ 或可爲一給定之標準值，統計量 E_i 可視爲過去之樣本平均數的加權平均，可以寫成

$$E_i = \lambda \sum_{j=0}^{i-1} (1-\lambda)^j \overline{X}_{i-j} + (1-\lambda)^i E_0$$

由於 EWMA 管制圖利用過去及目前之數據來管制製程，因此對常態分配之要求較不靈敏，此管制圖非常適用於製程個別值之管制。管制樣本平均數時，EWMA 管制圖之管制界限爲

$$\text{UCL} = \overline{\overline{X}} + L\sigma\sqrt{\frac{\lambda}{(2-\lambda)n}}$$

$$\text{CL} = \overline{\overline{X}}$$

$$\text{LCL} = \overline{\overline{X}} - L\sigma\sqrt{\frac{\lambda}{(2-\lambda)n}}$$

對於前面幾組數據，我們須以下列公式計算正確之上、下管制界限

$$\overline{\overline{X}} \pm L\frac{\sigma}{\sqrt{n}}\sqrt{\frac{\lambda}{(2-\lambda)}[1-(1-\lambda)^{2i}]}$$

EWMA 管制圖之偵測能力受到兩個設計參數之影響。第一個參數爲 L，代表管制界限到中心線的距離 (以標準差的倍數表示)，第二個參數爲 λ。一般而言，較小的參數 λ 是用來偵測較微量之參數變化。我們可以選擇不同組合之 L 和 λ，以使得 EWMA 之偵測能力與 CUSUM 接近。一般而言，當 $0.05 \le \lambda \le 0.25$ 時，EWMA 管制圖可得到很好的效果，其中以 $\lambda = 0.08$、0.1 和 0.15 時較常用。當 $\lambda = 1$ 時，EWMA 管制圖可簡化爲傳統之蕭華特 $\overline{X}$ 管制圖。圖 7-11 顯示在不同之參數 λ 下，權重隨時間變化之情形，圖 7-12 和 7-13 爲利用表 7-5 之數據所獲得之 EWMA 管制圖 (L=3)。比較此兩張圖可看出，當 λ

較小時，EWMA 之管制統計量將更爲平滑。除了樣本平均數外，EWMA 管制圖也可用來管制其他樣本統計量。

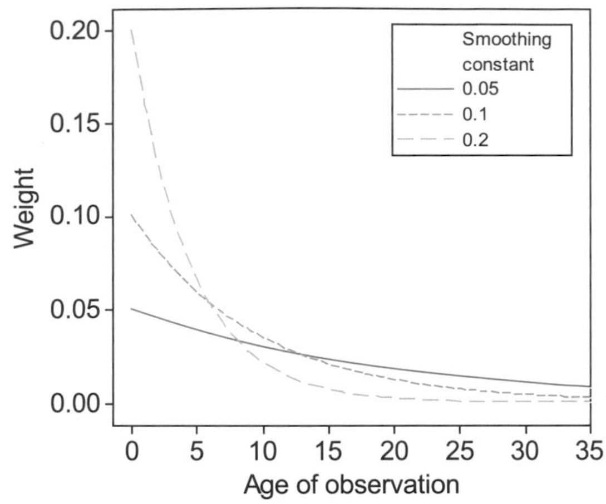

圖 7-11　EWMA 管制圖之權重的變化

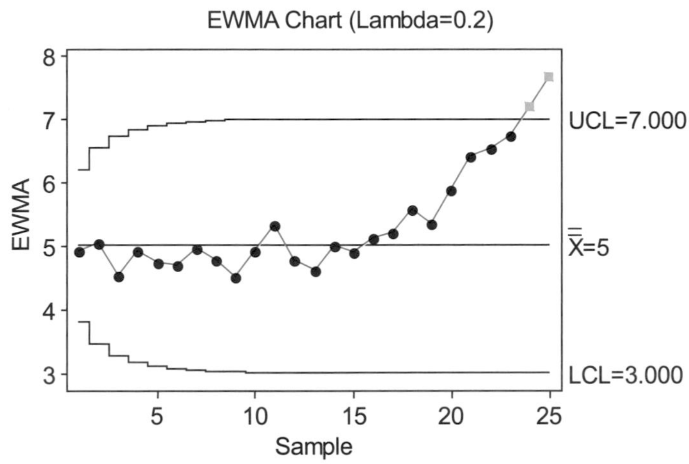

圖 7-12　EWMA 管制圖 (λ=0.2)

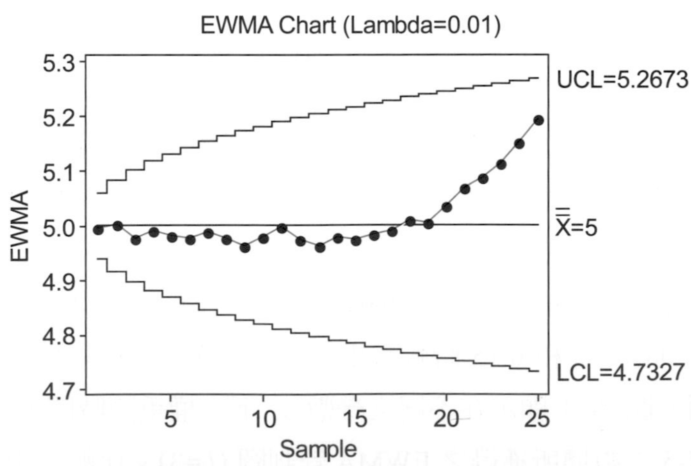

圖 7-13　EWMA 管制圖 (λ= 0.01)

7.9 特殊用途之管制圖

7.9.1 I-MR-R/S 管制圖

當我們以合理樣本組之方式來蒐集數據時，隨機誤差可能並不是唯一的變異來源，例如：我們每隔一小時蒐集 5 個物件之觀測值，如果此 5 個物件之生產時間非常接近，那麼它們的差異是來自於隨機誤差。經過一段時間，製程之平均數會產生變化，下一次抽樣的 5 個觀測值可能會與前一組樣本不同。在此種情況下，整體之製程變異是由樣本間之變異和隨機誤差所引起。

樣本內之變異也會影響整體之製程變異。假設我們每隔一個小時抽樣一件產品，並且在此物件上的 5 個不同位置取得觀測值。當然，不同時間所生產之物件會有差異，但在 5 個不同位置所得到的觀測值也會不同。例如：某一個位置之觀測值會經常大於或小於其他位置之觀測值。在此種情況下，樣本間之標準差不只是估計隨機誤差而是包含隨機誤差和位置所產生之效應，此將會使製程標準差被高估，造成管制界限過寬。

我們可以利用 I-MR-R/S 管制圖，由三方面來評估一個製程之變異。I-MR-R/S 管制圖包含：個別值管制圖、移動全距管制圖、全距或標準差管制圖。首先，我們將每一組樣本之平均數 (觀測值來自於同一個物件之不同位置) 視爲一個個別值，並利用個別值管制圖來監控，此相當於監控製程平均數之穩定性。此個別值管制圖將利用各組樣本平均數之移動全距來決定管制界限。此種方法只用來計算隨機誤差，可消除「物件內 (within)」 變異之影響。移動全距管制圖是監控樣本平均數之移動全距。個別值管制圖配合移動全距管制圖可以利用「物件間 (between)」之變異，來監控該製程平均數及變異數之變化。全距或標準差管制圖主要是用來監控物件內之變異。

以下，我們利用一個簡單的例子來說明 I-MR-R/S 管制圖之建構和應用。某一種生產特殊用紙之製紙流程必須在每一捲紙上塗上一層薄膜。工程師現想確認每一捲薄膜之厚度爲正確，而且每一捲薄膜上之厚度爲均勻，現從製程抽取 25 捲紙，每一捲量測 3 個位置。圖 7-14 爲塗層厚度之 I-MR-R/S 管制圖，由圖可看出製程平均爲穩定，物件內和物件間之變異均在統計管制內。

在實務運用上，一個嚴重的錯誤是將同一件產品上不同位置的量測值視爲一組合理樣本，並利用傳統的 $\overline{X}-R$ 管制圖來監控。有些時候，此種分析方式將造成嚴重的誤導。圖 7-15 爲塗層厚度之 $\overline{X}-R$ 管制圖。若錯誤地利用 $\overline{X}-R$ 管制圖來監控此製程，$\overline{X}$ 管制圖上將出現許多超出管制界限外的點，讓使用者誤認製程爲不穩定。對於此例，眞正的原因在於同一件產品之不同位置的量測値差異不大，亦即全距値都不大，此將使得製程標準差被低估，進而使 $\overline{X}$ 管制圖之管制界限寬度太窄。

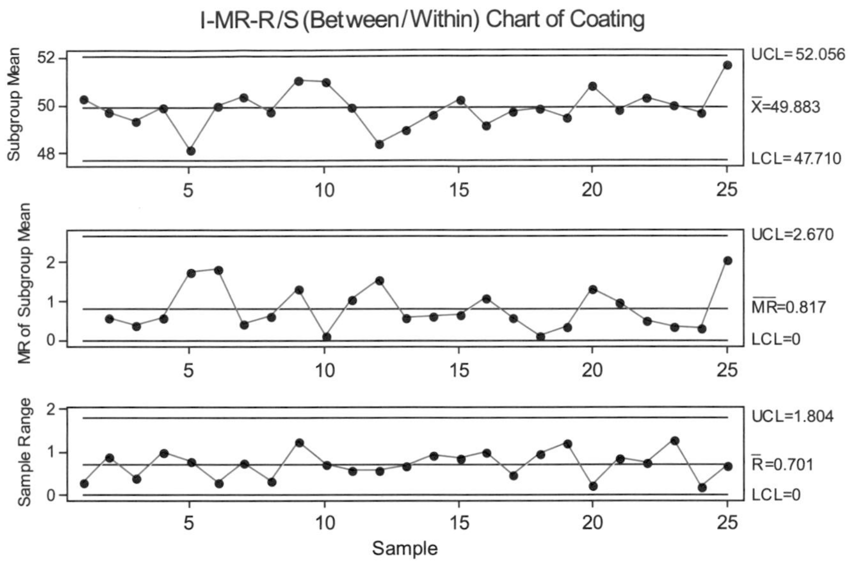

圖 7-14 塗層厚度之 I-MR-R/S 管制圖

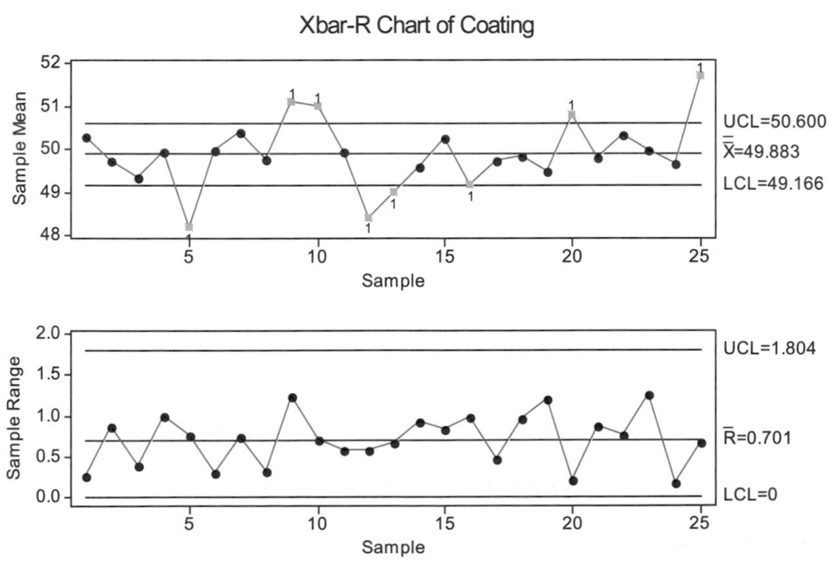

圖 7-15 塗層厚度之 $\overline{X}-R$ 管制圖

7.9.2 Z-MR 管制圖

一般的管制圖技術必須仰賴大量的數據來估計製程的參數，例如製程平均數和製程標準差。然而，在短製程 (short run process) 生產下，我們並無法有足夠的數據來獲得製程參數的正確估計。在此種生產條件下，我們可能利用同一部機器或同一個流程，來生產同樣但不同料號之產品或者不同種類之產品，例如：我們可能在生產 20 件產品後，將設備重新設定，接著生產其他料號之產品。即使我們有足夠的數據來獲得製程參數的估計，但仍然需要針對每一個料號之產品繪製一張管制圖來監控，此乃因爲不同料號的產品數據會有不同的製程參數。

Minitab 軟體提供 $Z-MR$ 管制圖來監控短製程之生產流程，$Z-MR$ 管制圖主要是應用於生產批量小，我們無法獲得足夠數據來估計製程參數之情況。$Z-MR$ 管制圖包含一個管制個別值之標準化值的 Z 管制圖和移動全距 MR 管制圖。我們一般假設在一個製程所生產之每一種物件，都有其獨特的製程平均數和標準差，如果可以獲得每一種物件之製程平均數和標準差，我們可以將原始數據標準化。標準化後之數據如同來自平均數 $\mu=0$ 和標準差 $\sigma=1$ 之分配。因此，我們使用的 Z 管制圖之中心線將爲 0，上管制界限爲 +3，下管制界限爲–3。將數據標準化後，我們可以在同一張管制圖上分析具有相同品質特性但屬於不同料號之產品數據。

如果沒有提供製程平均數 / 標準差，Minitab 將根據樣本數據來估計這些製程參數。在 Minitab 中，平均數是根據相同產品之數據來估計。對於標準差之估計，Minitab 提供下列四種方式。

1. 根據生產批 (by runs)：根據同一生產批之數據來估計標準差。
2. 根據料號 (by part)：根據同一產品之數據來估計標準差。
3. 常數 (constant)：根據所有的數據 (不分生產批或料號) 來估計標準差。
4. 相對於物件大小 (relative to size)：先將所有的數據取自然對數值，再根據所有的數據來估計標準差，此種方法適用於標準差會隨著量測值大小而改變之情況。

以下，我們利用一個簡單的例子來說明 $Z-MR$ 管制圖之建構和應用。在 PCB 之壓合製程中，工程師擬採用計量值管制圖來監控壓合後之板厚。由於此製程有許多不同之料號，其板厚規格均不相同，因此工程師擬採用 $Z-MR$ 管制圖來管制製程。我們將以「根據生產批」之方式，來說明如何建立管制圖並管制此一生產製程。

數據	料號	數據	料號	數據	料號	數據	料號
10	A	20	B	48	C	22	B
11	A	21	B	46	C	19	B
9	A	21	B	50	C	11	A
11	A	19	B	21	B	9	A
10	A	51	C	21	B	8	A

製程平均數是根據同一個料號之所有數據來估計，A 料號之平均數可計算如下：

$$\overline{X}=(10+11+9+11+10+11+9+8)/8=9.875$$

Minitab 是根據移動全距法來估計製程標準差，以料號 A 爲例，第一個生產批共有 5 個數據，我們可以獲得

$$\overline{MR}=(1+2+2+1)/4=1.5$$

接著再計算製程標準差

$$S=\overline{MR}/d_2=1.5/1.128=1.3298$$

在 MR 管制圖上，第一個 MR_1 爲 0.752，其計算過程說明如下：第一個觀測值爲 10，經標準化後爲 0.094 (亦即 (10－9.875)/1.3298)，第二個觀測值爲 11，經標準化後可得 0.846 ((11－9.875)/1.3298)，因此 MR_1 = (0.846－0.094) = 0.752。圖 7-16 爲厚度之 $Z-MR$ 管制圖，從圖可看出製程爲穩定。讀者可自行繪製 $I-MR$ 管制圖，觀察管制圖上所出現之誤導資訊 (數值大小差異所造成之管制外的點)。

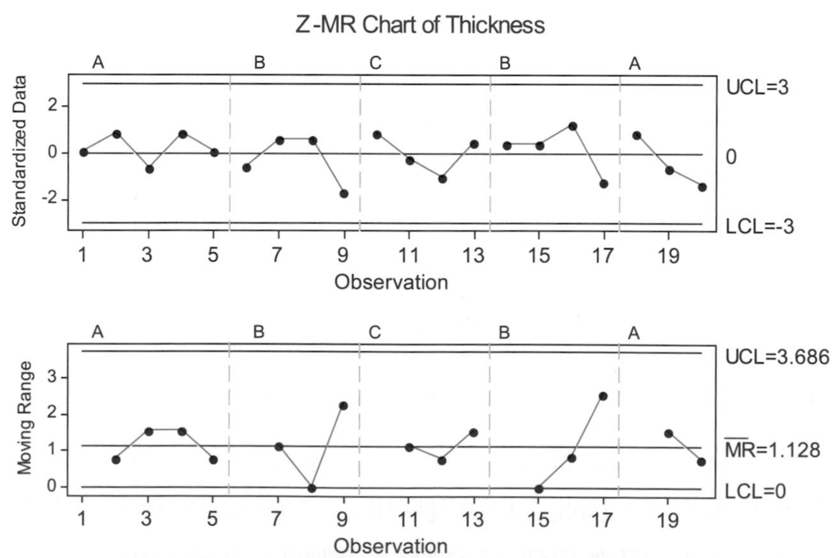

圖 7-16 厚度之 $Z-MR$ 管制圖

如果是採用「常數 (constant)」來估計製程標準差，則是假設不同料號之間的標準差爲相等，Minitab 將會根據所有的數據 (不分生產批或料號) 來估計標準差。表 7-6 說明其計算過程。首先，估計各個料號之平均數 (μ_j)，分別爲 9.875、20.5、48.75，接著將各個料號之原始數據減去該料號之平均數，得到 d_i。之後，計算 d_i 之移動平均，並獲得 $\overline{MR}=1.7237$，所以估計之標準差爲 $\hat{\sigma}=\overline{MR}/d_2=1.5281$。獲得標準差之估計值後，我們可以計算標準化值，表中 Z_i 是根據公式 $d_i/\hat{\sigma}$ 所獲得之標準化值。表中最右邊一欄爲標準化值 Z_i 之移動全距 $MR_i(Z)$。圖 7-17 爲標準差選用「常數 (constant)」之 $Z-MR$ 管制圖，此圖相當於呈現表 7-6 中之 Z_i 和 $MR_i(Z)$。如果是採用「相對於物件大小」，Minitab 會先將所有的數據取自然對數，接著，再以上述「常數 (constant)」的方法進行後續分析。

表 7-6 假設不同料號之間的標準差為相等之計算過程

料號	X_i	$d_i = X_{ij} - \mu_j$	$MR_i(d)$	Z_i	$MR_i(Z)$
A	10	0.125		0.082	
A	11	1.125	1	0.736	0.654
A	9	-0.875	2	-0.573	1.309
A	11	1.125	2	0.736	1.309
A	10	0.125	1	0.082	0.654
B	20	-0.5	0.625	-0.327	0.409
B	21	0.5	1	0.327	0.654
B	21	0.5	0	0.327	0
B	19	-1.5	2	-0.982	1.309
C	51	2.25	3.75	1.472	2.454
C	48	-0.75	3	-0.491	1.963
C	46	-2.75	2	-1.800	1.309
C	50	1.25	4	0.818	2.618
B	21	0.5	0.75	0.327	0.491
B	21	0.5	0	0.327	0
B	22	1.5	1	0.982	0.654
B	19	-1.5	3	-0.982	1.963
A	11	1.125	2.625	0.736	1.718
A	9	-0.875	2	-0.573	1.309
A	8	-1.875	1	-1.227	0.654

Minitab 只有針對 $n=1$ 之情形提供短製程管制圖，其考量爲在短製程之情況下，我們不會有太多的製程數據。對於 $n=1$ 之 $\overline{X}-R$ 管制圖，可採取下列方式來進行標準化。假設 $\overline{R}_j$ 和 T_j 分別代表第 j 個料號之全距的平均數及名義值 (nominal value)，對於第 j 個料號之第 i 組全距 R_{ij}，可以透過下列公式獲得標準化之全距 R_{ij}^s：

$$R_{ij}^s = \frac{R_{ij}}{\overline{R}_j}$$

此時，標準化 R 管制圖之 LCL=D_3, UCL=D_4。對於第 j 個料號之第 i 組原始數據的組平均 $\overline{M}_{ij}$，可以透過下列公式獲得標準化之組平均 $\overline{X}_{ij}^s$：

$$\overline{X}_{ij}^{s} = \frac{\overline{M}_{ij} - T_j}{\overline{R}_j}$$

此時，標準化 $\overline{X}$ 管制圖之 LCL = − A_2，UCL = + A_2。對於計數值之短製程管制圖，我們可以利用第 8 章所介紹的標準化公式來建立管制圖。

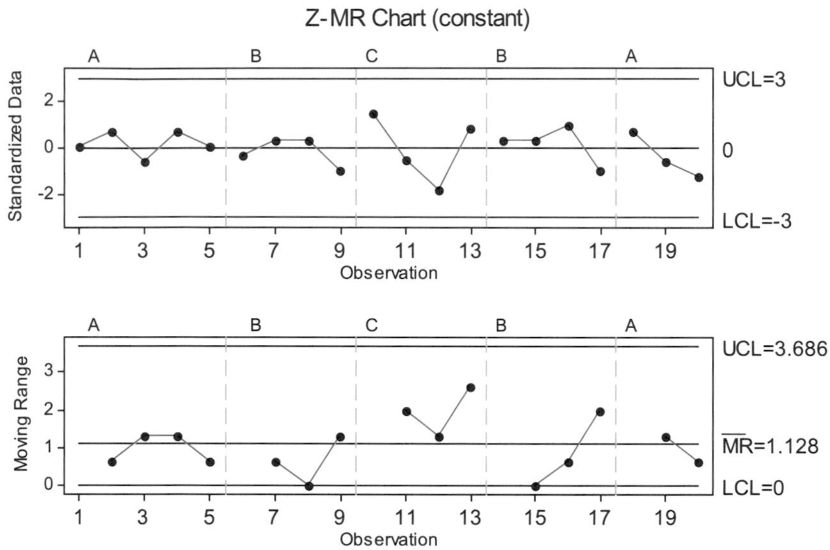

圖 7-17　標準差選用「常數 constant」之 $Z-MR$ 管制圖

7.10 管制圖之非隨機性樣式

當製程存在系統性或非隨機性之樣式 (nonrandom patterns) 時，即使管制圖無任何點落在管制界限外，此製程仍視爲管制外。在許多情況下，這些非隨機性樣式將提供診斷可歸屬原因之有關資訊，這些資訊同時可用於製程之改善及降低製程變異性。

在研判 $\overline{X}$ 管制圖時須先確定 R 管制圖 (或 S 管制圖) 是否已在管制內，有些可歸屬原因將同時出現在 $\overline{X}$ 及 R (或 S) 管制圖上。當 $\overline{X}$ 管制圖和 R (或 S) 管制圖同時出現非隨機性樣式時，最佳策略是先將 R (或 S) 管制圖上之可歸屬原因去除。在許多情況下這種策略將會自動排除在 $\overline{X}$ 管制圖上之非隨機性樣式。有關非隨機性樣式之定義和討論，讀者可參考 Western Electric 公司之品管手冊 (Western Electric, 1956)。一些在計量值管制圖上較常出現之非隨機性樣式和其可能原因略述如下：

圖 7-18(a) 為平均數瞬間跳動 (sudden shifts) 樣式。這種跳動可能源自於加入新員工或無經驗之員工、新方法、原料 (物理或化學特性之改變)、機器、環境因素 (溼度或污染)、檢驗方法之改變、檢驗標準之變更或者是員工技能之改變。

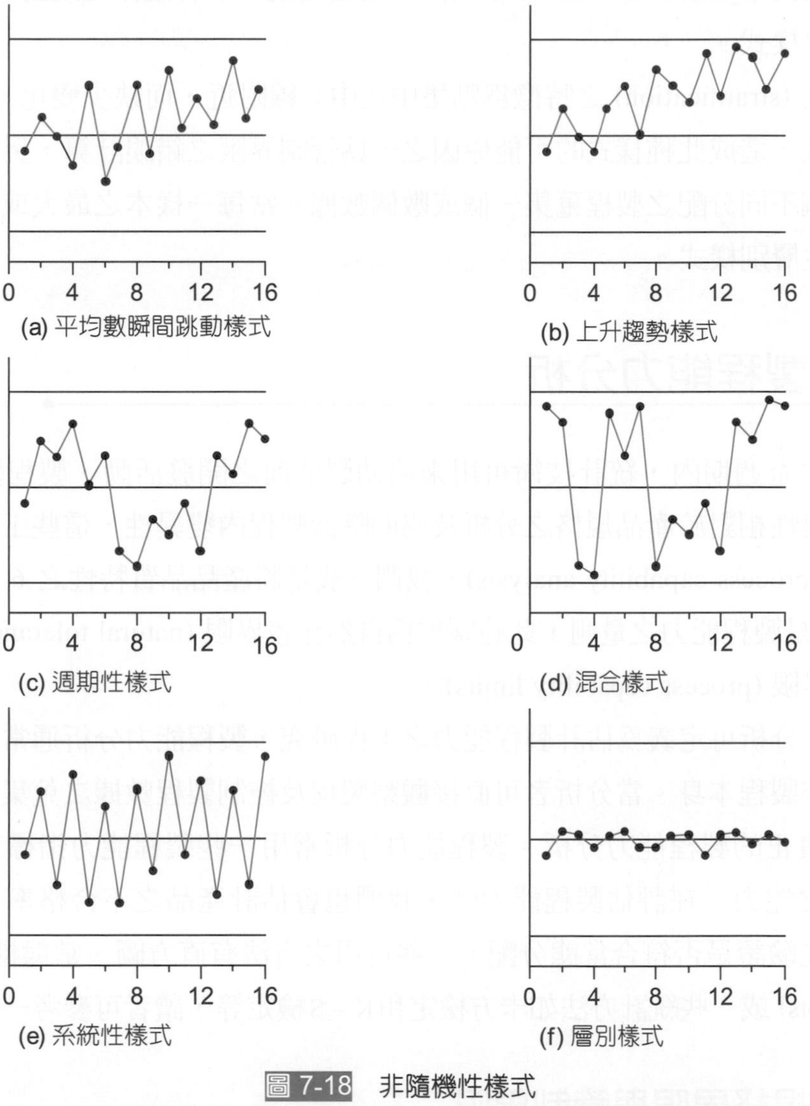

圖 7-18 非隨機性樣式

趨勢 (trends) 樣式是指圖上之點連續地向同一方向移動。圖 7-18(b) 為一典型之上升趨勢樣式。造成此種樣式之可能原因為刀具或製程內其他零件之磨損、夾具鬆動、溫度或溼度之逐漸改變、作業員疲勞等。

圖 7-18(c) 為一典型之週期性樣式 (cyclic patterns)。$\overline{X}$ 管制圖出現此種樣式之原因可能為周圍環境之有系統變化，例如溫度、作業員疲勞、電壓之變化、作業員或機器之輪調，及其他有關生產設備之變化。

圖 7-18(d) 顯示一混合樣式 (mixture patterns)。此種樣式之特徵爲描繪之點大多在管制界限外或接近管制界限，而只有一些點在中心線附近。混合樣式表示數據可能是來自兩種不同之製程，例如兩部不同之機器、使用不同操作方法之作業員。

系統性樣式 (systematic variation) 爲圖上之點成上、下有規律之跳動，圖 7-18(e) 顯示一系統性之樣式。

層別樣式 (stratification) 之特徵爲點集中在中心線附近，而缺少變化。圖 7-18(f) 顯示一層別樣式。造成此種樣式的可能原因之一爲管制界限之錯誤計算，另一可能原因爲抽樣時自數個不同分配之製程蒐集一個或數個數據。當每一樣本之最大或最小值都相近時，則會產生層別樣式。

7.11 製程能力分析

在產品生產週期內，統計技術可用來協助製造前之開發活動、製程變異性之數量化、製程變異性相對於產品規格之分析及協助降低製程內變異性，這些工作一般稱爲製程能力分析 (process capability analysis)。我們一般是將產品品質特性之 6 倍標準差範圍 ($\mu \pm 3\sigma$) 當作是製程能力之量測，此範圍稱爲自然允差界限 (natural tolerance limits) 或稱爲製程能力界限 (process capability limits)。

製程能力分析可定義爲估計製程能力之工程研究，製程能力分析通常是量測產品之功能參數而非製程本身。當分析者可直接觀察製程及控制製程數據之蒐集時，此種分析可視爲一種眞正的製程能力分析。製程能力分析常用一些製程能力指標來表示製程符合產品規格之能力。在評估製程能力時，我們也會估計產品之不合格率，因此品質特性數據必須先驗證是否符合常態分配。一些可用之方法有直方圖、常態機率圖 (normal probability plots) 或一些統計方法如卡方檢定和 K－S 檢定等，讀者可參考一般統計書籍。

7.11.1 規格界限與管制界限

製程能力是用來評估一個製程符合產品規格 (specifications) 之重要績效量測。公差或稱允差界限 (tolerance limits) 通常與規格界限 (specification limits) 交替使用。根據美國 ANSI/ASQC A1 標準，允差界限是用來定義製造或服務作業中，一件產品或一項服務被視爲符合或合格之範圍。一般來說，公差通常是指物理上之要求。例如起重機之規格要求能負荷 5000±200 公斤之重量，爲了達成此項要求，鋼索直徑之要求爲 5±0.1 公分，此即稱爲允差界限。

在說明製程能力指標前，有幾項觀念須加以釐清。規格是用來衡量單一產品符合品質要求之程度。製程能力指標則是用來說明一個由許多單位所構成之群體符合規格之能力。計量值管制圖之管制界限則是適用於樣本數據。在圖 7-19 中，我們可看出當 $n \geq 2$ 時，$\overline{X}$ 管制圖上之樣本統計量 (樣本平均數) 之分布範圍比個別值數據之分布還要窄。在管制圖之應用上，一個常見之錯誤是將規格界限當作是 $\overline{X}$ 管制界限。由於管制界限是用來衡量樣本平均數，規格界限是用在個別值上，因此若將規格界限當作是管制界限，則可能造成管制界限被錯誤地高估。

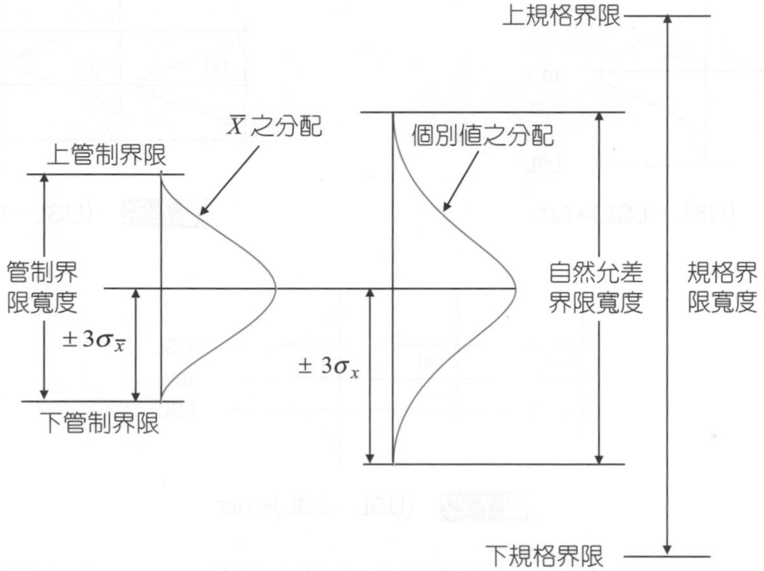

圖 7-19 管制界限和規格界限

7.11.2 規格界限與製程能力關係

從數學之觀點來說，規格界限和自然允差界限 (製程能力) 並沒有任何關係。規格界限是受到顧客之需求影響，而自然允差界限則是由製程之狀況和變異性所決定，但在品管工作上，我們會希望規格界限寬度和允差界限寬度具有某種關係。

若設 USL 爲上規格界限 (upper specification limit, USL)，LSL 爲下規格界限 (lower specification limit, LSL)，6σ 爲製程之自然允差界限之寬度，則規格界限寬度 (USL－LSL)與 6σ 存在下列三種關係：(1) (USL－LSL) $> 6\sigma$；(2) (USL－LSL)$= 6\sigma$；(3) (USL－LSL) $< 6\sigma$。

第 1 種情況如圖 7-20 所示。在圖 7-20(a)中，製程平均數落在規格之中心，幾乎所有產品都爲合格品。圖 7-20(b) 和 7-20(c) 表示當製程爲管制外時，製程也不會產生任何不合格品。例如：圖 7-20(b) 顯示製程平均數已改變，圖 7-20(c) 爲製程變異性增加之情形，此二者均可能使管制圖出現管制外之點。當然，在田口品質損失之觀念下 (見本書第 15 章)，符合規格並不是品管之最終目的，最重要的是要符合目標値，因此仍應調整平均數，使其能符合目標値，並且持續降低變異性。

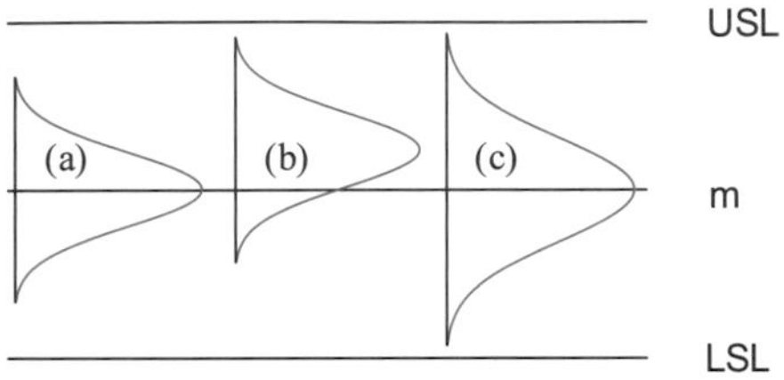

圖 7-20 (USL − LSL) > 6σ

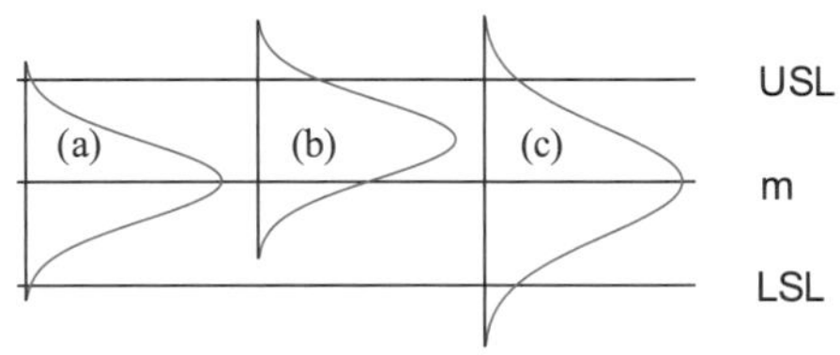

圖 7-21 (USL − LSL) = 6σ

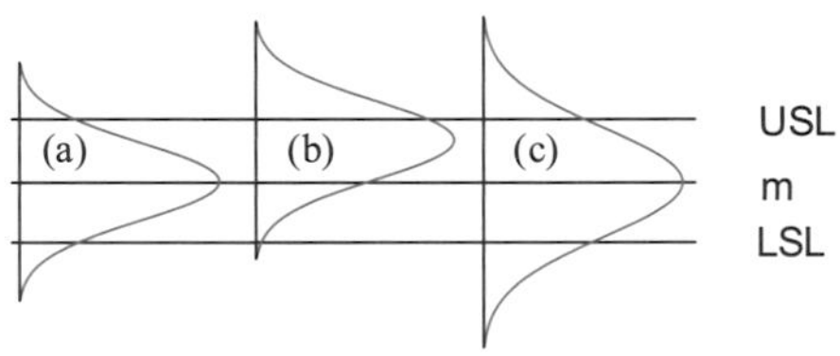

圖 7-22 (USL − LSL) < 6σ

圖 7-21 顯示第 2 種情況。若製程平均數落在規格中心，且品質數據符合常態分配，則大約有 0.27% 之不合格品 (圖 7-21(a))，若平均數偏移 (圖 7-21(b)) 或變異性增加 (圖 7-21(c)) 都會使不合格率增加。

第 3 種 (圖 7-22) 爲最不理想之情形。即使製程平均數落在規格界限之中，仍然有許多不合格品。當平均數偏移 (圖 7-22(b)) 或變異性增大 (圖 7-22(c)) 時，則會造成大量的不合格品。對於第 3 種情況，可以採用下列方法來解決。第 1 種方法是設法降低變異性，例如投資購買新的設備，更好之原料、或更有經驗之作業員。第 2 種方法是調整製程平均數，使重工大於報廢之比率 (因爲重工成本通常小於報廢成本)。當然，我們最終還是希望不要有任何報廢或重工。第 3 種方法是不調整任何製程參數，但實施 100% 全檢以剔除不合格品。由於全檢並無法發掘問題之根源，因此全檢並非是最適當之手段。第 4 種方法是研究放寬規格界限之可能性，但必須考慮到是否能符合顧客之需求。在上述 4 種方法中，我們仍應以第 1 種方法爲優先，因爲唯有降低變異性，才能眞正提升品質。

7.11.3 製程能力指標

製程能力指標是一些簡潔之數值，用來表示製程符合產品規格之能力。以下介紹數種常用之製程能力指標。

C_p指標

假設 USL、LSL 分別表示產品之上、下規格界限，規格界限之中心爲 m，目標值爲 T，則C_p指標可定義爲

$$C_p = \min\left\{\frac{\mathrm{T}-\mathrm{LSL}}{3\sigma}, \frac{\mathrm{USL}-\mathrm{T}}{3\sigma}\right\}$$

如果目標值爲規格界限之中心值，則C_p指標可簡化爲

$$C_p = \frac{\mathrm{USL}-\mathrm{T}}{3\sigma} = \frac{\mathrm{T}-\mathrm{LSL}}{3\sigma} = \frac{\mathrm{USL}-\mathrm{LSL}}{6\sigma}$$

$$\left(\mathrm{T} = m = \frac{\mathrm{USL}+\mathrm{LSL}}{2}\right)$$

如果是以$\overline{X}-R$管制圖之資料來進行製程能力分析，則製程標準差σ可由$\overline{R}/d_2$來估計。如果是採用$\overline{X}-S$管制圖，則σ可由$\overline{S}/c_4$來估計。不論是採用何種方法，在估計製程標準差時，需先確定製程是處於統計管制狀態內，此時所估計之製程標準差代表一個製程所能達到之程度。

C_p值可視爲製程之潛在能力 (process potential)，亦即當製程平均數可調到規格中心或目標值時，製程符合規格之能力。實務上，C_p一般要求在 1.33 以上。C_p值之倒數被稱爲能力比 (capability ratio)，能力比以百分比表示時，稱之爲允差被製程所占用之百分比 (percent of specification used by the process)。

C_{pk} 指標

C_p指標的一項缺點是其並未考慮製程平均數所在之位置。由C_p指標之公式來看，只要製程標準差相同，具有不同平均數之製程，將有相同之C_p值 (參考圖 7-23)。C_{pk}指標與C_p指標類似，但將製程平均數納入考慮。C_{pk}主要是用來衡量製程之實際績效 (process performance)。C_{pk}指標定義如下：

$$C_{pk} = C_p(1-k) = \min\{\text{CPU},\text{CPL}\}$$

其中

$$k = \frac{|\mu - \text{T}|}{\min\{\text{T}-\text{LSL},\text{USL}-\text{T}\}}$$

$$\text{CPL} = \frac{\text{T}-\text{LSL}}{3\sigma}\left\{1-\frac{|\mu-\text{T}|}{\text{T}-\text{LSL}}\right\}$$

$$\text{CPU} = \frac{\text{USL}-\text{T}}{3\sigma}\left\{1-\frac{|\mu-\text{T}|}{\text{USL}-\text{T}}\right\}$$

如果目標值 (T) 為規格界限之中心 (m)，則

$$\text{CPL} = \frac{\mu-\text{LSL}}{3\sigma}$$

$$\text{CPU} = \frac{\text{USL}-\mu}{3\sigma}$$

$$k = \frac{2|\mu-m|}{\text{USL}-\text{LSL}}$$

一般而言，$C_{pk} \le C_p$。如果$\mu = m$ (圖 7-23之「A」)，則$C_{pk} = C_p$。當μ落在規格界限上時 (圖 7-23之「C」與「D」)，$k=1$，此時$C_{pk}=0$。當μ落在規格界限以外時，$k>1$，此時$C_{pk}<0$。在過去，有些專家學者建議將k之範圍定義為$0 \le k \le 1$，亦即C_{pk}最小為零，不會有負值。在本書中，我們對k不設任何限制。

如果是以$\bar{X}-R$管制圖之資料來進行製程能力分析，則製程標準差σ可由$\bar{R}/d_2$來估計。如果是採用$\bar{X}-S$管制圖，則σ可由$\bar{S}/c_4$來估計，而μ值可由$\bar{X}$管制圖之中心值$\bar{\bar{X}}$取代。在上述公式中，CPU (CPL) 可用在當產品只有上 (下) 規格界限時。

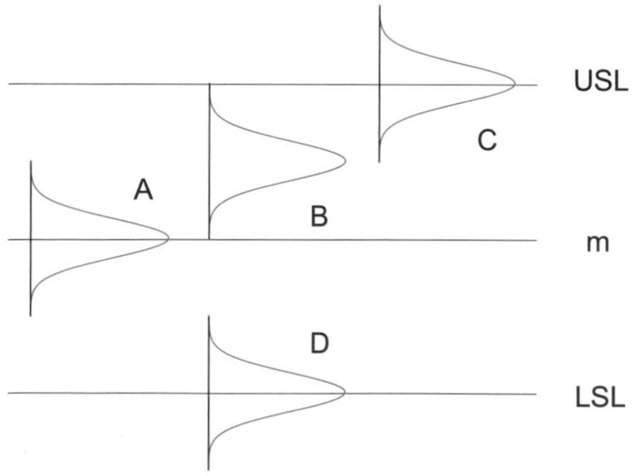

圖 7-23 具有C_p=2 之製程

C_p 指標只考慮製程標準差，因此我們可以得到它和不合格率之對應關係。C_{pk} 指標則是會受到製程標準差與製程平均數的影響。不同之標準差與平均數的組合，可以得到同樣的 C_{pk} 值，因此，C_{pk} 指標和不合格率之間並不存在一個對應關係。

另一個指標 C_a 與上述 C_a 指標之參數 k 有關，定義為

$$C_a = \frac{\mu - \mathrm{T}}{\min\{\mathrm{T} - \mathrm{LSL}, \mathrm{USL} - \mathrm{T}\}}$$

如果目標值 (T) 為規格界限之中心 (m)，則

$$C_a = \frac{\mu - \mathrm{T}}{(\mathrm{USL} - \mathrm{LSL})/2}$$

從定義可看出 $k = |C_a|$，有時稱 C_a 為製程準確度 (accuracy) 能力指標，C_p 為製程精確度 (precision) 能力指標，C_{pk} 為製程能力綜合指標。

表 7-7 列舉不同條件下，C_p 值之最低要求。我們必須注意，表 7-7 只是建議的最低要求。有些公司會採取更嚴格的要求。例如：本書第 3 章所介紹的六標準差要求管制內時之製程平均數，與最近之規格的距離，不得低於六個標準差。此意味 C_p 指標最少要達到 2.0 (請參見稍後之範例說明)。

表 7-7 不同條件下，C_p 值之最低要求

狀　況	雙邊規格	單邊規格
既有製程	1.33	1.25
新製程	1.50	1.45
有安全性、強度要求或有重要參數之既有製程	1.50	1.45
有安全性、強度要求或有重要參數之新製程	1.67	1.60

例7-5 假設電子零件某項品質特性之規格為 20 ± 1.5，今由 30 個零件所獲得之平均數為 19.75，標準差為 0.5，試計算 C_p 和 C_{pk} 指標。若品質特性符合常態分配，試估計不合格率，並說明如何提升品質水準。

解答：

$$C_p = \frac{\mathrm{USL} - \mathrm{LSL}}{6\sigma} \cong \frac{\mathrm{USL} - \mathrm{LSL}}{6S} = \frac{21.5 - 18.5}{6(0.5)} = \frac{3}{3} = 1.0$$

$$k=\frac{2|20-19.75|}{21.5-18.5}=\frac{2(0.25)}{3}=\frac{0.5}{3}=0.167$$

$$C_{pk}=C_p(1-k)=1.0(1-0.167)=0.833$$

$$\begin{aligned}\text{不合格率}&=\Phi\left(\frac{18.5-19.75}{0.5}\right)+\left[1-\Phi\left(\frac{21.5-19.75}{0.5}\right)\right]\\&=\Phi(-2.5)+[1-\Phi(3.5)]\\&=(1-0.99379)+(1-0.99977)\\&=0.00644\end{aligned}$$

若將平均數調整至 20.0 則

$$\begin{aligned}\text{不合格率}&=\Phi\left(\frac{18.5-20.0}{0.5}\right)+\left[1-\Phi\left(\frac{21.5-20.0}{0.5}\right)\right]\\&=\Phi(-3)+[1-\Phi(3.0)]=0.0027\end{aligned}$$

在變異數不改變的情形下，將平均數調整至規格中心可使不合格率為最低。若要進一步降低不合格率，則要從降低變異性著手。

例7-6 假設產品品質特性之規格為 100 ± 3，今由生產線蒐集 100 件產品，量測後獲得平均數為 99.25，標準差為 0.5。試計算 C_p 和 C_{pk} 指標。若品質特性合乎常態分配，試估計產品不合格率。在變異性不改變之情形下，說明要如何改善才能降低不合格率。

解答：

$$C_p=\frac{\text{USL}-\text{LSL}}{6\sigma}\cong\frac{\text{USL}-\text{LSL}}{6S}=\frac{103-97}{6(0.5)}=2.0$$

$$k=\frac{2|m-\mu|}{\text{USL}-\text{LSL}}=\frac{2|100-99.25|}{6}=0.25$$

$$C_{pk}=C_p(1-k)=2(1-0.25)=1.5$$

不合格率可依下式計算

不合格率 $P\{X>103\}+P\{X<97\}$

$$\begin{aligned}&=\left[1-\Phi\left(\frac{103-99.25}{0.5}\right)\right]+\Phi\left(\frac{97-99.25}{0.5}\right)\\&=[1-\Phi(7.5)]+\Phi(-4.5)\\&=0.0+0.0000034\end{aligned}$$

不合格率相當於每百萬件中有 3.4 件不合格品。

在變異性不變之情形下，我們可將平均數調整至規格中心，此時不合格率為

$$\text{不合格率} = P\{X > 103\} + P\{X < 97\}$$
$$= \left[1 - \Phi\left(\frac{103-100}{0.5}\right)\right] + \Phi\left(\frac{97-100}{0.5}\right)$$
$$= [1 - \Phi(6)] + \Phi(-6) = 1.97 \times 10^{-9}$$

上例之目的主要在介紹美國摩托羅拉公司所提出之六標準差品質 (Six Sigma) 之觀念 (見圖 7-24)，請參見本書第 3 章之內容。在表 7-7 中，我們提到對於既有之製程，C_p 值要達到 1.33 (4/3)。日本品質學者狩野紀昭根據六標準差之理論，將傳統 TQM 之要求解釋為：規格的一半寬度為 4σ，製程平均數之偏移為 1σ，因此在 TQM 中，目標製程能力指標 C_p 值要達到 1.33 (4/3)。狩野紀昭認為，如果依照稱呼六標準差的方式如法炮製，那麼 TQM 便可稱為是「四標準差」活動 (陳麗妃譯，2003)。

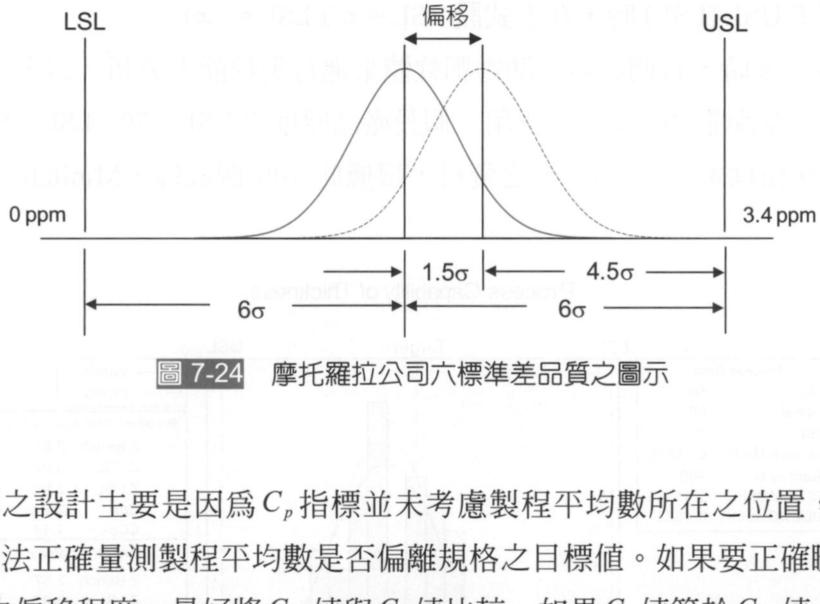

圖 7-24 摩托羅拉公司六標準差品質之圖示

C_{pm} 指標

C_{pk} 指標之設計主要是因為 C_p 指標並未考慮製程平均數所在之位置，但單獨使用 C_{pk} 指標仍無法正確量測製程平均數是否偏離規格之目標值。如果要正確瞭解製程平均數與目標值之偏移程度，最好將 C_{pk} 值與 C_p 值比較。如果 C_p 值等於 C_{pk} 值，則表示平均數落在目標值上，而 $C_p > C_{pk}$ 之情況下表示平均數偏離目標值。在固定製程平均數下，C_{pk} 指標將隨著製程標準差之降低而增加。因此，一個較大之 C_{pk} 值並無法正確告訴我們製程平均數是否落在目標值上。

C_{pm} 指標用來解決與 C_p 或 C_{pk} 指標所遭遇之困難。當目標值為規格中心值時，C_{pm} 指標定義為

$$C_{pm} = \frac{USL - LSL}{6\tau}$$

其中

$$\begin{aligned}\tau^2 &= E[(X-\mathrm{T})^2] \\ &= E[(X-\mu)^2]+(\mu-\mathrm{T})^2 \\ &= \sigma^2+(\mu-\mathrm{T})^2\end{aligned}$$

C_{pm} 指標亦可表示爲

$$C_{pm}=\frac{\mathrm{USL}-\mathrm{LSL}}{6\sqrt{\sigma^2+(\mu-\mathrm{T})^2}}=\frac{C_p}{\sqrt{1+\frac{(\mu-\mathrm{T})^2}{\sigma^2}}}$$

如果目標值並不等於規格中心值時，則 C_{pm} 指標定義爲

$$C_{pm}=\frac{\min\{\mathrm{USL}-\mathrm{T},\mathrm{T}-\mathrm{LSL}\}}{3\tau}$$

當產品只有USL (LSL) 時，在上式設 $\mathrm{USL}=\infty$ ($\mathrm{LSL}=-\infty$) 。

當數據量較多時，我們必須藉助電腦軟體來進行製程能力分析。以下，我們利用一個範例，說明電腦軟體 Minitab 之應用。假設產品厚度之 $\mathrm{USL}=70$, $\mathrm{LSL}=50$ ，目標値爲 60。今蒐集 20 組樣本大小爲 $n=5$ 之資料，根據此 100 個數據，Minitab 之分析結果如圖 7-25 所示。

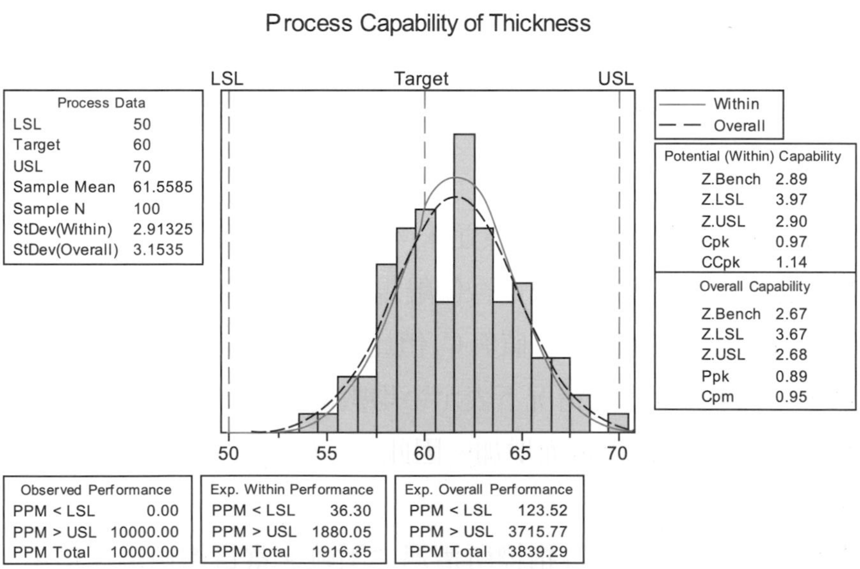

圖 7-25 Minitab 之製程能力分析結果

首先，說明組內 (within) 和整體 (overall) 標準差之計算：

$$\hat{\sigma}(within)=\overline{R}/d_2=6.77622/2.326=2.91325$$

$$\hat{\sigma}(overall)=\sqrt{\frac{\sum_{i=1}^{100}(x_i-\bar{x})^2}{99}}=3.1535$$

根據組內標準差，Minitab 計算一些潛在製程能力 (potential capability) 指標：

$$Z_{\mathrm{U}}=\frac{\mathrm{USL}-\mu}{\sigma}=\frac{70-61.5585}{2.91325}=2.8976$$

$$Z_{\mathrm{L}}=\frac{\mu-\mathrm{LSL}}{\sigma}=\frac{61.5585-50}{2.91325}=3.9676$$

$$\mathrm{CPU}=(\mathrm{USL}-\mu)/(3\sigma)=Z_{\mathrm{U}}/3=0.9659$$

$$\mathrm{CPL}=(\mu-\mathrm{LSL})/(3\sigma)=Z_{\mathrm{L}}/3=1.3225$$

$$C_{pk}=\min\{\mathrm{CPU},\mathrm{CPL}\}=0.9659$$

必須說明的是 CC_{pk} 指標，它類似廣義的 C_p 指標，定義如下：

$$CC_{pk}=\min\left\{\frac{\mu^*-\mathrm{LSL}}{3\sigma},\frac{\mathrm{USL}-\mu^*}{3\sigma}\right\}$$

如果目標值 T 為已知，則將 μ^* 設為 T；如果目標值為未知但已知 USL 和 LSL，則將 μ^* 設為 (USL+LSL)/2；當上述兩種情形都不成立時，則將 μ^* 設為製程平均數 $\bar{X}$。在此例中，目標值 T 為已知，因此 CC_{pk} 指標可計算如下：

$$CC_{pk}=\min\left\{\frac{\mathrm{T}-\mathrm{LSL}}{3\sigma},\frac{\mathrm{USL}-\mathrm{T}}{3\sigma}\right\}=1.1442$$

此例假設品質特性數據符合常態分配，不合格率可計算如下：

$$p_{\mathrm{U}}=1-\Phi(Z_{\mathrm{U}})=0.00188\ (=1880\mathrm{ppm})$$

$$p_{\mathrm{L}}=1-\Phi(Z_{\mathrm{L}})=0.0000363\ (=36.3\mathrm{ppm})$$

若以「ppm」來表達，上述不合格率相當於圖 7-25 中之「Exp. Within Performance」所顯示之結果。在圖 7-25 中，「Observed Performance」顯示樣本不合格 ppm 為 10000，相當於不合格率為 0.01。若觀察原始資料，我們可以發現在 100 個數據中，有 1 個數據是超出上限，根據合格率可以計算 Z_{Bench}：

$$Z_{Bench}=\Phi^{-1}(1-p_{\mathrm{U}}-p_{\mathrm{L}})=\Phi^{-1}(1-0.00188-0.0000363)=2.8916$$

在已知目標值 T 之情況下，我們可以計算數據偏離目標值之程度，τ 值為 3.52109，C_{pm} 指標可以計算如下：

$$C_{pm}=\frac{\mathrm{USL}-\mathrm{LSL}}{6\tau}=0.9467$$

讀者可以自行驗證由「整體標準差」所算出之各種製程能力指標如 P_p 和 P_{pk}。

Minitab 也提供一個彙整之製程能力分析結果 (圖 7-26)，適合做爲內、外部溝通之依據。圖 7-26(a) 和 (b) 爲一般之 $\overline{X}-R$ 管制圖，圖 7-26(c) 爲一張連串圖 (run chart)，適合表達組內和組間之變異情形。上述 3 張圖都是用來確認製程數據是處於統計管制內。圖 7-26(d) 爲包含規格界限之直方圖。圖 7-26(e) 爲機率圖，適合度檢定之 P 值 $(0.894) > 0.05$，代表我們不能拒絕「數據符合常態分配」之假設。此兩張圖都是用來確認數據符合常態分配之假設。

在確認製程爲穩定而且數據符合常態分配之後，我們可以觀察圖 7-26(f) 之「能力圖 (capability plot)」和製程能力指標。此例中，由組內標準差和整體標準差所估計之製程散佈寬度，只略小於規格寬度。此現象造成製程能力指標 $C_p(1.14)$ 和 $P_p(1.06)$ 只略大於 1.0。

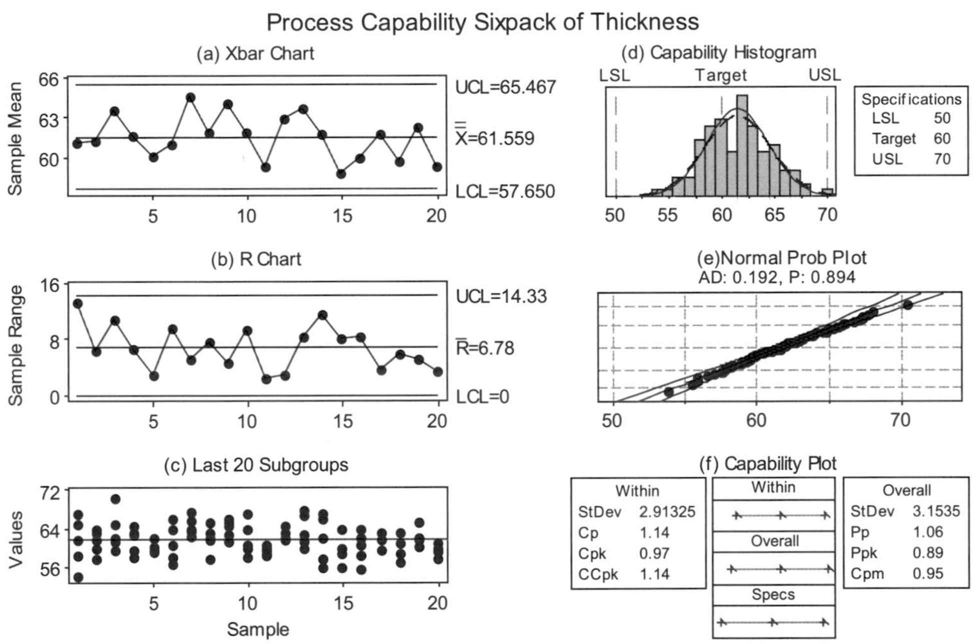

圖 7-26　彙整之製程能力分析結果

圖 7-27 爲根據圖 7-14 之塗層厚度數據，所得到的 I-MR-R/S 管制圖之彙整製程能力分析結果。圖 7-27 中之管制圖與圖 7-14 之 I-MR-R/S 管制圖相同。管制圖顯示製程平均數爲穩定，物件內和物件間之變異也維持穩定。機率圖顯示製程數據符合常態分配，由製程能力指標來看，此製程之績效可以被接受。

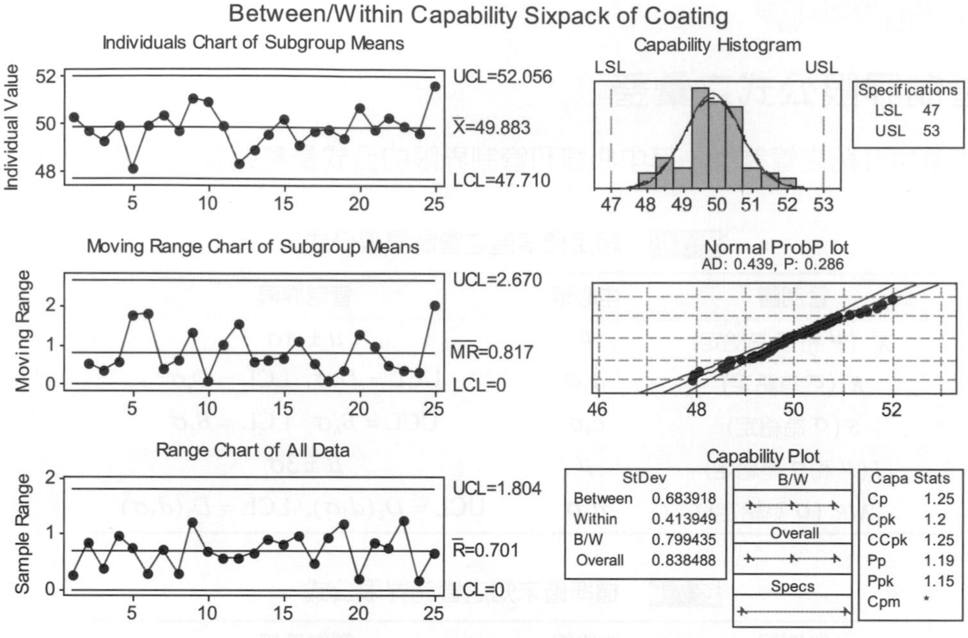

圖 7-27 塗層厚度製程能力之彙整

以上所介紹的製程能力分析和製程能力指標都是針對常態分配之數據。對於非常態數據，我們有下列處理方式：(1) 採用數據轉換 (data transformation)；(2) 鑑定數據之分配，並採用特定之分配來估計製程能力。Minitab 提供兩種數據轉換之方式：

1. Box-Cox 轉換：Box-Cox 轉換利用公式 $y^* = y^\lambda$ 將原始數據 y 轉換爲 y^*。此演算法找出最適當之 λ 值，λ 值介於 –5 至 5 之間。在很多實務之狀況，我們會希望得到一個具有數學意義之 λ 值，例如：$\lambda = 0.5$，代表開根號；$\lambda = 0$，代表取自然對數值。
2. Johnson 轉換所使用之演算法與 Box-Cox 轉換不同。由於 Johnson 轉換可以經由改變參數來涵蓋較多之分配，因此，此種演算法通常可以得到一個適當之轉換。

Box-Cox 轉換較爲簡單易懂，但其應用較爲受限，只適用於正值之數據，而且不能保證一定會得到一個適當之轉換。Johnson 轉換較爲複雜，但它比較能夠找到一個適當之轉換。如果 Box-Cox 轉換無法獲得一個適當之轉換，則可以考慮使用 Johnson 轉換；或者假設數據服從一個非常態之分配而非使用數據轉換。在 Box-Cox 轉換中，數據可以是樣本組資料，而 Johnson 轉換則未考慮數據是否爲樣本組資料。換句話說，在使用 Box-Cox 轉換時必須輸入樣本大小，而樣本大小不同會影響轉換之結果。

Minitab 也提供鑑定和選擇分配之功能。若有多個分配可以配適數據，則選擇具有最大 P 值之分配。若多個分配之 P 值都很接近，則根據下列原則選擇適當之分配：(1) 根據過去類似數據所採用之分配；(2) 根據製程能力指標以保守之方式選擇。

延伸閱讀

◆ 管制界限公式之彙整

本章所介紹之管制圖，其中心線和管制界限的公式彙整如表 7-8 和表 7-9。

表 7-8 給定標準值之管制界限公式

管制圖	中心線	管制界限
$\bar{X}$ (μ和σ為給定)	μ	$\mu \pm A\sigma$
R (σ為給定)	$d_2\sigma$	$UCL = D_2\sigma,\ LCL = D_1\sigma$
S (σ為給定)	$c_4\sigma$	$UCL = B_6\sigma,\ LCL = B_5\sigma$
I (μ和σ為給定)	μ	$\mu \pm 3\sigma$
MR (σ為給定)	$d_2\sigma$	$UCL = D_4(d_2\sigma),\ LCL = D_3(d_2\sigma)$

表 7-9 標準值未知之管制界限公式

管制圖	中心線	管制界限
$\bar{X}$ 使用 R	$\bar{\bar{X}}$	$\bar{\bar{X}} \pm A_2\bar{R}$
$\bar{X}$ 使用 S	$\bar{\bar{X}}$	$\bar{\bar{X}} \pm A_3\bar{S}$
R	$\bar{R}$	$UCL=D_4\bar{R}$, $LCL=D_3\bar{R}$
S	$\bar{S}$	$UCL=B_4\bar{S}$, $LCL=B_3\bar{S}$
I	$\bar{X}$	$\bar{X} \pm 3(\overline{MR}/d_2)$
MR	$\overline{MR}$	$UCL=D_4\overline{MR}$, $LCL=D_3\overline{MR}$

不同管制圖估計製程標準差的公式彙整如表 7-10。

表 7-10 估計製程標準差之公式

管制圖	標準差估計公式	備註
$\bar{X}-R$	$\bar{R}/d_2$	根據樣本大小決定 d_2
$\bar{X}-S$	$\bar{S}/c_4$	根據樣本大小決定c_4
$I-MR$	$\overline{MR}/d_2$	根據移動全距之長度決定d_2

◆ 管制圖之選擇

圖 7-28 為根據樣本大小和製程偏移量來選擇計量值管制圖之程序。

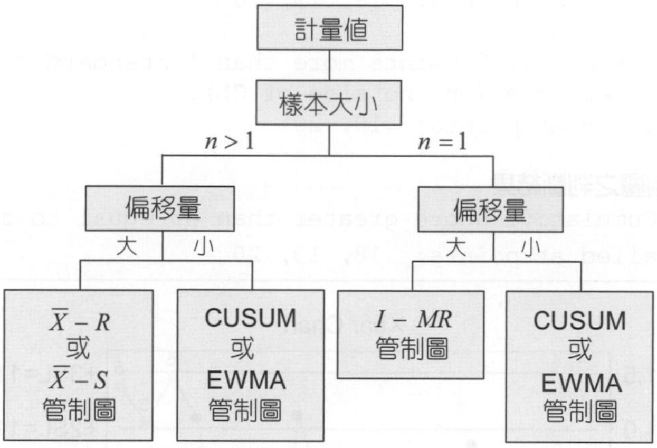

圖 7-28 計量值管制圖之選擇

◆ 區間管制圖

區間管制圖 (zone control chart) 之設計理念類似區間測試，其目的是要提升管制圖偵測異常之靈敏度。這種管制圖相當於將測試法則改成是圖形的方式。區間管制圖是將傳統 3-sigma 管制圖之中心線至管制界限的範圍分為 3 個等距 (寬度為 1 個標準差) 之區間加上管制界限外之區域，共 4 個區間。使用者可以對每一個區間設定分數 (相當於權重)，靠近中心線的分數最低，而落在管制界限外的分數最高。每一觀測值 (個別值或樣本統計量) 將根據其所落之區間獲得一分數。此管制圖之操作是將各組之分數累加，若觀測值落在中心線之不同側，則累加值將歸零並重新累加。若累加之分數值大於或等於管制界限外之分數，則判斷製程為管制外。圖 7-29 為一 $\overline{X}$ 管制圖，圖 7-30 為對應之區間管制圖。在圖 7-30 左側縱軸之數值代表各個區間之分數，分別為 0、2、4 和 8。我們以第 14 組之累加分數說明區間管制圖之操作。至第 13 組時，累加之分數為 6 分，由於第 14 組落在中心線之下側，與第 13 組不同側，故累加值歸零並重新累加。由於第 14 組得 2 分，故第 14 組之累加分數為 2。

使用區間管制圖，我們將在第 18 組判斷製程為管制外。傳統 $\overline{X}$ 管制圖若使用區間測試法則也可以在第 18 組判斷製程為管制外。表 7-11 為區間測試與區間管制圖之判斷結果。

表 7-11　區間測試與區間管制圖之判斷結果

區間測試之結果

```
TEST 5. 2 out of 3 points more than 2 standard deviations
from center line (on one side of CL).
Test Failed at points:  18, 19, 20

TEST 6. 4 out of 5 points more than 1 standard deviation
from center line (on one side of CL).
Test Failed at points:  19, 20
```

區間管制圖之判斷結果

```
TEST. Cumulative score greater than or equal to zone 4 score.
Test Failed at points:  18, 19, 20
```

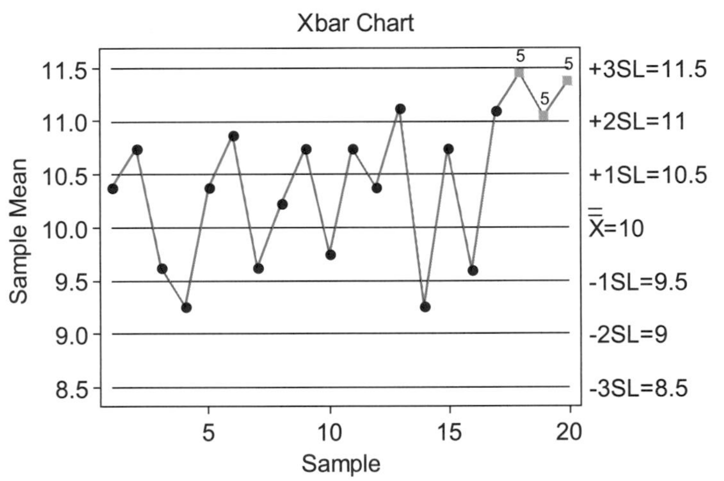

圖 7-29　使用測試法則之管制圖

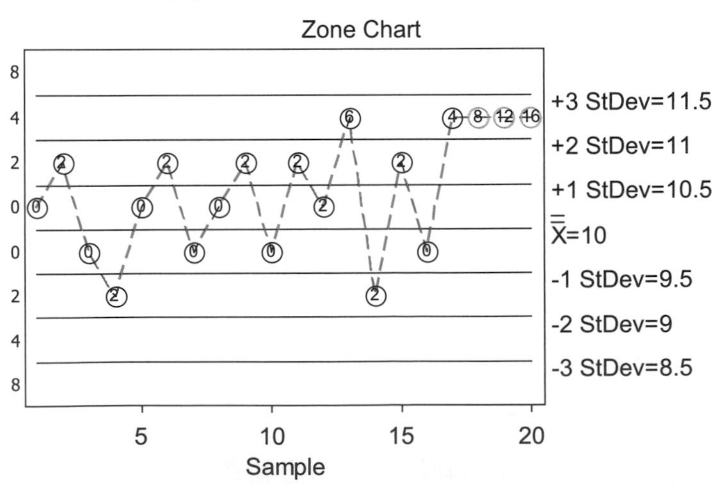

圖 7-30　區間管制圖

◆ 製程能力指標之等級評定與對策

表 7-12 C_a 值之等級與措施

等級	C_a	改善對策
A	$0 \le \lvert C_a \rvert \le 0.0625$	製程能力極優，繼續保持
B	$0.0625 < \lvert C_a \rvert \le 0.125$	製程能力優良，可稍加改善以提升至 A 級
C	$0.125 < \lvert C_a \rvert \le 0.25$	製程能力普通，宜進行製程改善以提升至 B 級
D	$0.25 < \lvert C_a \rvert \le 0.50$	製程能力不佳，應立即檢討或考慮停止生產
E	$0.50 < \lvert C_a \rvert$	應立即停止生產，進行全面性檢討並採取緊急改善措施

表 7-13 C_p 值之等級與措施

等級	C_p	改善對策
A	$1.67 \le C_p$	製程能力極優，繼續保持
B	$1.33 \le C_p < 1.67$	製程能力優良，可稍加改善以提升至 A 級
C	$1.00 \le C_p < 1.33$	製程能力普通，宜進行製程改善以提升至 B 級
D	$0.67 \le C_p < 1.00$	製程能力不佳，應立即檢討或考慮停止生產
E	$0 \le C_p < 0.67$	應立即停止生產，進行全面性檢討並採取緊急改善措施

表 7-14 C_{pk} 值之等級與措施

等級	C_{pk}	改善對策
A	$1.67 \le C_{pk}$	製程能力極優，繼續保持
B	$1.33 \le C_{pk} < 1.67$	製程能力優良，可稍加改善以提升至 A 級
C	$1.00 \le C_{pk} < 1.33$	製程能力普通，宜進行製程改善以提升至 B 級
D	$0.67 \le C_{pk} < 1.00$	製程能力不佳，應立即檢討或考慮停止生產
E	$0 \le C_{pk} < 0.67$	應立即停止生產，進行全面性檢討並採取緊急改善措施

本章習題

一、選擇題

( ) 1. 已知 $\overline{X}-R$ 管制圖之 $\overline{\overline{X}}$=33.6, $\overline{R}$=6.2，生產過程中，某次抽樣得到 5 個樣本數據分別爲 36, 43, 37, 34, 38。則此項抽樣結果在 $\overline{X}$ 管制圖和 R 管制圖上所顯現的是：(a) 均在管制界限內 (b) 都不在管制界限內 (c) $\overline{X}$ 管制圖顯示超出上管制界限 (d) R 管制圖顯示超出管制下限。(當樣本數 n = 5 時，A_2= 0.577, D_3= 0, D_4 =2.114)

( ) 2. 某品質特性採用 $\overline{X}-R$ 管制圖，已知 n = 6, A_2= 0.483, D_4= 2.004, D_3= 0, $\overline{\overline{X}}$= 16.5, $\overline{R}$= 3.5，其 R 管制圖之 UCL 爲 (a) 18 (b) 14 (c) 7 (d) 10。

( ) 3. 假設 $\overline{X}$ 管制圖偵測某一特定製程平均數偏移之型 II 誤差爲 β，則此管制圖在製程平均數偏移後第三組樣本才偵測到此偏移之機率爲(a) β^3 (b) β^2 (c) $\beta^2(1-\beta)$ (d) $(1-\beta)^3$ 。

( ) 4. 有關 3-sigma $\overline{X}-R$ 管制圖之敘述，下列何者爲正確？ (a) 若使用 4-sigma 管制界限，則容易將正常之製程誤判爲異常 (b) 若使用 2-sigma 管制界限，則型 I 誤差會減少 (c) 若使用 4-sigma 管制界限，則型 II 誤差會增加 (d) $\overline{X}-R$ 管制圖之概念是由 Deming 所提出。

( ) 5. 假設已知製程 $\mu=10, \sigma=4$，若使用樣本大小 n = 4，下列有關 3-sigma $\overline{X}$ 管制圖之敘述何者爲正確？ (a) UCL = 16, LCL = 4 (b) UCL = 22, LCL = 2 (c) UCL = 20, LCL = 2 (d) UCL = 22, LCL = −2 。

( ) 6. 已知樣本大小 n = 4，製程平均數爲 10，製程標準差爲 2，則 3-sigma $\overline{X}$ 管制圖之上、下管制界限爲 (a) [12, 8] (b) [13, 7] (c) [16, 4] (d) [18, 2]。

( ) 7. 在建立 $\overline{X}-R$ 管制圖時，使用下列資料：

組	1	2	3	4	5
數據	5	4	3	5	6
	5	3	3	4	4
	5	5	4	2	2

則下列敘述何者爲正確？ (a) $\overline{\overline{X}}=4.5, \overline{R}=2$ (b) $\overline{\overline{X}}=5, \overline{R}=3$ (c) $\overline{\overline{X}}=4, \overline{R}=2$ (d) $\overline{\overline{X}}=4, \overline{R}=2.5$。

(　) 8. 在應用 $\overline{X}-S$ 管制圖時，製程標準差是依下列何公式來估計？ (a) $\overline{R}/c_4$ (b) $\overline{S}/d_2$ (c) $\overline{R}/(d_2\sqrt{n})$ (d) $\overline{S}/c_4$。

(　) 9. 對管制圖而言，檢定力 (power) 是指 (a) 製程並未改變，判定已發生改變之機率 (b) 製程並未改變，正確判定未發生改變之機率 (c) 製程已發生變化，正確判定已發生變化之機率 (d) 製程已發生變化，判斷未發生變化之機率。

(　)10. 假設數據 X_i 爲 5、7、4、3，若移動全距定義爲 $|X_i - X_{i-1}|$，則移動全距之平均爲 (a) 2.3 (b) 2 (c) 3 (d) 1。

(　)11. 進行製程能力分析不需要用到哪一個工具？ (a) 直方圖 (b) 機率圖 (c) 魚骨圖 (d) 管制圖。

(　)12. 某金屬產品長度尺寸之規格爲 12±0.6。已知製程平均數爲 12.15，製程標準差爲 0.1，下列何者爲正確？ (a) $C_p=1,\ C_{pk}=0$ (b) $C_p=2,\ C_{pk}=0$ (c) $C_p=2,\ C_{pk}=1$ (d) $C_p=2,\ C_{pk}=1.5$。

(　)13. 一個擁有 6-sigma 品質水準的製程具有 (a) $C_p=1.33$ (b) $C_p=2$ (c) $C_p=3$ (d) $C_p=6$。

(　)14. 當一製程的 CPU 與 CPL 指標值分別爲 0.90 與 2.80 時，請問，此製程之 C_{pk} 值爲何？ (a) 0.90 (b) 1.85 (c) 1.90 (d) 2.80。

(　)15. 已知某一品質特性符合常態分配，此品質特性之上規格界限爲 18、下規格界限爲 10、目標值爲 15。若管制圖顯示製程是在管制狀態中，根據所蒐集之樣本數據得知製程平均數爲 14，標準差爲 2/3，則此品質特性之製程能力指標 C_p 爲 (a) 2.5 (b) 2 (c) 1.5 (d) 1。

(　)16. 承上題，此時之製程能力指標 C_{pk} 爲 (a) 2.5 (b) 2 (c) 1.5 (d) 1。

(　)17. 有關製程能力指標 C_p，下列何者爲不正確？ (a) C_p 是用以說明一製程符合規格的能力 (b) C_p 之缺點乃是未考慮到製程平均所在之位置 (c) 在使用 C_p 之前，必須先檢查數據之分配是否符合常態分配之假設 (d) 通常 $C_p \le C_{pk}$。

(　)18. 下列敘述何者爲正確？ (a) 縮小管制界限之寬度將降低管制圖之型 I 誤差 (b) 計數值品質資料可以比計量值提供更多之資訊 (c) 實施製程管制是屬於不符合成本 (d) 放寬管制界限，將增加型 II 誤差。

(　)19. 下列有關累積和 CUSUM 管制圖之敘述，何者爲正確？ (a) 使用此管制圖時，須先將數據標準化 (b) 不能使用區間測試法則 (c) 只能應用於計量值數據 (d) 使用此管制圖時，須決定 3 個參數。

(　)20. 下列有關 CUSUM 管制圖之敘述，何者爲錯誤？(a) 較小之設計參數 k 適用於偵測微量之製程參數偏移　(b) 較大之設計參數 h 可以獲得較小之型 I 誤差　(c) 較大之設計參數 h 會使得型 II 誤差增加　(d) 較小之設計參數 k 會使得型 II 誤差增加。

(　)21. 下列何者爲錯誤？ (a) 樣本變異數 S^2 爲一個機率分配之未知變異數 σ^2 的不偏估計量　(b) 假設 $\overline{S}$ 爲 m 組樣本標準差之平均數，則 $\overline{S}/c_4$ 爲 σ 之不偏估計量　(c) 樣本標準差 S 爲 σ 之不偏估計量　(d) 當樣本大小，$n>10$ 時，我們偏好使用標準差管制圖。

(　)22. 下列有關 $\overline{X}-S$ 管制圖之敘述，何者爲錯誤？ (a) 當樣本大小 n 爲變動時，$\overline{X}-S$ 優於 $\overline{X}-R$ 管制圖　(b) 當 n 不固定時，我們利用加權平均的方式估計管制圖之中心線　(c) 當樣本大小較大時 ($n>10$)，$\overline{X}-S$ 管制圖優於 $\overline{X}-R$ 管制圖　(d) 當使用 $\overline{X}-S$ 管制圖時，我們以樣本標準差 S 來估計母體標準差 σ。

二、問答題

1. 蕭華特管制圖一般稱爲 3 倍標準差管制圖，但爲何 $\overline{X}$ 管制圖之公式 $\overline{X}\pm A_2\overline{R}$ 中並未見 3 倍標準差？
2. 試舉二例說明計量值管制圖在非製造業上之應用 (需說明如何決定樣本、統計量、抽樣方法等)。
3. 請說明爲什麼在使用 $\overline{X}-R$ 管制圖時，須先診斷 R 管制圖上之異常原因，再分析 $\overline{X}$ 管制圖。
4. 日本品質學者狩野紀昭曾經撰文評論六標準差 (陳麗妃譯，2003，六標準差的獨到之處一與 TQM 的比較，品質月刊，第三十九卷，第一期，67-75 頁)。文中提到六標準差利用 Sigma 水準來作爲績效度量之缺點。他指出：「舉例來說，當開發票的疏失以及與安全有關的錯誤同樣都在 4 sigma，我們能夠說這兩種不同的性質的工作品質是相同的嗎？即使這兩者都是同樣的標準差，但其重要性卻是大異其趣的。將所有的工作都用標準差 (**註**：指 Sigma 水準) 來衡量造成一種詭譎的氣氛，也容易進行比較；因此，我們常會忘了去思考兩種衡量尺度的權重差異。不是強迫去假設所有工作都是常態分配，並以標準差來衡量工作的品質，而是要將兩者錯誤利用不良率的尺度加以比較，如此可讓我們有更適當的判斷，因爲不良率的表示方法使我們更能感受尺度權重的差異。」請討論狩野紀昭所提到之 Sigma 水準的缺點是否也會發生在其他的製程能力指標上面？是否代表目前之製程能力指標並不恰當？請討論他的論點。

5. 說明爲什麼產品之規格界限不能當做 $\overline{X}$ 管制圖之管制界限。
6. R (Range) 爲越小越好，爲什麼還需要下管制界限？

三、計算題

1. 假設 $\overline{X}-R$ 管制圖之參數如下表所示。

$\overline{X}$ 管制圖	R 管制圖
UCL=27.5	UCL=23.4932
CL=20.0	CL=10.295
LCL=12.5	LCL=0.0

請問此管制圖之樣本大小爲多少?

2. 假設 $\overline{X}-R$ 管制圖之樣本大小爲 $n=4$，由 20 組樣本所得之資料爲 $\sum_{i=1}^{20}\overline{X}_i=810$, $\sum_{i=1}^{20}R_i=82.36$，試回答下列問題。
   (a) 計算 R 管制圖之試用管制界限。
   (b) 假設 R 管制圖在管制內，計算 $\overline{X}$ 管制圖之試用管制界限。
   (c) 估計製程之平均數和標準差。
   (d) 若產品規格界限爲 40±6，試計算不合格率。
   (e) 若變異數不變，請問製程平均數需調整到何處，才能使不合格率爲最低？
3. 假設 $n=4$，由 30 組樣本所得到之資料爲 $\overline{\overline{X}}=40$, $\overline{R}=3.0885$，試計算 $\overline{X}$ 管制圖之 0.01 機率界限。
4. 假設軸承外徑之資料如下表所示，試回答下列問題：

組	X_1	X_2	X_3	X_4	X_5	組	X_1	X_2	X_3	X_4	X_5
1	16	23	12	11	16	11	15	10	17	10	9
2	14	14	19	12	23	12	16	13	16	11	14
3	11	13	14	17	14	13	14	11	14	22	15
4	21	23	21	13	8	14	11	10	18	14	12
5	13	17	13	13	14	15	16	10	14	10	18
6	16	13	14	17	14	16	13	18	14	13	20
7	16	22	16	17	17	17	10	10	18	17	13
8	17	12	14	15	16	18	12	12	19	9	14
9	17	18	15	20	14	19	13	12	11	18	13
10	10	9	18	14	13	20	16	14	16	15	15

   (a) 建立 $\overline{X}-R$ 之試用管制界限，並繪製管制圖。

(b) 建立一組可用來管制未來製程之管制界限 (分析時以是否有點超出管制界限作爲判斷管制狀態之依據)。

5. 樣本大小 $n = 4$，由 20 組樣本所得到之資料爲 $\bar{\bar{X}} = 41.5$, $\bar{S} = 1.8426$，試回答下列問題。

(a) 估計製程標準差。

(b) 計算 $\bar{X}$–S 之管制界限。

(c) 若製程平均數跳動至 40，試計算在跳動後之第 1 組樣本偵測到變動之機率 (假設製程標準差不變)。

6. 某種化學產品之黏度是以個別值和移動全距管制圖管制，樣本資料如下表所示。試計算試用管制界限。

樣本	數據	樣本	數據	樣本	數據	樣本	數據
1	88.3	6	87.2	11	85.4	16	90.3
2	86.5	7	92.6	12	91.5	17	85.4
3	88.5	8	87.0	13	87.5	18	90.5
4	90.8	9	89.9	14	85.2	19	82.4
5	91.3	10	92.3	15	91.6	20	86.1

7. 假設 $\bar{X}$ 和 R 管制圖之參數如下表所示。

$\bar{X}$ 管制圖	R 管制圖
UCL = 52.24	UCL = 6.015
CL = 50.0	CL = 2.636
LCL = 47.76	LCL = 0.0

已知樣本大小 $n= 4$, $\bar{X}$ 和 R 管制圖均在管制內，試回答下列問題。

(a) 若 R 管制圖使用 3 倍標準差管制界限，試計算 $\bar{X}$ 管制圖之型 I 誤差。

(b) 若製程平均數移動到 50.48，試計算在跳動後第 1 組樣本無法偵測到改變之機率。

(c) 若型 I 誤差設爲 0.01，計算 $\bar{X}$ 管制圖之管制界限。

8. 假設 $\bar{X}$ 和 S 管制圖之樣本大小 $n= 4$，其參數如下表所示。

$\bar{X}$ 管制圖	S 管制圖
UCL = 412	UCL = 16.7
CL = 400	CL = 7.3704
LCL = 388	LCL = 0.0

試回答下列問題。

(a) 已知 S 管制圖使用 3 倍標準差管制界限，試計算 $\overline{X}$ 管制圖之型 I 誤差。

(b) 假設平均數改變至 407.5，標準差變爲 9。試計算在製程參數改變後，$\overline{X}$ 管制圖在第一組樣本偵測到製程改變之機率。

9. 由樣本大小爲 $n=8$ 之 20 組樣本得 $\sum_{i=1}^{20}\overline{X}_i=1500$, $\sum_{i=1}^{20}R_i=75$，試回答下列問題。

(a) 計算 $\overline{X}-R$ 管制圖之試用管制界限。

(b) 若 R 管制圖爲管制內，估計製程標準差。

(c) 若要使用 S 管制圖，其管制界限要如何設定。

10. 冷凍食品之重量規格爲 220.0±5.0。製程之平均數估計爲 220.0，標準差爲 1.80，試回答下列問題。

(a) 設 $n=4$，試計算 $\overline{X}-R$ 管制圖之管制界限。

(b) 若製程平均數跳動到 221.0，試計算產品之不合格率。

11. $\overline{X}$ 管制圖所使用之樣本數 $n=4$，其 UCL = 48.0, LCL = 42.0，試回答下列問題。

(a) 產品規格界限爲 47.0±8.0，若品質特性符合常態分配，計算產品之不合格率。

(b) 已知平均數可調整，且不影響標準差。若要使不合格率最低，則平均數該設在何處?

(c) 在 (b) 中不合格率爲多少?

12. 假設 $\overline{X}-R$ 管制圖之樣本大小 $n=4$，由 20 組樣本所得之資料爲 $\sum\overline{X}_i=2040$, $\sum R_i=92.24$，試回答下列問題。

(a) 計算 R 管制圖之試用管制界限。

(b) 若 R 管制圖爲管制內，試計算 $\overline{X}$ 管制圖之試用管制界限。

(c) 估計製程平均數及標準差。

(d) 假設產品品質特性數據爲常態分配，其規格界限爲 100±4，試估計產品之不合格率。

(e) 假設製程變異數不變，請問製程平均數需要設在何值，才能將不合格率降至最低？

13. 若 $\overline{X}-R$ 管制圖使用 4 倍標準差之管制界限，請問參數 A_2、D_3、D_4 該如何修改。

14. 某產品之尺寸是以 $\overline{X}-R$ 管制圖管制，使用之樣本大小爲 $n=3$。現由 25 組樣本得知 $\sum\overline{X}_i=10775$, $\sum R_i=1025$。試計算 $\overline{X}-R$ 管制圖之管制界限，若假設製程爲統計管制內，試估計製程之標準差。

15. 變壓器之線圈電阻是以 $\overline{X}-S$ 管制圖管制，樣本大小爲 $n=5$，在 30 組樣本中計算得 $\sum\overline{X}_i=48663$, $\sum S_i=1263$，試回答下列問題。
   (a) 計算 $\overline{X}-S$ 管制圖之中心線和管制界限。
   (b) 若製程是在統計管制內，試計算製程之標準差。
   (c) 若規格爲 2000±150，且品質特性之分配接近常態，試估計產品之合格率。
16. 假設製程之標準差不變，平均數出現瞬間移動，其移動量相當於 2.0σ，試回答下列問題。
   (a) 若 $n=3$，在平均數移動後，點會超出 $\overline{X}$ 管制界限之機率爲多少?
   (b) 若 $n=5$，回答 (a)。
   (c) 若 $n=8$，回答 (a)。
17. 某製程是以 $\overline{X}-S$ 管制圖管制，樣本大小爲 $n=9$。製程平均數之目標值爲30.0，標準差爲 0.3，試回答下列問題。
   (a) 計算 $\overline{X}-S$ 管制圖之中心線和管制界限。
   (b) 若製程平均數爲 30.1，試計算樣本平均數會超出上管制界限之機率。
18. 某一製程在管制內時，其標準差爲 0.02 mm，產品之規格爲 15.00±0.07 mm，假設 $n=4$，試回答下列問題。
   (a) 若製程平均數之目標爲 15.00 mm，試計算 $\overline{X}-R$ 管制圖之試用管制界限。
   (b) 假設製程之產品符合常態分配，試計算不符合規格之機率。
   (c) 若製程之實際平均數爲 14.97 mm，試計算樣本平均數會超出管制界限之機率。
19. 假設製程平均數和標準差之標準值分別爲 120 和 6，試回答下列問題。
   (a) 計算個別值和移動全距管制圖之管制界限。
   (b) 若設 $n=4$，計算 $\overline{X}-R$ 管制圖之管制界限。
   (c) 若設 $n=4$，計算 $\overline{X}-S$ 管制圖之管制界限。
20. 產品之規格爲 36.5±4.5，製程之標準差已知爲 1.5，製程平均數之目標值爲 36.5。此製程是以 $\overline{X}-R$ 管制圖管制，其樣本大小爲 $n=4$，試回答下列問題。
   (a) 計算 $\overline{X}-R$ 管制圖之管制界限。
   (b) 若製程平均數改變至 35.75，計算在平均數改變後，第 1 組樣本即能偵測到此項改變之機率。
   (c) 若平均數爲 36.125，試計算產品之不合格率。

21. 某一製程是利用 $\overline{X}-R$ 管制圖管制，其樣本大小使用 $n=5$。主要品質特性之尺寸規格爲 2120±10，若產品超出上規格界限則需要重工，超出下規格界限則報廢，在蒐集 25 組樣本後，獲得 $\sum\overline{X}_i=53100$, $\sum R_i=275$，試回答下列問題。
   (a) 計算 $\overline{X}-R$ 管制圖之3倍標準差管制界限。
   (b) 若製程爲管制內，試估計製程之標準差。
   (c) 計算重工和報廢之機率。

22. 某重量爲 20 盎司之罐裝液態產品之標準差爲 0.3 盎司，爲使每一罐產品之重量均能超過 20 盎司之最低要求，製程平均數之目標值被設爲 21.0 盎司，試回答下列問題。
   (a) 假設產品重量之分配爲常態分配，在目標值爲 21.0 盎司之條件下，有多少比例的產品重量會小於 20.4 盎司。
   (b) 若樣本大小 n 設爲 4，試計算 $\overline{X}$ 管制圖之 3 倍標準差管制界限。
   (c) 若平均數±3σ 之範圍可以涵蓋所有產品之分布，試選擇一最小之製程平均數的目標值，以使得所有產品都能超過 20.0 盎司。

23. 某製程是以 $\overline{X}-R$ 管制圖管制，已知 $\overline{\overline{X}}=200.0$, $\overline{R}=6.177$, $n=4$。若連續 7 點在中心線之同一側，則判定製程之平均數已移動，試回答下列問題。
   (a) 若製程平均數爲 200.0，計算連續 7 點在中心線同一側之機率。
   (b) 若平均數爲 203.54，計算連續 7 點在中心線上側之機率。

24. 某產品之尺寸是以 $\overline{X}-R$ 管制圖管制，其樣本大小爲 $n=5$。已知尺寸規格爲 1250±0.05 mm，製程標準差已知爲 0.015 mm，試回答下列問題。
   (a) 假設尺寸分配爲常態，請問此製程之平均數需調整至何處才能使產品符合規格？
   (b) 根據 (a) 設定之平均數計算 $\overline{X}-R$ 管制界限。
   (c) 在隨後抽取 12 組樣本得 $\overline{\overline{X}}=1250.015$，計算至少有一樣本平均數會在 (b) 之管制界限內的機率。
   (d) 條件同 (c)，計算 12 點全部在管制界限內之機率。

25. 若 $\overline{X}-R$ 管制圖顯示點均在管制界限內，現製程平均數瞬間移動 1.8σ。假設製程數據之分配接近常態，且製程標準差在平均數改變前、後維持不變，試回答下列問題。
   (a) 若 $n=5$，計算超出管制界限之機率。
   (b) 同 (a)，但 $n=9$。
   (c) 利用 (a)、(b) 之結果說明樣本大小 n 對於 $\overline{X}$ 管制圖偵測平均數移動之能力的影響。

26. 鋼樑之抗張強度是由 $\overline{X}-R$ 管制圖管制，其 $n=4$。$\overline{X}-R$ 管制圖之參數如下表所示。

$\overline{X}$ 管制圖	R 管制圖
UCL = 217.5 CL = 210.0 LCL = 202.5	UCL = 23.4932 CL = 10.295 LCL = 0.0

已知 $\overline{X}-R$ 管制圖均在管制內，試回答下列問題。

(a) 估計製程之標準差。

(b) 若規格界限爲 210±15，估計製程之不合格率。

(c) 說明降低不合格率之方法。

(d) 若製程標準差維持不變，計算在平均數移動至 212.5 後，$\overline{X}$ 管制圖能夠在第 1 組樣本偵測到製程平均數改變之機率。

(e) 同 (d)，計算 $\overline{X}$ 管制圖能夠在平均數改變後 3 組樣本內，偵測到製程平均數改變之機率。

27. 某品質特性是由 $\overline{X}-R$ 管制圖管制，樣本大小爲 $n=4$。在蒐集 20 組樣本後，得知 $\sum\overline{X}_i=4060$, $\sum R_i=61.77$，試回答下列問題。

(a) 建立 $\overline{X}-R$ 管制圖。

(b) 假設 $\overline{X}-R$ 管制圖均在管制內，估計製程平均數和標準差。

(c) 若規格爲 200±5，計算製程之不合格率。

(d) 若製程標準差維持不變，請問製程平均數需調整至何處以使得不合格率最低？

(e) 計算 (d) 中之不合格率。

28. 某品質特性是由 $\overline{X}-S$ 管制圖管制，樣本大小 $n=10$。由 20 組樣本所得知資料爲 $\sum\overline{X}_i=400$, $\sum S_i=38.908$，試回答下列問題。

(a) 計算 $\overline{X}-S$ 管制圖之管制界限。

(b) 假設 $\overline{X}-S$ 管制圖均在管制內，計算製程之自然允差界限。

(c) 假設規格爲 19±6.0，計算製程之不合格率。

(d) 產品若超過上規格界限則需重工，若低於下規格界限則予以報廢，計算重工和報廢之比率。

(e) 若製程平均數調整在 19.0，請評估對於報廢和重工之影響。

29. 已知 3 倍標準差 $\overline{X}-R$ 管制圖之參數爲 $UCL_R=9.397$, $LCL_{\overline{X}}=1.0$, $\overline{\overline{X}}=4.0$，請問此 $\overline{X}-R$ 管制圖所使用之樣本數 n 爲多少?

30. 由$n=5$之 20 組樣本得$\sum \overline{X}_i = 3960,\ \sum R_i = 93.04$，已知製程爲管制內，若產品規格爲200±8，試計算產品不合格率。

31. 假設樣本大小爲$n=4$，由製程所蒐集到之資料爲$\sum_{i=1}^{25} \overline{X}_i = 1045,\ \sum_{i=1}^{25} R_i = 61.77$，試回答下列問題。

(a) 計算$\overline{X}-R$之管制界限。

(b) 假設規格界限爲40 ± 4，計算產品不合格率。

32. 假設 3 倍標準差$\overline{X}-R$管制圖之管制界限如下表所示。

$\overline{X}$管制圖	R管制圖
UCL = 8	UCL = 9.397
CL = 5	CL = 4.118
LCL = 2	LCL = 0.0

試回答下列問題。

(a) 上述管制圖所使用之樣本大小爲何？(請列出計算式)

(b) 若製程平均數增加至 6.0，試計算其型 II 誤差。

33. 5 組製程數據如下表所示。

組	樣本大小	組標準差
1	5	3.5
2	4	2.8
3	3	4.2
4	4	3.8
5	5	3.2

試計算S管制圖之管制界限。

34. 一個$\overline{X}$管制圖是利用已知之標準值$\mu=120,\ \sigma=4$，和$n=4$來建立，試回答下列問題。

(a) 兩倍標準差之管制界限。

(b) 計算$\alpha=0.005$之機率界限。

35. 一個製程之標準差值爲$\mu=100,\ \sigma=9$。若樣本大小使用$n=9$，試回答下列問題。

(a) 計算$\overline{X}$管制圖之中心線和管制界限。

(b) 計算R管制圖之中心線和管制界限。

(c) 計算S管制圖之中心線和管制界限。

36. 金屬製品外徑之上規格界限 10.06，下規格界限爲 9.94，目標值爲 10.02。已知標準差爲 0.02，試計算平均數爲 10.00、10.02、10.04、10.06、9.98、9.96 和 9.94 時之C_p、C_{pk}和C_{pm}指標。

37. 罐裝飲料之重量規格為 20±1.5，已知標準差為 0.25，試計算平均數為 20.0、20.5、21、21.5、19.5、19 和 18.5 時之 C_p、C_{pk} 和 C_{pm} 指標。

38. 燈泡之光度是以 $n = 4$ 之 $\overline{X} - R$ 管制圖管制，其規格為 90±15，當製程為管制內時，$\overline{X} = 94.5$, $\overline{R} = 7.72$。試計算 C_p、C_{pk} 和 C_{pm} 指標。

39. 請根據下表中之數據回答問題：
   (a) 請先利用前 25 組數據製作 $\overline{X} - R$ 管制圖，判斷製程是否在管制內。如果製程是在管制內，請估計製程平均數和標準差。
   (b) 根據 (a) 所估計之製程平均數和標準差製作 CUSUM 管制圖來監視第 26-40 組數據，假設採用 $k = 0.5$, $h = 5.0$，請問製程是否在管制內？
   (c) 同 (b)，製作 EWMA 管制圖來監視第 26-40 組數據，假設採用 $\lambda = 0.02$，請問製程是否在管制內？

組	X_1	X_2	X_3	X_4	組	X_1	X_2	X_3	X_4
1	20.5	19.2	18.6	19.9	21	19.9	18.8	19.1	19.5
2	21.5	19.6	21.8	18.9	22	20.6	19.5	19.9	18.5
3	21.3	19.8	22.0	22.0	23	22.6	22.1	20.1	21.3
4	20.2	19.9	18.1	19.6	24	19.4	18.7	19.0	22.0
5	18.8	19.8	20.3	20.5	25	19.4	21.1	19.2	21.5
6	17.5	19.1	21.7	17.5	26	20.4	19.2	18.6	19.9
7	19.9	19.5	19.4	20.5	27	21.5	19.6	21.8	18.9
8	18.8	20.4	20.5	18.5	28	21.9	19.8	22.0	22.0
9	18.8	18.1	20.5	18.6	29	20.2	19.9	18.1	19.6
10	18.5	21.3	22.3	21.0	30	18.8	19.8	20.3	20.5
11	20.1	18.7	19.1	21.5	31	18.5	19.1	21.7	17.5
12	21.2	18.6	21.2	21.1	32	19.9	19.5	20.4	20.5
13	19.5	20.0	21.6	21.0	33	18.8	20.4	20.5	18.5
14	20.1	18.3	20.8	18.1	34	18.8	18.1	20.5	18.6
15	18.4	18.8	20.0	19.4	35	18.1	21.3	22.3	21.0
16	20.0	19.2	20.6	22.3	36	21.9	19.8	22.0	22.0
17	20.4	18.6	19.7	22.3	37	20.2	19.9	18.1	19.6
18	20.9	21.4	16.5	21.6	38	19.9	19.5	20.4	20.5
19	20.0	18.5	21.5	21.7	39	18.8	20.4	20.5	18.5
20	20.7	19.5	19.2	20.8	40	18.8	18.1	20.5	18.6

40. 請根據本書 7.9.2 節之數據，製作 $Z - MR$ 管制圖。在估計標準差時，假設採用「相對於物件大小」之方式。請說明 $Z - MR$ 圖上之第 3 組統計量如何獲得？

三、分析題

1. 試以本書所介紹之測試法則分析下列管制圖。說明是否有管制外之點，並列出所使用之法則。

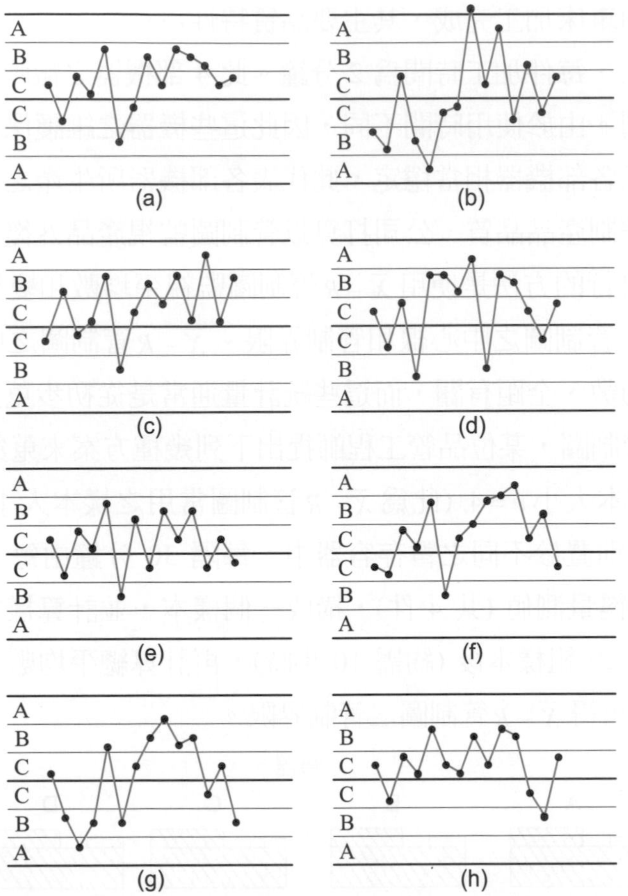

2. 分析下列管制圖，說明每一管制圖中之非隨機性樣式。

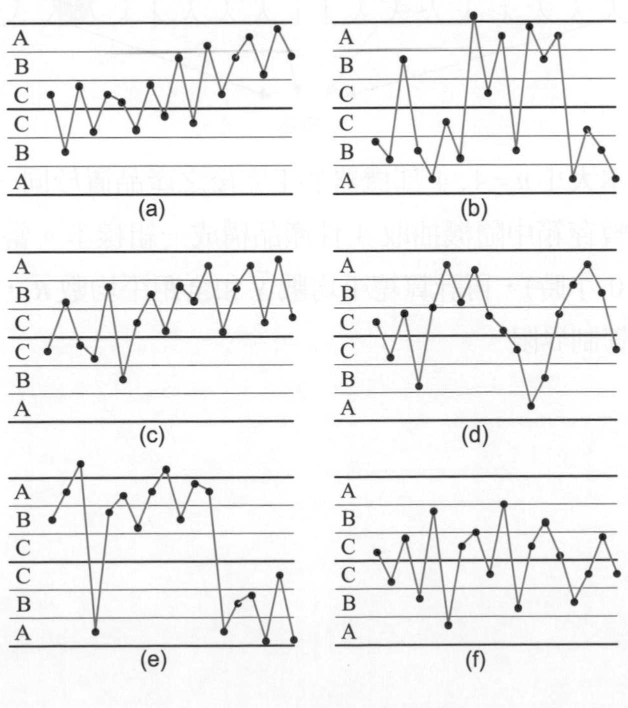

3. 馬達之心軸是由車床加工完成，其主要品質特性爲外徑。由於產量相當大，因此是由 4 部機器加工，每件加工時間爲 2 分鐘。此 4 部機器之廠牌型號皆相同，但購入之日期並不相同。由於使用時間不同，因此這些機器之維護保養時程並不相同，但最近之研究顯示各部機器相當穩定，此代表各部機器所生產之產品外徑差異不會很大。爲了嚴格控制產品品質，公司打算以管制圖監視產品外徑，因爲外徑屬於計量值數據，一個可行的方法是使用 $\overline{X}-R$ 管制圖監視平均數和變異性。在使用管制圖前，必須先建立管制圖之中心線和管制界限。$\overline{X}-R$ 管制圖之中心線和管制界限與品質特性之平均數、全距有關，而這些統計量通常是從初步蒐集到之樣本資料來估計。爲了建立管制圖，某位品管工程師提出下列幾種方案來蒐集數據。

方案 1：採用樣本大小 $n=4$ (此爲 $\overline{X}-R$ 管制圖常用之樣本大小)。各部機器加工完成後分別置於不同之暫存容器中，每隔 30 分鐘由每一部機器各取得一件產品外徑量測值 (共 4 件)，構成一個樣本，並計算樣本平均數和全距。當蒐集到 20 組樣本後 (約需 10 小時)，再計算總平均數 $\overline{\overline{X}}$ 和全距平均數 $\overline{R}$，如此便可得 $\overline{X}-R$ 管制圖之管制界限。

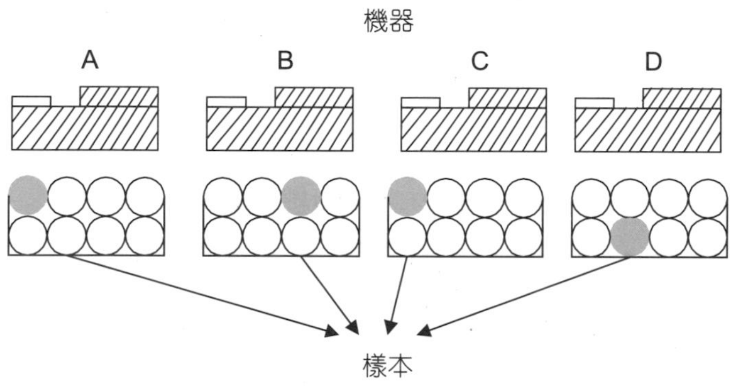

方案 2：採用樣本大小 $n=4$, 4 部機器加工完後之產品置於同一暫存箱中，每隔 30 分鐘由暫存箱中隨機抽取 4 件產品構成一組樣本。當蒐集到 20 組樣本後 (約需 10 小時)，再計算總平均數 $\overline{\overline{X}}$ 和全距平均數 $\overline{R}$，如此便可得 $\overline{X}-R$ 管制圖之管制界限。

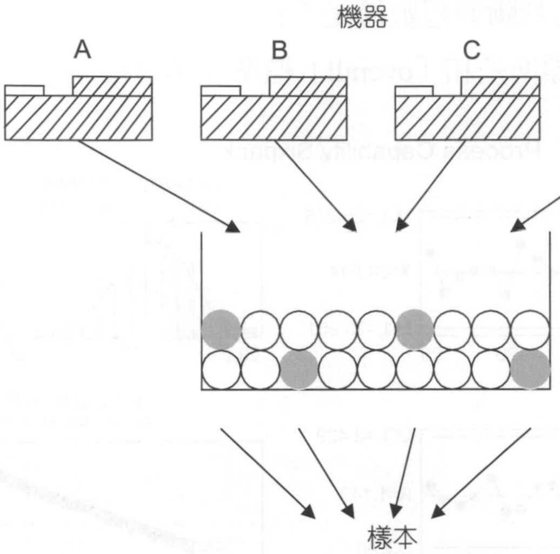

方案 3：採用樣本大小 $n=4$。各部機器加工完成後分別置於不同之暫存箱中。每隔 30 分鐘自每部機器抽取 4 件產品構成一組樣本。由於每次抽樣可得到 4 組樣本，在 5 次抽樣後即可得 20 組樣本。

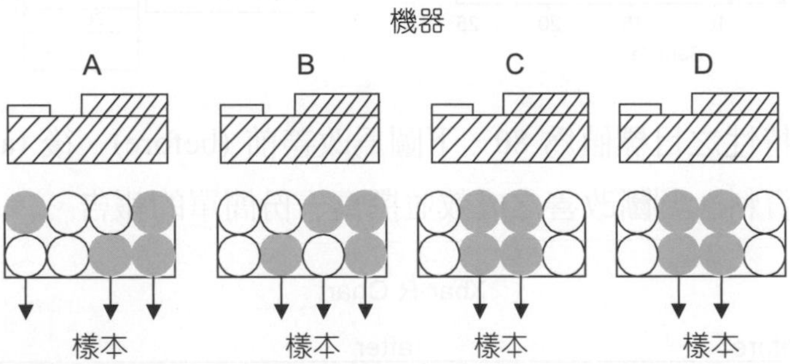

試回答下列問題：

(a) 如果各部機器之製程平均數並不相同。採用方案 1 抽樣，在 $\overline{X}$ 和 R 管制圖上將會出現何種情況？

(b) 同問題 (a)，但採用方案 2。

(c) 同問題 (a)，但採用方案 3。

(d) 在本個案所指出之製程條件下，該採取何種抽樣方法構建管制圖較為適當？如果你的答案是上述 3 項方案之一，請說明理由。若非，請說明抽樣方法。

4. 請根據製程能力分析之電腦輸出報表，根據下列項目和順序，撰寫一份報告。

(a) 由管制圖判斷製程是否在統計管制內。

(b) 由直方圖，說明製程數據是否符合常態分配。

(c) 根據直方圖，說明是否有很多樣本數據超出規格界限。

(d) 根據機率圖，說明如何判斷製程數據是否符合常態分配。

(e) 在此例中，「within」標準差和「overall」標準差非常接近，說明其背後的涵意。

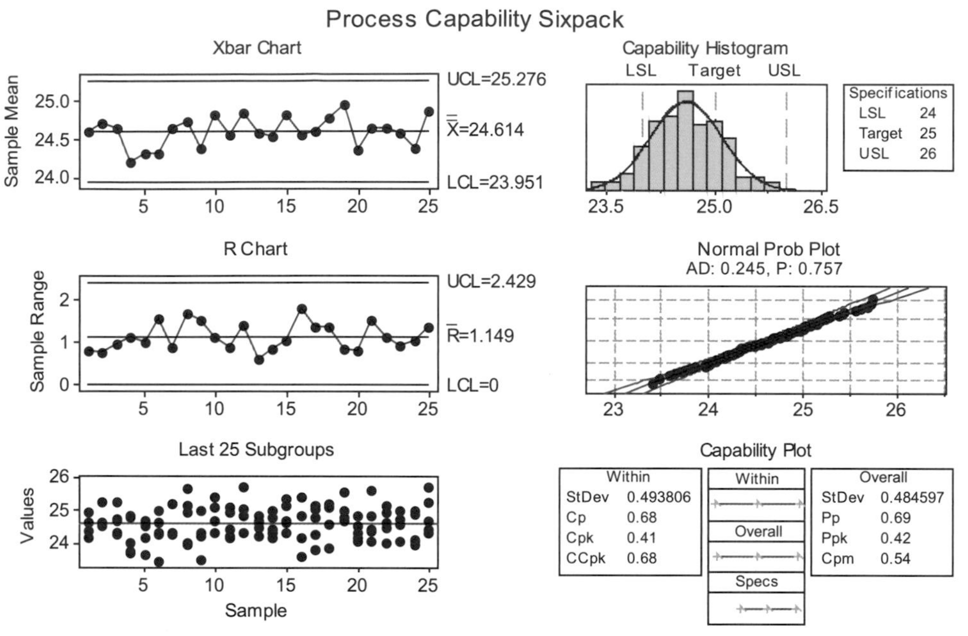

5. 假設某一品質特性之目標值爲 80，下圖爲改善前 (before)、後 (after) 之管制圖。請根據管制圖之資料，判斷改善之成效並撰寫一份簡單的報告。

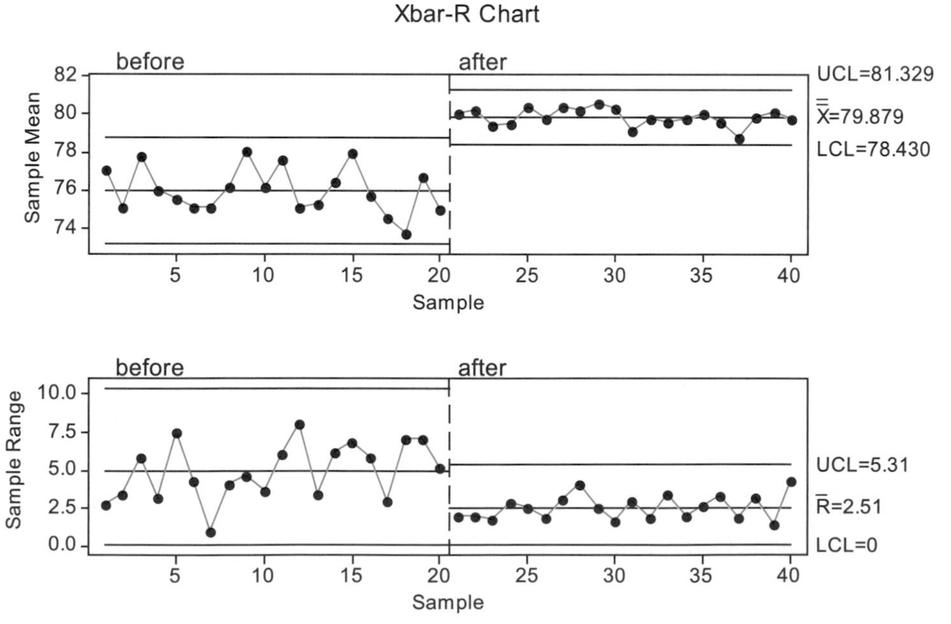

Chapter 8

計數值管制圖與事件時間間隔管制圖

章節概要和學習要點

在品質管制中，有很多品質特性無法用數值來表示。此時，我們通常將受檢之物品分類為符合或不符合某一品質特性之規格。我們過去經常使用「不良品 (defective unit)」或「良品 (nondefective unit)」這兩個術語，來定義產品之兩種分類。最近，「合格品 (conforming unit)」和「不合格品 (nonconforming unit)」這兩個名詞較為普遍，這一類的品質特性稱為計數值 (attributes)。一些屬於計數值品質特性的範例有：在半導體晶圓中不良晶片所占的比例、申請表單中所出現的錯誤、醫院中所發生的醫療疏失案例。

在本章中，我們將介紹數種被廣泛使用之計數值管制圖，包含監控不合格品數和不合格點數之管制圖；除此之外，本章也介紹監控事件時間間隔之管制圖，適用於當不合格率或不合格點數非常低之情況下。

透過本課程，讀者將可了解：

- 計數值管制圖的統計基礎。
- 計數值管制圖之設計。
- 建立和使用 p 管制圖 (針對不合格率)。
- 建立和使用 np 管制圖 (針對不合格品數)。
- 建立和使用 c 管制圖 (針對不合格點數)。
- 建立和使用 u 管制圖 (針對單位不合格點數)。
- 建立和使用事件時間間隔 (TBE) 管制圖。

8.1 概論

第 7 章所介紹之管制圖適用於計量值品質特性之管制，本章則是介紹一些常用之計數值管制圖。在品質管制中，計數值是指不以數值表示，而通常是採用分類表示之數據，例如品質特性符合或不符合規格。在過去，我們一般是以缺點 (defect) 或不良品 (defective unit) 來描述產品之計數值特性，1983 年美國品管學會對計數值品質特性之一些名詞作以下之定義：

1. 不合格點 (nonconformity) 是指一個品質特性不符合其規格。
2. 不合格品 (nonconforming unit) 是指一件最少包含一個不合格點之產品，由於不合格點之嚴重性，而被視爲不合格品。
3. 缺點是指一個品質特性無法滿足使用上之要求。
4. 不良品是指一件最少包含一個缺點之產品，由於缺點之嚴重性，而被視爲不良品。

根據上述之定義，不良品比不合格品更爲嚴重，例如軸承之直徑不在規格界限內可視爲不合格品，但如果軸承出現裂痕則可能被視爲不良品。不合格點或缺點是指一個品質特性，而不合格品或不良品是指整件產品。由於產品之品質特性很多，因此一件產品可能有許多不合格點或缺點。有些時候雖然一件產品有許多缺點或不合格點，但由於較不嚴重，因此仍有可能被視爲合格品或良品；但是一件不合格品或不良品必定至少包含一個不合格點或缺點。

計數值之優點在於能彙整一件產品上不同品質特性之資訊，因此一張計數值管制圖可以用來管制不同之品質特性，另外，計數值也較適合用來彙整一種產品或一個製程之品質水準。在向管理階層提供品質資訊時，計數值比計量值更有效率。計量值則適合提供生產技術層面之資訊。計數值本身也有一些缺點，例如：計數值雖可表示品質是否符合規格，但並未能說明不符合規格之程度；另一方面，計量值可以提供更多有關製程績效之資訊，當製程爲管制外時，計量值可以提供有關可歸屬原因之資訊，使得規劃矯正行動之工作更爲簡易。

若製程之變異性遠小於規格界限寬度，當製程即將變成管制外時，計量值管制圖可以提出警告，在不合格品尚未出現前，採取矯正措施，圖 8-1 可以用來說明上述之論點。假設產品品質特性之目標值爲 A。當平均數移至 B 點時，計量值管制圖可以偵測出製程爲管制外，經由診斷原因和採取矯正行動可避免不合格品之發生。另一方面，計數值管制圖則須等到製程平均數移到 C 點，而且產生不合格品後，才能偵測出製程爲管制外。計量值管制圖對於製程變異較爲靈敏，有助於診斷其原因，但缺點是使用成本較高，因此，建議可以先用計數值管制圖找出問題之來源，再以計量值管制圖找出其原因。

本章中將介紹實務界常用之 4 種計數值管制圖，分別爲 p、np、c 和 u 管制圖。p 管制圖是用來管制不合格率，np 管制圖是用於不合格品數，c 和 u 管制圖都可以用來管制不合格點數，其中 u 管制圖特別適用於管制每單位之不合格點數。除了製造業上之應用外，上述 4 種管制圖也可應用於非製造流程上，例如打字錯誤數可使用 c 管制圖，發貨單之錯誤比率可使用 p 管制圖，電腦程式中之錯誤數目可用 u 管制圖管制。

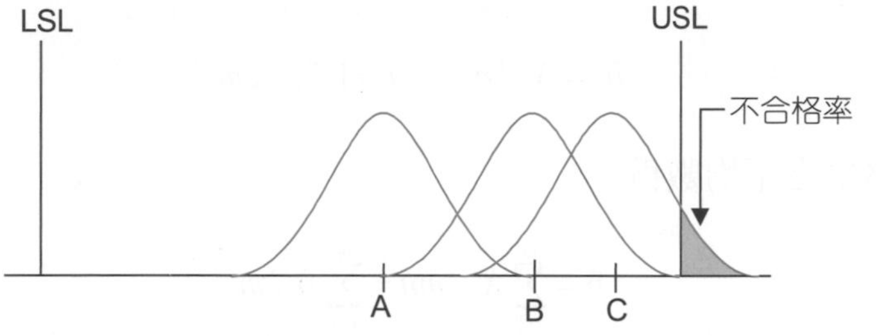

圖 8-1　計量值管制圖比計數值管制圖更具有預警之能力

最近，計數值管制圖的發展趨勢著重於高產出製程 (high-yield processes) 之監控。高產出製程是指不合格率或缺點率非常低之情況，此種製程可能源自於生產系統的本質或者來自於品質改善之結果。若將傳統計數值管制圖應用於此種製程，我們將面臨許多不良之後果，影響對於製程狀態之判斷。本章除了傳統計數值管制圖外，也將介紹數種適合用來監控高產出製程之管制圖。

8.2 不合格率管制圖

不合格率 p 管制圖之基礎爲二項分配。假設產品之不合格率爲 p, X 爲樣本中之不合格品數，n 爲樣本大小，則樣本之不合格率定義爲

$$\hat{p}=\frac{X}{n}$$

隨機變數 $\hat{p}$ 之分配可從二項分配獲得，其平均數和變異數分別爲 p 和 $p(1-p)/n$。

根據管制界限之通式，$(\mathrm{UCL}_y, \mathrm{LCL}_y) = \mu_y \pm 3\sigma_y$, p 管制圖之管制界限可寫成

$$\mathrm{UCL}_p = p + 3\sqrt{\frac{p(1-p)}{n}}$$

$$\mathrm{CL}_p = p$$

$$\mathrm{LCL}_p = p - 3\sqrt{\frac{p(1-p)}{n}}$$

上述公式假設 p 為已知或為管理階層給定之標準值。利用標準值來建立管制界限時，很有可能製程並無任何可歸屬原因，但管制圖上卻出現很多超出管制界限外之點。此情況代表設定之標準值並不適合目前之製程，管理人員必須改變標準值，或更改製程以符合標準值。

若 p 為未知或未給定，則必須從製程蒐集數據來估計。假設從製程蒐集 m 組樣本 $(m \geq 20)$，各組不合格率為

$$\hat{p}_i = X_i / n \qquad i = 1, 2, ..., m$$

此 m 組不合格率之平均數為

$$\overline{p} = \sum_{i=1}^{m} X_i / mn = \sum_{i=1}^{m} \hat{p}_i / m$$

$\overline{p}$ 可視為未知之不合格率 p 之估計值。獲得 $\overline{p}$ 後，p 管制圖之管制界限可寫成

$$\mathrm{UCL}_p = \overline{p} + 3\sqrt{\frac{\overline{p}(1-\overline{p})}{n}}$$

$$\mathrm{CL}_p = \overline{p}$$

$$\mathrm{LCL}_p = \overline{p} - 3\sqrt{\frac{\overline{p}(1-\overline{p})}{n}}$$

上述公式可視為試用管制界限。若 $\mathrm{LCL}_p < 0$，則設 $\mathrm{LCL}_p = 0$。獲得試用管制界限後，我們必須分析管制圖上是否有管制外之點，並視情況修正管制界限。如果發現有點超出 LCL_p (當然此時須 $\mathrm{LCL}_p > 0$ 才有可能)，則其處理方式如同 R 管制圖。不合格率與 R 值類似，也是屬於愈小愈好，但也要注意是否為登錄之錯誤所造成。

在使用 p 管制圖時，樣本大小 n 之選擇相當重要，n 必須足夠大，才能使樣本中出現不合格品。例如當 $p = 0.01$ 時，代表 n 要等於 100，平均才會出現一個不合格品；若使用 $n = 50$，則每一樣本平均只會出現 0.5 個不合格品。當使用太小之 n 值時，很可能多數樣本之不合格率為 0，對於製程績效之判斷很可能產生誤導。

使用 p 管制圖之另一個需要注意的事項是發生一件不合格品之機率必須維持固定。若不合格品有群聚現象或某一件產品之品質是由前幾件是否為不合格品來決定，則不適合使用 p 管制圖。

例8-1 假設 p 管制圖之 $p=0.01$，若要 LCL_p 能大於 0，請問樣本大小須爲多少?

解答：

$$\text{LCL}_p = p - 3\sqrt{\frac{p(1-p)}{n}} > 0$$

因此 $p > 3\sqrt{\frac{p(1-p)}{n}}$，$p^2 > 9\frac{p(1-p)}{n}$

亦即 $n > \frac{9p(1-p)}{p^2} = \frac{9(1-p)}{p} = \frac{9(1-0.01)}{0.01} = 891$

具有正值且非零之 LCL_p 可以允許有點超出 LCL_p，因此我們可以了解何時製程不合格率已顯著降低。

例8-2 假設不合格率 $p=0.01$，若使用 $n=5$，試計算其 UCL_p。

解答：

$$\text{UCL}_p = p + 3\sqrt{\frac{p(1-p)}{n}} = 0.01 + 3\sqrt{\frac{0.01(0.99)}{5}} = 0.143$$

此例說明若 n 太小，則在實務上使用會產生不合理之情形，因爲只要發現一件不合格品即會作出製程爲管制外之判定 ($\hat{p}=1/5=0.2>\text{UCL}_p$)。

例8-3 假設 X 爲樣本中之不合格品數，試計算下列兩種情況下之 $\bar{p}$。

第一組

n	X
50	2
50	1
50	1
50	0
50	1

第二組

n	X
50	1
100	2
50	4
50	1
50	1

解答：

$\bar{p}$ 之計算方式有兩種：

1. $\bar{p} = \sum X / \sum n$
2. $\bar{p} = (\hat{p}_1 + \hat{p}_2 + \ldots + \hat{p}_m)/m$

對於第一組數據，$\bar{p} = \frac{\sum X}{\sum n} = \frac{5}{250} = 0.02$

或 $\overline{p} = \dfrac{\hat{p}_1 + \hat{p}_2 + \hat{p}_3 + \hat{p}_4 + \hat{p}_5}{5} = \dfrac{(0.04 + 0.02 + 0.02 + 0 + 0.02)}{5} = 0.02$

對於第二組數據，$\overline{p} = \dfrac{\sum X}{\sum n} = \dfrac{9}{300} = 0.03$

但第二種計算方式之 $\overline{p}$ 爲

$\overline{p} = (0.02 + 0.02 + 0.08 + 0.02 + 0.02)/5 = 0.032$

由此例可知當 n 固定時，兩種算法之答案均相同，但若 n 不固定，則以第一種計算方式爲正確。

若要使 p 管制圖發揮其預期之功效，則通常須使用相當大之樣本數，由於生產上之諸多限制，我們並無法使每一組之樣本大小均相同。由於 p 管制圖之管制界限受到樣本大小之影響，因此各組樣本大小不相同時，我們可以採用下列方法之一來建立管制界限。

1. 使用平均樣本大小 $\overline{n}$ 來計算近似管制界限。

   使用此方法須注意各組之樣本大小不可相差太多，當有樣本點接近或超出管制界限時，我們須計算該點之實際管制界限，以判斷該點是否眞正超出管制界限。使用此方法時，圖上描繪之點仍爲各組之不合格率，管制界限之公式爲

$$\text{UCL}_p = \overline{p} + 3\sqrt{\frac{\overline{p}(1-\overline{p})}{\overline{n}}}$$
$$\text{CL}_p = \overline{p}$$
$$\text{LCL}_p = \overline{p} - 3\sqrt{\frac{\overline{p}(1-\overline{p})}{\overline{n}}}$$

2. 使用個別管制界限，此時管制界限將依各組樣本大小之變動而變化，管制界限爲

$$\text{UCL}_p = \overline{p} + 3\sqrt{\frac{\overline{p}(1-\overline{p})}{n_i}}$$
$$\text{CL}_p = \overline{p}$$
$$\text{LCL}_p = \overline{p} - 3\sqrt{\frac{\overline{p}(1-\overline{p})}{n_i}}$$

3. 使用標準化 (standardized) 管制圖，將各組之不合格率依下列公式標準化。

$$Z_i = \frac{p_i - \overline{p}}{\sqrt{\dfrac{\overline{p}(1-\overline{p})}{n_i}}}$$

在管制圖上描繪 Z_i 值，管制界限爲

$$\mathrm{UCL}_p = +3$$
$$\mathrm{CL}_p = 0$$
$$\mathrm{LCL}_p = -3$$

使用標準化管制圖之優點在於可應用第 6 章之測試法則來分析管制圖，而其缺點在於作業人員不易了解圖上之 Z 值與不合格率之關聯性。在實務上，我們可繪製 p 管制圖供現場工作人員參考，而由品管工程師分析標準化 p 管制圖。

上述各項方法中，p 的估計值爲

$$\bar{p} = \frac{\sum_{i=1}^{m} X_i}{\sum_{i=1}^{m} n_i}$$

例8-4 表 8-1 爲 25 組塑膠盒之不合格品數據，試以此項資料，建立不合格率管制圖。

解答：

先求出不合格率之平均數，$\bar{p} = 99/2500 = 0.0396$

管制界限爲

表 8-1 塑膠盒之品質數據

組別	n	d	p	組別	n	d	p	組別	n	d	p
1	100	5	0.05	10	100	6	0.06	19	100	3	0.03
2	100	2	0.02	11	100	1	0.01	20	100	5	0.05
3	100	8	0.08	12	100	5	0.05	21	100	1	0.01
4	100	4	0.04	13	100	0	0.00	22	100	7	0.07
5	100	1	0.01	14	100	4	0.04	23	100	4	0.04
6	100	4	0.04	15	100	3	0.03	24	100	2	0.02
7	100	6	0.06	16	100	6	0.06	25	100	6	0.06
8	100	5	0.05	17	100	7	0.07				
9	100	2	0.02	18	100	2	0.02				

$$\mathrm{UCL}_p = \bar{p} + 3\sqrt{\frac{\bar{p}(1-\bar{p})}{n}} = 0.0981$$
$$\mathrm{CL}_p = \bar{p} = 0.0396$$
$$\mathrm{LCL}_p = \bar{p} - 3\sqrt{\frac{\bar{p}(1-\bar{p})}{n}} = 0.0$$

p 管制圖如圖 8-2 所示。分析 p 管制圖可知沒有點超出管制界限，且無任何非隨機性之變化，因此我們判斷製程爲管制內，上述管制界限可用來管制未來製程。請注意：第 6 章所介紹的部分測試法則也可以應用在計數值管制圖，例如：WE1、WE4、NE1 和 NE2。

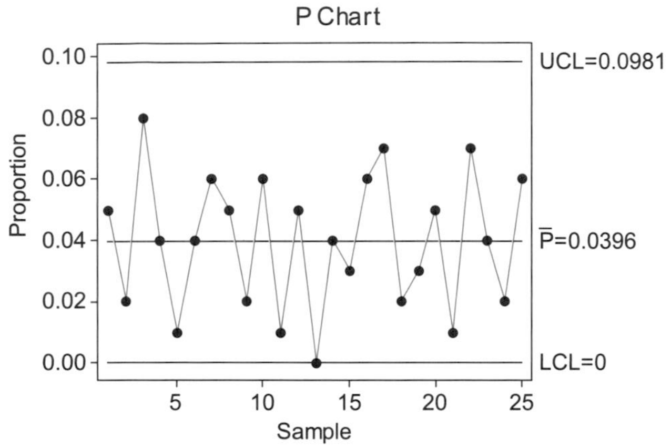

圖 8-2 p 管制圖

例8-5 表 8-2 爲亞東公司日光燈管之不合格品資料，試以此數據建立 p 管制圖。

表 8-2 日光燈管之品質數據

組別	n	d	p	組別	n	d	p	組別	n	d	p
1	100	1	0.0100	10	100	8	0.0800	19	100	3	0.0300
2	80	5	0.0625	11	100	1	0.0100	20	100	5	0.0500
3	100	4	0.0400	12	80	5	0.0625	21	65	1	0.0154
4	100	8	0.0800	13	100	0	0.0000	22	100	7	0.0700
5	70	3	0.0429	14	100	2	0.0200	23	100	4	0.0400
6	65	4	0.0615	15	75	8	0.1067	24	100	2	0.0200
7	100	2	0.0200	16	100	6	0.0600	25	60	6	0.1000
8	100	6	0.0600	17	80	4	0.0500				
9	80	4	0.0500	18	90	2	0.0222				

解答：

(1) 使用個別管制界限

$$\overline{p} = 101/2245 = 0.045$$

以第 25 組爲例，其管制界限爲

$$\text{UCL}_p = \overline{p} + 3\sqrt{\frac{\overline{p}(1-\overline{p})}{n_{25}}} = 0.045 + 3\sqrt{\frac{(0.045)(0.955)}{60}}$$

$$= 0.045 + 0.0803 = 0.1253$$

$$LCL_p = \bar{p} - 3\sqrt{\frac{\bar{p}(1-\bar{p})}{n_{25}}} = 0.045 - 3\sqrt{\frac{(0.045)(0.955)}{60}}$$
$$= 0.045 - 0.0803 = -0.0353(\to 0)$$

管制圖如圖 8-3 所示，由圖可看出製程在管制內。

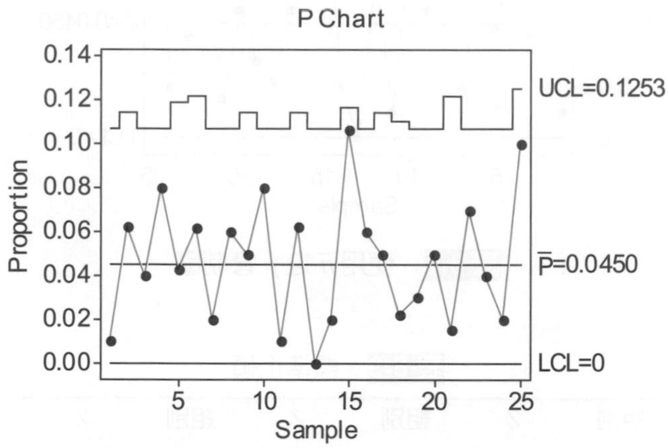

圖 8-3　具有個別管制界限之 p 管制圖

(2) 用 $\bar{n}$ 建立管制圖

$$\bar{n} = 2245/25 = 89.8$$

管制界限為：

$$UCL_p = \bar{p} + 3\sqrt{\frac{\bar{p}(1-\bar{p})}{\bar{n}}} = 0.045 + 3\sqrt{\frac{(0.045)(0.955)}{89.8}}$$
$$= 0.045 + 0.0656 = 0.1106$$

$$CL_p = 0.045$$

$$LCL_p = \bar{p} - 3\sqrt{\frac{\bar{p}(1-\bar{p})}{\bar{n}}} = 0.045 - 3\sqrt{\frac{(0.045)(0.955)}{89.8}}$$
$$= 0.045 - 0.0656 = -0.0206(\to 0)$$

圖 8-4 為使用 $\bar{n}$ 建立之 p 管制圖，此圖顯示製程是在管制內。

(3) 使用標準化管制圖

各組之標準化值如表 8-3 所示。以第 1 組為例，標準化值為：

$$Z_1 = \frac{p_1 - \bar{p}}{\sqrt{\frac{\bar{p}(1-\bar{p})}{n_1}}} = \frac{0.01 - 0.045}{\sqrt{\frac{(0.045)(0.955)}{100}}} = -1.6883$$

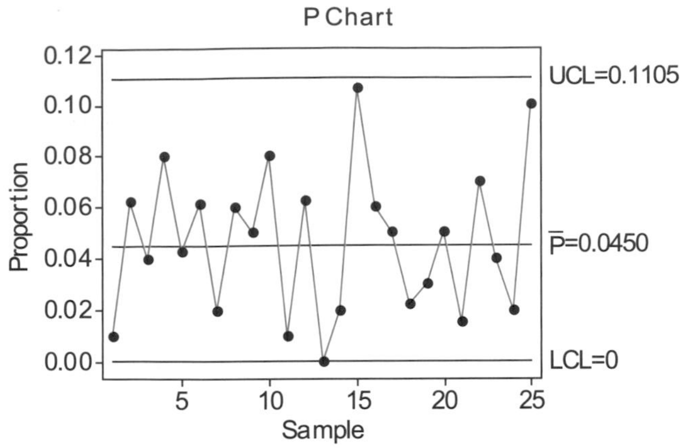

圖 8-4 使用 $\bar{n}$ 之 p 管制圖

表 8-3 標準化値

組別	Z	組別	Z	組別	Z
1	-1.6883	10	1.6883	19	-0.7236
2	0.7550	11	-1.6883	20	0.2412
3	-0.2412	12	0.7550	21	-1.1512
4	1.6883	13	-2.1702	22	1.2060
5	-0.0848	14	-1.2060	23	-0.2412
6	0.6417	15	2.5776	24	-1.2060
7	-1.2060	16	0.7236	25	2.0551
8	0.7236	17	0.2157		
9	0.2157	18	-1.0434		

圖 8-5 爲標準化 p 管制圖，由圖可知製程在管制內。

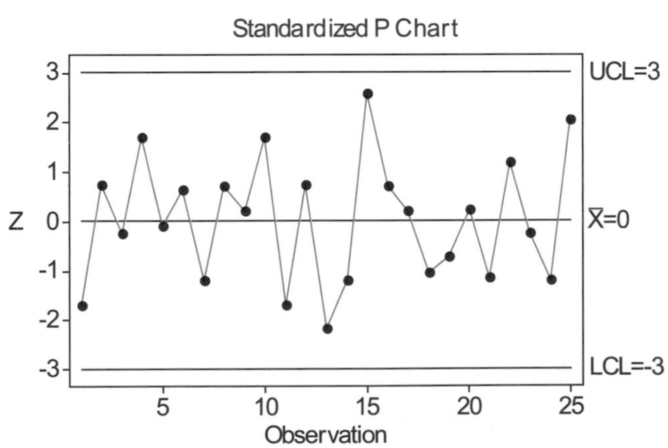

圖 8-5 標準化 p 管制圖

例8-6 某物流公司在一項六標準差專案中，將遞送的速度及時效性列為改善重點。若顧客的物品無法在預定的時間內送達，則視為一項不合格。在衡量階段，專案小組成員利用特性要因圖分析發現表單中之錯誤是影響時效性的主要原因，小組成員將不合格表單之比例列為專案之績效指標。在定義績效標準時，不合格表單之操作定義為：「表單中有一項或一項以上的錯誤」。在分析階段，小組成員再次利用特性要因圖分析，他們發現錯誤之主要原因為公司人員在轉錄顧客資料 (透過電話或傳真) 時所產生。在改善階段，小組成員提出數項改善對策，並已驗證其有效性。在管制階段，小組成員擬利用管制圖來監控此流程並維持其改善成效。在蒐集 32 個工作天之資料後 (見表 8-4，樣本大小 $n = 600$)，請建立一個適當的管制圖來監控此流程。

表 8-4　不合格表單之數據

日期	數目	日期	數目	日期	數目	日期	數目	日期	數目	日期	數目
1	20	7	36	13	22	19	22	25	24	31	21
2	11	8	24	14	29	20	24	26	28	32	16
3	21	9	20	15	17	21	25	27	22		
4	23	10	22	16	16	22	21	28	19		
5	21	11	19	17	20	23	23	29	15		
6	18	12	23	18	16	24	20	30	24		

解答：

p 管制圖 (圖 8-6) 顯示第 7 組樣本為管制外 (超出上限)。在分析後發現此為連續假期造成交通混亂所導致，小組成員將此視為一個可歸屬原因。重新計算之製程平均數為$\bar{p}$=0.03473，圖 8-7 為修正後之管制圖 (圖上仍保留管制外的點)，此圖顯示流程為管制內，故此組管制界限可用來監控未來之流程。

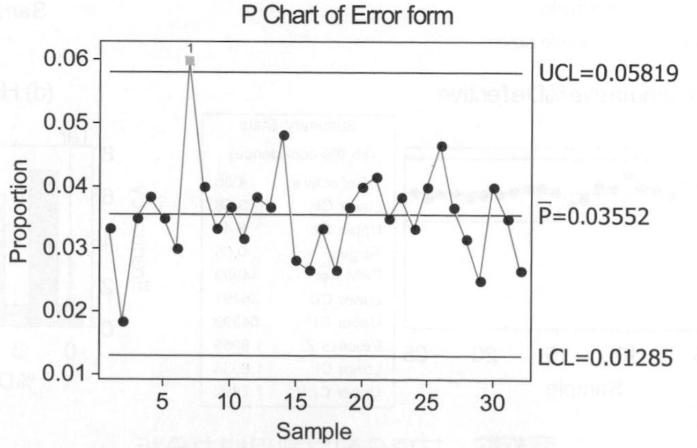

圖 8-6　錯誤表單之 p 管制圖

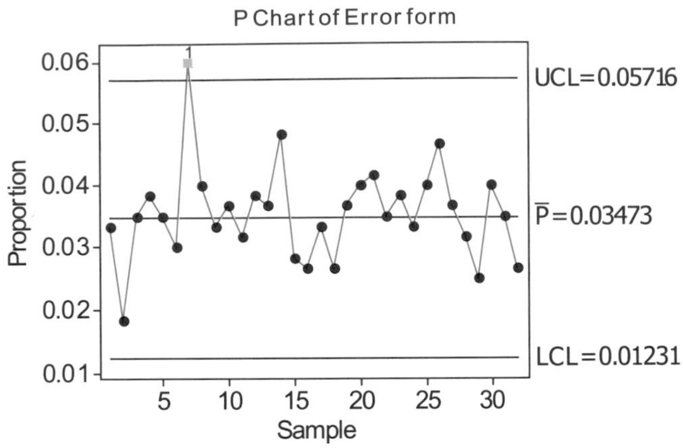

圖 8-7 修正後之 p 管制圖

有些軟體也提供二項分配之製程能力分析。圖 8-8 為利用Minitab軟體分析表 8-2 之數據，所獲得之二項分配的製程能力分析結果。圖 8-8(a) 顯示一般的 p 管制圖。圖 8-8(b) 則是顯示目前之樣本組數 (25 組) 是否足夠來估計不合格率，以獲得一個穩定之估計值，由此圖可看出，自第 15 組開始，代表累積估計之不合格率折線已趨於穩定，形成一條水平線，顯示我們可得到一個穩定之估計值。圖 8-8(c) 則是要判斷不合格率是否會隨著樣本大小而改變，目前之圖形顯示不合格率並不會隨著樣本大小而改變。最後，圖 8-8(d) 則是顯示一張直方圖。在此例中，合格率相當於 0.955 (相當於 $1-0.045$)，根據常態分配可以得到 Sigma 水準 Z=1.6955。

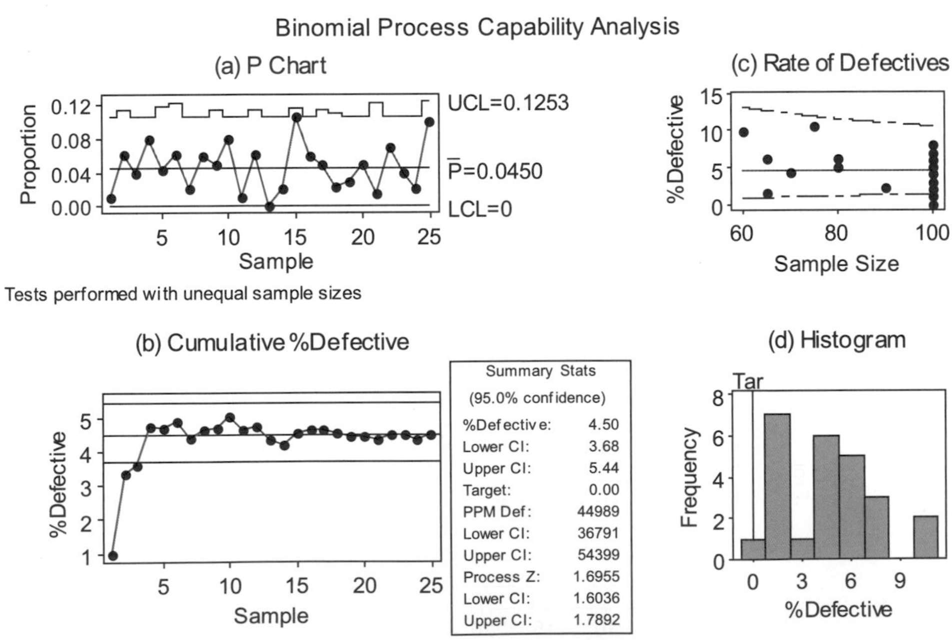

圖 8-8 二項分配之製程能力分析

8.3 不合格品數管制圖

不合格率 p 管制圖可用在當各組樣本大小 n 相同或不等之情況下。若各組樣本大小維持固定，則可考慮使用不合格品數 np 管制圖。由於蒐集數據時通常是記錄各組之不合格品數，因此，當 n 固定時，np 管制圖比 p 管制圖更容易使用 (可省略計算各組不合格率之步驟)。

np 管制圖之管制界限為

$$\begin{aligned}\mathrm{UCL}_{np} &= n\bar{p} + 3\sqrt{n\bar{p}(1-\bar{p})}\\ \mathrm{CL}_{np} &= n\bar{p}\\ \mathrm{LCL}_{np} &= n\bar{p} - 3\sqrt{n\bar{p}(1-\bar{p})}\end{aligned}$$

若製程不合格率已知 (設其為 p)，則管制界限可寫成

$$\begin{aligned}\mathrm{UCL}_{np} &= np + 3\sqrt{np(1-p)}\\ \mathrm{CL}_{np} &= np\\ \mathrm{LCL}_{np} &= np - 3\sqrt{np(1-p)}\end{aligned}$$

np 管制圖之管制界限可能不為整數值，但各組樣本中之不合格品數一定為整數值。因此，實務上我們可將上管制界限設為大於或等於 UCL_{np} 之最小整數，下管制界限設為小於或等於 LCL_{np} 之最大整數。在此情況下，若樣本不合格品數大於或等於上管制界限，則判斷製程為管制外，或者是樣本不合格品數小於或等於下管制界限，則為管制外。

8.4 不合格點數管制圖

不合格點數 c 管制圖之基礎為卜瓦松分配。若 x 為不合格點數，服從卜瓦松分配，則觀察到 x 個不合格點之機率為

$$p(x) = \frac{e^{-c}c^{x}}{x!} \qquad x = 0, 1, 2, \ldots..$$

上述公式中，c 為卜瓦松分配之參數，亦即不合格點數之平均數。由於卜瓦松分配之平均數與變異數相等。因此管制界限可以很容易的獲得。

c 管制圖可用來管制一個檢驗單位內之不合格點數。一個檢驗單位可以是一件產品或數件產品。使用 c 管制圖要符合幾項條件，第一、不合格點發生之機會相當大，但在每一位置發生不合格點之機會要很小而且機會相等，第二、各個不合格點之出現互為獨立。

不合格點數 c 管制圖之管制界限爲

$$\begin{aligned} UCL_c &= c + 3\sqrt{c} \\ CL_c &= c \\ LCL_c &= c - 3\sqrt{c} \end{aligned}$$

如果 $LCL_c < 0$，則設 $LCL_c = 0$。若不合格點數之平均數爲未知，則須由樣本資料來估計。若平均不合格點數爲 $\bar{c}$，則管制界限公式爲

$$\begin{aligned} UCL_c &= \bar{c} + 3\sqrt{\bar{c}} \\ CL_c &= \bar{c} \\ LCL_c &= \bar{c} - 3\sqrt{\bar{c}} \end{aligned}$$

例8-7 某織布廠用 c 管制圖管制其產品之品質，表 8-5 爲每一平方公尺布匹之斑點數的紀錄，試建立 c 管制圖。

表 8-5 紡織品之品質數據

組別	c	組別	c	組別	c	組別	c	組別	c	組別	c
1	2	6	1	11	2	16	2	21	2	26	3
2	6	7	3	12	1	17	3	22	4	27	4
3	4	8	2	13	5	18	6	23	1	28	6
4	1	9	5	14	1	19	1	24	4	29	2
5	6	10	6	15	3	20	6	25	5	30	5

解答：

先計算不合格點數的平均數，$\bar{c} = 102/30 = 3.4$

試用管制界限爲

$$\begin{aligned} UCL_c &= \bar{c} + 3\sqrt{\bar{c}} = 3.4 + 5.5317 = 8.9317 \\ CL_c &= \bar{c} = 3.4 \\ LCL_c &= \bar{c} - 3\sqrt{\bar{c}} = 3.4 - 5.5317 = -2.1317 (\rightarrow 0) \end{aligned}$$

管制圖如圖 8-9 所示，由圖可知製程在管制內，因此上述管制界限可用來管制未來製程。

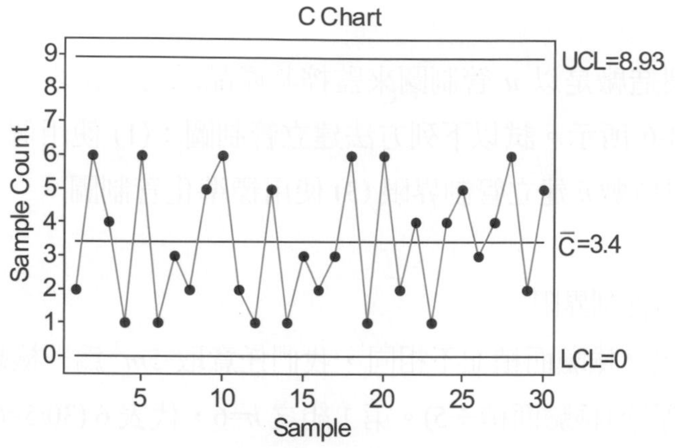

圖 8-9　c 管制圖

8.5 單位不合格點數管制圖

c 管制圖適用於當樣本大小固定之情況下，但不合格點數常隨產品之長度、面積或體積而改變，因此我們可隨意定義一個檢驗單位 (inspection unit)，例如每平方公尺、每 10 公尺等，接著再計算每檢驗單位中之不合格點數，並以單位不合格點數 u 管制圖進行管制。

假設 n_i (並不需爲整數值) 和 c_i 爲第 i 組樣本之樣本大小及不合格點數，則 u 管制圖之管制界限爲

$$\mathrm{UCL}_u = \bar{u} + 3\sqrt{\bar{u}/n_i}$$

$$\mathrm{CL}_u = \bar{u} = \sum_{i=1}^{m} c_i / \sum_{i=1}^{m} n_i$$

$$\mathrm{LCL}_u = \bar{u} - 3\sqrt{\bar{u}/n_i}$$

若各組之樣本大小均相同，則在上述管制界限中，以 n 取代 n_i。在 u 管制圖上所描繪之點爲各組之單位不合格點數，定義爲 $u_i = c_i / n_i$。如果各組之樣本大小不固定，則將會產生變動之管制界限，若要使管制界限固定，則可以採用 (1) 以 $\bar{n}$ 計算管制界限；(2) 標準化管制圖。若採用標準化管制圖，其標準化之公式爲

$$Z_i = \frac{u_i - \bar{u}}{\sqrt{\dfrac{\bar{u}}{n_i}}}$$

例8-8 三申地毯製造廠是以 u 管制圖來監控其產品品質。由現場蒐集到之 25 組品質資料如表 8-6 所示。試以下列方法建立管制圖：(1) 使用個別管制界限 (2) 使用平均檢驗單位數 $\bar{n}$ 建立管制界限 (3) 使用標準化管制圖。

解答：

(1) 使用個別管制界限

由於各組之檢驗面積並不相同，我們任意取 $5m^2$ 為一檢驗單位，則各組之樣本大小等於 (檢驗面積÷5)。第 1 組之 n=6，代表 6 (30/5=6) 個檢驗單位。單位不合格點數之平均數為

$$\bar{u}=\frac{\sum c_i}{\sum n_i}=88/199=0.4422$$

以第 25 組為例，其管制界限為

$$\mathrm{UCL}_u=\bar{u}+3\sqrt{\frac{\bar{u}}{n_{25}}}=0.4422+3\sqrt{\frac{0.4422}{10}}=1.0731$$

$$\mathrm{CL}_u=\bar{u}=0.4422$$

$$\mathrm{LCL}_u=\bar{u}-3\sqrt{\frac{\bar{u}}{n_{25}}}=0.4422-3\sqrt{\frac{0.4422}{10}}=-0.1887(\to 0)$$

管制圖如圖 8-10 所示，由圖可看出製程在管制內。

表 8-6 地毯之品質數據

組別	m^2	c	n	u	組別	m^2	c	n	u
1	30	4	6	0.6667	14	25	1	5	0.2000
2	30	6	6	1.0000	15	30	0	6	0.0000
3	50	5	10	0.5000	16	50	6	10	0.6000
4	50	4	10	0.4000	17	60	3	12	0.2500
5	40	2	8	0.2500	18	50	8	10	0.8000
6	50	6	10	0.6000	19	40	2	8	0.2500
7	30	1	6	0.1667	20	60	6	12	0.5000
8	25	3	5	0.6000	21	40	1	8	0.1250
9	30	5	6	0.8333	22	50	4	10	0.4000
10	40	3	8	0.3750	23	30	3	6	0.5000
11	40	1	8	0.1250	24	30	2	6	0.3333
12	35	5	7	0.7143	25	50	5	10	0.5000
13	30	2	6	0.3333					

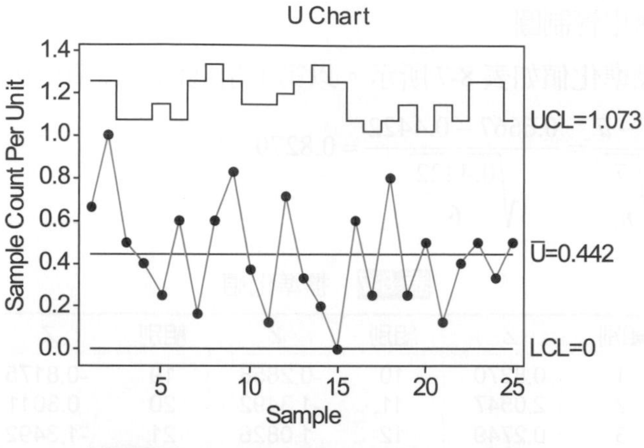

圖 8-10 具有個別管制界限之 u 管制圖

(2) 用 $\bar{n}$ 建立管制圖

$$\bar{n} = 199/25 = 7.96$$

管制界限為

$$UCL_u = \bar{u} + 3\sqrt{\frac{\bar{u}}{\bar{n}}} = 0.4422 + 3\sqrt{\frac{0.4422}{7.96}} = 1.1493$$

$$CL_u = 0.4422$$

$$LCL_u = \bar{u} - 3\sqrt{\frac{\bar{u}}{\bar{n}}} = 0.4422 - 3\sqrt{\frac{0.4422}{7.96}} = -0.2649(\to 0)$$

圖 8-11為使用 $\bar{n}$ 建立之 u 管制圖，此圖顯示製程是在管制內。

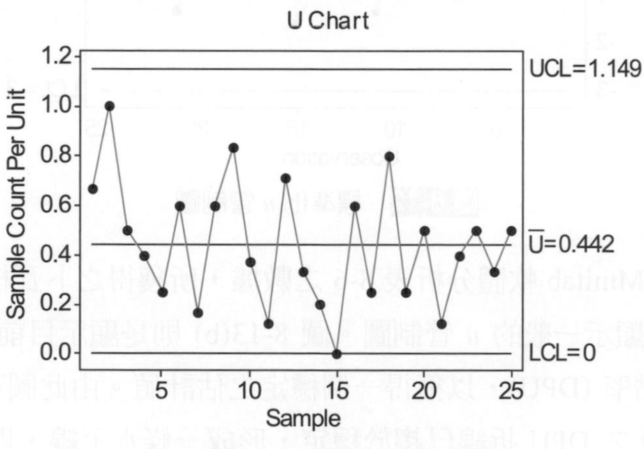

圖 8-11 使用 $\bar{n}$ 之 u 管制圖

(3) 使用標準化管制圖

各組之標準化值如表 8-7 所示。以第 1 組爲例，標準化值爲

$$Z_1 = \frac{u_1 - \bar{u}}{\sqrt{\frac{\bar{u}}{n_1}}} = \frac{0.6667 - 0.4422}{\sqrt{\frac{0.4422}{6}}} = 0.8270$$

表 8-7 標準化值

組別	Z	組別	Z	組別	Z
1	0.8270	10	-0.2858	19	-0.8175
2	2.0547	11	-1.3492	20	0.3011
3	0.2749	12	1.0826	21	-1.3492
4	-0.2007	13	-0.4011	22	-0.2007
5	-0.8175	14	-0.8144	23	0.2129
6	0.7503	15	-1.6289	24	-0.4011
7	-1.0148	16	0.7504	25	0.2749
8	0.5306	17	-1.0012		
9	1.4406	18	1.7015		

圖 8-12 爲標準化 u 管制圖，此圖顯示製程在管制內。

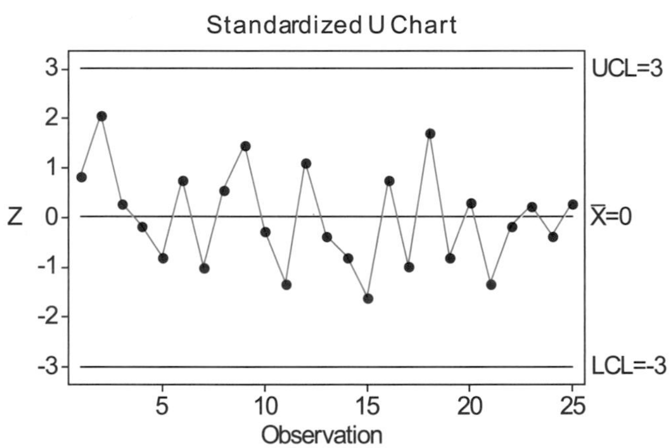

圖 8-12 標準化 u 管制圖

圖 8-13 爲利用 Minitab 軟體分析表 8-6 之數據，所獲得之卜瓦松分配的製程能力分析結果。圖 8-13(a) 顯示一般的 u 管制圖。圖 8-13(b) 則是顯示目前之樣本組數 (25 組) 是否足夠來估計缺點率 (DPU)，以獲得一個穩定之估計值。由此圖可看出，自第 15 組開始，代表累積估計之 DPU 折線已趨於穩定，形成一條水平線，顯示我們可以得到一個穩定之估計值。圖 8-13(c) 則是要判斷 DPU 是否會隨著樣本大小而改變，目前之圖形顯示 DPU 並不會隨著樣本大小而改變。最後，圖 8-13(d) 則是顯示一張直方圖。

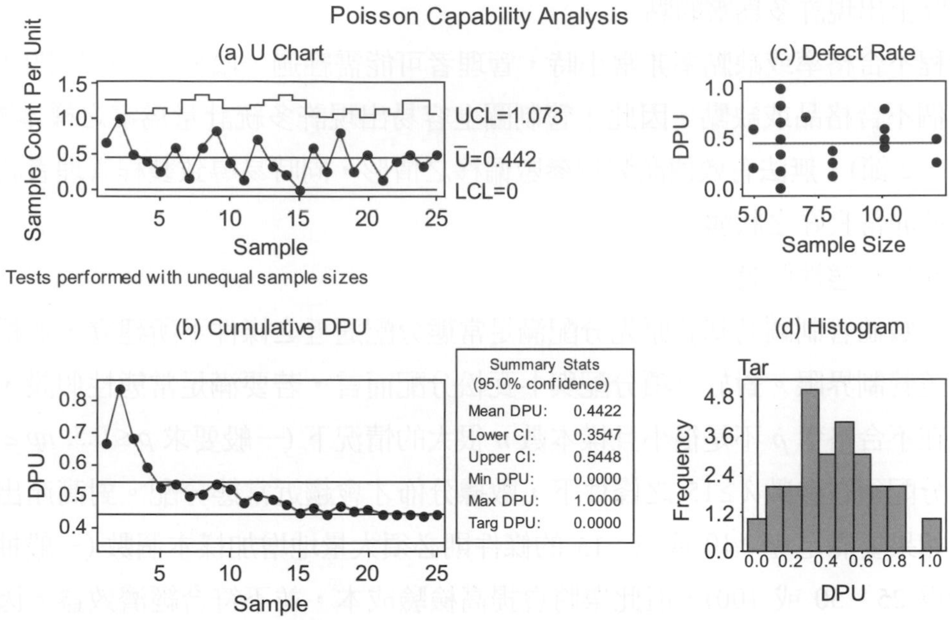

圖 8-13 卜瓦松分配之製程能力分析

8.6 事件時間間隔管制圖

最近，計數值管制圖之發展趨勢著重於事件時間間隔 (time between events, TBE) 管制圖之研究，此種管制圖特別適用於高產出之製程 (high-yield processes)。高產出之製程是指不合格率或缺點率非常低之情況，此種製程可能源自於生產系統的本質或者來自於品質改善之結果。例如：六標準差 (Six Sigma) 爲近年來盛行於企業間之品質管理哲學，透過六標準差品質改善活動，將可大幅降低製程不合格率或缺點率，進而使流程績效達到每百萬件產品中僅有 3.4 件不合格品或缺點 (3.4 ppm)。當企業達成六標準差製程水準之後，將面對幾近零缺點之高產出製程，如何繼續維持與控管製程之績效水準，將成爲企業達成六標準差流程績效之後，可能面臨之重大課題。本章所介紹之計數值管制圖的機率分配基礎爲二項分配及卜瓦松分配，同時假設可以利用常態分配來逼近的前提下所建立。然而，對於高產出製程而言，若使用傳統計數值管制圖來進行製程監控，將產生下列問題：

1. 管制圖上出現許多爲零的點

   當製程不合格率或缺點率非常小時，管理者可能需經過一段相當長的時間才會觀測到一個不合格品或缺點。因此，管制圖上容易出現許多統計量爲零之樣本點 (參見本章 8.2 節)，無法有效偵測製程參數偏移之情形，同時易導致製程管理者誤認爲製程處於非常良好之狀態。

2. 無法滿足常態性假設

   傳統計數值管制圖乃基於原先分配滿足常態分配逼近之條件下所建立，並採用三倍標準差管制界限。對於二項分配與卜瓦松分配而言，若要滿足常態性假設，二項分配須在不合格率 p 不是很小且樣本數 n 很大的情況下 (一般要求 $p \leq 0.5$, $np \geq 10$)、卜瓦松分配須在參數 $\lambda \geq 15$ 之條件下，數據分佈才會趨近常態分配。對高產出製程來說，如果要滿足 $np \geq 10$ 或 $\lambda \geq 15$ 的條件則必須大量地增加樣本個數 (一般抽樣樣本個數爲 25、50 或 100)，但此舉將會提高檢驗成本，並不符合經濟效益。因此，當不合格率或缺點率非常小時，除非抽樣數目夠大，否則數據會呈現右偏現象，造成型 I 誤差增加。

3. 易產生管制下限小於零之情形

   當不合格率或缺點率很小時，傳統計數值管制圖所使用之三倍標準差管制下限容易產生小於零之情形 (參見本章 8.2 節)，此時一般將管制下限設爲零。但因不合格率或缺點率爲正實數，故無論製程之不合格率或缺點率是否已經明顯降低，皆不會低於管制下限，因此管制下限形同虛設，無法作爲判斷製程是否有顯著改善之依據。

綜合以上所述，傳統計數值管制圖並不適用於高產出製程之監控。本節之目的爲介紹數種適用於監控高產出製程之管制圖。

8.6.1 累積合格品數管制圖

當製程不合格率相當低時，Calvin (1983) 認爲監控兩個不合格品之間的合格品數，將會比直接監控不合格品數提供更多有用之資訊。Goh (1987) 延續此一觀念，提出累積合格品數管制圖 (cumulative count of conforming chart, CCC 管制圖) 之方法，它是取代 p 管制圖，用來監控高產出製程。不同於 p 管制圖著重於在一個固定之樣本數中，不合格品發生的數目，CCC 管制圖將檢驗出一個不合格品所需之樣本數 (累積檢驗樣本數) 視爲監控變數 X，如圖 8-14 所示。

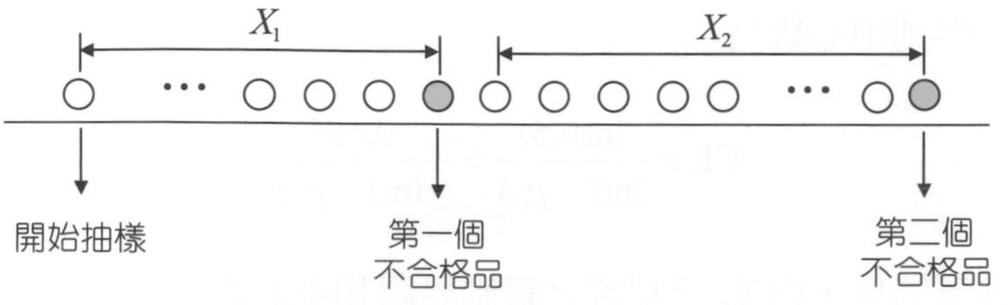

圖 8-14 CCC 管制圖之管制變數

假設製程不合格率爲 p，且每執行一次檢驗可視爲進行一項白努利實驗 (Bernoulli trial)，亦即每次檢驗皆爲獨立，檢驗之結果僅有「合格」與「不合格」兩種情形，而且每次檢驗中出現不合格之機率是固定的 (皆爲 p)。依據上述 X 之定義可知，X 應爲符合參數爲 p 之幾何分配隨機變數，其機率密度函數 $f(x)$ 與累積分配函數 $F(x)$ 爲：

$$f(x)=(1-p)^{x-1}p, \qquad x=1,2,\ldots,\infty$$

$$F(x)=\sum_{i=1}^{x}(1-p)^{i-1}p \ =1-(1-p)^{x}$$

使用 CCC 管制圖時，我們一般採用機率界限，來取代傳統 k 倍標準差之管制界限。此乃因爲幾何分配爲右偏，採用機率界限可以避免產生管制下限爲零之情形，同時可以維持預設之型 I 誤差。

假設型 I 誤差爲 α，而且製程不合格率 p_0 爲已知或者經由樣本資料估計得到。CCC 管制圖之機率界限可由幾何分配之累積分配函數推導如下：

令右尾型 I 誤差爲 $\alpha/2$，其上管制界限需滿足

$$F(\mathrm{UCL})=1-(1-p_0)^{\mathrm{UCL}}=1-\alpha/2$$

因此，我們可得到上管制界限爲

$$\mathrm{UCL}=\frac{\ln(\alpha/2)}{\ln(1-p_0)}$$

令左尾型 I 誤差爲 $\alpha/2$，其下管制界限需滿足

$$F(\mathrm{LCL})=1-(1-p_0)^{\mathrm{LCL}}=\alpha/2$$

因此，可得到下管制界限爲

$$\mathrm{LCL}=\frac{\ln(1-\alpha/2)}{\ln(1-p_0)}$$

中心線需滿足

$$F(\mathrm{CL})=1-(1-p_0)^{\mathrm{CL}}=0.5$$

因此，我們可得到中心線為

$$\text{CL} = \frac{\ln(0.5)}{\ln(1-p_0)} \approx -\frac{0.693}{\ln(1-p_0)}$$

根據上述之推導結果，CCC 管制圖之管制界限和中心線可整理如下：

$$\text{UCL} = \frac{\ln(\alpha/2)}{\ln(1-p_0)}$$
$$\text{CL} = \frac{\ln(0.5)}{\ln(1-p_0)} \approx -\frac{0.693}{\ln(1-p_0)}$$
$$\text{LCL} = \frac{\ln(1-\alpha/2)}{\ln(1-p_0)}$$

由於幾何分配為離散型機率分配，我們可將上述 CCC 管制圖之界限和中心線取整數值，如下所示。

$$\text{UCL} = \left[\frac{\ln(\alpha/2)}{\ln(1-p_0)}\right] + 1$$
$$\text{CL} = \frac{\ln(0.5)}{\ln(1-p_0)} = \left[-\frac{0.693}{\ln(1-p_0)}\right]$$
$$\text{LCL} = \left[\frac{\ln(1-\alpha/2)}{\ln(1-p_0)}\right]$$

其中，[Y] 表示取不大於 Y 之最大整數值。在此種設定之下，我們將管制統計量落在管制界限上之狀況視為管制外。

CCC 管制圖可以歸類為蕭華特管制圖，亦即 CCC 管制圖之判斷方式與傳統蕭華特管制圖相同。若圖中有任一樣本點落在管制界限之外，則判定製程為受到可歸屬原因之影響。不過，CCC 管制圖對於品質水準之判斷和蕭華特 p 管制圖之判斷相反。在蕭華特 p 管制圖上，若出現超出上限之點，則代表不合格率增加；反之，若出現低於下限之點，則代表不合格率降低。在 CCC 管制圖中，由於其管制統計量為檢驗出一個不合格品所需的累積檢驗樣本數，因此，如果圖上出現低於下限之點，則表示不合格品出現之時間間隔變短，代表製程可能產生退化之情形 (不合格率增加)。另一方面，如果出現超出上限之點，則表示製程產生不合格品之時間間隔變長 (不合格率降低)，製程處於良好之狀態，但應先查明是否為計算或登錄之錯誤，若非這些原因所引起，則可能是由製程方面之因素所造成。因此，仍須診斷其原因，找出可能是製程所需之最佳操作狀態，可作為後續製程參數設定之依據。

為了提升 CCC 管制圖偵測製程參數偏移之靈敏度，學者建議將監控變數 X 延伸至檢驗出第 r 個不合格品所需之累積檢驗樣本數。此種管制圖被稱為 CCC − r 管制圖，其概念如圖 8-15 所示。r 值越大，雖可有效地增加偵測製程參數偏移之靈敏度，但同時也需等待較長之時間才可獲得一個管制統計量進行判斷，一般建議 r 以 2~5 較適當。

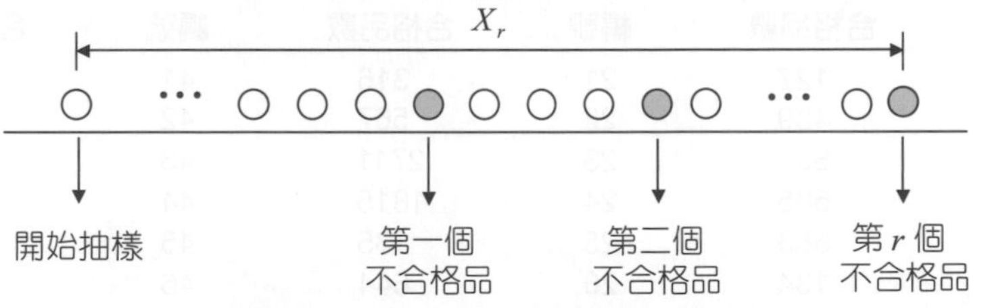

圖 8-15　CCC − r 管制圖之管制變數

當r =1 時，CCC–1 管制圖即為上述之 CCC 管制圖。當$r \geq 2$ 時，X 為符合負二項分配 (negative binominal distribution) 之隨機變數，參數為 (r, p)，其機率密度函數 $f(x)$ 與累積分配函數 $F(x)$ 為：

$$f(x) = C_{r-1}^{x-1}(1-p)^{x-r}p^r, \qquad x = r, r+1, \ldots, \infty$$

$$F(x) = \sum_{i=r}^{x} C_{r-1}^{i-1}(1-p)^{i-r}p^r$$

假設型 I 誤差為 α，而且製程不合格率 p_0 為已知或者經由樣本資料估計得到。CCC− r 管制圖之機率界限可由負二項分配之累積分配函數推導如下：

令左尾和右尾型 I 誤差均為 $\alpha/2$，則其上管制界限需滿足

$$\sum_{i=r}^{\mathrm{UCL}_r} C_{r-1}^{i-1}(1-p_0)^{i-r}p_0^r = 1-\alpha/2$$

下管制界限需滿足

$$\sum_{i=r}^{\mathrm{LCL}_r} C_{r-1}^{i-1}(1-p_0)^{i-r}p_0^r = \alpha/2$$

中心線需滿足

$$\sum_{i=r}^{\mathrm{CL}_r} C_{r-1}^{i-1}(1-p_0)^{i-r}p_0^r = 0.5$$

我們以一組模擬之數據來說明 CCC 管制圖和 CCC − r 管制圖之操作。表 8-8 包含 60 個觀測值，每一觀測值代表發現一個不合格品所需之累積檢驗樣本數。假設前 30 個觀測值來自 p_0=0.001 之幾何分配，代表製程處於管制內，而後 30 個觀測值來自 p=0.003

之幾何分配，代表製程參數已偏移。令型 I 誤差 $\alpha = 0.0027$，建立 CCC 管制圖之過程說明如下。

表 8-8 CCC 管制圖之樣本統計量

觀測值編號	累積合格品數	觀測值編號	累積合格品數	觀測值編號	累積合格品數
1	127	21	316	41	468
2	489	22	567	42	40
3	851	23	2711	43	151
4	505	24	1815	44	294
5	683	25	135	45	36
6	134	26	644	46	24
7	409	27	383	47	107
8	118	28	4981	48	2
9	1825	29	2992	49	140
10	182	30	1405	50	46
11	1888	31	105	51	307
12	2328	32	269	52	144
13	1746	33	21	53	155
14	1864	34	107	54	473
15	721	35	16	55	81
16	1031	36	350	56	33
17	64	37	488	57	147
18	633	38	42	58	324
19	107	39	12	59	195
20	1723	40	760	60	747

將相關參數代入 CCC 管制圖之管制界限和中心線公式，可得：

$$\text{UCL} = \left[\frac{\ln(\alpha/2)}{\ln(1-p_0)}\right] + 1 = \left[\frac{\ln(0.00027/2)}{\ln(1-0.001)}\right] + 1 = 6605$$

$$\text{CL} = \left[\frac{\ln(0.5)}{\ln(1-p_0)}\right] = \left[\frac{-0.693}{\ln(1-0.001)}\right] = 692$$

$$\text{LCL} = \left[\frac{\ln(1-\alpha/2)}{\ln(1-p_0)}\right] = \left[\frac{\ln(1-0.00027/2)}{\ln(1-0.001)}\right] = 1$$

圖 8-16 爲 CCC 管制圖，圖中之橫軸爲觀測值編號，縱軸表示檢驗出一個不合格品所需的累積檢驗樣本數。由於縱軸之數據變異程度較大，故一般以對數刻度來表示。觀察此圖可得知，管制統計量雖呈現一個下降之趨勢，但仍落在管制界限內，因此我們判斷此製程處於統計管制狀態之內。

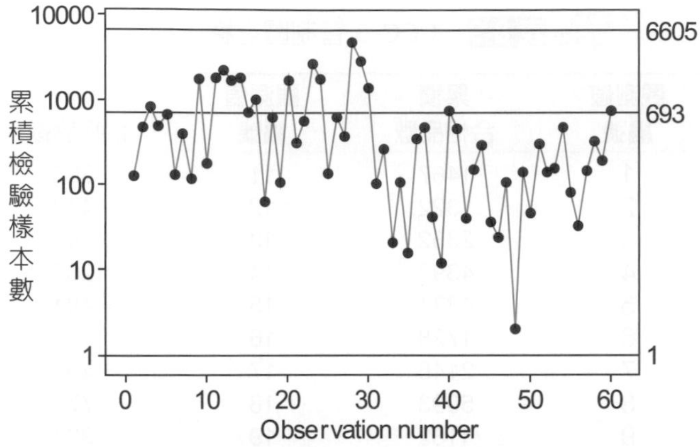

圖 8-16 CCC 管制圖

接著，我們說明 CCC – 3 管制圖之操作。我們將管制變數延伸至發現 3 個不合格品所需之累積檢驗樣本數，其樣本統計量如表 8-9 所示。表 8-9 之數據資料是將表 8-8 中之數據依序累加 3 個觀測值而得，例如：表 8-9 中第 1 個數據爲 1467，它是累加表 8-8 中之第 1 個觀測值至第 3 個觀測值 (127、489 與 851) 而得；而表 8-9 中第 2 個數據爲 1322，它是累加表 8-8 中之第 4 個至第 6 個觀測值 (505、683 與 134) 而得，依此類推。CCC – 3 管制圖之管制界限和中心線可由下列式子求得。

$$\sum_{i=3}^{\mathrm{UCL}_3} C_{3-1}^{i-1}(1-0.001)^{i-3}\, p_0^3 = 0.99865$$

$$\sum_{i=3}^{\mathrm{CL}_3} C_{3-1}^{i-1}(1-p_0)^{i-3}\, p_0^3 = 0.5$$

$$\sum_{i=3}^{\mathrm{LCL}_3} C_{3-1}^{i-1}(1-p_0)^{i-3}\, p_0^3 = 0.00135$$

由上述式子可得 CCC – 3 管制圖之管制界限分別爲 LCL_3=212、UCL_3=10866，中心線 $\mathrm{CL}_3 = 2673$，如圖 8-17 所示。觀察圖 8-17 之數據可發現，圖中第 16 個管制統計量 (相當於 CCC 管制圖之第 48 個管制統計量) 低於管制下限，表示製程受到可歸屬原因之影響。此範例顯示，使用 CCC – r 管制圖可以有效地增加偵測製程參數偏移之靈敏度。

表 8-9　CCC–3 管制圖之樣本統計量

觀測值編號	累積合格品數	觀測值編號	累積合格品數
1	1467	11	395
2	1322	12	473
3	2352	13	542
4	4398	14	1268
5	4331	15	481
6	1728	16	133
7	2146	17	493
8	5093	18	772
9	1162	19	261
10	9378	20	1266

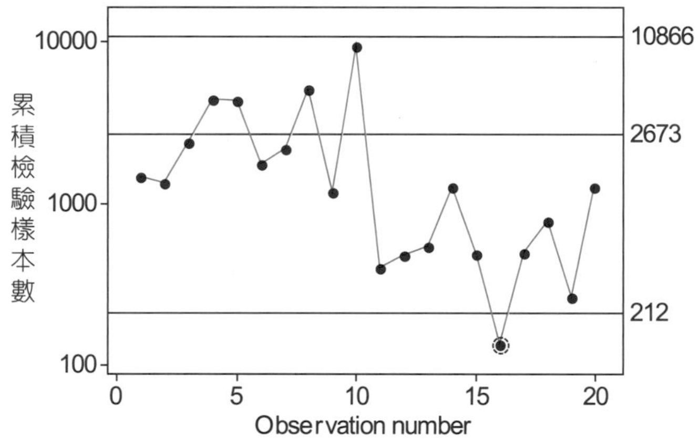

圖 8-17　CCC–3 管制圖

8.6.2 累積數量管制圖

爲了解決 c 與 u 管制圖不適用於監控缺點數很低之情形，Chan 等人 (2000) 提出累積數量管制圖 (cumulative quantity control chart, CQC 管制圖)，作爲 c 與 u 管制圖之替代方法，來監控高產出製程。不同於 c 管制圖著重於管制在一個固定之樣本數下，缺點發生的數目，CQC 管制圖將介於兩個缺點之間的累積檢驗單位樣本數 (不一定爲整數) 視爲監控變數。一般而言，通常假設製程發生缺點之情形爲平均每一檢驗單位中有 λ 個缺點之卜瓦松過程 (Poisson process)，則在固定檢驗單位數之下，以缺點數爲管制變數，即爲服從卜瓦松分配之隨機變數；反之，若監控缺點發生之間的累積檢驗單位數，則爲服從指數分配之隨機變數。

假設製程缺點之發生爲一卜瓦松過程且參數爲 λ，令 X 爲檢驗出一個缺點之前的累積檢驗單位樣本數，則 X 爲服從指數分配且參數爲 λ 之隨機變數，其機率密度函數 $f(x)$ 與累積分配函數 $F(x)$爲：

$$f(x)=\lambda e^{\lambda x}, \quad x>0$$
$$F(x)=1-e^{-\lambda x}$$

如同 CCC 管制圖，CQC 管制圖亦採用機率界限，以取代傳統 k 倍標準差之管制界限。此乃因爲指數分配具有平均數等於標準差之特性，故 CQC 管制圖若使用三倍標準差管制界限，則管制下限會出現負值之情形，此時管制下限形同虛設，且其型 I 誤差亦無法維持在一開始所設定的水準。

以下說明 CQC 管制圖之機率界限的推導。假設型 I 誤差爲 α，而且製程缺點率 λ_0 爲已知或者經由樣本資料估計得到，則 CQC 管制圖之機率界限可由指數分配之累積分配函數推導如下：

令右尾型 I 誤差爲 $\alpha/2$，其上管制界限需滿足

$$F(\text{UCL})=1-e^{-\lambda_0 \text{UCL}}=1-\alpha/2$$

因此，我們可得到上管制界限爲

$$\text{UCL}=-\frac{\ln(\alpha/2)}{\lambda_0}$$

如果左尾型 I 誤差爲 $\alpha/2$，其下管制界限需滿足

$$F(\text{LCL})=1-e^{-\lambda_0 \text{LCL}}=\alpha/2$$

因此，我們可得到下管制界限爲

$$\text{LCL}=-\frac{\ln(1-\alpha/2)}{\lambda_0}$$

中心線需滿足

$$F(\text{CL})=1-e^{-\lambda_0 \text{CL}}=0.5$$

我們可得到中心線爲

$$\text{CL}=-\frac{\ln(0.5)}{\lambda_0}\approx\frac{0.693}{\lambda_0}$$

根據上述之推導結果，CQC 管制圖之管制界限和中心線可整理如下：

$$\mathrm{UCL} = -\frac{\ln(\alpha/2)}{\lambda_0}$$
$$\mathrm{CL} = -\frac{\ln(0.5)}{\lambda_0} \approx \frac{0.693}{\lambda_0}$$
$$\mathrm{LCL} = -\frac{\ln(1-\alpha/2)}{\lambda_0}$$

同理於 CCC 管制圖，爲了提升 CQC 管制圖偵測製程偏移的靈敏度，學者建議將監控對象延伸至檢驗出 r 個缺點所需之累積檢驗單位數，此稱爲 CQC $-$ r 管制圖。當 $r=1$ 時，CQC $-$ 1 管制圖即爲 CQC 管制圖。當 $r \geq 2$ 時，X 爲符合伽瑪分配 (gamma distribution) 之隨機變數，參數爲 (r,λ)，其機率密度函數 $f(x)$ 和累積分配函數 $F(x)$ 爲：

$$f(x) = \frac{\lambda}{\Gamma(r)}(\lambda x)^{r-1} e^{-\lambda x}, \quad x = r, r+1, \ldots, \infty$$
$$F(x) = 1 - \sum_{k=0}^{r-1} e^{-\lambda x} \frac{(\lambda x)^k}{k!}$$

其中，$\Gamma(\cdot)$ 爲伽瑪函數。假設型 I 誤差爲 α，而且製程缺點率 λ_0 爲已知或者經由樣本資料估計得到，則 CQC $-$ r 管制圖之機率界限可由伽瑪分配之累積分配函數推導如下：

令右尾型 I 誤差爲 $\alpha/2$，其上管制界限需滿足

$$1 - \sum_{i=0}^{r-1} e^{-\lambda_0 \mathrm{UCL}_r} \frac{(\lambda_0 \mathrm{UCL}_r)^i}{i!} = 1 - \alpha/2$$

如果左尾型 I 誤差爲 $\alpha/2$，其下管制界限需滿足

$$1 - \sum_{i=0}^{r-1} e^{-\lambda_0 \mathrm{LCL}_r} \frac{(\lambda_0 \mathrm{LCL}_r)^i}{i!} = \alpha/2$$

中心線需滿足

$$1 - \sum_{i=0}^{r-1} e^{-\lambda_0 \mathrm{CL}_r} \frac{(\lambda_0 \mathrm{CL}_r)^i}{i!} = 0.5$$

我們以一組數據來說明 CQC 管制圖和 CQC – r 管制圖之操作，此組數據取自 Xie 等人 (2002)。在此範例中，CQC 管制圖是用來監控產品之失效時間間隔。表 8-10 包含 60 筆產品失效時間之觀測值，每一觀測值代表產品失效之前所經過之時間。表中前 30 個觀測值來自 $\lambda_0 = 0.001$ (亦即產品平均失效時間為 0.001) 之指數分配，代表製程處於管制內，而後 30 個觀測值來自 $\lambda = 0.003$ 之指數分配，代表製程參數已偏移。假設型 I 誤差 $\alpha = 0.0027$，建立 CQC管制圖之過程說明如下：

表 8-10 產品之失效時間

觀測值編號	失效時間	觀測值編號	失效時間	觀測值編號	失效時間
1	1065.55	21	943.99	41	289.79
2	535.80	22	1084.48	42	63.99
3	540.53	23	2306.54	43	2.46
4	716.20	24	6.56	44	697.68
5	2525.43	25	3111.51	45	1167.33
6	1264.18	26	283.86	46	239.66
7	479.44	27	659.39	47	93.78
8	1783.22	28	683.48	48	680.45
9	473.67	29	36.14	49	4.83
10	2265.42	30	754.16	50	102.91
11	2191.75	31	35.85	51	479.05
12	1097.26	32	362.80	52	156.67
13	597.59	33	357.85	53	1286.24
14	971.16	34	334.48	54	443.97
15	3157.29	35	80.13	55	360.03
16	2932.96	36	1939.00	56	414.66
17	987.67	37	77.88	57	128.90
18	1816.18	38	4.03	58	36.10
19	117.21	39	98.67	59	197.31
20	190.65	40	17.19	60	418.12

將相關參數代入 CQC 管制圖之管制界限和中心線公式，可得：

$$UCL = -\frac{\ln(0.0027/2)}{0.001} = 6607.651$$

$$CL = -\frac{\ln(0.5)}{0.001} = 693.147$$

$$LCL = -\frac{\ln(1-0.0027/2)}{0.001} = 1.351$$

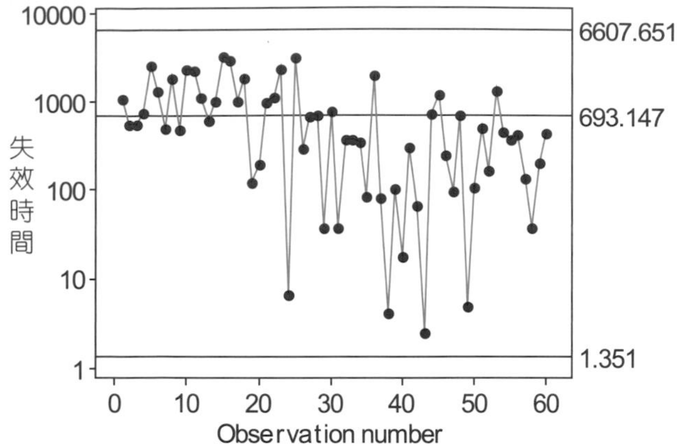

圖 8-18 CQC 管制圖

圖 8-18 爲 CQC 管制圖。圖中之橫軸爲觀測值編號，縱軸表示產品失效之前所經過的時間，以對數刻度表示。觀察此圖可得知，管制統計量雖呈現一個下降之趨勢，但仍落在管制界限內，因此我們判斷此製程處於統計管制狀態。

接著，我們將管制變數延伸至發現 3 個產品失效之前所經過的時間，其樣本統計量如表 8-11 所示。如同 CCC – 3 管制圖，表 8-11 之數據資料爲表 8-10 中依序累加 3 個觀測值而得。

表 8-11 累計 3 個產品之失效時間

觀測值編號	失效時間	觀測值編號	失效時間
1	2141.88	11	756.5
2	4505.81	12	2353.61
3	2736.33	13	180.58
4	5554.43	14	370.97
5	4726.04	15	1867.47
6	5736.81	16	1013.89
7	1251.85	17	586.79
8	3397.58	18	1886.88
9	4054.76	19	903.59
10	1473.78	20	651.53

由於型 I 誤差爲 0.0027，故 CQC – 3 管制圖之管制界限和中心線可由下列式子求得。

$$1-\sum_{i=0}^{2} e^{-(0.001\cdot \mathrm{UCL}_3)} \frac{(0.001\cdot \mathrm{UCL}_3)^i}{i!} = 0.99865$$

$$1-\sum_{i=0}^{2} e^{-(0.001\cdot \mathrm{CL}_3)} \frac{(0.001\cdot \mathrm{CL}_3)^i}{i!} = 0.5$$

$$1-\sum_{i=0}^{2} e^{-(0.001\cdot \mathrm{LCL}_3)} \frac{(0.001\cdot \mathrm{LCL}_3)^i}{i!} = 0.00135$$

由上述式子可得CQC–3管制圖之管制界限分別爲 LCL_3=211.7、UCL_3=10869.3，中心線 $\mathrm{CL}_3 = 2674.1$，如圖 8-19 所示。

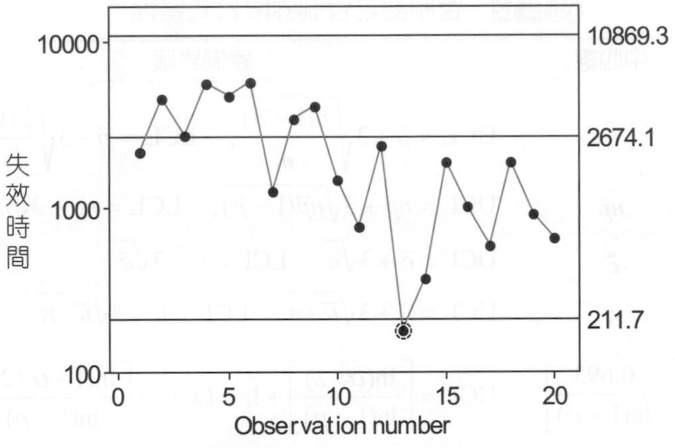

圖 8-19 CQC – 3 管制圖

觀察圖 8-19 之數據可發現，CQC – 3 管制圖在第 13 個管制統計量時 (相當於 CQC 管制圖的第 39 個管制統計量) 低於管制下限，表示製程受到可歸屬原因之影響。此範例顯示，使用 CQC – r 管制圖可以有效地增加偵測製程參數偏移之靈敏度。

延伸閱讀

◆ 管制界限公式之彙整

本章所介紹之管制圖，其中心線和管制界限的公式彙整如表 8-12。

表 8-12 管制圖之管制界限公式整理

管制圖	中心線	管制界限
p	$\bar{p}$	$UCL=\bar{p}+3\sqrt{\frac{\bar{p}(1-\bar{p})}{n}},\quad LCL=\bar{p}-3\sqrt{\frac{\bar{p}(1-\bar{p})}{n}}$
np	$n\bar{p}$	$UCL=n\bar{p}+3\sqrt{n\bar{p}(1-\bar{p})},\quad LCL=n\bar{p}-3\sqrt{n\bar{p}(1-\bar{p})}$
c	$\bar{c}$	$UCL=\bar{c}+3\sqrt{\bar{c}},\quad LCL=\bar{c}-3\sqrt{\bar{c}}$
u	$\bar{u}$	$UCL=\bar{u}+3\sqrt{\bar{u}/n},\quad LCL=\bar{u}-3\sqrt{\bar{u}/n}$
CCC	$\left[-\frac{0.693}{\ln(1-p)}\right]$	$UCL=\left[\frac{\ln(\alpha/2)}{\ln(1-p)}\right]+1,\quad LCL=\left[\frac{\ln(1-\alpha/2)}{\ln(1-p)}\right]$
CQC	$0.693/\lambda$	$UCL=-\ln(\alpha/2)/\lambda,\quad LCL=-\ln(1-\alpha/2)/\lambda$

本書第 7 章介紹計量值之短製程管制圖，若採用標準化的方式，計數值管制圖亦可應用於短製程之狀態下。表 8-13 彙整傳統計數值管制圖的標準化公式。

表 8-13 傳統計數值管制圖的標準化公式

管制圖	目標值	標準差	管制統計量
p	$\bar{p}$	$\sqrt{\frac{\bar{p}(1-\bar{p})}{n_i}}$	$Z_i=\frac{p_i-\bar{p}}{\sqrt{\frac{\bar{p}(1-\bar{p})}{n_i}}}$
np	$n\bar{p}$	$\sqrt{n_i\bar{p}(1-\bar{p})}$	$Z_i=\frac{n_ip_i-n\bar{p}}{\sqrt{n_i\bar{p}(1-\bar{p})}}$
c	$\bar{c}$	$\sqrt{\bar{c}}$	$Z_i=\frac{c_i-\bar{c}}{\sqrt{\bar{c}}}$
u	$\bar{u}$	$\sqrt{\bar{u}/n_i}$	$Z_i=\frac{u_i-\bar{u}}{\sqrt{\bar{u}/n_i}}$

◆ 管制圖之選擇

圖 8-20 為根據樣本大小和製程偏移量來選擇計數值管制圖之程序。

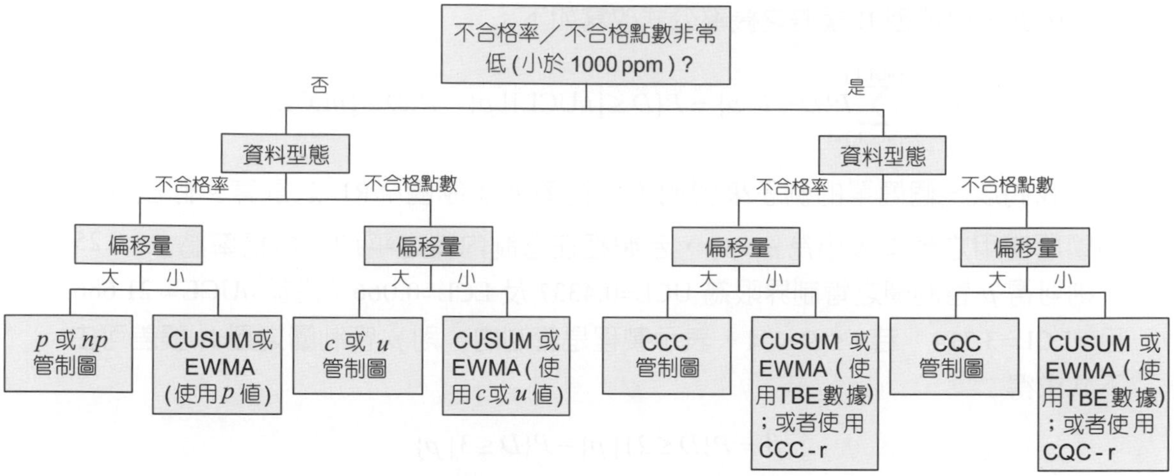

圖 8-20 計數值管制圖之選擇

◆ 計數值管制圖 ARL 之計算

平均連串長度 ARL 為常見之管制圖績效衡量指標。根據 ARL 之定義，依照製程是否處於統計管制狀態內，可分為管制內之 ARL $(1/\alpha)$ 及管制外之 ARL $(1/(1-\beta))$。一般在進行管制圖之績效評比時，會固定管制內之 ARL 值，比較在不同製程參數偏移下之管制外 ARL 值。由於型 I 誤差 α 一般為事先給定，因此，接下來必須研究的是如何計算各種管制圖之型 II 誤差 β，以獲得其管制外 ARL 進行績效分析。以下說明各種計數值管制圖之 β 計算過程。

對於不合格率 p 管制圖而言，其型 II 誤差之機率可定義如下：

$$\begin{aligned}\beta &= P\{\hat{p} < \mathrm{UCL} \mid p\} - P\{\hat{p} \le \mathrm{LCL} \mid p\} \\ &= P\{D < n\mathrm{UCL} \mid p\} - P\{D \le n\mathrm{LCL} \mid p\}\end{aligned}$$

其中 D 為二項分配之隨機變數，參數為 n 及 p。由於 D 為整數，而 nUCL 與 nLCL 可能不為整數，故需對上述公式中之 nUCL 與 nLCL 進行調整。型 II 誤差 β 之定義為當製程參數偏移時，並未能發現製程異常之機率，其幾何意義代表落在管制界限內之圖形面積。故二項分配之型 II 誤差 β 實際包含之情形如下圖所示，其中，[Y] 表示不大於 Y 之最大整數。

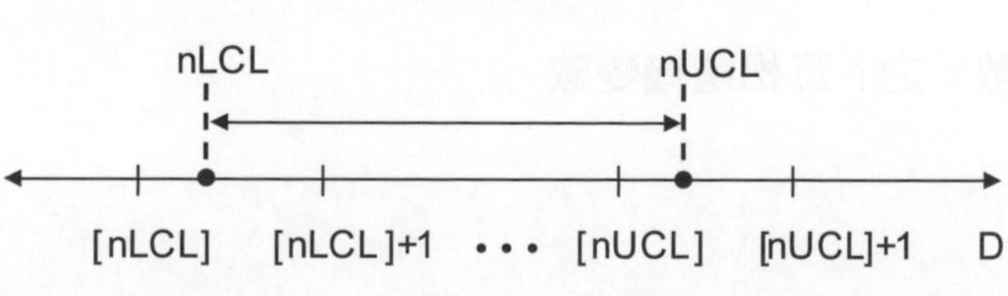

因此，可將型 II 誤差之機率公式改寫如下：

$$\beta = \sum_{i=[n\text{LCL}]+1}^{[n\text{UCL}]} P\{D=i \mid p\} = P\{D \le [n\text{UCL}] \mid p\} - P\{D \le [n\text{LCL}] \mid p\}$$

我們以一個簡單的例子來說明不合格率 p 管制圖 ARL 之計算。假設 p 管制圖所使用之樣本大小為 $n=50$，若製程在管制內時之平均不合格率為 $p=0.25$，則可得 p 管制圖之管制界限為 UCL=0.4337 及 LCL=0.066。由於 $n\text{UCL}=21.686$ 且 nLCL=3.314，若 $4 \le D \le 21$，表示製程是管制內，則 p 管制圖之型 II 誤差可由下式求得

$$\beta = P\{D \le 21 \mid p\} - P\{D \le 3 \mid p\}$$

表 8-14 為此 p 管制圖在不同的製程參數之下，所對應之型 II 誤差及 ARL。當 $p=0.25$ 時，其 ARL 值稱為管制內 ARL，而 $p \ne 0.25$ 時，其 ARL 值稱為管制外 ARL。在表 8-14 中，我們發現有些管制外 ARL 值 (當 $p=0.22$ 時，ARL = 384.6) 大於管制內 ARL值 (322.6)。此種特性稱之為 ARL-biased。

表 8-14　不合格率 p 管制圖之 ARL

p	$P\{D \le 21 \mid p\}$	$P\{D \le 3 \mid p\}$	β	$\text{ARL}=1/(1-\beta)$
0.01	1.0000	0.9984	0.0016	1.002
0.02	1.0000	0.9822	0.0178	1.018
0.03	1.0000	0.9372	0.0628	1.067
0.04	1.0000	0.8609	0.1391	1.162
0.05	1.0000	0.7604	0.2396	1.315
0.10	1.0000	0.2503	0.7497	3.995
0.15	1.0000	0.0460	0.9540	21.74
0.20	0.9999	0.0057	0.9942	172.4
0.22	0.9996	0.0022	0.9974	384.6
0.25	0.9974	0.0005	0.9969	322.6
0.30	0.9749	0.0000	0.9749	39.84
0.35	0.8813	0.0000	0.8813	8.425
0.40	0.6701	0.0000	0.6701	3.031
0.45	0.3900	0.0000	0.3900	1.639
0.50	0.1611	0.0000	0.1611	1.192

對於不合格點數 c 管制圖，其型 II 誤差之機率可定義如下：

$$\beta = P\{X < \text{UCL} \mid c\} - P\{X \le \text{LCL} \mid c\}$$

其中 X 為具有參數 c 之卜瓦松隨機變數。

如同上述 p 管制圖之情形，由於卜瓦松分配為離散型機率分配，故 X 需為整數，而 UCL 與 LCL 可能不為整數，因此 c 管制圖之型 II 誤差可改寫成

$$\beta = \sum_{i=[\mathrm{LCL}]+1}^{[\mathrm{UCL}]} P\{X = i \mid c\} = P\{X \le [\mathrm{UCL}] \mid c\} - P\{X \le [\mathrm{LCL}] \mid c\}$$

其中 [Y] 表示不大於 Y 之最大整數。

假設 c 管制圖之平均不合格點數為 $c = 15$，則可得 c 管制圖之管制界限為 UCL = 26.619 及 LCL=3.381。當 $4 \le X \le 26$ 時，表示製程為管制內，其型 II 誤差可由下式求得

$$\beta = P\{X \le 26 \mid c\} - P\{X \le 3 \mid c\}$$

表 8-15 為此 c 管制圖在不同的製程參數之下，所對應之型 II 誤差及 ARL。如同 p 管制圖，c 管制圖也是 ARL-biased。在表 8-15 中，我們發現有些管制外 ARL 值大於管制內 ARL 值 (285.7)。

表 8-15 不合格點數 c 管制圖之 ARL

c	$P\{X \le 26 \mid c\}$	$P\{X \le 3 \mid c\}$	β	$\mathrm{ARL} = 1/(1-\beta)$
1	1.0000	0.9810	0.1900	1.235
3	1.0000	0.6472	0.3528	1.545
5	1.0000	0.2650	0.7350	3.774
7	1.0000	0.0818	0.9182	12.23
10	1.0000	0.0103	0.9897	97.09
12	0.9999	0.0023	0.9976	416.7
15	0.9967	0.0002	0.9965	285.7
20	0.9221	0.0000	0.9221	12.84
25	0.6294	0.0000	0.6294	2.698
30	0.2673	0.0000	0.2673	1.365
35	0.0705	0.0000	0.0705	1.076
40	0.0123	0.0000	0.0123	1.012
45	0.0015	0.0000	0.0015	1.002
50	0.0001	0.0000	0.0001	1.000

本章習題

一、選擇題

(　) 1. 假設平均不合格率為 4%，若欲使不合格率 p 管制圖之管制下限 $LCL_p \geq 0$，請問樣本大小 n 最少應為多少？(a) 215　(b) 216　(c) 217　(d) 218。

(　) 2. 在建立 p 管制圖之試用管制界限時，若發現有一個樣本 p 值低於管制下限，應如何處理？(a) 刪除該樣本，並探索原因　(b) 刪除該樣本，但不探索原因　(c) 保留該樣本，並探索原因　(d) 保留該樣本，但不探索原因。

(　) 3. 某製紙工廠以單位不合格點數管制圖進行外觀缺點之管制，若其檢驗單位由 $100\,mm^2$ 降低為 $50\,mm^2$，請問對管制界限與管制統計量是否在管制內的判定分別有何影響？(a) 管制界限變寬兩倍，判定結果不變　(b) 管制界限變窄兩倍，判定結果不變　(c) 管制界限不變，判定結果不變　(d) 管制界限變寬四倍，判定結果會由管制外變為管制內。

(　) 4. 可替代 R chart 的管制圖為 (a) np chart　(b) S chart　(c) c chart　(d) m chart。

(　) 5. 如減少 p 管制圖之樣本大小時，上下管制界限之寬度會 (a) 變狹窄　(b) 變寬　(c) 與樣本大小之變動無關　(d) 上限改變，下限不變。

(　) 6. 關於不合格點數管制圖 (c chart) 之敘述何者不正確？(a) 每次的受檢單位大小是固定不變的　(b) 受檢單位中，不合格點數通常呈卜瓦松分配　(c) $UCL_c=\bar{c}+3\sqrt{\bar{c}}$, $\bar{c}$ 為平均不合格點數　(d) 屬於計量值管制圖之一種。

(　) 7. 在管制圖理論中，單位面積不良缺點數的分配是接近：(a) 常態分配　(b) 超幾何分配　(c) 二項分配　(d) 卜瓦松分配。

(　) 8. 下列何者為不正確？(a) c chart 的理論基礎為卜瓦松分配　(b) p chart的理論基礎為二項分配　(c) u chart 可用於樣本大小不固定時　(d) np chart 常用於樣本大小不固定時。

(　) 9. 下列何種管制圖適用於各組樣本大小不相等之情況？(a) c 管制圖　(b) np 管制圖　(c) R 管制圖　(d) S 管制圖。

(　)10. 當一家公司欲監控該公司服務一位顧客的平均時間時，請問最適合採用的管制圖為 (a) $\overline{X}$ 管制圖　(b) p 管制圖　(c) S 管制圖　(d) R 管制圖。

(　)11. 假設 $\bar{c}$ 為平均不合格點數，下列哪一種情形會得到 LCL < 0？(a) $\bar{c}=3$　(b) $\bar{c}=24$　(c) $\bar{c}=15$　(d) $\bar{c}=9$。

(　)12. 下列關於 CCC 管制圖的敘述，何者是不正確的？ (a) CCC 管制圖可用來監控製程是否存在特殊原因的變異　(b) CCC 管制圖通常採用機率界限　(c) 若樣本點低於管制下限，表示製程狀況變好 (亦即不合格率減少)　(d) 只要樣本點都在管制界限內，則可將製程視爲在統計管制下，而不需採取任何矯正行動。

(　)13. 當製程缺點率很低時，可用來替代 c chart 的管制圖爲 (a) CQC chart　(b) CCC chart　(c) p chart　(d) R chart。

(　)14. 下列何種管制圖適合用來監控高產出製程之不合格品產出情形？ (a) CQC chart (b) CCC chart　(c) p chart　(d) np chart。

(　)15. CCC 管制圖之統計理論基礎爲下列何種分配？ (a) 幾何分配　(b) 負二項分配 (c) 二項分配　(d) 指數分配。

(　)16. 建立 CQC 管制圖時所根據的機率分配是 (a) 二項分配　(b) 幾何分配　(c) 指數分配　(d) 負二項分配。

(　)17. 某製程的平均不合格率爲 0.0001，今以 CCC 管制圖進行製程管制，假設型I誤差 $\alpha = 0.005$，則 CCC 管制圖之UCL爲 (a) 25　(b) 59912　(c) 66074　(d) 62143。

(　)18. 若型 I 誤差 α 變小，試問 CCC 管制圖的上、下管制界限之間的寬度會變 (a)狹窄　(b) 寬大　(c) 不變　(d) 與型 I 誤差 α 無關。

(　)19. 假設 $\lambda_0 = 0.001,\ \alpha = 0.0027$，請問 CQC 管制圖之管制界限爲何？(a) LCL=13.5 (b) LCL=2.5　(c) UCL=6607.65　(d) UCL=66076.5。

二、問答題

1. 比較計數值和計量值管制圖之優、缺點。
2. 說明爲什麼 p 管制圖中之樣本大小 n 通常都很大。
3. 不合格率 p 爲越小越好，那爲什麼還需要下管制界限？
4. 說明樣本大小變動時，p 管制圖之各種處理方式及管制圖之分析方法。
5. 說明標準化 p 管制圖之優、缺點。
6. 說明使用 p 管制圖所需滿足之條件。
7. 在計算不合格率 p 管制圖之管制界限時，請說明爲什麼有些時候會得到負值的下限？具有下限爲負值之 p 管制圖，在應用上有何缺點？
8. 說明選擇一適當樣本大小 n 對於不合格率管制圖之重要性。
9. 試說明不能使用 c 管制圖而必須使用 u 管制圖之時機。
10. 說明使用 c 管制圖所需滿足之條件。

三、計算題

1. 若 3 倍標準差 p 管制圖具有下列參數
UCL= 0.2175, CL= 0.12, LCL= 0.0225。
試問樣本大小 n 爲多少？

2. 電源供應器之生產資料如下表所示，表內資料爲每天之產量和需要重工之數量。

日期	產量	重工數	日期	產量	重工數	日期	產量	重工數
1	230	3	8	170	4	15	260	20
2	180	12	9	240	16	16	250	24
3	220	20	10	130	5	17	250	16
4	190	11	11	300	20	18	240	12
5	280	16	12	150	5	19	280	16
6	160	12	13	260	13	20	230	8
7	210	14	14	160	6			

以下列方法建立試用管制界限。
(a) 利用各樣本之樣本大小 n_i。
(b) 利用平均樣本大小 $\bar{n}$ 。
(c) 利用標準化管制圖。

3. 某一製程是由 3 倍標準差之 p 管制圖管制，其參數爲 UCL=0.161, CL=0.08, LCL=0, n =100。若樣本大小保持不變，試以上述資料建立 np 管制圖。

4. 假設 p 管制圖之 CL= 0.015，若使用 3 倍標準差之管制界限，試決定一最小之樣本大小 n，以使得 LCL 爲一正值。

5. 假設 n = 500 之 p 管制圖參數爲 UCL=0.097, CL=0.06, LCL=0.023，請問管制界限與中心線之距離相當於多少倍標準差?

6. 童裝之檢驗單位爲 50 件，由 22 組樣本所獲得之不合格點數資料如下表。

樣本	不合格點數	樣本	不合格點數	樣本	不合格點數
1	7	9	7	17	17
2	5	10	5	18	5
3	7	11	9	19	6
4	9	12	10	20	5
5	6	13	8	21	8
6	8	14	7	22	6
7	9	15	9		
8	6	16	10		

(a) 計算試用管制界限。
(b) 繪製管制圖，觀察是否有異常點。

(c) 假設可歸屬原因已找到並排除，試計算新的管制界限。

7. 假設 $p = 0.05, n = 200$，試建立 np 管制圖。

8. 電冰箱之品質特性是由 p 管制圖管制，樣本大小採用 $n = 50$。由第 1 個月所蒐集到之資料如下所示。

樣本	不合格品數	樣本	不合格品數	樣本	不合格品數	樣本	不合格品數
1	4	7	4	13	5	19	4
2	3	8	10	14	6	20	3
3	4	9	4	15	4	21	5
4	5	10	2	16	4	22	3
5	2	11	3	17	5		
6	3	12	3	18	2		

(a) 計算 p 管制圖之試用管制界限。

(b) 假設可歸屬原因均可找出，試計算一新的管制界限，用來管制下個月之製程。

(c) 若要得到一個為正值之 LCL，請問需要使用多大之樣本大小？

9. 某出版公司打算以 u 管制圖來監控其品質，12 組樣本之資料如下表。

樣本	頁數	錯誤數	樣本	頁數	錯誤數	樣本	頁數	錯誤數
1	250	19	5	185	10	9	180	6
2	190	10	6	160	18	10	200	6
3	140	5	7	150	4	11	200	5
4	180	6	8	180	9	12	250	5

(a) 若檢驗單位為 100 頁，試計算管制界限。

(b) 以平均樣本大小計算管制界限。

10. 某電視機生產工廠打算在包裝前以 c 管制圖管制產品品質，樣本之大小為 30。以下之數據為 20 組樣本之不合格點數資料，請建立管制圖，若發現異常點，假設其原因可診斷出。

樣本	不合格點數	樣本	不合格點數	樣本	不合格點數	樣本	不合格點數
1	9	6	5	11	9	16	16
2	12	7	2	12	7	17	7
3	6	8	5	13	4	18	4
4	8	9	9	14	7	19	10
5	4	10	11	15	5	20	6

11. 若3倍標準差 u 管制圖之 UCL= 27, LCL= 9，各組樣本之 n 均相同。請問此管制圖之中心線和樣本大小各為何值？

12. 紡織品是以 u 管制圖管制，管制圖之參數為 CL= 36, UCL= 45, LCL= 27，檢驗單位為$50m^2$。若檢驗單位改為 $100m^2$，請問管制界限該如何修改?

13. 某百貨公司每天訪問 100 位顧客，以了解顧客對公司之服務是否滿意。20 天之資料如下表所示。假設可歸屬原因均可找出，試以此資料建立管制圖，以供未來管制之用。

樣本	不滿意之顧客數	樣本	不滿意之顧客數	樣本	不滿意之顧客數
1	5	8	3	15	5
2	10	9	7	16	9
3	2	10	10	17	20
4	8	11	7	18	12
5	3	12	3	19	6
6	4	13	14	20	13
7	12	14	6		

14. 記憶體生產線之品質資料如下表所示，試以標準化管制圖判斷製程是否在管制內。

樣本	樣本大小	不合格品數	樣本	樣本大小	不合格品數
1	100	8	11	80	6
2	100	6	12	70	5
3	50	4	13	100	5
4	90	7	14	100	22
5	80	8	15	120	8
6	40	4	16	80	5
7	50	6	17	40	6
8	50	4	18	40	4
9	100	8	19	120	5
10	80	6	20	60	4

15. 製紙工廠之品質資料如下表所示，試回答以下問題。

樣本	檢驗面積	不合格點數	樣本	檢驗面積	不合格點數
1	250	10	11	100	4
2	100	5	12	100	8
3	200	4	13	200	9
4	250	12	14	300	12
5	300	8	15	250	7
6	300	12	16	200	5
7	200	6	17	150	6
8	150	4	18	100	8
9	200	8	19	200	5
10	150	14	20	150	4

(a) 設檢驗單位為 $100m^2$，試建立試用管制界限，並說明製程是否在管制內。

(b) 同 (a)，但假設檢驗單位為 $50m^2$。

16. 傢俱生產線之品質資料如下表所示，試建立適當之管制圖以管制製程。假設可歸屬原因均可診斷出。

樣本	不合格點數	樣本	不合格點數	樣本	不合格點數	樣本	不合格點數
1	6	6	4	11	9	16	6
2	7	7	9	12	8	17	4
3	4	8	11	13	17	18	8
4	8	9	6	14	5	19	7
5	9	10	7	15	18	20	5

17. 假設 $p = 0.001$, $\alpha = 0.004$，試建立 CCC 管制圖與 CCC – 2 管制圖。

18. 若 CCC 管制圖具有下列參數：p =0.0001, UCL=69075, CL =6931, LCL = 10，試問型 I 誤差爲何？

19. 假設某製程之可接受不合格率爲0.0002，使用 CCC 管制圖監控，其管制上限爲 UCL=29955。試計算型 I 誤差和管制下限。

20. 某一製程是使用 CCC 管制圖管制，其參數爲 p = 0.001, UCL=5296, CL = 692, LCL=5。若型 I 誤差保持不變，試以上述資料建立 CCC – 2 管制圖。

21. 假設某製程之可接受不合格率爲 0.0001，使用 CCC 管制圖管制，其管制界限爲 UCL = 59912, LCL = 25 。試問：

    (a) 型 I 誤差爲何。

    (b) 若製程不合格率跳動至 0.0003，其型 II 誤差爲多少。

22. 某產品之品質資料如下表所示。表中之樣本統計量表示檢驗出一個不合格品前所經過的累積檢驗樣本數。假設製程之可接受不合格率爲 0.00005，型 I 誤差爲 0.005，試繪製 CCC 管制圖，並觀察是否有異常點。

觀測值編號	樣本統計量	觀測值編號	樣本統計量
1	7723	11	2475
2	9464	12	38010
3	26484	13	7695
4	26037	14	15470
5	2222	15	37687
6	108178	16	65274
7	7258	17	1370
8	6008	18	55301
9	2009	19	40151
10	10942	20	36921

23. 假設 $\lambda = 0.001$, $\alpha = 0.005$，試建立 CQC 管制圖與 CQC – 3 管制圖。

24. 若 CQC 管制圖具有下列參數 $\lambda = 0.0001$, UCL=65023, CL = 6931, LCL =15，試問型 I 誤差爲何？

25. 假設某製程之可接受缺點率爲 0.0005，使用 CQC 管制圖管制，其管制下限爲 LCL=2.702。試計算型 I 誤差和管制上限。

26. 某一製程是由 CQC 管制圖管制，其參數爲 $\lambda = 0.005$, UCL=1198.3, CL = 138.6, LCL=0.5。若型 I 誤差保持不變，試以上述資料建立 CQC – 2 管制圖。

27. 假設某製程之可接受缺點率爲 0.0002，使用 CQC 管制圖管制，其管制界限爲 UCL = 31073.04, LCL = 10.01。試問：

(a) 型 I 誤差爲何。

(b) 若製程缺點率跳動至 0.0003，其型 II 誤差爲多少。

28. 利用 CQC 管制圖進行晶圓缺點檢測之管制，表中 30 組樣本爲檢測出一個缺點之前所經過的檢驗單位樣本數。假設製程之可接受缺點率爲 0.0001，型 I 誤差爲 0.0027，試繪製 CQC 管制圖，並觀察是否有異常點。

觀測值編號	樣本統計量	觀測值編號	樣本統計量	觀測值編號	樣本統計量
1	6505.3	11	12383.8	21	36919.3
2	13280.9	12	33190.4	22	704.9
3	2915.4	13	13933.3	23	1575.2
4	1599.3	14	7128.4	24	25478.4
5	12837.5	15	26289.3	25	26283.5
6	4781.1	16	8133.6	26	10477.8
7	5637.0	17	4157.8	27	3223.1
8	622.0	18	5887.4	28	9699.0
9	929.2	19	17532.0	29	12763.1
10	266.5	20	8978.0	30	10248.8

四、分析題

1. 印刷電路板工廠之工程師打算研究印刷製程之製程能力。今蒐集 25 天之資料，記錄每日之總檢驗片數和存在印刷瑕疵之片數。下圖爲二項分配製程能力分析之結果，請撰寫一份分析報告。

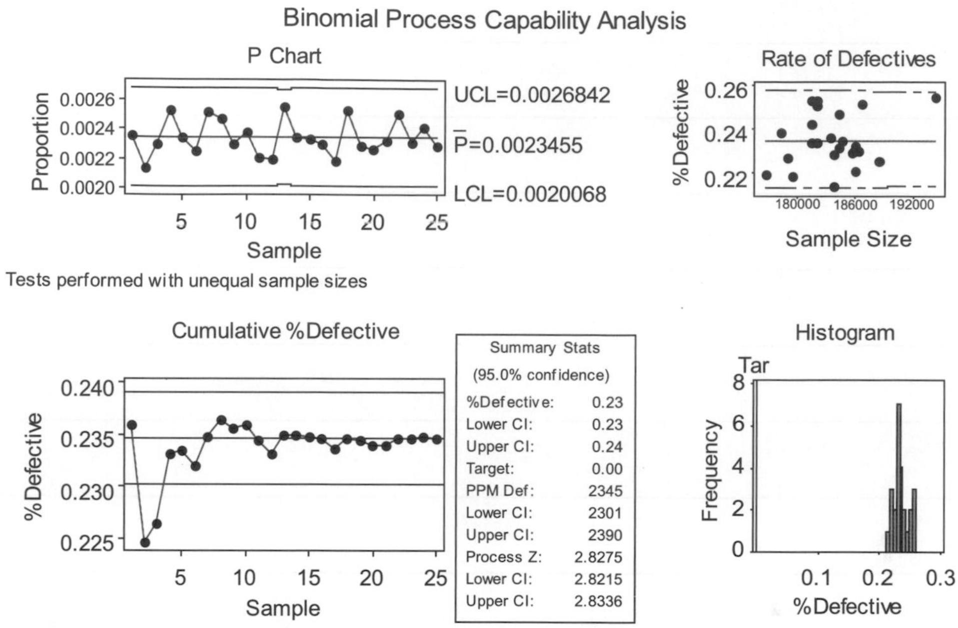

2. 製線工廠之工程師打算研究絕緣製程之績效。今隨機抽取不固定長度之線材並測試是否有電性瑕疵，工程師記錄每一個樣本之長度 (呎) 和測試所發現到之瑕疵數目。下圖爲卜瓦松分配製程能力分析之結果，請撰寫一份分析報告。

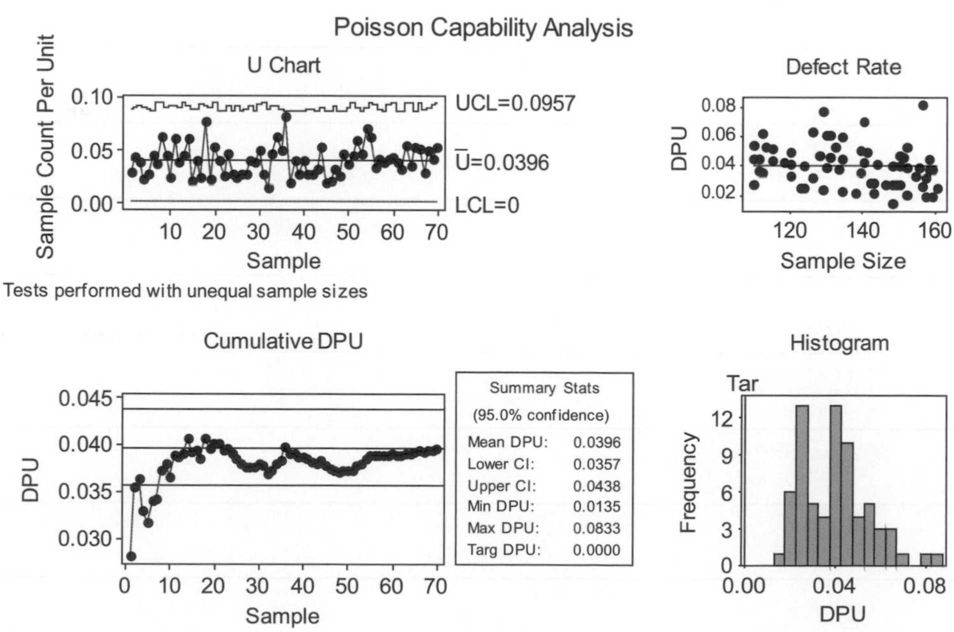

NOTE

Chapter 9

量測系統分析

章節概要和學習要點

量測品質特性本身可以算是一個流程 (process)。任何流程都會存在一些固有的變異，量測流程當然也不例外。在一個量測系統中，會存在著各式各樣的變異。在衡量一個流程之輸出時，除了要考慮製程所造成的物件與物件之間的變異 (part-to-part variation) 之外，還要考慮量測系統所造成的變異。為了正確掌握製程之變異情形，量測系統之誤差必須盡量降低。本章之目的，是在介紹量測系統分析之概念和技術。

透過本課程，讀者將可了解：

- 量測系統準確性和精確性之概念。
- 進行計量值量測系統分析之兩種方法：$\bar{X}-R$法及變異數分析法 (ANOVA)。
- 計量值量測系統分析之績效指標。
- 計數值量測系統分析之方法。
- 以電腦軟體進行量測系統分析。

9.1 量測系統分析概論

在許多品質和製程改善活動中，評估量測系統 (measurement system) 之能力是一個很重要的課題。量測品質特性本身可以算是一個流程 (process)，而任何流程都會存在一些固有的變異，量測流程當然也不例外。在一個量測系統中，會存在著各式各樣的變異，例如：量規本身、標準、程序、軟體、環境因素。在衡量一個流程之輸出時，除了要考慮製程所造成的物件與物件之間的變異 (part-to-part variation) 外，而且還要考慮量測系統所造成的變異。例如：已知一個物件之眞實重量爲 10.00g，當我們量測多次得到數據爲 10.01g、9.99g、9.97g、10.03g、10.01g，這些量測値之差異是由量測系統變異所造成。如果量測不同的物件，我們會想要了解觀測値之差異是來自於量測系統之變異，或者是物件之間的差異。

爲了正確掌握製程之變異情形，量測系統之誤差必須盡量降低。量測系統分析 (measurement system analysis, MSA) 可以用來決定變異之來源。如果量測系統變異遠大於物件與物件之間的變異，則此量測系統無法提供有用之資訊。量測系統誤差會影響我們對於產品品質特性之判斷，亦即產生型 I 及型 II 誤差 (請參考圖 9-1)，過大之量測系統誤差也會掩蓋掉製程改善之成果或者誤導統計分析之結果。

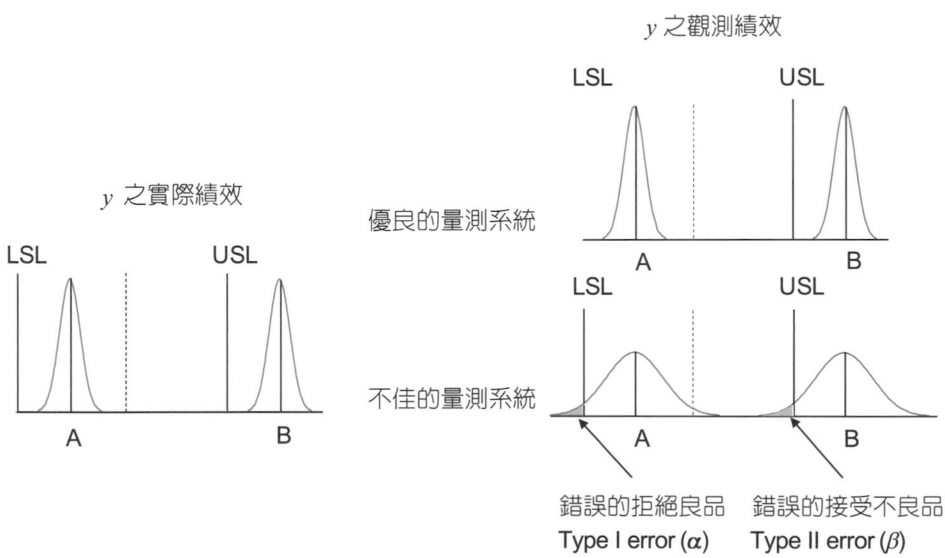

圖 9-1 量測系統誤差之影響

對於多數之量測系統分析而言，其目的爲：

1. 決定有多少觀測到的總變異是來自於量測設備。

2. 區分量測系統中之不同變異元素。
3. 根據某一種應用之需求，決定目前之量測設備是否具有足夠之能力。

數據之誠實性 (integrity) 有賴一個良好之量測系統。量測系統誤差可分爲兩大項：準確性 (accuracy) 及精確性 (precision)。如果我們察覺到量測系統有準確性或精確性之問題時，則必須在後續蒐集數據和分析之前，先改善量測系統。準確性是用來描述量測值與物件參考值 (reference value) 之間的差異；精確性則是用來描述當使用相同量具，量測相同物件多次所產生的變異。圖 9-2 比較準確性和精確性之差異。準確性是衡量量測值與參考值接近之程度；精確性則是衡量各量測值彼此接近之程度。

參考值是指一個物件之已知而且正確的量測值。有些時候我們會用不同的名稱，例如：眞值 (true value) 或原件值 (master value)。根據工業標準和公司及顧客間之期望，參考值可以由很多方式來決定：

1. 由精確之量測設備量測多次後取其平均值。
2. 由專業單位認可之值。
3. 由受到影響之相關單位來共同決定。
4. 根據法規來定義。

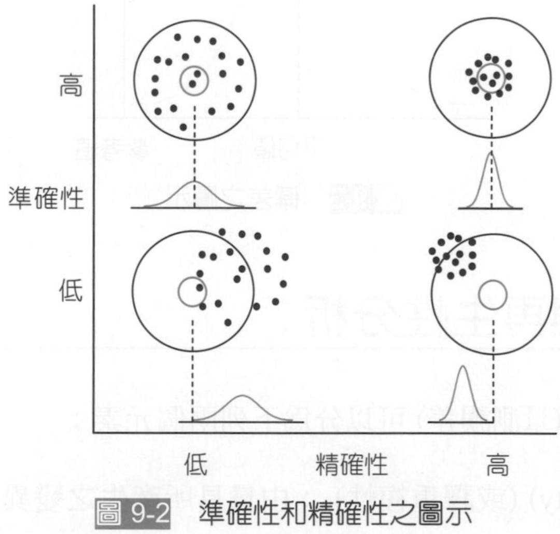

圖 9-2 準確性和精確性之圖示

在一個量測系統內，可能會存在一種或同時存在上述兩種問題。例如：一種藥片之重量爲 250mg，假設量測值爲 255.63mg、255.53mg、255.05mg。此種情形代表量測設備是精確 (各個量測值差異不大) 但不準確。假如量測值爲 247.53mg、252.76mg、250.34mg，則代表量測設備是準確 (各個量測值之平均很接近眞實值) 但不精確。當然，量測設備也有可能是不準確而且不精確。

一個量測系統之準確性可以分爲下列三個元素：

1. 線性 (linearity)：用來衡量物件之大小如何影響一個量測系統之準確性，它代表在整個預期之量測範圍內，觀測到之準確值的差異。
2. 偏差 (bias)：它代表觀測數據之平均值與參考值之差異 (參考圖 9-3)。
3. 穩定性 (stability)：它是用來衡量一個系統之準確性隨時間變化之情形。研究穩定性時是針對相同之量具、相同之物件。

爲了檢驗一個量測系統之準確性，我們可採用量規線性及偏差分析 (gage linearity and bias study)。參考值可以協助決定量測系統之偏差和線性。量規之偏差 (gage bias) 檢視觀測數據之平均數與某一個參考值之間的差異。亦即，當與某一個參考值比較時，量規的偏差有多大。量規之線性 (gage linearity) 可以提供我們在量規之量測範圍內，量測之準確性的資訊。亦即告訴我們量規對不同尺寸大小之物件 (不同之參考值) 是否可以提供相同之準確性。

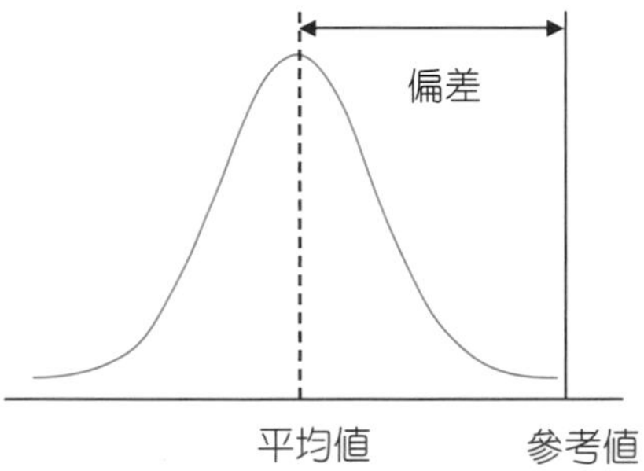

圖 9-3 偏差之圖示

9.2 再現性與再生性分析

量測系統之精確性 (量測誤差) 可以分爲下列兩個元素：

1. 再現性 (repeatability) (或譯重複性) ：由量具所產生之變異。它是指由相同操作員 (operator)，使用相同量具，量測相同物件多次，所觀察到之變異。
2. 再生性 (reproducibility)：由量測人員所造成之變異。它是指由不同操作員使用相同量具，量測相同物件所造成之差異。

圖 9-4 爲再現性之圖示，此圖代表一位量測人員利用量規 A 和 B 量測某一個物件 20 次，所獲得之量測數據分布。由圖 9-4 可看出量規 A 之變異性較小，代表量規 A 之再現性較佳。圖 9-5 爲再生性之圖示。圖 9-6 假設爲了評估再生性，三位量測人員利用相同量規量測某一個物件 20 次，其量測結果如圖 9-6 所示。圖 9-6(a) 代表一個不錯之再生性，而圖 9-6(b) 則表示一個不佳之再生性，三位量測人員之量測結果的差異太大。

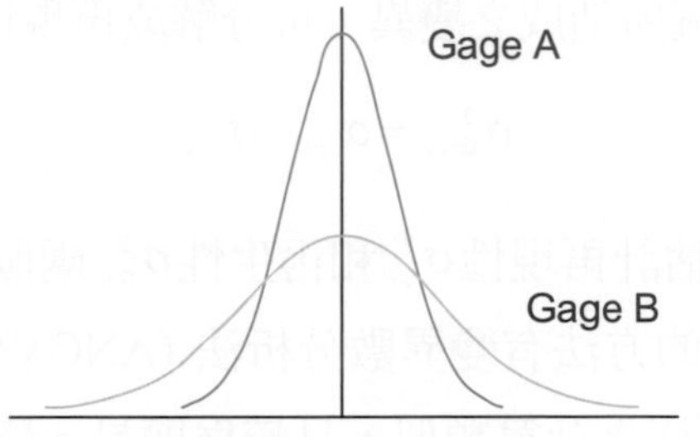

圖 9-4 再現性之圖示

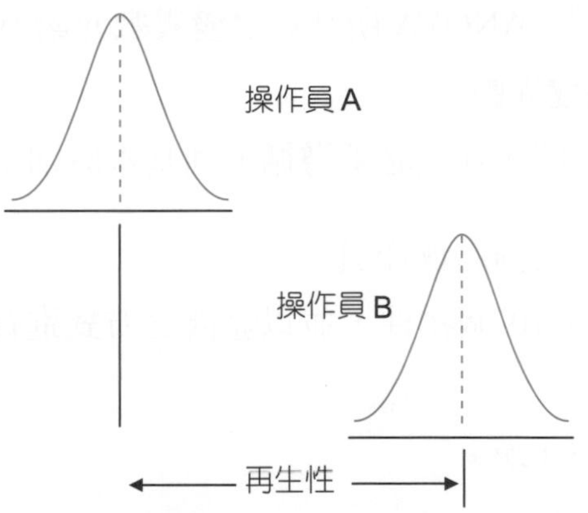

圖 9-5 再生性之圖示

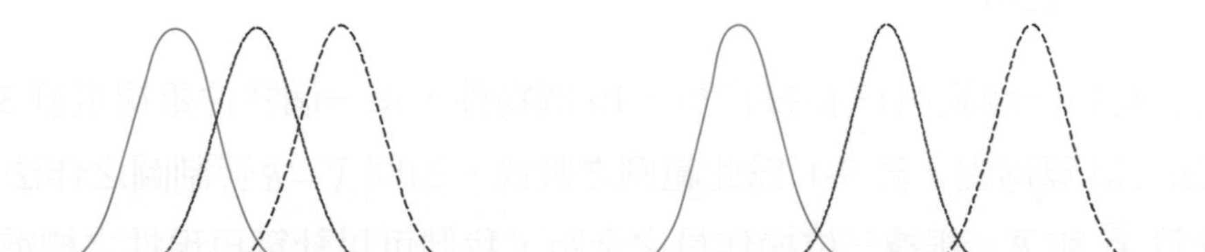

圖 9-6 再生性之比較

我們通常利用再現性與再生性分析 (gage repeatability and reproducibility study，一般稱爲 Gage R&R 分析) 來評估一個量測系統之精確性。透過 Gage R&R 分析，我們可以決定量測數據中之變異有哪些部分是來自於量測系統，根據分析之結果提供改善方向。

數據之總變異可以分解成製程所造成之變異 (物件之間的變異) 加上量測設備之變異，若用數學式來表達，可以寫成：

$$\sigma^2_{\text{Total}} = \sigma^2_{\text{Part}} + \sigma^2_{\text{Gage}}$$

σ^2_{Total}是用來量化整體之變異，有時也稱爲觀測到的變異，以$\sigma^2_{\text{Observed}}$表示。在上式中，$\sigma^2_{\text{Part}}$是用來量化物件之間 (part-to-part) 的變異，有時也稱爲生產製程的變異，以$\sigma^2_{\text{Process}}$表示。$\sigma^2_{\text{Gage}}$是用來量化量測設備所造成之變異，可分解成再現性和再生性兩個元素：

$$\sigma^2_{\text{Gage}} = \sigma^2_{rpt} + \sigma^2_{rpd}$$

Gage R&R 分析是爲了估計再現性σ^2_{rpt}和再生性σ^2_{rpd}兩個元素所進行之實驗。在進行 Gage R&R 分析時，可採用的方法有變異數分析法 (ANOVA) 及$\bar{X}-R$分析法。$\bar{X}-R$分析法與管制圖 (見本書第 7 章) 之計算類似，且較爲簡易。變異數分析法較爲複雜，但其結果較爲準確，而且有下列優點：ANOVA 考慮操作員與物件間之交互作用，但$\bar{X}-R$分析法並未考慮此交互作用。ANOVA 所計算之變異數元素 (variance component) 可以比$\bar{X}-R$分析法更精確地評估變異數。

在進行 Gage R&R 分析時，我們必須遵循下列基本原則：

1. 隨機選擇 2 至 3 位量測設備之操作員。
2. 由製程中隨機選取最少 10 個物件，並以隨機之方式進行量測。所選取之物件必須是具有代表性之樣本。
3. 每一物件重複量測 2 至 3 次。
4. 在平常之環境下進行分析。
5. 使用平常工作使用之量具。

以下我們將以一個範例 (3 位操作員，10 個物件，每一個物件重複量測 3 次) 來說明$\bar{X}-R$分析法之計算過程。表 9-1 爲此範例之數據。如同$\bar{X}-R$管制圖之作法，針對每一位操作員計算$\bar{\bar{X}}$ 和$\bar{R}$。根據三位操作員之全距，我們可以計算再現性之標準差：

$\bar{\bar{X}}_A = 0.17167,\ \bar{R}_A = 0.183$

$\bar{\bar{X}}_B = 0.11533,\ \bar{R}_B = 0.32$

$\bar{\bar{X}}_C = -0.22433,\ \bar{R}_C = 0.294$

$\bar{\bar{R}} = (0.183+0.32+0.294)/3 = 0.26567$

$\bar{\bar{X}} = (0.17167+0.11533-0.22433)/3 = 0.021$

$\sigma_{rpt} = \bar{\bar{R}} / d_2^* = 0.26567/1.693 = 0.15692$

其中 $d_2^* = 1.693$ 是根據 m=重複次數 = 3, g = 人數×物件數 = 30，查表 9-2 所獲得。

接著，我們計算再生性之標準差：

$$\sigma_{rpd} = \sqrt{\left(\frac{R_{\overline{\overline{X}}}}{d_2^*}\right)^2 - \left(\frac{\sigma_{rpt}^2}{n \times r}\right)} = \sqrt{(0.20733)^2 - 0.00082} = 0.20534$$

其中 $R_{\overline{\overline{X}}} = 0.396(\overline{\overline{X}}_A - \overline{\overline{X}}_C = 0.17167 - (-0.22433) = 0.396)$, $d_2^* = 1.91$ 是根據 m=人數=3, g =1，查表 9-2 獲得，另外，n = 物件數，r = 重複次數。

表 9-1 量測數據

物件	A1	A2	A3	$\overline{X}_A$	R_A	B1	B2	B3	$\overline{X}_B$	R_B
1	0.28	0.42	0.62	0.44	0.34	0.06	0.23	0.05	0.11	0.18
2	-0.58	-0.7	-0.6	-0.63	0.12	-0.49	-0.73	-0.7	-0.64	0.24
3	1.32	1.15	1.25	1.24	0.17	1.17	0.92	1.32	1.14	0.4
4	0.45	0.48	0.62	0.52	0.17	-0.01	0.24	0.18	0.14	0.25
5	-0.82	-0.94	-0.86	-0.87	0.12	-0.58	-0.22	-0.43	-0.41	0.36
6	0	-0.13	-0.23	-0.12	0.23	-0.22	0.2	0.04	0.01	0.42
7	0.57	0.73	0.64	0.65	0.16	0.45	0.53	0.81	0.60	0.36
8	-0.33	-0.22	-0.19	-0.25	0.14	-0.25	0.06	-0.36	-0.18	0.42
9	2.24	1.97	1.99	2.07	0.27	1.78	2.1	2.17	2.02	0.39
10	-1.38	-1.27	-1.33	-1.33	0.11	-1.7	-1.64	-1.52	-1.62	0.18

物件	C1	C2	C3	$\overline{X}_C$	R_C
1	0.02	-0.13	-0.17	-0.09	0.19
2	-1.4	-1.15	-0.98	-1.18	0.42
3	0.86	1.07	0.65	0.86	0.42
4	0.12	0.18	0.09	0.13	0.09
5	-1.48	-1.09	-1.47	-1.35	0.39
6	-0.31	-0.69	-0.51	-0.50	0.38
7	0	-0.01	0.19	0.06	0.2
8	-0.48	-0.58	-0.51	-0.52	0.1
9	1.75	1.43	1.85	1.68	0.42
10	-1.51	-1.29	-1.18	-1.33	0.33

量測設備之變異數和標準差可由下式獲得：

$$\sigma_{\text{Gage}}^2 = \sigma_{rpt}^2 + \sigma_{rpd}^2 = 0.15692^2 + 0.20534^2 = 0.06679,\ \sigma_{\text{Gage}} = 0.25844$$

對於製程之標準差，其計算過程說明如下：

$$R_{\text{Part}} = 3.34444,\ \sigma_{\text{Part}} = R_{\text{Part}} / d_2^* = 1.05171$$

其中 d_2^*= 3.18 是根據 m=物件數=10, g = 1，查表 9-2 獲得 (**註**：當 g >15 時，此表之 d_2^* 與一般管制圖所使用的 d_2 值相同)。R_{Part} 爲物件平均量測值 (9 次量測的平均數) 的全距。整體之變異數可由下式計算獲得：

$$\sigma_{\text{Total}}^2 = \sigma_{\text{Gage}}^2 + \sigma_{\text{Part}}^2 = 1.17288,\ \sigma_{\text{Total}} = 1.083$$

一些重要的績效指標計算如下。第一個指標爲計算量測設備之標準差占整體標準差的百分比：

$$\frac{\sigma_{\text{Gage}}}{\sigma_{\text{Total}}} = 23.86\%$$

一般要求此指標的值要小於 10%，若大於 30%，則必須進行量測系統之改善。介於 10% 和 30% 之間則屬於勉強接受。

表 9-2 d_2^* 表

		m													
		2	3	4	5	6	7	8	9	10	11	12	13	14	15
	1	1.41	1.91	2.24	2.48	2.67	2.83	2.96	3.08	3.18	3.27	3.35	3.42	3.49	3.55
	2	1.28	1.81	2.15	2.40	2.60	2.77	2.91	3.02	3.13	3.22	3.30	3.38	3.45	3.51
	3	1.23	1.77	2.12	2.38	2.58	2.75	2.89	3.01	3.11	3.21	3.29	3.37	3.43	3.50
	4	1.21	1.75	2.11	2.37	2.57	2.74	2.88	3.00	3.10	3.20	3.28	3.36	3.43	3.49
	5	1.19	1.74	2.10	2.36	2.56	2.73	2.87	2.99	3.10	3.19	3.28	3.35	3.42	3.49
	6	1.18	1.73	2.09	2.35	2.56	2.73	2.87	2.99	3.10	3.19	3.27	3.35	3.42	3.49
	7	1.17	1.73	2.09	2.35	2.55	2.72	2.87	2.99	3.10	3.19	3.27	3.35	3.42	3.48
	8	1.17	1.72	2.08	2.35	2.55	2.72	2.87	2.98	3.09	3.19	3.27	3.35	3.42	3.48
g	9	1.16	1.72	2.08	2.34	2.55	2.72	2.86	2.98	3.09	3.18	3.27	3.35	3.42	3.48
	10	1.16	1.72	2.08	2.34	2.55	2.72	2.86	2.98	3.09	3.18	3.27	3.34	3.42	3.48
	11	1.16	1.71	2.08	2.34	2.55	2.72	2.86	2.98	3.09	3.18	3.27	3.34	3.41	3.48
	12	1.15	1.71	2.07	2.34	2.55	2.72	2.85	2.98	3.09	3.18	3.27	3.34	3.41	3.48
	13	1.15	1.71	2.07	2.34	2.55	2.71	2.85	2.98	3.09	3.18	3.27	3.34	3.41	3.48
	14	1.15	1.71	2.07	2.34	2.54	2.71	2.85	2.98	3.08	3.18	3.27	3.34	3.41	3.48
	15	1.15	1.71	2.07	2.34	2.54	2.71	2.85	2.98	3.08	3.18	3.26	3.34	3.41	3.48
	>15	1.128	1.693	2.059	2.326	2.534	2.704	2.847	2.970	3.078	3.173	3.258	3.336	3.407	3.472

P/*T* (precision to tolerance ratio) 比值是另一個常用的指標，定義爲：

$$P/T = \frac{k\sigma_{\text{Gage}}}{\text{USL} - \text{LSL}}$$

在過去，*k* 被設爲 5.15，代表在常態分配曲線下，可以涵蓋 99% 之面積。現今則是將 *k* 設爲 6 (涵蓋 99.73%)。一般要求 *P*/*T* 比值 ≤ 10%。若 *P*/*T* 比值大於 30%，則必須對量測系統做一診斷，找出問題並加以改善。對於本例，$\text{USL} - \text{LSL} = 16$, *P*/*T* 比值爲：

$$P/T = \frac{6\sigma_{\text{Gage}}}{\text{USL} - \text{LSL}} = 9.69\%$$

在上述兩個績效指標中，*P*/*T* 比值之公式中考慮到規格。因此，這個指標可以衡量量測系統相對於規格之表現。另一方面，此指標也可能面臨規格太緊或太鬆之問題，使其失去客觀性。換言之，在量測能力不足之情況下，只要規格寬度夠寬，我們仍然可以得到一個很小之 *P*/*T* 比值。當量測系統只是用來對產品分級時，*P*/*T* 比值是一個很好的指標；但當進行製程改善分析時，一般建議採用$\sigma_{\text{Gage}}/\sigma_{\text{Total}}$指標。

美國 AIAG (automotive industry action group) 提出一個指標，用來評估量測系統之適當性，稱爲訊號雜音比 (signal-to-noise ratio, *SNR*)。AIAG 將 *SNR* 定義爲從量測數據中能夠得到的可區分水準數或種類。一般建議 *SNR* 值必須大於或等於 5，如果 *SNR* 小於 2 則代表量測系統能力不足。計算 *SNR* 值之前，我們先計算下列兩個指標：

$$\rho_{\text{Part}} = \frac{\sigma^2_{\text{Part}}}{\sigma^2_{\text{Total}}} = 0.94306,\ \rho_{\text{Gage}} = \frac{\sigma^2_{\text{Gage}}}{\sigma^2_{\text{Total}}} = 0.05694$$

我們可看出 $\rho_{\text{Part}} + \rho_{\text{Gage}} = 1$。對於此例，*SNR* 爲：

$$SNR = \sqrt{\frac{2\rho_{\text{Part}}}{1-\rho_{\text{Part}}}} = \sqrt{2}\frac{\sigma_{\text{Part}}}{\sigma_{\text{Gage}}} = 5.7552$$

我們一般是將小數捨棄，當計算得到之 *SNR* 值小於 1 時，Minitab 會將 *SNR* 設爲 1。根據 AIAG 之建議，當 *SNR* 小於 2 時，一個量測系統將對製程管制毫無用處。因爲在此情形下，一個物件無法與另一個物件區別。當 *SNR* 等於 2 時，數據可以被分爲兩組，如「高」和「低」。當 *SNR* 等於 3 時，數據可以分爲 3 組，如「高」、「中」和「低」。*SNR* 大於或等於 5 時，代表一個可接受的量測系統。另一種度量稱爲辨別率 (discrimination ratio, *DR*)，一般建議 *DR* 必須大於 4。對於此例，*DR* 爲：

$$DR = \frac{1+\rho_{\text{Part}}}{1-\rho_{\text{Part}}} = 34.1224$$

上述兩個指標之缺點在於，最低可接受之數値是主觀的決定，欠缺學理之依據。例如：兩者最低可接受之數値爲相等，但本例所算出之 *SNR* 和 *DR* 差異頗大。

我們將 Minitab $\bar{X}-R$ 法之分析結果列在表 9-3。讀者可將上述分析結果及績效指標之計算與表 9-3 之結果相比較。另外，有些工業標準所要求之績效指標的名稱，可能會與上述所介紹的指標略有不同，一些重要的指標說明如下：

$\text{EV} = 6\sigma_{rpt}$ (equipment variation)

$\text{AV} = 6\sigma_{rpd}$ (appraiser variation)

$\text{R\&R} = 6\sqrt{\sigma^2_{rpt} + \sigma^2_{rpd}} = 6\sigma_{\text{Gage}}$ (repeatability and reproducibility)

$\text{PV} = 6\sigma_{\text{Part}}$ (part variation)

表 9-3 Minitab $\overline{X}$–R 法之結果

Gage R&R Study - XBar/R Method

Source	VarComp	(I) %Contribution (of VarComp)
Total Gage R&R	0.06679	5.69
Repeatability	0.02462	2.10
Reproducibility	0.04216	3.59
Part-To-Part	1.10610	94.31
Total Variation	1.17289	100.00

Process tolerance = 16

Source	StdDev (SD)	Study Var (6 * SD)	(II) %Study Var (%SV)	(III) %Tolerance (SV/Toler)
Total Gage R&R	0.25844	1.55061	23.86	9.69
Repeatability	0.15692	0.94152	14.49	5.88
Reproducibility	0.20534	1.23205	18.96	7.70
Part-To-Part	1.05171	6.31027	97.11	39.44
Total Variation	1.08300	6.49800	100.00	40.61

Number of Distinct Categories = 5

圖 9-7 爲 Minitab Gage R&R 分析之圖形結果。此圖共有六個部分，分別說明如下。圖 9-7(a) 是將表 9-3 中標示 (I)、(II)、(III) 行中之比例值，以長條的方式來呈現。圖 9-7(b) 和 (c) 分別爲 R 和 $\overline{X}$ 管制圖。若 R 管制圖中有管制外之點，則代表再現性有問題 (不穩定)。若某一操作員之全距落在管制界限外，而其他操作員未有此種情形，則代表該操作員之操作方法有問題。在 $\overline{X}$ 管制圖中，如果發現各操作員之平均數不同，則代表再生性可能有問題。在此圖中，我們也要觀察不同操作員之數據點的變動樣式是否一致。在 $\overline{X}$ 管制圖中，我們希望看到多數點落在管制界限外，其理由說明如下：

$\overline{X}$ 管制圖之管制界限的寬度，是由 R 值之大小來決定。目前之 R 值是對同一個物件多次重複量測所產生的差異，其背後的意義和一般 $\overline{X}-R$ 管制圖略有不同。傳統管制圖中，R值大小所代表的意義是同一組樣本中，不同物件之間的差異，此代表物件和物件之間的變異。換句話說，圖 9-7(c) 的 $\overline{X}$ 管制圖之管制界限代表的是量測系統中重複量測之變異程度，而管制圖中折線所反映的是製程之變異，我們期望來自於量測系統之變異，要小於製程所造成之變異。因此，我們在 $\overline{X}$ 管制圖上要看到許多超出管制界限外之點。對於 $\overline{X}$ 管制圖，其上、下管制界限可以利用下列公式計算：

$$\text{UCL} = \overline{\overline{X}} + A_2\overline{R} = 0.021 + 1.023 \times 0.2657 = 0.293$$

$$\text{LCL} = \overline{\overline{X}} - A_2\overline{R} = 0.021 - 1.023 \times 0.2657 = -0.251$$

對於 R 管制圖，其管制界限為：

$$\text{UCL} = D_4\overline{R} = 2.574 \times 0.2657 = 0.6839$$
$$\text{LCL} = D_3\overline{R} = 0$$

圖 9-7(d) 顯示每一物件之量測值的平均數及散佈情形。屬同一件之數據的變異要小，而物件和物件之間的變異要大。若要進一步判斷物件間是否存在顯著差異，則可使用 ANOVA 分析。圖 9-7(e) 顯示每一操作員，所測量之數據的平均數及散佈情形。連接每一操作員之平均數的折線應為一水平線。由此例可看出，操作員 C 之平均數低於其他兩位操作員。ANOVA 分析可用來判斷操作員間是否有顯著差異。圖 9-7(f) 是用來判斷物件和操作員之間，是否存在交互作用。當連接各物件之折線有交錯時，代表可能存在交互作用。ANOVA 分析可用來判斷交互作用是否具有統計顯著性。在此例中，可以看到兩條折線交錯。若與操作員 B 相比，對於小的物件 (物件 5)，操作員 A 的量測值較小，但對於大的物件 (物件 7)，操作員 A的量測值較大。我們仍需利用 ANOVA 判定交互作用是否為顯著。圖 9-8 為交互作用之另外一種表達方式。由圖可看出，三位操作人員對於 10 個物件之量測，大部分為 A > B > C。但仍有少數例外，造成人員和物件之間存在交互作用。稍後我們從 ANOVA 分析也可以判斷此交互作用為顯著。

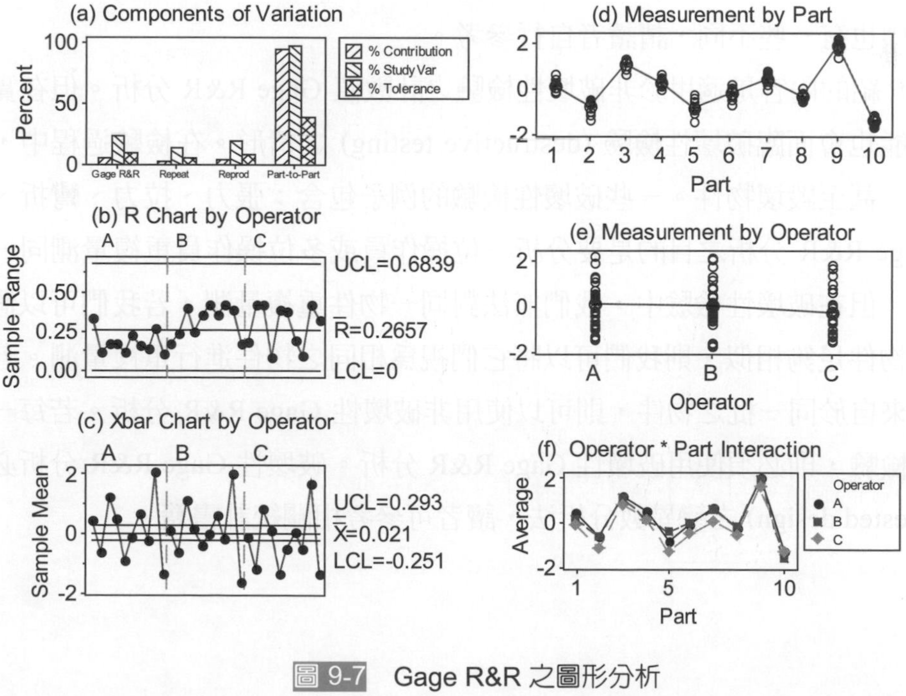

圖 9-7 Gage R&R 之圖形分析

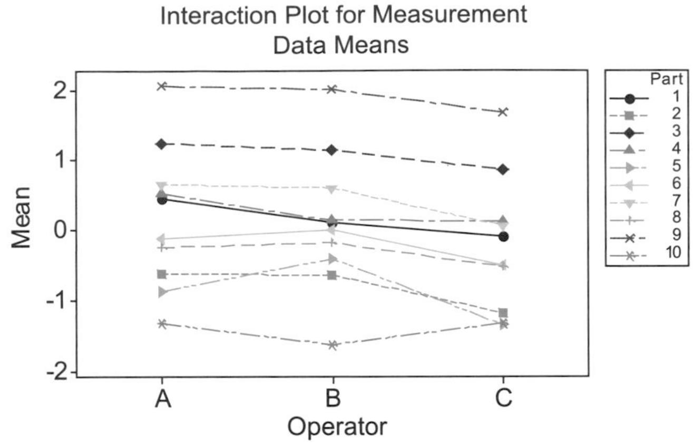

圖 9-8 交互作用

上述之圖形分析方法，可以讓我們在最短的時間掌握到 Gage R&R 之結果，但我們仍必須利用統計方法，來決定我們所觀察到的現象是否具有統計顯著性，並衡量此現象是否具有實務上之顯著性。我們將 Minitab ANOVA 法之分析結果列在表 9-4。由 ANOVA 分析之結果，我們可以得到下列結論 (假設顯著水準為 0.05)。不同的物件之間有顯著的差異；不同操作員之量測平均數有顯著的差異；物件與操作員之間有顯著的交互作用。由於 ANOVA 法所估計出來的各項標準差與 $\overline{X}-R$ 法所獲得之結果略有差異，因此各種指標也有一些不同，請讀者自行參考。

以上所介紹的內容是適用於非破壞性檢驗之計數值 Gage R&R 分析。但在實務應用上，我們可能也會面臨破壞性檢驗 (destructive testing) 之情形。在檢驗過程中，破壞性檢驗會改變、甚至毀壞物件。一些破壞性檢驗的例子包含：張力、拉力、彎折、硬度、腐蝕等。Gage R&R 分析之目的是要分析一位操作員或多位操作員重複量測同一物件所產生之變異。但在破壞性檢驗中，我們無法對同一物件重複量測。若我們可以假設來自於同一批之物件足夠相似，則我們可以將它們視為相同之物件進行重複量測。若所有的操作員檢驗來自於同一批之物件，則可以使用非破壞性 Gage R&R 分析。若每一批只由一位操作員檢驗，則必須使用破壞性 Gage R&R 分析。破壞性 Gage R&R 分析必須使用巢狀設計 (nested design) 之變異數分析法，讀者可參考相關統計書籍。

表 9-4 ANOVA 法之結果

```
Gage R&R Study - ANOVA Method
Two-Way ANOVA Table With Interaction
Source             DF       SS        MS        F       P
Part                9  78.5755   8.73061  86.8817  0.000
Operator            2   2.7536   1.37681  13.7012  0.000
Part * Operator    18   1.8088   0.10049   4.4385  0.000
Repeatability      60   1.3584   0.02264
Total              89  84.4963
Alpha to remove interaction term = 0.25
Gage R&R
                             %Contribution
Source             VarComp   (of VarComp)
Total Gage R&R     0.09113           8.68
  Repeatability    0.02264           2.16
  Reproducibility  0.06849           6.52
    Operator       0.04254           4.05
    Operator*Part  0.02595           2.47
Part-To-Part       0.95890          91.32
Total Variation    1.05004         100.00
Process tolerance = 8
                                 Study Var  %Study Var  %Tolerance
Source             StdDev (SD)   (6 * SD)       (%SV)  (SV/Toler)
Total Gage R&R         0.30188    1.81130       29.46       22.64
  Repeatability        0.15047    0.90280       14.68       11.28
  Reproducibility      0.26171    1.57028       25.54       19.63
    Operator           0.20626    1.23757       20.13       15.47
    Operator*Part      0.16109    0.96653       15.72       12.08
Part-To-Part           0.97924    5.87541       95.56       73.44
Total Variation        1.02471    6.14828      100.00       76.85
Number of Distinct Categories = 4
```

9.3 計數值一致性分析

除了計量值 Gage R&R 以外，有些時候我們必須以主觀之分類或評等來取得量測值。例如：(1) 依產品之缺點來分類；(2) 將產品分爲好或壞；(3) 將酒的品質以 1 至 10 的尺度來分類；(4) 將氣泡大小以 1 至 5 的尺度來分類。

我們可以利用計數值一致性分析 (attribute agreement analysis) 來評估主觀評等的一致性及正確性，例如：(1) 評估操作員本身的差異 (within appraisers)，應用於當每一操作員對某一事物檢驗多次的情況；(2) 評估操作員之間的差異 (between appraisers)；(3) 與標準值比較。

我們舉一例說明計數值一致性分析之過程。假設有 10 個物件，其中有 6 件爲良品，另外 4 件爲不良品 (參見表 9-5)。此項分析由 3 位操作員負責量測，每一個物件重複量測 2 次。此分析所使用之物件，其眞值均爲已知 (亦即何者爲良品或不良品均爲已知)。良品以符號「○」表示，「×」代表不良品。表 9-6 爲分析之結果，我們可看出 3 位操作員之間的一致性只有 50% (10 個物件中，只有第 6-10 個物件之量測結果為一致)，所有操作員與標準答案相比較之正確性只有 50%，顯示此量測系統有待改善。

當標準差為已知，而且量測之結果只有兩種水準時，Minitab 會提供一個稱為不一致性 (disagreement) 之指標。在本例中，良品有 6 件，操作員 B 在量測物件 4 時，兩次的結果均為「不良品」，因此不一致性的百分比為 1/6 = 16.67%。

表 9-5 計數值量測系統分析之範例

物件	答案	A-1	A-2	B-1	B-2	C-1	C-2
1	O	O	O	O	O	X	O
2	X	X	X	X	X	X	O
3	O	X	O	O	O	O	O
4	O	O	O	X	X	O	O
5	X	X	X	O	X	X	X
6	O	O	O	O	O	O	O
7	X	X	X	X	X	X	X
8	O	O	O	O	O	O	O
9	X	X	X	X	X	X	X
10	O	O	O	O	O	O	O

表 9-6 計數值量測系統分析之結果

```
Attribute Agreement Analysis for A-1, A-2, B-1, B-2, C-1, C-2
Within Appraisers
Assessment Agreement
Appraiser  # Inspected  # Matched  Percent      95 % CI
A                   10          9    90.00  (55.50, 99.75)
B                   10          9    90.00  (55.50, 99.75)
C                   10          8    80.00  (44.39, 97.48)
# Matched: Appraiser agrees with him/herself across trials.
Each Appraiser vs Standard
Assessment Agreement
Appraiser  # Inspected  # Matched  Percent      95 % CI
A                   10          9    90.00  (55.50, 99.75)
B                   10          8    80.00  (44.39, 97.48)
C                   10          8    80.00  (44.39, 97.48)
# Matched: Appraiser' s assessment across trials agrees with the known standard.

Assessment Disagreement
Appraiser  # X / O  Percent  # O / X  Percent  # Mixed  Percent
A                0     0.00        0     0.00        1    10.00
B                1    16.67        0     0.00        1    10.00
C                0     0.00        0     0.00        2    20.00
# X / O:  Assessments across trials = X / standard = O.
# O / X:  Assessments across trials = O / standard = X.
# Mixed: Assessments across trials are not identical.
Between Appraisers
Assessment Agreement
# Inspected  # Matched  Percent      95 % CI
         10          5    50.00  (18.71, 81.29)
# Matched: All appraisers' assessments agree with each other.
All Appraisers vs Standard
Assessment Agreement
# Inspected  # Matched  Percent      95 % CI
         10          5    50.00  (18.71, 81.29)
# Matched: All appraisers' assessments agree with the known standard.
```

本章習題

一、選擇題

( ) 1. 下列哪一項爲正確？(a) $\sigma^2_{\text{Process}} = \sigma^2_{\text{Gage}} + \sigma^2_{\text{Part}}$ (b) $\sigma^2_{\text{Observed}} = \sigma^2_{\text{Part}} + \sigma^2_{\text{Gage}}$ (c) $\sigma^2_{\text{Gage}} = \sigma^2_{\text{Process}} + \sigma^2_{\text{Part}}$ (d) $\sigma^2_{\text{Total}} = \sigma^2_{\text{Process}} + \sigma^2_{\text{Part}}$。

( ) 2. 一個量測系統之準確性 (accuracy) 不包含下列哪一項？(a) repeatability (b) stability (c) bias (d) linearity。

( ) 3. 下列哪一種情況不適用計數值一致性分析 (attribute agreement analysis)？(a) 將產品分爲 go/no go (b) 將產品品質以 1 至 10 的尺度來分類 (c) 產品刮痕的長度 (d) 產品缺點之分類。

( ) 4. 下列敘述何者不正確？(a) 量測系統之精確性 (precision) 包含repeatability和 reproducibility (b) reproducibility 也稱爲 variation due to gage (c) 進行 Gage R&R 分析時，使用 ANOVA 法可以估計操作人員與物件間之交互作用 (d) 在破壞性檢驗之 Gage R&R 中無法估計操作人員與物件間之交互作用。

( ) 5. 下列敘述何者爲不正確？(a) 進行 Gage R&R 分析時，可採用的方法有變異數分析法 (ANOVA) 及 $\bar{X}-R$ 分析法 (b) 一個不好的量測系統會錯誤的拒絕良品 (c) 錯誤的接受不良品也稱爲 Type II error (d) 不好的量測系統只會出現 Type II error。

( ) 6. 假設由 Gage R&R 分析之結果得知 $\sigma^2_{\text{Gage}} = 1$, $\sigma^2_{\text{Part}} = 4$，請問下列何者爲正確？(a) $SNR = 5.657$, $DR = 3$ (b) $SNR = 2.828$, $DR = 3$ (c) $SNR = 2.828$, $DR = 9$ (d) $SNR = 5.657$, $DR = 9$。

( ) 7. 假設 USL = 112，LSL = 88，$\sigma^2_{\text{Gage}} = 4$，請問下列何者爲正確？(a) $P/T = 0.1$ (b) $P/T = 0.2$ (c) $P/T = 0.5$ (d) $P/T = 0.05$。

( ) 8. 已知 $\sigma^2_{rpt} = 0.4$，$\sigma^2_{rpd} = 0.6$，$\sigma^2_{\text{Part}} = 3$，請問下列何者爲正確？(a) $\sigma^2_{\text{Gage}} = 2$ (b) $\sigma_{\text{Process}} = 4$ (c) $\sigma_{\text{Process}} = 2$ (d) $\sigma^2_{\text{Total}} = 4$。

二、問答題

1. 量測系統分析是進行改善前必須進行的一項重要工作。請說明何謂一個量測系統之準確性 (accuracy) 和精確性 (precision)。準確性要衡量哪些元素？精確性要衡量哪些元素？

2. 量規再現性／重複性 (repeatability) 與再生性 (reproducibility) 分析 (稱爲 Gage R&R) 是驗證量測系統之重要分析手法，試說明何謂再現性與再生性。試以數學式說明 Gage R&R 之目的和過程。
3. 請討論製程能力指標 C_p 與 P/T 比值公式之相似點。
4. 請以大學聯合招生之指定考科的國文作文閱卷過程，說明再現性和再生性。
5. 在 Six Sigma 之 DMAIC 步驟中，有兩個步驟爲驗證量測系統。請說明量測系統分析之重要性，並說明量測系統之誤差如何影響品質判斷之型 I 誤差及型 II 誤差？
6. 製程能力指標 C_p 定義爲

$$C_p = \frac{\text{USL} - \text{LSL}}{6\sigma}$$

在分母中，標準差 σ 代表的是哪一種標準差，σ_{Total}、σ_{Part} 或 σ_{Gage}？

三、計算題

1. 在一項 Gage R&R 分析中，兩位操作員使用同樣的量測設備，量測 10 個物件，每個物件重複量測 3 次，量測結果如下表。請以 $\bar{X}-R$ 分析法回答下列問題。

物件編號	操作員1 量測值			操作員2 量測值		
	1	2	3	1	2	3
1	31	30	30	30	29	31
2	31	31	31	31	31	31
3	32	30	30	32	31	31
4	30	31	30	29	30	31
5	29	30	29	29	30	29
6	31	30	30	31	30	30
7	31	30	31	31	30	30
8	31	30	30	32	29	30
9	30	31	30	31	29	30
10	29	29	30	28	29	29

(a) 估計再現性與再生性。

(b) 估計量測誤差的標準差。

(c) 假設物件之規格爲 30±6，請以適當之績效指標，評估此量測系統是否能被接受？若不能接受此量測系統，請提出你的改善建議。

2. 承續第 1 題，請計算 $\bar{X}$ 和 R 管制圖之中心線和上、下管制界限。
3. 在某一 Gage R&R 分析中，3 位操作員量測 20 個物件，每一個物件量測 2 次，數據如下表。請以 $\bar{X}-R$ 分析法回答下列問題。

物件編號	操作員 1 量測值		操作員 2 量測值		操作員 3 量測值	
	1	2	1	2	1	2
1	21	20	20	20	19	21
2	24	23	24	24	23	24
3	20	21	20	21	20	22
4	27	27	28	26	27	28
5	19	18	19	18	20	21
6	23	21	22	21	23	22
7	22	21	22	24	22	20
8	19	17	18	20	19	18
9	24	23	25	23	24	24
10	25	23	26	25	24	25
11	21	20	20	20	21	20
12	18	19	17	19	19	19
13	24	25	25	25	25	25
14	24	24	23	25	25	25
15	30	30	30	28	31	31
16	26	26	25	26	26	27
17	20	20	19	20	21	21
18	20	21	19	19	22	23
19	25	26	25	25	25	25
20	19	19	18	17	19	17

(a) 請估計量測系統的再現性與再生性。

(b) 請估計量測設備之整體變異數，σ^2_{Gage}。

(c) 若物件之規格寬度爲 12，請評估此量測系統是否能被接受？若不能接受此量測系統，請提出你的改善建議。

4. 承續第 3 題，請計算 $\overline{X}$ 和 R 管制圖之中心線和上、下管制界限。

5. 請根據提供的資料計算 y_1~y_3。

```
Gage R&R Study - ANOVA Method
Gage R&R
                                  %Contribution
Source                VarComp     (of VarComp)
Total Gage R&R        0.03782             3.65
  Repeatability       0.01264             1.22
  Reproducibility          y1             x.xx
    Operator          0.01128             1.09
    Operator*Part          y2             x.xx
Part-To-Part          0.99905            96.35
Total Variation       1.03687           100.00

                                  Study Var   %Study Var
Source                StdDev (SD)  (6 * SD)        (%SV)
Total Gage R&R            0.19447   1.16684        19.10
  Repeatability           0.11241   0.67448        11.04
  Reproducibility         x.xxxxx   x.xxxxx        xx.xx
    Operator              0.10623   0.63736        10.43
    Operator*Part         x.xxxxx   x.xxxxx        xx.xx
Part-To-Part              0.99952   5.99714        98.16
Total Variation           1.01827   6.10960       100.00

Number of Distinct Categories = y3
```

6. 一個計數值量測系統分析使用 15 個物件，其中有 8 件爲良品，另外 7 件爲不良品。此項分析由 3 位操作員負責量測，每一個物件重複量測 3 次。此分析所使用之物件，其眞值均爲已知 (亦即何者爲良品或不良品均爲已知)。良品以符號「○」表示，「×」代表不良品。請算出一致性之比例和正確性之比例。

		操作員 A			操作員 B			操作員 C		
物件	真值	試驗 1	試驗 2	試驗 3	試驗 1	試驗 2	試驗 3	試驗 1	試驗 2	試驗 3
1	O	O	O	O	O	O	O	X	O	O
2	X	X	X	X	X	X	X	X	O	X
3	O	X	O	O	O	O	O	O	O	O
4	O	O	O	O	X	X	X	O	O	O
5	X	X	X	X	O	X	O	X	X	X
6	O	O	O	O	O	O	O	O	O	O
7	X	X	X	X	X	X	X	X	X	X
8	O	O	O	O	O	O	O	O	O	O
9	X	X	X	X	X	X	X	X	X	X
10	O	O	O	O	O	O	O	O	O	O
11	X	X	X	X	X	X	X	X	X	X
12	X	X	X	X	X	X	X	X	X	X
13	O	O	O	O	O	O	O	O	O	O
14	X	X	X	X	X	X	X	X	X	X
15	O	O	O	O	O	O	O	O	O	O

四、分析題

1. 下圖爲某一 Gage R&R 分析之結果，請回答下列問題。
   (a) 此實驗共有幾位操作員？
   (b) 此實驗共用到幾個物件？
   (c) 在此實驗中，每一個物件被重複量測幾次？
   (d) 請評估此量測系統是否能被接受？若不能接受此量測系統，請提出你的改善建議。

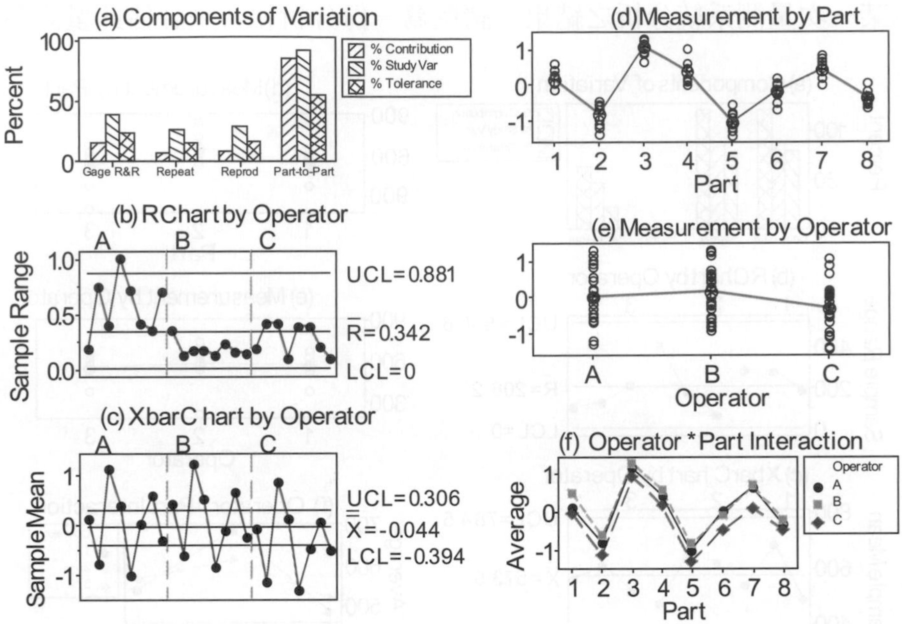

2. 量規連串圖 (gage run chart) 是依操作員、物件，繪出所有的量測數據，圖上有一條水平參考線，是根據所有數據計算所得之平均數 (也可以是根據過去製程經驗所得之值)。利用此圖，我們可以很容易看出不同操作員之間及不同物件之間的差異。根據圖上出現之特定樣式 (pattern)，分析者可以很容易判斷是否存在再現性或再生性的問題。下圖為某一個實驗所得到之量規連串圖，請分析此圖，說明再現性及再生性是否可以被接受。

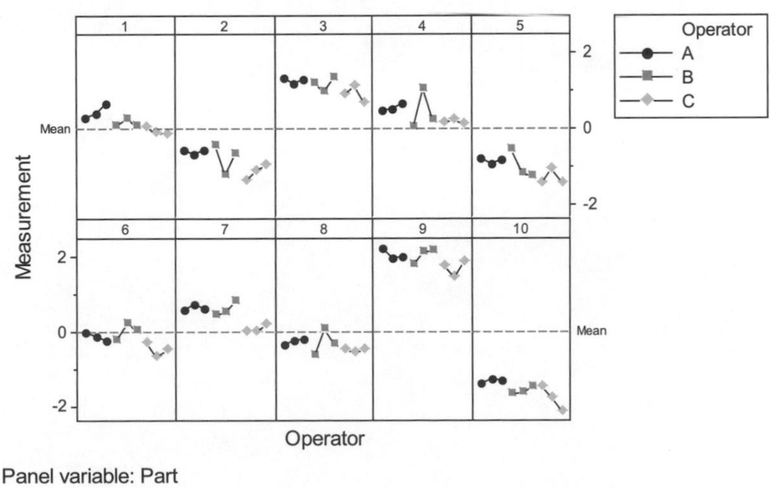

3. 下圖爲某一次量測系統分析之結果。請撰寫一份分析報告來評估此量測系統。

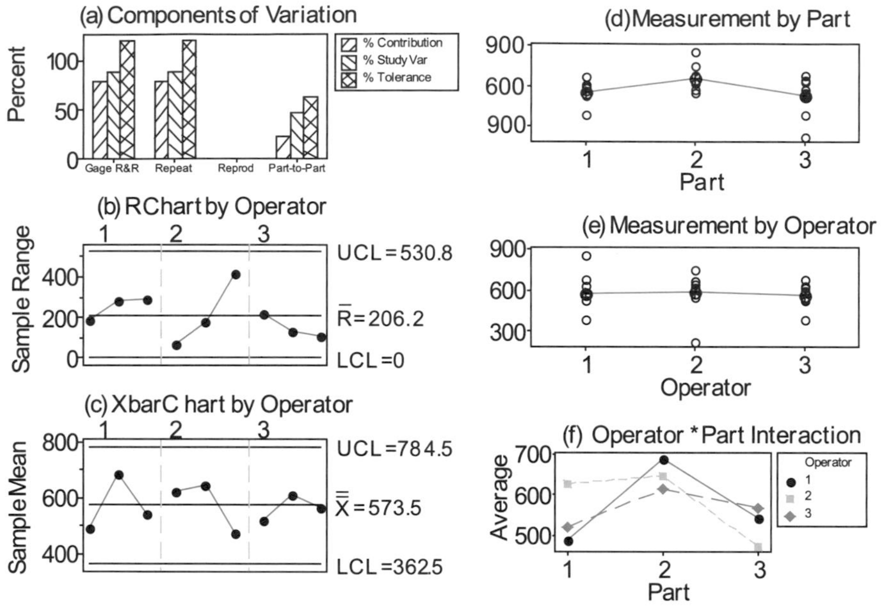

Chapter 10

驗收抽樣計畫

章節概要和學習要點

檢驗原物料、半成品和完成品，是屬於品質保證的工作範圍。當檢驗之目的是根據符合一項標準與否，來判斷接受或拒絕一項物品時，則此種檢驗程序被稱為驗 (允) 收抽樣。在本章中，我們將介紹逐批之計數值驗收抽樣計畫。重要的主題包含：抽樣計畫之設計和應用；操作特性曲線和一些重要的績效評估指標。我們也同時介紹美國軍方所發展出來的標準抽樣計畫，稱為 MIL-STD-105E。

透過本課程，讀者將可了解：

- 抽樣計畫在現代化品質管制系統內所扮演的角色。
- 抽樣的優點和缺點。
- 計數值和計量值抽樣計畫的區別。
- 單次抽樣、雙次抽樣、多次抽樣和逐次抽樣計畫之設計和應用。
- 抽樣計畫之績效評估指標。
- MIL-STD-105E 標準抽樣計畫之內容和應用。

10.1 驗收抽樣之基本概念

驗收抽樣 (acceptance sampling) 是統計品管中之重要領域。驗收抽樣可定義爲自貨批中隨機抽取部分樣本檢驗，根據樣本評估之結果，作爲允收或拒收貨批之依據。驗收抽樣可應用於零件、原料之進料檢驗。買方從供應商所送來之貨批中抽取一定數量爲樣本，在樣本中檢驗一些品質特性，最後根據樣本之情報決定貨批爲接受或拒絕。被接受之貨批可送至生產線加工，而被拒絕之貨批可退還供應商，或採取其他處置。驗收抽樣也可應用於生產過程中各階段產品之檢驗，被接受之物品將送至下一製程繼續加工，而被拒絕之物品將被重新加工或報廢。

在使用驗收抽樣時，有幾項觀念需加以釐清。第一、驗收抽樣並非用來評估貨批之品質，它是用來決定貨批之處理 (允收或拒收)，它也可以決定允收或拒收貨批之風險。第二、驗收抽樣並無法管制品質。抽樣計畫並無法提供任何型式之品質管制。抽樣計畫只是用來接受或拒絕貨批。即使所有貨批具有相同之品質水準，抽樣計畫有可能接受某些貨批但拒絕其他貨批。被接受之貨批的品質水準可能並不比被拒絕的貨批好。製程管制 (本書第 6、7、8 章內容) 可以有系統地改善品質，但驗收抽樣無法達成此目的。驗收抽樣的最終目的是對下一工程或顧客保證品質，而不是期望因爲檢驗而獲得品質之改善。

在實務工作中，貨批之評估可分爲下列三種：

1. **全數檢驗 (100% inspection)**

   全數檢驗是對全數物品檢驗的方法，又稱爲 100% 全檢。全數檢驗不僅耗時且耗費成本，因此，常用在機械化或自動化檢驗中。全數檢驗適用於下列情況：(1) 任何不合格品將造成安全上或經濟上之損失時、(2) 製程品質水準惡化，亟需修正爲規定品質水準時。

2. **免檢**

   免檢並不直接對物品做檢驗，而是根據品質情報、技術情報判定貨批的允收與否。免檢通常用於當供應商之品質狀況良好且穩定時。

3. **抽樣檢驗**

   抽樣檢驗 (sampling inspection) 是介於免檢與全數檢驗間之一種檢驗方式，它是自貨批中隨機抽取一定數量做爲樣本，經過試驗或測定樣本中的每一個體，以其結果與原定的檢驗標準相比較，利用統計方法判定該貨批是否爲合格的檢驗過程。抽樣檢驗適用於下列情況：

(1) 破壞性檢驗，例如燈泡、保險絲試驗。

(2) 允許有少量不合格品。

(3) 檢驗費用高或檢驗時間長之情況。

(4) 受驗物品個數很多時。

(5) 100% 全檢不可行時，例如由於全檢而影響到交貨期。

(6) 當全檢成本遠高於不合格品所造成之成本時。

(7) 受檢物品之群體面積很大，不適合採用全數檢驗。

(8) 受檢群體爲連續性物體，如紙張、電線等物品。

若與 100% 全檢比較，抽樣檢驗有下列優點：

1. 抽樣檢驗之檢驗次數少，因此較爲經濟。
2. 抽樣檢驗所需之人力較少，因此人員訓練和監督都較爲簡單。
3. 抽樣檢驗可降低搬運過程中所造成的損壞。
4. 抽樣檢驗可降低檢驗誤差。在全檢中，檢驗員可能因疲勞而造成大量之不合格品被接受。
5. 將整批產品拒絕，可給予賣方改善品質之壓力。
6. 可應用在破壞性檢驗。

抽樣檢驗也具有一些缺點，這些缺點包括：

1. 具有將不好之產品予以允收之風險，同時亦具有將良好之產品予以拒收之風險 (見 10.2 節、10.5.1 節之說明)。
2. 發展抽樣計畫需要時間規劃，同時要管理不同之抽樣計畫。對於計量值抽樣計畫，抽樣計畫之數目隨品質特性數目之增加而增加。
3. 抽樣所獲得的產品資訊較少。

除了上述應用上之缺失外，驗收抽樣之本質也受到許多批評。在本書第 6 章中，我們曾提到品質不是檢驗出來的，而是製造出來的。檢驗之本質屬於事後品管，而以製程管制爲主之方法，則是屬於預防性之品管。隨著預防性品管方法受重視，以檢驗爲主之驗收抽樣也廣受批評。雖然目前之品管理念是強調預防，驗收抽樣在現代品管工作中，仍有其重要性。在品管工作中，驗收抽樣最適合應用於當管制圖無法應用或可歸屬原因仍存在之情況下。具體來說，驗收抽樣適用於下列情況：(1) 當製程仍未在管制內時；

(2) 當產品有安全性或產品責任之考量時；(3) 當品質不穩定時；(4) 對生產上的錯誤提供保護。

一般來說，驗收抽樣之使用，是隨產品或製程之成熟及製程逐漸處於管制內而降低。

10.1.1 驗收抽樣計畫之種類

在抽樣檢驗中，我們可能會錯誤地拒絕一個良好的貨批；或者錯誤地接受一個不良的貨批。以統計方法設計的抽樣計畫將可以降低上述之錯誤。抽樣計畫的內容主要是說明允收或拒收之條件，若以數據的性質來分類，可分爲計量值抽樣計畫 (variables sampling plans) 和計數值抽樣計畫 (attributes sampling plans)。計量值數據是指可以量測且必須量測的品質特性，例如長度、重量等。而計數值數據則是指 (1) 可以量測但不需實際值之數據；或 (2) 不可量測之品質特性。計數值抽樣計畫可以同時處理數個不同之品質特性，而每一個計量值抽樣計畫只能處理一個品質特性。

抽樣計畫如以抽樣方式分類，可分爲單次抽樣 (single sampling)、雙次抽樣 (double sampling)、多次抽樣 (multiple sampling) 和逐次抽樣 (sequential sampling)。單次抽樣是從貨批中隨機抽取 n 個樣本，根據檢驗結果，決定允收或拒收該貨批。雙次抽樣則是根據第一次抽樣結果，決定 (1) 允收；(2) 拒收；或 (3) 抽第 2 組樣本再做判定。第二次抽樣之結果將可判斷拒收或允收貨批。多次抽樣計畫是雙次抽樣之延伸，可能是三次、四次、或更多次。一般而言，雙次抽樣計畫中，每次抽樣之樣本大小低於單次抽樣，而多次抽樣中之樣本大小則更低於單次或雙次抽樣。前述之 3 種抽樣方式都是基於固定樣本大小之觀念，逐次抽樣則是每次抽一件檢查，直到獲得足夠數量之不合格品來拒收貨批，或者是獲得足夠數量之合格品來允收貨批。

單次、雙次、多次和逐次抽樣，可經由妥善設計，以達到相同之結果。換句話說，這四種抽樣方式可經由設計，使得一貨批在這四種程序下，均獲得相同之允收機率。在應用上，當我們在選擇抽樣計畫時必須考慮下列因素：管理效率、由抽樣計畫結果所獲得的資訊、平均檢驗件數和對於物流之影響。表 10-1 爲各種驗收抽樣形式的比較。

表 10-1 各種驗收抽樣形式的比較

項 目	單次	雙次	多次
對產品品質之保證	幾乎相同		
總檢驗費用	最差	中間	最好
對供應商心理上的影響	最多	中間	最少
行政費用 (含訓練、人員、記錄及抽樣等)	最少	中間	最多
檢驗負荷的變異性	不變	變動	變動
估計每批製品品質的準確性	最好	中間	最差
估計製程平均數的決策速度	最快	較慢	最慢
檢驗人員及設備的使用率	最佳	較差	最差

10.1.2 檢驗批之構成

驗收抽樣可以採用逐批方式 (lot-by-lot) 或者應用於連續生產線之產品 (見本書第 11 章)。由於逐批方式較為常見，本小節介紹檢驗批之構成。在驗收抽樣中，檢驗批不一定要與生產之貨批或購入貨批完全相同。在實務上，生產率或儲存空間將影響檢驗批之構成。檢驗批之形成方式，將影響到驗收抽樣計畫之效力，檢驗批之構成需考慮下列因素：

1. 各批要均勻

   貨批中之各件產品應該是來自於同一部機器、同一操作員、相同之原料，且幾乎是在相同時間生產。將不同來源之產品混合後，可能使抽樣計畫無法發揮應有之功效。非均勻之貨批也不容易採取矯正措施去消除不合格品之來源。

2. 較大批量優於小批量

   在應用上，一般是偏好使用較大貨批，此乃因為較大之貨批通常使用較大之樣本，對於貨批之允收與否，可以提供較為可信賴之決定。

3. 抽樣之便利性與物料搬運系統

   整批的構成需與買、賣雙方之物料搬運系統配合，降低搬運過程中的損失，同時要具有抽樣之便利性。

第 1 項原則可能會與第 2 項原則有所衝突，愈大之貨批，愈不容易具有均勻性，在實務上可能要採取折衷措施。

10.1.3 隨機抽樣

管制圖利用合理樣本組 (見本書第 6 章) 評估製程是否在管制內。驗收抽樣則是利用隨機抽取之樣本，判斷貨批是否可被允收。隨機抽樣是抽樣計畫中之一重要觀念，受檢之樣本必須是從貨批中隨機抽取 (貨批中之每一件，都有同等被選爲樣本的機會) 且要具有代表性。如果貨批中之物品可被均勻混合，則在任一處抽取物品，均能滿足隨機條件。一般而言，我們並無任何理由相信貨批中之物品是均勻混合。實務上，我們可能因爲搬動不易或成本上的考量而無法將貨批均勻混合，最好的方法是避免有任何偏好之抽樣方法。例如，供應商知道買方檢驗員會從貨批之上層抽取樣本，可能會故意將好的貨品排在上層，檢驗員若固定從上層抽樣將造成偏差。

隨機抽樣的一種技巧是將貨批中之每一物件加以編號，再以隨機亂數表自貨批中抽取樣本。如果物品本身已有序號或代號，則可省略編號之工作。另一種方法是以 3 位數字代表物品在箱中長、寬、高之位置，例如亂數 562 代表抽取箱中第 5 層、第 6 行和第 2 列之物品。對於液態或其他已混合好之產品，因爲已很均勻，就可在任何一處抽樣。

在有些時候，貨品之編號不存在或無法將每一物件編號，此時可將貨批分成幾個層次，每層又分成好幾塊，然後再從每一塊中抽取樣本，此種抽樣方式稱爲分層抽樣 (stratified sampling)。

10.1.4 使用驗收抽樣計畫之指導原則

抽樣計畫可依設計準則和檢驗方式區分成下列數項：

1. **選別型抽樣計畫**：當送驗批被拒收後，整批全數檢驗，並將不合格品剔除，以合格品取代。這種形式之抽樣計畫又可分成保證送驗批平均品質的 AOQL 型及保證單獨送驗批品質的 LTPD 型 (見本書 10.7 節)。
2. **兩定點計畫 (two-point scheme)**：此抽樣計畫考慮 p_1、p_2 兩個貨批不合格率及其相對應之貨批允收機率 $1-\alpha$ 和 β，其中 $p_1 < p_2$。當送檢驗批之不合格率低於 p_1 時 (品質良好)，保證經由抽驗後之拒收機率不超過 α，一般假設 $\alpha = 0.05$。另一方面，當送驗批不合格率高於 p_2 時 (品質不佳)，保證經由抽驗以後之允收機率不超過 β，一般設 $\beta = 0.1$。

3. **調整型抽樣計畫**：此種抽樣計畫是由買方根據賣方的產品品質調整檢驗的方法。買方先要求賣方送驗批的不合格率優於 AQL 值 (見 10.6 節)，並按數次檢驗的結果，調整抽樣之寬嚴程度。抽樣之寬嚴程度可分為正常、加嚴和減量 3 種。
4. **連續型抽樣計畫**：此種抽樣計畫 (見本書第 11 章) 主要是用在當被檢驗物件無法 (或很難) 自然形成貨批之情況，例如電視、電腦等以輸送帶裝配之生產過程。

一個抽樣計畫說明判定貨批所使用的樣本大小和允收或拒收貨批之條件。抽樣方案 (sampling scheme) 是由數個抽樣計畫所組成之一組程序來定義，包含批量、樣本大小、接受或拒絕的判定準則。而抽樣系統 (sampling systems) 則是由一個或多個抽樣方案所構成。

表 10-2 列舉數種主要之抽樣程序和其應用。一般而言，抽樣計畫之選擇需考慮抽樣之目的和產品品質之歷史資料。另外，抽樣方法之應用並非是靜態，我們可能從一抽樣計畫自然演進到另一層次之抽樣計畫。當買方與具有優良品質歷史之供應商交易時，可能會先使用計數值抽樣計畫。當抽樣結果證明供應商的品質確實不錯時，抽樣計畫可能轉到樣本數較少之抽樣程序，例如跳批抽樣計畫。在長期往來後，如果供應商之產品品質穩定且良好時，買方可考慮停止抽樣檢驗工作。

如果買方對供應商之產品品質或品質保證活動一無所知時，可先採用能夠確保產品品質不劣於某特定目標之抽樣計畫。如果抽樣計畫成功地使用，而且供應商之產品品質令人滿意，則可由計數值檢驗，轉換至計量值檢驗。計量值檢驗之情報可以用來協助供應商建立製程管制。在供應商階層有效地運用製程管制，可以改善供應商之製程能力，此時買方可以考慮停止進料之檢驗。

表 10-2 各種抽樣程序

目的	計數值程序	計量值程序
• 保證品質水準不低於目標值	• LTPD 計畫 道奇－洛敏計畫	• LTPD 計畫 道奇－洛敏計畫
• 為顧客／生產者確保品質水準	• 滿足 OC 曲線特性之抽樣計畫	• 滿足 OC 曲線特性之抽樣計畫
• 維持品質水準在一目標上	• AQL 系統 MIL-STD-105E	• AQL 系統 MIL-STD-414
• 確保平均出廠品質水準	• AOQL 系統	• AOQL 系統
• 減量檢驗	• 連鎖抽樣計畫	• 窄界限規測
• 具有良好品質歷史下減量檢驗	• 跳批抽樣計畫 雙次抽樣	• 跳批抽樣計畫 雙次抽樣

抽樣計畫之使用具有壽命週期，在投入品質保證之初，一個組織通常會把重點擺在驗收抽樣計畫，但隨著品質保證組織之發展，一個公司會較少依賴抽樣計畫，而把重點擺在統計製程管制和實驗設計方法。利用抽樣計畫區別好批或壞批並無法改善產品品質水準，產品品質的改善，有賴於製程管制和實驗設計方法之有效運用。

10.2 計數值單次抽樣計畫

在說明抽樣計畫之設計前，一些重要的符號或術語定義如下：

N：批量大小 (lot size)。

n：樣本大小 (sample size)。

c：允收數 (acceptance number)。

D：在整批產品中之不合格品數。

d：樣本中之不合格品數。

p：產品之不合格率。

P_a：貨批之允收機率。

α：型 I 誤差，或稱生產者風險，錯誤地拒絕好批之機率。

β：型 II 誤差，或稱消費者風險，錯誤地接受壞批之機率。

LQL：界限品質水準 (limiting quality level)，這是在說明型 II 誤差時，對於壞批之數值定義。它是指買方 (消費者) 希望有較低允收機率之貨批不合格率或是不合格點數。有時又被稱為拒收品質水準 (rejectable quality level, RQL)，不可接受品質水準 (unacceptable quality level, UQL)，或界限品質 (limiting quality, LQ)。例如 LQL=8%, $\beta = 10\%$，代表當貨批之平均不合格率為 8% (被視為壞批)，我們希望貨批被允收之機率不高於 10%。

LTPD：貨批容許不合格率 (lot tolerance percent defective)，其意義相當於上述之 LQL 的定義。

AQL：可接受品質水準 (acceptable quality level)，它是指賣方 (生產者) 希望有較高允收機率之貨批不合格率或不合格點數。這是在說明型 I 誤差時，對於好批之數值定義。例如 $\alpha = 5\%$, AQL=2%，代表當貨批之平均不合格率為 2% 時 (好批)，我們希望這些貨批被拒收之機率不高於 5%。

AOQ：平均出廠品質 (average outgoing quality) 一連串貨批在選別檢驗後之平均不合格率。

AOQL：平均出廠品質界限 (average outgoing quality limit)，在各種品質水準下，貨批在選別檢驗後之最高不合格率。

ATI：平均總檢驗件數 (average total inspection)，貨批之平均檢驗件數。

ASN：平均樣本大小 (average sample number)，一個抽樣計畫為判定允收或拒收所使用到之平均樣本個數。

10.2.1 單次抽樣計畫之定義

單次抽樣計畫是由一組樣本所獲得之情報，來判斷貨批是允收或者是拒收。單次抽樣計畫使用兩個參數：樣本大小 n 及允收數 c。假設批量大小 N 為 10,000，則單次抽樣計畫 ($n = 120, c = 2$) 之意義是從含 10,000 件之貨批中，隨機檢驗 120 件。如果在這 120 個樣本中，檢驗出之不合格品數等於或小於 2 件，則判定為允收；否則為拒收。允收數 c 可視為樣本中，允許出現之不合格品數之上限值。

10.2.2 選別檢驗

選別檢驗 (rectifying inspection) 是驗收抽樣之一種型式，對於拒收批將以 100% 全檢方式檢驗，並要求賣方以合格品取代檢驗後所發現之所有不合格品。由於必須對全批產品做全檢，選別檢驗將造成更多之檢驗成本。但選別檢驗程序亦具有數項優點：第一、產品不合格率將降低、第二、不會造成生產之延誤。使用選別檢驗與否，必須以收到賣方之產品後之處置方式來決定。如果收料後並不馬上使用，而是儲存於倉庫，則以將整批產品退回供應商的方式較優。選別檢驗所造成之額外檢驗成本，必須在買賣雙方之合約中，說明該由何者負擔。

選別檢驗之流程可以用圖 10-1 來表示。在未檢驗前產品之不合格率為 p，有些批之產品將被允收，而其他則為拒收。拒收批之產品將被 100% 全檢，因此將不含任何不合格品 (假設沒有檢驗誤差)，而在那些允收批中有 $(N–n)$ 件未檢驗，此部分將包含 $p(N–n)$ 件不合格品，不合格率為 $p(N–n)/N$。

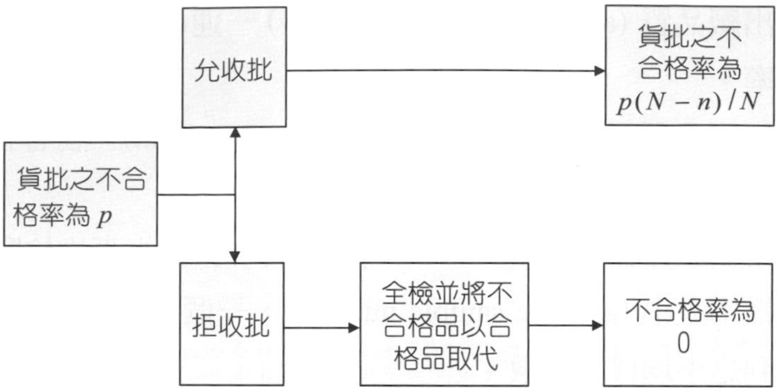

圖 10-1 選別檢驗

選別檢驗計畫通常應用於當製造者想要知道在製造之某一階段之平均品質水準。選別檢驗可用在進料檢驗、半成品檢驗或完成品之最後測試。在廠內之應用中，選別檢驗是用來為下一製程保證材料之平均品質水準。

在選別檢驗中，拒收批之處理有幾種方式可行。最佳之策略是將貨批退回給供應商，並要求其執行篩選且進行改善活動，此種作法對供應商會造成心理上的壓力，使其對不良之貨批負責。但多數情況下，由於買方需要零件、原料以配合生產時程，因此，貨批多在買方處進行篩選或重工。

10.3 雙次和多次抽樣計畫

10.3.1 雙次抽樣計畫

單次抽樣計畫之主要特性在於第一次抽樣後，即要做出允收或拒收之判斷。在雙次抽樣計畫中，檢驗完第一組樣本後之可能情況為：(1) 接受該批；(2) 拒絕該批；或 (3) 檢驗第 2 組樣本。在檢驗完第 2 組樣本後，可能情形有 (1) 拒絕；或 (2) 接受。一個雙次抽樣計畫之參數定義如下表：

變 數	定 義
n_1	第一次抽樣之樣本大小
c_1	第一次抽樣的允收數
r_1	第一次抽樣的拒收數
n_2	第二次抽樣的樣本大小
c_2	兩組樣本合併後的允收數
r_2	兩組樣本合併後的拒收數

雙次抽樣計畫之實施過程如圖 10-2 所示。c_2 為在第一組樣本及第二組樣本中，允許存在之不合格品數 (**註**：實務上，常見之錯誤是將 c_2 視為第 2 次抽樣之不合格品數之上限值，亦即僅將第 2 次抽樣之不合格品數與 c_2 比較)。其中雙次抽樣計畫一般設 $r_2 = c_2+1$，以保證在第 2 次抽樣後，能做出決策 (不是拒收，就是允收，無第三種情形)。

假設雙次抽樣計畫為

$$n_1 = 60,\ \ c_1 = 1,\ r_1 = 5$$
$$n_2 = 120,\ c_2 = 5,\ r_2 = 6$$

其實施過程為先抽取 60 件為第 1 組抽樣之樣本，若在此樣本中，不合格品數小於或等於 1，則允收該批；若不合格品數大於或等於 5，則拒收。如果不合格品數為 2、3 或 4 件，則抽取第 2 組樣本 (在此例為 120 件)。若在第 1 組樣本及第 2 組樣本中發現之總不合格品數 (d_1+d_2) 小於或等於 5 件則允收；否則拒收該批產品。

雙次抽樣計畫亦可以由 4 個參數 n_1、n_2、c_1 和 c_2 來定義，其中 $r_1 = r_2 = c_2+1$。假設雙次抽樣計畫為 n_1=50, c_1= 1, n_2=100, c_2= 4，其實施過程是先自貨批中抽取 50 個樣本，並記錄其中不合格品數 d_1。若 $d_1 \le c_1$ 則允收該批，不需第 2 次抽樣；若 $d_1 > c_2$，則拒收該批。若 $c_1 < d_1 \le c_2$，則從該批中再抽取 100 個樣本，記錄不合格品數，稱為 d_2。若 $(d_1+d_2) \le c_2$=4，則允收該批；若 $(d_1+d_2) > c_2$=4，則拒收該批。一般而言，當貨批品質極優或極差時，在第一次抽樣後，即可做出判斷，並不會進行第 2 次抽樣。只有在貨批品質屬於中等水準時，才會進行第 2 次抽樣。

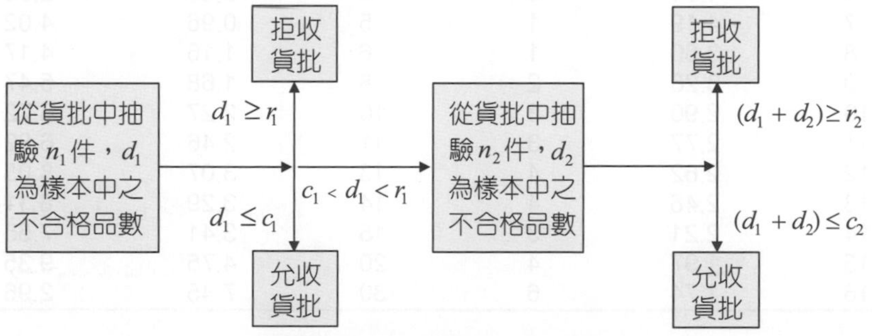

圖 10-2 雙次抽樣計畫之流程

雙次抽樣計畫可根據 α、β 及其對應之品質水準來設計，此稱為兩定點計畫。若 $(p_1, 1-\alpha)$, (p_2, β) 為 OC 曲線上之兩點，加上一特定之關係，則可很容易地設計一雙次抽樣計畫。最常用之條件為要求 n_2 為 n_1 之倍數。表 10-3 和 10-4 適用於 $\alpha = 0.05$ 和 $\beta = 0.10$ 之情況。其中表 10-3 適用於 n_1=n_2 之條件，而表 10-4 則適用於 n_2=$2n_1$ 之條件下。

表 10-3 $n_1 = n_2\ (\alpha = 0.05, \beta = 0.10)$

計畫編號	比例值 $R = p_2 / p_1$	允收數 c_1	允收數 c_2	pn_1 P_a=0.95	pn_1 P_a=0.10
1	11.9	0	1	0.21	2.50
2	7.54	1	2	0.52	3.92
3	6.79	0	2	0.43	2.96
4	5.39	1	3	0.76	4.11
5	4.65	2	4	1.16	5.39
6	4.25	1	4	1.04	4.42
7	3.88	2	5	1.43	5.55
8	3.63	3	6	1.87	6.78
9	3.38	2	6	1.72	5.82
10	3.21	3	7	2.15	6.91
11	3.09	4	8	2.62	8.10
12	2.85	4	9	2.90	8.26
13	2.60	5	11	3.68	9.56
14	2.44	5	12	4.00	9.77
15	2.32	5	13	4.35	10.08
16	2.22	5	14	4.70	10.45
17	2.12	5	16	5.39	11.41

表 10-4 $n_2 = 2n_1\ (\alpha = 0.05, \beta = 0.10)$

計畫編號	比例值 $R = p_2 / p_1$	允收數 c_1	允收數 c_2	pn_1 P_a=0.95	pn_1 P_a=0.10
1	14.5	0	1	0.16	2.32
2	8.07	0	2	0.30	2.42
3	6.48	1	3	0.60	3.89
4	5.39	0	3	0.49	2.64
5	5.09	1	4	0.77	3.92
6	4.31	0	4	0.68	2.93
7	4.19	1	5	0.96	4.02
8	3.60	1	6	1.16	4.17
9	3.26	2	8	1.68	5.47
10	2.96	3	10	2.27	6.72
11	2.77	3	11	2.46	6.82
12	2.62	4	13	3.07	8.05
13	2.46	4	14	3.29	8.11
14	2.21	3	15	3.41	7.55
15	1.97	4	20	4.75	9.35
16	1.74	6	30	7.45	2.96

例10-1 假設雙次抽樣需滿足 $p_1 = 0.012$，$\alpha = 0.05$，$p_2 = 0.07$，$\beta = 0.1$，要求條件為 $n_2 = 2n_1$，試設計一適當之抽樣計畫。

解答：

比例值 $R = \dfrac{p_2}{p_1} = \dfrac{0.07}{0.012} = 5.83$

查表得知 5.39 最接近，因此允收數 $c_1 = 0$, $c_2 = 3$，拒收數 $r_1 = r_2 = c_2 + 1 = 4$。樣本大小可由兩種方式求得。若固定 α，則 $pn_1 = 0.49$，

因此 $n_1 = \dfrac{pn_1}{p_1} = 40.83 \approx 41$

$n_2 = 2 \times n_1 = 82$

若固定 β 值，則 $pn_1 = 2.64$，

因此 $n_1 = \dfrac{pn_1}{p_2} = \dfrac{2.64}{0.07} = 37.71 \approx 38$

$n_2 = 2 \times n_1 = 76$

以上兩種抽樣計畫都將穿過 (大約) OC 曲線上之 (0.012, 0.95) 和 (0.07, 0.10) 兩點。

10.3.2 多次抽樣計畫

多次抽樣之設計，主要是希望在貨批品質很差時，能以較小之樣本拒收，而對於品質良好之貨批，也能提供某特定程度之保護。多次抽樣是每次抽取一定的件數作爲樣本，以各次抽樣之累計結果與判定基準相比較，再判定允收、拒收或繼續抽樣。下表爲一個多次抽樣計畫之範例。

階 段	樣本大小	c_i	r_i
1	30	0	2
2	30	1	3
3	30	3	4

假設 d_i 爲第 i 次抽樣時，樣本中所發現之不合格品數。上述多次抽樣計畫之使用程序爲：先從貨批中抽取 30 件，若 d_1=0，則允收；若 $d_1 \geq 2$，則拒收。當 d_1=1，則抽取另外 30 件，若 $(d_1+d_2) \leq 1$，則允收；若 $(d_1+d_2) \geq 3$，則拒收貨批。如果 $(d_1+d_2) = 2$，則抽取第 3 組樣本，樣本大小爲 30。若 $(d_1+d_2+d_3) \leq 3$ 時則允收，否則拒收。在多次抽樣計畫中，第 1 組樣本需全部檢查，而其他組樣本可採取截略檢驗。

在多次抽樣計畫中，各次抽樣之樣本大小比單次或雙次抽樣之樣本大小爲小。多次抽樣計畫之主要優點在於當貨批之品質非常好或非常壞時，多次抽樣計畫可在前幾次抽樣時，即可判定貨批爲允收或拒收 (亦即多次抽樣計畫之平均樣本數較單次或雙次抽樣計畫爲低)。多次抽樣計畫之主要缺點爲管理上較困難。

10.4 逐次抽樣計畫

逐次抽樣 (sequential sampling plan) 與多次抽樣類似，它是根據檢驗之累積結果，來作爲允收、拒收或繼續抽樣之依據。理論上逐次抽樣有可能形成 100% 檢驗，但一般均在檢驗數等於單次抽樣檢驗數之 3 倍時停止。在每一階段之檢驗樣本大小大於 1 時，稱爲組逐次抽樣 (group sequential sampling)。若每次之樣本大小等於 1，則稱爲逐件逐次抽樣 (item-by-item sequential sampling)。這種抽樣計畫，通常是用在當我們希望盡快達成允收或拒收決定之情形下，例如檢驗成本高或破壞性檢驗。

逐件逐次抽樣是基於 Wald (1947) 所提出之逐次機率比檢定 (sequential probability ratio test, SPRT) 之觀念。逐次抽樣計畫可以用圖形之方式來實施，其中橫軸記錄檢驗之樣本數目，縱軸爲累加之不合格品數目。另外有兩條決策界限將圖分爲拒收區、允收區和繼續抽樣等三區。決策界限是根據 $(p_1, 1-\alpha)$ 及 (p_2, β) 來決定，決策界限可計算如下：

$$X_A = -h_1 + sn \quad (\text{允收界限})$$
$$X_R = h_2 + sn \quad (\text{拒收界限})$$

上式中

$$h_1 = \left(\log\frac{1-\alpha}{\beta}\right)\Big/k \qquad k = \log\frac{p_2(1-p_1)}{p_1(1-p_2)}$$

$$h_2 = \left(\log\frac{1-\beta}{\alpha}\right)\Big/k \qquad s = \left(\log\left[\frac{(1-p_1)}{(1-p_2)}\right]\right)\Big/k$$

例10-2 假設 $p_1 = 0.05$, $\alpha = 0.05$, $p_2 = 0.2$, $\beta = 0.1$。試設計一逐次抽樣計畫。

解答：

$$k = \log\frac{p_2(1-p_1)}{p_1(1-p_2)} = \log\frac{(0.2)(0.95)}{(0.05)(0.8)} = 0.677$$

$$h_1 = \left(\log\frac{1-\alpha}{\beta}\right)\Big/k = \left(\log\frac{0.95}{0.10}\right)\Big/0.677 = 1.444$$

$$h_2 = \left(\log\frac{1-\beta}{\alpha}\right)\Big/k = \left(\log\frac{0.90}{0.05}\right)\Big/0.677 = 1.854$$

$$s = \left(\log\left[\frac{(1-p_1)}{(1-p_2)}\right]\right)\Big/k = \left(\log\left[\frac{0.95}{0.8}\right]\right)\Big/0.677 = 0.11$$

獲得上述參數後，允收及拒收界限可寫爲

$$X_A = -1.444 + 0.11n$$
$$X_R = 1.854 + 0.11n$$

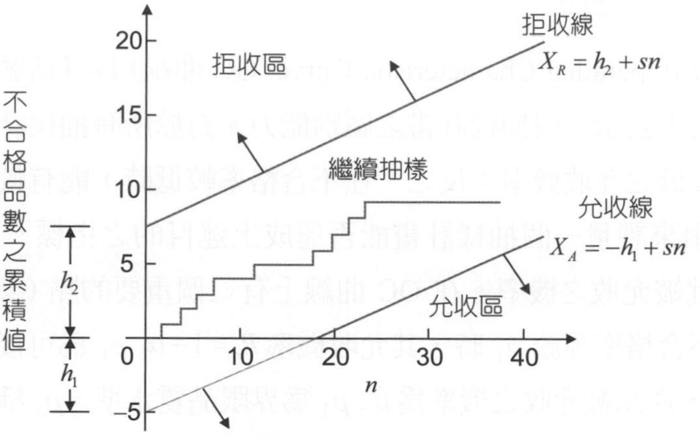

圖 10-3 逐次抽樣計畫

圖 10-3 爲逐次抽樣計畫之圖形表示。逐次抽樣計畫亦可以用表格方式來執行 (見表 10-5)，例如當 n=15 時，允收數及拒收數可計算如下。由於允收數及拒收數必須爲整數值，因此一般將允收數設爲小於或等於 X_A 之最大整數值，拒收數設爲大於或等於 X_R 之最小整數值。當 n=15 時，允收數爲 0，拒收數爲 4。

$$X_A = -1.444 + 0.11n = -1.444 + 0.11(15) = 0.206 \to 0$$
$$X_R = 1.854 + 0.11(15) = 3.504 \to 4$$

在表 10-5 中，當 $n \le 2$ 時，無法判定拒收，此乃因爲 n=1 時，拒收數爲 2 (1.854+0.11=1.964，取 2), n=2 時，拒收數爲 3(1.854+2×0.11=2.074，取 3)。

表 10-5 $p_1 = 0.05$, $\alpha = 0.05$, $p_2 = 0.02$, $\beta = 0.10$ 之逐次抽樣計畫

n	允收數	拒收數	n	允收數	拒收數
1	*	+	11	*	4
2	*	+	12	*	4
3	*	3	13	*	4
4	*	3	14	0	4
5	*	3	15	0	4
6	*	3	16	0	4
7	*	3	17	0	4
8	*	3	18	0	4
9	*	3	19	0	4
10	*	3	20	0	5

*：最少需 14 件才能允收

+：最少需 3 件才能拒收

10.5 抽樣計畫之評估

10.5.1 操作特性曲線

操作特性曲線 (Operating Characteristic Curve, OC 曲線) 爲評估驗收抽樣計畫的一個重要量測。它可用來表示一個抽樣計畫之區別能力。對於所有抽樣計畫，我們希望在不合格率較高時有較低之允收機率；反之，在不合格率較低時，能有較高之允收機率。操作特性曲線即是用來評量一個抽樣計畫能否達成上述目的之指標。此曲線描述在不同不合格率下，貨批被允收之機率。在 OC 曲線上有三個重要的點 (參考圖 10-4) 需加以說明。當產品之不合格率等於 p_1 時，其允收機率 $P_a = 1-\alpha$, p_1 爲可接受品質水準；當不合格率等於 p_2 時，產品被允收之機率爲 β, p_2 爲界限品質水準。p_3 稱爲無差異品質水準 (indifference quality level, IQL)，此時允收機率 P_a= 0.5。

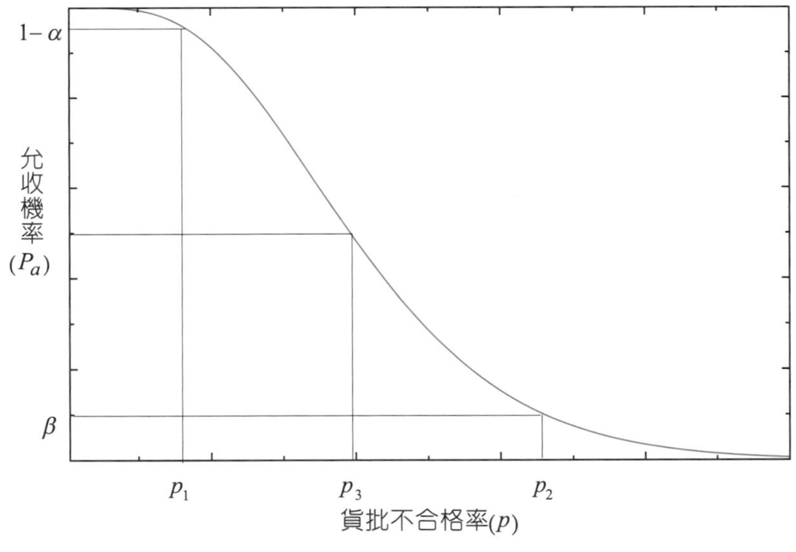

圖 10-4 操作特性曲線

理想化之 OC 曲線爲一條垂直線 (見圖 10-5)，它可在 100% 檢驗，且無檢驗誤差之情況下獲得。圖 10-5 顯示當產品不合格率小於或等於 1.0% 時，貨批允收機率爲 1.0，當不合格率大於 1.0% 時，其允收機率爲 0.0。實際上，並無任何抽樣計畫可獲得如圖 10-5 之 OC 曲線 (亦即完全正確地區別好批或壞批)，但我們可以設計一個較佳之抽樣計畫，使其允收好批之機率，應遠大於允收壞批之機率。

在驗收抽樣中，樣本之絕對大小，對於驗收績效之影響性，遠大於樣本之相對大小(樣本相對於批量之比例)。換句話說，當 n 固定，在不同的批量 N 下，它們將獲得極為類似之 OC 曲線。

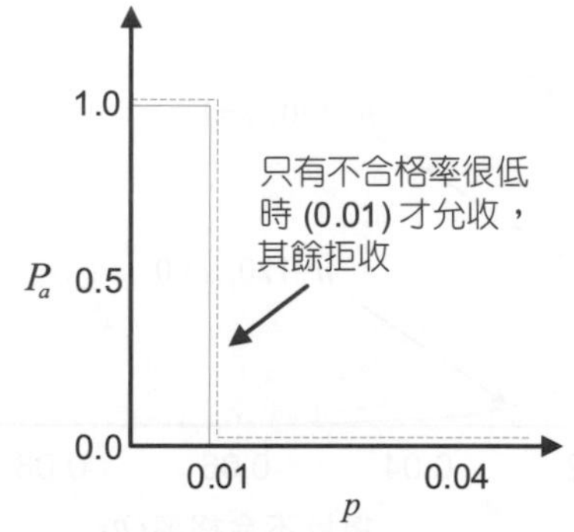

圖 10-5 理想化之 OC 曲線

樣本大小 n 及允收數對於 OC 曲線之影響可歸納為下列數項：

1. 樣本大小 n 增加，OC 曲線將更陡峭，亦即具有較佳之區別好、壞批的能力。當 n 降低，且 n 與 c 之比例保持一定，則生產者風險及消費者風險都將增加 (見圖 10-6)。
2. 允收數 c 降低將造成 α 增加，但 β 將減少。
3. 當樣本大小 n 固定，但 c 值改變時，c 值愈小，OC 曲線愈接近原點 (見圖 10-7)。

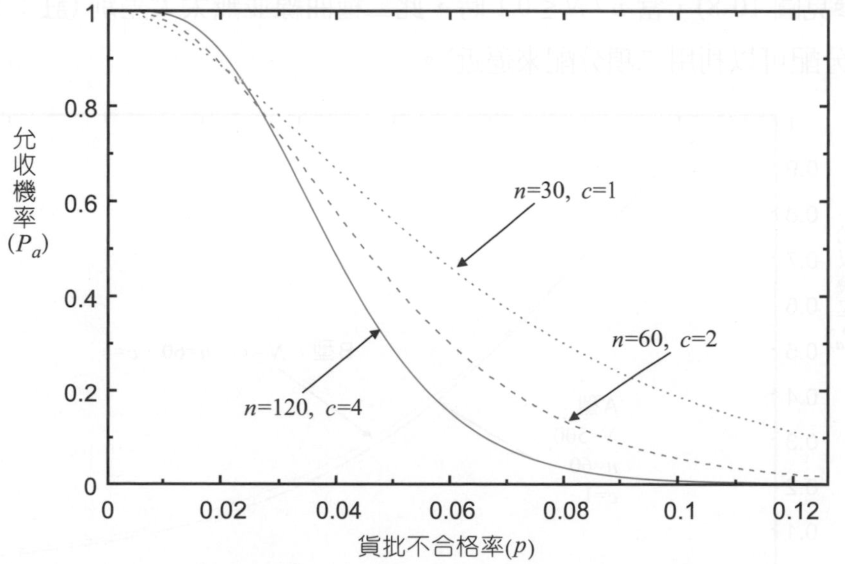

圖 10-6 不同樣本大小之 OC 曲線

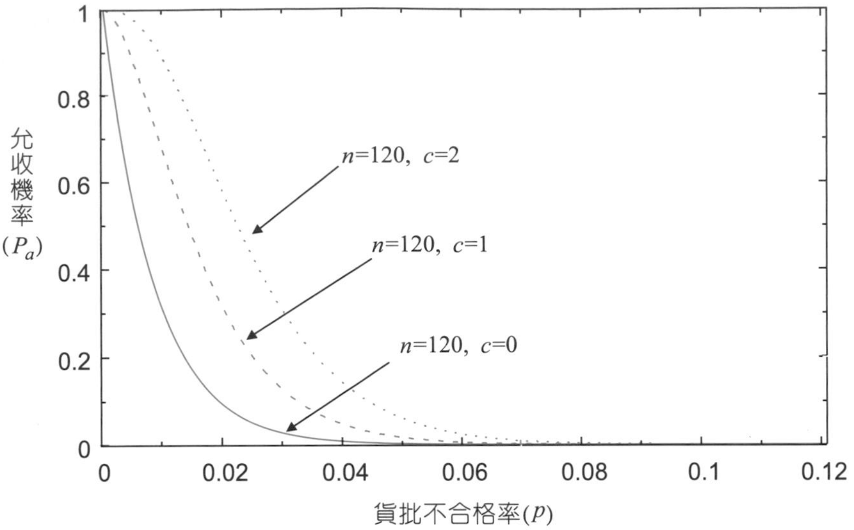

圖 10-7 改變允收數對於 OC 曲線之影響

OC 曲線可分為兩種。當樣本來自於一很大之批，或自連續數批產品以隨機之方式檢驗，則二項分配是計算貨批允收機率 P_a 之正確機率分配，此種情況下所獲得之 OC 曲線稱為B型曲線。A 型 OC 曲線則是用於計算一獨立送驗批且批量大小為有限產品，此時樣本中之不合格品是以超幾何分配 (hypergeometric distribution) 來描述。 理論上，A型 OC 曲線並不為連續，但一般仍將其以連續曲線表示。一般而言，A 型曲線較 B 型曲線為低 (參見圖 10-8)，當 $n / N \leq 0.1$ 時，此二種曲線並無太大差別 (**註**：當 $n / N \leq 0.1$ 時，超幾何分配可以利用二項分配來逼近)。

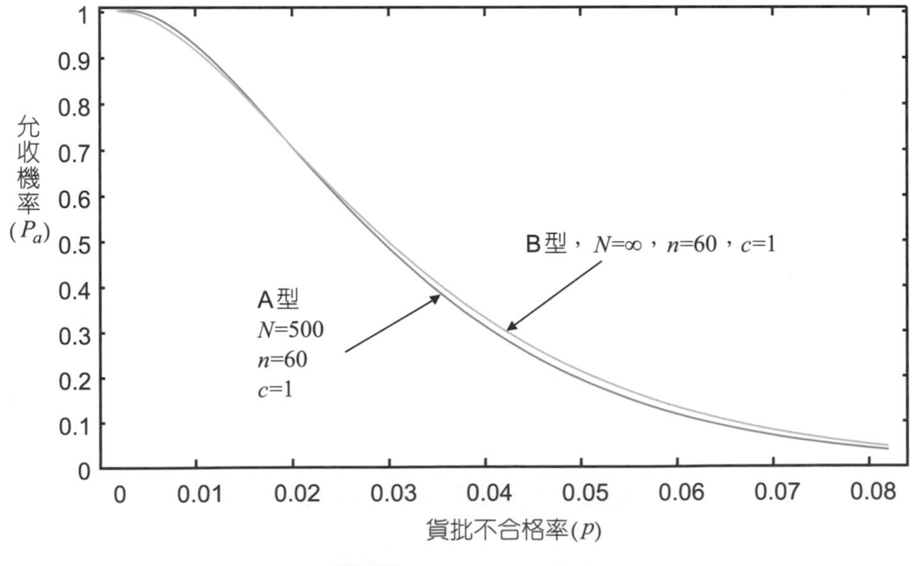

圖 10-8 OC 曲線之種類

在實務上，有兩種特殊但並非正確之抽樣計畫需加以說明。第一是使用允收數等於 0 之抽樣計畫，第二是以批量之固定比例做爲樣本大小。以下說明在此兩種特殊設計下，OC 曲線之變化。

1. 允收數 $c=0$ 之 OC 曲線與 $c\neq 0$ 之曲線有相當大之差別，$c=0$ 時，OC 曲線爲一凸向原點之曲線 (圖 10-9)。此種特性造成即使 p 很小時，允收機率仍然很小。這種情況對於買賣雙方都不利。如果將貨批退回給賣方，則可能有許多批是不需退回的，此將造成買方在生產上之延誤。如果買方以 100% 全檢不合格之貨批，則不少品質不錯之貨批將被篩選，此時抽樣檢驗將失去意義。第 12 章所介紹之連鎖抽樣計畫，可用來解決上述之問題。
2. 即使樣本大小爲批量 N 之固定比例，不同之樣本大小仍將有不同程度之保護。圖 10-10 顯示 n 爲 N 之 20% 的 OC 曲線。由圖可看出此三種 OC 曲線並不相同。

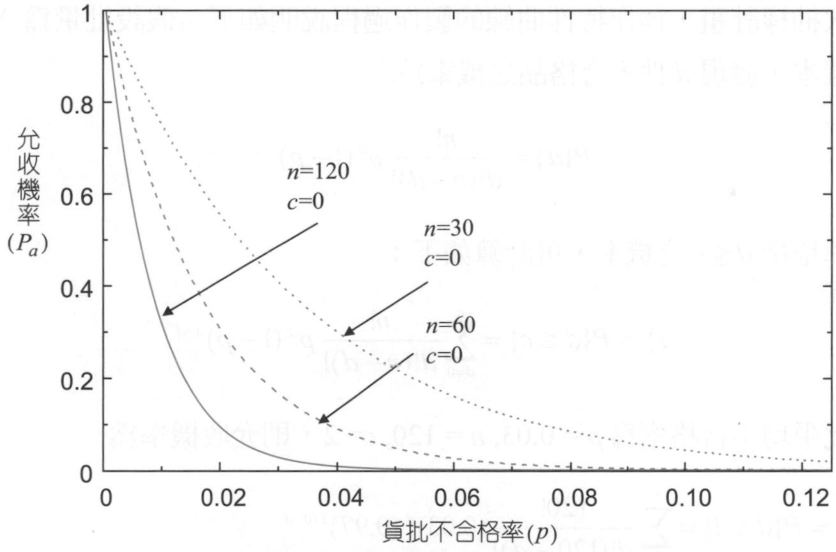

圖 10-9 允收數等於零之 OC 曲線

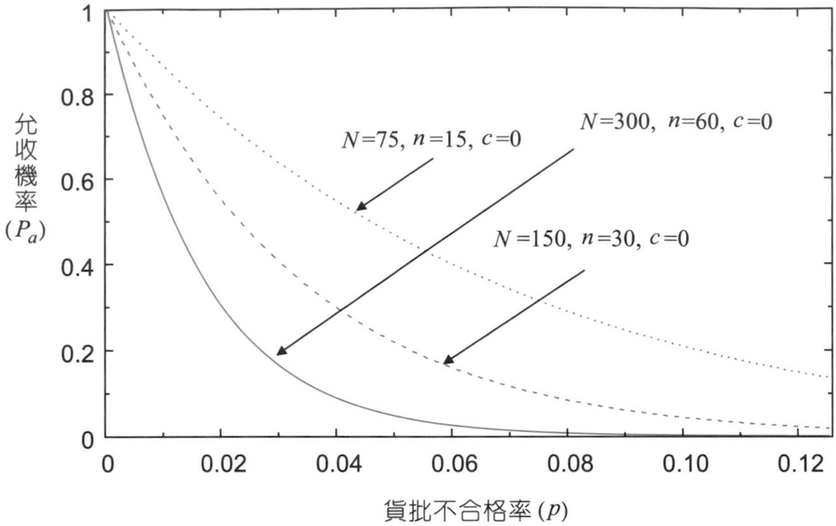

圖 10-10　樣本大小是批量 20%之 OC 曲線

對於單次抽樣計畫，操作特性曲線的製作過程說明如下。假設批量爲 N，今從貨批中抽出 n 件樣本，發現 d 件不合格品之機率爲

$$P\{d\}=\frac{n!}{d!(n-d)!}p^d(1-p)^{n-d}$$

允收機率是指 $d\le c$ 之機率，可計算如下：

$$P_a=P\{d\le c\}=\sum_{d=0}^{c}\frac{n!}{d!(n-d)!}p^d(1-p)^{n-d}$$

假設各批平均不合格率爲 $p=0.03, n=120, c=2$，則允收機率爲

$$\begin{aligned}P_a&=P\{d\le 2\}=\sum_{d=0}^{2}\frac{120!}{d!(120-d)!}(0.03)^d(0.97)^{120-d}\\&=\frac{120!}{0!120!}(0.03)^0(0.97)^{120}+\frac{120!}{1!119!}(0.03)^1(0.97)^{119}+\frac{120!}{2!118!}(0.03)^2(0.97)^{118}\\&=0.2984\end{aligned}$$

若將不同 p 值下之允收機率 P_a 算出，則可繪出 OC 曲線。表 10-6 爲在數個不同 p 值下的允收機率，圖 10-11 爲 OC 曲線。

表 10-6 n =120,c = 2 之單次抽樣計畫的允收機率

p	P_a	p	P_a
0.001	0.9997	0.030	0.2984
0.002	0.9981	0.050	0.0575
0.003	0.9942	0.070	0.0083
0.004	0.9873	0.090	0.0010
0.005	0.9772	0.100	0.0003
0.006	0.9639	0.101	0.0003
0.007	0.9473	0.103	0.0002
0.008	0.9276	0.105	0.0002
0.009	0.9052	0.107	0.0001
0.010	0.8804	0.109	0.0001

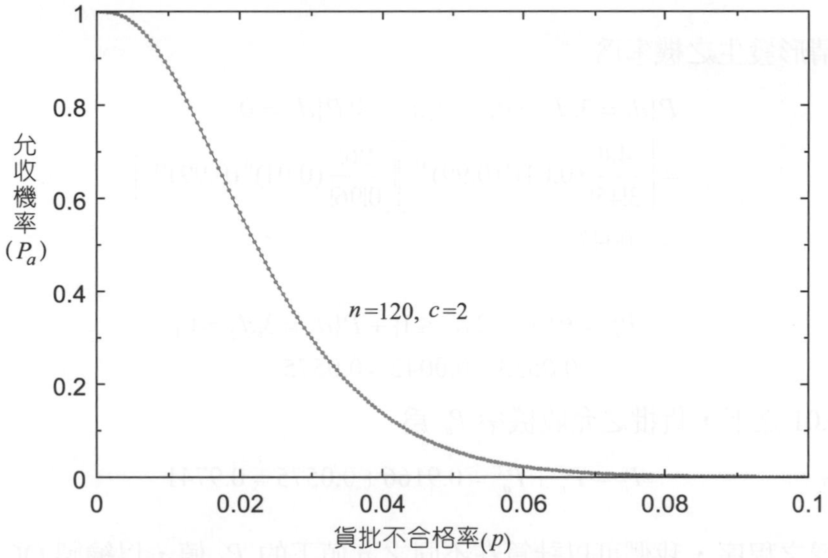

圖 10-11 n =120, c =2 之單次抽樣計畫的操作特性曲線

假設雙次抽樣計畫爲 n_1= 48, c_1= 1, n_2= 96, c_2= 3。令 P_a^1 代表第一次抽樣即予允收之機率，P_a^2 爲第 2 次抽樣才予允收之機率，P_a 爲整體之允收機率，其中 $P_a = P_a^1 + P_a^2$。若第一次抽樣即予允收，則在第一次抽樣所發現之不合格品數 d_1，只能爲 0 或 1 (亦即 $d_1 \le c_1$)。若產品之平均不合格率爲 0.01，貨批之允收機率 P_a 爲

$$\begin{aligned} P_a^1 &= \sum_{d_1=0}^{1} \frac{48!}{d_1!(48-d_1)!}(0.01)^{d_1}(1-0.01)^{48-d_1} \\ &= \frac{48!}{0!48!}(0.01)^0(0.99)^{48} + \frac{48!}{1!47!}(0.01)^1(0.99)^{47} \\ &= 0.9166 \end{aligned}$$

第二次抽樣才予允收之可能情形有下列兩種：

1. $d_1=2$ 且 ($d_2=0$ 或 $d_2=1$)
2. $d_1=3$ 且 $d_2=0$

第一種情形發生之機率為

$$
\begin{aligned}
&P\{d_1=2,d_2\le 1\}=P\{d_1=2\}P\{d_2\le 1\}\\
&=\frac{48!}{2!46!}(0.01)^2(0.99)^{46}\times\sum_{d_2=0}^{1}\frac{96!}{d_2!(96-d_2)!}(0.01)^{d_2}(0.99)^{96-d_2}\\
&=0.0533
\end{aligned}
$$

第二種情形發生之機率為

$$
\begin{aligned}
&P\{d_1=3,d_2=0\}=P\{d_1=3\}P\{d_2=0\}\\
&=\left[\frac{48!}{3!45!}(0.01)^3(0.99)^{45}\right]\left[\frac{96!}{0!96!}(0.01)^0(0.99)^{96}\right]\\
&=0.0042
\end{aligned}
$$

因此

$$
\begin{aligned}
P_a^2&=P\{d_1=2,d_2\le 1\}+P\{d_1=3,d_2=0\}\\
&=0.0533+0.0042=0.0575
\end{aligned}
$$

在 $p=0.01$ 之下，貨批之允收機率 P_a 為

$$P_a=P_a^1+P_a^2=0.9166+0.0575=0.9741$$

依照同樣之程序，我們可以計算在不同之 p 值下的 P_a 值，以繪製 OC 曲線 (參見圖 10-12)。

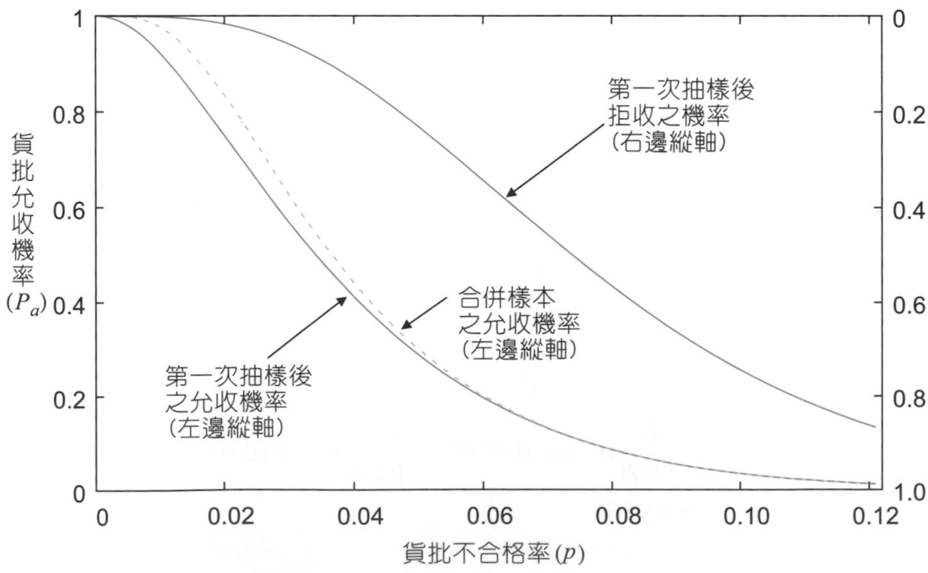

圖 10-12 雙次抽樣計畫之 OC 曲線

具有$(p_1, 1-\alpha)$、(p_2, β)之逐次抽樣可由任意選擇之 ω 值決定不合格率 p，再代入 P_a 之公式中求允收機率，即可建立 OC 曲線。

$$p = \frac{1-\left(\dfrac{1-p_2}{1-p_1}\right)^{\omega}}{\left(\dfrac{p_2}{p_1}\right)^{\omega}-\left(\dfrac{1-p_2}{1-p_1}\right)^{\omega}}$$

$$P_a = \frac{\left(\dfrac{1-\beta}{\alpha}\right)^{\omega}-1}{\left(\dfrac{1-\beta}{\alpha}\right)^{\omega}-\left(\dfrac{\beta}{1-\alpha}\right)^{\omega}}$$

10.5.2 平均樣本數

平均樣本數 (average sample number, ASN) 是指在某一貨批不合格率下，檢驗一連串貨批，在達成拒收或允收之決定時，所需要之平均樣本件數。在單次抽樣計畫中，檢驗樣本數爲一固定值 n。而在雙次抽樣計畫中，檢驗樣本數取決於是否需要抽取第 2 組樣本。雙次抽樣之 ASN 可以利用下列公式計算

$$\text{ASN} = n_1P_1 + (n_1+n_2)(1-P_1) = n_1 + n_2(1-P_1)$$

其中 P_1 爲第一次抽樣就作決定之機率。亦即

$$P_1 = P\{\text{第一次抽樣後判定允收}\} + P\{\text{第一次抽樣後判定拒收}\}$$

將不同 p 值下之 ASN 算出，就可繪製 ASN 曲線。

在檢驗第 2 組樣本之過程中，若規定兩次抽樣所發現之不合格品數超過 c_2 時，則停止第 2 組樣本之檢驗，此稱爲截略檢驗 (curtailed inspection)。截略檢驗可以降低雙次抽樣計畫之平均樣本數，但並不適用於單次抽樣或雙次抽樣之第一次抽樣過程，因爲在這兩種情形下，使用截略檢驗將使不合格率 p 之估計產生偏差。例如當 c_1=1 時，如果前兩件爲不合格品，因採取截略而中斷檢驗，則估計出之不合格率將爲 1.0 (非常不合理)。

圖 10-13 比較單次抽樣計畫 n=45、c=2 及雙次抽樣計畫 n_1=45、c_1= 1、n_2= 60、c_2= 3 之 ASN 曲線。此二抽樣計畫具有相近似之 OC 曲線。由圖我們可看出當不合格率很低或很高時，雙次抽樣之 ASN 低於單次抽樣。此現象非常合理，因爲當品質非常好或非常差時，在第一次抽樣時即可判定允收或拒收，不需再抽第 2 組樣本 (亦即好、壞非常明顯)。由圖亦可看出，當雙次抽樣採取截略檢驗時，ASN 低於單次抽樣。

從圖 10-13 可看出雙次抽樣之選用，必須看產品之不合格率。在實務上，我們可記錄供應商之品質變化，如果不合格率落在雙次抽樣較無效率之區域，則應考慮改用單次抽樣。另外，記錄在雙次抽樣計畫中，需檢驗第2組樣本之次數，亦可提供是否需改變抽樣計畫之資訊。

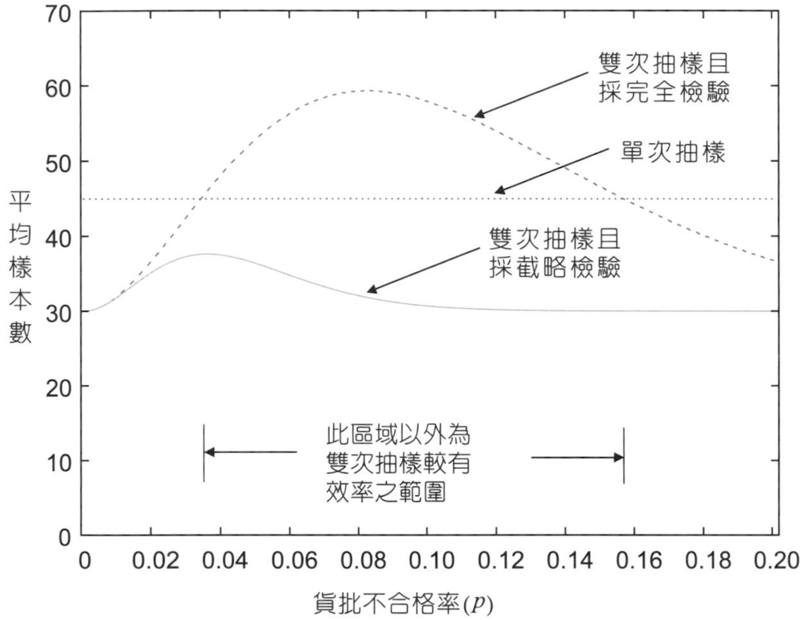

圖 10-13 雙次抽樣計畫之平均樣本數

多次抽樣計畫之平均樣本數可由下列公式求得：

$$\text{ASN} = n_1P_1 + (n_1 + n_2)P_2 + \cdots + (n_1 + n_2 + \cdots + n_k)P_k$$

其中 n_i 爲第 i 次抽樣之樣本大小，P_i 爲第 i 次抽樣後，做成決定 (允收或拒收)之機率。

逐次抽樣之 ASN 計算較爲複雜，對$(p_1, 1-\alpha)$, (p_2, β)之逐次抽樣計畫，其 ASN 爲

$$\text{ASN} = \frac{P_a\left[\log\left(\dfrac{\beta}{1-\alpha}\right)\right] + (1-P_a)\left[\log\left(\dfrac{1-\beta}{\alpha}\right)\right]}{p\left[\log\left(\dfrac{p_2}{p_1}\right)\right] + (1-p)\left[\log\left(\dfrac{1-p_2}{1-p_1}\right)\right]}$$

ASN 與貨批之不合格率有關。當 p 非常小或非常大時，我們將得到很小之 ASN。ASN 之最大值大約發生在 p=s 時。在幾個特殊之 p 值下，ASN 之值爲

$$\text{ASN} = \begin{cases} \dfrac{h_1}{s} & p = 0.0 \\ \dfrac{(1-\alpha)h_1 - \alpha h_2}{s - p_1} & p = p_1 \\ \dfrac{h_1 h_2}{s(1-s)} & p = s \\ \dfrac{(1-\beta)h_2 - \beta h_1}{p_2 - s} & p = p_2 \\ \dfrac{h_2}{1-s} & p = 1.0 \end{cases}$$

10.5.3 平均出廠品質

選別檢驗之優點乃在於出廠品質水準之改善。平均出廠品質 (average outgoing quality, AOQ) 是用來評估選別檢驗計畫之一種指標。平均出廠品質是指一連串之貨批在應用選別檢驗後，貨批之平均品質水準。它是在不合格率爲 p 之情形下，從一連串批所獲得之平均品質水準。AOQ 計算公式之推導說明如下。假設批量大小爲 N，在檢驗過程中所發現之不合格品，均以合格品來替代。在 N 件產品中，不合格品之分布爲：

1. 在 n 件樣本中，由於檢驗出之不合格品均以合格品取代，因此不含任何不合格品。
2. 如果樣本之檢驗結果，判定拒收，則在非樣本部分之 $N–n$ 件，需 100% 全檢，並將不合格品剔除並以合格品取代。因此，$N–n$ 件中亦不含任何不合格品 (此假設沒有檢驗誤差)。
3. 如果樣本之檢驗結果，判定爲允收，則不檢驗非樣本之 $N–n$ 件。因此，此部分將包含 $(N–n)p$ 件之不合格品。

第一項發生之機率爲 1，因爲不管拒收或允收，此部分一定發生。第二項發生之機率爲拒收之機率，等於 $1–P_a$，第三項之機率爲 P_a。

在出廠階段，產品不合格品數之期望值爲

$$0(1) + 0(1-P_a) + p(N-n)P_a = P_a p(N-n)$$

若以平均不合格率來表示，稱爲平均出廠品質 AOQ，

$$\text{AOQ} = \frac{P_a p(N-n)}{N}$$

若 N 遠大於 n，則 $\text{AOQ} \cong P_a p$。

p 可視爲檢驗前之平均不合格率，而 AOQ 可看成選別檢驗後之平均不合格率。換句話說 AOQ 是顧客在連續接收貨批後，所看到之貨批平均不合格率，AOQ 隨檢驗前不合格率之不同而改變。若將檢驗前之平均不合格率對 AOQ 作圖，稱爲 AOQ 曲線 (見圖 10-14)。從 AOQ 曲線可看出當檢驗前之不合格率很低時，檢驗後之 AOQ 亦很低。若檢驗前之品質很差 (不合格率很高)，則多數之批將被拒絕並加以揀選，因此檢驗後之不合格率將很低。AOQ 之最大值，發生在檢驗前之品質水準爲中等時，此值稱爲平均出廠品質界限 (average outgoing quality limit, AOQL)。此意味不管檢驗前之不合格率爲何值，選別檢驗後，最高之不合格率爲 AOQL。AOQL 亦可視爲買方在最差之情況下，所面對之貨批不合格率，亦即它是較爲悲觀之估計，但 AOQL 是指一連串多批產品之平均不合格率。對單一批產品而言，其不合格率仍有可能高於 AOQL。

對於雙次之選別檢驗計畫，AOQ 之公式爲

$$\text{AOQ} = \frac{\left[P_a^1(N-n_1) + P_a^2(N-n_1-n_2)\right]p}{N}$$

其中 P_a^1 爲第一次抽樣即允收之機率，P_a^2 爲第二次抽樣才允收之機率。

多次 (k 次) 抽樣計畫之 AOQ 爲

$$\text{AOQ} = \frac{\left[P_a^1(N-n_1) + P_a^2(N-n_1-n_2) + \cdots + P_a^k(N-n_1-n_2-\cdots-n_k)\right]p}{N}$$

其中 P_a^i 爲第 i 次抽樣後允收之機率，n_i 爲第 i 次抽樣之樣本大小。

在選別檢驗中，逐次抽樣之 AOQ 爲

$$\text{AOQ} \cong P_a p$$

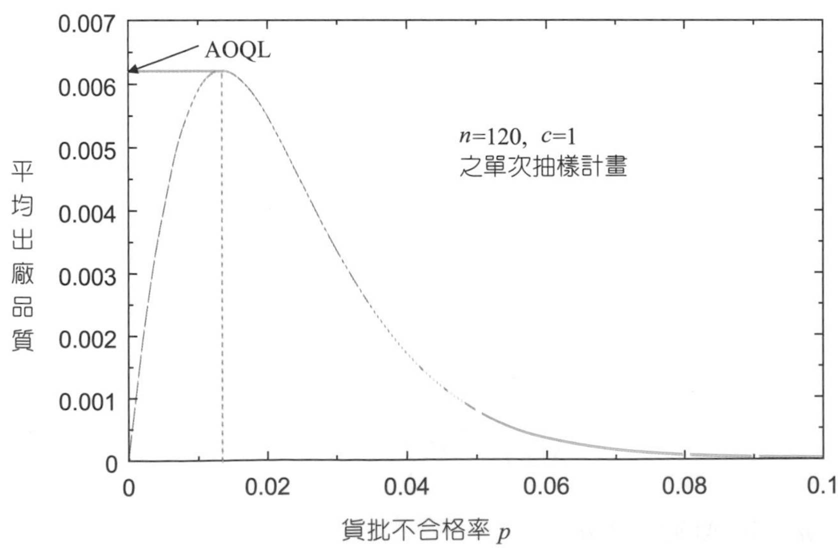

圖 10-14 AOQ 曲線

10.5.4 平均總檢驗件數

另一個用來評估選別檢驗計畫之重要指標爲平均總檢驗件數 (average total inspection, ATI)。對於單次抽樣計畫，ATI 之推導說明如下。若一批產品被允收，則其檢驗件數爲 n 件 (等於樣本大小)。反之，若產品被拒收，則除了檢驗 n 件外，對於非樣本之 $N–n$ 件亦必須檢驗。若各批之平均不合格率爲 p，允收機率爲 P_a，則 ATI 可計算如下：

$$\begin{aligned} ATI &= n(P_a) + n(1-P_a) + (N-n)(1-P_a) \\ &= n + (N-n)(1-P_a) \end{aligned}$$

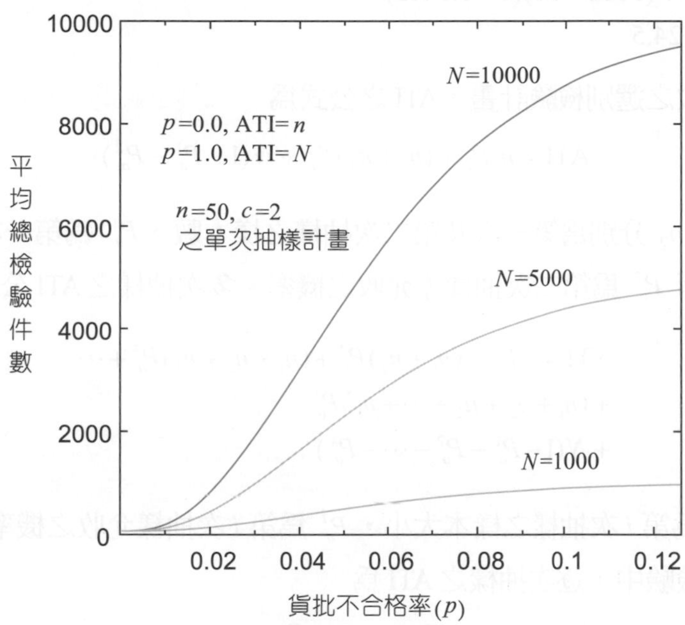

圖 10-15 ATI曲線

上述公式可描述爲：不管任何情況下，樣本 n 一定會被檢驗，非樣本部分 $(N–n)$ 只有在拒收時才會被檢驗。對單一貨批而言，ATI 不是 n 即是 N。對於 $c=0$ 之單次抽樣計畫，$ATI = n + (N-n)[1-(1-p)^n]$。

ATI 曲線必定是由 n 開始 (當 $p=0$ 時)，並在 ATI=N 結束 (當 $p=1$ 時)。圖 10-15 爲 $n=50, c=2$ 之單次選別抽樣計畫，在不同批量下之 ATI 曲線。

例10-3 假設選別抽樣計畫之樣本大小爲 $n=50$, $c=2$。檢驗前之平均不合格率爲 $p=0.05$，批量 N=5000，計算 AOQ 及 ATI。

解答：

首先計算允收機率 P_a,

$$P_a=\binom{50}{0}(0.05)^0(0.95)^{50}+\binom{50}{1}(0.05)^1(0.95)^{49}+\binom{50}{2}(0.05)^2(0.95)^{48}$$
$$=0.5405$$
$$\text{AOQ}=P_a p=0.5405\times 0.05=0.027$$
$$\text{ATI}=n+(N-n)(1-P_a)$$
$$=50+(5000-50)(1-0.5405)$$
$$=2324.5$$

對於雙次之選別檢驗計畫，ATI 之公式爲

$$\text{ATI}=n_1P_a^1+(n_1+n_2)P_a^2+N(1-P_a^1-P_a^2)$$

其中 n_1, n_2 分別爲第一次及第二次抽樣之樣本數。P_a^1 爲第一次抽樣即予允收之機率，而 P_a^2 爲第二次抽樣才允收之機率。多次抽樣之 ATI 公式爲：

$$\begin{aligned}\text{ATI}&=n_1P_a^1+(n_1+n_2)P_a^2+(n_1+n_2+n_3)P_a^3+\cdots\\&+(n_1+n_2+n_3+\cdots+n_k)P_a^k\\&+N(1-P_a^1-P_a^2-\cdots-P_a^k)\end{aligned}$$

其中 n_i 爲第 i 次抽樣之樣本大小，P_a^i 爲第 i 次抽樣允收之機率。

在選別檢驗中，逐次抽樣之 ATI 爲

$$\text{ATI}=\frac{P_a\left[\log\left(\dfrac{\beta}{1-\alpha}\right)\right]+(1-P_a)N}{p\left[\log\left(\dfrac{p_2}{p_1}\right)\right]+(1-p)\left[\log\left(\dfrac{1-p_2}{1-p_1}\right)\right]}$$

10.6 MIL-STD-105E (ANSI/ASQ Z1.4)

10.6.1 MIL-STD-105E之歷史背景

本節所介紹的是廣受業界採用的標準型抽樣計畫 MIL-STD-105E。使用標準型抽樣計畫較為簡易，可省去設計抽樣計畫的時間，而且標準型抽樣計畫之特性和績效都為現成，主要是應用於計數值資料，如不合格率或不合格點數。MIL-STD-105E 起源於 JAN-STD-105，並經多次修訂，表 10-7 彙整其演進之過程。

在美國，MIL-STD-105 廣為政府機關及民間組織所採用。我國中央標準局於 1970 年公布之國家標準 CNS 2779 和日本的 JIS Z9015 國家標準，都與 MIL-STD-105 標準類似。1989 年 5 月 10 日，美國軍備研究發展工程中心公布之 MIL-STD-105E。105E 和過去 105D 版本相類似，只有在文字部分加以修訂，另行編排。

表 10-7 MIL-STD-105E 之演進過程

標準名稱	說 明
JAN-STD-105	全名為 Joint Army-Navy Standard 105，係在 1949 年設計完成。
MIL-STD-105A	在 1950 年，JAN-STD-105 被修訂為 MIL-STD-105A。
MIL-STD-105B	1958 年修訂。
MIL-STD-105C	1961 年修訂。
MIL-STD-105D	1963 年修訂。
ABC-STD-105	在 1964 年，美國、英國和加拿大三國共同修正 MIL-STD-105D (註：ABC 代表 America、Britain 和 Canada)。
ANSI/ASQC Z1.4	1971 年發行，由美國國家標準學會 (American National Standard Institute, ANSI) 將其列入美國國家標準。因應美國品質學會的改名，目前之標準稱為 ANSI/ASQ Z1. 4。
ISO 2859	在 1974 年，國際標準組織 (International Organization for Standardization, ISO) 將 ANSI/ASQC Z1.4 稍作修正，將其編列為 ISO 2859。

MIL-STD-105E 是以可接受品質水準 (acceptable quality level, AQL) 為基礎之抽樣計畫 (註：AQL 又譯為允收品質水準)。AQL 是指買方可接受之品質水準。在以 AQL 為基礎之檢驗計畫中，貨批不是很明確地被拒收就是被允收，並不包含選別檢驗。選別檢驗雖然可使貨批之不合格率降低，但必須付出額外之檢驗成本。如果買、賣雙方是屬於同一公司或組織，品質與成本間之平衡，可以很容易地獲得解決，但如果屬於不同公司，則會產生下列問題。第一個問題是應該由哪一方承擔選別檢驗之成本。賣方 (生產者) 對於買

方實施篩選之額外檢驗成本，可能不樂意接受，因爲賣方無法控制或無法正確評估買方在篩選上之檢驗成本；反之，如果篩選工作是由賣方來執行，買方可能不樂意接受賣方檢驗結果。如果由買方執行篩選，並只退回不合格品，則無法激勵賣方改善品質。

10.6.2 MIL-STD-105E之使用

MIL-STD-105E 包含三種抽樣型式：單次抽樣、雙次抽樣和多次抽樣。每一種抽樣計畫又可分爲正常檢驗 (normal inspection)、加嚴檢驗 (tightened inspection) 和減量檢驗 (reduced inspection)。抽樣計畫開始時，通常是先使用正常檢驗，除非另有規定。加嚴檢驗是用在當賣方之品質變差時，而減量檢驗則是用在賣方之品質良好之情況。

MIL-STD-105E 之重點爲 AQL，當 AQL ≤ 10% 時，可用來表示不合格率或百件中之不合格點數；當 AQL > 10% 時，則僅能用來表示百件中之不合格點數。若將 MIL-STD-105E 所使用之 AQL 值依 $\log_{10}$(AQL)之大小排列，將形成一直線。AQL 通常是在契約中訂定，或者由負責單位指定，不同之不合格點或不合格品可以使用不同之 AQL 值。較爲嚴重之不合格點或不合格品可以使用較低之 AQL 值。一般來說，關鍵 (critical) 之不合格品 (或不合格點) 可採用 AQL = 0.1%，主要 (major) 不合格品採用 1%，對於次要 (minor) 不合格品可用 AQL = 2-4%。AQL 也可依 (1) 檢驗成本與修理成本之比例；(2) 可能發現問題之地方 (顧客、終檢、製程)；(3) 不合格品之處理方式 (報廢、修理、特採)；(4) 生產方式 (全自動、半自動、人工)；(5) 鑑定不良之難易程度來決定。當檢驗成本與修理成本之比例低、可能在顧客處發現問題、不合格品需報廢、全自動生產、很難鑑定不良之情況下，適合採用較低之 AQL 值。

以 AQL 爲基礎之抽樣計畫，係以下列之考量來設計：

1. 當品質之歷史資料不完整時，允收條件之選擇須達成下列目標：當品質水準符合或優於 AQL 時，應保護生產者，避免貨批被拒收。
2. 當品質水準劣於 AQL 時，應採較爲嚴格之允收條件，以保護消費者接受不良之貨批。加嚴檢驗之設計即是滿足上述條件。
3. 當歷史資料顯示品質很好時，應允許減量檢驗之措施。此可讓檢驗員將重點擺在需要特別注意之產品上。
4. 對於關鍵之缺點項目，應採取較嚴格之允收條件。對於可能造成嚴重後果之缺點項目，應採用較低之 AQL 值。

5. 樣本大小與批量之關係並非完全依機率理論來建立，而是根據下列經驗法則：(1) 較大之貨批，愈不容易獲得隨機樣本、(2) 允收或拒收對較大貨批所造成之影響較大。

在 MIL-STD-105E 中，樣本大小是由批量大小和檢驗水準來決定 (見表 10-8)。檢驗水準是用來描述檢驗量之相對大小。不同的檢驗水準對於生產者有大約相同之保護，但對於消費者則有不同之保護程度。不同的檢驗水準也代表著檢驗成本與產品之保護間的平衡。MIL-STD-105E 提供七種檢驗水準，分別為一般檢驗水準 (general inspection levels) I、II、III，和特殊檢驗水準 (special inspection levels) S-1、S-2、S-3、S-4。大多數之產品採用一般檢驗水準，其中檢驗水準 II 稱為正常檢驗水準 (normal inspection level)。檢驗水準 III 具有較高之區別好壞批之能力，其 OC 曲線較陡。水準 III 之相對檢驗數大約為水準 II 的兩倍，而水準 I 則為水準 II 的一半，代表較高之檢驗水準其檢驗成本也較高。特殊檢驗水準是保留給檢驗成本昂貴或需破壞性檢驗之產品，此種檢驗水準是用在需要較小樣本或者是較大抽樣風險時，檢驗水準需在買、賣雙方之合約中註明或由有關決策單位決定。

表 10-8　MIL-STD-105E 之樣本大小代字

批量大小	特殊檢驗水準				一般檢驗水準		
	S-1	S-2	S-3	S-4	I	II	III
2 - 8	A	A	A	A	A	A	B
9 - 15	A	A	A	A	A	B	C
16 - 25	A	A	B	B	B	C	D
26 - 50	A	B	B	C	C	D	E
51 - 90	B	B	C	C	C	E	F
91 - 150	B	B	C	D	D	F	G
151 - 280	B	C	D	E	E	G	H
281 - 500	B	C	D	E	F	H	J
501 - 1200	C	C	E	F	G	J	K
1201 - 3200	C	D	E	G	H	K	L
3201 - 10000	C	D	F	G	J	L	M
10001 - 35000	C	D	F	H	K	M	N
35001 - 150000	D	E	G	J	L	N	P
150001 - 500000	D	E	G	J	M	P	Q
500001以上	D	E	H	K	N	Q	R

MIL-STD-105E 之使用程序可分為下列步驟：

1. 根據買賣雙方之約定，選擇 AQL。
2. 決定檢驗水準。
3. 決定批量大小，並根據表 10-8 求樣本大小之代字。
4. 決定適當之抽樣計畫 (單次、雙次或多次抽樣)。

5. 決定適當之抽樣計畫表。
6. 一般先採用正常檢驗，再根據轉換程序轉為減量或加嚴檢驗。

表 10-9 至 10-17 爲單次、雙次和多次抽樣計畫之主表。表 10-18 爲正常檢驗轉換至減量檢驗之條件。在查表時，若遇到垂直箭頭，則採用箭頭以上 (或下) 之第一個抽樣計畫的允收數和拒收數，同時也需依照箭頭所指計畫的樣本大小抽樣。如果樣本大小大於批量，則採用 100% 全檢。在雙次和多次抽樣計畫表中，有幾個符號需加以說明，在雙次抽樣中，符號 "*" 代表採用對應的單次抽樣計畫 (或採用下面的雙次抽樣計畫)。在多次抽樣中，"*" 代表採用對應的單次抽樣計畫 (或採用下面的多次抽樣計畫)，"++" 代表採用對應的雙次抽樣計畫 (或採用下面的多次抽樣計畫)。

例10-4 假設批量大小 N = 5000, AQL = 1.0%。若採用一般檢驗水準 II，依 MIL-STD-105E 設計正常檢驗之抽樣計畫。

解答：

查表得知抽樣計畫之樣本大小代字爲 L。在單次、正常抽樣計畫中，查表得 $n = 200$，允收數 Ac = 5，拒收數 Re = 6。

例10-5 假設產品之批量大小爲 100, AQL 設爲 6.5%，此產品採用 S-1 檢驗水準。依 MIL-STD-105E 設計正常之抽樣計畫。

解答：

由查表得知樣本大小代字爲B，在單次、正常檢驗之主表中，得知樣本大小 n=3。但表中「↑」符號說明此時應該使用樣本大小 n =2，允收數 Ac = 0，拒收數 Re=1。

例10-6 產品之批量爲 100, AQL = 6.5%，採用一般檢驗水準 II，根據 MIL-STD-105E 求一多次、加嚴檢驗之抽樣計畫。

解答：

由 N=100 和檢驗水準 II，查表得樣本大小之代字爲 F。再由樣本大小代字 F 和 AQL = 6.5%，可得 $n_1 = 5$, Ac_1= #, $Re_1 = 2$；n_2 =5, $Ac_2 = 0$, $Re_2 = 3$；$n_3 = 5$, $Ac_3 = 0$, $Re_3 = 3$；$n_4 = 5$, $Ac_4 = 1$, $Re_4 = 4$；$n_5 = 5$, $Ac_5 = 2$, $Re_5 = 4$；$n_6 = 5$, $Ac_6 = 3$, $Re_6 = 5$；$n_7 = 5$, $Ac_7 = 4$, $Re_7 = 5$。符號「#」代表不允許允收。

表 10-9 單次抽樣，正常檢驗之主表

樣本大小代字	樣本大小	AQL 0.010 Ac Re	0.015 Ac Re	0.025 Ac Re	0.040 Ac Re	0.065 Ac Re	0.10 Ac Re	0.15 Ac Re	0.25 Ac Re	0.40 Ac Re	0.65 Ac Re	1.0 Ac Re	1.5 Ac Re	2.5 Ac Re	4.0 Ac Re	6.5 Ac Re	10 Ac Re	15 Ac Re	25 Ac Re	40 Ac Re	65 Ac Re	100 Ac Re	150 Ac Re	250 Ac Re	400 Ac Re	650 Ac Re	1000 Ac Re
A	2	↓	↓	↓	↓	↓	↓	↓	↓	↓	↓	↓	↓	↓	↓	0 1	↓	↓	1 2	2 3	3 4	5 6	7 8	10 11	14 15	21 22	30 31
B	3	↓	↓	↓	↓	↓	↓	↓	↓	↓	↓	↓	↓	↓	0 1	↑	↓	1 2	2 3	3 4	5 6	7 8	10 11	14 15	21 22	30 31	44 45
C	5	↓	↓	↓	↓	↓	↓	↓	↓	↓	↓	↓	↓	0 1	↑	↓	1 2	2 3	3 4	5 6	7 8	10 11	14 15	21 22	30 31	44 45	↑
D	8	↓	↓	↓	↓	↓	↓	↓	↓	↓	↓	↓	0 1	↑	↓	1 2	2 3	3 4	5 6	7 8	10 11	14 15	21 22	30 31	44 45	↑	↑
E	13	↓	↓	↓	↓	↓	↓	↓	↓	↓	↓	0 1	↑	↓	1 2	2 3	3 4	5 6	7 8	10 11	14 15	21 22	30 31	44 45	↑	↑	↑
F	20	↓	↓	↓	↓	↓	↓	↓	↓	↓	0 1	↑	↓	1 2	2 3	3 4	5 6	7 8	10 11	14 15	21 22	↑	↑	↑	↑	↑	↑
G	32	↓	↓	↓	↓	↓	↓	↓	↓	0 1	↑	↓	1 2	2 3	3 4	5 6	7 8	10 11	14 15	21 22	↑	↑	↑	↑	↑	↑	↑
H	50	↓	↓	↓	↓	↓	↓	↓	0 1	↑	↓	1 2	2 3	3 4	5 6	7 8	10 11	14 15	21 22	↑	↑	↑	↑	↑	↑	↑	↑
J	80	↓	↓	↓	↓	↓	↓	0 1	↑	↓	1 2	2 3	3 4	5 6	7 8	10 11	14 15	21 22	↑	↑	↑	↑	↑	↑	↑	↑	↑
K	125	↓	↓	↓	↓	↓	0 1	↑	↓	1 2	2 3	3 4	5 6	7 8	10 11	14 15	21 22	↑	↑	↑	↑	↑	↑	↑	↑	↑	↑
L	200	↓	↓	↓	↓	0 1	↑	↓	1 2	2 3	3 4	5 6	7 8	10 11	14 15	21 22	↑	↑	↑	↑	↑	↑	↑	↑	↑	↑	↑
M	315	↓	↓	↓	0 1	↑	↓	1 2	2 3	3 4	5 6	7 8	10 11	14 15	21 22	↑	↑	↑	↑	↑	↑	↑	↑	↑	↑	↑	↑
N	500	↓	↓	0 1	↑	↓	1 2	2 3	3 4	5 6	7 8	10 11	14 15	21 22	↑	↑	↑	↑	↑	↑	↑	↑	↑	↑	↑	↑	↑
P	800	↓	0 1	↑	↓	1 2	2 3	3 4	5 6	7 8	10 11	14 15	21 22	↑	↑	↑	↑	↑	↑	↑	↑	↑	↑	↑	↑	↑	↑
Q	1250	0 1	↑	↓	1 2	2 3	3 4	5 6	7 8	10 11	14 15	21 22	↑	↑	↑	↑	↑	↑	↑	↑	↑	↑	↑	↑	↑	↑	↑
R	2000	↑	↑	1 2	2 3	3 4	5 6	7 8	10 11	14 15	21 22	↑	↑	↑	↑	↑	↑	↑	↑	↑	↑	↑	↑	↑	↑	↑	↑

↓ ＝採用箭頭下第一個抽樣計畫，如果樣本大小等於或超過批量時，則用 100% 檢驗。

↑ ＝採用箭頭上第一個抽樣計畫。

Ac ＝允收數。

Re ＝拒收數。

表 10-10 單次抽樣，加嚴檢驗之主表

樣本大小代字	樣本大小	AQL 0.010	0.015	0.025	0.040	0.065	0.10	0.15	0.25	0.40	0.65	1.0	1.5	2.5	4.0	6.5	10	15	25	40	65	100	150	250	400	650	1000
		Ac Re	Ac Re	Ac Re	Ac Re	Ac Re	Ac Re	Ac Re	Ac Re	Ac Re	Ac Re	Ac Re	Ac Re	Ac Re	Ac Re	Ac Re	Ac Re	Ac Re	Ac Re	Ac Re	Ac Re	Ac Re	Ac Re	Ac Re	Ac Re	Ac Re	Ac Re
A	2	↓	↓	↓	↓	↓	↓	↓	↓	↓	↓	↓	↓	↓	↓	↓	↓	↓	↓	1 2	2 3	3 4	5 6	8 9	12 13	18 19	27 28
B	3	↓	↓	↓	↓	↓	↓	↓	↓	↓	↓	↓	↓	↓	↓	0 1	↓	↓	1 2	2 3	3 4	5 6	8 9	12 13	18 19	27 28	41 42
C	5	↓	↓	↓	↓	↓	↓	↓	↓	↓	↓	↓	↓	↓	0 1	↓	↓	1 2	2 3	3 4	5 6	8 9	12 13	18 19	27 28	41 42	
D	8	↓	↓	↓	↓	↓	↓	↓	↓	↓	↓	↓	↓	0 1	↓	↓	1 2	2 3	3 4	5 6	8 9	12 13	18 19	27 28	41 42		
E	13	↓	↓	↓	↓	↓	↓	↓	↓	↓	↓	↓	0 1	↓	↓	1 2	2 3	3 4	5 6	8 9	12 13	18 19	27 28	41 42			
F	20	↓	↓	↓	↓	↓	↓	↓	↓	↓	↓	0 1	↓	↓	1 2	2 3	3 4	5 6	8 9	12 13	18 19						
G	32	↓	↓	↓	↓	↓	↓	↓	↓	↓	0 1	↓	↓	1 2	2 3	3 4	5 6	8 9	12 13	18 19							
H	50	↓	↓	↓	↓	↓	↓	↓	↓	0 1	↓	↓	1 2	2 3	3 4	5 6	8 9	12 13	18 19								
J	80	↓	↓	↓	↓	↓	↓	↓	0 1	↓	↓	1 2	2 3	3 4	5 6	8 9	12 13	18 19									
K	125	↓	↓	↓	↓	↓	↓	0 1	↓	↓	1 2	2 3	3 4	5 6	8 9	12 13	18 19										
L	200	↓	↓	↓	↓	↓	0 1	↓	↓	1 2	2 3	3 4	5 6	8 9	12 13	18 19											
M	315	↓	↓	↓	↓	0 1	↓	↓	1 2	2 3	3 4	5 6	8 9	12 13	18 19												
N	500	↓	↓	↓	0 1	↓	↓	1 2	2 3	3 4	5 6	8 9	12 13	18 19													
P	800	↓	↓	0 1	↓	↓	1 2	2 3	3 4	5 6	8 9	12 13	18 19														
Q	1250	↓	0 1	↓	↓	1 2	2 3	3 4	5 6	8 9	12 13	18 19															
R	2000	0 1		↓	1 2	2 3	3 4	5 6	8 9	12 13	18 19																
S	3150			1 2																							

↓ ＝採用箭頭下第一個抽樣計畫，如果樣本大小等於或超過批量時，則用 100% 檢驗。

↑ ＝採用箭頭上第一個抽樣計畫。

Ac ＝允收數。

Re ＝拒收數。

表 10-11 單次抽樣，減量檢驗之主表

樣本大小代字	樣本大小	AQL+																									
		0.010	0.015	0.025	0.040	0.065	0.10	0.15	0.25	0.40	0.65	1.0	1.5	2.5	4.0	6.5	10	15	25	40	65	100	150	250	400	650	1000
		Ac Re	Ac Re	Ac Re	Ac Re	Ac Re	Ac Re	Ac Re	Ac Re	Ac Re	Ac Re	Ac Re	Ac Re	Ac Re	Ac Re	Ac Re	Ac Re	Ac Re	Ac Re	Ac Re	Ac Re	Ac Re	Ac Re	Ac Re	Ac Re	Ac Re	Ac Re
A	2	↓	↓	↓	↓	↓	↓	↓	↓	↓	↓	↓	↓	↓	↓	0 1	↓	↓	1 2	2 3	3 4	5 6	7 8	10 11	14 15	21 22	30 31
B	2	↓	↓	↓	↓	↓	↓	↓	↓	↓	↓	↓	↓	↓	0 1	↑	↓	0 2	1 3	2 4	3 5	5 6	7 8	10 11	14 15	21 22	30 31
C	2	↓	↓	↓	↓	↓	↓	↓	↓	↓	↓	↓	↓	0 1	↑	↓	0 2	1 3	1 4	2 5	3 6	5 8	7 10	10 13	14 17	21 24	↑
D	3	↓	↓	↓	↓	↓	↓	↓	↓	↓	↓	↓	0 1	↑	↓	0 2	1 3	1 4	2 5	3 6	5 8	7 10	10 13	14 17	21 24	↑	↑
E	5	↓	↓	↓	↓	↓	↓	↓	↓	↓	↓	0 1	↑	↓	0 2	1 3	1 4	2 5	3 6	5 8	7 10	10 13	14 17	21 24	↑	↑	↑
F	8	↓	↓	↓	↓	↓	↓	↓	↓	↓	0 1	↑	↓	0 2	1 3	1 4	2 5	3 6	5 8	7 10	10 13	↑	↑	↑	↑	↑	↑
G	13	↓	↓	↓	↓	↓	↓	↓	↓	0 1	↑	↓	0 2	1 3	1 4	2 5	3 6	5 8	7 10	10 13	↑	↑	↑	↑	↑	↑	↑
H	20	↓	↓	↓	↓	↓	↓	↓	0 1	↑	↓	0 2	1 3	1 4	2 5	3 6	5 8	7 10	10 13	↑	↑	↑	↑	↑	↑	↑	↑
J	32	↓	↓	↓	↓	↓	↓	0 1	↑	↓	0 2	1 3	1 4	2 5	3 6	5 8	7 10	10 13	↑	↑	↑	↑	↑	↑	↑	↑	↑
K	50	↓	↓	↓	↓	↓	0 1	↑	↓	0 2	1 3	1 4	2 5	3 6	5 8	7 10	10 13	↑	↑	↑	↑	↑	↑	↑	↑	↑	↑
L	80	↓	↓	↓	↓	0 1	↑	↓	0 2	1 3	1 4	2 5	3 6	5 8	7 10	10 13	↑	↑	↑	↑	↑	↑	↑	↑	↑	↑	↑
M	125	↓	↓	↓	0 1	↑	↓	0 2	1 3	1 4	2 5	3 6	5 8	7 10	10 13	↑	↑	↑	↑	↑	↑	↑	↑	↑	↑	↑	↑
N	200	↓	↓	0 1	↑	↓	0 2	1 3	1 4	2 5	3 6	5 8	7 10	10 13	↑	↑	↑	↑	↑	↑	↑	↑	↑	↑	↑	↑	↑
P	315	↓	0 1	↑	↓	0 2	1 3	1 4	2 5	3 6	5 8	7 10	10 13	↑	↑	↑	↑	↑	↑	↑	↑	↑	↑	↑	↑	↑	↑
Q	500	0 1	↑	↓	0 2	1 3	1 4	2 5	3 6	5 8	7 10	10 13	↑	↑	↑	↑	↑	↑	↑	↑	↑	↑	↑	↑	↑	↑	↑
R	800		↑	0 2	1 3	1 4	2 5	3 6	5 8	7 10	10 13		↑	↑	↑	↑	↑	↑	↑	↑	↑	↑	↑	↑	↑	↑	↑

↓ ＝採用箭頭下第一個抽樣計畫，如果樣本大小等於或超過批量時，則用 100% 檢驗。

↑ ＝採用箭頭上第一個抽樣計畫。

Ac ＝允收數。

Re ＝拒收數。

＋ ＝如果不合格品數 (或不合格點數) 超過允收數，但尚未達到拒收標準時，可允收該批，但回復到正常檢驗。

表 10-12　雙次抽樣，正常檢驗之主表

樣本大小代字	樣本	樣本大小	累積樣本大小	AQL 0.010	0.015	0.025	0.040	0.065	0.10	0.15	0.25	0.40	0.65	1.0	1.5	2.5	4.0	6.5	10	15	25	40	65	100	150	250	400	650	1000
				Ac Re	Ac Re	Ac Re	Ac Re	Ac Re	Ac Re	Ac Re	Ac Re	Ac Re	Ac Re	Ac Re	Ac Re	Ac Re	Ac Re	Ac Re	Ac Re	Ac Re	Ac Re	Ac Re	Ac Re	Ac Re	Ac Re	Ac Re	Ac Re	Ac Re	Ac Re
A				↓	↓	↓	↓	↓	↓	↓	↓	↓	↓	↓	↓	↓	↓	*	↓	↓	*	*	*	*	*	*	*	*	*
B	第一次	2	2	↓	↓	↓	↓	↓	↓	↓	↓	↓	↓	↓	↓	↓	*	↑	↓	0 2	0 3	1 4	2 5	3 7	5 9	7 11	11 16	17 22	25 31
	第二次	2	4	↓	↓	↓	↓	↓	↓	↓	↓	↓	↓	↓	↓	↓		↑	↓	1 2	3 4	4 5	6 7	8 9	12 13	18 19	26 27	37 38	56 57
C	第一次	3	3	↓	↓	↓	↓	↓	↓	↓	↓	↓	↓	↓	↓	*	↑	↓	0 2	0 3	1 4	2 5	3 7	5 9	7 11	11 16	17 22	25 31	↑
	第二次	3	6	↓	↓	↓	↓	↓	↓	↓	↓	↓	↓	↓	↓		↑	↓	1 2	3 4	4 5	6 7	8 9	12 13	18 19	26 27	37 38	56 57	↑
D	第一次	5	5	↓	↓	↓	↓	↓	↓	↓	↓	↓	↓	↓	*	↑	↓	0 2	0 3	1 4	2 5	3 7	5 9	7 11	11 16	17 22	25 31	↑	↑
	第二次	5	10	↓	↓	↓	↓	↓	↓	↓	↓	↓	↓	↓		↑	↓	1 2	3 4	4 5	6 7	8 9	12 13	18 19	26 27	37 38	56 57	↑	↑
E	第一次	8	8	↓	↓	↓	↓	↓	↓	↓	↓	↓	↓	*	↑	↓	0 2	0 3	1 4	2 5	3 7	5 9	7 11	11 16	17 22	25 31	↑	↑	↑
	第二次	8	16	↓	↓	↓	↓	↓	↓	↓	↓	↓	↓		↑	↓	1 2	3 4	4 5	6 7	8 9	12 13	18 19	26 27	37 38	56 57	↑	↑	↑
F	第一次	13	13	↓	↓	↓	↓	↓	↓	↓	↓	↓	*	↑	↓	0 2	0 3	1 4	2 5	3 7	5 9	7 11	11 16	↑	↑	↑	↑	↑	↑
	第二次	13	26	↓	↓	↓	↓	↓	↓	↓	↓	↓		↑	↓	1 2	3 4	4 5	6 7	8 9	12 13	18 19	26 27	↑	↑	↑	↑	↑	↑
G	第一次	20	20	↓	↓	↓	↓	↓	↓	↓	↓	*	↑	↓	0 2	0 3	1 4	2 5	3 7	5 9	7 11	11 16	↑	↑	↑	↑	↑	↑	↑
	第二次	20	40	↓	↓	↓	↓	↓	↓	↓	↓		↑	↓	1 2	3 4	4 5	6 7	8 9	12 13	18 19	26 27	↑	↑	↑	↑	↑	↑	↑
H	第一次	32	32	↓	↓	↓	↓	↓	↓	↓	*	↑	↓	0 2	0 3	1 4	2 5	3 7	5 9	7 11	11 16	↑	↑	↑	↑	↑	↑	↑	↑
	第二次	32	64	↓	↓	↓	↓	↓	↓	↓		↑	↓	1 2	3 4	4 5	6 7	8 9	12 13	18 19	26 27	↑	↑	↑	↑	↑	↑	↑	↑
J	第一次	50	50	↓	↓	↓	↓	↓	↓	*	↑	↓	0 2	0 3	1 4	2 5	3 7	5 9	7 11	11 16	↑	↑	↑	↑	↑	↑	↑	↑	↑
	第二次	50	100	↓	↓	↓	↓	↓	↓		↑	↓	1 2	3 4	4 5	6 7	8 9	12 13	18 19	26 27	↑	↑	↑	↑	↑	↑	↑	↑	↑

表 10-12 雙次抽樣，正常檢驗之主表 (續)

樣本大小代字	樣本	樣本大小	累積樣本大小	AQL																									
				0.010	0.015	0.025	0.040	0.065	0.10	0.15	0.25	0.40	0.65	1.0	1.5	2.5	4.0	6.5	10	15	25	40	65	100	150	250	400	650	1000
				Ac Re	Ac Re	Ac Re	Ac Re	Ac Re	Ac Re	Ac Re	Ac Re	Ac Re	Ac Re	Ac Re	Ac Re	Ac Re	Ac Re	Ac Re	Ac Re	Ac Re	Ac Re	Ac Re	Ac Re	Ac Re	Ac Re	Ac Re	Ac Re	Ac Re	Ac Re
K	第一次	80	80	↓	↓	↓	↓	↓	*	↑	↓	0 2	0 3	1 4	2 5	3 7	5 9	7 11	11 16	↑	↑	↑	↑	↑	↑	↑	↑	↑	↑
	第二次	80	160	↓	↓	↓	↓	↓		↑	↓	1 2	3 4	4 5	6 7	8 9	12 13	18 19	26 27	↑	↑	↑	↑	↑	↑	↑	↑	↑	↑
L	第一次	125	125	↓	↓	↓	↓	*	↑	↓	0 2	0 3	1 4	2 5	3 7	5 9	7 11	11 16	↑	↑	↑	↑	↑	↑	↑	↑	↑	↑	↑
	第二次	125	250	↓	↓	↓	↓		↑	↓	1 2	3 4	4 5	6 7	8 9	12 13	18 19	26 27	↑	↑	↑	↑	↑	↑	↑	↑	↑	↑	↑
M	第一次	200	200	↓	↓	↓	*	↑	↓	0 2	0 3	1 4	2 5	3 7	5 9	7 11	11 16	↑	↑	↑	↑	↑	↑	↑	↑	↑	↑	↑	↑
	第二次	200	400	↓	↓	↓		↑	↓	1 2	3 4	4 5	6 7	8 9	12 13	18 19	26 27	↑	↑	↑	↑	↑	↑	↑	↑	↑	↑	↑	↑
N	第一次	315	315	↓	↓	*	↑	↓	0 2	0 3	1 4	2 5	3 7	5 9	7 11	11 16	↑	↑	↑	↑	↑	↑	↑	↑	↑	↑	↑	↑	↑
	第二次	315	630	↓	↓		↑	↓	1 2	3 4	4 5	6 7	8 9	12 13	18 19	26 27	↑	↑	↑	↑	↑	↑	↑	↑	↑	↑	↑	↑	↑
P	第一次	500	500	↓	*	↑	↓	0 2	0 3	1 4	2 5	3 7	5 9	7 11	11 16	↑	↑	↑	↑	↑	↑	↑	↑	↑	↑	↑	↑	↑	↑
	第二次	500	1000	↓		↑	↓	1 2	3 4	4 5	6 7	8 9	12 13	18 19	26 27	↑	↑	↑	↑	↑	↑	↑	↑	↑	↑	↑	↑	↑	↑
Q	第一次	800	800	*	↑	↓	0 2	0 3	1 4	2 5	3 7	5 9	7 11	11 16	↑	↑	↑	↑	↑	↑	↑	↑	↑	↑	↑	↑	↑	↑	↑
	第二次	800	1600		↑	↓	1 2	3 4	4 5	6 7	8 9	12 13	18 19	26 27	↑	↑	↑	↑	↑	↑	↑	↑	↑	↑	↑	↑	↑	↑	↑
R	第一次	1250	1250	↑	↑	0 2	0 3	1 4	2 5	3 7	5 9	7 11	11 16	↑	↑	↑	↑	↑	↑	↑	↑	↑	↑	↑	↑	↑	↑	↑	↑
	第二次	1250	2500	↑	↑	1 2	3 4	4 5	6 7	8 9	12 13	18 19	26 27	↑	↑	↑	↑	↑	↑	↑	↑	↑	↑	↑	↑	↑	↑	↑	↑

↓ ＝採用箭頭下第一個抽樣計畫，如果樣本大小等於或超過批量時，則用 100% 檢驗。

↑ ＝採用箭頭上第一個抽樣計畫。

Ac ＝允收數。

Re ＝拒收數。

表 10-13 雙次抽樣，加嚴檢驗之主表

樣本大小代字	樣本	樣本大小	累積樣本大小	AQL																									
				0.010	0.015	0.025	0.040	0.065	0.10	0.15	0.25	0.40	0.65	1.0	1.5	2.5	4.0	6.5	10	15	25	40	65	100	150	250	400	650	1000
				Ac Re	Ac Re	Ac Re	Ac Re	Ac Re	Ac Re	Ac Re	Ac Re	Ac Re	Ac Re	Ac Re	Ac Re	Ac Re	Ac Re	Ac Re	Ac Re	Ac Re	Ac Re	Ac Re	Ac Re	Ac Re	Ac Re	Ac Re	Ac Re	Ac Re	Ac Re
A				↓	↓	↓	↓	↓	↓	↓	↓	↓	↓	↓	↓	↓	↓	↓	↓	↓	↓	*	*	*	*	*	*	*	*
B	第一次	2	2															*			0 2	0 3	1 4	2 5	3 7	6 10	9 14	15 20	23 29
	第二次	2	4																		1 2	3 4	4 5	6 7	11 12	15 16	23 24	34 35	52 53
C	第一次	3	3														*	↓		0 2	0 3	1 4	2 5	3 7	6 10	9 14	15 20	23 29	↑
	第二次	3	6																	1 2	3 4	4 5	6 7	11 12	15 16	23 24	34 35	52 53	
D	第一次	5	5													*	↓		0 2	0 3	1 4	2 5	3 7	6 10	9 14	15 20	23 29	↑	
	第二次	5	10																1 2	3 4	4 5	6 7	11 12	15 16	23 24	34 35	52 53		
E	第一次	8	8												*	↓		0 2	0 3	1 4	2 5	3 7	6 10	9 14	15 20	23 29	↑		
	第二次	8	16															1 2	3 4	4 5	6 7	11 12	15 16	23 24	34 35	52 53			
F	第一次	13	13											*	↓		0 2	0 3	1 4	2 5	3 7	6 10	9 14	↑	↑	↑			
	第二次	13	26														1 2	3 4	4 5	6 7	11 12	15 16	23 24						
G	第一次	20	20										*	↓		0 2	0 3	1 4	2 5	3 7	6 10	9 14	↑						
	第二次	20	40													1 2	3 4	4 5	6 7	11 12	15 16	23 24							
H	第一次	32	32									*	↓		0 2	0 3	1 4	2 5	3 7	6 10	9 14	↑							
	第二次	32	64												1 2	3 4	4 5	6 7	11 12	15 16	23 24								
J	第一次	50	50								*	↓		0 2	0 3	1 4	2 5	3 7	6 10	9 14	↑								
	第二次	50	100											1 2	3 4	4 5	6 7	11 12	15 16	23 24									

表 10-13 雙次抽樣，加嚴檢驗之主表 (續)

樣本大小代字	樣本	樣本大小	累積樣本大小	AQL 0.010	0.015	0.025	0.040	0.065	0.10	0.15	0.25	0.40	0.65	1.0	1.5	2.5	4.0	6.5	10	15	25	40	65	100	150	250	400	650	1000
				Ac Re	Ac Re	Ac Re	Ac Re	Ac Re	Ac Re	Ac Re	Ac Re	Ac Re	Ac Re	Ac Re	Ac Re	Ac Re	Ac Re	Ac Re	Ac Re	Ac Re	Ac Re	Ac Re	Ac Re	Ac Re	Ac Re	Ac Re	Ac Re	Ac Re	Ac Re
K	第一次	80	80	↓	↓	↓	↓	↓	↓	*	↓	↓	0 2	0 3	1 4	2 5	3 7	6 10	9 14	↑	↑	↑	↑	↑	↑	↑	↑	↑	↑
	第二次	80	160										1 2	3 4	4 5	6 7	11 12	15 16	23 24										
L	第一次	125	125	↓	↓	↓	↓	↓	*	↓	↓	0 2	0 3	1 4	2 5	3 7	6 10	9 14	↑	↑	↑	↑	↑	↑	↑	↑	↑	↑	↑
	第二次	125	250									1 2	3 4	4 5	6 7	11 12	15 16	23 24											
M	第一次	200	200	↓	↓	↓	↓	*	↓	↓	0 2	0 3	1 4	2 5	3 7	6 10	9 14	↑	↑	↑	↑	↑	↑	↑	↑	↑	↑	↑	↑
	第二次	200	400								1 2	3 4	4 5	6 7	11 12	15 16	23 24												
N	第一次	315	315	↓	↓	↓	*	↓	↓	0 2	0 3	1 4	2 5	3 7	6 10	9 14	↑	↑	↑	↑	↑	↑	↑	↑	↑	↑	↑	↑	↑
	第二次	315	630							1 2	3 4	4 5	6 7	11 12	15 16	23 24													
P	第一次	500	500	↓	↓	*	↓	↓	0 2	0 3	1 4	2 5	3 7	6 10	9 14	↑	↑	↑	↑	↑	↑	↑	↑	↑	↑	↑	↑	↑	↑
	第二次	500	1000						1 2	3 4	4 5	6 7	11 12	15 16	23 24														
Q	第一次	800	800	↓	*	↓	↓	0 2	0 3	1 4	2 5	3 7	6 10	9 14	↑	↑	↑	↑	↑	↑	↑	↑	↑	↑	↑	↑	↑	↑	↑
	第二次	800	1600					1 2	3 4	4 5	6 7	11 12	15 16	23 24															
R	第一次	1250	1250	*	↑	↓	0 2	0 3	1 4	2 5	3 7	6 10	9 14	↑	↑	↑	↑	↑	↑	↑	↑	↑	↑	↑	↑	↑	↑	↑	↑
	第二次	1250	2500				1 2	3 4	4 5	6 7	11 12	15 16	23 24																
S	第一次	2000	2000			0 2																							
	第二次	2000	4000			1 2																							

↓ ＝採用箭頭下第一個抽樣計畫，如果樣本大小等於或超過批量時，則用 100% 檢驗。

↑ ＝採用箭頭上第一個抽樣計畫。

Ac ＝允收數。

Re ＝拒收數。

* ＝採用對應的單次抽樣計畫 (或採用下面的雙次抽樣計畫)。

表 10-14 雙次抽樣，減量檢驗之主表

樣本大小代字	樣本	樣本大小	累積樣本大小	AQL+ 0.010	0.015	0.025	0.040	0.065	0.10	0.15	0.25	0.40	0.65	1.0	1.5	2.5	4.0	6.5	10	15	25	40	65	100	150	250	400	650	1000
				Ac Re	Ac Re	Ac Re	Ac Re	Ac Re	Ac Re	Ac Re	Ac Re	Ac Re	Ac Re	Ac Re	Ac Re	Ac Re	Ac Re	Ac Re	Ac Re	Ac Re	Ac Re	Ac Re	Ac Re	Ac Re	Ac Re	Ac Re	Ac Re	Ac Re	Ac Re
A				↓	↓	↓	↓	↓	↓	↓	↓	↓	↓	↓	↓	↓	↓	*	↓	↓	*	*	*	*	*	*	*	*	*
B				↓	↓	↓	↓	↓	↓	↓	↓	↓	↓	↓	↓	↓	*	↓	↓	*	*	*	*	*	*	*	*	*	*
C				↓	↓	↓	↓	↓	↓	↓	↓	↓	↓	↓	↓	*	↑	↑	*	*	*	*	*	*	*	*	*	*	↑
D	第一次	2	2	↓	↓	↓	↓	↓	↓	↓	↓	↓	↓	↓	*	↑	↓	0 2	0 3	0 4	0 4	1 5	2 7	3 8	5 10	7 12	11 17	↑	↑
	第二次	2	4	↓	↓	↓	↓	↓	↓	↓	↓	↓	↓	↓		↑	↓	0 2	0 4	1 5	3 6	4 7	6 9	8 12	12 16	18 22	26 30	↑	↑
E	第一次	3	3	↓	↓	↓	↓	↓	↓	↓	↓	↓	↓	*	↑	↓	0 2	0 3	0 4	0 4	1 5	2 7	3 8	5 10	7 12	11 17	↑	↑	↑
	第二次	3	6	↓	↓	↓	↓	↓	↓	↓	↓	↓	↓		↑	↓	0 2	0 4	1 5	3 6	4 7	6 9	8 12	12 16	18 22	26 30	↑	↑	↑
F	第一次	5	5	↓	↓	↓	↓	↓	↓	↓	↓	↓	*	↑	↓	0 2	0 3	0 4	0 4	1 5	2 7	3 8	5 10	↑	↑	↑	↑	↑	↑
	第二次	5	10	↓	↓	↓	↓	↓	↓	↓	↓	↓		↑	↓	0 2	0 4	1 5	3 6	4 7	6 9	8 12	12 16	↑	↑	↑	↑	↑	↑
G	第一次	8	8	↓	↓	↓	↓	↓	↓	↓	↓	*	↑	↓	0 2	0 3	0 4	0 4	1 5	2 7	3 8	5 10	↑	↑	↑	↑	↑	↑	↑
	第二次	8	16	↓	↓	↓	↓	↓	↓	↓	↓		↑	↓	0 2	0 4	1 5	3 6	4 7	6 9	8 12	12 16	↑	↑	↑	↑	↑	↑	↑
H	第一次	13	13	↓	↓	↓	↓	↓	↓	↓	*	↑	↓	0 2	0 3	0 4	0 4	1 5	2 7	3 8	5 10	↑	↑	↑	↑	↑	↑	↑	↑
	第二次	13	26	↓	↓	↓	↓	↓	↓	↓		↑	↓	0 2	0 4	1 5	3 6	4 7	6 9	8 12	12 16	↑	↑	↑	↑	↑	↑	↑	↑
J	第一次	20	20	↓	↓	↓	↓	↓	↓	*	↑	↓	0 2	0 3	0 4	0 4	1 5	2 7	3 8	5 10	↑	↑	↑	↑	↑	↑	↑	↑	↑
	第二次	20	40	↓	↓	↓	↓	↓	↓		↑	↓	0 2	0 4	1 5	3 6	4 7	6 9	8 12	12 16	↑	↑	↑	↑	↑	↑	↑	↑	↑

表 10-14　雙次抽樣，減量檢驗之主表 (續)

樣本大小代字	樣本	樣本大小	累積樣本大小	AQL+																									
				0.010	0.015	0.025	0.040	0.065	0.10	0.15	0.25	0.40	0.65	1.0	1.5	2.5	4.0	6.5	10	15	25	40	65	100	150	250	400	650	1000
				Ac Re	Ac Re	Ac Re	Ac Re	Ac Re	Ac Re	Ac Re	Ac Re	Ac Re	Ac Re	Ac Re	Ac Re	Ac Re	Ac Re	Ac Re	Ac Re	Ac Re	Ac Re	Ac Re	Ac Re	Ac Re	Ac Re	Ac Re	Ac Re	Ac Re	Ac Re
K	第一次	32	32	↓	↓	↓	↓	↓	*	↑	↓	0 2	0 3	0 4	0 4	1 5	2 7	3 8	5 10	↑	↑	↑	↑	↑	↑	↑	↑	↑	↑
	第二次	32	64									0 2	0 4	1 5	3 6	4 7	6 9	8 12	12 16										
L	第一次	50	50					*	↑	↓	0 2	0 3	0 4	0 4	1 5	2 7	3 8	5 10	↑										
	第二次	50	100								0 2	0 4	1 5	3 6	4 7	6 9	8 12	12 16											
M	第一次	80	80				*	↑	↓	0 2	0 3	0 4	0 4	1 5	2 7	3 8	5 10	↑											
	第二次	80	160							0 2	0 4	1 5	3 6	4 7	6 9	8 12	12 16												
N	第一次	125	125			*	↑	↓	0 2	0 3	0 4	0 4	1 5	2 7	3 8	5 10	↑												
	第二次	125	250						0 2	0 4	1 5	3 6	4 7	6 9	8 12	12 16													
P	第一次	200	200		*	↑	↓	0 2	0 3	0 4	0 4	1 5	2 7	3 8	5 10	↑													
	第二次	200	400					0 2	0 4	1 5	3 6	4 7	6 9	8 12	12 16														
Q	第一次	315	315	*	↑	↓	0 2	0 3	0 4	0 4	1 5	2 7	3 8	5 10	↑														
	第二次	315	630				0 2	0 4	1 5	3 6	4 7	6 9	8 12	12 16															
R	第一次	500	500	↑		0 2	0 3	0 4	0 4	1 5	2 7	3 8	5 10	↑															
	第二次	500	1000			0 2	0 4	1 5	3 6	4 7	6 9	8 12	12 16																

↓ ＝採用箭頭下第一個抽樣計畫，如果樣本大小等於或超過批量時，則用 100% 檢驗。

↑ ＝採用箭頭上第一個抽樣計畫。

Ac ＝允收數。

Re ＝拒收數。

* ＝採用對應的單次抽樣計畫 (或採用下面的雙次抽樣計畫)。

+ ＝如果在第二次抽樣後，不合格數 (或不合格點數) 超過允收數，但尚未達到拒收數時，可允收該批，但回復正常檢驗。

表 10-15　多次抽樣，正常檢驗之主表

樣本大小代字	樣本	樣本大小	累積樣本大小	AQL																									
				0.010	0.015	0.025	0.040	0.065	0.10	0.15	0.25	0.40	0.65	1.0	1.5	2.5	4.0	6.5	10	15	25	40	65	100	150	250	400	650	1000
				Ac Re	Ac Re	Ac Re	Ac Re	Ac Re	Ac Re	Ac Re	Ac Re	Ac Re	Ac Re	Ac Re	Ac Re	Ac Re	Ac Re	Ac Re	Ac Re	Ac Re	Ac Re	Ac Re	Ac Re	Ac Re	Ac Re	Ac Re	Ac Re	Ac Re	Ac Re
A																	↓	*		↓	*	*	*	*	*	*	*	*	*
B											↓		*	↑	↓	‡	‡	‡	‡	‡	‡	‡	‡	‡	‡
C												*	↑	↓	‡	‡	‡	‡	‡	‡	‡	‡	‡	‡	
D	第一次	2	2												*	↑	↓	# 2	# 2	# 3	# 4	0 4	0 5	1 7	2 9	4 12	6 16		
	第二次	2	4															# 2	0 3	0 3	1 5	1 6	3 8	4 10	7 14	11 19	17 27		
	第三次	2	6															0 2	0 3	1 4	2 6	3 8	6 10	8 13	13 19	19 27	29 39		
	第四次	2	8															0 3	1 4	2 5	3 7	5 10	8 13	12 17	19 25	27 34	40 49		
	第五次	2	10															1 3	2 4	3 6	5 8	7 11	11 15	17 20	25 29	36 40	53 58		
	第六次	2	12															1 3	3 5	4 6	7 9	10 12	14 17	21 23	31 33	45 47	65 68		
	第七次	2	14															2 3	4 5	6 7	9 10	13 14	18 19	25 26	37 38	53 54	77 78		
E	第一次	3	3											*	↑	↓	# 2	# 2	# 3	# 4	0 4	0 5	1 7	2 9	4 12	6 16			
	第二次	3	6														# 2	0 3	0 3	1 5	1 6	3 8	4 10	7 14	11 19	17 27			
	第三次	3	9														0 2	0 3	1 4	2 6	3 8	6 10	8 13	13 19	19 27	29 39			
	第四次	3	12														0 3	1 4	2 5	3 7	5 10	8 13	12 17	19 25	27 34	40 49			
	第五次	3	15														1 3	2 4	3 6	5 8	7 11	11 15	17 20	25 29	36 40	53 58			
	第六次	3	18														1 3	3 5	4 6	7 9	10 12	14 17	21 23	31 33	45 47	65 68			
	第七次	3	21														2 3	4 5	6 7	9 10	13 14	18 19	25 26	37 38	53 54	77 78			
F	第一次	5	5										*		↓	# 2	# 2	# 3	# 4	0 4	0 5	1 7	2 9						
	第二次	5	10													# 2	0 3	0 3	1 5	1 6	3 8	4 10	7 14						
	第三次	5	15													0 2	0 3	1 4	2 6	3 8	6 10	8 13	13 19						
	第四次	5	20													0 3	1 4	2 5	3 7	5 10	8 13	12 17	19 25						
	第五次	5	25													1 3	2 4	3 6	5 8	7 11	11 15	17 20	25 29						
	第六次	5	30													1 3	3 5	4 6	7 9	10 12	14 17	21 23	31 33						
	第七次	5	35													2 3	4 5	6 7	9 10	13 14	18 19	25 26	37 38						
G	第一次	8	8									*		↓	# 2	# 2	# 3	# 4	0 4	0 5	1 7	2 9							
	第二次	8	16												# 2	0 3	0 3	1 5	1 6	3 8	4 10	7 14							
	第三次	8	24												0 2	0 3	1 4	2 6	3 8	6 10	8 13	13 19							
	第四次	8	32												0 3	1 4	2 5	3 7	5 10	8 13	12 17	19 25							
	第五次	8	40												1 3	2 4	3 6	5 8	7 11	11 15	17 20	25 29							
	第六次	8	48												1 3	3 5	4 6	7 9	10 12	14 17	21 23	31 33							
	第七次	8	56												2 3	4 5	6 7	9 10	13 14	18 19	25 26	37 38							
H	第一次	13	13								*		↓	# 2	# 2	# 3	# 4	0 4	0 5	1 7	2 9	↑							
	第二次	13	26											# 2	0 3	0 3	1 5	1 6	3 8	4 10	7 14								
	第三次	13	39											0 2	0 3	1 4	2 6	3 8	6 10	8 13	13 19								
	第四次	13	52											0 3	1 4	2 5	3 7	5 10	8 13	12 17	19 25								
	第五次	13	65											1 3	2 4	3 6	5 8	7 11	11 15	17 20	25 29								
	第六次	13	78											1 3	3 5	4 6	7 9	10 12	14 17	21 23	31 33								
	第七次	13	91											2 3	4 5	6 7	9 10	13 14	18 19	25 26	37 38								

表 10-15　多次抽樣，正常檢驗之主表 (續)

樣本大小代字	樣本	樣本大小	累積樣本大小	AQL																									
				0.010	0.015	0.025	0.040	0.065	0.10	0.15	0.25	0.40	0.65	1.0	1.5	2.5	4.0	6.5	10	15	25	40	65	100	150	250	400	650	1000
				Ac Re	Ac Re	Ac Re	Ac Re	Ac Re	Ac Re	Ac Re	Ac Re	Ac Re	Ac Re	Ac Re	Ac Re	Ac Re	Ac Re	Ac Re	Ac Re	Ac Re	Ac Re	Ac Re	Ac Re	Ac Re	Ac Re	Ac Re	Ac Re	Ac Re	Ac Re
J	第一次	20	20				↓			*		↓	# 2	# 2	# 3	# 4	0 4	0 5	1 7	2 9									
	第二次	20	40										# 2	0 3	0 3	1 5	1 6	3 8	4 10	7 14									
	第三次	20	60										0 2	0 3	1 4	2 6	3 8	6 10	8 13	13 19									
	第四次	20	80										0 3	1 4	2 5	3 7	5 10	8 13	12 17	19 25									
	第五次	20	100										1 3	2 4	3 6	5 8	7 11	11 15	17 20	25 29									
	第六次	20	120										1 3	3 5	4 6	7 9	10 12	14 17	21 23	31 33									
	第七次	20	140										2 3	4 5	6 7	9 10	13 14	18 19	25 26	37 38									
K	第一次	32	32						*		↓	# 2	# 2	# 3	# 4	0 4	0 5	1 7	2 9										
	第二次	32	64									# 2	0 3	0 3	1 5	1 6	3 8	4 10	7 14										
	第三次	32	96									0 2	0 3	1 4	2 6	3 8	6 10	8 13	13 19										
	第四次	32	128									0 3	1 4	2 5	3 7	5 10	8 13	12 17	19 25										
	第五次	32	160									1 3	2 4	3 6	5 8	7 11	11 15	17 20	25 29										
	第六次	32	192									1 3	3 5	4 6	7 9	10 12	14 17	21 23	31 33										
	第七次	32	224									2 3	4 5	6 7	9 10	13 14	18 19	25 26	37 38										
L	第一次	50	50					*			# 2	# 2	# 3	# 4	0 4	0 5	1 7	2 9											
	第二次	50	100								# 2	0 3	0 3	1 5	1 6	3 8	4 10	7 14											
	第三次	50	150								0 2	0 3	1 4	2 6	3 8	6 10	8 13	13 19											
	第四次	50	200								0 3	1 4	2 5	3 7	5 10	8 13	12 17	19 25											
	第五次	50	250								1 3	2 4	3 6	5 8	7 11	11 15	17 20	25 29											
	第六次	50	300								1 3	3 5	4 6	7 9	10 12	14 17	21 23	31 33											
	第七次	50	350								2 3	4 5	6 7	9 10	13 14	18 19	25 26	37 38											
M	第一次	80	80				*		↓	# 2	# 2	# 3	# 4	0 4	0 5	1 7	2 9												
	第二次	80	160							# 2	0 3	0 3	1 5	1 6	3 8	4 10	7 14												
	第三次	80	240							0 2	0 3	1 4	2 6	3 8	6 10	8 13	13 19												
	第四次	80	320							0 3	1 4	2 5	3 7	5 10	8 13	12 17	19 25												
	第五次	80	400							1 3	2 4	3 6	5 8	7 11	11 15	17 20	25 29												
	第六次	80	480							1 3	3 5	4 6	7 9	10 12	14 17	21 23	31 33												
	第七次	80	560							2 3	4 5	6 7	9 10	13 14	18 19	25 26	37 38												
N	第一次	125	125			*		↓	# 2	# 2	# 3	# 4	0 4	0 5	1 7	2 9													
	第二次	125	250						# 2	0 3	0 3	1 5	1 6	3 8	4 10	7 14													
	第三次	125	375						0 2	0 3	1 4	2 6	3 8	6 10	8 13	13 19													
	第四次	125	500						0 3	1 4	2 5	3 7	5 10	8 13	12 17	19 25													
	第五次	125	625						1 3	2 4	3 6	5 8	7 11	11 15	17 20	25 29													
	第六次	125	750						1 3	3 5	4 6	7 9	10 12	14 17	21 23	31 33													
	第七次	125	875						2 3	4 5	6 7	9 10	13 14	18 19	25 26	37 38													

表 10-15　多次抽樣，正常檢驗之主表 (續)

樣本大小代字	樣本	樣本大小	累積樣本大小	AQL 0.010	0.015	0.025	0.040	0.065	0.10	0.15	0.25	0.40	0.65	1.0	1.5	2.5	4.0	6.5	10	15	25	40	65	100	150	250	400	650	1000
				Ac Re	Ac Re	Ac Re	Ac Re	Ac Re	Ac Re	Ac Re	Ac Re	Ac Re	Ac Re	Ac Re	Ac Re	Ac Re	Ac Re	Ac Re	Ac Re	Ac Re	Ac Re	Ac Re	Ac Re	Ac Re	Ac Re	Ac Re	Ac Re	Ac Re	Ac Re
P	第一次	200	200		*		↓	# 2	# 2	# 3	# 4	0 4	0 5	1 7	2 9														
	第二次	200	400					# 2	0 3	0 3	1 5	1 6	3 8	4 10	7 14														
	第三次	200	600					0 2	0 3	1 4	2 6	3 8	6 10	8 13	13 19														
	第四次	200	800					0 3	1 4	2 5	3 7	5 10	8 13	12 17	19 25														
	第五次	200	1000					1 3	2 4	3 6	5 8	7 11	11 15	17 20	25 29														
	第六次	200	1200					1 3	3 5	4 6	7 9	10 12	14 17	21 23	31 33														
	第七次	200	1400					2 3	4 5	6 7	9 10	13 14	18 19	25 26	37 38														
Q	第一次	315	315	*		↓	# 2	# 2	# 3	# 4	0 4	0 5	1 7	2 9															
	第二次	315	630				# 2	0 3	0 3	1 5	1 6	3 8	4 10	7 14															
	第三次	315	945				0 2	0 3	1 4	2 6	3 8	6 10	8 13	13 19															
	第四次	315	1260				0 3	1 4	2 5	3 7	5 10	8 13	12 17	19 25															
	第五次	315	1575				1 3	2 4	3 6	5 8	7 11	11 15	17 20	25 29															
	第六次	315	1890				1 3	3 5	4 6	7 9	10 12	14 17	21 23	31 33															
	第七次	315	2205				2 3	4 5	6 7	9 10	13 14	18 19	25 26	37 38															
R	第一次	500	500	↑		# 2	# 2	# 3	# 4	0 4	0 5	1 7	2 9																
	第二次	500	1000			# 2	0 3	0 3	1 5	1 6	3 8	4 10	7 14																
	第三次	500	1500			0 2	0 3	1 4	2 6	3 8	6 10	8 13	13 19																
	第四次	500	2000			0 3	1 4	2 5	3 7	5 10	8 13	12 17	19 25																
	第五次	500	2500			1 3	2 4	3 6	5 8	7 11	11 15	17 20	25 29																
	第六次	500	3000			1 3	3 5	4 6	7 9	10 12	14 17	21 23	31 33																
	第七次	500	3500			2 3	4 5	6 7	9 10	13 14	18 19	25 26	37 38																

↓ ＝採用箭頭下第一個抽樣計畫，如果樣本大小等於或超過批量時，則用 100% 檢驗。

↑ ＝採用箭頭上第一個抽樣計畫。

Ac ＝允收數。

Re ＝拒收數。

* ＝採用對應的單次抽樣計畫 (或採用下面的多次抽樣計畫)。

ǂ ＝採用對應的雙次抽樣計畫 (或採用下面的多次抽樣計畫)。

＝在此種樣本大小下不能允收。

表 10-16 多次抽樣，加嚴檢驗之主表

樣本大小代字	樣本	樣本大小	累積樣本大小	AQL 0.010	0.015	0.025	0.040	0.065	0.10	0.15	0.25	0.40	0.65	1.0	1.5	2.5	4.0	6.5	10	15	25	40	65	100	150	250	400	650	1000
				Ac Re	Ac Re	Ac Re	Ac Re	Ac Re	Ac Re	Ac Re	Ac Re	Ac Re	Ac Re	Ac Re	Ac Re	Ac Re	Ac Re	Ac Re	Ac Re	Ac Re	Ac Re	Ac Re	Ac Re	Ac Re	Ac Re	Ac Re	Ac Re	Ac Re	Ac Re
A																		↓			↓	*	*	*	*	*	*	*	*
B																		*	↓	↓	ǂ	ǂ	ǂ	ǂ	ǂ	ǂ	ǂ	ǂ	ǂ
C																	*			ǂ	ǂ	ǂ	ǂ	ǂ	ǂ	ǂ	ǂ	ǂ	
D	第一次	2	2													*	↓	↓	# 2	# 2	# 3	# 4	0 4	0 6	1 8	3 10	6 15		
	第二次	2	4																# 2	0 3	0 3	1 5	2 7	3 9	6 12	10 17	16 25		
	第三次	2	6																0 2	0 3	1 4	2 6	4 9	7 12	11 17	17 24	26 36		
	第四次	2	8																0 3	1 4	2 5	3 7	6 11	10 15	16 22	24 31	37 46		
	第五次	2	10																1 3	2 4	3 6	5 8	9 12	14 17	22 25	32 37	49 55		
	第六次	2	12																1 3	3 5	4 6	7 9	12 14	18 20	27 29	40 43	61 64		
	第七次	2	14																2 3	4 5	6 7	9 10	14 15	21 22	32 33	48 49	72 73		
E	第一次	3	3												*	↓		# 2	# 2	# 3	# 4	0 4	0 6	1 8	3 10	6 15			
	第二次	3	6															# 2	0 3	0 3	1 5	2 7	3 9	6 12	10 17	16 25			
	第三次	3	9															0 2	0 3	1 4	2 6	4 9	7 12	11 17	17 24	26 36			
	第四次	3	12															0 3	1 4	2 5	3 7	6 11	10 15	16 22	24 31	37 46			
	第五次	3	15															1 3	2 4	3 6	5 8	9 12	14 17	22 25	32 37	49 55			
	第六次	3	18															1 3	3 5	4 6	7 9	12 14	18 20	27 29	40 43	61 64			
	第七次	3	21															2 3	4 5	6 7	9 10	14 15	21 22	32 33	48 49	72 73			
F	第一次	5	5											*	↓		# 2	# 2	# 3	# 4	0 4	0 6	1 8						
	第二次	5	10														# 2	0 3	0 3	1 5	2 7	3 9	6 12						
	第三次	5	15														0 2	0 3	1 4	2 6	4 9	7 12	11 17						
	第四次	5	20														0 3	1 4	2 5	3 7	6 11	10 15	16 22						
	第五次	5	25														1 3	2 4	3 6	5 8	9 12	14 17	22 25						
	第六次	5	30														1 3	3 5	4 6	7 9	12 14	18 20	27 29						
	第七次	5	35														2 3	4 5	6 7	9 10	14 15	21 22	32 33						
G	第一次	8	8										*	↓		# 2	# 2	# 3	# 4	0 4	0 6	1 8							
	第二次	8	16													# 2	0 3	0 3	1 5	2 7	3 9	6 12							
	第三次	8	24													0 2	0 3	1 4	2 6	4 9	7 12	11 17							
	第四次	8	32													0 3	1 4	2 5	3 7	6 11	10 15	16 22							
	第五次	8	40													1 3	2 4	3 6	5 8	9 12	14 17	22 25							
	第六次	8	48													1 3	3 5	4 6	7 9	12 14	18 20	27 29							
	第七次	8	56													2 3	4 5	6 7	9 10	14 15	21 22	32 33							
H	第一次	13	13									*			# 2	# 2	# 3	# 4	0 4	0 6	1 8								
	第二次	13	26												# 2	0 3	0 3	1 5	2 7	3 9	6 12								
	第三次	13	39												0 2	0 3	1 4	2 6	4 9	7 12	11 17								
	第四次	13	52												0 3	1 4	2 5	3 7	6 11	10 15	16 22								
	第五次	13	65												1 3	2 4	3 6	5 8	9 12	14 17	22 25								
	第六次	13	78												1 3	3 5	4 6	7 9	12 14	18 20	27 29								
	第七次	13	91												2 3	4 5	6 7	9 10	14 15	21 22	32 33								

表 10-16　多次抽樣，加嚴檢驗之主表 (續)

樣本大小代字	樣本	樣本大小	累積樣本大小	AQL 0.010 Ac Re	0.015 Ac Re	0.025 Ac Re	0.040 Ac Re	0.065 Ac Re	0.10 Ac Re	0.15 Ac Re	0.25 Ac Re	0.40 Ac Re	0.65 Ac Re	1.0 Ac Re	1.5 Ac Re	2.5 Ac Re	4.0 Ac Re	6.5 Ac Re	10 Ac Re	15 Ac Re	25 Ac Re	40 Ac Re	65 Ac Re	100 Ac Re	150 Ac Re	250 Ac Re	400 Ac Re	650 Ac Re	1000 Ac Re
J	第一次	20	20								*			# 2	# 2	# 3	# 4	0 4	0 6	1 8									
	第二次	20	40											# 2	0 3	0 3	1 5	2 7	3 9	6 12									
	第三次	20	60											0 2	0 3	1 4	2 6	4 9	7 12	11 17									
	第四次	20	80											0 3	1 4	2 5	3 7	6 11	10 15	16 22									
	第五次	20	100											1 3	2 4	3 6	5 8	9 12	14 17	22 25									
	第六次	20	120											1 3	3 5	4 6	7 9	12 14	18 20	27 29									
	第七次	20	140											2 3	4 5	6 7	9 10	14 15	21 22	32 33									
K	第一次	32	32							*			# 2	# 2	# 3	# 4	0 4	0 6	1 8										
	第二次	32	64										# 2	0 3	0 3	1 5	2 7	3 9	6 12										
	第三次	32	96										0 2	0 3	1 4	2 6	4 9	7 12	11 17										
	第四次	32	128										0 3	1 4	2 5	3 7	6 11	10 15	16 22										
	第五次	32	160										1 3	2 4	3 6	5 8	9 12	14 17	22 25										
	第六次	32	192										1 3	3 5	4 6	7 9	12 14	18 20	27 29										
	第七次	32	224										2 3	4 5	6 7	9 10	14 15	21 22	32 33										
L	第一次	50	50						*			# 2	# 2	# 3	# 4	0 4	0 6	1 8											
	第二次	50	100									# 2	0 3	0 3	1 5	2 7	3 9	6 12											
	第三次	50	150									0 2	0 3	1 4	2 6	4 9	7 12	11 17											
	第四次	50	200									0 3	1 4	2 5	3 7	6 11	10 15	16 22											
	第五次	50	250									1 3	2 4	3 6	5 8	9 12	14 17	22 25											
	第六次	50	300									1 3	3 5	4 6	7 9	12 14	18 20	27 29											
	第七次	50	350									2 3	4 5	6 7	9 10	14 15	21 22	32 33											
M	第一次	80	80					*			# 2	# 2	# 3	# 4	0 4	0 6	1 8												
	第二次	80	160								# 2	0 3	0 3	1 5	2 7	3 9	6 12												
	第三次	80	240								0 2	0 3	1 4	2 6	4 9	7 12	11 17												
	第四次	80	320								0 3	1 4	2 5	3 7	6 11	10 15	16 22												
	第五次	80	400								1 3	2 4	3 6	5 8	9 12	14 17	22 25												
	第六次	80	480								1 3	3 5	4 6	7 9	12 14	18 20	27 29												
	第七次	80	560								2 3	4 5	6 7	9 10	14 15	21 22	32 33												
N	第一次	125	125				*			# 2	# 2	# 3	# 4	0 4	0 6	1 8													
	第二次	125	250							# 2	0 3	0 3	1 5	2 7	3 9	6 12													
	第三次	125	375							0 2	0 3	1 4	2 6	4 9	7 12	11 17													
	第四次	125	500							0 3	1 4	2 5	3 7	6 11	10 15	16 22													
	第五次	125	625							1 3	2 4	3 6	5 8	9 12	14 17	22 25													
	第六次	125	750							1 3	3 5	4 6	7 9	12 14	18 20	27 29													
	第七次	125	875							2 3	4 5	6 7	9 10	14 15	21 22	32 33													

表 10-16 多次抽樣，加嚴檢驗之主表 (續)

樣本大小代字	樣本	樣本大小	累積樣本大小	AQL																									
				0.010	0.015	0.025	0.040	0.065	0.10	0.15	0.25	0.40	0.65	1.0	1.5	2.5	4.0	6.5	10	15	25	40	65	100	150	250	400	650	1000
				Ac Re	Ac Re	Ac Re	Ac Re	Ac Re	Ac Re	Ac Re	Ac Re	Ac Re	Ac Re	Ac Re	Ac Re	Ac Re	Ac Re	Ac Re	Ac Re	Ac Re	Ac Re	Ac Re	Ac Re	Ac Re	Ac Re	Ac Re	Ac Re	Ac Re	Ac Re
P	第一次	200	200	↓	↓	*			# 2	# 2	# 3	# 4	0 4	0 6	1 8														
	第二次	200	400						# 2	0 3	0 3	1 5	2 7	3 9	6 12														
	第三次	200	600						0 2	0 3	1 4	2 6	4 9	7 12	11 17														
	第四次	200	800						0 3	1 4	2 5	3 7	6 11	10 15	16 22														
	第五次	200	1000						1 3	2 4	3 6	5 8	9 12	14 17	22 25														
	第六次	200	1200						1 3	3 5	4 6	7 9	12 14	18 20	27 29														
	第七次	200	1400						2 3	4 5	6 7	9 10	14 15	21 22	32 33														
Q	第一次	315	315	↓	*			# 2	# 2	# 3	# 4	0 4	0 6	1 8															
	第二次	315	630					# 2	0 3	0 3	1 5	2 7	3 9	6 12															
	第三次	315	945					0 2	0 3	1 4	2 6	4 9	7 12	11 17															
	第四次	315	1260					0 3	1 4	2 5	3 7	6 11	10 15	16 22															
	第五次	315	1575					1 3	2 4	3 6	5 8	9 12	14 17	22 25															
	第六次	315	1890					1 3	3 5	4 6	7 9	12 14	18 20	27 29															
	第七次	315	2205					2 3	4 5	6 7	9 10	14 15	21 22	32 33															
R	第一次	500	500	*	↑		# 2	# 2	# 3	# 4	0 4	0 6	1 8																
	第二次	500	1000				# 2	0 3	0 3	1 5	2 7	3 9	6 12																
	第三次	500	1500				0 2	0 3	1 4	2 6	4 9	7 12	11 17																
	第四次	500	2000				0 3	1 4	2 5	3 7	6 11	10 15	16 22																
	第五次	500	2500				1 3	2 4	3 6	5 8	9 12	14 17	22 25																
	第六次	500	3000				1 3	3 5	4 6	7 9	12 14	18 20	27 29																
	第七次	500	3500				2 3	4 5	6 7	9 10	14 15	21 22	32 33																
S	第一次	800	800			# 2																							
	第二次	800	1600			# 2																							
	第三次	800	2400			0 2																							
	第四次	800	3200			0 3																							
	第五次	800	4000			1 3																							
	第六次	800	4800			1 3																							
	第七次	800	5600			2 3																							

↓ ＝採用箭頭下第一個抽樣計畫，如果樣本大小等於或超過批量時，則用 100% 檢驗。

↑ ＝採用箭頭上第一個抽樣計畫。

Ac ＝允收數。

Re ＝拒收數。

* ＝採用對應的單次抽樣計畫 (或採用下面的多次抽樣計畫)。

ǂ ＝採用對應的雙次抽樣計畫 (或採用下面的多次抽樣計畫)。

＝在此種樣本大小下不能允收。

表 10-17 多次抽樣，減量檢驗之主表

樣本大小代字	樣本	樣本大小	累積樣本大小	AQL+																									
				0.010	0.015	0.025	0.040	0.065	0.10	0.15	0.25	0.40	0.65	1.0	1.5	2.5	4.0	6.5	10	15	25	40	65	100	150	250	400	650	1000
				Ac Re	Ac Re	Ac Re	Ac Re	Ac Re	Ac Re	Ac Re	Ac Re	Ac Re	Ac Re	Ac Re	Ac Re	Ac Re	Ac Re	Ac Re	Ac Re	Ac Re	Ac Re	Ac Re	Ac Re	Ac Re	Ac Re	Ac Re	Ac Re	Ac Re	Ac Re
A																	↓	*		↓	*	*	*	*	*	*	*	*	*
B																↓	*	↓		*	*	*	*	*	*	*	*	*	*
C															↓	*		↑	*	*	*	*	*	*	*	*	*	*	
D														↓	*			‡	‡	‡	‡	‡	‡	‡	‡	‡	‡		
E													↓	*	↑		‡	‡	‡	‡	‡	‡	‡	‡	‡	‡			
F	第一次	2	2										*			# 2	# 2	# 3	# 3	# 4	# 4	0 5	0 6						
	第二次	2	4													# 2	# 3	# 3	0 4	0 5	1 6	1 7	3 9						
	第三次	2	6													0 2	0 3	0 4	0 5	1 6	2 8	3 9	6 12						
	第四次	2	8													0 3	0 4	0 5	1 6	2 7	3 10	5 12	8 15						
	第五次	2	10													0 3	0 4	1 6	2 7	3 8	5 11	7 13	11 17						
	第六次	2	12													0 3	1 5	1 6	3 7	4 9	7 12	10 15	14 20						
	第七次	2	14													1 3	1 5	2 7	4 8	6 10	9 14	13 17	18 22						
G	第一次	3	3									*			# 2	# 2	# 3	# 3	# 4	# 4	0 5	0 6							
	第二次	3	6												# 2	# 3	# 3	0 4	0 5	1 6	1 7	3 9							
	第三次	3	9												0 2	0 3	0 4	0 5	1 6	2 8	3 9	6 12							
	第四次	3	12												0 3	0 4	0 5	1 6	2 7	3 10	5 12	8 15							
	第五次	3	15												0 3	0 4	1 6	2 7	3 8	5 11	7 13	11 17							
	第六次	3	18												0 3	1 5	1 6	3 7	4 9	7 12	10 15	14 20							
	第七次	3	21												1 3	1 5	2 7	4 8	6 10	9 14	13 17	18 22							
H	第一次	5	5								*			# 2	# 2	# 3	# 3	# 4	# 4	0 5	0 6								
	第二次	5	10											# 2	# 3	# 3	0 4	0 5	1 6	1 7	3 9								
	第三次	5	15											0 2	0 3	0 4	0 5	1 6	2 8	3 9	6 12								
	第四次	5	20											0 3	0 4	0 5	1 6	2 7	3 10	5 12	8 15								
	第五次	5	25											0 3	0 4	1 6	2 7	3 8	5 11	7 13	11 17								
	第六次	5	30											0 3	1 5	1 6	3 7	4 9	7 12	10 15	14 20								
	第七次	5	35											1 3	1 5	2 7	4 8	6 10	9 14	13 17	18 22								
J	第一次	8	8							*			# 2	# 2	# 3	# 3	# 4	# 4	0 5	0 6									
	第二次	8	16										# 2	# 3	# 3	0 4	0 5	1 6	1 7	3 9									
	第三次	8	24										0 2	0 3	0 4	0 5	1 6	2 8	3 9	6 12									
	第四次	8	32										0 3	0 4	0 5	1 6	2 7	3 10	5 12	8 15									
	第五次	8	40										0 3	0 4	1 6	2 7	3 8	5 11	7 13	11 17									
	第六次	8	48										0 3	1 5	1 6	3 7	4 9	7 12	10 15	14 20									
	第七次	8	56										1 3	1 5	2 7	4 8	6 10	9 14	13 17	18 22									

表 10-17 多次抽樣，減量檢驗之主表 (續)

樣本大小代字	樣本	樣本大小	累積樣本大小	AQL+ 0.010	0.015	0.025	0.040	0.065	0.10	0.15	0.25	0.40	0.65	1.0	1.5	2.5	4.0	6.5	10	15	25	40	65	100	150	250	400	650	1000
				Ac Re	Ac Re	Ac Re	Ac Re	Ac Re	Ac Re	Ac Re	Ac Re	Ac Re	Ac Re	Ac Re	Ac Re	Ac Re	Ac Re	Ac Re	Ac Re	Ac Re	Ac Re	Ac Re	Ac Re	Ac Re	Ac Re	Ac Re	Ac Re	Ac Re	Ac Re
K	第一次	13	13						*	↑		# 2	# 2	# 3	# 3	# 4	# 4	0 5	0 6										
	第二次	13	26									# 2	# 3	# 3	0 4	0 5	1 6	1 7	3 9										
	第三次	13	39									0 2	0 3	0 4	0 5	1 6	2 8	3 9	6 12										
	第四次	13	52									0 3	0 4	0 5	1 6	2 7	3 10	5 12	8 15										
	第五次	13	65									0 3	0 4	1 6	2 7	3 8	5 11	7 13	11 17										
	第六次	13	78									0 3	1 5	1 6	3 7	4 9	7 12	10 15	14 20										
	第七次	13	91									1 3	1 5	2 7	4 8	6 10	9 14	13 17	18 22										
L	第一次	20	20					*	↑		# 2	# 2	# 3	# 3	# 4	# 4	0 5	0 6											
	第二次	20	40								# 2	# 3	# 3	0 4	0 5	1 6	1 7	3 9											
	第三次	20	60								0 2	0 3	0 4	0 5	1 6	2 8	3 9	6 12											
	第四次	20	80								0 3	0 4	0 5	1 6	2 7	3 10	5 12	8 15											
	第五次	20	100								0 3	0 4	1 6	2 7	3 8	5 11	7 13	11 17											
	第六次	20	120								0 3	1 5	1 6	3 7	4 9	7 12	10 15	14 20											
	第七次	20	140								1 3	1 5	2 7	4 8	6 10	9 14	13 17	18 22											
M	第一次	32	32				*			# 2	# 2	# 3	# 3	# 4	# 4	0 5	0 6												
	第二次	32	64							# 2	# 3	# 3	0 4	0 5	1 6	1 7	3 9												
	第三次	32	96							0 2	0 3	0 4	0 5	1 6	2 8	3 9	6 12												
	第四次	32	128							0 3	0 4	0 5	1 6	2 7	3 10	5 12	8 15												
	第五次	32	160							0 3	0 4	1 6	2 7	3 8	5 11	7 13	11 17												
	第六次	32	192							0 3	1 5	1 6	3 7	4 9	7 12	10 15	14 20												
	第七次	32	224							1 3	1 5	2 7	4 8	6 10	9 14	13 17	18 22												
N	第一次	50	50			*			# 2	# 2	# 3	# 3	# 4	# 4	0 5	0 6													
	第二次	50	100						# 2	# 3	# 3	0 4	0 5	1 6	1 7	3 9													
	第三次	50	150						0 2	0 3	0 4	0 5	1 6	2 8	3 9	6 12													
	第四次	50	200						0 3	0 4	0 5	1 6	2 7	3 10	5 12	8 15													
	第五次	50	250						0 3	0 4	1 6	2 7	3 8	5 11	7 13	11 17													
	第六次	50	300						0 3	1 5	1 6	3 7	4 9	7 12	10 15	14 20													
	第七次	50	350						1 3	1 5	2 7	4 8	6 10	9 14	13 17	18 22													
P	第一次	80	80		*			# 2	# 2	# 3	# 3	# 4	# 4	0 5	0 6														
	第二次	80	160					# 2	# 3	# 3	0 4	0 5	1 6	1 7	3 9														
	第三次	80	240					0 2	0 3	0 4	0 5	1 6	2 8	3 9	6 12														
	第四次	80	320					0 3	0 4	0 5	1 6	2 7	3 10	5 12	8 15														
	第五次	80	400					0 3	0 4	1 6	2 7	3 8	5 11	7 13	11 17														
	第六次	80	480					0 3	1 5	1 6	3 7	4 9	7 12	10 15	14 20														
	第七次	80	560					1 3	1 5	2 7	4 8	6 10	9 14	13 17	18 22														

表 10-17 多次抽樣，減量檢驗之主表 (續)

樣本大小代字	樣本	樣本大小	累積樣本大小	AQL+																									
				0.010	0.015	0.025	0.040	0.065	0.10	0.15	0.25	0.40	0.65	1.0	1.5	2.5	4.0	6.5	10	15	25	40	65	100	150	250	400	650	1000
				Ac Re	Ac Re	Ac Re	Ac Re	Ac Re	Ac Re	Ac Re	Ac Re	Ac Re	Ac Re	Ac Re	Ac Re	Ac Re	Ac Re	Ac Re	Ac Re	Ac Re	Ac Re	Ac Re	Ac Re	Ac Re	Ac Re	Ac Re	Ac Re	Ac Re	Ac Re
Q	第一次	125	125	*		↓	# 2	# 2	# 3	# 3	# 4	# 4	0 5	0 6															
	第二次	125	250				# 2	# 3	# 3	0 4	0 5	1 6	1 7	3 9															
	第三次	125	375				0 2	0 3	0 4	0 5	1 6	2 8	3 9	6 12															
	第四次	125	500				0 3	0 4	0 5	1 6	2 7	3 10	5 12	8 15															
	第五次	125	625				0 3	0 4	1 6	2 7	3 8	5 11	7 13	11 17															
	第六次	125	750				0 3	1 5	1 6	3 7	4 9	7 12	10 15	14 20															
	第七次	125	875				1 3	1 5	2 7	4 8	6 10	9 14	13 17	18 22															
R	第一次	200	200	↑		# 2	# 2	# 3	# 3	# 4	# 4	0 5	0 6																
	第二次	200	400			# 2	# 3	# 3	0 4	0 5	1 6	1 7	3 9																
	第三次	200	600			0 2	0 3	0 4	0 5	1 6	2 8	3 9	6 12																
	第四次	200	800			0 3	0 4	0 5	1 6	2 7	3 10	5 12	8 15																
	第五次	200	1000			0 3	0 4	1 6	2 7	3 8	5 11	7 13	11 17																
	第六次	200	1200			0 3	1 5	1 6	3 7	4 9	7 12	10 15	14 20																
	第七次	200	1400			1 3	1 5	2 7	4 8	6 10	9 14	13 17	18 22																

↓ ＝採用箭頭下第一個抽樣計畫，如果樣本大小等於或超過批量時，則用 100% 檢驗。

↑ ＝採用箭頭上第一個抽樣計畫。

Ac ＝允收數。

Re ＝拒收數。

* ＝採用對應的單次抽樣計畫 (或採用下面的多次抽樣計畫)。

\# ＝採用對應的雙次抽樣計畫 (或採用下面的多次抽樣計畫)。

\# ＝在此種樣本大小下不能允收。

\+ ＝如果不合格品數 (或不合格點數) 超過允收數，但尚未達到拒收數時，可允收該批，但回復到正常檢驗。

表 10-18 減量檢驗的界限數

最近10批中之樣本數	AQL																									
	0.010	0.015	0.025	0.040	0.065	0.10	0.15	0.25	0.40	0.65	1.0	1.5	2.5	4.0	6.5	10	15	25	40	65	100	150	250	400	650	1000
20-29	*	*	*	*	*	*	*	*	*	*	*	*	*	*	*	0	0	2	4	8	14	22	40	68	115	181
30-49	*	*	*	*	*	*	*	*	*	*	*	*	*	*	0	0	1	3	7	13	22	36	63	105	178	277
50-79	*	*	*	*	*	*	*	*	*	*	*	*	*	0	0	2	3	7	14	25	40	63	110	181	301	
80-129	*	*	*	*	*	*	*	*	*	*	*	*	0	0	2	4	7	14	24	42	68	105	181	297		
130-199	*	*	*	*	*	*	*	*	*	*	*	0	0	2	4	7	13	25	42	72	115	177	301	490		
200-319	*	*	*	*	*	*	*	*	*	*	0	0	2	4	8	14	22	40	68	115	181	277	471			
320-499	*	*	*	*	*	*	*	*	*	0	0	1	4	8	14	24	39	68	113	189						
500-799	*	*	*	*	*	*	*	*	0	0	2	3	7	14	25	40	63	110	181							
800-1249	*	*	*	*	*	*	*	0	0	2	4	7	14	24	42	68	105	181								
1250-1999	*	*	*	*	*	*	0	0	2	4	7	13	24	40	69	110	169									
2000-3149	*	*	*	*	*	0	0	2	4	7	14	22	40	68	115	181										
3150-4999	*	*	*	*	0	0	1	4	8	14	24	38	67	111	186											
5000-7999	*	*	*	0	0	2	3	7	14	25	40	63	110	181												
8000-12499	*	*	0	0	2	4	7	14	24	42	68	105	181													
12500-19999	*	0	0	2	4	7	13	24	40	69	110	169														
20000-31499	0	0	2	4	8	14	22	40	68	115	181															
31500以上	0	1	4	8	14	24	38	67	111	186																

*表示在此 AQL 下，最近 10 批所含的樣本數，尚不足以採用減量檢驗。在此例中，可用 10 批以上來作計算，但須為最近連續的批，並均採用正常檢驗，而且在原來檢驗中未被拒收者。

10.6.3 MIL-STD-105E之轉換程序

MIL-STD-105E 並非以一個單一之抽樣計畫來達成給定之 AQL 值。相反的，它包含一組抽樣計畫及轉換規則 (switching rules)，並考慮供應商品質之變化。為了激勵供應商，MIL-STD-105E 包含正常檢驗、減量檢驗及加嚴檢驗三種方式。在 MIL-STD-105E 中，如果品質水準接近 AQL，則一般是採用正常檢驗，若品質優於 AQL，則可考慮採用減量檢驗；反之，若品質劣於 AQL，則須採用加嚴檢驗。MIL-STD-105E 之各種轉換程序如圖 10-16 所示，其內容說明如下：

1. 正常→加嚴

   在正常檢驗時，如果連續 2、3、4 或 5 批中 (原始送驗批) 有 2 批被拒收，則轉換至加嚴檢驗。

2. 加嚴→正常

   在加嚴檢驗時，如果連續 5 批 (原始送驗批) 被允收，則轉換至正常檢驗。

3. 正常→減量

   在正常檢驗時，如果下列條件都符合，則轉換至減量檢驗。

   a. 最近 10 批採用正常檢驗，而且都為允收。
   b. 最近 10 批之樣本中的不合格品數，其總和小於或等於某特定值 (查表 10-18)。若為二次或多次抽樣計畫，須考慮各次抽樣樣本中之不合格品數。(**註**：在 ANSI/ASQ Z1.4 中此條件為選項)
   c. 生產平穩，無機器故障或缺料等問題發生。
   d. 當決策單位認為必須採用減量檢驗時。

4. 減量→正常

   當使用減量檢驗時，若下列任一條件符合，則轉換至正常檢驗。

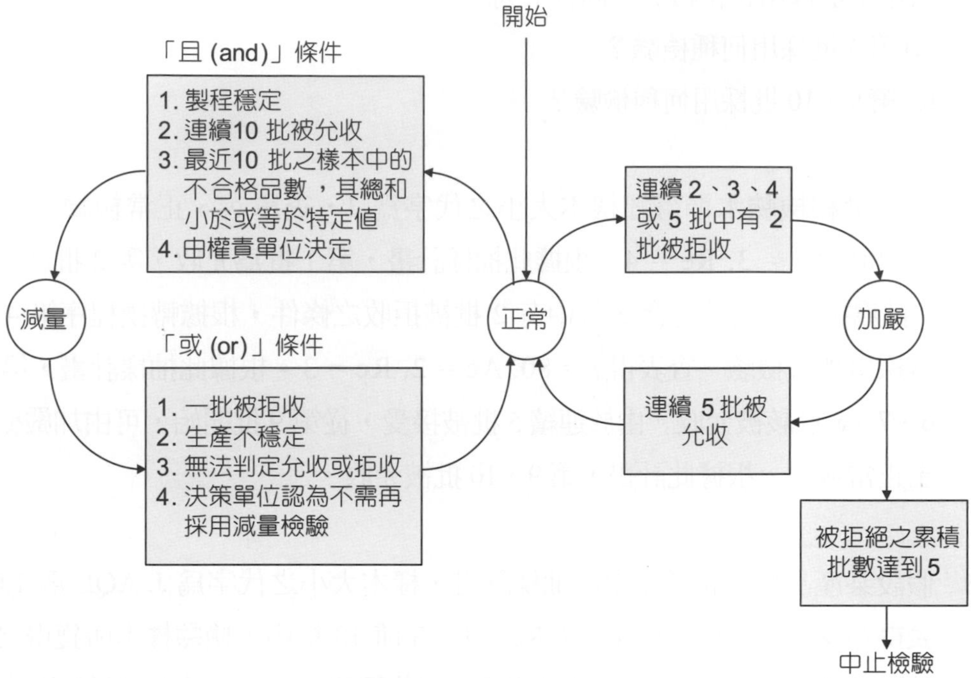

圖 10-16 轉換程序之流程

a. 一批被拒收。

b. 生產不穩定或延誤。

c. 不合格率高於 AQL。

d. 決策單位認爲不需再採用減量檢驗。

e. 當無法決定拒收或允收時。例如當樣本代字爲 K, AQL=1.0%，單次減量檢驗之 Ac = 1、Re = 4。若樣本中發現之不合格品數爲 2 或 3 時，則無法判定拒收或允收。此時該批仍被視爲允收，但不再使用減量檢驗。

5. 停止檢驗

在加嚴檢驗中，若累積 5 批被拒收，則停止使用 MIL-STD-105E，採取其他對策。

例10-7 假設產品批量爲 N= 1000, AQL= 1.5%，採用一般檢驗水準 II，依 MIL-STD-105E 單次抽樣計畫所得之前 10 批資料如下表所示。

批 號	不合格品數	批 號	不合格品數
1	2	6	0
2	5	7	0
3	4	8	1
4	0	9	2
5	1	10	2

若第 1 批採用正常檢驗，回答下列問題。

(a) 第 4 批採用何種檢驗？

(b) 第 9、10 批採用何種檢驗？

解答：

由批量和檢驗水準得知樣本大小之代字爲 J，查單次、正常檢驗之主表得知 $n = 80$, Ac = 3, Re = 4。根據此抽樣計畫，第 1 批爲允收，第 2 批爲拒收，第 3 批爲拒收。由於符合 3 批中有 2 批被拒收之條件，根據轉換程序第 4 批開始該採用加嚴檢驗。查表得 $n = 80$, Ac = 2, Re = 3。根據此抽樣計畫，第 4、5、6、7、8 批該被允收。由於連續 5 批被接受，從第 9 批開始，可由加嚴檢驗轉換至正常檢驗。根據此計畫，第 9、10 批被允收。

例10-8 假設某產品採用正常之單次抽樣計畫，樣本大小之代字爲 J, AQL 爲 1.0%。查表得知樣本大小爲 80, Ac = 2, Re = 3。在前 10 批中，檢驗樣本所獲得之不合格品數分別爲 1, 1, 2, 2, 1, 1, 0, 2, 1 及 0。在此種情況，是否符合減量檢驗之要求。

解答：

由於最近 10 批之樣本中的不合格品數皆小於 2，因此都判定爲允收。在最近 10 批中之總樣本數爲 $80 \times 10 = 800$。查表得知減量檢驗之不合格品數的上限值爲 4。由於目前 10 批之樣本中的總不合格品數爲 11，因此不符合轉換至減量檢驗之條件。

10.6.4 不合格點數之驗收程序

當一物件之特性無法滿足品質特性之規格時，稱爲不合格點。在 MIL-STD-105E 中，不合格點分爲 4 類：關鍵不合格點、主要不合格點、A 類次要不合格點及 B 類次要不合格點。關鍵不合格點影響安全或產品之功能，主要不合格點可能降低產品之功能特性，A 類次要不合格點只稍微影響功能特性，而 B 類次要不合格點只有一些或對功能毫無影響。

MIL-STD-105E 亦可應用於以不合格點數爲基礎之檢驗。在表中，AQL 可視爲每 100 單位之不合格點數。樣本大小是由批量及檢驗水準來決定，因此我們可以利用同一樣本，對不同之不合格點項目進行驗收。任何一類不合格點之結果爲拒絕時，則整批產品拒收。由於每一類不合格點之嚴重性不同，因此 AQL 之值亦不相同。通常關鍵不合格點項目爲採用全檢，其他不合格點項目之 AQL 則隨著嚴重性之降低而增加。

假設某一物品包含 20 項待檢驗之品質特性，其中 1 至 5 爲主要不合格點項目，6 至 12 爲 A 類次要不合格點，其他之特性爲 B 類次要不合格點。此物品之批量爲 1000 件。主要不合格點之 AQL 爲 1.0 (每百件中有一個不合格點)，A 類次要不合格點爲 4.0, B 類次要缺點爲 10.0。若使用一般檢驗水準 II，代字爲 J。正常、單次抽樣之樣本大小爲 80。各類不合格點之允收及拒收數如下表所示。

項 目	Ac	Re
主要不合格點	2	3
A類次要不合格點	7	8
B類次要不合格點	14	15

若檢查一樣本 (樣本大小 $n=80$) 後，發現其中有 4 個主要不合格點，4 個 A 類次要不合格點及 12 個 B 類次要不合格點。根據允收數及拒收數，我們可以判定主要不合格點項目爲不可接受，其他兩項則爲可接受。由於 3 類不合格點中，主要不合格點項目爲不可接受，因此判定拒收整批產品。若目前所考慮之物品，其主要不合格點項目之品質水準爲 1.0 (每 100 件之不合格點數)，A 類次要不合格點爲 4.0, B 類次要不合格點爲 12，則貨批之允收機率可計算如下。

由於三類不合格點項目都需爲可接受，整批才能允收，因此必須先計算各類不合格點項目之允收機率。

主要不合格點：

$\lambda = np = 80 \times \dfrac{1}{100} = 0.8$，計算得允收機率 $= 0.9526$

A 類次要不合格點項目：

$\lambda = np = 80 \times \dfrac{4}{100} = 3.2$，計算得允收機率 $= 0.9832$

B 類次要不合格點項目：

$\lambda = np = 80 \times \dfrac{12}{100} = 9.6$，計算得允收機率 $= 0.9357$

若此三類不合格點項目，彼此間爲獨立，則整批之允收機率

$= 0.9526 \times 0.9832 \times 0.9357 = 0.8764$

例10-9 試以卜瓦松分配計算代字爲 H，正常檢驗之單次和雙次 MIL-STD-105E 抽樣計畫在品質水準爲 $p = 5\%$ 之 ASN，假設 AQL= 1.0%。

解答：

單次抽樣計畫爲 $n = 50,\ \text{Ac} = 1,\ \text{Re} = 2$

雙次抽樣計畫爲 $n_1 = 32,\ \text{Ac}_1 = 0,\ \text{Re}_1 = 2,\ n_2 = 32,\ \text{Ac}_2 = 1,\ \text{Re}_2 = 2$

對單次抽樣計畫而言，等於樣本大小 (50)。在雙次抽樣計畫中，對每一樣本 $\lambda = np = 32 \times 0.05 = 1.6$。

由卜瓦松分配 $p(x) = \dfrac{e^{-\lambda}\lambda^x}{x!}$ 可得

第一次抽樣即達成決策之機率

=第一次抽樣後允收之機率+第一次抽樣後拒收之機率

$=P\{X=0\}+P\{X\geq 2\}$

$= 0.2019+1-P\{X\leq 1\}$

$= 0.2019+0.4751$

$= 0.677$

需第二次抽樣之機率 $= 1-0.677 = 0.323$，因此雙次抽樣之 ASN 爲

$\text{ASN} = 32 + 0.323(32) = 42.336$

例10-10 產品之批量爲 $N = 5000$，採用一般檢驗水準 II, AQL 爲每百件中有 2.5 個不合格點。求 MIL-STD-105E 之雙次、減量抽樣計畫。

解答：

由 N=5000 和檢驗水準 II，查表得樣本大小之代字爲 L。由代字 L 和 AQL=2.5，查表得知雙次抽樣計畫爲 $n_1 = 50,\ \text{Ac}_1 = 2,\ \text{Re}_1 = 7$; $n_2 = 50,\ \text{Ac}_2 = 6,\ \text{Re}_2 = 9$。在使用此抽樣計畫時，若兩次抽樣中之不合格點數小於或等於 6，則允收該貨批。若合併不合格點數超過 6，則拒收該貨批。若合併不合格點數爲 7 或 8，則允收該貨批，但從下批開始須由減量檢驗轉換至正常檢驗。

10.7 道奇－洛敏抽樣計畫

道奇 (Dodge) 和洛敏 (Roming) 兩位學者提出以 AOQL 和 LTPD 爲基礎之抽樣檢驗計畫，用來達成某種程度之品質水準。此兩種抽樣計畫可用於單次和雙次檢驗。兩者間之選擇是受每單位之檢驗成本及使用抽樣計畫之行政費用來決定。雖然 MIL-STD-105 抽樣計畫是基於 AQL，但它對於整體品質水準之影響卻不大，因爲在此種計畫中，樣本大小相對於批量顯然微不足道，而且只能偵測出樣本中之不合格品。道奇－洛敏抽樣計畫則屬於選別檢驗，對於產品品質水準之影響較大。

在一給定之不合格率下，道奇－洛敏之 AOQL 和 LTPD 抽樣計畫，均可使平均總檢驗件數爲最小。因此，道奇－洛敏之抽樣計畫適用於廠內對於半完成品之檢驗。道奇－洛敏抽樣計畫雖可使平均總檢驗件數爲最低，但其條件是要能獲得製程平均 (不合格率)。如果無法獲得製程平均，則可採用下列方法。第一個方法是從前數個樣本來估計，或從供應商所提供的資料來估計。另一可行方法是在開始時保守地選用表中最大之不合格率值，當獲得更多情報後，再修改製程平均，並選擇一個新的抽樣計畫。道奇－洛敏抽樣計畫也包含雙次抽樣，在估計製程平均時，最好是從第一組樣本來估計，以避免因不良貨批之品質，影響製程平均之估計。

一、AOQL抽樣計畫

道奇－洛敏之 AOQL 抽樣計畫中，AOQL 値包含 0.1%, 0.25%, 0.5%, 0.75%, 1%, 1.5%, 2%, 2.5%, 3%, 4%, 5%, 7% 和 10% 共 13 種 (參見表 10-19 至表 10-22)。每一 AOQL 値下又將製程平均或不合格率分爲 6 個等級。道奇－洛敏之 AOQL 抽樣計畫適用於單次和雙次抽樣。在使用此抽樣計畫前，使用者須先知道批量大小和製程平均。在給定之 AOQL 値和製程平均下，道奇－洛敏之 AOQL 抽樣計畫是設計使得平均總檢驗件數爲最低。在 AOQL 抽樣計畫中，當批量增加時，相對樣本大小減少，代表用較大之批量，檢驗費用更爲經濟。例如 AOQL = 3%，製程平均爲 2.4%，批量爲 1000 時，單次抽樣之樣本大小爲 60，而批量爲 4000 時，樣本大小爲 125，亦即批量增加 4 倍，樣本大小只增加約2倍。一般批量大小是選擇在 1000 至 10000 間，太大之批量也會造成作業上之問題。第一、實際作業上，可能無法爲了檢驗之目的而採集 10000 件以上之物品，檢驗成本之節省可能會因此被抵消；第二、要從極大之貨批中 (10000 件以上) 抽取隨機樣本較爲不易；第三、拒收一極大之貨批，可能會影響買、賣雙方之關係。

在 AOQL 抽樣計畫中，在其他條件固定下，樣本大小是隨著製程平均之降低而減少。因此，若製程平均降低，則可降低檢驗費用。在抽樣表中，並沒有包含超過 AOQL 值之製程平均，此乃是因爲當製程平均大於 AOQL 值時，100% 全檢較爲合適。

對於 AOQL 計畫，在某一特定 AOQL 值下，LTPD 值是隨著樣本大小和允收數之增加而降低。在道奇－洛敏之雙次抽樣中，允收數 c_2 最少爲 1，此代表不可能會有任何貨批因爲不合格品而被拒收。

例10-11 假設某產品之批量 N=5000 件。若供應商製程之不合格率爲 1%。現希望 AOQL = 3%，若使用單次抽樣，則道奇－洛敏抽樣計畫之樣本大小和允收數各爲何值。

解答：

批量 5000 件介於 4000 ~ 5000，不合格率介於 0.61% ~ 1.2%。因此，由表可獲知 n = 65, c = 3。該表又顯 示LTPD = 10.3%，此時之允收機率 P_a= 0.1。此代表若供應商所提供貨批之不合格率爲 10.3% 時，則有 90% 之機率會被拒收。

例10-12 假設某產品之批量 N=5500 件。若已知製程不合格率爲 0.5%，現希望 AOQL = 3%，求道奇－洛敏雙次抽樣計畫之樣本大小及允收數。

解答：

批量 5500 件介於 5001 ~ 7000，不合格率介於0.06 ~ 0.07%，由表得 $n_1 = 26$, $c_1 = 0$, $n_2 = 44$, $c_2 = 3$，此時 LTPD = 11%。

二、LTPD抽樣計畫

道奇－洛敏之 LTPD 表的設計，是使不合格率爲 LTPD 時，允收機率爲 0.1 (見表 10-23 至表 10-26)。表中 LTPD 值包含 0.5%, 1%, 2%, 3%, 4%, 5%, 7% 和 10%。在 LTPD 表中，製程平均只到 LTPD 值之一半，因爲當不合格率超過 LTPD 值一半時，100% 全檢比抽樣檢驗更爲經濟。如同 AOQL 抽樣計畫，當批量增加時，相對樣本大小減少。

例10-13 假設某物品之批量為 N=2500，賣方之製程平均為 0.32%。若採用單次抽樣計畫，而且 LTPD 為 1%，試說明道奇－洛敏抽樣計畫之樣本大小 n 和允收數 c。

解答：

查表得知 $n = 745, c = 4$。若拒收批採 100% 全檢並剔除不合格品，則此抽樣計畫之 AOQL = 0.26%。

例10-14 產品之批量為 N=1000, LTPD = 1%，製程平均為 0.5%，試說明道奇－洛敏雙次抽樣計畫之樣本大小 n 和允收數 c。

解答：

由表可得 $n_1 = 245, n_2 = 250, c_1 = 0, c_2 = 2$, AOQL = 0.19%，

拒收數 $r_1 = r_2 = c_2+1 =3$。

製程平均可以利用賣方前 25 批之不合格率，以不合格率管制圖來估計。如果有任何一批之不合格率超過 3 倍標準差之管制界限，而且可以診斷出異常原因時，該批之資料將被剔除，並且重新計算製程平均。

表 10-19 道奇－洛敏單次抽樣計畫，AOQL = 2.0%

批 量	製 程 平 均								
	0 - 0.04%			0.05 - 0.40%			0.41 - 0.80%		
	n	*c*	LTPD %	*n*	*c*	LTPD %	*n*	*c*	LTPD %
1-15	All	0	–	All	0	–	All	0	–
16-50	14	0	13.6	14	0	13.6	14	0	13.6
51-100	16	0	12.4	16	0	12.4	16	0	12.4
101-200	17	0	12.2	17	0	12.2	17	0	12.2
201-300	17	0	12.3	17	0	12.3	17	0	12.3
301-400	18	0	11.8	18	0	11.8	38	1	10.0
401-500	18	0	11.9	18	0	11.9	39	1	9.8
501-600	18	0	11.9	18	0	11.9	39	1	9.8
601-800	18	0	11.9	40	1	9.6	40	1	9.6
801-1000	18	0	12.0	40	1	9.6	40	1	9.6
1001-2000	18	0	12.0	41	1	9.4	65	2	8.2
2001-3000	18	0	12.0	41	1	9.4	65	2	8.2
3001-4000	18	0	12.0	42	1	9.3	65	2	8.2
4001-5000	18	0	12.0	42	1	9.3	70	2	7.5
5001-7000	18	0	12.0	42	1	9.3	95	3	7.0
7001-10000	42	1	9.3	70	2	7.5	95	3	7.0
10001-20000	42	1	9.3	70	2	7.6	95	3	7.0
20001-50000	42	1	9.3	70	2	7.6	125	4	6.4
50001-100000	42	1	9.3	95	3	7.0	160	5	5.9

表 10-19 道奇－洛敏單次抽樣計畫，AOQL = 2.0% (續)

批 量	製 程 平 均								
	0.81 - 1.20%			1.21 - 16.0%			1.61 - 2.00%		
	n	*c*	LTPD %	*n*	*c*	LTPD %	*n*	*c*	LTPD %
1-15	All	0	–	All	0	–	All	0	–
16-50	14	0	13.6	14	0	13.6	14	0	13.6
51-100	16	0	12.4	16	0	12.4	16	0	12.4
101-200	17	0	12.2	35	1	10.5	35	1	10.5
201-300	37	1	10.2	37	1	10.2	37	1	10.2
301-400	38	1	10.0	38	1	10.0	60	2	8.5
401-500	39	1	9.8	60	2	8.6	60	2	8.6
501-600	39	1	9.8	60	2	8.6	60	2	8.6
601-800	65	2	8.0	65	2	8.0	85	3	7.5
801-1000	65	2	8.1	65	2	8.1	90	3	7.4
1001-2000	65	2	8.2	95	3	7.0	120	4	6.5
2001-3000	95	3	7.0	120	4	6.5	180	6	5.8
3001-4000	95	3	7.0	155	5	6.0	210	7	5.5
4001-5000	125	4	6.4	155	5	6.0	245	8	5.3
5001-7000	125	4	6.4	185	6	5.6	280	9	5.1
7001-10000	155	5	6.0	220	7	5.4	350	11	4.8
10001-20000	190	6	5.6	290	9	4.9	460	14	4.4
20001-50000	220	7	5.4	395	12	4.5	720	21	3.9
50001-100000	290	9	4.9	505	15	4.2	955	27	3.7

註：All 表示全批檢驗

表 10-20 道奇－洛敏單次抽樣計畫，AOQL = 2.5%

批 量	製程平均								
	0 - 0.05%			0.06 - 0.50%			0.51 - 1.00%		
	n	c	LTPD %	n	c	LTPD %	n	c	LTPD %
1-10	All	0	–	All	0	–	All	0	–
11-50	11	0	17.6	11	0	17.6	11	0	17.6
51-100	13	0	15.3	13	0	15.3	13	0	15.3
101-200	14	0	14.7	14	0	14.7	14	0	14.7
201-300	14	0	14.9	14	0	14.9	30	1	12.7
301-400	14	0	15.0	14	0	15.0	31	1	12.3
401-500	14	0	15.0	14	0	15.0	32	1	12.0
501-600	14	0	15.1	32	1	12.0	32	1	12.0
601-800	14	0	15.1	32	1	12.0	32	1	12.0
801-1000	15	0	14.2	33	1	11.7	33	1	11.7
1001-2000	15	0	14.2	33	1	11.7	55	2	9.3
2001-3000	15	0	14.2	33	1	11.8	55	2	9.4
3001-4000	15	0	14.3	33	1	11.8	55	2	9.5
4001-5000	15	0	14.3	33	1	11.8	75	3	8.9
5001-7000	33	1	11.8	55	2	9.7	75	3	8.9
7001-10000	34	1	11.4	55	2	9.7	75	3	8.9
10001-20000	34	1	11.4	55	2	9.7	100	4	8.0
20001-50000	34	1	11.4	55	2	9.7	100	4	8.0
50001-100000	34	1	11.4	80	3	8.4	125	5	7.4

表 10-20 道奇－洛敏單次抽樣計畫，AOQL = 2.5% (續)

批 量	製程平均								
	1.01 - 1.50%			1.51 - 2.00%			2.01 - 2.50%		
	n	c	LTPD %	n	c	LTPD %	n	c	LTPD %
1-10	All	0	–	All	0	–	All	0	–
11-50	11	0	17.6	11	0	17.6	11	0	17.6
51-100	13	0	15.3	13	0	15.3	13	0	15.3
101-200	29	1	12.9	29	1	12.9	29	1	12.9
201-300	30	1	12.7	30	1	12.7	30	1	12.7
301-400	31	1	12.3	31	1	12.3	48	2	10.7
401-500	32	1	12.0	49	2	10.6	49	2	10.6
501-600	50	2	10.4	50	2	10.4	70	3	9.3
601-800	50	2	10.5	50	2	10.5	70	3	9.4
801-1000	50	2	10.6	70	3	9.4	90	4	8.5
1001-2000	75	3	8.8	95	4	8.0	120	5	7.6
2001-3000	75	3	8.8	120	5	7.6	145	6	7.2
3001-4000	100	4	7.9	125	5	7.4	195	8	6.6
4001-5000	100	4	7.9	150	6	7.0	225	9	6.3
5001-7000	125	5	7.4	175	7	6.7	250	10	6.1
7001-10000	125	5	7.4	200	8	6.4	310	12	5.8
10001-20000	150	6	7.0	260	10	6.0	425	16	5.3
20001-50000	180	7	6.7	345	13	5.5	640	23	4.8
50001-100000	235	9	6.1	435	16	5.2	800	28	4.5

註：All 表示全批檢驗

表 10-21 道奇－洛敏單次抽樣計畫，AOQL = 3.0%

批量	製程平均								
	0 - 0.06%			0.07 - 0.60%			0.61 - 1.20%		
	n	*c*	LTPD %	*n*	*c*	LTPD %	*n*	*c*	LTPD %
1-10	All	0	–	All	0	–	All	0	–
11-50	10	0	19.0	10	0	19.0	10	0	19.0
51-100	11	0	18.0	11	0	18.0	11	0	18.0
101-200	12	0	17.0	12	0	17.0	12	0	17.0
201-300	12	0	17.0	12	0	17.0	26	1	14.6
301-400	12	0	17.1	12	0	17.1	26	1	14.7
401-500	12	0	17.2	27	1	14.1	27	1	14.1
501-600	12	0	17.3	27	1	14.2	27	1	14.2
601-800	12	0	17.3	27	1	14.2	27	1	14.2
801-1000	12	0	17.4	27	1	14.2	44	2	11.8
1001-2000	12	0	17.5	28	1	13.8	45	2	11.7
2001-3000	12	0	17.5	28	1	13.8	45	2	11.7
3001-4000	12	0	17.5	28	1	13.8	65	3	10.3
4001-5000	28	1	13.8	28	1	13.8	65	3	10.3
5001-7000	28	1	13.8	45	2	11.8	65	3	10.3
7001-10000	28	1	13.9	46	2	11.6	65	3	10.3
10001-20000	28	1	13.9	46	2	11.7	85	4	9.5
20001-50000	28	1	13.9	65	3	10.3	105	5	8.8
50001-100000	28	1	13.9	65	3	10.3	125	6	8.4

表 10-21 道奇－洛敏單次抽樣計畫，AOQL = 3.0% (續)

批量	製程平均								
	1.21 - 1.80%			1.81 - 2.40%			2.41 - 3.00%		
	n	*c*	LTPD %	*n*	*c*	LTPD %	*n*	*c*	LTPD %
1-10	All	0	–	All	0	–	All	0	–
11-50	10	0	19.0	10	0	19.0	10	0	19.0
51-100	11	0	18.0	11	0	18.0	22	1	16.4
101-200	25	1	15.1	25	1	15.1	25	1	15.1
201-300	26	1	14.6	26	1	14.6	40	2	12.8
301-400	26	1	14.7	41	2	12.7	41	2	12.7
401-500	42	2	12.4	42	2	12.4	42	2	12.4
501-600	42	2	12.4	42	2	12.4	60	3	10.8
601-800	43	2	12.1	60	3	10.9	60	3	10.9
801-1000	44	2	11.8	60	3	11.0	80	4	9.8
1001-2000	65	3	10.2	80	4	9.8	100	5	9.1
2001-3000	65	3	10.2	100	5	9.1	140	7	8.2
3001-4000	85	4	9.5	125	6	8.4	165	8	7.8
4001-5000	85	4	9.5	125	6	8.4	210	10	7.4
5001-7000	105	5	8.8	145	7	8.1	235	11	7.1
7001-10000	105	5	8.8	170	8	7.6	280	13	6.8
10001-20000	125	6	8.4	215	10	7.2	380	17	6.2
20001-50000	170	8	7.6	310	14	6.5	560	24	5.7
50001-100000	215	10	7.2	385	17	6.2	690	29	5.4

註：All 表示全批檢驗

表 10-22 道奇－洛敏雙次抽樣計畫，AOQL = 3.0%

批量	製程平均																	
	0 - 0.06%						0.07 - 0.60%						0.61 - 1.20%					
	第一次		第二次			LTPD	第一次		第二次			LTPD	第一次		第二次			LTPD
	n_1	c_1	n_2	n_1+n_2	c_2	%	n_1	c_1	n_2	n_1+n_2	c_2	%	n_1	c_1	n_2	n_1+n_2	c_2	%
1-10	All	0	-	-	-	-	All	0	-	-	-	-	All	0	-	-	-	-
11-50	10	0	-	-	-	19.0	10	0	-	-	-	19.0	10	0	-	-	-	19.0
51-100	16	0	9	25	1	16.4	16	0	9	25	1	16.4	16	0	9	25	1	16.4
101-200	17	0	9	26	1	16.0	17	0	9	26	1	16.0	17	0	9	26	1	16.0
201-300	18	0	10	28	1	15.5	18	0	10	28	1	15.5	21	0	23	44	2	13.3
301-400	18	0	11	29	1	15.2	21	0	24	45	2	13.2	23	0	37	60	3	12.0
401-500	18	0	11	29	1	15.2	21	0	25	46	2	13.0	24	0	36	60	3	11.7
501-600	18	0	12	30	1	15.0	21	0	25	46	2	13.0	24	0	41	65	3	11.5
601-800	21	0	25	46	2	13.0	21	0	25	46	2	13.0	24	0	41	65	3	11.5
801-1000	21	0	26	47	2	12.8	21	0	26	47	2	12.8	25	0	40	65	3	11.4
1001-2000	22	0	26	48	2	12.6	22	0	26	48	2	12.6	27	0	58	85	4	10.3
2001-3000	22	0	26	48	2	12.6	25	0	40	65	3	11.4	28	0	62	90	4	10.0
3001-4000	23	0	26	49	2	12.4	25	0	45	70	3	11.0	29	0	76	105	5	9.6
4001-5000	23	0	26	49	2	12.4	26	0	44	70	3	11.0	30	0	75	105	5	9.5
5001-7000	23	0	27	50	2	12.2	26	0	44	70	3	11.0	30	0	80	110	5	9.4
7001-10000	23	0	27	50	2	12.2	27	0	43	70	3	11.0	30	0	80	110	5	9.4
10001-20000	23	0	27	50	2	12.2	27	0	43	70	3	11.0	31	0	94	125	6	9.2
20001-50000	23	0	27	50	2	12.2	28	0	67	95	4	9.7	55	1	120	175	8	8.0
50001-100000	23	0	27	50	2	12.2	31	0	84	115	5	9.0	60	1	140	200	9	7.6

表 10-22 道奇－洛敏雙次抽樣計畫，AOQL = 3.0% (續)

批量	製程平均																	
	1.21 - 1.80%						1.81 - 2.40%						2.41 - 3.00%					
	第一次		第二次			LTPD	第一次		第二次			LTPD	第一次		第二次			LTPD
	n_1	c_1	n_2	n_1+n_2	c_2	%	n_1	c_1	n_2	n_1+n_2	c_2	%	n_1	c_1	n_2	n_1+n_2	c_2	%
1-10	All	0	-	-	-	-	All	0	-	-	-	-	All	0	-	-	-	-
11-50	10	0	-	-	-	19.0	10	0	-	-	-	19.0	10	0	-	-	-	19.0
51-100	17	0	17	34	2	15.8	17	0	17	34	2	15.8	17	0	17	34	2	15.8
101-200	20	0	21	41	2	13.7	22	0	33	55	3	12.4	22	0	33	55	3	12.4
201-300	23	0	37	60	3	12.0	23	0	37	60	3	12.0	24	0	51	75	4	11.1
301-400	23	0	37	60	3	12.0	25	0	55	80	4	10.8	42	1	63	105	6	10.4
401-500	24	0	36	60	3	11.7	25	0	55	80	4	10.8	46	1	79	125	7	9.7
501-600	26	0	54	80	4	10.7	46	1	69	115	6	9.7	48	1	97	145	8	9.2
601-800	26	0	54	80	4	10.7	49	1	81	130	7	9.4	50	1	115	165	9	8.9
801-1000	27	0	58	85	4	10.3	49	1	86	135	7	9.2	70	2	120	190	10	8.4
1001-2000	49	1	76	125	6	9.1	50	1	150	200	10	8.0	100	3	180	280	14	7.5
2001-3000	50	1	95	145	7	8.7	80	2	165	245	12	7.6	130	4	260	390	19	6.9
3001-4000	55	1	110	165	8	8.5	105	3	200	305	14	7.0	155	5	330	485	23	6.5
4001-5000	60	1	135	195	9	7.8	110	3	225	335	15	6.7	215	7	390	605	27	6.0
5001-7000	60	1	165	225	10	7.3	110	3	250	360	16	6.6	270	9	505	775	34	5.7
7001-10000	85	2	160	245	11	7.2	115	3	290	405	18	6.5	285	9	680	965	41	5.4
10001-20000	85	2	180	265	12	7.2	140	4	315	455	20	6.3	315	10	805	1120	47	5.3
20001-50000	85	2	205	290	13	7.0	170	5	420	590	26	6.0	390	13	940	1330	56	5.2
50001-100000	90	2	245	335	15	6.8	200	6	505	705	30	5.7	445	15	1105	1550	65	5.1

註：All 表示全批檢驗

表 10-23 道奇－洛敏單次抽樣計畫，LTPD = 1.0%

批量	製程平均								
	0 - 0.010%			0.011 - 0.10%			0.11 - 0.20%		
	n	c	AOQL %	n	c	AOQL %	n	c	AOQL %
1-120	All	0	0	All	0	0	All	0	0
121-150	120	0	0.06	120	0	0.06	120	0	0.06
151-200	140	0	0.08	140	0	0.08	140	0	0.08
201-300	165	0	0.10	165	0	0.10	165	0	0.10
301-400	175	0	0.12	175	0	0.12	175	0	0.12
401-500	180	0	0.13	180	0	0.13	180	0	0.13
501-600	190	0	0.13	190	0	0.13	190	0	0.13
601-800	200	0	0.14	200	0	0.14	200	0	0.14
801-1000	205	0	0.14	205	0	0.14	205	0	0.14
1001-2000	220	0	0.15	220	0	0.15	360	1	0.19
2001-3000	220	0	0.15	375	1	0.20	505	2	0.23
3001-4000	225	0	0.15	380	1	0.20	510	2	0.24
4001-5000	225	0	0.16	380	1	0.20	520	2	0.24
5001-7000	230	0	0.16	385	1	0.21	655	3	0.27
7001-10000	230	0	0.16	520	2	0.25	660	3	0.28
10001-20000	390	1	0.21	525	2	0.26	785	4	0.31
20001-50000	390	1	0.21	530	2	0.26	920	5	0.34
50001-100000	390	1	0.21	670	3	0.29	1040	6	0.36

表 10-23 道奇－洛敏單次抽樣計畫，LTPD = 1.0% (續)

批量	製程平均								
	0.21 - 0.30%			0.31 - 0.40%			0.41 - 0.50%		
	n	c	AOQL %	n	c	AOQL %	n	c	AOQL %
1-120	All	0	0	All	0	0	All	0	0
121-150	120	0	0.06	120	0	0.06	120	0	0.06
151-200	140	0	0.08	140	0	0.08	140	0	0.08
201-300	165	0	0.10	165	0	0.10	165	0	0.10
301-400	175	0	0.12	175	0	0.12	175	0	0.12
401-500	180	0	0.13	180	0	0.13	180	0	0.13
501-600	190	0	0.13	190	0	0.13	305	1	0.14
601-800	330	1	0.15	330	1	0.15	330	1	0.15
801-1000	335	1	0.17	335	1	0.17	335	1	0.17
1001-2000	490	2	0.21	490	2	0.21	610	3	0.22
2001-3000	630	3	0.24	745	4	0.26	870	5	0.26
3001-4000	645	3	0.25	880	5	0.28	1000	6	0.29
4001-5000	770	4	0.28	895	5	0.29	1120	7	0.31
5001-7000	780	4	0.29	1020	6	0.32	1260	8	0.34
7001-10000	910	5	0.32	1150	7	0.34	1500	10	0.37
10001-20000	1040	6	0.35	1400	9	0.39	1980	14	0.43
20001-50000	1300	8	0.39	1890	13	0.44	2570	19	0.48
50001-100000	1420	9	0.41	2120	15	0.47	3150	23	0.50

註：All 表示全批檢驗

表 10-24 道奇－洛敏單次抽樣計畫，LTPD = 2.0%

批量	製程平均								
	0 - 0.02%			0.03 - 0.20%			0.21 - 0.40%		
	n	c	AOQL %	n	c	AOQL %	n	c	AOQL %
1-75	All	0	0	All	0	0	All	0	0
76-100	70	0	0.16	70	0	0.16	70	0	0.16
101-200	85	0	0.25	85	0	0.25	85	0	0.25
201-300	95	0	0.26	95	0	0.26	95	0	0.26
301-400	100	0	0.28	100	0	0.28	100	0	0.28
401-500	105	0	0.28	105	0	0.28	105	0	0.28
501-600	105	0	0.29	105	0	0.29	175	1	0.34
601-800	110	0	0.29	110	0	0.29	180	1	0.36
801-1000	115	0	0.28	115	0	0.28	185	1	0.37
1001-2000	115	0	0.30	190	1	0.40	255	2	0.47
2001-3000	115	0	0.31	190	1	0.41	260	2	0.48
3001-4000	115	0	0.31	195	1	0.41	330	3	0.54
4001-5000	195	1	0.41	260	2	0.50	335	3	0.54
5001-7000	195	1	0.42	265	2	0.50	335	3	0.55
7001-10000	195	1	0.42	265	2	0.50	395	4	0.62
10001-20000	200	1	0.42	265	2	0.51	460	5	0.67
20001-50000	200	1	0.42	335	3	0.58	520	6	0.73
50001-100000	200	1	0.42	335	3	0.58	585	7	0.76

表 10-24 道奇－洛敏單次抽樣計畫，LTPD = 2.0% (續)

批量	製程平均								
	0.41 - 0.60%			0.61 - 0.80%			0.81 - 1.00%		
	n	c	AOQL %	n	c	AOQL %	n	c	AOQL %
1-75	All	0	0	All	0	0	All	0	0
76-100	70	0	0.16	70	0	0.16	70	0	0.16
101-200	85	0	0.25	85	0	0.25	85	0	0.25
201-300	95	0	0.26	95	0	0.26	95	0	0.26
301-400	160	1	0.32	160	1	0.32	160	1	0.32
401-500	165	1	0.34	165	1	0.34	165	1	0.34
501-600	175	1	0.34	175	1	0.34	235	2	0.36
601-800	240	2	0.40	240	2	0.40	300	3	0.41
801-1000	245	2	0.42	305	3	0.44	305	3	0.44
1001-2000	325	3	0.50	380	4	0.54	440	5	0.56
2001-3000	380	4	0.58	450	5	0.60	565	7	0.64
3001-4000	450	5	0.63	510	6	0.65	690	9	0.70
4001-5000	455	5	0.63	575	7	0.69	750	10	0.74
5001-7000	515	6	0.69	640	8	0.73	870	12	0.80
7001-10000	520	6	0.69	760	10	0.79	1050	15	0.86
10001-20000	650	8	0.77	885	12	0.86	1230	18	0.94
20001-50000	710	9	0.81	1060	15	0.93	1520	23	1.0
50001-100000	770	10	0.84	1180	17	0.97	1690	26	1.1

註：All 表示全批檢驗

表 10-25 道奇－洛敏單次抽樣計畫，LTPD = 5.0%

批量	製程平均								
	0 - 0.05%			0.06 - 0.50%			0.51 - 1.00%		
	n	*c*	AOQL %	*n*	*c*	AOQL %	*n*	*c*	AOQL %
1-30	All	0	0	All	0	0	All	0	0
31-50	30	0	0.49	30	0	0.49	30	0	0.49
51-100	37	0	0.63	37	0	0.63	37	0	0.63
101-200	40	0	0.74	40	0	0.74	40	0	0.74
201-300	43	0	0.74	43	0	0.74	70	1	0.92
301-400	44	0	0.74	44	0	0.74	70	1	0.99
401-500	45	0	0.75	75	1	0.95	100	2	1.1
501-600	45	0	0.76	75	1	0.98	100	2	1.1
601-800	45	0	0.77	75	1	1.0	100	2	1.2
801-1000	45	0	0.78	75	1	1.0	105	2	1.2
1001-2000	45	0	0.80	75	1	1.0	130	3	1.4
2001-3000	75	1	1.1	105	2	1.3	135	3	1.4
3001-4000	75	1	1.1	105	2	1.3	160	4	1.5
4001-5000	75	1	1.1	105	2	1.3	160	4	1.5
5001-7000	75	1	1.1	105	2	1.3	185	5	1.7
7001-10000	75	1	1.1	105	2	1.3	185	5	1.7
10001-20000	75	1	1.1	135	3	1.4	210	6	1.8
20001-50000	75	1	1.1	135	3	1.4	235	7	1.9
50001-100000	75	1	1.1	160	4	1.6	235	7	1.9

表 10-25 道奇－洛敏單次抽樣計畫，LTPD = 5.0% (續)

批量	製程平均								
	1.01 - 1.50%			1.51 - 2.00%			2.00 - 2.50%		
	n	*c*	AOQL %	*n*	*c*	AOQL %	*n*	*c*	AOQL %
1-30	All	0	0	All	0	0	All	0	0
31-50	30	0	0.49	30	0	0.49	30	0	0.49
51-100	37	0	0.63	37	0	0.63	37	0	0.63
101-200	40	0	0.74	40	0	0.74	40	0	0.74
201-300	70	1	0.92	95	2	0.99	95	2	0.99
301-400	100	2	1.0	120	3	1.1	145	4	1.1
401-500	100	2	1.1	125	3	1.2	150	4	1.2
501-600	125	3	1.2	150	4	1.3	175	5	1.3
601-800	130	3	1.2	175	5	1.4	200	6	1.4
801-1000	155	4	1.4	180	5	1.4	225	7	1.5
1001-2000	180	5	1.6	230	7	1.7	280	9	1.8
2001-3000	210	6	1.7	280	9	1.9	370	13	2.1
3001-4000	210	6	1.7	305	10	2.0	420	15	2.2
4001-5000	235	7	1.8	330	11	2.0	440	16	2.2
5001-7000	260	8	1.9	350	12	2.2	490	18	2.4
7001-10000	260	8	1.9	380	13	2.2	535	20	2.5
10001-20000	285	9	2.0	425	15	2.3	610	23	2.6
20001-50000	305	10	2.1	470	17	2.4	700	27	2.7
50001-100000	355	12	2.2	515	19	2.5	770	30	2.8

註：All 表示全批檢驗

表 10-26　道奇－洛敏雙次抽樣計畫，LTPD = 1.0%

批量	製程平均																	
	0 - 0.010%						0.011 - 0.10%						0.11 - 0.20%					
	第一次		第二次			AOQL %	第一次		第二次			AOQL %	第一次		第二次			AOQL %
	n_1	c_1	n_2	n_1+n_2	c_2		n_1	c_1	n_2	n_1+n_2	c_2		n_1	c_1	n_2	n_1+n_2	c_2	
1-120	All	0	-	-	-	0	All	0	-	-	-	0	All	0	-	-	-	0
121-150	120	0	-	-	-	0.06	120	0	-	-	-	0.06	120	0	-	-	-	0.06
151-200	140	0	-	-	-	0.08	140	0	-	-	-	0.08	140	0	-	-	-	0.08
201-260	165	0	-	-	-	0.10	165	0	-	-	-	0.10	165	0	-	-	-	0.10
261-300	180	0	75	255	1	0.10	180	0	75	255	1	0.10	180	0	75	255	1	0.10
301-400	200	0	90	290	1	0.12	200	0	90	290	1	0.12	200	0	90	290	1	0.12
401-500	215	0	100	315	1	0.14	215	0	100	315	1	0.14	215	0	100	315	1	0.14
501-600	225	0	115	340	1	0.15	225	0	115	340	1	0.15	225	0	115	340	1	0.15
601-800	235	0	125	360	1	0.16	235	0	125	360	1	0.16	235	0	125	360	1	0.16
801-1000	245	0	135	380	1	0.17	245	0	135	380	1	0.17	245	0	250	495	2	0.19
1001-2000	265	0	155	420	1	0.18	265	0	155	420	1	0.18	265	0	285	550	2	0.21
2001-3000	270	0	160	430	1	0.19	270	0	300	570	2	0.22	270	0	420	690	3	0.25
3001-4000	275	0	160	435	1	0.19	275	0	305	580	2	0.22	275	0	435	710	3	0.25
4001-5000	275	0	165	440	1	0.19	275	0	310	585	2	0.23	275	0	565	840	4	0.28
5001-7000	275	0	170	445	1	0.20	275	0	315	590	2	0.23	275	0	580	855	4	0.29
7001-10000	280	0	320	600	1	0.24	280	0	460	740	3	0.26	280	0	590	870	4	0.30
10001-20000	280	0	325	605	1	0.24	280	0	465	745	3	0.27	450	1	700	1150	6	0.33
20001-50000	280	0	325	605	1	0.25	280	0	605	885	4	0.30	450	1	830	1280	7	0.36
50001-100000	280	0	325	605	1	0.25	280	0	605	885	4	0.30	450	1	960	1410	8	0.38

表 10-26　道奇－洛敏雙次抽樣計畫，LTPD = 1.0% (續)

批量	製程平均																	
	0.21 - 0.30%						0.31 - 0.40%						0.41 - 0.50%					
	第一次		第二次			AOQL %	第一次		第二次			AOQL %	第一次		第二次			AOQL %
	n_1	c_1	n_1	n_1+n_2	c_2		n_1	c_1	n_2	n_1+n_2	c_2		n_1	c_1	n_2	n_1+n_2	c_2	
1-120	All	0	-	-	-	0	All	0	-	-	-	0	All	0	-	-	-	0
121-150	120	0	-	-	-	0.06	120	0	-	-	-	0.06	120	0	-	-	-	0.06
151-200	140	0	-	-	-	0.08	140	0	-	-	-	0.08	140	0	-	-	-	0.08
201-260	165	0	-	-	-	0.10	165	0	-	-	-	0.10	165	0	-	-	-	0.10
261-300	180	0	75	255	1	0.10	180	0	75	255	1	0.10	180	0	75	255	1	0.10
301-400	200	0	90	290	1	0.12	200	0	90	290	1	0.12	200	0	90	290	1	0.12
401-500	215	0	100	315	1	0.14	215	0	100	315	1	0.14	215	0	100	315	1	0.14
501-600	225	0	115	340	1	0.15	225	0	115	340	1	0.15	225	0	205	430	2	0.16
601-800	235	0	230	465	2	0.18	235	0	230	465	2	0.18	235	0	230	465	2	0.18
801-1000	245	0	250	495	2	0.19	245	0	250	495	2	0.19	245	0	250	495	2	0.19
1001-2000	265	0	405	670	3	0.23	265	0	515	780	4	0.24	265	0	515	780	4	0.24
2001-3000	270	0	545	815	4	0.26	430	1	620	1050	6	0.28	430	1	830	1260	8	0.30
3001-4000	435	1	645	1080	6	0.29	435	1	865	1300	8	0.30	580	2	940	1520	10	0.33
4001-5000	440	1	660	1100	6	0.30	440	1	1000	1440	9	0.33	585	2	1075	1660	11	0.35
5001-7000	445	1	785	1230	7	0.33	590	2	990	1580	10	0.36	730	3	1190	1920	13	0.38
7001-10000	450	1	920	1370	8	0.35	600	2	1240	1840	12	0.39	870	4	1540	2410	17	0.41
10001-20000	605	2	1035	1640	10	0.39	745	3	1485	2230	15	0.43	1150	6	1990	3140	23	0.44
20001-50000	605	2	1295	1900	12	0.42	885	4	1845	2730	19	0.47	1280	7	2600	3880	29	0.52
50001-100000	605	2	1545	2150	14	0.44	885	4	2085	2970	21	0.49	1410	8	3280	4690	36	0.55

註：All 表示全批檢驗

延伸閱讀

由 MIL-STD-105 所衍生之標準

MIL-STD-105A 是於 1950 年發行，並於 1958 年和 1961 年進行小幅度修改。在 1963 年，MIL-STD-105 進行主要之修改形成 MIL-STD-105D。MIL-STD-105E 是於 1989 年發布，但美國國防部為了成本因素，於1995年2月27日終止此系列標準，建議改用其他民用版本。由 MIL-STD-105 所衍生之標準包含：ANSI/ASQ Z1.4、ASTM E2234 和ISO 2859-1。ANSI/ASQ Z1.4 為美國國家標準，美國國防部建議使用此標準來取代 MIL-STD-105E，適用於美國國內之交易。ASTM E2234 為美國測試與材料學會 (American Society for Testing and Material) 所發行之國際標準，使用於實驗室環境之試驗。ISO 2859 為國際標準組織 (ISO) 所發布之國際標準，適用於國際貿易。其中，ISO 2859-1 是以 AQL 作為索引，而 ISO 2859-2 是以 LQ 作為索引。

ANSI/ASQ Z1.4 和 ASTM E2234 都是以 MIL-STD-105E 為基礎，進行小幅度之修改。而 ISO 2859 則包含大幅度之修改。例如 ISO 2859 包含一種選用之分數型允收數 (fractional acceptance number) 計畫。此種計畫適用於當一個樣本大小代字和 AQL 交會之處為一個箭頭，其上、下之允收數為 Ac = 0 和 Ac = 1。當分數等於 1/2 時，下列情況可以允收貨批：目前之樣本中沒有發現任何不合格品，或者目前之樣本中發現一件不合格品而前一批之樣本中沒有發現任何不合格品。相同的，當分數等於 1/5 時，下列情況可以允收貨批：目前之樣本中沒有發現任何不合格品，或者目前之樣本中發現一件不合格品而前四批之樣本中沒有發現任何不合格品。對於正常和加嚴檢驗，可以使用 1/3 和 1/2 兩種分數。對於減量檢驗，可以使用 1/5、1/3 和 1/2 三種分數。表 10-27 彙整比較幾個以 AQL 為基準之主要標準。

表 10-27 以 AQL 為基準之主要標準比較

特色	MIL-STD-105E	ANSI/ASQ Z1.4	ASTM E2234	ISO 2859-1
由正常檢驗轉換至加嚴	連續 5 批 (或更少) 中有 2 批被拒收	連續 5 批 (或更少) 中有 2 批被拒收	連續 5 批 (或更少) 中有 2 批被拒收	連續 5 批 (或更少) 中有 2 批被拒收
由加嚴檢驗轉換為正常	連續 5 批被允收	連續 5 批被允收	連續 5 批被允收	連續 5 批被允收
由正常檢驗轉換為減量	連續 10 批被允收，且最近 10 批樣本中之不合格品總數小於或等於特定值	連續 10 批被允收，且最近 10 批樣本中之不合格品總數小於或等於特定值	連續 10 批被允收，且最近 10 批樣本中之不合格品總數小於或等於特定值	轉換分數 > 30
由減量檢驗轉換為正常	1 批被拒收或者樣本中之不合格品數落在 Ac 與 Re 之間	1 批被拒收或者樣本中之不合格品數落在 Ac 與 Re 之間	1 批被拒收或者樣本中之不合格品數落在 Ac 與 Re 之間	1 批被拒收
減量檢驗表中之缺口 (gap)	表中存在 Ac 與Re 之缺口 (Ac 與 Re 之差距大於 1)	表中存在 Ac 與Re 之缺口	表中存在 Ac 與Re 之缺口	修改抽樣計畫，缺口不存在

表 10-27 以 AQL 為基準之主要標準比較 (續)

特色	MIL-STD-105E	ANSI/ASQ Z1.4	ASTM E2234	ISO 2859-1
中止檢驗	在加嚴檢驗中，累積 5 批被拒收	在加嚴檢驗中，累積 5 批被拒收	在加嚴檢驗中，累積 5 批被拒收	在加嚴檢驗中，累積 5 批被拒收
術語	Defect Defective Limiting quality	Nonconformity Nonconforming unit Limiting quality	Defect Defective Limiting quality	Nonconformity Nonconforming item Consumer's risk quality
缺點之分類	Critical Major Minor	Group A Group B Group C	Critical Major Minor	Class A Class B Class C
Ac=0 和 Ac=1 間之箭頭	只有箭頭	只有箭頭	只有箭頭	箭頭或分數型允收數
雙次抽樣	—	同105E	同 105E	有些計畫被修改，以獲得較佳之 ASN
多次抽樣	7 個階段	7 個階段	7 個階段	5 個階段
AQL	Acceptable Quality Level	Acceptance Quality Limit	Acceptance Quality Limit	Acceptance Quality Limit

本章習題

一、選擇題

( ) 1. 已知某一送驗批為 50 件，規定隨機抽樣 10 件，檢驗結果有 3 件或 3 件以上不合格品，即予以退貨。若此批不合格率為 0.1，則允收機率應為：(a) 74% (b) 80% (c) 85% (d) 93%。

( ) 2. 依 OC 曲線特性，如果買方為了確保產品品質，則抽樣計畫之樣本大小 (n) 與允收數 (Ac 值)：(a) 當 Ac 固定時，n 愈大愈能保證買方品質 (b) 當 n 固定時，Ac 愈大愈能保證買方品質 (c) 無影響 (d) 需同時將 Ac 與 n 變大才能確保買方品質。

( ) 3. 生產者產品品質已達允收水準，但抽樣檢驗結果卻判定拒收，此種錯誤稱為 (a) 型 I 誤差 (b) 型 II 誤差 (c) 型 III 誤差 (d) 型 IV 誤差。

( ) 4. 對於一計數值單次抽樣計畫之 OC 曲線，當允收機率 $=\beta$ 時 (其中 β 為消費者風險)，其所對應之不合格率應為 (a) AOQ (b) AQL (c) LTPD (d) AOQL。

( ) 5. 以下敘述何者為非？ (a) 抽樣檢驗具有省時、省力、減少破壞檢驗之損失及降低檢驗人員的疲勞程度等之經濟性之特點 (b) OC 曲線是表示各種不合格率的貨批，在某一抽樣計畫下，能被允收的機率 (c) AQL 是作為判定合格批之最高不合格率 (d) AOQL 是一個很大貨批品質平均等級，它保證個別批的品質會比 AOQL 來得好。

( ) 6. OC 曲線如果相同時，每個檢驗批的平均檢驗個數以下列何者最少？ (a) 單次抽樣 (b) 雙次抽樣 (c) 多次抽樣計畫 (d) 一樣。

( ) 7. 生產者風險率乃指：(a) 產品品質好，但抽樣誤判而拒收 (b) 產品品質不好，但抽樣誤判而允收 (c) 產品品質好，且抽樣並判允收 (d) 產品品質不好，且抽樣並判拒收。

( ) 8. 某選別型單次抽樣計畫 $N=3000, n=100, c=3$，貨批不良率 $p=2\%$，求其平均總檢驗數 (ATI)=_____。(a) 324.8 (b) 1037.6 (c) 755.3 (d) 509.01。

( ) 9. 進料驗收抽樣檢驗的基本目的為 (a) 決定是否接受或拒絕整體貨批 (b) 評估批量的品質 (c) 判定批量中的不合格品 (d) 決定品質特性的平均數。

( )10. 抽樣計畫中，符號 LTPD 之意義為：(a) 平均檢驗件數 (b) 平均出廠品質界限 (c) 消費者願意接受的最大不合格率 (d) 消費者不能接受的最小不合格率。

( )11. 有關「選別檢驗」，下列何者爲不正確？(a) 可用在進料檢驗、半成品檢驗或完成品之最後測試 (b) 其乃是當送驗批被拒收後，整批全數檢驗，並將不合格品剔除，以合格品取代 (c) AQL 是用來評估「選別檢驗計畫」之指標 (d) ATI 是用來評估平均總檢驗件數的指標。

( )12. 若送驗批之批量 N=10000，採用之單次抽樣計畫之樣本大小 n =100，規定被拒收之批施以 100% 檢驗，將發現之不合格品剔除，以合格品換補，而樣品中所發現之不合格品亦須剔除，假定當送驗批之不合格率爲 0.05 時，允收機率爲 0.12，試問 AOQ 爲何？(a) 0.00594 (b) 0.00789 (c) 0.00897 (d) 0.00314。

( )13. 以下敘述何者爲非？(a) 採抽樣檢驗而放棄全數檢驗，則須冒著允收壞批與拒收好批的風險 (b) 採抽樣檢驗而放棄全數檢驗，所提供貨批之品質資訊的情報較少 (c) 檢驗的主要目的，乃在於原料的附加價值最低的階段將瑕疵品剔除 (d) 在抽樣檢驗中，取允收數 $c=0$ 的檢驗策略，對消費者與生產者皆有利。

( )14. 單次抽樣、雙次抽樣、多次抽樣計畫的 OC 曲線如果差不多相同時，則對於品質保證的程度下列答案何者較佳？(a) 單次抽樣 (b) 雙次抽樣 (c) 多次抽樣 (d) 三者差不多。

( )15. 對於一計數值單次抽樣計畫之 OC 曲線，當允收機率 $=1-\alpha$時 (其中α爲生產者風險)，其所對應之不合格率爲 (a) AOQ (b) AQL (c) LTPD (d) LQL。

( )16. 某雙次抽樣計畫 $n_1=50$, c_1=2；n_2=100, c_2=8。又 d_1 表示第一次抽樣的不合格品數，d_2 爲第二次抽樣的不合格品數。下列敘述何者爲正確？(a) 如果 d_1=2，則允收貨批，不再進行第二次抽樣 (b) 若 d_1=4，則再抽 n_2=100；若 d_1+d_2=8 則允收貨批 (c) 若 d_1=5，則再抽 n_2=100，若 d_1+d_2=9 則拒收貨批 (d) 以上皆是。

( )17. 設 N=2000, AQL= 1.0%，使用 MIL-STD-105E 單次抽樣計畫，I 級檢驗水準，加嚴檢驗，則其抽樣計畫爲：(a) $n=50$, Ac$=1$, Re$=2$ (b) $n=80$, Ac$=1$, Re$=2$ (c) $n=125$, Ac$=2$, Re$=3$ (d) $n=80$, Ac$=2$, Re$=3$。

( )18. 以下敘述何者爲非？(a) 所謂 ATI，乃指在選別檢驗下，每批之平均檢驗產品件數 (b) 由 Dodge-Roming 抽樣計畫表所決定之檢驗計畫，保證不合格率在 LTPD 以上的貨批之允收機率在 10% 以下，亦即能保證每一貨批的品質 (c) 採用計數值雙次抽樣檢驗，並不見得每回皆需抽驗兩次才能決定貨批允收與否 (d) 選別型抽樣檢驗對賣方較爲有利，可避免因發生型 II 誤差所造成之退貨損失。

(　)19. 某選別型單次抽樣計畫 N=3000, $n=20$, $c=3$，貨批不良率 $p=5\%$，求其平均總檢驗數 (ATI)。(a) 85.12　(b) 67.68　(c) 755.3　(d) 514.4。

(　)20. 若送驗批之批量 N=5000，採用之單次抽樣計畫之樣本大小 $n=100$，規定被拒收之批施以 100% 檢驗，將發現不合格品剔除，以合格品換補，而樣品中所發現不合格品亦須剔除，假定當送驗批不合格率為 0.05 時，允收機率為 0.13，試問 AOQ 為何？(a) 0.00594　(b) 0.00736　(c) 0.00897　(d) 0.00637。

(　)21. 下列敘述何者為錯誤？(a) MIL-STD-105E 抽樣計畫是根據 AQL 所設計　(b) MIL-STD-105E 抽樣計畫是屬於逐批抽樣計畫　(c) 在 MIL-STD-105E 抽樣計畫中最小之 AQL 為 0.01%　(d) 在 MIL-STD-105E 抽樣計畫中之 AQL 只能表達不合格率。

(　)22. 由 N=1000, n=100, $c=10$ 與 N=1000, $n=10$, c=1 兩個抽樣計畫，從 OC 曲線來看品質保證的程度：(a) 相同　(b) 前者對消費者較有保障　(c) 後者對消費者較有保障　(d) 後者對生產者較有利。

(　)23. 某逐次抽樣計畫之允收線 $X_A=-2.3+0.06n$，拒收線為 $X_R=1.5+0.06n$。以下敘述何者為非? (a) 當抽樣數 $n=35$ 時，如果累積不合格品數為 0，則允收　(b) 當抽樣數 $n=60$，如果累積不合格品數為 1，則允收　(c) 當抽樣數 $n=60$，如果累積不合格品數為 6，則拒收　(d) 當抽樣數 $n=60$，如果累積不合格品數為 3，則繼續抽樣。

(　)24. 某抽樣計畫包含兩要項：樣本大小 n=120，允收數 c=1。下列敘述何者為正確？(a) 此為一計數值抽樣計畫　(b) 此為一單次抽樣計畫　(c) 如果貨批之平均不合格率為 $p=0.02$ 時，則允收率 $P_a=(0.98)^{120}+2.4(0.98)^{119}$　(d) 以上皆是。

(　)25. 有關 Dodge-Roming 抽樣計畫，下列何者為正確？ (a) 以 AQL 為基礎之檢驗計畫 (b) 可用於單次和雙次檢驗　(c) 不適用於選別檢驗之情況　(d) 不需先知道製程平均。

(　)26. 以下敘述何者為非？ (a) 由 Dodge-Roming 抽樣計畫表所決定之檢驗計畫，乃使得 ATI 為最少，以降低抽驗成本　(b) 使用 Dodge-Roming 抽樣計畫表所決定之檢驗計畫，能確保好批的不合格率在AOQL值以下　(c) 若檢驗屬於破壞性檢驗，或檢驗成本高時，不適用 Dodge-Roming 抽樣計畫表來決定檢驗計畫　(d) Dodge-Roming 抽樣計畫表屬調整型檢驗，而 MIL-STD-105 表屬選別型檢驗。

(　)27. MIL-STD-105E 不包含哪一種抽樣型式？ (a) 逐次抽樣　(b) 單次抽樣　(c) 雙次抽樣　(d) 多次抽樣。

(　)28. 設 N=1000, AQL= 0.40%，使用 MIL-STD-105E 單次抽樣計畫，II 級檢驗水準，加嚴檢驗，則其抽樣計畫爲 (a) $n=200$, Ac = 1, Re = 2　(b) $n=80$, Ac = 1, Re = 2　(c) $n=125$, Ac = 2, Re = 3　(d) $n=80$, Ac = 2, Re = 3。

(　)29. 單次抽樣計畫 N=2000, n=200, c =2，貨批不良率 p =2%，求其平均總檢驗件數 (ATI) =____。(a) 714　(b) 1577　(c) 1755　(d) 1699。

(　)30. 單次抽樣計畫 N=1000, n=100, c = 2，貨批不良率p = 2%，求其平均出廠品質 (AOQ) =_____。(a) 0.03　(b) 0.017　(c) 0.22　(d) 0.012。

(　)31. 關於 MIL-STD-105E 之描述「雙次抽樣：$n_1=80$, $n_2=80$, $Ac_1=2$, $Ac_2=6$, $Re_1=5$, $Re_2=7$」表示第一次抽樣 80 個中，若不良品數爲 3 件，則再抽第二次 80 個樣本，第二次的不良品數在__個 (或以上) 就拒收該批？(a) 2　(b) 4　(c) 5　(d) 6。

(　)32. 某一選別型抽樣計畫，已知 N 遠大於 n，在產品品質爲 5% 不良率時，其允收機率 P_a 等於 0.2，請問此時的平均出廠品質爲何？ (a) 0.25　(b) 0.15　(c) 0.01　(d) 無法計算。

(　)33. 有關計數值和計量值抽樣計畫，下列何者爲不正確？ (a) 一個計量值抽樣計畫只能用於評估一個品質特性　(b) 一個計數值抽樣計畫可用於評估多種品質特性　(c) 被計量值抽樣計畫拒收之貨批可能不含任何不合格品　(d) 在相同之操作特性下，計數值檢驗所需之樣本數較少。

二、問答題

1. 請討論在現代化品管中，驗收抽樣所扮演之角色。
2. 參考生產管制書籍，討論剛好及時生產系統對驗收抽樣之衝擊。
3. 若不採用選別檢驗，AOQ 曲線將會呈現何種圖形，請討論。
4. 比較管制圖之抽樣方式與驗收抽樣之抽樣方式之差異。
5. 請說明在驗收抽樣計畫中我們如何繪製操作特性曲線 (OC curve)？它能提供什麼樣的情報？

三、計算題

1. 單次抽樣計畫爲 $N=1000$、$n=100$、$c=2$。以卜瓦松分配逼近，計算 $p=0.03$ 時之允收機率。
2. 繪出單次抽樣計畫 $n=200$, $c=2$ 之 B 型 OC 曲線，p 由 0.0 至 0.15，增量 0.01。

3. 單次抽樣計畫使用 $N = 500,\ n = 40,\ c = 1$。試以超幾何分配、二項分配及卜瓦松分配計算當貨批之不合格率爲 5% 時，貨批被允收之機率。
4. 假設 N=2000 單次選別抽樣計畫爲 $n = 50,\ c$=2，試回答下列問題。
   (a) 以二項分配計算允收機率並繪製 AOQ 曲線，p 由 0.01 至 0.15，增量 0.01。
   (b) 繪製 ATI 曲線。
5. 單次抽樣計畫爲 $N = 3000,\ n = 100,\ c = 0$。試以二項分配計算允收機率，畫出 AOQ 曲線，並估計 AOQL？
6. 單次選別抽樣計畫爲 $N = 3000,\ n = 89$ 及 $c = 2$，以二項分配求 $p = 0.05$ 時之 ATI。
7. 單次選別抽樣計畫爲 $N = 1000,\ n = 100$ 及 $c = 2$，以二項分配繪製 ATI 曲線。
8. 雙次抽樣之 N=3000, $n_1 = 40,\ c_1 = 1,\ r_1 = 4,\ n_2 = 80,\ c_2 = 3,\ r_2 = 4$，以二項分配計算貨批之不合格率爲 2% 時之 ASN。
9. 雙次抽樣計畫爲 $n_1 = 50,\ c_1=0,\ r_1=3,\ n_2 = 50,\ c_2 = 3$ 及 $r_2 = 4$，以卜瓦松分配計算 $p = 0.02$ 時之 ASN。
10. 貨批之批量 $N = 5000$，使用 $n_1 = 50,\ c_1 = 1,\ r_1 = 5,\ n_2 = 100,\ c_2 = 5,\ r_2 = 6$ 之雙次抽樣計畫。若貨批之不合格率爲 3%，以二項分配計算 ATI。
11. 雙次抽樣計畫使用 $n_1 = 80,\ c_1 = 1,\ n_2 = 160,\ c_2 = 4$。若貨批之不合格率爲 2%，以卜瓦松分配逼近，試回答下列問題。
   (a) 第 1 次抽樣後，貨批被允收之機率。
   (b) 在第 2 次抽樣後，貨批被允收之機率。
   (c) 必須做第 2 次抽樣之機率。
   (d) 貨批被允收之機率。
12. 雙次抽樣計畫使用 $n_1 = 30,\ c_1 = 1,\ r_1 = 4,\ n_2 = 50,\ c_2 = 5,\ r_2 = 6$。若貨批之不合格率爲 2%，以卜瓦松分配逼近，試回答下列問題。
   (a) 第 1 次抽樣後，貨批被允收之機率。
   (b) 在第 2 次抽樣後，貨批被允收之機率。
   (c) 必須做第 2 次抽樣之機率。
   (d) 貨批被允收之機率。

13. 多次抽樣計畫之內容如下表。若貨批之不合格率爲 10%，以卜瓦松分配逼近，計算貨批被允收之機率。

樣本	樣本大小	c_i	r_i
1	5	*	2
2	5	0	2
3	5	0	3
4	5	1	3
5	5	2	3

*表示不可能在第一次抽樣被允收

14. 多次抽樣計畫之內容爲

樣本	n_i	c_i	r_i
1	20	*	2
2	20	*	2
3	20	0	2
4	20	0	3
5	20	1	3
6	20	1	3
7	20	2	3

*表示不可能被允收

若貨批之不合格率爲 1%，以卜瓦松分配逼近，計算允收機率。

15. 逐次抽樣計畫須滿足下列條件

$$(p_1, 1-\alpha) = (0.02, 0.90), (p_2, \beta) = (0.08, 0.10)$$

(a) 建立拒收和允收界限。

(b) 計算最大之 ASN。

16. 逐次抽樣計畫須滿足 $p_1 = 0.1$, $\alpha = 0.05$, $p_2 = 0.3$和$\beta = 0.2$。

以二項分配回答下列問題。

(a) 計算允收和拒收界限。

(b) 以表格方式列出 20 件前之允收數和拒收數。

17. MIL-STD-105E 之雙次、減量檢驗之樣本大小代字爲 J, AQL 爲 2.5%。若貨批之不合格率爲 2%，以卜瓦松分配試回答下列問題。

(a) 貨批被允收，且繼續使用減量檢驗之機率。

(b) 貨批被允收，須轉換爲正常檢驗之機率。

(c) 貨批被拒收之機率。

18. 批量爲 $N = 400$ 件之產品採用一般檢驗水準 II 之 MIL-STD-105E 計畫，AQL 爲每百件中有 10 個不合格點，以卜瓦松分配試回答下列問題。
    (a) 建立單次正常、加嚴和減量抽樣計畫。
    (b) 在正常檢驗中，若貨批之品質水準爲每百件中有 20 個不合格點，計算貨批之允收機率。
    (c) 若貨批之品質水準爲每百件中有 20 個不合格點，計算由正常檢驗轉換至加嚴檢驗之機率。
19. 批量爲 5000 件之產品使用 MIL-STD-105E 之單次抽樣計畫檢驗，AQL 爲 0.25%，採用一般檢驗水準 III。說明正常檢驗之樣本大小和允收條件。
20. 單次之 MIL-STD-105E 使用一般檢驗水準 II, AQL 爲 0.065%。若批量爲 2000，決定正常和減量檢驗之樣本大小和允收條件。
21. MIL-STD-105E 之單次抽樣使用一般檢驗水準 II, AQL 爲 0.04%。若批量爲 5000，決定正常和加嚴檢驗之樣本大小和允收數。
22. 批量爲 1100 件之物品是以 MIL-STD-105E 之單次抽樣計畫做進料檢驗，採用一般檢驗水準 II, AQL 爲 1.0%，以二項分配計算，試回答下列問題。
    (a) 設立正常、加嚴和減量檢驗之樣本大小和允收數。
    (b) 若貨批之不合格率爲 2%，現使用加嚴檢驗，計算在檢驗 5 批後，由加嚴檢驗轉換至正常檢驗之機率。
    (c) 若貨批之不合格率爲 2%，計算在未來 5 批內，由正常檢驗轉換至加嚴檢驗之機率。
23. 雙次抽樣計畫爲 $n_1 = 40,\ c_1 = 1, r_1 = 5,\ n_2 = 80, c_2 = 5, r_2 = 6$。若貨批之不合格率爲 2%，以二項分配計算允收之機率。
24. 批量爲 1000 件之貨品使用 MIL-STD-105E 之雙次抽樣計畫檢驗，AQL 爲 2.5%，採用一般檢驗水準 II。說明正常、加嚴和減量檢驗之樣本大小和允收條件。
25. 批量爲 2500 件之貨品使用 MIL-STD-105E 之多次抽樣計畫檢驗，AQL 爲 2.5%，採用一般檢驗水準 II。說明正常檢驗之樣本大小和允收條件。
26. 若已知資料如下，試選擇適當之 MIL-STD-105E 抽樣計畫，說明樣本大小 n 和允收數 c。

計畫	檢驗水準	抽樣型式	程度	AQL%	批量
1	II	單次	正常	0.65	200
2	II	雙次	正常	0.40	1000
3	I	單次	減量	250	5000
4	III	單次	加嚴	0.25	2000
5	II	多次	正常	4.0	100
6	III	多次	加嚴	6.5	40
7	II	單次	正常	650	20
8	II	單次	正常	0.01	50

27. 若批量 $N = 5000$，今使用 MIL-STD-105E 抽樣計畫，採用一般檢驗水準 II，AQL = 0.65%。若產品之平均不合格率爲 1.0%，試以二項分配計算在減量檢驗下，貨批被允收的機率。

28. 若使用 MIL-STD-105E 之雙次抽樣計畫，樣本大小之代字爲 M，AQL = 0.1%。現採用一般檢驗水準 II，以二項分配試回答下列問題：

(a) 說明正常、減量和加嚴檢驗下之樣本大小及允收條件。

(b) 批量之可能範圍爲何值。

(c) 不合格率爲 0.5% 之貨批，在加嚴檢驗下，被允收之機率。

29. 假設某產品是以 MIL-STD-105E 檢驗，樣本大小之代字爲 K, AQL = 1.5%。若在前 10 批中所發現之不合格品數爲 6, 7, 2, 3, 3, 0, 1, 1, 2 和 1。說明各批之檢驗方式及貨批之允收與否，此題以下列格式回答。

批次	1	2	3	‧‧‧‧
不合格品數	×	×	×	‧‧‧‧
檢驗方式	×	×	×	‧‧‧‧
允收？	×	×	×	‧‧‧‧

註：1. 檢驗方式以 N 代表正常檢驗，R 代表減量，T 代表加嚴。
2. 以「○」代表允收，「×」代表拒收。

30. 若某產品採用 MIL-STD-105E 抽樣計畫，樣本大小之代字爲 L，AQL = 0.65%。在正常檢驗下，前十批之不合格品數爲 0, 0, 2, 1, 0, 0, 1, 0, 1 和 0，請問是否符合轉換至減量檢驗？

31. 某印刷電路板買進之批量爲 8000 片，此產品之品質特性中有 8 種被定爲主要缺點，10 種爲 A 類次要缺點，9 種爲 B 類次要缺點。現採用檢驗水準 II，主要缺點之 AQL = 0.4%，A 類次要缺點之 AQL = 1.0%，B 類次要缺點爲 AQL = 1.5%。試決定 MIL-STD-105E 之雙次抽樣計畫。

32. 假設某產品購進時之批量爲 2000 件，此產品之缺點項目共有 10 類，其中有 2 類爲主要缺點，其他爲 A 類次要缺點。若主要缺點項目之 AQL = 0.4%，A 類次要缺點之 AQL = 1.0%。抽樣計畫採用一般檢驗水準 II，試回答下列問題。

(a) 試決定 MIL-STD-105E，單次抽樣的正常檢驗計畫和加嚴檢驗計畫。

(b) 假設不合格率分別爲 0.8% 和 2.5%，試以二項分配計算在抽樣 2 次後，由正常檢驗轉至加嚴檢驗之機率。

(c) 同 (b)，計算在加嚴檢驗下，貨批被允收的機率。

33. 假設公司以 MIL-STD-105E 進行進料檢驗，產品之批量 N=1000, AQL = 1.0%，其檢驗計畫爲單次抽樣並採一般檢驗水準 II，試回答下列問題。

(a) 求正常、加嚴和減量檢驗下之樣本數 n 及允收數 c。

(b) 假設最近 25 批產品中之不合格品數各爲 0, 3, 4, 0, 1, 0, 0, 0, 0, 1, 0, 0, 1, 0, 1, 0, 1, 0, 1, 0, 0, 2, 1, 0, 0。說明各批之檢驗方式及貨批之允收與否。此題以第 33 題之格式回答。

34. 試設計一雙次抽樣計畫滿足 $p_1 = 0.01$, $\alpha = 0.05$, $p_2 = 0.1$, $\beta = 0.1$ 且 $n_2 = n_1$。

35. 產品之批量 N=3500 件，製程平均爲 p = 1.5%，現希望 AOQL = 3%，求道奇－洛敏雙次抽樣計畫之樣本大小及允收數。

36. 產品之批量 N = 1000 件，製程平均爲 p = 0.35%，設 LTPD = 2.0%，求道奇－洛敏單次抽樣計畫之樣本大小及允收數。

37. 下表爲 MIL-STD-105E 之 AQL 值，請計算 $\log_{10}(\text{AQL})$，並將其與「Index」繪製散佈圖，寫出你的結論。

Index	AQL	Index	AQL
1	0.010	14	4.0
2	0.015	15	6.5
3	0.025	16	10.0
4	0.040	17	15.0
5	0.065	18	25.0
6	0.100	19	40.0
7	0.150	20	65.0
8	0.250	21	100.0
9	0.400	22	150.0
10	0.650	23	250.0
11	1.000	24	400.0
12	1.500	25	650.0
13	2.500	26	1000.0

Chapter 11

計量值抽樣計畫

章節概要和學習要點

當量測值為計量值時，我們可以使用計量值抽樣計畫來取代計數值抽樣計畫。這些抽樣計畫通常假設產品品質特性數據符合常態分配，並根據樣本平均數及樣本標準差來設計貨批之允收條件。在本章中，我們將介紹數種計量值抽樣計畫，特別著重於美國軍方標準 MIL-STD-414。

透過本課程，讀者將可了解：

- 計數值和計量值抽樣計畫的區別。
- 計量值抽樣計畫的優點和缺點。
- 計量值抽樣計畫的兩種主要型式。
- 計量值抽樣計畫之設計和應用。
- MIL-STD-414 標準抽樣計畫之內容和應用。

11.1 計量值抽樣計畫

第 10 章介紹的抽樣計畫是應用於計數值數據，本章則是介紹適合計量值之抽樣計畫。計量值抽樣計畫是應用於產品品質特性爲可量測值時，這些抽樣計畫通常是基於產品品質特性之樣本平均數及樣本標準差，來設計貨批之允收條件。使用計數值抽樣計畫時，貨批的允收與否是決定於樣本統計量 (不合格品數或不合格點數) 是否超出允收數值，而在計量值抽樣計畫中，貨批之允收是決定於樣本平均數是否超出允收數值。對於計量值抽樣計畫，每一品質特性均會有一規格界限，我們可由樣本平均數與規格界限之相對關係來決定貨批是否可允收。計量值抽樣計畫具有下列優點：

1. 計量值抽樣計畫可得到較多之資訊，包含數據之變化情形及符合規格之程度。計數值資料只提供符合或不符合規格之個數。
2. 在相同之操作特性 (相同之保護) 下，計量值抽樣計畫所需之樣本數較少。
3. 計量值檢驗之單位檢驗成本較高，因爲檢驗設備、操作員之成本較高之緣故。但由整體成本來看，由於計量值抽樣計畫可以用較小之樣本數，獲得與計數值抽樣計畫相同之保護，因此計量值抽樣計畫之總成本可能較低。
4. 計量值抽樣計畫適用於破壞性檢驗。
5. 量測上之錯誤可經由計量值資料察覺。

計量值抽樣計畫也有一些缺點，說明如下：

1. 品質數據需符合常態分配。在使用計量值抽樣計畫前，使用者須花更多時間在評估數據是否符合常態分配之條件上。
2. 每一計量值抽樣計畫只能應用於一項品質特性，而計數值抽樣計畫可用於評估多種品質特性。
3. 被計量值抽樣計畫拒收之貨批可能不含任何不合格品。對於買賣雙方可能造成糾紛。
4. 計量值抽樣計畫需要更多之計算。

第 11.2 節介紹一個美國政府機關及民間廣爲使用之標準抽樣計畫，稱爲 MIL-STD-414。

11.2 MIL-STD-414 (ANSI/ASQ Z1.9)

MIL-STD-414 是於 1957 年發布，它是設計用來處理計量值之抽樣檢驗。如同 MIL-STD-105E 標準，MIL-STD-414 也是一個驗收抽樣系統，它包含多個抽樣計畫，不同檢驗水準和一組轉換規則。此標準於 1980 年 3 月為美國國家標準局和美國品管學會認可，將其編為 ANSI/ASQ Z1.9-1980。國際標準化組織也將其納入國際標準，編號為 ISO 3951 標準。

如同 MIL-STD-105E, MIL-STD-414 也是基於可接受品質水準 (AQL) 之逐批抽樣檢驗。MIL-STD-414 所考慮之 AQL 範圍是從 0.04%-15%。其檢驗水準分為 5 種等級，第 IV 級稱為正常檢驗水準，相當於 MIL-STD-105E 中之一般檢驗水準 II。檢驗水準之編號愈大，其 OC 曲線愈陡。較低之檢驗水準是應用在要降低檢驗成本，或者是當較高之風險可以 (或必須) 容忍時。如同 MIL-STD-105E, MIL-STD-414 也是採用樣本大小代字，樣本大小是由批量及檢驗水準來決定，但在此兩種標準下，相同之樣本大小代字，所對應之樣本大小並不相同。

在 MIL-STD-414 中，包含正常、加嚴和減量檢驗的條款，在此標準中之各種抽樣及程序，均假設品質特性符合常態分配。在使用 MIL-STD-414 抽樣計畫前，使用者必須以樣本數據評估是否符合常態分配之條件。

圖 11-1 描述 MIL-STD-414 之整體組織架構，此標準共分為 9 種不同程序。製程或貨批之變異程度可分為已知、未知且由樣本標準差估計或未知但由全距估計。MIL-STD-414 可處理具單邊規格界限或雙邊規格界限之品質特性。貨批之允收條件可分為 k 法 (或稱程序 1、型式 1) 及 M 法 (或稱程序 2、型式 2)。k 法適用於單邊規格界限，而 M 法可應用於單邊或雙邊規格界限，k 法不需要估計貨批之不合格率，而 M 法則需由樣本平均數及標準差估計貨批之不合格率。當製程或貨批為穩定且變異性已知時，變異性已知之抽樣計畫為最有效率 (使用較少之 n)。全距法之優點在於計算簡易，但其缺點是需要較大之樣本數。

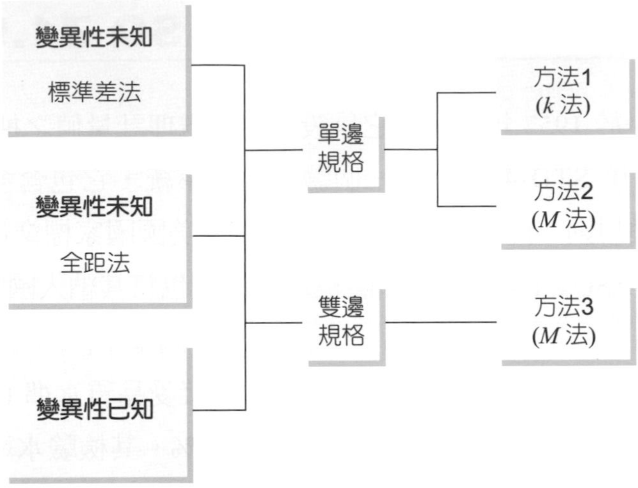

圖 11-1 MIL-STD-414 之架構

MIL-STD-414 分為 4 大部分，A 部分是對於抽樣方法之一般描述，包含了對於各種抽樣方法的定義、樣本大小代字及 OC 曲線。B 部分爲製程或貨批之變異性爲未知時，以樣本標準差法爲基準之抽樣計畫的應用程序。C 部分爲變異性爲未知時，以全距方法爲基準之應用程序。D 部分則是介紹當製程或貨批變異性爲已知時的抽樣方法。

在 MIL-STD-414 中，樣本大小代字是根據批量大小和檢驗水準查表 (參見表 11-1) 獲得，此程序與 MIL-STD-105E 相同。但須注意的是，此兩種標準中，批量範圍和檢驗水準之分類，並不一致。在 MIL-STD-414 中，也提供 AQL 值之轉換表，如表 11-2 所示。表 11-3 和 11-4 爲 k 法和 M 法之主表，表 11-5 爲正常檢驗轉換爲加嚴檢驗之條件。當使用 MIL-STD-414 的 M 法時，需要估計貨批之不合格率，此不合格率之估計在使用正常、加嚴、減量檢驗之轉換時亦必須用到。在 MIL-STD-414 中，提供了三種不同之方式以估計不合格率，分別爲 (1) 標準差已知；(2) 標準差未知，以樣本標準差估計；及 (3) 標準差未知，以全距法估計。表 11-6 爲以標準差法估計之貨批不合格率，例如 $n=20, Q_U$ (或 Q_L) 爲 1.60 時，$\hat{p}_U$ (或 $\hat{p}_L$) 爲 5.09%。

表 11-1 MIL-STD-414 之樣本大小代字

批量大小	檢驗水準				
	I	II	III	IV	V
3 - 8	B	B	B	B	C
9 - 15	B	B	B	B	D
16 - 25	B	B	B	C	E
26 - 40	B	B	B	D	F
41 - 65	B	B	C	E	G
66 - 110	B	B	D	F	H
111 - 180	B	C	E	G	I
181 - 300	B	D	F	H	J
301 - 500	C	E	G	I	K
501 - 800	D	F	H	J	L
801 - 1300	E	G	I	K	L
1301 - 3200	F	H	J	L	M
3201 - 8000	G	I	L	M	N
8001 - 22000	H	J	M	N	O
22001 - 110000	I	K	N	O	P
110001 - 550000	I	K	O	P	Q
550001 以上	I	K	P	Q	Q

11.3 MIL-STD-414之使用

如同 MIL-STD-105E, MIL-STD-414 也是利用批量大小及檢驗水準來決定樣本大小之代字，但允收條件則與 MIL-STD-105E 不同，根據允收條件之型式，MIL-STD-414 分爲型式 1 (k 法) 及型式 2 (M 法)。本節說明變異性未知，使用標準差法之程序，型式 1 適用於單邊規格界限，而型式2可應用於單邊和雙邊規格界限。無論 k 法或 M 法，都需先進行下列三項步驟：

1. 由批量大小和檢驗水準，查表 11-1，決定樣本大小之代字。
2. 若採用 k 法，則根據 AQL 值和樣本大小之代字，查表 11-3，決定樣本大小 n 及常數k。若採用 M 法，則常數 M 可由表 11-4 獲得。若兩邊之規格採用不同之 AQL，則可依據 AQL 值查 M_U 及 M_L。若規定之 AQL 值不在表中，則依表 11-2 轉換，以得到適當之 AQL 值。
3. 由貨批中抽取 n 件樣本，計算樣本平均數和標準差 S。

表 11-7 彙整 k 法和 M 法之允收條件，表中 U 代表上規格界限 USL, L 代表下規格界限 LSL。

MIL-STD-414 要求品質特性必須符合常態分配。由於常態分配之假設，對於分析結果有極大之影響，學者專家建議在使用計量值抽樣計畫前，先進行常態分配之檢定。其中一種可行之方法是先以 $\overline{X}-R$(或 $\overline{X}-S$) 管制圖管制計量值數據，等到獲得相當數量之數據後，再繪製常態機率圖或以其他常態分配之統計檢定 (如 K-S 適合度檢定)，來檢定數據是否服從常態分配。而且當選定之 AQL 值很小時，樣本數目要更多。如果分析之結果顯示數據之分配與常態分配相去甚遠，則最好使用其他計數值抽樣計畫來取代 (計量值數據一般很容易可以轉換成計數值)。

使用管制圖管制各送檢批也可以降低樣本數，因爲當 30 組 (或更多) 數據顯示製程變異性在管制內時，我們可以假設變異性爲已知，進而使用樣本較小之抽樣計畫。

表 11-2 MIL-STD-414 之 AQL 轉換表

當規定的 AQL 值在本範圍內時	採用本列的 AQL 值
0.000 - 0.049	0.04
0.050 - 0.069	0.065
0.070 - 0.109	0.10
0.110 - 0.164	0.15
0.165 - 0.279	0.25
0.280 - 0.439	0.40
0.440 - 0.699	0.65
0.700 - 1.090	1.00
1.100 - 1.640	1.50
1.650 - 2.790	2.50
2.800 - 4.390	4.00
4.400 - 6.990	6.50
7.000 - 10.900	10.00
11.000 - 16.400	15.00

例11-1 飲料瓶之主要品質特性爲爆裂強度，其下規格界限爲 LSL=250 *psi*，貨批批量 N=20000，選定之 AQL 爲 1.5%。品管部門打算以 MIL-STD-414 抽樣計畫，檢驗飲料瓶之爆裂強度，試說明該如何進行。假設標準差未知，使用檢驗水準 IV，並使用 M 法爲允收準則。

解答：

由批量大小及檢驗水準查表 11-1，可得樣本大小之代字爲 N。由 M 法之主表可查出樣本大小 $n=75$。另由 AQL = 1.5%，我們可查出 $M=3.2\%$。品管部門人員須從貨批中隨機抽取 75 件爲樣本，並計算平均數及標準差用以估計貨批之不合格率，若不合格率高於 M，則判定拒收，否則允收。

表 11-3 正常檢驗和加嚴檢驗之主表 (變異性未知、標準差法、型式 1)

樣本大小代字	樣本大小	AQL (正常檢驗)													
		0.04	0.065	0.10	0.15	0.25	0.40	0.65	1.00	1.50	2.50	4.00	6.50	10.00	15.00
		k	*k*	*k*	*k*	*k*	*k*	*k*	*k*	*k*	*k*	*k*	*k*	*k*	*k*
B	3								↓	↓	1.12	0.958	0.765	0.566	0.341
C	4							↓	1.45	1.34	1.17	1.01	0.814	0.617	0.393
D	5					↓	↓	1.65	1.53	1.40	1.24	1.07	0.874	0.675	0.455
E	7				↓	2.00	1.88	1.75	1.62	1.50	1.33	1.15	0.955	0.755	0.536
F	10	↓	↓	↓	2.24	2.11	1.98	1.84	1.72	1.58	1.41	1.23	1.030	0.828	0.611
G	15	2.64	2.53	2.42	2.32	2.20	2.06	1.91	1.79	1.65	1.47	1.30	1.090	0.886	0.664
H	20	2.69	2.58	2.47	2.36	2.24	2.11	1.96	1.82	1.69	1.51	1.33	1.120	0.917	0.695
I	25	2.72	2.61	2.50	2.40	2.26	2.14	1.98	1.85	1.72	1.53	1.35	1.140	0.936	0.712
J	30	2.73	2.61	2.51	2.41	2.28	2.15	2.00	1.86	1.73	1.55	1.36	1.150	0.946	0.723
K	35	2.77	2.65	2.54	2.45	2.31	2.18	2.03	1.89	1.76	1.57	1.39	1.180	0.969	0.745
L	40	2.77	2.66	2.55	2.44	2.31	2.18	2.03	1.89	1.76	1.58	1.39	1.180	0.971	0.746
M	50	2.83	2.71	2.60	2.50	2.35	2.22	2.08	1.93	1.80	1.61	1.42	1.210	1.000	0.774
N	75	2.90	2.77	2.66	2.55	2.41	2.27	2.12	1.98	1.84	1.65	1.46	1.240	1.030	0.804
O	100	2.92	2.80	2.69	2.58	2.43	2.29	2.14	2.00	1.86	1.67	1.48	1.260	1.050	0.819
P	150	2.96	2.84	2.73	2.61	2.47	2.33	2.18	2.03	1.89	1.70	1.51	1.290	1.070	0.841
Q	200	2.97	2.85	2.73	2.62	2.47	2.33	2.18	2.04	1.89	1.70	1.51	1.290	1.070	0.845
		0.065	0.10	0.15	0.25	0.40	0.65	1.00	1.50	2.50	4.00	6.50	10.00	15.00	
		AQL (加嚴檢驗)													

註：所有 AQL 和表中數值均為不合格率。↓表示採用箭頭下第一個抽樣計畫。如果樣本大小等於或超過批量時，則用 100% 檢驗。

表 11-4 正常檢驗和加嚴檢驗之主表 (變異性未知、標準差法、型式 2)

樣本大小代字	樣本大小	AQL (正常檢驗)													
		0.04	0.065	0.10	0.15	0.25	0.40	0.65	1.00	1.50	2.50	4.00	6.50	10.00	15.00
		M	*M*	*M*	*M*	*M*	*M*	*M*	*M*	*M*	*M*	*M*	*M*	*M*	*M*
B	3								↓	↓	7.59	18.86	26.94	33.69	40.47
C	4							↓	1.53	5.50	10.92	16.45	22.86	29.45	36.90
D	5					↓	↓	1.33	3.32	5.83	9.80	14.39	20.19	26.56	33.99
E	7				↓	0.422	1.060	2.14	3.55	5.35	8.40	12.20	17.35	23.29	30.50
F	10	↓	↓	↓	0.349	0.716	1.300	2.17	3.26	4.77	7.29	10.54	15.17	20.74	27.57
G	15	0.099	0.186	0.312	0.503	0.818	1.310	2.11	3.05	4.31	6.56	9.46	13.71	18.94	25.61
H	20	0.135	0.228	0.365	0.544	0.846	1.290	2.05	2.95	4.09	6.17	8.92	12.99	18.03	24.53
I	25	0.155	0.250	0.380	0.551	0.877	1.290	2.00	2.86	3.97	5.97	8.63	12.57	17.51	23.97
J	30	0.179	0.280	0.413	0.581	0.879	1.290	1.98	2.83	3.91	5.86	8.47	12.36	17.24	23.58
K	35	0.170	0.264	0.388	0.535	0.847	1.230	1.87	2.68	3.70	5.57	8.10	11.87	16.65	22.91
L	40	0.179	0.275	0.401	0.566	0.873	1.260	1.88	2.71	3.72	5.58	8.09	11.85	16.61	22.86
M	50	0.163	0.250	0.363	0.503	0.789	1.170	1.71	2.49	3.45	5.20	7.61	11.23	15.87	22.00
N	75	0.147	0.228	0.330	0.467	0.720	1.070	1.60	2.29	3.20	4.87	7.15	10.63	15.13	21.11
O	100	0.145	0.220	0.317	0.447	0.689	1.020	1.53	2.20	3.07	4.69	6.91	10.32	14.75	20.66
P	150	0.134	0.203	0.293	0.413	0.638	0.949	1.43	2.05	2.89	4.43	6.57	9.88	14.20	20.02
Q	200	0.135	0.204	0.294	0.414	0.637	0.945	1.42	2.04	2.87	4.40	6.53	9.81	14.12	19.92
		0.065	0.10	0.15	0.25	0.40	0.65	1.00	1.50	2.50	4.00	6.50	10.00	15.00	
		AQL (加嚴檢驗)													

註：所有 AQL 和表中數值均為不合格率。↓表示採用箭頭下第一個抽樣計畫。如果樣本大小等於或超過批量時，則用 100% 檢驗。

表 11-5 加嚴檢驗之 T 值 (標準差法)

樣本大小代字	AQL														批數
	0.04	0.065	0.10	0.15	0.25	0.40	0.65	1.0	1.5	2.5	4.0	6.5	10.0	15.0	
B	*	*	*	*	*	*	*	*	*	2	3	4	4	4	5
										4	5	6	7	8	10
										5	6	8	9	11	15
C	*	*	*	*	*	*	*	2	2	3	3	4	4	4	5
								3	4	5	6	7	7	8	10
								5	6	7	8	9	10	11	15
D	*	*	*	*	*	*	2	3	3	3	4	4	4	4	5
							4	4	5	6	6	7	7	8	10
							5	6	7	8	9	10	10	11	15
E	*	*	*	*	2	3	3	3	4	4	4	4	4	4	5
					4	4	5	5	6	6	7	7	8	8	10
					5	6	6	7	8	9	9	10	11	11	15
F	*	*	*	3	3	3	3	4	4	4	4	4	4	4	5
				4	5	5	6	6	6	7	7	8	8	8	10
				6	6	7	8	8	9	9	10	11	11	11	15
G	3	3	3	3	3	4	4	4	4	4	4	4	4	4	5
	4	5	5	5	6	6	6	7	7	7	7	8	8	8	10
	6	6	6	7	7	8	9	9	9	10	10	11	11	11	15
H	3	3	3	3	4	4	4	4	4	4	4	4	4	4	5
	5	5	5	6	6	6	7	7	7	7	8	8	8	8	10
	6	7	7	8	8	9	9	9	10	10	11	11	11	11	15
I	3	3	4	4	4	4	4	4	4	4	4	4	4	4	5
	5	6	6	6	6	7	7	7	7	7	8	8	8	8	10
	7	7	8	8	9	9	9	10	10	10	11	11	11	11	15
J	3	4	4	4	4	4	4	4	4	4	4	4	4	4	5
	6	6	6	6	7	7	7	7	7	8	8	8	8	8	10
	8	8	8	9	9	9	10	10	10	11	11	11	11	11	15
K	4	4	4	4	4	4	4	4	4	4	4	4	4	4	5
	6	6	6	6	7	7	7	7	8	8	8	8	8	8	10
	8	8	9	9	9	9	10	10	10	11	11	11	11	11	15
L	4	4	4	4	4	4	4	4	4	4	4	4	4	4	5
	6	6	6	7	7	7	7	7	8	8	8	8	8	8	10
	8	9	9	9	9	10	10	10	10	11	11	11	11	11	15
M	4	4	4	4	4	4	4	4	4	4	4	4	4	4	5
	6	7	7	7	7	7	7	7	8	8	8	8	8	8	10
	9	9	9	9	10	10	10	10	11	11	11	11	11	11	15
N	4	4	4	4	4	4	4	4	4	4	4	4	4	4	5
	7	7	7	7	7	7	8	8	8	8	8	8	8	8	10
	9	9	10	10	10	10	11	11	11	11	11	11	11	11	15
O	4	4	4	4	4	4	4	4	4	4	4	4	4	4	5
	7	7	7	7	7	8	8	8	8	8	8	8	8	8	10
	10	10	10	10	10	11	11	11	11	11	11	11	11	11	15
P	4	4	4	4	4	4	4	4	4	4	4	4	4	4	5
	7	7	7	8	8	8	8	8	8	8	8	8	8	8	10
	10	10	10	10	11	11	11	11	11	11	11	11	11	12	15
Q	4	4	4	4	4	4	4	4	4	4	4	4	4	4	5
	7	8	8	8	8	8	8	8	8	8	8	8	8	8	10
	10	11	11	11	11	11	11	11	11	11	11	11	11	12	15

註：1. * 表示此標準並未提供對應於這些代字和 AQL 值之抽樣計畫。

2. 5、10 或 15 批所估計出之製程平均不合格率大於 AQL，而且這些批中不合格率大於 AQL 之批數超過表中之 T 值，則採用加嚴檢驗。

表 11-6 利用標準差法從 Q_L 或 Q_U 估計貨批不合格率

Q_L 或 Q_U	樣本大小															
	3	4	5	7	10	15	20	25	30	35	40	50	75	100	150	200
0	50.00	50.00	50.00	50.00	50.00	50.00	50.00	50.00	50.00	50.00	50.00	50.00	50.00	50.00	50.00	50.00
0.1	47.24	46.67	46.44	46.26	46.16	46.10	46.08	46.06	46.05	46.05	46.04	46.04	46.03	46.03	46.02	46.02
0.2	44.46	43.33	42.90	42.54	42.35	42.24	42.19	42.16	42.15	42.13	42.13	42.11	42.10	42.09	42.08	42.08
0.3	41.63	40.00	39.37	38.87	38.60	38.44	38.37	38.33	38.31	38.29	38.28	38.27	38.25	38.24	38.22	38.22
0.31	41.35	39.67	39.02	38.50	38.23	38.06	37.99	37.95	37.93	37.91	37.90	37.89	37.87	37.86	37.84	37.84
0.32	41.06	39.33	38.67	38.14	37.86	37.69	37.62	37.58	37.55	37.54	37.52	37.51	37.49	37.48	37.46	37.46
0.33	40.77	39.00	38.32	37.78	37.49	37.31	37.24	37.20	37.18	37.16	37.15	37.13	37.11	37.10	37.09	37.08
0.34	40.49	38.67	37.97	37.42	37.12	36.94	36.87	36.83	36.80	36.78	36.77	36.75	36.73	36.72	36.71	36.71
0.35	40.20	38.33	37.62	37.06	36.75	36.57	36.49	36.45	36.43	36.41	36.40	36.38	36.36	36.35	36.33	36.33
0.36	39.91	38.00	37.28	36.69	36.38	36.20	36.12	36.08	36.05	36.04	36.02	36.01	35.98	35.97	35.96	35.96
0.37	39.62	37.67	36.93	36.33	36.02	35.83	35.75	35.71	35.68	35.66	35.65	35.63	35.61	35.60	35.59	35.58
0.38	39.33	37.33	36.58	35.98	35.65	35.46	35.38	35.34	35.31	35.29	35.28	35.26	35.24	35.23	35.22	35.21
0.39	39.03	37.00	36.23	35.62	35.29	35.10	35.01	34.97	34.94	34.93	34.91	34.89	34.87	34.86	34.85	34.84
0.40	38.74	36.67	35.88	35.26	34.93	34.73	34.65	34.60	34.58	34.56	34.54	34.53	34.50	34.49	34.48	34.47
0.41	38.45	36.33	35.54	34.90	34.57	34.37	34.28	34.24	34.21	34.19	34.18	34.16	34.13	34.12	34.11	34.10
0.42	38.15	36.00	35.19	34.55	34.21	34.00	33.92	33.87	33.85	33.83	33.81	33.79	33.77	33.76	33.74	33.74
0.43	37.85	35.67	34.85	34.19	33.85	33.64	33.56	33.51	33.48	33.46	33.45	33.43	33.40	33.39	33.38	33.37
0.44	37.56	35.33	34.50	33.84	33.49	33.28	33.20	33.15	33.12	33.10	33.09	33.07	33.04	33.03	33.02	33.01
0.45	37.26	35.00	34.16	33.49	33.13	32.92	32.84	32.79	32.76	32.74	32.73	32.71	32.68	32.67	32.66	32.65
0.46	36.96	34.67	33.81	33.13	32.78	32.57	32.48	32.43	32.40	32.38	32.37	32.35	32.32	32.31	32.30	32.29
0.47	36.66	34.33	33.47	32.78	32.42	32.21	32.12	32.07	32.04	32.02	32.01	31.99	31.96	31.95	31.94	31.93
0.48	36.35	34.00	33.12	32.43	32.07	31.85	31.77	31.72	31.69	31.67	31.65	31.63	31.61	31.60	31.58	31.58
0.49	36.05	33.67	32.78	32.08	31.72	31.50	31.41	31.36	31.33	31.31	31.30	31.28	31.25	31.24	31.23	31.22
0.50	35.75	33.33	32.44	31.74	31.37	31.15	31.06	31.01	30.98	30.96	30.95	30.93	30.90	30.89	30.87	30.87
0.51	35.44	33.00	32.10	31.39	31.02	30.80	30.71	30.66	30.63	30.61	30.60	30.57	30.55	30.54	30.52	30.52
0.52	35.13	32.67	31.76	31.04	30.67	30.45	30.36	30.31	30.28	30.26	30.25	30.23	30.20	30.19	30.17	30.17
0.53	34.82	32.33	31.42	30.70	30.32	30.10	30.01	29.96	29.93	29.91	29.90	29.88	29.85	29.84	29.83	29.82
0.54	34.51	32.00	31.08	30.36	29.98	29.76	29.67	29.62	29.59	29.57	29.55	29.53	29.51	29.49	29.48	29.48
0.55	34.20	31.67	30.74	30.01	29.64	29.41	29.32	29.27	29.24	29.22	29.21	29.19	29.16	29.15	29.14	29.13
0.56	33.88	31.33	30.40	29.67	29.29	29.07	28.98	28.93	28.90	28.88	28.87	28.85	28.82	28.81	28.79	28.79
0.57	33.57	31.00	30.06	29.33	28.95	28.73	28.64	28.59	28.56	28.54	28.53	28.51	28.48	28.47	28.45	28.45
0.58	33.25	30.67	29.73	28.99	28.61	28.39	28.30	28.25	28.22	28.20	28.19	28.17	28.14	28.13	28.12	28.11
0.59	32.93	30.33	29.39	28.66	28.28	28.05	27.96	27.92	27.89	27.87	27.85	27.83	27.81	27.79	27.78	27.77
0.60	32.61	30.00	29.05	28.32	27.94	27.72	27.63	27.58	27.55	27.53	27.52	27.50	27.47	27.46	27.45	27.44
0.61	32.28	29.67	28.72	27.98	27.60	27.39	27.30	27.25	27.22	27.20	27.18	27.16	27.14	27.13	27.11	27.11
0.62	31.96	29.33	28.39	27.65	27.27	27.05	26.96	26.92	26.89	26.87	26.85	26.83	26.81	26.80	26.78	26.78
0.63	31.63	29.00	28.05	27.32	26.94	26.72	26.63	26.59	26.56	26.54	26.52	26.50	26.48	26.47	26.45	26.45
0.64	31.30	28.67	27.72	26.99	26.61	26.39	26.31	26.26	26.23	26.21	26.20	26.18	26.15	26.14	26.13	26.12
0.65	30.97	28.33	27.39	26.66	26.28	26.07	25.98	25.93	25.90	25.88	25.87	25.85	25.83	25.82	25.80	25.80
0.66	30.63	28.00	27.06	26.33	25.96	25.74	25.66	25.61	25.58	25.56	25.55	25.53	25.51	25.49	25.48	25.48
0.67	30.30	27.67	26.73	26.00	25.63	25.42	25.33	25.29	25.26	25.24	25.23	25.21	25.19	25.17	25.16	25.16
0.68	29.96	27.33	26.40	25.68	25.31	25.10	25.01	24.97	24.94	24.92	24.91	24.89	24.87	24.86	24.84	24.84
0.69	29.61	27.00	26.07	25.35	24.99	24.78	24.70	24.65	24.62	24.60	24.59	24.57	24.55	24.54	24.53	24.52

表 11-6 利用標準差法從 Q_L 或 Q_U 估計貨批不合格率 (續)

Q_L 或 Q_U	樣本大小															
	3	4	5	7	10	15	20	25	30	35	40	50	75	100	150	200
0.70	29.27	26.67	25.74	25.03	24.67	24.46	24.38	24.33	24.31	24.29	24.28	24.26	24.24	24.23	24.21	24.21
0.71	28.92	26.33	25.41	24.71	24.35	24.15	24.06	24.02	23.99	23.98	23.96	23.95	23.92	23.91	23.90	23.90
0.72	28.57	26.00	25.09	24.39	24.03	23.83	23.75	23.71	23.68	23.67	23.65	23.64	23.61	23.60	23.59	23.59
0.73	28.22	25.67	24.76	24.07	23.72	23.52	23.44	23.40	23.37	23.36	23.34	23.33	23.31	23.30	23.29	23.28
0.74	27.86	25.33	24.44	23.75	23.41	23.21	23.13	23.09	23.07	23.05	23.04	23.02	23.00	22.99	22.98	22.98
0.75	27.50	25.00	24.11	23.44	23.10	22.90	22.83	22.79	22.76	22.75	22.73	22.72	22.70	22.69	22.68	22.67
0.76	27.13	24.67	23.79	23.12	22.79	22.60	22.52	22.48	22.46	22.44	22.43	22.42	22.40	22.39	22.38	22.37
0.77	26.77	24.33	23.47	22.81	22.48	22.30	22.22	22.18	22.16	22.14	22.13	22.12	22.10	22.09	22.08	22.08
0.78	26.39	24.00	23.15	22.50	22.18	21.99	21.92	21.89	21.86	21.85	21.84	21.82	21.80	21.79	21.78	21.78
0.79	26.02	23.67	22.83	22.19	21.87	21.70	21.63	21.59	21.57	21.55	21.54	21.53	21.51	21.50	21.49	21.49
0.80	25.64	23.33	22.51	21.88	21.57	21.40	21.33	21.29	21.27	21.26	21.25	21.23	21.22	21.21	21.20	21.20
0.81	25.25	23.00	22.19	21.58	21.27	21.10	21.04	21.00	20.98	20.97	20.96	20.94	20.93	20.92	20.91	20.91
0.82	24.86	22.67	21.87	21.27	20.98	20.81	20.75	20.71	20.69	20.68	20.67	20.65	20.64	20.63	20.62	20.62
0.83	24.47	22.33	21.56	20.97	20.68	20.52	20.46	20.42	20.40	20.39	20.38	20.37	20.35	20.35	20.34	20.34
0.84	24.07	22.00	21.24	20.67	20.39	20.23	20.17	20.14	20.12	20.11	20.10	20.09	20.07	20.06	20.06	20.05
0.85	23.67	21.67	20.93	20.37	20.10	19.94	19.89	19.86	19.84	19.82	19.82	19.80	19.79	19.78	19.78	19.77
0.86	23.26	21.33	20.62	20.07	19.81	19.66	19.60	19.57	19.56	19.54	19.54	19.53	19.51	19.51	19.50	19.50
0.87	22.84	21.00	20.31	19.78	19.52	19.38	19.32	19.30	19.28	19.27	19.26	19.25	19.24	19.23	19.22	19.22
0.88	22.42	20.67	20.00	19.48	19.23	19.10	19.04	19.02	19.00	18.99	18.98	18.98	18.96	18.96	18.95	18.95
0.89	21.99	20.33	19.69	19.19	18.95	18.82	18.77	18.74	18.73	18.72	18.71	18.70	18.69	18.69	18.68	18.68
0.90	21.55	20.00	19.38	18.90	18.67	18.54	18.50	18.47	18.46	18.45	18.44	18.43	18.42	18.42	18.41	18.41
0.91	21.11	19.67	19.07	18.61	18.39	18.27	18.22	18.20	18.19	18.18	18.17	18.17	18.16	18.15	18.15	18.15
0.92	20.66	19.33	18.77	18.33	18.11	18.00	17.96	17.94	17.92	17.92	17.91	17.90	17.89	17.89	17.88	17.88
0.93	20.20	19.00	18.46	18.04	17.84	17.73	17.69	17.67	17.66	17.65	17.65	17.64	17.63	17.63	17.62	17.62
0.94	19.74	18.67	18.16	17.76	17.57	17.46	17.43	17.41	17.40	17.39	17.39	17.38	17.37	17.37	17.36	17.36
0.95	19.25	18.33	17.86	17.48	17.29	17.20	17.17	17.15	17.14	17.13	17.13	17.12	17.12	17.11	17.11	17.11
0.96	18.76	18.00	17.56	17.20	17.03	16.94	16.91	16.89	16.88	16.88	16.87	16.87	16.86	16.86	16.86	16.85
0.97	18.25	17.67	17.25	16.92	16.76	16.68	16.65	16.63	16.63	16.62	16.62	16.61	16.61	16.61	16.60	16.60
0.98	17.74	17.33	16.96	16.65	16.49	16.42	16.39	16.38	16.37	16.37	16.37	16.36	16.36	16.36	16.36	16.36
0.99	17.21	17.00	16.66	16.37	16.23	16.16	16.14	16.13	16.12	16.12	16.12	16.12	16.11	16.11	16.11	16.11
1.00	16.67	16.67	16.36	16.10	15.97	15.91	15.89	15.88	15.88	15.87	15.87	15.87	15.87	15.87	15.87	15.87
1.01	16.11	16.33	16.07	15.83	15.72	15.66	15.64	15.63	15.63	15.63	15.63	15.63	15.62	15.62	15.62	15.62
1.02	15.53	16.00	15.78	15.56	15.46	15.41	15.40	15.39	15.39	15.39	15.39	15.38	15.38	15.38	15.38	15.38
1.03	14.93	15.67	15.48	15.30	15.21	15.17	15.15	15.15	15.15	15.15	15.15	15.15	15.15	15.15	15.15	15.15
1.04	14.31	15.33	15.19	15.03	14.96	14.92	14.91	14.91	14.91	14.91	14.91	14.91	14.91	14.91	14.91	14.91
1.05	13.66	15.00	14.91	14.77	14.71	14.68	14.67	14.67	14.67	14.67	14.68	14.68	14.68	14.68	14.68	14.68
1.06	12.98	14.67	14.62	14.51	14.46	14.44	14.44	14.44	14.44	14.44	14.44	14.45	14.45	14.45	14.45	14.45
1.07	12.27	14.33	14.33	14.26	14.22	14.20	14.20	14.21	14.21	14.21	14.21	14.22	14.22	14.22	14.22	14.23
1.08	11.51	14.00	14.05	14.00	13.97	13.97	13.97	13.98	13.98	19.98	13.99	13.99	13.99	14.00	14.00	14.00
1.09	10.71	13.67	13.76	13.75	13.73	13.74	13.74	13.75	13.75	13.76	13.76	13.77	13.77	13.77	13.78	13.78

表 11-6　利用標準差法從 Q_L 或 Q_U 估計貨批不合格率 (續)

Q_L 或 Q_U	樣本大小															
	3	4	5	7	10	15	20	25	30	35	40	50	75	100	150	200
1.10	9.84	13.33	13.48	13.49	13.50	13.51	13.52	13.52	13.53	13.54	13.54	13.54	13.55	13.55	13.56	13.56
1.11	8.89	13.00	13.20	13.25	13.26	13.28	13.29	13.30	13.31	13.31	13.32	13.32	13.33	13.34	13.34	13.34
1.12	7.82	12.67	12.93	13.00	13.03	13.05	13.07	13.08	13.09	13.10	13.10	13.11	13.12	13.12	13.12	13.13
1.13	6.60	12.33	12.65	12.75	12.80	12.83	12.85	12.86	12.87	12.88	12.89	12.89	12.90	12.91	12.91	12.92
1.14	5.08	12.00	12.37	12.51	12.57	12.61	12.63	12.65	12.66	12.67	12.67	12.68	12.69	12.70	12.70	12.70
1.15	0.29	11.67	12.10	12.27	12.34	12.39	12.42	12.44	12.45	12.46	12.46	12.47	12.48	12.49	12.49	12.50
1.16	0.00	11.33	11.83	12.03	12.12	12.18	12.21	12.22	12.24	12.25	12.25	12.26	12.28	12.28	12.29	12.29
1.17	0.00	11.00	11.56	11.79	11.90	11.96	12.00	12.02	12.03	12.04	12.05	12.06	12.07	12.08	12.08	12.09
1.18	0.00	10.67	11.29	11.56	11.68	11.75	11.79	11.81	11.82	11.84	11.84	11.85	11.87	11.88	11.88	11.89
1.19	0.00	10.33	11.02	11.33	11.46	11.54	11.58	11.61	11.62	11.63	11.64	11.65	11.67	11.68	11.69	11.69
1.20	0.00	10.00	10.76	11.10	11.24	11.34	11.38	11.41	11.42	11.43	11.44	11.46	11.47	11.48	11.49	11.49
1.21	0.00	9.67	10.50	10.87	11.03	11.13	11.18	11.21	11.22	11.24	11.25	11.26	11.28	11.29	11.30	11.30
1.22	0.00	9.33	10.23	10.65	10.82	10.93	10.98	11.01	11.03	11.04	11.05	11.07	11.09	11.09	11.10	11.11
1.23	0.00	9.00	9.97	10.42	10.61	10.73	10.78	10.81	10.84	10.85	10.86	10.88	10.90	10.91	10.91	10.92
1.24	0.00	8.67	9.72	10.20	10.41	10.53	10.59	10.62	10.64	10.66	10.67	10.69	10.71	10.72	10.73	10.73
1.25	0.00	8.33	9.46	9.98	10.21	10.34	10.40	10.43	10.46	10.47	10.48	10.50	10.52	10.53	10.54	10.55
1.26	0.00	8.00	9.21	9.77	10.00	10.15	10.21	10.25	10.27	10.29	10.30	10.32	10.34	10.35	10.36	10.37
1.27	0.00	7.67	8.96	9.55	9.81	9.96	10.02	10.06	10.09	10.10	10.12	10.13	10.16	10.17	10.18	10.19
1.28	0.00	7.33	8.71	9.34	9.61	9.77	9.84	9.88	9.90	9.92	9.94	9.95	9.98	9.99	10.00	10.01
1.29	0.00	7.00	8.46	9.13	9.42	9.58	9.65	9.70	9.72	9.74	9.76	9.78	9.80	9.82	9.83	9.83
1.30	0.00	6.67	8.21	8.93	9.22	9.40	9.48	9.52	9.55	9.57	9.58	9.60	9.63	9.64	9.65	9.66
1.31	0.00	6.33	7.97	8.72	9.03	9.22	9.30	9.34	9.37	9.39	9.41	9.43	9.46	9.47	9.48	9.49
1.32	0.00	6.00	7.73	8.52	8.85	9.04	9.12	9.17	9.20	9.22	9.24	9.26	9.29	9.30	9.31	9.32
1.33	0.00	5.67	7.49	8.32	8.66	8.86	8.95	9.00	9.03	9.05	9.07	9.09	9.12	9.13	9.15	9.15
1.34	0.00	5.33	7.25	8.12	8.48	8.69	8.78	8.83	8.86	8.88	8.90	8.92	8.95	8.97	8.98	8.99
1.35	0.00	5.00	7.02	7.92	8.30	8.52	8.61	8.66	8.69	8.72	8.74	8.76	8.79	8.81	8.82	8.83
1.36	0.00	4.67	6.79	7.73	8.12	8.35	8.44	8.50	8.53	8.55	8.57	8.60	8.63	8.65	8.66	8.67
1.37	0.00	4.33	6.56	7.54	7.95	8.18	8.28	8.33	8.37	8.39	8.41	8.44	8.47	8.49	8.50	8.51
1.38	0.00	4.00	6.33	7.35	7.77	8.01	8.12	8.17	8.21	8.24	8.25	8.28	8.31	8.33	8.35	8.35
1.39	0.00	3.67	6.10	7.17	7.60	7.85	7.96	8.01	8.05	8.08	8.10	8.12	8.16	8.18	8.19	8.20
1.40	0.00	3.33	5.88	6.98	7.44	7.69	7.80	7.86	7.90	7.92	7.94	7.97	8.01	8.02	8.04	8.05
1.41	0.00	3.00	5.66	6.80	7.27	7.53	7.64	7.70	7.74	7.77	7.79	7.82	7.86	7.87	7.89	7.90
1.42	0.00	2.67	5.44	6.62	7.10	7.37	7.49	7.55	7.59	7.62	7.64	7.67	7.71	7.73	7.74	7.75
1.43	0.00	2.33	5.23	6.45	6.94	7.22	7.34	7.40	7.44	7.47	7.50	7.52	7.56	7.58	7.60	7.61
1.44	0.00	2.00	5.01	6.27	6.78	7.07	7.19	7.26	7.30	7.33	7.35	7.38	7.42	7.44	7.46	7.47
1.45	0.00	1.67	4.81	6.10	6.63	6.92	7.04	7.11	7.15	7.18	7.21	7.24	7.28	7.30	7.31	7.33
1.46	0.00	1.33	4.60	5.93	6.47	6.77	6.90	6.97	7.01	7.04	7.07	7.10	7.14	7.16	7.18	7.19
1.47	0.00	1.00	4.39	5.77	6.32	6.63	6.75	6.83	6.87	6.90	6.93	6.96	7.00	7.02	7.04	7.05
1.48	0.00	0.67	4.19	5.60	6.17	6.48	6.61	6.69	6.73	6.77	6.79	6.82	6.86	6.88	6.90	6.91
1.49	0.00	0.33	3.99	5.44	6.02	6.34	6.48	6.55	6.60	6.63	6.65	6.69	6.73	6.75	6.77	6.78

表 11-6 利用標準差法從 Q_L 或 Q_U 估計貨批不合格率 (續)

Q_L 或 Q_U	樣本大小															
	3	4	5	7	10	15	20	25	30	35	40	50	75	100	150	200
1.50	0.00	0.00	3.80	5.28	5.87	6.20	6.34	6.41	6.46	6.50	6.52	6.55	6.60	6.62	6.64	6.65
1.51	0.00	0.00	3.61	5.13	5.73	6.06	6.20	6.28	6.33	6.36	6.39	6.42	6.47	6.49	6.51	6.52
1.52	0.00	0.00	3.42	4.97	5.59	5.93	6.07	6.15	6.20	6.23	6.26	6.29	6.34	6.36	6.38	6.39
1.53	0.00	0.00	3.23	4.82	5.45	5.80	5.94	6.02	6.07	6.11	6.13	6.17	6.21	6.24	6.26	6.27
1.54	0.00	0.00	3.05	4.67	5.31	5.67	5.81	5.89	5.95	5.98	6.01	6.04	6.09	6.11	6.13	6.15
1.55	0.00	0.00	2.87	4.52	5.18	5.54	5.69	5.77	5.82	5.86	5.88	5.92	5.97	5.99	6.01	6.02
1.56	0.00	0.00	2.69	4.38	5.05	5.41	5.56	5.65	5.70	5.74	5.76	5.80	5.85	5.87	5.89	5.90
1.57	0.00	0.00	2.52	4.24	4.92	5.29	5.44	5.53	5.58	5.62	5.64	5.68	5.73	5.75	5.78	5.79
1.58	0.00	0.00	2.35	4.10	4.79	5.16	5.32	5.41	5.46	5.50	5.53	5.56	5.61	5.64	5.66	5.67
1.59	0.00	0.00	2.19	3.96	4.66	5.04	5.20	5.29	5.34	5.38	5.41	5.45	5.50	5.52	5.54	5.56
1.60	0.00	0.00	2.03	3.83	4.54	4.92	5.09	5.17	5.23	5.27	5.30	5.33	5.38	5.41	5.43	5.44
1.61	0.00	0.00	1.87	3.69	4.41	4.81	4.97	5.06	5.12	5.16	5.18	5.22	5.27	5.30	5.32	5.33
1.62	0.00	0.00	1.72	3.57	4.30	4.69	4.86	4.95	5.01	5.04	5.07	5.11	5.16	5.19	5.21	5.23
1.63	0.00	0.00	1.57	3.44	4.18	4.58	4.75	4.84	4.90	4.94	4.97	5.01	5.06	5.08	5.11	5.12
1.64	0.00	0.00	1.42	3.31	4.06	4.47	4.64	4.73	4.79	4.83	4.86	4.90	4.95	4.98	5.00	5.01
1.65	0.00	0.00	1.28	3.19	3.95	4.36	4.53	4.62	4.68	4.72	4.75	4.79	4.85	4.87	4.90	4.91
1.66	0.00	0.00	1.15	3.07	3.84	4.25	4.43	4.52	4.58	4.62	4.65	4.69	4.74	4.77	4.80	4.81
1.67	0.00	0.00	1.02	2.95	3.73	4.15	4.32	4.42	4.48	4.52	4.55	4.59	4.64	4.67	4.70	4.71
1.68	0.00	0.00	0.89	2.84	3.62	4.05	4.22	4.32	4.38	4.42	4.45	4.49	4.55	4.57	4.60	4.61
1.69	0.00	0.00	0.77	2.73	3.52	3.94	4.12	4.22	4.28	4.32	4.35	4.39	4.45	4.47	4.50	4.51
1.70	0.00	0.00	0.66	2.62	3.41	3.84	4.02	4.12	4.18	4.22	4.25	4.30	4.35	4.38	4.41	4.42
1.71	0.00	0.00	0.55	2.51	3.31	3.75	3.93	4.02	4.09	4.13	4.16	4.20	4.26	4.29	4.31	4.32
1.72	0.00	0.00	0.45	2.41	3.21	3.65	3.83	3.93	3.99	4.04	4.07	4.11	4.17	4.19	4.22	4.23
1.73	0.00	0.00	0.36	2.30	3.11	3.56	3.74	3.84	3.90	3.94	3.98	4.02	4.08	4.10	4.13	4.14
1.74	0.00	0.00	0.27	2.20	3.02	3.46	3.65	3.75	3.81	3.85	3.89	3.93	3.99	4.01	4.04	4.05
1.75	0.00	0.00	0.19	2.11	2.93	3.37	3.56	3.66	3.72	3.77	3.80	3.84	3.90	3.93	3.95	3.97
1.76	0.00	0.00	0.12	2.01	2.83	3.28	3.47	3.57	3.63	3.68	3.71	3.76	3.81	3.84	3.87	3.88
1.77	0.00	0.00	0.06	1.92	2.74	3.20	3.38	3.48	3.55	3.59	3.63	3.67	3.73	3.76	3.78	3.80
1.78	0.00	0.00	0.02	1.83	2.66	3.11	3.30	3.40	3.47	3.51	3.54	3.59	3.64	3.67	3.70	3.71
1.79	0.00	0.00	0.00	1.74	2.57	3.03	3.21	3.32	3.38	3.43	3.46	3.51	3.56	3.59	3.63	3.63
1.80	0.00	0.00	0.00	1.65	2.49	2.94	3.13	3.24	3.30	3.35	3.38	3.43	3.48	3.51	3.54	3.55
1.81	0.00	0.00	0.00	1.57	2.40	2.86	3.05	3.16	3.22	3.27	3.30	3.35	3.40	3.43	3.46	3.47
1.82	0.00	0.00	0.00	1.49	2.32	2.79	2.98	3.08	3.15	3.19	3.22	3.27	3.33	3.36	3.38	3.40
1.83	0.00	0.00	0.00	1.41	2.25	2.71	2.90	3.00	3.07	3.11	3.15	3.19	3.25	3.28	3.31	3.32
1.84	0.00	0.00	0.00	1.34	2.17	2.63	2.82	2.93	2.99	3.04	3.07	3.12	3.18	3.21	3.23	3.25
1.85	0.00	0.00	0.00	1.26	2.09	2.56	2.75	2.85	2.92	2.97	3.00	3.05	3.10	3.13	3.16	3.17
1.86	0.00	0.00	0.00	1.19	2.02	2.48	2.68	2.78	2.85	2.89	2.93	2.97	3.03	3.06	3.09	3.10
1.87	0.00	0.00	0.00	1.12	1.95	2.41	2.61	2.71	2.78	2.82	2.86	2.90	2.96	2.99	3.02	3.03
1.88	0.00	0.00	0.00	1.06	1.88	2.34	2.54	2.64	2.71	2.75	2.79	2.83	2.89	2.92	2.95	2.96
1.89	0.00	0.00	0.00	0.99	1.81	2.28	2.47	2.57	2.64	2.69	2.72	2.77	2.83	2.85	2.88	2.90

表 11-6　利用標準差法從 Q_L 或 Q_U 估計貨批不合格率 (續)

Q_L 或 Q_U	樣本大小															
	3	4	5	7	10	15	20	25	30	35	40	50	75	100	150	200
1.90	0.00	0.00	0.00	0.93	1.75	2.21	2.40	2.51	2.57	2.62	2.65	2.70	2.76	2.79	2.82	2.83
1.91	0.00	0.00	0.00	0.87	1.68	2.14	2.34	2.44	2.51	2.56	2.59	2.63	2.69	2.72	2.75	2.77
1.92	0.00	0.00	0.00	0.81	1.62	2.08	2.27	2.38	2.45	2.49	2.52	2.57	2.63	2.66	2.69	2.70
1.93	0.00	0.00	0.00	0.76	1.56	2.02	2.21	2.32	2.38	2.43	2.46	2.51	2.57	2.60	2.62	2.64
1.94	0.00	0.00	0.00	0.70	1.50	1.96	2.15	2.25	2.32	2.37	2.40	2.45	2.51	2.54	2.56	2.58
1.95	0.00	0.00	0.00	0.65	1.44	1.90	2.09	2.19	2.26	2.31	2.34	2.39	2.45	2.48	2.50	2.52
1.96	0.00	0.00	0.00	0.60	1.38	1.84	2.03	2.14	2.20	2.25	2.28	2.33	2.39	2.42	2.44	2.46
1.97	0.00	0.00	0.00	0.56	1.33	1.78	1.97	2.08	2.14	2.19	2.22	2.27	2.33	2.36	2.39	2.40
1.98	0.00	0.00	0.00	0.51	1.27	1.73	1.92	2.02	2.09	2.13	2.17	2.21	2.27	2.30	2.33	2.34
1.99	0.00	0.00	0.00	0.47	1.22	1.67	1.86	1.97	2.03	2.08	2.11	2.16	2.22	2.25	2.27	2.29
2.00	0.00	0.00	0.00	0.43	1.17	1.62	1.81	1.91	1.98	2.03	2.06	2.10	2.16	2.19	2.22	2.23
2.01	0.00	0.00	0.00	0.39	1.12	1.57	1.76	1.86	1.93	1.97	2.01	2.05	2.11	2.14	2.17	2.18
2.02	0.00	0.00	0.00	0.36	1.07	1.52	1.71	1.81	1.87	1.92	1.95	2.00	2.06	2.09	2.11	2.13
2.03	0.00	0.00	0.00	0.32	1.03	1.47	1.66	1.76	1.82	1.87	1.90	1.95	2.01	2.04	2.06	2.08
2.04	0.00	0.00	0.00	0.29	0.98	1.42	1.61	1.71	1.77	1.82	1.85	1.90	1.96	1.99	2.01	2.03
2.05	0.00	0.00	0.00	0.26	0.94	1.37	1.56	1.66	1.73	1.77	1.80	1.85	1.91	1.94	1.96	1.98
2.06	0.00	0.00	0.00	0.23	0.90	1.33	1.51	1.61	1.68	1.72	1.76	1.80	1.86	1.89	1.92	1.93
2.07	0.00	0.00	0.00	0.21	0.86	1.28	1.47	1.57	1.63	1.68	1.71	1.76	1.81	1.84	1.87	1.88
2.08	0.00	0.00	0.00	0.18	0.82	1.24	1.42	1.52	1.59	1.63	1.66	1.71	1.77	1.79	1.82	1.84
2.09	0.00	0.00	0.00	0.16	0.78	1.20	1.38	1.48	1.54	1.59	1.62	1.66	1.72	1.75	1.78	1.79
2.10	0.00	0.00	0.00	0.14	0.74	1.16	1.34	1.44	1.50	1.54	1.58	1.62	1.68	1.71	1.73	1.75
2.11	0.00	0.00	0.00	0.12	0.71	1.12	1.30	1.39	1.46	1.50	1.53	1.58	1.63	1.66	1.69	1.70
2.12	0.00	0.00	0.00	0.10	0.67	1.08	1.26	1.35	1.42	1.46	1.49	1.54	1.59	1.62	1.65	1.66
2.13	0.00	0.00	0.00	0.08	0.64	1.04	1.22	1.31	1.38	1.42	1.45	1.50	1.55	1.58	1.61	1.62
2.14	0.00	0.00	0.00	0.07	0.61	1.00	1.18	1.28	1.34	1.38	1.41	1.46	1.51	1.54	1.57	1.58
2.15	0.00	0.00	0.00	0.06	0.58	0.97	1.14	1.24	1.30	1.34	1.37	1.42	1.47	1.50	1.53	1.54
2.16	0.00	0.00	0.00	0.05	0.55	0.93	1.10	1.20	1.26	1.30	1.34	1.38	1.43	1.46	1.49	1.50
2.17	0.00	0.00	0.00	0.04	0.52	0.90	1.07	1.16	1.22	1.27	1.30	1.34	1.40	1.42	1.45	1.46
2.18	0.00	0.00	0.00	0.03	0.49	0.87	1.03	1.13	1.19	1.23	1.26	1.30	1.36	1.39	1.41	1.42
2.19	0.00	0.00	0.00	0.02	0.46	0.83	1.00	1.09	1.15	1.20	1.23	1.27	1.32	1.35	1.38	1.39
2.20	0.00	0.00	0.00	0.015	0.437	0.803	0.968	1.061	1.120	1.161	1.192	1.233	1.287	1.314	1.340	1.352
2.21	0.00	0.00	0.00	0.010	0.413	0.772	0.936	1.028	1.087	1.128	1.158	1.199	1.253	1.279	1.305	1.318
2.22	0.00	0.00	0.00	0.006	0.389	0.743	0.905	0.996	1.054	1.095	1.125	1.166	1.219	1.245	1.271	1.283
2.23	0.00	0.00	0.00	0.003	0.366	0.715	0.875	0.965	1.023	1.063	1.093	1.134	1.186	1.212	1.238	1.250
2.24	0.00	0.00	0.00	0.002	0.345	0.687	0.845	0.935	0.992	1.032	1.061	1.102	1.154	1.180	1.205	1.218
2.25	0.00	0.00	0.00	0.001	0.324	0.660	0.816	0.905	0.962	1.002	1.031	1.071	1.123	1.148	1.173	1.186
2.26	0.00	0.00	0.00	0.00	0.304	0.634	0.789	0.876	0.933	0.972	1.001	1.041	1.092	1.117	1.142	1.155
2.27	0.00	0.00	0.00	0.00	0.285	0.609	0.762	0.848	0.904	0.943	0.972	1.011	1.062	1.087	1.112	1.124
2.28	0.00	0.00	0.00	0.00	0.267	0.585	0.735	0.821	0.876	0.915	0.943	0.982	1.033	1.058	1.082	1.094
2.29	0.00	0.00	0.00	0.00	0.250	0.561	0.710	0.794	0.849	0.887	0.915	0.954	1.004	1.029	1.053	1.065

表 11-6 利用標準差法從 Q_L 或 Q_U 估計貨批不合格率 (續)

Q_L 或 Q_U	樣本大小															
	3	4	5	7	10	15	20	25	30	35	40	50	75	100	150	200
2.30	0.000	0.000	0.000	0.000	0.233	0.538	0.685	0.769	0.823	0.861	0.888	0.927	0.977	1.001	1.025	1.037
2.31	0.000	0.000	0.000	0.000	0.218	0.516	0.661	0.743	0.797	0.834	0.862	0.900	0.949	0.974	0.997	1.009
2.32	0.000	0.000	0.000	0.000	0.203	0.495	0.637	0.719	0.772	0.809	0.836	0.874	0.923	0.947	0.971	0.982
2.33	0.000	0.000	0.000	0.000	0.189	0.474	0.614	0.695	0.748	0.784	0.811	0.848	0.897	0.921	0.944	0.956
2.34	0.000	0.000	0.000	0.000	0.175	0.454	0.592	0.672	0.724	0.760	0.787	0.824	0.872	0.895	0.915	0.930
2.35	0.000	0.000	0.000	0.000	0.163	0.435	0.571	0.650	0.701	0.736	0.763	0.799	0.847	0.870	0.893	0.905
2.36	0.000	0.000	0.000	0.000	0.151	0.416	0.550	0.628	0.678	0.714	0.740	0.776	0.823	0.846	0.869	0.880
2.37	0.000	0.000	0.000	0.000	0.139	0.398	0.530	0.606	0.656	0.691	0.717	0.753	0.799	0.822	0.845	0.856
2.38	0.000	0.000	0.000	0.000	0.128	0.381	0.510	0.586	0.635	0.670	0.695	0.730	0.777	0.799	0.822	0.833
2.39	0.000	0.000	0.000	0.000	0.118	0.364	0.491	0.566	0.614	0.648	0.674	0.709	0.754	0.777	0.799	0.810
2.40	0.000	0.000	0.000	0.000	0.109	0.348	0.473	0.546	0.594	0.628	0.653	0.687	0.732	0.755	0.777	0.787
2.41	0.000	0.000	0.000	0.000	0.100	0.332	0.455	0.527	0.575	0.608	0.633	0.667	0.711	0.733	0.755	0.766
2.42	0.000	0.000	0.000	0.000	0.091	0.317	0.437	0.509	0.555	0.588	0.613	0.646	0.691	0.712	0.734	0.744
2.43	0.000	0.000	0.000	0.000	0.083	0.302	0.421	0.491	0.537	0.569	0.593	0.627	0.670	0.692	0.713	0.724
2.44	0.000	0.000	0.000	0.000	0.076	0.288	0.404	0.474	0.519	0.551	0.575	0.608	0.651	0.672	0.693	0.703
2.45	0.000	0.000	0.000	0.000	0.069	0.275	0.389	0.457	0.501	0.533	0.556	0.589	0.632	0.653	0.673	0.684
2.46	0.000	0.000	0.000	0.000	0.063	0.262	0.373	0.440	0.484	0.516	0.539	0.571	0.613	0.634	0.654	0.664
2.47	0.000	0.000	0.000	0.000	0.057	0.249	0.359	0.425	0.468	0.499	0.521	0.553	0.595	0.615	0.635	0.646
2.48	0.000	0.000	0.000	0.000	0.051	0.237	0.344	0.409	0.452	0.482	0.505	0.536	0.577	0.597	0.617	0.627
2.49	0.000	0.000	0.000	0.000	0.046	0.226	0.331	0.394	0.436	0.466	0.488	0.519	0.560	0.580	0.600	0.609
2.50	0.000	0.000	0.000	0.000	0.041	0.214	0.317	0.380	0.421	0.451	0.473	0.503	0.543	0.563	0.582	0.592
2.51	0.000	0.000	0.000	0.000	0.037	0.204	0.304	0.366	0.407	0.436	0.457	0.487	0.527	0.546	0.565	0.575
2.52	0.000	0.000	0.000	0.000	0.033	0.193	0.292	0.352	0.392	0.421	0.442	0.472	0.511	0.530	0.549	0.558
2.53	0.000	0.000	0.000	0.000	0.029	0.184	0.280	0.339	0.379	0.407	0.428	0.457	0.495	0.514	0.533	0.542
2.54	0.000	0.000	0.000	0.000	0.026	0.174	0.268	0.326	0.365	0.393	0.413	0.442	0.480	0.499	0.517	0.527
2.55	0.000	0.000	0.000	0.000	0.023	0.165	0.257	0.314	0.352	0.379	0.400	0.428	0.465	0.484	0.502	0.511
2.56	0.000	0.000	0.000	0.000	0.020	0.156	0.246	0.302	0.340	0.366	0.386	0.414	0.451	0.469	0.487	0.496
2.57	0.000	0.000	0.000	0.000	0.017	0.148	0.236	0.291	0.327	0.354	0.373	0.401	0.437	0.455	0.473	0.482
2.58	0.000	0.000	0.000	0.000	0.015	0.140	0.226	0.279	0.316	0.341	0.361	0.388	0.424	0.441	0.459	0.468
2.59	0.000	0.000	0.000	0.000	0.013	0.133	0.216	0.269	0.304	0.330	0.349	0.375	0.410	0.428	0.445	0.454
2.60	0.000	0.000	0.000	0.000	0.011	0.125	0.207	0.258	0.293	0.318	0.337	0.363	0.398	0.415	0.432	0.441
2.61	0.000	0.000	0.000	0.000	0.009	0.118	0.198	0.248	0.282	0.307	0.325	0.351	0.385	0.402	0.419	0.428
2.62	0.000	0.000	0.000	0.000	0.008	0.112	0.189	0.238	0.272	0.296	0.314	0.339	0.373	0.390	0.406	0.415
2.63	0.000	0.000	0.000	0.000	0.007	0.105	0.181	0.229	0.262	0.285	0.303	0.328	0.361	0.378	0.394	0.402
2.64	0.000	0.000	0.000	0.000	0.005	0.099	0.172	0.220	0.252	0.275	0.293	0.317	0.350	0.366	0.382	0.390
2.65	0.000	0.000	0.000	0.000	0.005	0.094	0.165	0.211	0.243	0.265	0.282	0.307	0.339	0.355	0.371	0.379
2.66	0.000	0.000	0.000	0.000	0.004	0.088	0.157	0.202	0.233	0.256	0.273	0.296	0.328	0.344	0.359	0.367
2.67	0.000	0.000	0.000	0.000	0.003	0.083	0.150	0.194	0.224	0.246	0.263	0.286	0.317	0.333	0.348	0.356
2.68	0.000	0.000	0.000	0.000	0.002	0.078	0.143	0.186	0.216	0.237	0.254	0.277	0.307	0.322	0.338	0.345
2.69	0.000	0.000	0.000	0.000	0.002	0.073	0.136	0.179	0.208	0.229	0.245	0.267	0.297	0.312	0.327	0.335

表 11-6　利用標準差法從 Q_L 或 Q_U 估計貨批不合格率 (續)

Q_L 或 Q_U	樣本大小															
	3	4	5	7	10	15	20	25	30	35	40	50	75	100	150	200
2.70	0.000	0.000	0.000	0.000	0.001	0.069	0.130	0.171	0.200	0.220	0.236	0.258	0.288	0.302	0.317	0.325
2.71	0.000	0.000	0.000	0.000	0.001	0.064	0.124	0.164	0.192	0.212	0.227	0.249	0.278	0.293	0.307	0.315
2.72	0.000	0.000	0.000	0.000	0.000	0.060	0.118	0.157	0.184	0.204	0.219	0.241	0.269	0.283	0.298	0.305
2.73	0.000	0.000	0.000	0.000	0.000	0.057	0.112	0.151	0.177	0.197	0.211	0.232	0.260	0.274	0.288	0.296
2.74	0.000	0.000	0.000	0.000	0.000	0.053	0.107	0.144	0.170	0.189	0.204	0.224	0.252	0.266	0.279	0.286
2.75	0.000	0.000	0.000	0.000	0.000	0.049	0.102	0.138	0.163	0.182	0.196	0.216	0.243	0.257	0.271	0.277
2.76	0.000	0.000	0.000	0.000	0.000	0.046	0.097	0.132	0.157	0.175	0.189	0.209	0.235	0.249	0.262	0.269
2.77	0.000	0.000	0.000	0.000	0.000	0.043	0.092	0.126	0.151	0.168	0.182	0.201	0.227	0.241	0.254	0.260
2.78	0.000	0.000	0.000	0.000	0.000	0.040	0.087	0.121	0.145	0.162	0.175	0.194	0.220	0.233	0.246	0.252
2.79	0.000	0.000	0.000	0.000	0.000	0.037	0.083	0.115	0.139	0.156	0.169	0.187	0.212	0.225	0.238	0.244
2.80	0.000	0.000	0.000	0.000	0.000	0.035	0.079	0.110	0.133	0.150	0.162	0.181	0.205	0.218	0.230	0.237
2.81	0.000	0.000	0.000	0.000	0.000	0.032	0.075	0.105	0.128	0.144	0.156	0.174	0.198	0.211	0.223	0.229
2.82	0.000	0.000	0.000	0.000	0.000	0.030	0.071	0.101	0.122	0.138	0.150	0.168	0.192	0.204	0.216	0.222
2.83	0.000	0.000	0.000	0.000	0.000	0.028	0.067	0.096	0.117	0.133	0.145	0.162	0.185	0.197	0.209	0.215
2.84	0.000	0.000	0.000	0.000	0.000	0.026	0.064	0.092	0.112	0.128	0.139	0.156	0.179	0.190	0.202	0.208
2.85	0.000	0.000	0.000	0.000	0.000	0.024	0.060	0.088	0.108	0.122	0.134	0.150	0.173	0.184	0.195	0.201
2.86	0.000	0.000	0.000	0.000	0.000	0.022	0.057	0.084	0.103	0.118	0.129	0.145	0.167	0.178	0.189	0.195
2.87	0.000	0.000	0.000	0.000	0.000	0.020	0.054	0.080	0.099	0.113	0.124	0.139	0.161	0.172	0.183	0.188
2.88	0.000	0.000	0.000	0.000	0.000	0.019	0.051	0.076	0.094	0.108	0.119	0.134	0.155	0.166	0.177	0.182
2.89	0.000	0.000	0.000	0.000	0.000	0.017	0.048	0.073	0.090	0.104	0.114	0.129	0.150	0.160	0.171	0.176
2.90	0.000	0.000	0.000	0.000	0.000	0.016	0.046	0.069	0.087	0.100	0.110	0.125	0.145	0.155	0.165	0.171
2.91	0.000	0.000	0.000	0.000	0.000	0.015	0.043	0.066	0.083	0.096	0.106	0.120	0.140	0.150	0.160	0.165
2.92	0.000	0.000	0.000	0.000	0.000	0.013	0.041	0.063	0.079	0.092	0.101	0.115	0.135	0.145	0.155	0.160
2.93	0.000	0.000	0.000	0.000	0.000	0.012	0.038	0.060	0.076	0.088	0.097	0.111	0.130	0.140	0.149	0.154
2.94	0.000	0.000	0.000	0.000	0.000	0.011	0.036	0.057	0.072	0.084	0.093	0.107	0.125	0.135	0.144	0.149
2.95	0.000	0.000	0.000	0.000	0.000	0.010	0.034	0.054	0.069	0.081	0.090	0.103	0.121	0.130	0.140	0.144
2.96	0.000	0.000	0.000	0.000	0.000	0.009	0.032	0.051	0.066	0.077	0.086	0.099	0.117	0.126	0.135	0.140
2.97	0.000	0.000	0.000	0.000	0.000	0.009	0.030	0.049	0.063	0.074	0.083	0.095	0.112	0.121	0.130	0.135
2.98	0.000	0.000	0.000	0.000	0.000	0.008	0.028	0.046	0.060	0.071	0.079	0.091	0.108	0.117	0.126	0.130
2.99	0.000	0.000	0.000	0.000	0.000	0.007	0.027	0.044	0.057	0.068	0.076	0.088	0.104	0.113	0.122	0.126
3.00	0.000	0.000	0.000	0.000	0.000	0.006	0.025	0.042	0.055	0.065	0.073	0.084	0.101	0.109	0.118	0.122
3.01	0.000	0.000	0.000	0.000	0.000	0.006	0.024	0.040	0.052	0.062	0.070	0.081	0.097	0.105	0.114	0.118
3.02	0.000	0.000	0.000	0.000	0.000	0.005	0.022	0.038	0.050	0.059	0.067	0.078	0.093	0.101	0.110	0.114
3.03	0.000	0.000	0.000	0.000	0.000	0.005	0.021	0.036	0.048	0.057	0.064	0.075	0.090	0.098	0.106	0.110
3.04	0.000	0.000	0.000	0.000	0.000	0.004	0.019	0.034	0.045	0.054	0.061	0.072	0.087	0.094	0.102	0.106
3.05	0.000	0.000	0.000	0.000	0.000	0.004	0.018	0.032	0.043	0.052	0.059	0.069	0.083	0.091	0.099	0.103
3.06	0.000	0.000	0.000	0.000	0.000	0.003	0.017	0.030	0.041	0.050	0.056	0.066	0.080	0.088	0.095	0.099
3.07	0.000	0.000	0.000	0.000	0.000	0.003	0.016	0.029	0.039	0.047	0.054	0.064	0.077	0.085	0.092	0.096
3.08	0.000	0.000	0.000	0.000	0.000	0.003	0.015	0.027	0.037	0.045	0.052	0.061	0.074	0.081	0.089	0.092
3.09	0.000	0.000	0.000	0.000	0.000	0.002	0.014	0.026	0.036	0.043	0.049	0.059	0.072	0.079	0.086	0.089

表 11-6 利用標準差法從 Q_L 或 Q_U 估計貨批不合格率 (續)

Q_L 或 Q_U	樣本大小															
	3	4	5	7	10	15	20	25	30	35	40	50	75	100	150	200
3.10	0.000	0.000	0.000	0.000	0.000	0.002	0.013	0.024	0.034	0.041	0.047	0.056	0.069	0.076	0.083	0.086
3.11	0.000	0.000	0.000	0.000	0.000	0.002	0.012	0.023	0.032	0.039	0.045	0.054	0.066	0.073	0.080	0.083
3.12	0.000	0.000	0.000	0.000	0.000	0.002	0.011	0.022	0.031	0.038	0.043	0.052	0.064	0.070	0.077	0.080
3.13	0.000	0.000	0.000	0.000	0.000	0.002	0.011	0.021	0.029	0.036	0.041	0.050	0.061	0.068	0.074	0.077
3.14	0.000	0.000	0.000	0.000	0.000	0.001	0.010	0.019	0.028	0.034	0.040	0.048	0.059	0.065	0.071	0.075
3.15	0.000	0.000	0.000	0.000	0.000	0.001	0.009	0.018	0.026	0.033	0.038	0.046	0.057	0.063	0.069	0.072
3.16	0.000	0.000	0.000	0.000	0.000	0.001	0.009	0.017	0.025	0.031	0.036	0.044	0.055	0.060	0.066	0.069
3.17	0.000	0.000	0.000	0.000	0.000	0.001	0.008	0.016	0.024	0.030	0.035	0.042	0.053	0.058	0.064	0.067
3.18	0.000	0.000	0.000	0.000	0.000	0.001	0.007	0.015	0.022	0.028	0.033	0.040	0.050	0.056	0.062	0.065
3.19	0.000	0.000	0.000	0.000	0.000	0.001	0.007	0.015	0.021	0.027	0.032	0.038	0.049	0.054	0.059	0.062
3.20	0.000	0.000	0.000	0.000	0.000	0.001	0.006	0.014	0.020	0.026	0.030	0.037	0.047	0.052	0.057	0.060
3.21	0.000	0.000	0.000	0.000	0.000	0.000	0.006	0.013	0.019	0.024	0.029	0.035	0.045	0.050	0.055	0.058
3.22	0.000	0.000	0.000	0.000	0.000	0.000	0.005	0.012	0.018	0.023	0.027	0.034	0.043	0.048	0.053	0.056
3.23	0.000	0.000	0.000	0.000	0.000	0.000	0.005	0.011	0.017	0.022	0.026	0.032	0.041	0.046	0.051	0.054
3.24	0.000	0.000	0.000	0.000	0.000	0.000	0.005	0.011	0.016	0.021	0.025	0.031	0.040	0.044	0.049	0.052
3.25	0.000	0.000	0.000	0.000	0.000	0.000	0.004	0.010	0.015	0.020	0.024	0.030	0.038	0.043	0.048	0.050
3.26	0.000	0.000	0.000	0.000	0.000	0.000	0.004	0.009	0.015	0.019	0.023	0.028	0.037	0.041	0.046	0.048
3.27	0.000	0.000	0.000	0.000	0.000	0.000	0.004	0.009	0.014	0.019	0.022	0.027	0.035	0.040	0.044	0.046
3.28	0.000	0.000	0.000	0.000	0.000	0.000	0.003	0.008	0.013	0.017	0.021	0.026	0.034	0.038	0.042	0.045
3.29	0.000	0.000	0.000	0.000	0.000	0.000	0.003	0.008	0.012	0.016	0.020	0.025	0.032	0.037	0.041	0.043
3.30	0.000	0.000	0.000	0.000	0.000	0.000	0.003	0.007	0.012	0.015	0.019	0.024	0.031	0.035	0.039	0.042
3.31	0.000	0.000	0.000	0.000	0.000	0.000	0.003	0.007	0.011	0.015	0.018	0.023	0.030	0.034	0.038	0.040
3.32	0.000	0.000	0.000	0.000	0.000	0.000	0.002	0.006	0.010	0.014	0.017	0.022	0.029	0.032	0.036	0.039
3.33	0.000	0.000	0.000	0.000	0.000	0.000	0.002	0.006	0.010	0.013	0.016	0.021	0.027	0.031	0.035	0.037
3.34	0.000	0.000	0.000	0.000	0.000	0.000	0.002	0.006	0.009	0.013	0.015	0.020	0.026	0.030	0.034	0.036
3.35	0.000	0.000	0.000	0.000	0.000	0.000	0.002	0.005	0.009	0.012	0.015	0.019	0.025	0.029	0.032	0.034
3.36	0.000	0.000	0.000	0.000	0.000	0.000	0.002	0.005	0.008	0.011	0.014	0.018	0.024	0.028	0.031	0.033
3.37	0.000	0.000	0.000	0.000	0.000	0.000	0.002	0.005	0.008	0.011	0.013	0.017	0.023	0.026	0.030	0.032
3.38	0.000	0.000	0.000	0.000	0.000	0.000	0.001	0.004	0.007	0.010	0.013	0.016	0.022	0.025	0.029	0.031
3.39	0.000	0.000	0.000	0.000	0.000	0.000	0.001	0.004	0.007	0.010	0.012	0.016	0.021	0.024	0.028	0.029
3.40	0.000	0.000	0.000	0.000	0.000	0.000	0.001	0.004	0.007	0.009	0.011	0.015	0.020	0.023	0.027	0.028
3.41	0.000	0.000	0.000	0.000	0.000	0.000	0.001	0.003	0.006	0.009	0.011	0.014	0.020	0.022	0.026	0.027
3.42	0.000	0.000	0.000	0.000	0.000	0.000	0.001	0.003	0.006	0.008	0.010	0.014	0.019	0.022	0.025	0.026
3.43	0.000	0.000	0.000	0.000	0.000	0.000	0.001	0.003	0.005	0.008	0.010	0.013	0.018	0.021	0.024	0.025
3.44	0.000	0.000	0.000	0.000	0.000	0.000	0.001	0.003	0.005	0.007	0.009	0.012	0.017	0.020	0.023	0.024
3.45	0.000	0.000	0.000	0.000	0.000	0.000	0.001	0.003	0.005	0.007	0.009	0.012	0.016	0.019	0.022	0.023
3.46	0.000	0.000	0.000	0.000	0.000	0.000	0.001	0.002	0.005	0.007	0.008	0.011	0.016	0.018	0.021	0.022
3.47	0.000	0.000	0.000	0.000	0.000	0.000	0.001	0.002	0.004	0.006	0.008	0.011	0.015	0.017	0.020	0.022
3.48	0.000	0.000	0.000	0.000	0.000	0.000	0.001	0.002	0.004	0.006	0.007	0.010	0.014	0.017	0.019	0.021
3.49	0.000	0.000	0.000	0.000	0.000	0.000	0.000	0.002	0.004	0.005	0.007	0.010	0.014	0.016	0.019	0.020

表 11-6 利用標準差法從 Q_L 或 Q_U 估計貨批不合格率 (續)

Q_L 或 Q_U	樣本大小															
	3	4	5	7	10	15	20	25	30	35	40	50	75	100	150	200
3.50	0.000	0.000	0.000	0.000	0.000	0.000	0.000	0.002	0.003	0.005	0.007	0.009	0.013	0.015	0.018	0.019
3.51	0.000	0.000	0.000	0.000	0.000	0.000	0.000	0.002	0.003	0.005	0.006	0.009	0.013	0.015	0.017	0.018
3.52	0.000	0.000	0.000	0.000	0.000	0.000	0.000	0.002	0.003	0.005	0.006	0.008	0.012	0.014	0.017	0.018
3.53	0.000	0.000	0.000	0.000	0.000	0.000	0.000	0.001	0.003	0.004	0.006	0.008	0.012	0.014	0.016	0.017
3.54	0.000	0.000	0.000	0.000	0.000	0.000	0.000	0.001	0.003	0.004	0.005	0.008	0.011	0.013	0.015	0.016
3.55	0.000	0.000	0.000	0.000	0.000	0.000	0.000	0.001	0.003	0.004	0.005	0.007	0.011	0.012	0.015	0.016
3.56	0.000	0.000	0.000	0.000	0.000	0.000	0.000	0.001	0.002	0.004	0.005	0.007	0.010	0.012	0.014	0.015
3.57	0.000	0.000	0.000	0.000	0.000	0.000	0.000	0.001	0.002	0.003	0.005	0.006	0.010	0.011	0.013	0.014
3.58	0.000	0.000	0.000	0.000	0.000	0.000	0.000	0.001	0.002	0.003	0.004	0.006	0.009	0.011	0.013	0.014
3.59	0.000	0.000	0.000	0.000	0.000	0.000	0.000	0.001	0.002	0.003	0.004	0.006	0.009	0.010	0.012	0.013
3.60	0.000	0.000	0.000	0.000	0.000	0.000	0.000	0.001	0.002	0.003	0.004	0.006	0.008	0.010	0.012	0.013
3.61	0.000	0.000	0.000	0.000	0.000	0.000	0.000	0.001	0.002	0.003	0.004	0.005	0.008	0.010	0.011	0.012
3.62	0.000	0.000	0.000	0.000	0.000	0.000	0.000	0.001	0.002	0.003	0.003	0.005	0.008	0.009	0.011	0.012
3.63	0.000	0.000	0.000	0.000	0.000	0.000	0.000	0.001	0.001	0.002	0.003	0.005	0.007	0.009	0.010	0.011
3.64	0.000	0.000	0.000	0.000	0.000	0.000	0.000	0.001	0.001	0.002	0.003	0.004	0.007	0.008	0.010	0.011
3.65	0.000	0.000	0.000	0.000	0.000	0.000	0.000	0.001	0.001	0.002	0.003	0.004	0.007	0.008	0.010	0.010
3.66	0.000	0.000	0.000	0.000	0.000	0.000	0.000	0.000	0.001	0.002	0.003	0.004	0.006	0.008	0.009	0.010
3.67	0.000	0.000	0.000	0.000	0.000	0.000	0.000	0.000	0.001	0.002	0.003	0.004	0.006	0.007	0.009	0.010
3.68	0.000	0.000	0.000	0.000	0.000	0.000	0.000	0.000	0.001	0.002	0.002	0.004	0.006	0.007	0.008	0.009
3.69	0.000	0.000	0.000	0.000	0.000	0.000	0.000	0.000	0.001	0.002	0.002	0.003	0.005	0.007	0.008	0.009
3.70	0.000	0.000	0.000	0.000	0.000	0.000	0.000	0.000	0.001	0.002	0.002	0.003	0.005	0.006	0.008	0.008
3.71	0.000	0.000	0.000	0.000	0.000	0.000	0.000	0.000	0.001	0.001	0.002	0.003	0.005	0.006	0.007	0.008
3.72	0.000	0.000	0.000	0.000	0.000	0.000	0.000	0.000	0.001	0.001	0.002	0.003	0.005	0.006	0.007	0.008
3.73	0.000	0.000	0.000	0.000	0.000	0.000	0.000	0.000	0.001	0.001	0.002	0.003	0.005	0.006	0.007	0.007
3.74	0.000	0.000	0.000	0.000	0.000	0.000	0.000	0.000	0.001	0.001	0.002	0.003	0.004	0.005	0.007	0.007
3.75	0.000	0.000	0.000	0.000	0.000	0.000	0.000	0.000	0.001	0.001	0.002	0.002	0.004	0.005	0.006	0.007
3.76	0.000	0.000	0.000	0.000	0.000	0.000	0.000	0.000	0.001	0.001	0.001	0.002	0.004	0.005	0.006	0.007
3.77	0.000	0.000	0.000	0.000	0.000	0.000	0.000	0.000	0.001	0.001	0.001	0.002	0.004	0.005	0.006	0.006
3.78	0.000	0.000	0.000	0.000	0.000	0.000	0.000	0.000	0.000	0.001	0.001	0.002	0.004	0.004	0.005	0.006
3.79	0.000	0.000	0.000	0.000	0.000	0.000	0.000	0.000	0.000	0.001	0.001	0.002	0.003	0.004	0.005	0.006
3.80	0.000	0.000	0.000	0.000	0.000	0.000	0.000	0.000	0.000	0.001	0.001	0.002	0.003	0.004	0.005	0.006
3.81	0.000	0.000	0.000	0.000	0.000	0.000	0.000	0.000	0.000	0.001	0.001	0.002	0.003	0.004	0.005	0.005
3.82	0.000	0.000	0.000	0.000	0.000	0.000	0.000	0.000	0.000	0.001	0.001	0.002	0.003	0.004	0.005	0.005
3.83	0.000	0.000	0.000	0.000	0.000	0.000	0.000	0.000	0.000	0.001	0.001	0.002	0.003	0.004	0.004	0.005
3.84	0.000	0.000	0.000	0.000	0.000	0.000	0.000	0.000	0.000	0.001	0.001	0.001	0.003	0.003	0.004	0.005
3.85	0.000	0.000	0.000	0.000	0.000	0.000	0.000	0.000	0.000	0.001	0.001	0.001	0.002	0.003	0.004	0.004
3.86	0.000	0.000	0.000	0.000	0.000	0.000	0.000	0.000	0.000	0.000	0.001	0.001	0.002	0.003	0.004	0.004
3.87	0.000	0.000	0.000	0.000	0.000	0.000	0.000	0.000	0.000	0.000	0.001	0.001	0.002	0.003	0.004	0.004
3.88	0.000	0.000	0.000	0.000	0.000	0.000	0.000	0.000	0.000	0.000	0.001	0.001	0.002	0.003	0.004	0.004
3.89	0.000	0.000	0.000	0.000	0.000	0.000	0.000	0.000	0.000	0.000	0.001	0.001	0.002	0.003	0.003	0.004
3.90	0.000	0.000	0.000	0.000	0.000	0.000	0.000	0.000	0.000	0.000	0.001	0.001	0.002	0.003	0.003	0.004

註：表中數值是以百分率表示。

表 11-7 k 法和 M 法之允收條件

型 式	統計量	允收條件
單邊規格界限，k 法	$\dfrac{\bar{X}-\mathrm{L}}{S}$ (產品具有下規格界限) $\dfrac{\mathrm{U}-\bar{X}}{S}$ (產品具有上規格界限)	若 $(\bar{X}-\mathrm{L})/S$ (或 $(\mathrm{U}-\bar{X})/S$)大於或等於 k，則允收貨批；否則拒收。滿足此條件代表 $\bar{X}$ 與規格界限保持一個合理之距離。
單邊規格界限，M 法	$Q_{\mathrm{L}}=\dfrac{\bar{X}-\mathrm{L}}{S}$ 或 $Q_{\mathrm{U}}=\dfrac{\mathrm{U}-\bar{X}}{S}$ 根據Q_L (或Q_U)，查表 11-6，決定$\hat{p}_{\mathrm{L}}$ (或 $\hat{p}_{\mathrm{U}}$)。	若 $\hat{p}_{\mathrm{L}} \le M$ (或 $\hat{p}_{\mathrm{U}} \le M$) 則允收貨批；否則拒收。
雙邊規格界限，且雙邊規格之重要性不相等	M_U為超出上規格界限 U 所允許之最大不合格率，M_L為超出下規格界限 L 所允許之最大不合格率。	1. $\hat{p}_{\mathrm{U}} \le M_{\mathrm{U}}$ 2. $\hat{p}_{\mathrm{L}} \le M_{\mathrm{L}}$ 3. $\hat{p} \le \max(M_{\mathrm{L}}, M_{\mathrm{U}})$ $\hat{p}=\hat{p}_{\mathrm{U}}+\hat{p}_{\mathrm{L}}$
雙邊規格界限，且雙邊規格之重要性相等	利用 AQL 值查表獲得 M 值。	$\hat{p}=\hat{p}_{\mathrm{U}}+\hat{p}_{\mathrm{L}} \le M$。

例11-2 某電子零件之輸出電壓之上規格界限爲 40 伏特。此零件以 40 件爲一批。假設使用正常檢驗，檢驗水準 IV, AQL = 1.8%。查表得知樣本代字爲 D，樣本大小 n=5。今假設使用標準差法及型式1之允收條件，由單邊規格界限之主表查出 $k=1.24$ (表中並無 1.8% 之 AQL，由 AQL 之轉換表得知可使用 AQL = 2.5%)。今由貨批中抽取 5 個樣本，分別爲 39, 38, 36, 39, 37，請問此批零件是否可以允收？

解答：

由樣本資料可得 $\bar{x}=37.8, s=1.30$，由規格界限可算出

$(\mathrm{U}-\bar{x})/s=1.69$

由於$(\mathrm{U}-\bar{x})/s>k$，因此我們可判定允收。

例11-3 以上例之數據，利用型式 2 之 M 法，說明是否允收。

解答：

由於 $(\mathrm{U}-\bar{x})/s=1.69$，查表得 $\hat{p}_{\mathrm{U}}=0.77\%$

由於 $\hat{p}_{\mathrm{U}}<M(9.8\%)$，因此我們可判定允收。此與 k 法之結論相同。

例11-4 假設某產品之規格為：10±0.1。由於下規格界限較重要，因此 AQL 採用 0.4%，上規格界限之 AQL 設為 1.0%。此產品每 200 件構成一批。產品之過去資料顯示其品質很好，由於檢驗成本相當高，因此採用一般檢驗水準 III。查表得知樣本大小之代字為 F，樣本大小 $n=10$。今從貨批中隨機抽取 10 件樣本，其數據如下：

10.02 10.06 9.95 9.94 10.08

10.08 9.99 10.03 10.05 9.94

以 M 法分析是否可允收。

解答：

由樣本資料可得 $\bar{x}=10.014, s=0.056$

根據規格界限可得

$Q_U=(\mathrm{U}-\bar{x})/s=1.54$

$Q_L=(\bar{x}-\mathrm{L})/s=2.04$

貨批之估計不合格率為

$\hat{p}_{\mathrm{U}}=5.31\%, \hat{p}_{\mathrm{L}}=0.98\%$

查表可得 $M_L=1.3\%, M_U=3.26\%$

由於 $\hat{p}_{\mathrm{U}}>M_U$，因此可以判定拒收。

11.3.1 MIL-STD-414 之轉換程序

除非合約中另有規定，否則 MIL-STD-414 開始時均使用正常檢驗。各種轉換之時機及條件說明如表 11-8。

表 11-8 MIL-STD-414 之轉換程序

轉 換	條 件
正常→減量	下列所有條件均要符合 (1) 在最近正常檢驗之 10 批中 (只針對原始送驗批，不含複驗批)，沒有一批被拒收。 (2) 貨批之估計不合格率低於某特定值 (查表)，或者連續數批 (查表) 之不合格率為零。 (3) 生產穩定。
減量→正常	下列條件有一符合即可 (1) 有一批被拒收時。 (2) 製程平均大於 AQL。 (3) 生產不規則或停滯時。 (4) 其他認為需要使用正常檢驗之情況。
正常→加嚴	由最近 10 批 (或 5 批、15 批) 所估計出之製程平均不合格率大於 AQL，而且這些批中不合格率大於 AQL 之批數超過某特定值 (查表 11-5) 時，則由正常改為加嚴檢驗。
加嚴→正常	在加嚴檢驗之過程中，估計之不合格率小於或等於 AQL。

11.3.2 MIL-STD-414 與 ANSI/ASQ Z1.9、ISO 3951 之比較

在 1980 年 3 月，美國國家標準學會 (ANSI) 與品質管制學會 (ASQC) 共同發布一更新之民間版本，稱爲 ANSI/ASQC Z1.9 (**註**：因應美國品質學會的改名，現在的標準稱爲ANSI/ASQ Z1.9)。MIL-STD-414當初是根據 MIL-STD-105A (1950 年版) 來設計，以獲得相同之保護，然而當 MIL-STD-105D 於 1963 年被採用時，增加了許多修正，以致於 MIL-STD-414 與 MIL-STD-105D 間無法獲得對產品相同之保護。

由於 ANSI/ASQ Z1.9 之訂定，使得 MIL-STD-414 中之抽樣計畫，得與 MIL-STD-105D (或 MIL-STD-105E, ANSI/ASQ Z1.4) 再次配合。此相容性之再次獲得是由於下列數項修正：

1. 調整各批量大小範圍所對應之樣本大小代字，以獲得與 MIL-STD-105D (MIL-STD-105E) 相同之保護。
2. 刪除 0.04、0.065 及 15 之 AQL 值。
3. 檢驗水準之等級重新標示爲 S3、S4(特殊) 和 I、II、III(一般檢驗水準)。
4. 轉換規則由稍作修改之 MIL-STD-105D (MIL-STD-105E) 的轉換法則代替。

MIL-STD-414 與 ANSI/ASQ Z1.9 之最大差別在於轉換程序，表 11-9 說明 ANSI/ASQ Z1.9 之轉換程序。

ISO 3951 可視爲 MIL-STD-414 之國際版本，它與 MIL-STD-414 之不同點主要爲：(1) 使用圖形而非表列之方式來決定貨批是否允收；(2) 只保留標準差法來估計製程之變異性。

表 11-9 ANSI/ASQ Z1.9 之轉換程序

轉換	條件
正常→減量	下列所有條件均要符合 (1) 前 10 批為正常檢驗，且無任何一批被拒收。 (2) 生產穩定。 (3) 有關單位認為必須採用減量檢驗，而且是合約或規格所允許。
減量→正常	滿足 MIL-STD-414 (1)、(3) 或 (4) 中任一條件。
正常→加嚴	正常檢驗中，連續 5 批中有 2 批被拒收，則改用加嚴檢驗。
加嚴→正常	在加嚴檢驗中，連續 5 批被允收。

本章習題

一、選擇題

( ) 1. 有關於 MIL-STD-414 之敘述，下列何者爲正確？ (a) 屬於計數值抽樣計畫 (b) 必須要有規格上限或下限 (c) 共有 7 種檢驗水準 (d) 只適用於標準差已知之情形。

( ) 2. 有關於 MIL-STD-414 之敘述，下列何者爲正確？ (a) 樣本大小代字與批量和檢驗水準有關 (b) 檢驗水準之編號越小，其 OC 曲線愈陡 (c) 可適用於數據不符合常態分配之情況 (d) 並未包含轉換程序。

( ) 3. 有關於 MIL-STD-105E 與 MIL-STD-414，下列何者爲正確？ (a) MIL-STD-105E 以 AQL 爲基礎，MIL-STD-414 則以 LTPD 爲基礎 (b) 兩者均需假設品質特性符合常態分配 (c) MIL-STD-105E 包含 5 種檢驗水準，MIL-STD-414 則有 6 種檢驗水準 (d) 兩者一般均先採用正常檢驗，再依轉換程序進行變化，是一種調整型抽樣檢驗計畫。

( ) 4. 產品規格爲 (10, 12)，批量爲 200。使用檢驗水準 III, AQL = 0.01，請問 MIL-STD-414 之抽樣計畫爲何？(a) n =10, k =2.64 (b) n =15, k =2.64 (c) n =10, M=3.26% (d) n =15, M= 0.099%。

( ) 5. 計量值抽樣計畫是以何種分配理論爲依據：(a) 常態分配 (b) 卜瓦松分配 (c) 高斯分配 (d) 超幾何分配。

( ) 6. 計量值抽樣計畫在判定貨批是否可以允收時，會用到下列哪一項？ (a) 樣本標準差 (b) 樣本標準誤 (c) 四分位數 (d) 樣本中位數。

( ) 7. 有關於計量值抽樣計畫的優點，下列敘述何者爲非？ (a) 可得到較多資訊 (b) 所需之樣本數較多 (c) 檢驗之單位檢驗成本較高 (d) 量測之錯誤可經由計量值資料察覺。

( ) 8. MIL-STD-414 驗收抽樣計畫是於何時發布？ (a) 1950 年 (b) 1957 年 (c) 1962 年 (d) 1970 年。

( ) 9. MIL-STD-414 之檢驗水準可分爲 5 種等級，其中檢驗水準第 IV 級稱爲？ (a) 加嚴檢驗水準 (b) 減量檢驗水準 (c) 正常檢驗水準 (d) 增量檢驗水準。

(　)10. MIL-STD-414 對於製程或貨批的變異程度，若為未知時，可由下列何者估計？(a) 樣本全距　(b) 樣本四分位差　(c) 樣本標準誤　(d) 以上皆是。

(　)11. MIL-STD-414 貨批之允收條件中，其 k 法適用於？(a) 單邊規格界限　(b) 雙邊規格界限　(c) 單邊或雙邊規格界限　(d) 以上皆非。

(　)12. 關於 MIL-STD-414 貨批之允收條件，下列何者為非？(a) M 法可應用於單邊或雙邊規格界限　(b) k 法不需要估計貨批之不合格率　(c) M 法只需由樣本平均數估計貨批之不合格率　(d) 全距法之缺點為需要較大之樣本數。

(　)13. MIL-STD-414 是利用批量大小和檢驗水準來決定樣本大小之代字，則當貨批批量 N=6800，使用檢驗水準 IV，其樣本大小之代字為何？(a) M　(b) L　(c) N　(d) P。

(　)14. MIL-STD-414 抽樣計畫目前使用減量檢驗，在以下何種情況必須轉換為正常檢驗？(a) 有一批被拒收　(b) 製程平均小於AQL　(c) 生產穩定　(d) 估計之不合格率等於 AQL。

(　)15. ANSI/ASQ Z1.9 抽樣計畫目前使用加嚴檢驗，在以下何種情況可以轉換為正常檢驗？(a) 連續 5 批被允收　(b) 有 1 批被允收　(c) 前 10 批中為正常檢驗，且無任何 1 批被拒收　(d) 連續 5 批中，有 2 批被允收。

(　)16. MIL-STD-414 抽樣計畫目前使用加嚴檢驗，在以下何種情況可以轉換為減量檢驗？(a) 有 10 批被拒收　(b) 製程平均數小於 AQL　(c) 生產穩定　(d) 以上皆非。

(　)17. 下列哪一項不是計量值抽樣計畫之缺點？(a) 需要更多之計算　(b) 被計量值抽樣計畫拒收之貨批中，可能沒有任何不合格品　(c) 品質數據要符合常態分配　(d) 在相同之操作特性下，計量值抽樣計畫所需之樣本數較多。

(　)18. 下列敘述何者為正確？(a) MIL-STD-414 之檢驗水準數與 MIL-STD-105E 相同　(b) MIL-STD-414 可應用於計數值和計量值數據　(c) MIL-STD-105E 可應用於不合格率和缺點數　(d) 在樣本大小代字表中，MIL-STD-105E 與 MIL-STD-414 使用相同之批量範圍。

二、計算題

1. 汽缸之強度要求最少爲 180psi，產品是以 2000 件構成一批送檢。今採用 MIL-STD-414 抽樣計畫之法檢驗產品，AQL = 1.02%，檢驗水準選擇第 IV 級。由批量大小得知樣本代字爲 L，樣本大小爲 n = 40。由現場抽樣 40 件，估計得強度之 $\bar{x}$= 190psi, s = 5psi。請問此貨批是否可允收。
2. 具有單邊規格之某項產品是以 MIL-STD-414 檢驗，AQL 爲 3%，採用樣本大小代字爲 N。由於標準差爲未知，由樣本數據所獲得之 Q_L= 1.69%，試以 M 法分析貨批是否允收。
3. 產品之上規格界限爲 60，批量爲 50。若使用檢驗水準III, AQL = 0.15%，回答下列問題。

   (a) 求正常、型式 1 之 MIL-STD-414 抽樣計畫。

   (b) 若由 (a) 之樣本大小抽樣，得 $\bar{x}$= 52, s = 3.2，此貨批是否可允收。
4. 產品之規格爲 (19, 21)，批量爲 250。若使用檢驗水準 IV, AQL = 0.8%，回答下列問題。

   (a) 求正常檢驗之 MIL-STD-414 抽樣計畫。

   (b) 若由 (a) 之樣本大小抽樣，得 $\bar{x}$= 20.5, s = 0.25，此貨批是否可允收。
5. 同 4(a)，但上規格界限使用 AQL = 1.0%，下規格界限使用 AQL = 0.65%。

NOTE

Chapter 12

特殊驗收抽樣計畫

章節概要和學習要點

在本章中，我們將介紹數種特殊的抽樣計畫，包含連鎖抽樣計畫、連續抽樣計畫和跳批抽樣計畫。連鎖抽樣計畫是用來取代傳統允收數等於 0 之單次抽樣計畫。傳統逐批抽樣計畫是根據各批之資料來做允收之判斷，其決定與過去貨批之品質無關。而連鎖抽樣計畫則是利用目前和過去數批之累積結果來判斷送驗批是否允收。在一般逐批抽樣計畫中，我們假設產品必須以批之型態送檢。但是在許多複雜之製造過程中 (如電子產品、電腦之裝配)，並不會自然形成批之型態。連續抽樣計畫就是適合此種生產型態的抽樣計畫。它包含了交替使用之抽樣檢驗和 100% 全檢。跳批抽樣計畫之概念與連續抽樣計畫非常類似，連續抽樣計畫係應用於裝配線生產之個別產品，而跳批抽樣則是應用於多批產品之檢驗。

透過本課程，讀者將可了解：

- 連鎖抽樣計畫之適用條件及其設計和應用。
- 連續抽樣計畫之適用條件及其設計和應用。
- 跳批抽樣計畫之適用條件及其設計和應用。

12.1 連鎖抽樣

連鎖抽樣計畫 (ChSP-1) 是由 Dodge (1955a) 所提出，主要是應用在當檢驗方式爲破壞性或非常昂貴時。在此種情況下，樣本大小通常很小，且允收數 $c = 0$。當 $c = 0$ 時，OC 曲線爲凸向原點 (convex) 之曲線，此意味著當不合格率大於零時，允收機率將很快地降低。此種情形對於生產者而言，相當不利。連鎖抽樣計畫是用來取代傳統允收數等於 0 之單次抽樣計畫。它適用於生產具重複性、生產條件相同且貨批送檢是依生產順序之情況。

傳統逐批抽樣計畫是根據各批之資料來作允收之判斷，其決定與過去貨批之品質無關。而連鎖抽樣則是利用目前和過去數批之累積結果來判斷送驗批是否允收，其使用程序是自每一貨批選取樣本 (大小爲 n) 檢驗，並記錄不合格品數。若無不合格品，則接受該批產品，若有兩個以上不合格品，則拒收送驗批，若樣本中只有 1 件不合格品且過去有連續 i 批無不合格品，則接受該送驗批。

對於具有參數 n、c及 i 之連鎖抽樣，其允收機率爲

$$P_a = C_0^n p^0 (1-p)^n + C_1^n p^1 (1-p)^{n-1} [C_0^n p^0 (1-p)^n]^i$$

例12-1 若連鎖抽樣計畫爲 $n = 5, c = 0, i = 2$，計算 $p = 0.2$ 時之允收機率。

解答：

$C_0^5 (0.2)^0 (0.8)^5 = 0.3277$

$C_1^5 (0.2)^1 (0.8)^4 = 0.4096$

$P_a = 0.3277 + (0.4096)(0.3277)^2 = 0.3717$

圖 12-1 爲連鎖抽樣之 OC 曲線。OC 曲線在連鎖抽樣中之意義與逐批抽樣不同，在連鎖抽樣中，OC 曲線代表在給定之p值下，所有貨批被允收之百分比。

使用連鎖抽樣計畫須符合下列條件：

1. 送驗批來自於具有相同製造條件之重複生產製程的連續貨批，貨批在送驗時最好依照生產之次序。
2. 各貨批須具有相同之品質水準。
3. 雖然目前之送驗批含有一件不合格品，而過去i批中無不合格品，但買方須相信目前送驗批之品質並不比以前差。

4. 須有完整之品質記錄。
5. 買方須對賣方有信心，相信賣方不會因其具有良好之品質紀錄，偶而送出不良之貨批，而獲得允收之機會。

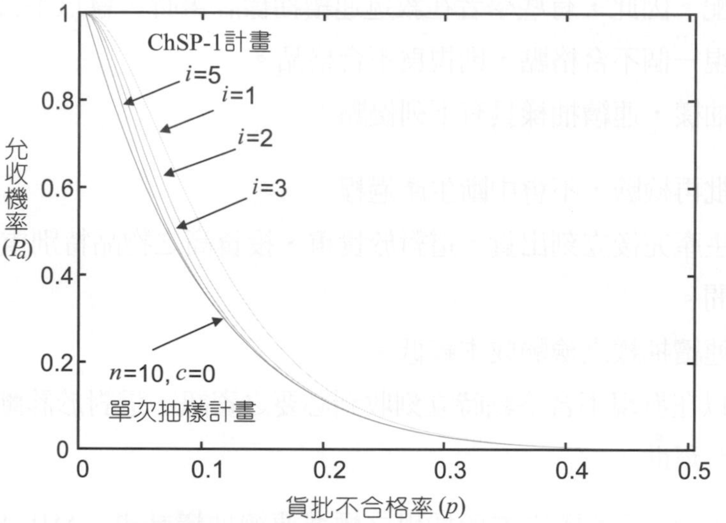

圖 12-1 連鎖抽樣計畫之操作特性曲線

12.2 連續抽樣

在逐批抽樣計畫中，我們假設產品必須以批之型態送檢。抽樣計畫之目的是對各批判定允收或拒收，但是在許多複雜之製造過程中 (如電子產品、電腦之裝配)，並不會自然形成批之型態。當生產過程為連續時，可以用兩種方式來形成貨批。第一種型式是在生產過程中的某些特定點，累積產品以形成貨批。此方法的缺點在於可能造成在製品存貨，需要額外空間來儲存，同時也可能造成安全上的顧慮。第二種方式是任意將生產中之一部分產品區隔成貨批。此方式之缺點在於當貨批被拒收時，若需採取 100% 全檢，則已送至後續製程之物件必須送回重檢。這種情形可能需要拆除已組裝完成之物件，或者對已部分完成之物件造成某種程度之破壞。

基於上述原因，學者專家針對連續生產型態，發展了許多抽樣檢驗計畫。連續抽樣計畫包含了交替使用之抽樣檢驗和 100% 全檢。這些抽樣計畫通常是先使用 100% 全檢，當在某特定數目之產品中都沒有發現不合格品時，則轉換至抽樣檢驗。在抽樣檢驗之過程中，如果發現一特定數目之不合格品時，則開始再使用 100% 全檢。連續抽樣一般使用到兩個參數 i 及 f，參數 i 稱為清查個數 (clearance number)，代表在 100%

全檢時，必須檢查到連續i件都爲合格品才能轉換至抽樣檢驗。參數 f 稱爲抽樣頻率 (sampling frequency), $f = 1/30$ 代表平均每 30 件抽驗 1 件。連續抽樣屬於選別檢驗，亦即產品之品質 (不合格率) 可經由部分篩選而獲得改善。由於連續抽樣計畫多應用在高科技產品之複雜裝配。因此，有些學者在敘述連續抽樣計畫時，會以不合格點取代不合格品，亦即產品發現一個不合格點，則視爲不合格品。

相較於逐批抽樣，連續抽樣具有下列優點：

1. 不需組成一批再檢驗，不會中斷生產過程。
2. 產品可以在生產完後立刻出貨，這對於貴重、投資高之物品特別重要。
3. 減少儲存時間。
4. 一般而言，連續抽樣之檢驗成本較低。
5. 生產部門可以在發現不合格點時立刻收到必要之資訊，這對於診斷問題之原因及改善措施相當有幫助。

MIL-STD-1235C 爲美國軍方所採用之標準連續抽樣計畫。MIL-STD-1235C 包含 CSP-1、CSP-2、CSP-F、CSP-V 等 4 種單層連續抽樣計畫，及 CSP-T 多層計畫。此 5 種計畫內容簡單說明如下：

1. CSP-1 爲一單層抽樣計畫，此抽樣計畫包含 100% 全數檢驗和抽樣檢驗之交互運用。
2. CSP-2 爲 CSP-1 之改良，當抽樣檢驗發現一件不合格品後，CSP-2 允許在發現第二件不合格品時，才轉換至 100% 全檢。
3. CSP-F 之操作程序與 CSP-1 極爲類似，此抽樣程序可降低清查個數，適合用於短製程之產品上。
4. CSP-V 爲一單層之連續抽樣計畫，可用於降低清查個數，此抽樣計畫是用在沒有降低抽樣頻率之動機時，例如檢驗廠內產品時，降低抽樣頻率只會增加檢驗人員之怠工時間。
5. CSP-T 爲一多層 (3 層) 之連續抽樣計畫，當產品品質相當好時，此抽樣程序可以降低抽樣頻率。

MIL-STD-1235C 係由生產量 (一天八小時) 決定抽樣頻率。影響抽樣頻率之選擇之因素有：

1. 生產率。
2. 每件產品之檢驗時間。

3. 與其他檢驗站之接近程度。

如果檢驗站之怠工時間爲重要之考慮因素，則適合使用較高之 f 及較小之 i 值。在 MIL-STD-1235C 中，抽樣計畫是以代字來表示。表 12-1 中提供生產期間 (production interval) 之生產量和抽樣頻率代字的對照表。生產期間是指一個輪班 (shift) 工作時間，通常爲 8 小時。在 MIL-STD-1235C 中，抽樣計畫是以抽樣頻率之代字和 AOQL 來標示。表中同時也註記使用於 MIL-STD-105E 中之 AQL 值，但這些 AQL 值只是用於標示，便於表之使用，對於連續抽樣計畫並沒有太大意義。連續抽樣有多種型式，本書只介紹最基本的 CSP-1 連續抽樣計畫。

表 12-1 MIL-STD-1235C 抽樣計畫之抽樣頻率代字

生產期間之單位數	允許之代字
2 - 8	A-B
9 - 25	A-C
26 - 90	A-D
91 - 500	A-E
501 - 1200	A-F
1201 - 3200	A-G
3201 - 10000	A-H
10001 - 35000	A-I
35001 - 150000	A-J
>150000	A-K

CSP-1 首先由 Dodge (1943) 所提出，此抽樣計畫一開始先採用 100% 全數檢驗，當連續 i 件都爲合格品時，則停止 100% 檢驗，只檢驗部分之產品，如果發現不合格品則又回到 100% 檢驗，對於不合格品可以重工修正或是以合格品取代。CSP-1 計畫可由不同 i 及 f 之組合獲得不同之 AOQL。例如 $i=23$、$f=1/2$ 和 $i=58$、$f=1/5$，均可獲得 AOQL=1.22%。CSP-1 之使用流程，可以用圖 12-2 來表示。表 12-2 爲 CSP-1 抽樣計畫之 i 值。在 100% 全檢之過程中，如果大於或等於某一特定之件數 (以 S 表示) 仍未採用抽樣檢驗，則買方可中斷檢驗，通知賣方改善。在賣方改善後，買方再重新以 100% 全檢繼續 CSP-1 之程序。表 12-3 爲 CSP-1 抽樣計畫之 S 值。

參數 i 和必須考慮製造方面之因素，例如 i 和可能會受到檢驗員和製造部門人員之工作負荷影響。在一般作業中，抽檢通常是由品管人員負責，而由製造部門人員執行 100% 全檢工作。一個通用之準則是不要使用小於 1/200 之值，因爲在如此小之值下，貨批無法獲得適當之保護。

對於連續抽樣計畫，有許多指標可用來評估其效益。發現不合格品後，以 100% 檢驗之平均件數 $u=(1-q^i)/pq^i$，其中 $q=1-p$。在發現不合格品前，以抽樣之方式檢驗之平均件數 $v=1/fp$。在全部產量中，受檢產品之平均比例 (average fraction of total manufactured units inspected, AFI) 爲

$$\text{AFI}=\frac{u+fv}{u+v} \qquad \text{或} \qquad \text{AFI}=\frac{f}{f+(1-f)q^i}$$

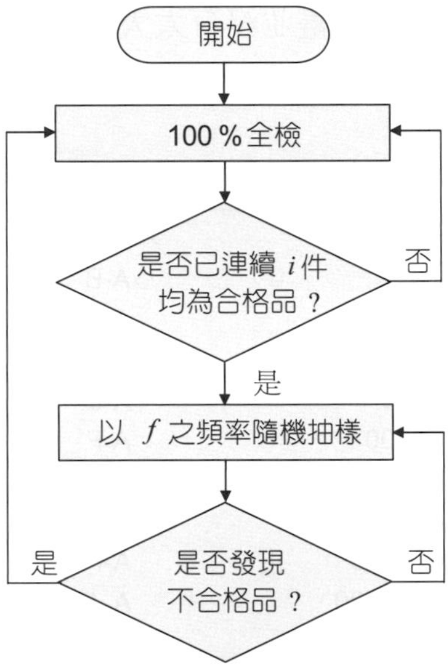

圖 12-2　CSP-1 抽樣計畫之流程圖

表 12-2　CSP-1 抽樣計畫之 i 值

抽樣頻率代字	f	AQL 0.010	0.015	0.025	0.040	0.065	0.10	0.15	0.25
A	1/2	1540	840	600	375	245	194	140	84
B	1/3	2550	1390	1000	620	405	321	232	140
C	1/4	3340	1820	1310	810	530	420	303	182
D	1/5	3960	2160	1550	965	630	498	360	217
E	1/7	4950	2700	1940	1205	790	623	450	270
F	1/10	6050	3300	2370	1470	965	762	550	335
G	1/15	7390	4030	2890	1800	1180	930	672	410
H	1/25	9110	4970	3570	2215	1450	1147	828	500
I	1/50	11730	6400	4590	2855	1870	1477	1067	640
J	1/100	14320	7810	5600	3485	2305	1820	1302	790
K	1/200	17420	9500	6810	4235	2760	2178	1583	950
	AOQL	0.018	0.033	0.046	0.074	0.113	0.143	0.198	0.33

註：AQL 為簡化本表使用之指標，對本表並無其他意義。

表 12-2 CSP-1 抽樣計畫之 i 值 (續)

抽樣頻率代字	f	AQL 0.40	0.65	1.0	1.5	2.5	4.0	6.5	10.0
A	1/2	53	36	23	15	10	6	5	3
B	1/3	87	59	38	25	16	10	7	5
C	1/4	113	76	49	32	21	13	9	6
D	1/5	135	91	58	38	25	15	11	7
E	1/7	168	113	73	47	31	18	13	8
F	1/10	207	138	89	57	38	22	16	10
G	1/15	255	170	108	70	46	27	19	12
H	1/25	315	210	134	86	57	33	23	14
I	1/50	400	270	175	110	72	42	29	18
J	1/100	500	330	215	135	89	52	36	22
K	1/200	590	400	255	165	106	62	43	26
	AOQL	0.53	0.79	1.22	1.90	2.90	4.94	7.12	11.46

註：AQL 為簡化本表使用之指標，對本表並無其他意義。

表 12-3 CSP-1 抽樣計畫之 S 值

抽樣頻率代字	f	AQL 0.010	0.015	0.025	0.040	0.065	0.10	0.15	0.25
A	1/2	1850	925	721	451	295	273	197	119
B	1/3	4080	1950	1600	993	649	579	442	268
C	1/4	6010	2915	2360	1460	1010	926	699	421
D	1/5	8320	3890	3100	1930	1390	1150	975	589
E	1/7	11400	5670	4660	2895	1980	1750	1355	813
F	1/10	16900	7590	6640	4120	2800	2595	1985	1245
G	1/15	24400	11300	9250	5760	4020	3820	2960	1810
H	1/25	35500	16900	13900	8640	5950	5740	4560	2760
I	1/50	59800	26900	23000	14300	10300	10100	8440	5070
J	1/100	96000	39800	36400	23300	16900	16500	14300	8710
K	1/200	148100	63700	58000	36000	29000	28500	25400	15200
	AOQL	0.018	0.033	0.046	0.074	0.113	0.143	0.198	0.33

註：AQL 為簡化本表使用之指標，對本表並無其他意義。

表 12-3 CSP-1 抽樣計畫之 S 值 (續)

抽樣頻率代字	f	AQL 0.40	0.65	1.0	1.5	2.5	4.0	6.5	10.0
A	1/2	75	55	36	22	17	11	10	6
B	1/3	166	120	78	52	36	24	19	16
C	1/4	262	177	115	79	57	36	28	20
D	1/5	367	258	165	109	76	45	40	27
E	1/7	507	376	244	154	109	63	54	34
F	1/10	624	543	352	221	164	90	82	51
G	1/15	922	856	524	327	241	141	138	75
H	1/25	1390	1350	839	524	390	212	189	105
I	1/50	3170	2445	1590	913	733	368	334	212
J	1/100	6020	3980	2600	1640	1360	642	601	352
K	1/200	9470	8030	4365	2835	2150	1080	1025	636
	AOQL	0.53	0.79	1.22	1.90	2.90	4.94	7.12	11.46

註：AQL 為簡化本表使用之指標，對本表並無其他意義。

在全部產量中，通過抽樣檢驗之比例爲

$$P_a = \frac{v}{u+v}$$

平均出廠品質爲

$$\text{AOQ} = p(1 - \text{AFI})$$

若將 P_a 與相對應之 p 值繪圖，則可獲得 OC 曲線 (見圖 12-3)。在逐批抽樣計畫中，OC 曲線表示貨批會被允收之百分比，在連續抽樣計畫中，OC 曲線表示產品會通過抽樣檢驗之百分比。對於小至中等大小之 f 值，i 值對於 OC 曲線形狀之影響比 f 值還大。

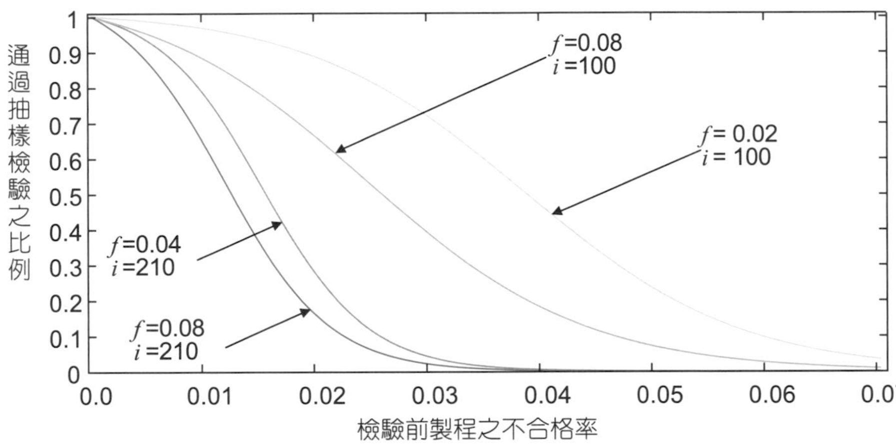

圖 12-3 CSP-1 抽樣計畫之 OC 曲線

連續抽樣檢驗常用於高科技產品之複雜裝配線上，在此種情形下，檢驗重點爲不合格點而非不合格品。在應用連續抽樣檢驗計畫時，可將不同之 i 值應用於不同類別之不合格點項目上，但一般均採用相同之 f 值。在檢驗過程中，有可能主要不合格點 (次要不合格點) 項目爲全檢，但次要 (主要) 不合格點項目爲抽樣檢驗；另外，若主要不合格點項目爲全檢，次要不合格點項目爲抽樣檢驗，當全檢過程中，發現一次要不合格點項目時，則次要不合格點項目仍採用抽樣。換句話說，次要不合格點和主要不合格點項目爲分開獨立判斷，彼此不影響。

連續抽樣計畫之隨機抽樣有兩種方法可行。第一種方法是將 $1/f$ 之產品當作一組，再利用隨機亂數來決定該檢驗哪一件產品。例如 $f = 0.1$ 代表每 10 件產品爲一組，由 1 至 10 之亂數表中抽取一數值，決定何件該被檢驗。第二種方法是以 0 至 1 之亂數來決定每一件生產之產品該被檢驗或通過。例如 $f = 0.1$，若亂數小於 0.1 則表示產品該被檢驗。

例12-2 假設 CSP-1 連續抽樣計畫，要求 AOQL=1.22%, $f = 1/5$。試根據 MIL-STD-1235C 說明此抽樣計畫之使用。

解答：

由表 12-2 可得 $i = 58$。此抽樣計畫一開始使用 100% 全檢。若發現連續 58 件合格品，則開始採用抽樣檢驗，每 5 件中隨機抽取一件檢查。如果抽樣過程中，發現一件不合格品，則採 100% 全檢。由表 12-3 可得 S =165，因此若連續 165 件維持在全檢，則必須通知供應商改善。

12.3 跳批抽樣計畫

跳批抽樣計畫 (skip lot sampling plans) 是由 Dodge (1955b) 所提出，它是連續抽樣計畫之延伸，主要用於送檢批之品質相當好之情況下。連續抽樣計畫係應用於裝配線生產之個別產品，而跳批抽樣則是應用於多批產品之檢驗，這些抽樣計畫都是設計用來降低檢驗成本。Dodge 所提出之跳批抽樣計畫是以 AOQL 爲基礎，稱爲 SkSP-1。如同連續抽樣，跳批抽樣也使用參數 i 及 f。一開始，對每一貨批使用 100% 全檢，當連續 i 批都無不合格品時，則改爲每 f 批中抽檢一批，若有一批含不合格品時，則未來每一貨批都要檢驗，並重複上述步驟。跳批抽樣之一種變化是考慮一參考抽樣計畫，此程序稱爲 SkSP-2。SkSP-2 與 SkSP-1 之差別在於檢驗時，SkSP-1 是採用 100% 全檢，而 SkSP-2 跳批抽樣之運作是基於一參考抽樣計畫及下列法則：

1. 以參考抽樣檢驗計畫，檢驗每一批產品，此稱爲正常檢驗。
2. 如果連續批產品都允收，則轉換至跳批抽樣檢驗，在跳批抽樣檢驗中，只檢驗部分之批。
3. 如果在跳批抽樣檢驗中，發現一批產品拒收，則回到正常檢驗。

SkSP-2 跳批抽樣計畫之參數爲 i 及 f，其中 i 爲整數，抽樣比例 f, $0 < f < 1$，若 $f = 1$，則跳批抽樣變成正常之抽樣計畫。

跳批抽樣在近年來受到工業界之廣泛使用。當應用跳批抽樣於進料檢驗時，必須有足夠之資料，證明供應商送驗產品品質相當好。如果供應商產品品質不穩定，則不適合使用跳批抽樣。跳批抽樣計畫要獲得較佳之成果，則供應商之製程必須要處於管制狀態內，且要有較高之製程能力指標。

例12-3 SkSP-1 跳批抽樣計畫要求 AOQL 爲 1.22%, f = 1/5。試設立一抽樣計畫，並說明其使用程序。

解答：

由表 12-2, f = 1/5, AOQL = 1.22%，可得 $i = 58$。首先逐批檢驗，若連續 58 批無不合格品，則在隨後之檢驗中，每 5 批中隨機抽取一批檢驗 (因 f=1/5)。在抽驗過程中，如果貨批有不合格品，則回到逐批檢驗。

本章習題

一、選擇題

(　) 1. 有關於「連鎖抽樣」之敘述，下列何者爲正確？ (a) 須有完整之品質紀錄 (b) 各貨批須具有相同之品質水準 (c) 貨批在送驗時最好依照生產之順序 (d) 以上皆是。

(　) 2. 有關於「連鎖抽樣」之敘述，下列何者爲正確？ (a) 允收數 $c=0$ (b) 允收數 $c>0$ (c) 此種抽樣計畫與過去貨批之品質無關 (d) 可以有多次抽樣。

(　) 3. 有關於「跳批抽樣計畫」之敘述，下列何者爲正確？ (a) 適用於送驗批之品質相當好之情況 (b) 是以 AOQL 爲基礎 (c) 此種抽樣計畫是屬於連續抽樣計畫之延伸 (d) 以上皆是。

(　) 4. 有關於「跳批抽樣計畫」之敘述，下列何者爲正確？ (a) 適用於破壞性檢驗 (b) 如果貨批中有兩件 (含) 以上之不合格品，則要拒收貨批 (c) 如果貨批中只有一件不合格品，則此貨批仍有可能被允收 (d) 以上皆是。

(　) 5. 有關於「連續抽樣計畫」之敘述，下列何者爲錯誤？ (a) 需要組成一批再檢驗 (b) 可以減少儲存空間 (c) 包含全檢和抽樣兩種方式交替使用 (d) 有利於問題之診斷和改善。

(　) 6. 連鎖抽樣計畫是由下列哪一位學者提出的？ (a) Deming (b) Juran (c) Dodge (d) Roming。

(　) 7. 連鎖抽樣計畫主要應用在？ (a) 全檢 (b) 免檢 (c) 破壞性檢驗 (d) 以上皆非。

(　) 8. 連鎖抽樣計畫適用於下列何者條件？ (a) 生產具重複性 (b) 生產條件相同 (c) 貨批送檢是依據生產順序 (d) 以上皆是。

(　) 9. 連續抽樣計畫包含了哪些檢驗？(a) 抽樣檢驗 (b) 100%全檢 (c) 以上皆非 (d) 以上皆是。

(　)10. 關於連續抽樣計畫之優點，何者爲正確？ (a) 需要組成一批再檢驗 (b) 適用於破壞性檢驗 (c) 可減少儲存時間 (d) 檢驗成本較高。

(　)11. 關於 MIL-STD-1235C，下列何者爲多層連續抽樣計畫？ (a) CSP-1 (b) CSP-T (c) CSP-F (d) CSP-V。

( )12. 關於 MIL-STD-1235C 抽樣計畫，下列何者正確？(a) CSP-1 僅包含 100% 全數檢驗 (b) CSP-2 為多層抽樣計畫 (c) CSP-F 適用於短製程之產品上 (d) CSP-T 當產品品質好時，此抽樣程序須增加抽樣頻率。

( )13. 影響抽樣頻率之選擇因素有？ (a) 生產率 (b) 每件產品之檢驗時間 (c) 與其他檢驗站之接近程度 (d) 以上皆是。

( )14. 以 AOQL 為基礎的跳批抽樣計畫，下列敘述何者為非？ (a) 由 Dodge 所提出 (b) 此設計會增加檢驗成本 (c) 應用於裝配線生產之個別產品 (d) 應用於多批產品之檢驗。

( )15. 關於跳批抽樣計畫，下列敘述何者正確？ (a) 以 AOQL 為基礎稱為 SkSP-2 (b) 考慮一參考抽樣計畫稱為 SkSP-1 (c) SkSP-1 採用 100% 全檢 (d) SkSP-2 採用免檢。

二、問答題

1. 討論連鎖抽樣之使用時機。
2. 討論連續抽樣之使用時機。
3. 比較連續抽樣與跳批抽樣之差異。
4. 假設 CSP-1 連續抽樣計畫要求 AOQL = 2.9%, $f = 1/10$。試說明此抽樣計畫之使用。
5. SkSP-1 跳批抽樣檢驗計畫要求 AOQL = 0.79%, $f = 1/4$，說明其使用程序。
6. 假設生產期間之產量為 1000 件，試列出 3 種具有 AOQL = 0.33% 之 CSP-1 抽樣計畫。

三、計算題

1. 連鎖抽樣使用 $n = 15, c = 0, i = 3$，若貨批之不合格率為 3%，以二項分配回答下列問題。
   (a) 貨批被允收之機率。
   (b) 計算單次抽樣計畫 $n = 15, c = 0$ 之允收機率。
2. 連鎖抽樣使用 $n = 4, c = 0, i = 3$，若貨批之不合格率為 1.5%，以二項分配計算允收機率。

Chapter 13

美國軍方標準 MIL-STD-1916

章節概要和學習要點

品質之概念和思維是隨著時間而改變。1996 年，美國國防部推出 MIL-STD-1916 標準，其目的是希望能鼓勵供應商建立品質系統，和使用有效的製程管制系統，來取代最終產品的抽樣檢驗。此標準也期望供應商能夠遠離過去以允收品質水準為主的抽樣計畫，進而做到預防性品質管理。本章之目的是在介紹 MIL-STD-1916 的內容和運作方式，MIL-STD-1916 標準可應用於計數值、計量值和連續抽樣。

透過本課程，讀者將可了解：

- MIL-STD-1916 標準之內容和運作方式。
- MIL-STD-1916 標準之應用。
- MIL-STD-1916 標準之一般要求。
- MIL-STD-1916 標準之品質管理系統要求。

13.1 MIL-STD-1916 簡介

美國軍方於 1996 年推出了新版的抽樣標準，稱爲 MIL-STD-1916。此標準是用來取代過去長期採用的 MIL-STD-105、MIL-STD-414 與 MIL-STD-1235 抽樣計畫標準，其目的在鼓勵供應商逐漸揚棄建立在以 AQL 爲基礎的驗收抽樣計畫，而改以建立品質系統與使用製程管制等強調預防的現代化觀念來提升品質水準。美國軍方在 1999 年 2 月 10 日另外又頒布了 MIL-HDBK-1916，用來加強解釋 MIL-STD-1916 標準。MIL-STD-1916 標準的限制，在於其抽樣計畫並不適用於破壞性試驗或無法篩選的產品。

美國國防部推出 MIL-STD-1916 標準的用意，是希望能鼓勵供應商建立品質系統和使用有效的製程管制系統，來取代最終產品的抽樣方式。換言之，MIL-STD-1916 標準之意圖是將製程管制視爲最重要，而抽樣計畫爲次重要。當製程管制尙未建立或者還未成熟前，我們仍有可能會需要依賴抽樣計畫，但抽樣計畫之目的是當作一個替代的允收方法，最優先的方法應該是製程管制。除了製程管制和抽樣計畫外，防錯法 (mistake-proofing) 或者 100% 自動化檢驗也可以當作是允收方法。

由於統計製程管制之原理和應用已在本書第 6~8 章中有詳細之介紹，故本章主要是針對 MIL-STD-1916 標準以抽樣計畫進行驗收作說明。MIL-STD-1916 標準之抽樣計畫的主要特色是其允收準則不允許在樣本中發現任何不合格品。MIL-STD-1916 標準將此種抽樣計畫稱爲 ZBA (zero based acceptance) 或者 AoZ (accept on zero)。美國國防部在規劃 MIL-STD-1916 標準時，對於下列幾點已有很清楚的認知：

1. 在樣本中沒有出現不合格品，並不代表整個母體是完美的。
2. 期待整個產品母體中沒有任何不合格品，是不合理的一件事。
3. AoZ 抽樣計畫可能不會比其他「非 AoZ」計畫更具有區別能力。

許多人會對 MIL-STD-1916 標準之抽樣計畫使用 AoZ 感到疑惑。不過，MIL-HDBK-1916 解釋 MIL-STD-1916 標準是基於下列理由，要求使用 AoZ 抽樣計畫。

1. 顧客不希望給他人一種感覺：「少量的不合格品是可以接受或容忍的」。以計數值抽樣爲例：當 $n = 100$, $c = 1$ 時，供應商將不可避免地會有這樣子的印象：「我們的顧客對 1% 的不合格率感到滿意」。
2. 如果使用者預期之產品品質水準是接近完美 (例如：0 至 20 ppm)，若在 $n = 50$ 之樣本中出現 1~2 件不合格品，則將與使用者之期望不一致。此結果將會與我們聲稱母體之不合格率非常低產生抵觸。

3. 使用非 AoZ 之計畫並不會促進供應商持續改善的渴望。當供應商知道小量不合格率是可以被接受時，他們將不會有持續改善的動機。

13.2 MIL-STD-1916 之一般要求

若在合約或產品規格中納入 MIL-STD-1916 標準時，供應商應當執行抽樣檢驗，此稱爲根據表格來判定允收 (acceptance by tables)。但必須認清的是，抽樣檢驗並不能管制及改善品質。產品的品質是來自於適當的產品和流程設計以及製程管制方法。當設計和管制活動發揮效用時，抽樣檢驗可視爲多餘的工作，和不必要的成本浪費。對於特定之流程，供應商如果有可接受之品質系統和經過驗證之製程管制，MIL-STD-1916 標準鼓勵供應商針對特定之品質特性，提出替代之允收方法 (alternate acceptance methods)，此稱爲供應商提出之允收條款 (acceptance by contractor-proposed provisions)。

合約中應該要提及取代抽樣檢驗的另一種允收方法，而這個方法必須和抽樣檢驗相互評估後才能使用。該方法應該包括生產期間製程管制和製程能力之佐證資料，並且說明維持製程管制之量測資料和評估程序。MIL-STD-1916 標準之要求是關鍵品質特性要達到 $C_{pk} \geq 2.0$ 、主要品質特性 $C_{pk} \geq 1.33$ 、次要品質特性 $C_{pk} \geq 1.0$ ，一旦經顧客同意，供應商可降低或消除抽樣檢驗。

對於抽樣檢驗，MIL-STD-1916 標準有下列一般性之要求。在 MIL-STD-1916 標準中，一個抽樣計畫是由下列因素來決定：

1. 驗證水準 (verification level, VL)。
2. 抽樣之種類 (計數值、計量值、或連續型)。
3. 利用批量大小或生產期間大小 (production interval size) 所決定之代字 (code letter, CL)。
4. 轉換程序 (正常 normal、加嚴 tightened 或減量 reduced)。

驗證水準是指一項特性對於使用者之重要性。驗證水準要在合約或產品規格中明確說明。驗證水準可以針對個別之特性、一組特性或一組特性中之部分特性來指定。生產期間 (production interval) 是指連續抽樣下之一段生產時間，期間所生產之產品具有均勻的品質。它通常是一個單獨的輪班生產期間，若輪班不影響品質，它也可以是一個工作天，但不能長於一天。在以下說明中，生產期間大小是指生產期間內之生產量。

對於未被允收之貨批，供應商應該要採取下列行動：

1. 對不合格品進行隔離，並採取必要的整修與重工，經矯正之產品，供應商須先篩選後再重新抽檢。
2. 確定不合格原因，並且執行適當的製程變更。
3. 執行正常、加嚴與減量檢驗的轉換法則。
4. 各項矯正措施須告知顧客，並將篩選後之貨批送交顧客進行評估。

MIL-STD-1916 標準中提到 3 種品質特性。第 1 種是關鍵品質特性 (critical quality characteristics)，它是指會產生危險或不安全狀況之特性。第 2 種是主要品質特性 (major quality characteristics)，它是指會產生失效或影響可使用性之特性。最後一種是次要品質特性 (minor quality characteristics)，此種品質特性即使偏離其規格要求或者標準，也不太會降低產品的可使用性。

對於關鍵品質特性，除非在合約中或產品規格中另有規定，否則供應商須實施自動化篩選作業或者執行失效保險 (fail-safing) 作業 (相當於防錯法)，並使用第 7 級 (VL-VII) 之抽樣計畫，若檢驗中發現有一項以上之關鍵不良，則須進行下列工作：

1. 不得交運且須知會顧客。
2. 鑑定原因並進行矯正措施和 100% 篩選。
3. 維持矯正措施的紀錄，以備顧客之查驗。

13.3 MIL-STD-1916 之品質管理系統要求

MIL-STD-1916 標準著重在鼓勵供應商建立以預防爲主的品質系統，因此也接受供應商提出可以取代抽樣檢驗的另一種方法。供應商必須建立其內部品質系統，確保其產品可以符合合約中的規格和標準。同時必須提出客觀的事實，來證明其品質系統的運作和有效性。供應商必須將其品質系統文件化，在合約的有效期限內，接受顧客的稽核。品質系統之內容至少要包括組織機構、權責、作業程序、生產流程與生產資源。供應商並且要維持、發放、更新並持續改善此項品質系統，以確保運作的有效性與正確性。

供應商可以依據 ISO 9000 系列標準、以 SPC 來增強之 MIL-Q-9858 和其他特定工業之品質標準和計畫，建立其預防導向之品質系統。無論選擇哪一種標準，供應商之品質系統必須符合下列目標，來證明其預防導向之本質：

1. 品質系統能夠被會影響品質的相關人員所瞭解和執行。
2. 產品或服務必須符合或超越顧客需求。
3. 品質能夠被經濟地管制。
4. 強調降低製程變異和不合格品之預防。
5. 當製程變異和不合格品發生時，可以被立即偵測出來，同時真因的矯正措施可以實施和驗證。
6. 完善的問題解決手法和統計方法已被用來持續降低製程變異，並且能夠改善製程能力與產品品質。
7. 保存記錄，用以證實品質計畫的運作和管制程序的有效性。

爲了證明品質系統具有注重製程之本質，供應商必須證明其已充分地研究、瞭解且能管制內部製造流程和相關流程，並提出下列佐證資料：

1. 能夠一致地生產合格品。
2. 能夠在製程上游進行管制。
3. 對於設備、原料及其他輸入之變異具有穩健性。
4. 持續降低製程／產品之變異。
5. 進行製程設計，能夠利用生產設備來降低變異性。
6. 持續改善之管理。
7. 結合製造常規和統計分析手法，達到缺點預防與製程改善。

供應商必須提供客觀的事實，證明其品質系統之運作和有效性。對於製程改善，供應商可以提供下列資料：

1. 利用流程圖顯示可以用來預防不合格品之主要管制點。
2. 鑑定所使用的製程改善技術和工具，例如：PDCA、失效模式和效應分析 (FMEA)、柏拉圖分析及特性要因分析等 (有關這些工具，請參見本書第 4 章)。
3. 鑑定衡量指標，例如：趨勢分析、品質成本、生產效率、缺點率和六標準差製程能力。
4. 利用製程改善工具所獲得之改善成果。
5. 利用實驗計畫，降低製程一般原因變異和改善生產力之成果。

對於製程管制，供應商可以提供下列資料：

1. 鑑定製程管制技術的使用範圍，製程管制技術包含：統計製程管制、自動化、量具、生產設定、預防保養、目視檢驗等。
2. 製作製程管制計畫 (process control plan)，包含 SPC 之改善目標和管理者之承諾。
3. 可以顯示供應商具有適當之管制程序，確保不會生產或交付不合格品之方法和佐證資料。
4. 說明有關 SPC 和持續改善所需要的教育訓練，包含：課程數目、各個組織層級和功能部門之人員所需要的課程、SPC 課程之授課講師的資格、管理階層對內部人員上課之支持程度、教育訓練有效性的佐證資料。
5. 鑑定並定義與 SPC、品質改善有關之各個部門之間的關係，說明各部門之職責，並說明團隊應用方式。
6. 說明與管制圖應用有關的重要事項：合理樣本組之組成方式、抽樣頻率、訂定和更新管制界限之步驟、判定製程處於管制外狀態之準則。
7. 鑑定與某一 (些) 特定品質特性相關之關鍵參數，確認關鍵參數和品質特性之間的關係，並且描述與這些參數有關的製程步驟。
8. 鑑定負責製程矯正措施之相關人員。
9. 執行適當之量測系統分析，並且顯示量測系統之變異相對於整體變異之比例。
10. 當製程在管制外時，有關產品和製程之矯正行動要能夠被追溯，並且顯示問題之真因已被鑑定出來和消除。

對於產品符合性，供應商可以提供下列資料：

1. 顯示製程是在管制內的管制圖。
2. 當不符合事項發生時，有關產品和製程之矯正措施的記錄。
3. 製程能力分析之記錄，包括製程能力指標之計算和詮釋。
4. 有關產品檢驗之結果，並利用數據和統計分析結果來加強說服力。
5. 有關製程監控方法之結果，例如：100% 自動檢驗。

13.4 MIL-STD-1916 抽樣計畫之應用

本節之內容主要是在說明利用抽樣計畫來判定貨批是否允收的步驟。相對於過去之抽樣計畫，MIL-STD-1916 標準之抽樣計畫具有下列特色：

1. 以單次抽樣爲主，廢除雙次抽樣及多次抽樣，判定標準爲「Ac=0、Re=1」亦即「0 收、1 退」，強調不允許不合格品存在。
2. 一體適用計數、計量與連續抽樣計畫 (3 種抽樣表)。
3. MIL-STD-1916 最大簡化之處在於其所使用的表格 (含計數、計量及連續抽樣) 只剩下 4 種，在使用的簡便性上有大幅改善。

驗證水準可以根據品質特性來決定。對於關鍵品質特性，我們要用驗證水準 VL-VII。主要品質特性一般使用之 VL 是界於 III 和 VI。次要品質特性一般採用界於 I 和 III 之間的驗證水準。當品質特性愈重要時，則要使用愈大之 VL。當必須使用較小之樣本大小，並且可以 (或必須) 容忍較大之抽樣風險時 (例如，檢驗成本非常高之情況)，我們可以考慮使用較小之 VL。如果沒有宣告 VL 值，則主要品質特性可使用 VL-IV，次要品質特性可以用 VL-II。

MIL-STD-1916 標準包含 3 種抽樣計畫：以計數值之方式檢驗貨批之樣本；以計量值之方式檢驗貨批之樣本；以計數值之方式進行連續抽樣。此 3 種抽樣計畫是根據 7 種驗證水準和 5 種代字來索引，其中代字是由批量和生產期間大小來決定。

MIL-STD-1916 標準之抽樣計畫的執行步驟說明如下：

1. 根據顧客 (買方) 的品質要求，指定不同的驗證水準 (共有 7 個等級)。
2. 選定抽樣的方式。從計量、計數及連續抽樣計畫 3 種方式中，選定適當的抽樣方式。
3. 根據批量大小或生產期間之生產量與驗證水準決定樣本代字 (參見表 13-1)。
4. 決定樣本大小 (計數值抽樣計畫或計量值抽樣計畫) 或篩選數量及抽樣頻率 (連續抽樣計畫)。
5. 進行抽樣。
6. 執行轉換程序 (**註**：一般除非另有規定，否則均由正常檢驗開始)。

表 13-1　樣本代字 (CL) 對照表

批量或生產期間大小	驗證水準 (VL)						
	VII	VI	V	IV	III	II	I
2 - 170	A	A	A	A	A	A	A
171 - 288	A	A	A	A	A	A	B
289 - 544	A	A	A	A	A	B	C
545 - 960	A	A	A	A	B	C	D
961 - 1632	A	A	A	B	C	D	E
1633 - 3072	A	A	B	C	D	E	E
3073 - 5440	A	B	C	D	E	E	E
5441 - 9216	B	C	D	E	E	E	E
9217 - 17408	C	D	E	E	E	E	E
17409 - 30720	D	E	E	E	E	E	E
≥30721	E	E	E	E	E	E	E

MIL-STD-1916 之抽樣計畫有 3 種抽樣方式，分別是正常、加嚴和減量。除非有特別之規定，否則合約中記載的 VL 就是正常檢驗，並且採用此驗證水準開始進行檢驗。在以下之說明中，$n_a(N)$ 代表正常檢驗之樣本大小，而 $n_a(T)$ 代表加嚴檢驗之樣本大小 (**註**：$n_a(N)$ 中之「a」代表計數值 (attribute)，「N」代表正常檢驗 (Normal)，其他依此類推)。

MIL-STD-1916 之抽樣計畫所提供的轉換程序說明如下。第一種情形是由正常轉換至加嚴。在使用正常檢驗之過程中，若出現下列情況，則必須開始使用加嚴檢驗：

1. 使用逐批抽樣時 (計數值和計量值抽樣請分別參考表 13-2 和表 13-4)，在最近 5 (或更少) 批中，有 2 批無法被允收。
2. 使用連續抽樣時 (參考表 13-5)，在總數不超過 $5*(n_a(N))$ 之檢驗期間 (不論是抽樣或篩選)，發現 2 件不合格品。(**註**：在較短之檢驗時間下即發現不合格品，代表品質水準不佳)

第二種情形是由加嚴轉換至正常。在使用加嚴檢驗之過程中，若同時符合下列兩種情況，則可開始使用正常檢驗：

1. 造成不合格之原因已被矯正。
2. 使用逐批抽樣時 (計數值和計量值抽樣請分別參考表 13-2 和表 13-4)，連續 5 批被允收。使用連續抽樣時 (參考表 13-5)，在總數最少為 $5*(n_a(T))$ 之檢驗期間 (不論是抽樣或篩選)，並未發現任何不合格品。(**註**：在較長之檢驗時間下才發現不合格品，代表品質水準較佳)

第三種情形是由正常轉換至減量檢驗。在使用正常檢驗之過程中，若符合下列所有情況，則可開始使用減量檢驗：

1. 使用逐批抽樣時：在正常檢驗之情況下，有連續 10 批被允收。
   使用連續抽樣時：在總數最少爲 10*($n_a(N)$) 之檢驗期間 (不論是抽樣或篩選)，並未出現任何不合格品。
2. 生產穩定。
3. 買方滿意賣方之品質系統時。
4. 買方認爲有必要採用減量檢驗時。

第四種情形是由減量轉換至正常。在使用減量檢驗時，若出現下列任一種情況時，則必須開始使用正常檢驗：

1. 使用逐批檢驗(計數值和計量值抽樣請分別參考表 13-2 和表 13-4)時，有一批無法被允收。
   使用連續檢驗 (參考表 13-5) 時，發現一件不合格品。
2. 生產不穩定或出現延遲。
3. 賣方之品質系統不符合要求時。
4. 其他顯示必須重新使用正常檢驗之情況。

最後一種情形是允收之中斷。若逐批抽樣因爲發現不合格品而使得檢驗停留在加嚴之方式，或連續抽樣因爲發現不合格品而使得檢驗長時間停留在篩選之方式，則買方可以保留中斷產品允收的權力。除非造成產品不合格之原因已被消除，或者賣方已採取可被買方接受之處理措施。當重新開始抽樣檢驗，必須從加嚴檢驗開始。

13.4.1 計數值抽樣計畫

計數值抽樣檢驗之步驟非常簡單，其使用的表格爲表 13-2。根據表 13-2 可獲得樣本大小 n_a，在此 n_a 個隨機樣本中，如果沒有發現任何不合格品，則可以允收貨批。

表 13-2　計數值抽樣計畫

樣本代字（CL）	驗證水準（VL）								
	T	VII	VI	V	IV	III	II	I	R
	樣本大小 (n_a)								
A	3072	1280	512	192	80	32	12	5	3
B	4096	1536	640	256	96	40	16	6	3
C	5120	2048	768	320	128	48	20	8	3
D	6144	2560	1024	384	160	64	24	10	4
E	8192	3072	1280	512	192	80	32	12	5

1. 當批量小於或等於樣本大小，則採用 100% 計數值檢驗。
2. 加嚴檢驗在正常檢驗 VL 之左邊欄，減量檢驗則為右邊欄。VL-VII 之加嚴檢驗為最左邊 T 欄，VL-I 之減量檢驗為最右邊 R 欄。

表 13-3 爲計數值抽樣之範例，此例假設驗證水準爲 IV。第 1 批之批量大小爲 5000，根據表 13-1 可以得到樣本代字爲 D，再由表 13-2 可以得到樣本大小爲 160。請注意，在檢驗第 3 批時貨批被拒收，加上第 1 批被拒收，符合在最近之 5 (或更少) 批中，有 2 批無法允收之條件，因此從第 4 批開始採用加嚴檢驗。第 4 批之批量大小爲 1000，根據表 13-1 可以得到樣本代字爲 B。因爲採用加嚴檢驗，在表 13-2 中，我們固定 B 列，由 V 欄 (原本驗證水準 IV 之左邊) 可以得到樣本大小爲 256。

表 13-3 計數值抽樣檢驗範例

批號	批量	樣本代字	樣本大小	不合格品數	批之判定	抽樣等級	備註
1	5000	D	160	2	拒收	正常	開始為正常檢驗
2	900	A	80	0	允收	正常	
3	3000	C	128	1	拒收	正常	最近 3 批中有 2 批被拒收，下一批將採用加嚴檢驗
4	1000	B	256	0	允收	加嚴	採用 IV 左邊 V 之樣本大小
5	1000	B	256	0	允收	加嚴	
6	900	A	192	0	允收	加嚴	
7	2000	C	320	0	允收	加嚴	
8	2500	C	320	0	允收	加嚴	製程已得到矯正，而且連續 5 批均被允收，下一批轉為正常檢驗
9	3000	C	128	0	允收	正常	回到 IV 之樣本大小
10	5000	D	160	0	允收	正常	

13.4.2 計量值抽樣計畫

在使用計量值抽樣計畫前，我們必須利用圖形分析或統計分析，確定數據符合獨立、常態分配之假設 (例如本書第 4 章所介紹的直方圖和機率圖)。若有任何跡象顯示數據無法滿足獨立、常態之假設時，則必須改採用計數值抽樣計畫。在計量值抽樣中，若一件物品之量測值超出規格，則此物品被視爲不合格品。計量值抽樣計畫之允收準則爲：

1. 在某貨批之樣本中未發現任何不合格品，而且
2. 符合 k 準則 (或 F 準則)。

表 13-4 爲計量值抽樣計畫表，由表可查出樣本大小 n_v(「v」代表計量值 (variable)) 及 k 值或 F 值。假設 $\overline{X}$ 爲樣本平均數，S 爲樣本標準差，U 爲規格上限，L 爲規格下限，計量值抽樣計畫之各種允收準則定義如下：

1. 單邊規格，使用 k 準則：
   $\left|(\bar{X}-\text{spec limit})/S\right|$ 必須大於或等於表 13-4 中之 k 值，其中「spec limit」代表規格界限。
2. 雙邊規格，使用 k 準則：
   $(\bar{X}-\text{L})/S$ 和 $(\text{U}-\bar{X})/S$ 必須大於或等於表 13-4 中之 k 值。
3. F 準則 (只適用於雙邊規格之情況)
   $S/(\text{U}-\text{L})$ 必須小於或等於表 13-4 中之 F 值。

表 13-4　計量值抽樣計畫

樣本代字 (CL)	加嚴 T	驗證水準 (VL) VII	VI	V	IV	III	II	I	減量 R
	樣本大小 (n_v)								
A	113	87	64	44	29	18	9	4	2
B	122	92	69	49	32	20	11	5	2
C	129	100	74	54	37	23	13	7	2
D	136	107	81	58	41	26	15	8	3
E	145	113	87	64	44	29	18	9	4
	k 值 (適用單邊規格或雙邊規格者)								
A	3.51	3.27	3.00	2.69	2.40	2.05	1.64	1.21	1.20
B	3.58	3.32	3.07	2.79	2.46	2.14	1.77	1.33	1.20
C	3.64	3.40	3.12	2.86	2.56	2.21	1.86	1.45	1.20
D	3.69	3.46	3.21	2.91	2.63	2.32	1.93	1.56	1.20
E	3.76	3.51	3.27	3.00	2.69	2.40	2.05	1.64	1.21
	F 值 (適用雙邊規格者)								
A	0.136	0.145	0.157	0.174	0.193	0.222	0.271	0.370	0.707
B	0.134	0.143	0.154	0.168	0.188	0.214	0.253	0.333	0.707
C	0.132	0.140	0.152	0.165	0.182	0.208	0.242	0.301	0.707
D	0.130	0.138	0.148	0.162	0.177	0.199	0.233	0.283	0.435
E	0.128	0.136	0.145	0.157	0.174	0.193	0.222	0.271	0.370

1. 當批量小於或等於樣本大小，則採用 100% 計數值檢驗。
2. 加嚴檢驗在正常檢驗 VL 之左邊欄，減量檢驗則為右邊欄。VL-VII 之加嚴檢驗為最左邊 T 欄，VL-I 之減量檢驗為最右邊 R 欄。

假設某一種儀器之最高操作溫度爲 209℉，抽樣計畫使用驗證水準 I。若批量大小爲 40 件，由表 13-1 可知代字爲 A，另由表 13-4 可得知 $n_v=4$。假設由樣本所獲得之數值爲 197、188、184 和 205，此 4 個量測值均未超過規格上限，代表樣本中沒有不合格品。接著，根據樣本資料可得：$\bar{x}=193.5$, $s=9.399$，若採用 k 準則，可得 $(\text{U}-\bar{x})/s=(209-193.5)/9.399=1.649$ 大於由表 13-4 所查得之 k 值 (1.21)，因此可以判定允收貨批。

若假設溫度之下限為 180℉，上限為 209℉。若採用 k 準則，可得 $(U-\bar{x})/s = (209-193.5) / 9.399 = 1.649$, $(\bar{x}-L) / s = (193.5-180) / 9.399 = 1.436$，兩者均大於由表 13-4 所查得之 k 值 (1.21)，因此可以判定允收貨批。若採用 F 準則，可得 $s/(U-L) = 0.324$ 小於由表 13-4 所查得之 F 值 (0.37)，因此判定允收貨批。

13.4.3 連續抽樣計畫

在應用連續抽樣計畫時，必須滿足下列條件：

1. 移動性之物品。
2. 在檢驗站附近必須有足夠之空間、設備和人力以允許 100% 全檢。
3. 製程之品質為穩定。

連續抽樣之檢驗程序說明如下。在生產開始，所有的物件都要被檢驗。當下列條件都已滿足時，則開始使用頻率為 f 之抽樣檢驗。

1. 所有的物件具有相同之型態和結構，而且生產狀況穩定。
2. 在至少連續 i 件中，並未發現任何不合格品。

當下列條件有任何一項出現時，則終止抽樣檢驗並開始使用 100% 全檢。

1. 生產流程已中斷生產超過 3 個工作天。
2. 未滿足「所有的物件具有相同之型態，而且生產狀況穩定」之條件。
3. 在抽樣檢驗之過程中，發現一件不合格品。

在連續抽樣中，每一物件是以個別判定之方式，來決定是否允收。在 100% 全檢中，每一物件被個別檢驗後，分為合格品或不合格品並據以決定是否為允收。在抽樣檢驗過程中，被檢驗之物件將根據其是否為合格品來判定允收與否，未檢驗之物件被視為合格並判定為允收。

表 13-5 為連續抽樣表，由表可查出 i 值和 f 值。表 13-6 為連續抽樣之範例，此範例假設驗證水準為 II，生產期間大小為 8 小時，生產 700-800 的物件。由表 13-1 可以得到樣本代字為 C，接著再由表 13-5 可以得到 $i = 116, f = 1/48$。

表 13-5 連續抽樣計畫

樣本代字 (CL)	加嚴 T	驗證水準 (VL) VII	VI	V	IV	III	II	I	減量 R
	篩選階段：清查個數 (i)								
A	3867	2207	1134	527	264	125	55	27	NA
B	7061	3402	1754	842	372	180	83	36	NA
C	11337	5609	2524	1237	572	246	116	53	NA
D	16827	8411	3957	1714	815	368	155	73	NA
E	26912	11868	5709	2605	1101	513	228	96	NA
	抽樣階段：頻率 (f)								
A	1/3	4/17	1/6	2/17	1/12	1/17	1/24	1/34	1/48
B	4/17	1/6	2/17	1/12	1/17	1/24	1/34	1/48	1/68
C	1/6	2/17	1/12	1/17	1/24	1/34	1/48	1/68	1/96
D	2/17	1/12	1/17	1/24	1/34	1/48	1/68	1/96	1/136
E	1/12	1/17	1/24	1/34	1/48	1/68	1/96	1/136	1/192

表 13-6 連續抽樣檢驗之範例

產品序號	樣本代字	頻率或 100%	抽樣等級	事件／行動
1	C	100%	正常	開始生產，進行 i = 116 件之篩選。
8	C	100%	正常	發現 1 件不合格品，重新計數。
124	C	100%	正常	連續 116 件合格，轉為抽樣檢驗，頻率為 1/48。
170	C	1/48	正常	第一件選取的隨機樣本，結果為合格品。
9697	C	1/48	正常	連續 200 件抽樣之樣本均合格。轉為減量檢驗，頻率為 1/68。(註：此處 200 相當於 10 倍的 $n_a(N)$，由表 13-2 根據 CL=C 及 VL-II，可得 $n_a(N)$為 20)
9769	C	1/68	減量	隨機樣本抽取，頻率 1/68，結果合格。
13982	C	1/68	減量	生產期間大小增加 3 倍 (2100 至 2400 件)。 根據表 13-1 可得 CL=E，另因現處於減量檢驗階段，查表 13-5，可得減量檢驗之頻率為 1/136。
14121	E	1/136	減量	在新頻率 1/136 下，抽取第一件隨機樣本，結果合格，繼續隨機抽取樣本。
16290	E	1/136	減量	發現一件不合格品，轉回正常抽樣。開始篩選階段，進行數量 228 件之篩選，因目前處在 CL=E 及 VL-II 階段。
16518	E	100%	正常	連續 228 件均合格，開始抽樣檢驗，頻率為 1/96。

延伸閱讀

MIL-STD-1916 對於製程穩定性的評估、製程能力和製程績效的計算

MIL-STD-1916 強調應該利用製程管制來作為主要的允收方式。統計製程管制之理論在本書第 6~8 章已有詳盡之說明，以下針對 MIL-STD-1916 利用製程管制來進行允收的方式做一說明，特別是有關製程穩定性的評估、製程能力和製程績效的計算。在 MIL-HDBK-1916 中提到利用輔助法則來判斷製程是否為穩定，其建議之法則包含本書第 6 章所介紹的 WE1~WE4, NE1~NE4。我們很容易地看出，Minitab 所使用之法則與 MIL-HDBK-1916 所建議的相同。

MIL-HDBK-1916 主張我們應該要對製程進行驗證。如果管制圖沒有出現上述法則所描述之情形，則代表製程為穩定，亦即處於統計管制內之狀態。許多製程因為包含大量之一般原因的變異，造成管制界限較寬，對特殊原因之偵測變得較不靈敏，我們要持續研究製程之變異，鑑定一般原因，並採取措施來降低這些一般原因的效應，才能獲得製程改善。

在 MIL-STD-1916 中將 C_p 和 C_{pk} 都稱為能力指標 (capability indices)，但在 MIL-HDBK-1916 中則是將 C_p 稱為能力指標 (capability index)，另將 C_{pk} 稱為績效指標 (performance index)。在 MIL-HDBK-1916 中，能力指標分為短期和長期，短期製程能力分析是依據來自於同一個生產批之量測值。如果我們認為一個製程是穩定，則可以進行長期能力分析，此牽涉到在一個較長的時間間隔內蒐集量測值，其目的是要將製程的績效予以量化。在進行長期製程能力分析時，數據的蒐集必須使其包含所有的變異來源。在這些變異來源中，有很多種變異可能是在短期研究中未曾見過的。

當數據不符合常態分配時，MIL-HDBK-1916 建議使用下列 3 種方法之一來估計能力指標：(1) 以視覺的方式檢視直方圖；(2) 進行數據轉換；(3) 評估分配之 99.73% 之寬度，若此寬度小於規格的寬度 (USL − LSL)，則代表製程具有足夠之能力。在進行上述方法時，我們必須先確認已找到製程之可歸屬原因，並排除掉這些可歸屬原因。

在 MIL-HDBK-1916 中提到我們必須經常對 C_p 進行驗證。如果 C_p 值等於或小於最小可接受值的 1.5 倍，則必須每一個月驗證一次；反之，如果 C_p 值大於最小可接受值的 1.5 倍，則顯著的變化可以經由管制圖察覺，此時我們可以將驗證之工作改為每六個月進行一次。

績效指標是要決定一個製程之實際績效相對於規格之表現。當製程數據符合常態分配時，一個常用的指標是 C_{pk}。C_{pk} 通常會與 C_p 指標一起使用，當一個製程具有好的 C_p 值但不好的 C_{pk} 值時，代表製程平均數需要加以調整。當兩個指標都不好時，則代表要降低製程變異性，我們也要經常對 C_{pk} 值進行驗證，其方式同 C_p。

另一個績效指標為 C_{pk}，此指標和 C_{pk} 指標之差異在於製程標準差之估計。C_{pk} 是使用所有的抽樣數據，可能是來自於管制圖所有合理樣本組之數據 (不分組) 或者對一個群體做廣泛抽樣所得到之數據。

當數據不符合常態分配時，MIL-HDBK-1916 建議採用下列 3 種方法之一，來估計績效指標：

1. 首先選擇能夠將數據配適得最好之分配並估計其分配參數，接著再進行適合度檢定，如果沒有拒絕此一假設的分配，則估計在此分配曲線下，落在規格之外的面積。我們以不合格率來表示製程的績效。
2. 將製程數據進行轉換，轉換後之數據將能夠符合常態分配，我們可以依據轉換後之數據，計算 C_{pk} 值。
3. 如果可以蒐集到足夠之數據，我們可以將落在規格外之產品除以總檢驗件數，來作為製程績效之估計。

當利用 SPC 作為允收之方式時，允收的要求條件說明如下。我們必須證明製程處於統計管制，而且要符合對於 C_{pk} 之最低要求，亦即次要品質特性要達 1.0，主要品質特性要達 1.33，而關鍵品質特性要達 2.0 以上。製程要處於管制內達足夠長之時間，來確認已包含所有的變異原因，而且特殊原因的變異已消除。

本章習題

一、選擇題

( ) 1. 假設產品之品質特性是根據 MIL-STD-1916 之計數值抽樣計畫。已知批量爲 5000，若驗證水準爲 V。請問樣本代字爲何？(a) A (b) B (c) C (d) D。

( ) 2. 某項品質特性是採用MIL-STD-1916 之計量值抽樣計畫的 k 準則。品質特性之規格上限爲 225。此計畫採用之樣本大小 $n=4$，由樣本獲得 4 個量測值，分別爲 224、 227、 221 和 223，樣本標準差爲 2.5。查表得知 k 值爲 1.21。請問下列何者爲正確？ (a) $(\mathrm{U}-\bar{x})/s=2.4$，不能允收 (b) $(\mathrm{U}-\bar{x})/s=0.5$，可以允收 (c) $(\mathrm{U}-\bar{x})/s=0.5$，不能允收 (d) $(\mathrm{U}-\bar{x})/s=1.0$，可以允收。

( ) 3. 某項品質特性是採用 MIL-STD-1916 之計量值抽樣計畫。品質特性之規格上限爲 45，規格下限爲 39。此計畫採用之樣本大小 $n=5$，由樣本獲得 5 個量測值，分別爲 41、 42、 42 、42 和 43。查表得知 k 值爲 1.33, F 值爲 0.333。請問下列何者爲正確？ (a) $(\bar{x}-\mathrm{L})/s=4.243$，不能允收 (b) $(\mathrm{U}-\bar{x})/s=4.243$，可以允收 (c) $s/(\mathrm{U}-\mathrm{L})=0.5$，不能允收 (d) $s/(\mathrm{U}-\mathrm{L})=0.118$，不能允收。

( ) 4. 下列有關 MIL-STD-1916 抽樣計畫之敘述，何者爲正確？ (a) 包含計數值和計量值抽樣 (b) 提供 5 種驗證水準 (c) 樣本中不能有任何不合格品 (d) 廢除轉換程序。

( ) 5. 下列有關 MIL-STD-1916 抽樣計畫之敘述，何者爲錯誤？ (a) 驗證水準 V 所需要的樣本大小高於驗證水準 II (b) 提供 7 種驗證水準 (c) 對於計量值抽樣，目前只適用單邊規格之情形 (d) 提供加嚴和減量檢驗。

( ) 6. 下列有關 MIL-STD-1916 抽樣計畫之敘述，何者爲錯誤？ (a) 強調預防性品質管理 (b) 採用之判斷方式爲「0 收 1 退」 (c) 不適用於破壞性檢驗 (d) 共只包含兩張表單。

( ) 7. 下列有關 MIL-STD-1916 抽樣計畫之敘述，何者爲錯誤？ (a) 可以接受供應商提出取代抽樣檢驗的其他方法 (b) 比較不強調統計製程管制 (c) 整個標準只需要四張表單 (d) 考慮三種抽樣方式，計數、計量和連續型。

(　) 8. 下列有關 MIL-STD-1916 抽樣計畫之敘述，何者爲錯誤？ (a) 連續抽樣是從百分之百全檢開始　(b) 共使用 5 種代字　(c) 連續抽樣適用於移動性之物品　(d) 計數和計量抽樣要使用不同的樣本代字對照表。

(　) 9. 下列有關 MIL-STD-1916 計量值抽樣計畫之敘述，何者爲錯誤？ (a) 允收準則分成兩種　(b) k 準則適用於具單邊規格和雙邊規格之品質特性　(c) F 準則只適用於具單邊規格之品質特性　(d) 數據必須符合常態分配。

(　)10. 下列有關 MIL-STD-1916 連續抽樣計畫之敘述，何者爲錯誤？ (a) 分爲篩選階段和抽樣階段　(b) 連續抽樣所使用的樣本代字對照表與計量值抽樣計畫不同　(c) 在篩選階段要決定清查個數 i　(d) 在抽樣階段要決定抽樣頻率 f。

(　)11. 下列有關 MIL-STD-1916 抽樣計畫之敘述，何者爲錯誤？ (a) 驗證水準可以根據品質特性來決定　(b) 當品質特性越重要，則要使用較大之驗證水準　(c) 不提供轉換程序　(d) 以單次抽樣爲主。

(　)12. 下列有關 MIL-STD-1916 抽樣計畫之敘述，何者爲錯誤？ (a) 品質特性分爲關鍵、主要和次要三種　(b) 在樣本代字對照表中，批量分爲 10 個等級　(c) 篩選檢驗也稱爲 100% 全檢　(d) 在計量值抽樣中，如果批量小於或等於樣本大小，則採用 100% 計數值檢驗。

(　)13. 下列有關 MIL-STD-1916 抽樣計畫之敘述，何者爲錯誤？ (a) 包含 3 種抽樣計畫，使用 6 種表單　(b) 當檢驗成本非常高時，可以考慮使用較小之驗證水準　(c) 不包含雙次抽樣和多次抽樣　(d) 在計量值抽樣中，若品質特性爲雙邊規格，則可以使用 k 準則。

(　)14. 使用 MIL-STD-1916 之計量值抽樣計畫時，需要哪些資料？ (a) 平均數　(b) 標準差　(c) 規格之上、下限　(d) 以上皆是。

(　)15. 使用MIL-STD-1916之連續抽樣計畫時，需要查幾張表？ (a) 1　(b) 2　(c) 3　(d) 4。

(　)16. 下列有關 MIL-STD-1916 抽樣計畫之敘述，何者爲錯誤？ (a) 連續抽樣之清查個數 i 值愈大時，代表愈嚴格　(b) 計量值抽樣之 k 值愈大時，代表愈嚴格　(c) 計量值抽樣之 F 值愈大時，代表愈嚴格　(d) 在計數值抽樣中，若樣本大小愈大時，代表愈嚴格。

二、計算題

1. 若採用 MIL-STD-1916 計數值抽樣計畫，請說明下列各種情況下之樣本大小 n。表中驗證水準爲正常檢驗下之驗證水準。

計畫	批量	驗證水準	程度
1	250	II	正常
2	1200	VI	正常
3	5500	I	減量
4	2800	IV	加嚴
5	120	II	正常
6	45	III	加嚴
7	25	VII	加嚴
8	53	V	正常

2. 假設產品是以 MIL-STD-1916 進行驗收抽樣檢驗，檢驗項目爲此產品的操作溫度，規格下限爲 175°F。合約指定使用驗證水準 VL-I。該產品的批量爲 N= 200。根據抽樣計畫之規定，負責驗收抽樣之人員由現場抽出 5 件產品進行檢驗，5 件樣本的量測數據爲 180、184、182、180 和 184，請以計量值抽樣之 k 準則判斷此貨批是否可被允收？
3. 假設產品是以 MIL-STD-1916 進行驗收抽樣檢驗，檢驗項目爲此產品的操作溫度，規格下限爲 175°F，規格上限爲 185°F。合約指定使用驗證水準 VL-I。該產品的批量爲 N = 200。根據抽樣計畫之規定，負責驗收抽樣之人員由現場抽出 5 件產品進行檢驗，5 件樣本的量測數據爲 182、184、183、178 和 182，請以 F 準則判斷此貨批是否可被允收？
4. 假設某產品之規格爲15 ± 3，此產品每 180 件構成一批。現採用 MIL-STD-1916 進行驗收抽樣檢驗，使用之驗證水準爲 VL-I，今從貨批中隨機抽取 5 件樣本，其數據如下：13、14、14、15 和 17，請以計量值 k 和 F 準則判斷此貨批是否可允收？
5. 飲料瓶之主要品質特性爲爆裂強度，其規格下限 LSL=185*psi*，貨批之批量 N=500。品管部門打算以 MIL-STD-1916 進行進料驗收抽樣檢驗，檢驗飲料瓶之爆裂強度。合約指定使用驗證水準 VL-I。根據抽樣計畫之規定，負責驗收抽樣之人員由現場抽出 7 件產品進行檢驗，其樣本的量測數據爲 188、192、204、212、218、225 和 236，請以計量值之 k 準則判斷此貨批是否可被允收？

6. 某電子零件之輸出電壓的規格上限爲 115 伏特，規格下限爲 90 伏特。此零件以 50 件爲一批。假設產品是以 MIL-STD-1916 進行驗收抽樣檢驗，並使用驗證水準 VL-II，根據抽樣計畫之規定，負責驗收抽樣之人員由現場抽出 9 件產品進行檢驗，其樣本的量測數據爲 93、96、97、100、103、105、107、108 和 110，請以計量值抽樣之 k、F 準則判斷此貨批是否可被允收？
7. 假設某一種產品是以 MIL-STD-1916 進行驗收抽樣檢驗，檢驗項目爲此產品的直徑，規格下限爲 194.5。此產品的批量爲 $N = 500$，合約指定使用驗證水準 VL-II。根據抽樣計畫之規定，負責驗收抽樣之人員由現場抽出 11 件產品進行檢驗，11 件樣本的量測數據如下，請以計量值抽樣之 k 準則判斷此貨批是否可被允收？

樣本編號	1	2	3	4	5	6	7	8	9	10	11
數據	197	198	195	205	195	199	198	201	204	198	195

8. 汽缸之強度要求最少爲 130 *psi*，產品是以 1500 件構成一批送檢。今採用 MIL-STD-1916 進行驗收抽樣檢驗，並使用驗證水準 VL-II。根據此抽樣計畫之規定，負責人員由現場抽樣 15 件樣本進行量測，其數據如下：

145	151	158	160	138	128	133	164
170	168	174	146	166	175	180	

請問此貨批是否可被允收？

NOTE

Chapter 14

田口式品質工程概論

章節概要和學習要點

本章之目的是介紹日本品質專家田口玄一之品質哲理和相關之品質改善技術。田口玄一所提出之品質改善技術，是將品質改善之重點由製造階段向前提升到設計階段，一般稱其為離線之品質管制方法。我們首先介紹品質損失和穩健性之觀念。本章同時也介紹田口實驗設計之基本觀念和分析步驟，包含信號 / 雜音比和直交表。最後，我們說明田口方法之 3 個階段，分別為系統設計、參數設計和允差設計。

透過本課程，讀者將可了解：

- 田口損失函數之定義與應用。
- 信號 / 雜音比之定義與應用。
- 直交表之種類和應用。
- 田口實驗設計之分析方法和步驟。
- 田口方法之系統設計、參數設計和允差設計。

14.1 概 論

在 1949 年，日本品質專家田口玄一 (Genichi Taguchi) 博士於日本電信實驗室工作時，發現傳統實驗設計方法在品質改善實務上並不適用，因此開始研究發展一種用來改善產品 / 製程品質的工程方法，在日本稱之爲品質工程 (quality engineering)。田口所發展的是一個透過實驗進行系統參數最佳化設計的方法，具實際的應用性，而非以困難的統計爲依歸。

田口玄一所提出之品質工程的理念和方法，是將品質改善之重點由製造階段向前提升到設計階段，一般稱其爲離線之品質管制方法 (off-line quality control)。本書第 6~8 章所介紹的統計製程管制則是屬於線上 (on-line) 品管方法之一種。品質工程之目的是在產品和其對應之製程內建立品質，田口之離線品管方法不僅可以提升產品品質，同時也是降低成本之有效方法。

本章之目的是介紹田口之品質哲理和有關之技術，一般統稱爲田口方法 (Taguchi method)。在品質哲理方面，田口提出品質損失 (quality loss) 之觀念來衡量產品品質。一些不可控制之雜音 (noise) (例如環境因素) 造成品質特性偏離目標值，並因而造成損失。由於消除這些雜音因子之成本相當高或者在實務上爲不可行，因此田口方法之重點是放在降低這些雜音對產品品質的影響性。田口方法是根據穩健性 (robustness) 之觀念 (有些學者稱爲堅耐性)，決定可控制因子的最佳設定，建立產品 / 製程之設計，以使得產品品質不受到雜音因素之影響。

14.2 品質損失及損失函數

田口將品質定義爲產品出廠後，由於機能上之變異及有害之影響，對社會所造成之損失 (loss)。有害之影響是指在使用過程中被發現，但與產品機能無關之弊害。機能上之變異是指產品成效與設計之標稱值 (nominal) 偏離。田口認爲當產品成效符合標稱值時，產品損失最小，當產品成效偏離標稱值時，產品損失隨著增加。田口在品質之定義中加入金錢之觀念，以使得品質成爲品質改善過程中之共通語言，能爲組織內每一成員所了解。過去之品質觀念認爲只要品質特性落在規格界限內，則沒有任何損失產生。圖 14-1(a) 爲傳統品質損失之觀念，當品質特性落在規格界限內時，沒有任何之損失，當品質特性超出規格時，則產生損失。從功能而言，產品品質特性落在目標值上與品質特性落在規格界限附近有某種程度上之差異，但傳統品質損失之觀念卻無法反應此種差異。田口之品質損失函數爲連續且與品質特性偏離目標值 m 之量的平方成正比，圖 14-1(b) 爲田口所提出之損失函數 (具雙邊規格的品質特性)。當品質特性符合目標值時，損失爲零。只要品質特性偏離目標值，則產生損失。

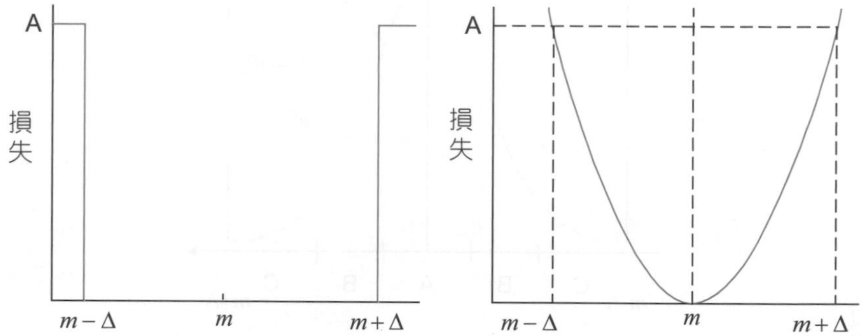

(a) 傳統品質損失之觀念　　(b) 田口品質損失之觀念

圖 14-1　損失函數

在田口品質損失之觀念下，降低變異性已成爲品質改善活動之首要目標，即使品質特性已在規格界限內，品質改善活動仍須持續進行。

田口所提出之品質損失只考慮產品出產後對社會所造成之損失，有些學者將其觀念推廣到包含產品在製造過程中所造成之各種損失，例如：製造過程中對環境所造成之污染；在製造過程中材料及人工之不當消耗等。

傳統品質觀念只重視是否符合規格，對於整體品質並無法有效提升。例如：軸、孔之組合，如果軸外徑都在規格內但偏高，孔內徑也在規格內但偏低，在此情況下，雖然兩零件都爲合格品，但軸、孔將無法順利組合。

我們也可利用一個著名之例子 (刊登於日本朝日新聞有關 SONY 電視機的研究報告) 來說明傳統品質損失觀念之缺失。圖 14-2 爲 SONY 兩家工廠所生產之電視機的品質分布。此例可用來說明傳統品質觀念與田口品質觀念之差異，此圖所顯示之品質特性爲色彩濃度 (color density)，其目標值爲 m。日本和美國兩家工廠採用相同之設計和允差。日本工廠之品質分布爲常態分配，其不合格率約爲 0.3%，美國工廠之品質分布爲均等分配且無不合格品。美國工廠之品質分布是由下列幾種可能原因所造成。第一、當檢驗過程發現不合格品時，則採取調整或重工，使其合乎規格。第二、美國工廠之製程平均數在規格界限內任意跳動 (見圖 14-3(a))，當發現不合格品時，則加以調整或重工。第三、美國工廠視製程平均數之高低而加以調整 (見圖 14-3(b))。由此看來美國工廠著重於使產品合乎規格，對製程平均數及變異性並未加以管制。日本工廠則是重視符合目標值並降低變異性。

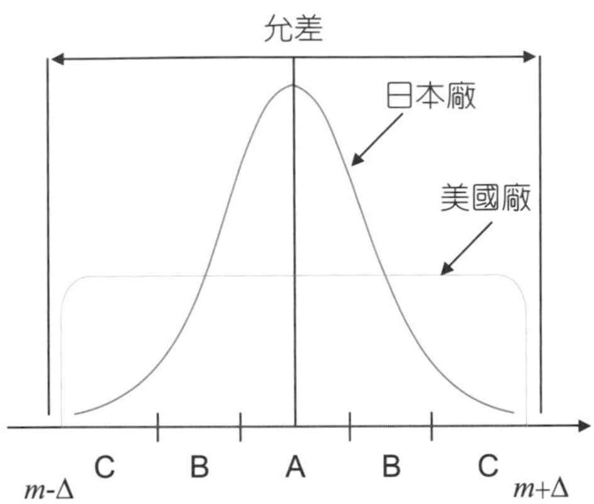

圖 14-2　電視機色彩濃度之分布

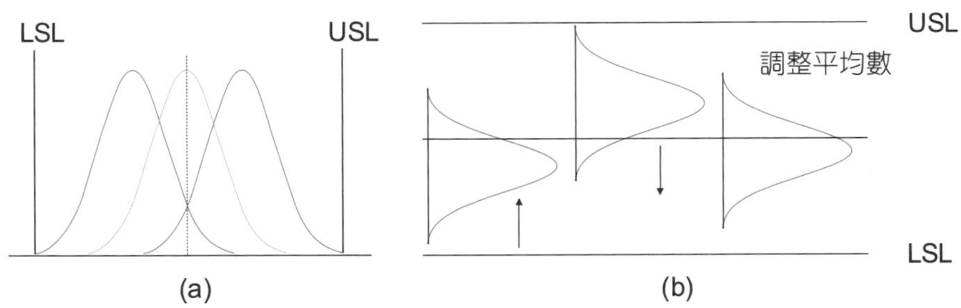

圖 14-3　允許製程平均數在規格界限內任意跳動

從統計觀點來看，日本工廠之品質變異性低於美國工廠。若以田口之品質損失觀念來分析，也可以看出日本工廠產品受消費者喜愛之原因。在田口之觀念中，符合目標值之產品的成效最好，在此視爲 *A* 級品，愈偏離目標值，則品質愈差，分別爲 *B*、*C* 級。由圖 14-2 可明顯地看出日本工廠之 *A* 級品最多，*C* 級品最少，而美國廠則具有相同數目之 *A*、*B*、*C* 級產品。因此，以整體品質來看，日本廠之產品品質較高。

田口之損失函數是依品質特性之種類而定。一般常用之計量值品質特性可區分成下列數類：

1. **望目特性 (nominal is best)**：此種品質特性具有特定目標值，測量值愈接近目標值愈好，例如：尺寸、間隙、黏度、重量、外徑等。
2. **望小特性 (lower is better)**：品質特性之測量值愈小愈好，例如：純度、損耗、污染、收縮程度等。此類品質特性爲非負值，其理想值爲零。

3. 望大特性 (higher is better)：此種品質特性之測量值愈大愈好，例如：強度、硬度、濃度、壽命等。此類品質特性爲非負值，其理想值爲無限大。

望目品質特性之損失函數可以定義如下：

$$L(y) = k\,(y - m)^2$$

其中

k：稱爲比例常數 (proportional constant)

y：產品品質特性之測量值

m：目標值 (target value)

比例常數 k 與品質特性之重要性 (以成本衡量) 有關，品質特性愈重要值愈大，損失函數曲線也將愈陡峭。在實務上 k 值不容易獲得，但只要知道某一品質特性值所造成之損失，即可求得比例常數 k。一般是以品質特性值落在或超出規格界限時之成本來估計 k 值。例如若規格爲 $m \pm \Delta$，若已知超出顧客規格界限時之修理或報廢成本爲 A，則 $k = A / \Delta^2$。

假如產品允差爲非對稱 (上、下規格界限與目標值之距離不相等)，則損失函數可以定義如下：

$$L(y) = \begin{cases} k_1(y-m)^2\text{，若 } y \le m \\ k_2(y-m)^2\text{，若 } y > m \end{cases} \quad \text{其中 } k_1 = \frac{A_1}{\Delta_1^2},\ k_2 = \frac{A_2}{\Delta_2^2}$$

望小特性之損失函數圖形爲圖 14-1(b) 之右半部，其函數可寫成

$$L(y) = ky^2,\ k = \frac{A}{\Delta^2}$$

望大特性之損失函數圖形爲圖 14-1(b) 之左半部，其函數可寫成

$$L(y) = k(1/y^2),\ k = A\Delta^2$$

例14-1 汽車某項零件之尺寸規格爲 20.0 ± 0.5，若尺寸超過此範圍，則消費者便需更換此零件，其平均成本爲 \$30.0，試求此零件之損失函數。

解答：

設零件尺寸之量測值爲 y，若 y 超過 20.5 或小於 19.5，則損失爲 30.0，由望目特性公式可得下列關係

$30 = k(y-m)^2 = k(20.5-20)^2 = k(0.5)^2$

因此比例常數 $k = 30/(0.5)^2 = 120$

損失函數可寫成

$L(y) = 120(y-20)^2$

各種品質特性之期望損失或平均損失可從 n 個樣本數據求得，其公式為：

1. **望目特性**：$L = k\left[\dfrac{(y_1-m)^2+\cdots+(y_n-m)^2}{n}\right]$
2. **望小特性**：$L = k\left[\dfrac{y_1^2+\cdots+y_n^2}{n}\right]$
3. **望大特性**：$L = k\left[\dfrac{(1/y_1^2)+\cdots+(1/y_n^2)}{n}\right]$

望目特性之平均損失亦可寫成

$$L = k[\sigma^2 + (\bar{y}-m)^2],\qquad \sigma^2 = \sum_{i=1}^{n}(y_i-\bar{y})^2/n$$

由此可看出要降低損失，則必須使製程平均靠近目標值 (m)，並且降低製程之變異數 (σ^2)。

產品之潛在問題如果能在出廠前發現並加以修護的話，其修護成本將比出廠後對顧客所造成之損失為小。根據產品之損失函數，我們也可以決定製造之允差 (manufacturing tolerance) 以降低產品品質不符合顧客需求時所造成之損失。圖 14-4 顯示顧客允差 $m\pm\Delta$ 和其相對應之損失 A，製程允差為 $m\pm\delta$，其相對應之損失為 B。產品之損失函數可寫成

$$L(y) = k(y-m)^2$$

當 $y = m+\Delta$ (或 $m-\Delta$) 時，其損失為 A，因此由

$$A = L(m+\Delta) = k(m+\Delta-m)^2 = k\Delta^2$$

可得 $k = A/\Delta^2$

若出廠前之修護成本已知為 B，則由

$$B = k(m+\delta-m)^2 = (A/\Delta^2)\delta^2$$

可得 $\delta = \sqrt{B/A}\times\Delta$。

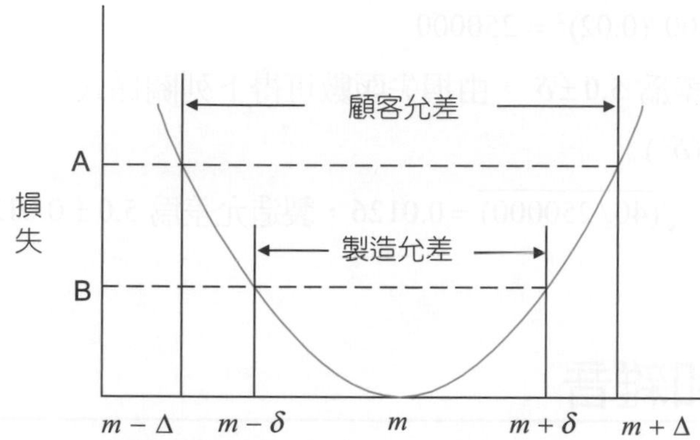

圖 14-4 望目特性之製造允差和顧客允差

例14-2 某產品高度之規格爲 $20.0 \pm 0.5\,cm$。若高度剛好超出規格時，修理成本爲 \$50。今隨機抽取 12 件產品，量測出高度爲 20.3, 19.9, 20.0, 19.8, 19.7, 20.2, 20.4, 20.3, 20.1, 20.3, 19.6 和 20.4。求每單位之平均損失。

解答：

高度屬於望目特性，由公式 $L(y) = k(y-m)^2$ 可求得比例常數。

$k = A/\Delta^2 = 50/(0.5)^2 = 200$

此產品之損失函數可寫成

$L(y) = 200(y-20.0)^2$

每單位之期望損失可由下式求得，

$$\mathrm{E}[L(y)] = 200E(y-20.0)^2$$

$$\begin{aligned}\mathrm{E}(y-20.0)^2 &= \left[\sum_{i=1}^{12}(y_i-20.0)^2\right]\Big/12\\ &= [(20.3-20.0)^2+(19.9-20.0)^2+\cdots+(20.4-20.0)^2]/12\\ &= 0.0783\end{aligned}$$

因此每單位之期望損失爲 $200(0.0783) = \$15.66$

例14-3 某產品尺寸之規格爲 $5.0 \pm 0.02\,cm$。若尺寸剛好超出規格時，修理成本爲 \$100，若製造商在產品出廠前發現問題，則每件產品只需 \$40.0 之重工成本。試根據此資料決定製造商之允差。

解答：

尺寸屬於望目特性，由公式 $L(y) = k(y-m)^2$ 可求得比例常數。

$k = A/\Delta^2 = 100/(0.02)^2 = 250000$

假設製造允差爲 $5.0 \pm \delta$ 。由損失函數可得下列關係式

$40 = 250000(\delta^2)$

因此可得 $\delta = \sqrt{(40/250000)} = 0.0126$，製造允差爲 5.0 ± 0.0126。

14.3 變異和雜音

雜音因子 (noise factor) 是指不能或不容易控制之因素，它們將使品質特性偏離目標值，並造成品質損失。雜音因子可分成內部 (internal) 和外部 (external) 兩種。內部雜音來自於製造上之變異或是產品隨時間所產生之劣化、磨損。外部雜音則是與產品無直接關係之因素。對於雜音我們可以採取下列兩種對策：消除雜音的來源；降低產品對於雜音的敏感性。田口認爲消除雜音之成本非常高而且費時，他建議採取設計的方式，降低雜音對產品 / 製程之衝擊。當一件產品或一個製程對於雜音之效應不敏感時，我們稱其爲穩健，亦即一件產品或一個製程在各種雜音存在的情況下，其績效仍然能夠符合顧客的需求。各種雜音因子簡略說明如下。

1. **外部雜音 (external noise)**

   指改變產品特性之外在環境或操作條件，利如溫度、溼度、灰塵、電磁干擾或操作員之變異。

2. **內部雜音 (internal noise)**

   (a) 產品劣化 (product deterioration)

   指產品隨著使用時間而產生之物料變質或尺寸的改變。

   (b) 製造不良 (manufacturing imperfection)

   製造不良乃是因爲製造程序中一些不可避免之不確定因素所造成，例如：原料、零件之差異。此類因素將造成產品和產品間的變異。

若以常見之日光燈管爲例，造成燈管亮度的雜音如表 14-1 所示。表 14-2 列舉 3 種變異之來源和能採取對策之產品開發的各個階段。由此表可看出在設計階段建立產品品質之重要性。在產品設計階段所採取之對策均能降低 3 種變異。但是產品開發到達製造階段時，只能降低製造上之變異性 (例如透過統計製程管制)。

表 14-1 日光燈管之雜音

雜音來源	範例
外部雜音	輸入電壓不穩定、燈管受灰塵污染。
製造變異	燈管中填充氣體之差異。
產品劣化	變壓器或燈管本身產生劣化。

表 14-2 能夠採取降低變異之對策的產品開發階段

產品開發階段	變異來源		
	環境因素	產品劣化	製造變異
產品設計	○	○	○
製程設計	×	×	○
製　造	×	×	○

14.4 S/N 比

在評估一個設計之績效時，我們必須要有一個能夠衡量設計參數對於品質特性之影響的量測值 (measure)。一個可接受之績效量測必須包含品質特性之需要部分和不需要部分。由損失函數來看，將平均數和變異數合併將可提供一有效之量測值。田口建議以信號 / 雜音比 (signal-to-noise ratio, S/N ratio) 作爲評估設計績效之一種量測。信號是代表需要之元素，它是指品質特性之平均數，愈靠近目標值愈佳。雜音爲不需要之部分，它是作爲輸出品質特性之變異性的一種量測，它的值愈小愈佳。S/N 比之公式依品質特性而異，一般而言，當 S/N 比被最大化時，期望損失爲最小。有些學者將信號 / 雜音比稱爲績效統計量 (performance statistics)。

設 n 爲每一實驗組合下之重複次數，在不同的計量值品質特性下，S/N 比之公式爲 (Ross, 1988)：

1. 望目特性

當品質特性爲望目特性時，我們可以找尋一個調整因子 (adjustment factor) 以消除或降低平均數與目標值之偏差。調整因子是設計人員可以控制之項目，它可控制平均數但不影響變異性。田口建議之 S/N 比爲

$$S/N = -10\log(S^2)$$

其中 S 爲樣本標準差。對於有些品質特性，調整因子會影響平均數及變異性，若假設 σ/μ (此稱爲變異係數，coefficient of variation) 維持固定，則 S/N 比爲

$$S/N = 10\log\left(\frac{\bar{y}^2}{S^2}\right)$$

2. 望小特性

望小特性之目標值爲 0，因此， S/N 比爲

$$S/N = -10\log\left(\frac{1}{n}\sum_{i=1}^{n} y_i^2\right)$$

公式中之負號主要是符合 S/N 比愈大愈好之特性。

3. 望大特性

將品質特性 Y 最大化，可視爲將 $(1/Y)$ 最小化，因此望大特性之 S/N 比爲

$$S/N = -10\log\left(\frac{1}{n}\sum_{i=1}^{n} \frac{1}{y_i^2}\right)$$

S/N 比之公式是依問題之特性而定，田口提出 60 餘種不同之公式，讀者可參考小西省三之著作 (1988) 以了解其他品質特性之 S/N 比的計算。

例14-4 假設實驗所得之數據爲 105.2, 99.7, 98.3 及 102.8，若這些數據屬望大特性，試計算這組數據之 S/N 比。

解答：

望大特性之 S/N 比爲

$$S/N = -10\log\left(\frac{1}{n}\sum_{i=1}^{n} \frac{1}{y_i^2}\right)$$

$$S/N = -10\log\left[\frac{1}{4}\left(\frac{1}{(105.2)^2} + \frac{1}{(99.7)^2} + \frac{1}{(98.3)^2} + \frac{1}{(102.8)^2}\right)\right] = 40.12$$

14.5 直交表

當考慮產品績效時，設計工程師必須根據工程原理，找出一些參數並規定這些參數之數值，以獲得特定之產品績效。在選擇參數之目標值時，我們必須考慮產品之績效不

受到製程環境或使用環境之變異 (先前所提到之雜音) 影響。這種觀念稱爲穩健性，它在變異存在之情況下，提供最佳之產品績效。當產品結構較爲複雜時，會有許多因子影響產品績效。設計工程師將很難了解 (1) 何項因子將影響產品績效；(2) 各項因子之目標值設在何處較爲恰當。另外，有些因子會影響平均數，而其他因子則會影響變異性 (標準差)，這些因素都使分析更複雜。田口所提之參數設計 (parameter design) 就是設計用來解決上述之困難。參數設計可用來決定產品或製程參數之最佳值，不僅使產品績效符合目標值，同時也降低變異性。參數設計是以實驗設計之方式決定各項參數之最佳設定值。

田口實驗設計認清實務上並非所有造成變異的因子都可以控制。這些不可控制因子 (uncontrollable factors) 就是雜音因子。田口實驗設計試圖鑑定可控制因子 (controllable factors) 以便降低雜音因子之效應。在實驗過程中，我們操控雜音因子，使得變異能夠出現，接著找尋控制因子之最佳設計，以使製程或產品能夠具有穩健性，或者說能夠抵抗雜音因子所造成之變異。根據此目的所設計之製程可以得到較一致之產出，而產品可以在不同之使用環境下都能獲得一致之績效。田口實驗設計之一個有名的例子，是 1950 年代發生在日本 Ina 地磚公司的品質改善專案。此公司面臨生產太多超出尺寸規格的地磚，品質小組發現窯內用來烘乾地磚的溫度變化很大，導致地磚尺寸不一致。因爲建構一個新的窯太貴了，他們無法消除溫度變異。工程師將溫度視爲一個雜音因子，此小組在使用田口實驗設計後發現，增加黏土中石灰的成分 (視爲一個控制因子)，可以使地磚抵抗窯內溫度之變異，進而生產更均勻的地磚。

田口實驗設計使用直交表 (orthogonal arrays)，允許我們估計因子對於實驗反應值之平均數和變異性的影響。直交表設計代表一種平衡的設計，因子水準之權重均相等。由於此種特性，每一個因子之效應都可以被獨立的估計。一個因子的效應並不會影響其他因子之估計。直交表可用來估計主效應和特定之交互作用。直交表可視爲一種簡潔的實驗佈置計畫，讓我們可以降低實驗的時間和成本。以下說明直交表之使用。

根據問題之特性、因子數目和各因子之水準數目，田口實驗設計會使用到不同之直交表，這些直交表均以 L_N 來表示。表 14-3 爲 L_8 直交表。此表有 8 列，代表 8 種實驗組合，表中 7 行代表最多可處理 7 個因子。在有些情況下，某些行可能不會被用到，此代表直交表可以有許多用途。另外，表中數值「1」或「2」爲各因子之水準 (level)。如果實際問題不能以標準直交表處理，則可考慮下列方法來修改直交表：併行法 (column merging method)、虛擬水準法 (dummy level technique)和複合因子法 (compound factor method)。有關上述方法之詳細內容，讀者可參考 Phadke (1989)。

表 14-3 L_8 直交表

	控制因子							數據		
	A	B	C	D	E	F	G			
	行									
實驗編號	1	2	3	4	5	6	7			
1	1	1	1	1	1	1	1	*	*	*
2	1	1	1	2	2	2	2	*	*	*
3	1	2	2	1	1	2	2	*	*	*
4	1	2	2	2	2	1	1	*	*	*
5	2	1	2	1	2	1	2	*	*	*
6	2	1	2	2	1	2	1	*	*	*
7	2	2	1	1	2	2	1	*	*	*
8	2	2	1	2	1	1	2	*	*	*

當實驗設計只考慮主效果 (main effects) 而不考慮因子間之交互作用(interaction effects) 時，因子可排在表中任意行。但有些時候，經濟性考慮 (材料之成本、因子調整之困難度) 會決定因子放置之行。例如當某一因子之調整很費時，可考慮排在第 1 行，因為實驗過程中第 1 行之水準只變動一次。

表 14-4 具有內、外側直交表之實驗設計

							外側直交表 (雜音因子)				
							Z	1	2	2	1
							Y	1	2	1	2
							X	1	1	2	2
	內側直交表 (控制因子)										
	A	B	C	D	E	F	G	數據			
	行										
實驗編號	1	2	3	4	5	6	7				
1	1	1	1	1	1	1	1	*	*	*	*
2	1	1	1	2	2	2	2	*	*	*	*
3	1	2	2	1	1	2	2	*	*	*	*
4	1	2	2	2	2	1	1	*	*	*	*
5	2	1	2	1	2	1	2	*	*	*	*
6	2	1	2	2	1	2	1	*	*	*	*
7	2	2	1	1	2	2	1	*	*	*	*
8	2	2	1	2	1	1	2	*	*	*	*

在田口實驗設計中，控制因子和雜音因子都可以用直交表之方式來規劃 (雜音因子並不一定需要以直交表方式配置)。擺放控制因子之直交表稱為內側直交表 (inner array)，而擺放雜音因子的直交表稱為外側直交表 (outer array)。表 14-4 為具有控制因子

和雜音因子之實驗表單。每一種雜音因子之組合將可為內側直交表中之實驗決定一組雜音條件，若外側直交表有 m 種組合，則每一內側直交表之實驗將具有 m 個量測值 (在表 14-4 中，$m = 4$)。每一實驗之 m 個量測值，將採用第 14.4 節所介紹之公式，轉換成一個 S/N 比後再進行分析。

如果實驗設計考慮交互作用時，點線圖 (linear graph) 和交互作用表 (interaction table 或稱 triangular table) 可用來協助使用者配置控制因子和交互作用。對於每一直交表，田口也發展出相對應之點線圖。點線圖可以用來決定各項因子應該被指定到直交表中之哪一行。圖 14-5 為 L_8 直交表之點線圖，在點線圖中，點代表因子，而線代表交互作用。點線圖中之數字代表直交表中之行數。例如圖 14-5(a) 中，如果 A 因子放在第 1 行，B 因子放在第 2 行，則 A 和 B 之交互作用 (以 $A \times B$ 表示) 須放在第 3 行。點線圖中之點也有不同型式，代表各因子水準之調整的難易程度。點線圖可以提供指引，以經濟之方式進行實驗。對於較難調整或者是調整之成本較高之因子，應該擺在較易調整 (水準改變之次數較少) 之行上。例如在沖壓之機器上，由於準備時間相當長，如果經常改變設定，則會造成相當長之怠工時間，此時應該將因子擺在第一行，在實驗過程中只需調整因子水準一次。如果問題較為複雜時，我們也可以修改點線圖，其方法有斷線法 (breaking a line)、移線法 (moving a line) 和連線法 (forming a line)。在修改點線圖時，必須依據交互作用表進行，點線圖可說是交互作用表之圖形顯示。表 14-5 為 L_8 直交表之交互作用表。

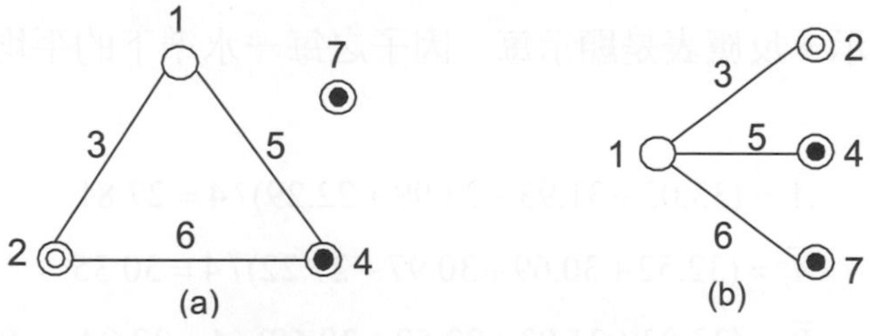

圖 14-5 直交表之點線圖

表 14-5 直交表之交互作用表

列	1	2	3	4	5	6	7
	(1)	3	2	5	4	7	6
		(2)	1	6	7	4	5
			(3)	7	6	5	4
				(4)	1	2	3
					(5)	3	2
						(6)	1
							(7)

在使用直交表時，使用者須先依問題特性選擇一適當之直交表。對於較單純之問題，使用者可以利用試誤法很快地找到一可行之直交表。由於直交表之大小決定實驗次數和實驗成本，因此通常都先嘗試較小之直交表。使用直交表之第 2 項工作是將因子配置到表中各行，點線圖和交互作用表可協助使用者進行配置工作。如果使用者所選擇之直交表不能處理目前之問題，則可考慮修改直交表、點線圖，如仍不行，則考慮使用次一個較大之直交表。有關直交表選擇和配置之系統性方法，讀者可參考 Phadke (1989)。

14.6 反應表和反應圖

在直交表之因子配置完成後，使用者即可依據直交表所規劃之實驗組合進行實驗，並蒐集數據。當實驗包含雜音因子時，各種雜音因子之組合可視爲某一實驗之重複量測。變異數分析 (analysis of variance, ANOVA) 可以用來檢定各因子之顯著性。但田口建議以簡單之繪圖或彙整之量測值來進行分析。

考慮表 14-6 所示之實驗。此實驗考慮 A、B、C 和 D 等 4 個控制因子，各有 2 種選擇 (2 個水準)，並以 L_8 直交表配置。此實驗所考慮之雜音因子有 3 個，各因子有 2 個水準。雜音因子是以 L_4 直交表配置。在此種實驗規劃下，每一實驗組合有 4 個觀測值。

由於每一實驗組合下包含 4 個數據，因此首先將每一實驗組合下之 4 個觀測值轉換成 S/N 比 (望大特性)，在獲得各實驗組合下之 S/N 比後，即可繪製反應表 (response table)，如表 14-7 所示。反應表是顯示每一因子之每一水準下的平均 S/N 比，各因子在不同水準下之平均爲

$$\overline{A_1} = (33.03 + 31.93 + 23.99 + 22.29)/4 = 27.81$$

$$\overline{A_2} = (32.52 + 30.69 + 30.97 + 27.22)/4 = 30.35$$

$$\overline{B_1} = (33.03 + 31.93 + 32.52 + 30.69)/4 = 32.04$$

$$\overline{B_2} = (23.99 + 22.29 + 30.97 + 27.22)/4 = 26.12$$

$$\overline{C_1} = (33.03 + 31.93 + 30.97 + 27.22)/4 = 30.79$$

$$\overline{C_2} = (23.99 + 22.29 + 32.52 + 30.69)/4 = 27.37$$

$$\overline{D_1} = (33.03 + 23.99 + 32.52 + 30.97)/4 = 30.13$$

$$\overline{D_2} = (31.93 + 22.29 + 30.69 + 27.22)/4 = 28.03$$

表 14-6 實驗數據

	控制因子							外側直交表(雜音因子)				
								Z	1	2	2	1
								Y	1	2	1	2
								X	1	1	2	2
	A	B	C	D	*	*	*					
	行											
實驗編號	1	2	3	4	5	6	7	y_1	y_2	y_3	y_4	S/N
1	1	1	1	1	1	1	1	48	44	46	42	33.03
2	1	1	1	2	2	2	2	43	38	44	35	31.93
3	1	2	2	1	1	2	2	27	15	23	11	23.99
4	1	2	2	2	2	1	1	21	9	16	14	22.29
5	2	1	2	1	2	1	2	47	38	48	39	32.52
6	2	1	2	2	1	2	1	48	27	42	31	30.69
7	2	2	1	1	2	2	1	47	32	45	28	30.97
8	2	2	1	2	1	1	2	34	22	29	17	27.22

表 14-7 反應表

	A	B	C	D
1	27.81	32.04	30.79	30.13
2	30.35	26.12	27.37	28.03
$\|\Delta\|$	2.54	5.92	3.42	2.10

當獲得各因子之各水準的平均 S/N 比後，即可繪製反應圖 (response graph)，如圖 14-6 所示，此圖一般稱爲主效應圖 (main effects plot)。由於 S/N 比愈高愈佳，因此本實驗之最佳組合爲 A_2、B_1、C_1 和 D_1。平均數可估計爲

$$\begin{aligned}\mu_{A_2B_1C_1D_1} &= \overline{\mathrm{T}} + (\overline{A}_2 - \overline{\mathrm{T}}) + (\overline{B}_1 - \overline{\mathrm{T}}) + (\overline{C}_1 - \overline{\mathrm{T}}) + (\overline{D}_1 - \overline{\mathrm{T}}) \\ &= \overline{A}_2 + \overline{B}_1 + \overline{C}_1 + \overline{D}_1 - 3\overline{\mathrm{T}} \\ &= 30.35 + 32.04 + 30.79 + 30.13 - 3(29.08) = 36.07\end{aligned}$$

(註：$\overline{\mathrm{T}}$ 爲總平均)

當獲得最佳參數組合後，田口建議再進行確認實驗 (confirmation experiment)。確認實驗之目的是要確認所選定之參數組合的再現性。如果確認實驗之結果與原先之估計值有差異時，可採行之策略有下列數項：

1. 增加控制因子，可能有一些顯著之控制因子被忽略。
2. 增加因子水準間之距離。
3. 控制因子間具有強烈的交互作用。

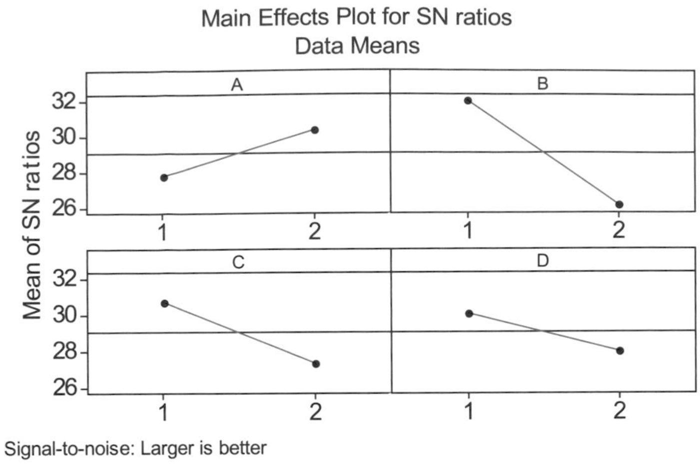

圖 14-6　反應圖

14.7 田口方法

田口方法包含 3 個階段，分別爲系統設計 (system design)、參數設計 (parameter design) 和允差設計 (tolerance design)。第一階段之系統設計是指設計工程師依據其實務經驗和科學、工程上之原則，建立產品之原型 (prototype) 以符合功能要求。在此階段，產品使用之原料和零件、生產程序、使用之工具和生產上之限制等都要加以分析，以獲得可行之設計。

田口方法之第二階段爲參數設計，它是要找出產品、製程參數之最佳設定以降低產品品質之變異，參數設計包含決定一些具有影響性之參數，並以實驗設計之方式加以分析。實驗可經由實際作業或電腦模擬之方式進行，後者雖較爲經濟，但前提是要建立數學模式，用來描述輸出和參數之間的關係。透過實驗設計分析，我們可以將因子 (設計參數) 分爲：(1) 影響平均數和標準差 (見圖 14-7 之因子 *A*)、(2) 只影響標準差 (見圖 14-8 之因子 *B*)、(3) 只影響平均數 (見圖 14-9 之因子 *C*)、(4) 不影響平均數也不影響標準差 (見圖 14-10 之因子 *D*)。田口方法之參數設計分爲兩個步驟，一般稱爲兩階段最佳化。兩階段最佳化適用於望目品質特性之情況。步驟 1 是選擇設計參數以使得產品績效之統計量 (*S*/*N* 比) 能夠最大化。此步驟是利用 *S*/*N* 比與設計參數間之非線性關係，來決定參數之最佳設定值。其理念是降低產品績效之變異性，並建立一不受雜音影響之設計。由於使變異性最小之參數設定未必能使平均數符合目標值，因此第 2 步驟是決定能線性影響平均數但不影響變異性之參數，這些參數稱爲調整因子。這些因子將被設定以使得平均數能符合目標值。圖 14-11 爲兩階段最佳化之範例，其中反應變數爲屬於望目特性之電壓值，A 和 B 爲兩個設計參數。我們先選擇 A_2B_1 之組合以使得反應值之標準差爲最小 (圖中之分配 II)，但此時反應值之平均數並未能符合目標值，如果選擇 A_1B_1 之組合，我們可以使反應值之平均數符合目標值，但標準差並不理想 (圖中之分配 I)。若因子 B 爲只影響平均數但不影響標準差之調整因子，則在第二階段，我們可將因子 B 設在 B_2 水準。此時 A_2B_2 之組合將可以使得反應值之標準差爲最小，同時其平均數也能符合目標值 (圖中之分配 III)。

第三階段允差設計之目的是決定參數設計中之參數或因子的允許變動範圍。當參數設計所獲得之成效不能接受時，我們可縮小因子之變動範圍 (允差)，經過嚴格控制以進一步降低品質之變異性。另一方面，對於品質變異性較無影響之因子，我們可放寬其變動範圍，此可使製造較爲容易，以降低生產成本。

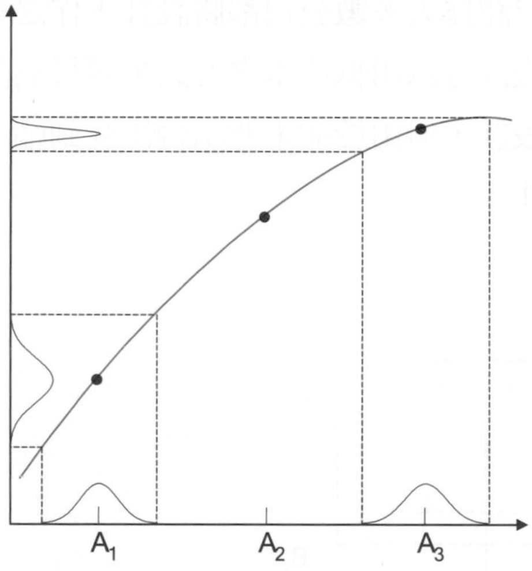

圖 14-7 影響平均數和標準差之因子

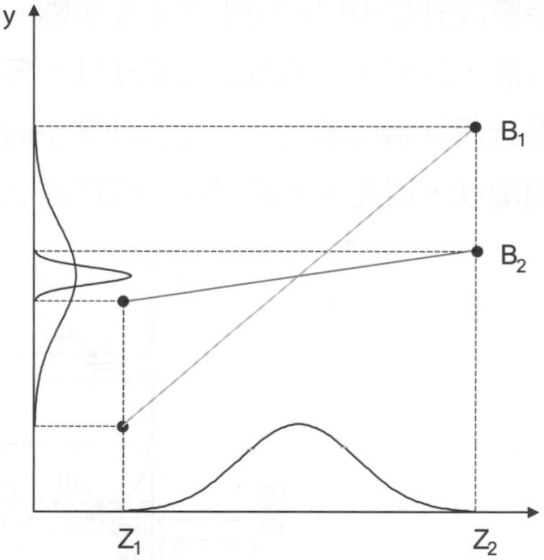

圖 14-8 只影響標準差之因子

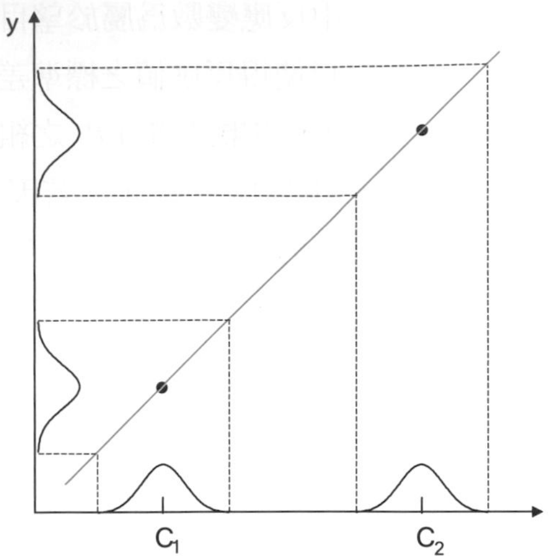

圖 14-9　只影響平均數之因子

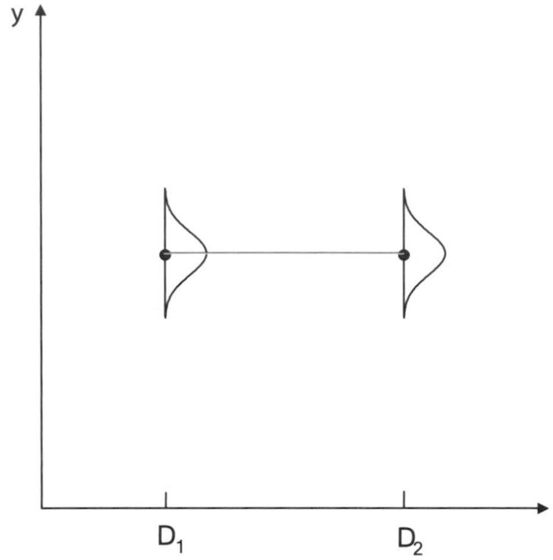

圖 14-10　不影響平均數也不影響標準差之因子

參數設計是田口方法中之重要步驟。田口認爲大多數公司都將設計工作之重點放在系統設計，忽略了參數設計之重要性。參數設計可以用低成本之方式來獲得高品質之產品。系統設計階段雖然可以獲得許多不同之設計，但由於並未測試輸出受到輸入因子影響之靈敏度，因此並未能獲得一個經濟之設計。

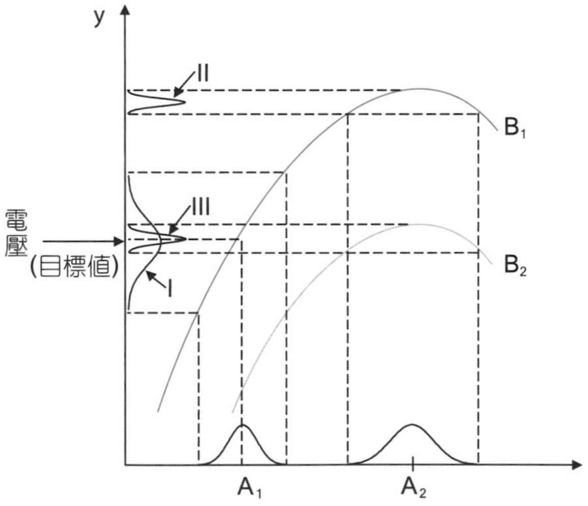

圖 14-11　兩階段最佳化之範例

田口方法可應用於產品設計或製程開發階段，若以電源供應器之產品設計爲例，田口方法之 3 階段內容說明如下：

1. 系統設計

   電源供應器之設計爲輸入 110V 之交流電，輸出允差爲 115±5V 之直流電。工程師可依專業知識選擇一個能滿足上述規格之線路設計。線路之設計包含選擇各項電子零件之種類，其目標值則是在參數設計中決定。

2. 參數設計

   此階段之工作爲決定各項電子元件的最佳值，以使得輸出能穩定保持在 115V。

3. 允差設計

   此階段之工作爲決定各項元件之允差。對於輸出影響大之元件，我們可採用精度等級高者。對於影響性較小之元件，則可考慮放寬其允差。

14.8 結　論

本章介紹田口之品質哲理和有關之技術、方法。田口所提出之品質損失函數是品管界中的一項創見，此函數將金錢、成本之觀念導入品質中，此項作法可使品質成爲一個組織內之共同語言。田口品質損失之觀念使品管重點由符合規格，提升到符合標準，且持續降低變異性。

田口之參數設計是根據穩健性之觀念，決定可控制因子的最佳設定，建立產品／製程之設計，以使得產品品質不受到不可控制因子之影響。參數設計可使業者以最低之成本，獲得最高之產品品質。

延伸閱讀

田口動態設計

在本章 14.4 節所介紹的 *S*/*N* 比公式是適用於靜態的品質特性。在靜態設計中，我們預期實驗之反應是一個單一固定值 (品質特性有一個固定的水準)。靜態設計之目的是要降低反應相對於一個固定目標值之變異性。在靜態設計中，所有分析的基礎是每一因子設定下之平均反應。

我們也可以在田口設計中加入一個信號因子 (signal factor)，建立一個動態反應設計 (dynamic response experiment) 來改善輸入信號和輸出反應值之間的功能關係 (functional relationship)。信號因子由設計工程師依據所開發產品的工程知識來選擇，以表達所想要的反應值。當反應值的目標值改變時，我們可調整信號因子，使反應值的平均數與目標值一致。我們可以說信號因子為固定時，產品／製程之設計是屬於靜態問題，非固定時稱為動態問題。

在動態反應實驗中，品質特性具有一個操作範圍，其範圍視系統之輸入而定。以音響為例，音量旋鈕可視為一個信號因子，反應為音量，我們希望音量應該與音量旋鈕之設定有一致之關係。以汽車之加速實驗而言，輸入信號為踩油門之壓力，動態反應為車子的速度。在射出成型時，藉由壓力的增加，可使產品的尺寸更接近模具尺寸。另外，電風扇的轉速設定是一信號因子，藉由轉速的設定可改變風量的大小。

理想上，輸入信號和輸出反應間應該要存在一個線性關係，而且反應變數要與信號成一比例關係。在穩健性之要求下，我們希望雜音對於此函數關係所產生之變異要愈小越好。對於動態設計，所有分析的基礎是由信號與反應數據所獲得之最佳配適直線 (迴歸線)。

在動態設計中，實驗可選擇迴歸線要穿過一反應參考值和信號值，或者可選擇無任何固定的參考點。在理想的函數關係下，配適線要穿過原點。在有些情況下我們可能選擇使配適線穿過一個非原點之參考點。若不使用任何參考點則要找出截距 (intercept)。假設 β 為迴歸線之斜率，σ 為迴歸分析所得到之標準差，則動態設計之信號雜音比公式為 (未使用調整公式)：

$$S/N = 10\log\left(\frac{\beta^2}{\sigma^2}\right)$$

以下列數據為例，實驗之反應值是在信號因子之每一個水準下量測 (每一個信號之下有 9 個觀測值)。若假設截距為 0，經由迴歸分析獲得斜率之估計值為 $\hat{\beta}=8.3675$，標準差之估計值 $\hat{\sigma}=5.3323$，因此 $S/N=3.9136$。

信號	反應值								
2	14.2	14.3	18.2	17.9	16.8	21.4	20.9	19.4	23.9
4	28.6	26.7	31.5	33.6	31.6	37.3	38.6	36.4	42.1
6	40.8	39.0	46.5	48.0	45.5	54.5	55.1	51.6	61.6

個案研究

田口實驗設計之應用

在一家生產鏡板和鏡面研磨的公司，改善小組利用田口品質工程之手法來改善銀鏡流漆製程條件。此小組採用的分析步驟包含：(1) 確認問題；(2) 腦力激盪確認因子；(3) 選擇因子之水準；(4) 選擇合適的直交表；(5) 討論試驗之工具及檢測方法；(6) 進行試驗；(7) 數據取得分析；(8) 最適條件組合；(9) 再現性試作；(10) 再現性結論報告；(11) 發表。表 14-8 為實驗因子和其水準的設定。此實驗採用L_{18}直交表。因子 *A*、*B*、*C*、*D* 和 *E* 分別配置在第 1、2、3、5 和第 8 行。此實驗之反應變數為膜厚，屬於望目特性。膜厚之量測方式是用 72*48 之試片等份 9 點利用千分表破壞性膜厚測量法得到量測值。根據此量測方式，整個實驗共有 162 個數據 (18*9)。表 14-9 為反應表 (原始數據)，圖 14-12 為反應圖 (*S* / *N* 比)。

表 14-8 因子和水準的設定

可控因子項目	水準			備註
	1	2	3	
A 高度	目前	下降1/4	－	
B 刀口寬度	0.5	0.6	0.7	±0.05
C 漆濃度	55	60	65	±3
D 泵速流量	39.9	41.9	43.9	以馬達頻率控制
E 通過漆幕速度	147	157	167	英呎 / 分
不可控因子與雜訊： 玻璃大小、厚度、管路暢通 補漆濃度、混合比、漆的供應商				

表 14-9 反應表

因素 / 水準		1	2	3
A	高度	38.42	42.24	－
B	刀口	28.5	40.88	51.57
C	濃度	41.17	39.6	40.18
D	流量	35.95	39.75	41.92
E	速度	42.25	40.08	38.62

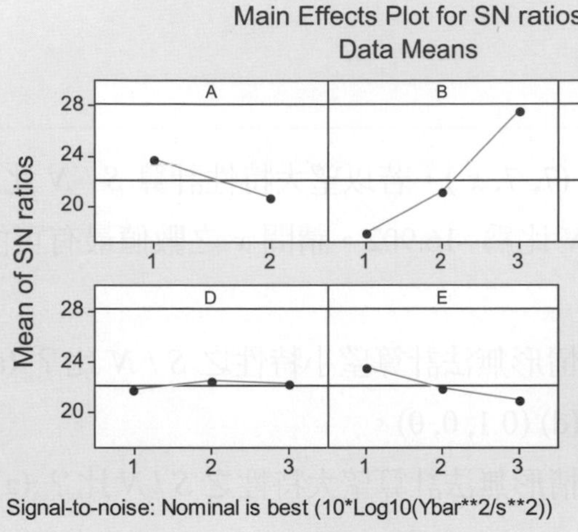

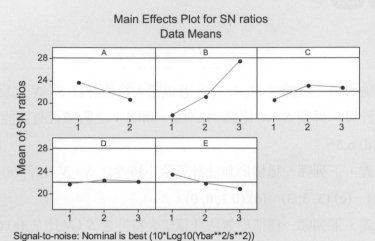

圖 14-12 反應圖

個案問題討論：

1. 本實驗之膜厚是在試片之 9 個位置量測，請討論「量測位置」是否可以看成是雜音因子。
2. 請說明此實驗為什麼有 162 個數據。
3. 人工計算容易出錯，以表 14-9 為例，請討論我們如何很迅速地確認計算之正確性。
4. 請根據圖 14-7 確認最佳製程條件。

資料來源：

1. 第一屆品質優良案例獎得獎案例精華輯，中國生產力中心，臺北，1991。

本章習題

一、選擇題

( ) 1. 假設實驗所得之數據爲 $(7, 7, x)$，若以望大特性計算 S/N 比爲 16.902，若以望小特性計算，得到 S/N 比爲 -16.902。請問 x 之數值最有可能爲？ (a) 0 (b) 2 (c) 7 (d) 6.5。

( ) 2. 根據定義，下列哪一種情形無法計算望小特性之 S/N 比？ (a) (0.1, 0.3, 5) (b) (0, 0, -1) (c) (3, 3, 3) (d) (0.1, 0, 0)。

( ) 3. 根據定義，下列哪一種情形無法計算望大特性之 S/N 比？ (a) (2, 2.5, 3) (b) (0, 5, 5) (c) (3, 3, 3) (d) (0.1, 0.2, 0.3)。

( ) 4. 下列哪一種情形之望大特性 S/N 比爲最大？ (a) (5, 5, 5) (b) (1, 2, 12) (c) (2, 2, 11) (d) (0.5, 0.5, 14)。

( ) 5. 在田口參數設計中，如果品質特性爲望大特性時，下列敘述何者正確？ (a) 最佳條件的估計值是利用效應較強之因子水準計算出來的 (b) 在選擇最佳因子水準時，由於品質特性爲望大，故 S/N 比須愈大愈好，若爲望小特性，則 S/N 比則需愈小愈好 (c) 信號雜音比計算：$S/N = -10\log(\sum_{i=1}^{n} y_i^2 / n)$ (d) 田口參數設計是以反應表與反應圖來判斷那個因子效應較強，但無法找出每個因子的最佳水準。

( ) 6. 在田口參數設計中，如果品質特性爲望小特性時，下列敘述何者爲非？ (a) 最佳條件的估計值係利用效果強之因素水準計算出來 (b) 估計最佳條件時，需用到實驗數據之總平均數 (c) 信號雜音比計算：$S/N = -10\log(\sum_{i=1}^{n} y_i^2 / n)$ (d) 提高 S/N 比，會增加品質損失。

( ) 7. 下列何者正確？ (a) 零件劣化是外部噪音 (b) 使用環境的影響是內部噪音 (c) 產品間之製造差異是外部噪音 (d) 罐裝水容量的差異是內部雜音。

( ) 8. 參數設計中，何者正確？ (a) 內側直交表要放噪音因子 (b) 外側直交表要放控制因子 (c) 數據分析可以使用 S/N 比 (d) 內側直交表放信號因子。

( ) 9. 下列哪一種直交表的行數最多？ (a) $L_8(2^7)$ (b) $L_9(3^4)$ (c) $L_{18}(2^1 \times 3^7)$ (d) $L_{27}(3^{13})$。

( )10. 下列哪一種直交表的列數最多？ (a) L_8 (b) L_9 (c) L_{12} (d) L_{32}。

(　)11. 若品質特性爲望小特性，下列哪一組數據之田口 S/N 比爲負值？ (a) $(1, \sqrt{2}, 0)$ (b) (1, 2, 0) (c) (0.3, 0.6, 1) (d) (1.1, 0, 1.2)。

(　)12. 下列哪一種直交表可以當作外側直交表？ (a) L_4 (b) L_8 (c) L_9 (d) 以上皆是。

(　)13. 假設品質特性屬於望目特性，數據 (4, 5, 6, 7, 8) 之 S/N 比與下列哪一組數據相同？ (a) (5, 6, 7) (b) (16, 14) (c) (0.4, 0.5, 0.6, 0.7, 0.8) (d) (4.1, 5.1, 6.1, 7.1, 8.1)。

(　)14. 若品質特性爲望大特性，下列哪一組數據之田口 S/N 比爲負值？ (a) (4, 5, 7) (b) (4, 3, 0.8) (c) (8, 0.3, 0.5) (d) (0.8, 12, 0.9)。

二、問答題

1. 討論田口之品質哲理。
2. 何謂品質損失？
3. 何謂參數設計？
4. 試以一特定之產品或製程說明田口之系統設計、參數設計和允差設計。
5. 討論影響電冰箱冷藏效果之雜音。
6. 討論影響汽車煞車距離之雜音。
7. 在田口實驗計畫法中，何謂兩階段最佳化？並請說明何種品質特性會使用到兩階段最佳化，爲什麼？
8. 請說明何謂靜態與動態之田口參數設計，並舉例說明之。

三、計算題

1. 假設工廠中廢水含某項重金屬不得超過 0.5%，否則會遭取締，其平均損失爲 \$10000，試求排放廢水的損失函數。
2. 假設某項產品高度之目標値爲 1.5 cm，若產品能在廠內重工，其成本爲 \$3.0/單位。已知損失函數之比例常數爲 125000，試計算製造允差。
3. 假設汽車零件之一項重要尺寸爲 $25 \pm 0.1\,mm$，若產品尺寸超過規格，則須更換，其平均成本爲 \$30.0，試求此零件之損失函數。
4. 假設汽車零件之強度若小於 $50psi$ 時，則須整修，其平均成本爲 \$1200，試建立此零件之損失函數。
5. 假設實驗設計所得之數據爲 55.2, 60.2, 61.3 及 52.8，若這些數據屬望小特性，試計算這組數據之 S/N 比。

6. 假設電視機輸出電壓之規格為115±20伏特，當輸出電壓超出規格時，則需要調整，其平均成本為 $200

(a) 計算比例常數。

(b) 某部電視機出廠時之電壓為 110 伏特，試計算其損失。

(c) 假設在生產線之最後一站，我們可以用每單位 $20 的成本重新調整輸出電壓，請問製造允差該設為多少？

7. 在一田口實驗設計之報表中，有一部分資料遺失，請將 (a), (b) 補齊。

A	B	C	D	Y1	Y2	Y3
1	1	1	1	90	91	90
1	2	2	2	63	62	69
1	3	3	3	42	48	48
2	1	2	3	59	53	51
2	2	3	1	27	28	30
2	3	1	2	60	50	48
1	1	3	2	24	27	26
1	2	1	3	50	42	40
1	3	2	1	20	20	18

```
Response Table for Signal to Noise Ratios
Larger is better

Level       A       B       C       D
1         (a)   33.97   35.39   31.28
2       32.66     (b)   32.18   32.88
3               31.07   30.13   33.54
Delta    0.14    2.91    5.27    2.26
Rank        4       2       1       3
```

8. 一個使用田口 L_4 直交表之實驗，其結果列於下表，請製作反應表和反應圖。

A	B	S/N
1	1	5
1	2	6
2	1	4
2	2	8

9. 一個使用田口 L_9 直交表之實驗，其結果列於下表，請製作反應表和反應圖。

A	B	C	D	S/N
1	1	1	1	6
1	2	2	2	7
1	3	3	3	4
2	1	2	3	5
2	2	3	1	6
2	3	1	2	8
3	1	3	2	6
3	2	1	3	4
3	3	2	1	2

10. 下圖為一個田口 L_9 直交表實驗之主效應圖 (亦即反應圖)。請在圖上標示 D_3 之平均反應值的位置，並說明如何決定此位置。

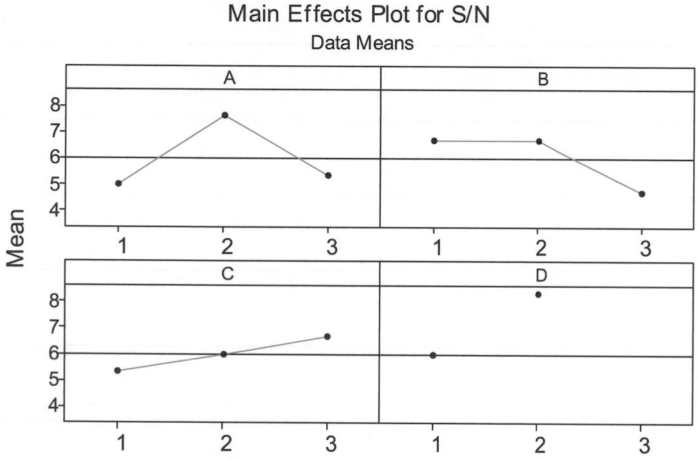

NOTE

Chapter 15

品質機能展開

章節概要和學習要點

企業之成長可以透過很多方式，例如：增加通路、增加對現有顧客之銷售量等，但最重要的是設計新的產品／服務或更新現有之產品／服務來取悅顧客並創造新的市場。品質機能展開是一種方法論，用來將顧客的心聲設計進入產品或服務。它是一種團隊使用的工具，可以將顧客需求之資訊，轉換為產品或服務之特性。本章之目的主要是在介紹品質機能展開之概念和運作方式。

另外，本章也將介紹狩野紀昭模型 (Kano model)。Kano 模型和品質機能展開之整合是目前的趨勢，Kano 模型之主要目的是協助公司內部的設計開發團隊，能夠發掘顧客的需求或要素，將它們分類並整合到開發中的產品／服務。

透過本課程，讀者將可了解：

- 品質機能展開之原理。
- 品質機能展開之主要工具－品質屋的製作。
- 品質機能展開之展開流程。
- 品質機能展開之應用。
- 狩野紀昭模型和品質需求要素。

15.1 品質機能展開概論

在現代之品質管理觀念下，我們希望在設計階段即已考慮顧客所提供之輸入情報。傳統上，顧客對於產品製造之涉入，只限於一些直接之輸入情報，例如：顧客抱怨、產品保證之數據和市場調查等。這些情報大多是在生產完成時才獲得，因此對於產品或製程之改善，並無法獲得顯著之效益。於 1970 年代開始，使用顧客提供之情報，作爲產品改善之方式，已有顯著之改進。在此新的方式下，我們是將顧客的輸入情報，轉換爲特定的產品特性和規格。品質機能展開 (quality function deployment, QFD) 即爲達成此目的主要工具之一。QFD 是在 1960 年代末及 1970 年代初，由日本石橋輪胎公司及三菱重工業公司所發展出來，但其正式名稱則是在 1978 年才由日本學者加以命名。

QFD 首先將顧客需求轉換爲工程要求，接著工程要求被轉換爲特定之產品規格。產品規格將會被轉換爲特定之製程或生產上之要求。QFD 可以使設計人員在設計過程中，對於產品有一個明確之目標。它可以縮短設計時間，及早注意到生產製造上之限制和優先性問題，並且有助於團隊合作和溝通。如此一來，可減少設計或工程上變更之次數，能使產品提早上市且具市場競爭力。QFD 之實施可參考 Sullivan (1986) 所提出之步驟，對於個案研究，讀者可參考赤尾洋二 (1991) 之著作。

15.2 品質屋

QFD 是以團隊合作之方式，根據顧客之心聲 (voice of the customer, VOC) 或顧客需求來設計產品或服務。QFD 所使用之主要工具爲一簡單之表格，稱爲品質表 (quality tables) 或品質屋 (house of quality)。圖 15-1 爲品質屋之基本圖形。顧客需求通常是列在品質屋之左側，包含主要需求、詳細內容和各項目之重要性評等。技術需求項目是置於品質屋之上方。品質屋之中心爲一個用來表示顧客需求和技術需求之關連性的關係矩陣 (relationship matrix)。顧客需求和技術需求之關連程度可以用不同之符號表示。品質屋之屋頂爲各項技術需求間之關係程度，關係程度也可以用不同之符號表示。在有些時候，我們會發現有些技術需求間會存在負相關性，例如在洗衣店中，「清洗完成時間」會與「去除污點」兩項技術需求間有負相關存在，這些發現將有助於及早協調各項衝突。

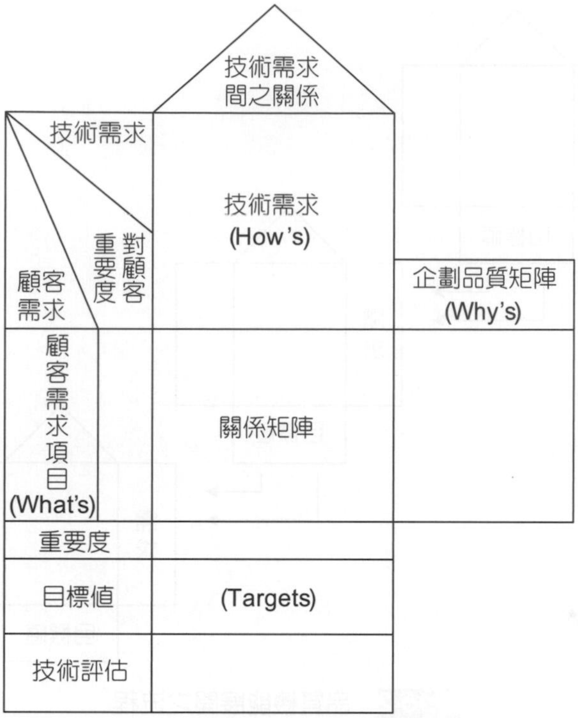

圖 15-1 品質屋

品質屋之右側爲一個企劃品質矩陣，用來彙整競爭評估 (competitive evaluation) 分析之結果。競爭評估是用來表示市場情報及顧客對於公司本身及主要競爭對手所提供之產品 / 服務的觀感。競爭評估也是用來表達公司及競爭對手滿足顧客需求之程度，它可以指出公司產品在競爭上之長處及弱點。利用此項情報，設計者可以發現改善的機會。另外，競爭評估也可以將品質機能展開與公司的策略、目標結合，指出設計過程之優先項目。例如某一項重要的顧客需求，競爭對手的績效並不佳，若公司重視此項目，將可以成爲公司的賣點 (selling points)，並成爲競爭上的優勢。在此階段，若能獲得顧客抱怨資料或產品保證之索賠方面之情報，可加強競爭評估之效益。綜言之，競爭評估有助決定顧客需求之重要性。

品質屋之最底部爲各項技術需求之目標值，這些目標值爲 QFD 活動之主要輸出，它們將構成下一層品質屋之「需求」部分。圖 15-2 顯示顧客心聲利用品質屋展開之流程。

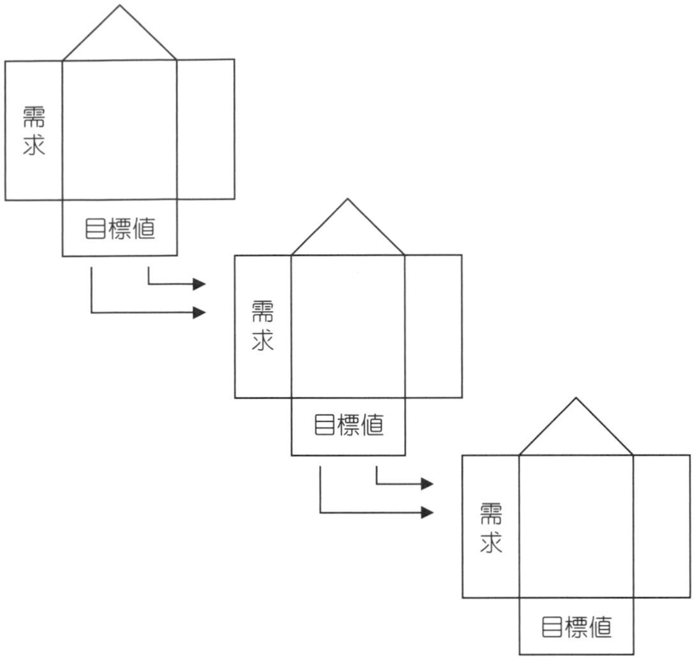

圖 15-2 品質機能展開之流程

15.3 品質機能展開之步驟

實施 QFD 時，首先要決定誰是顧客 (who) 和顧客想要什麼 (what)。顧客是指能從產品或服務獲得利益或受到影響之對象。當決定好顧客後，接下來要了解顧客之需求 (也稱爲顧客需求要素或要求品質)。顧客之需求或期望會隨時間改變，而且很難以語言之方式表示，即使能以語言表示，其涵義也很難理解。當顧客之需求或期望無法明確地以語言表示時，我們可以採用面談、問卷、市場研究數據、銷售部門、雜誌和特別的顧客意見調查或由 QFD 小組成員之知識或判斷來決定顧客之需求。另外，我們也必須注意有時購買者並非最終使用者，例如一般兒童玩具多由家長購買。

顧客之需求一般是以顧客之語言來表示而非技術性用語，例如：舒服、便宜等。有些時候，我們可能需要將一般性之需求項目再加以發展爲更明確之項目。例如在申請成績單時，學生之需求項目之一爲「可靠」，此特性可再發展爲成績單上無錯誤、成績單無法任意修改、成績單寄至正確地址、寄發時間可追溯等要求。在獲得顧客之各項需求後，我們將其分類，並且以階層 (hierarchy) 之方式排列。本書第 4 章所介紹的親和圖及樹狀圖適合用來完成此項工作。表 15-1 爲顧客需求展開之範例。

表 15-1 顧客需求展開之範例

顧客需求展開		
1 次	2 次	3 次
環境優雅	房屋設計好	屋內室溫適當
		新鮮空氣流通
		屋內外隔間好
	鄰近環境佳	交通便利
		自然環境良好
		教育環境良好
	安靜的環境	各房間隔音良好
		與屋外隔音良好
		無惱人的噪音

掌握到顧客需求後，接著要思考顧客之需求要如何達成 (how)，在 QFD 之應用中，此步驟相當於將顧客之需求轉換爲公司內部之技術需求。這些內部技術用語也稱爲替代品質特性、設計需求、設計特性、工程需求、工程特性、品質要素。它們代表一個公司如何 (the how's) 回應顧客的需求項目(the what's)。由於技術需求間會彼此影響，並無法單獨決定，故必須是整體性考量。技術需求最好以可量測之用語來表示，因爲這些技術需求需要加以管制並與目標值比較。技術需求也可分類，並以階層之方式排列 (請參考表 15-2)。顧客需求和技術需求之間可以用計量或定性之方式 (例如不同符號) 來表達它們之間的關係。例如：「◎」代表強相關 (9 分)；「○」代表中度相關 (3 分)；「△」代表弱相關 (1 分)。顧客需求必須至少與某一項技術需求有強烈之關係，否則表示技術需求並未完整地列舉。利用不同之符號表示可以很快地指出技術需求是否已完全涵蓋顧客的需求或期望。如果顧客需求和技術需求間沒有任何符號，或者大部分爲關係很弱之符號，則代表目前之產品設計將無法滿足顧客需求。圖 15-3 之關係矩陣顯示存在一個未被滿足的顧客需求 (E) 和一個多餘的技術需求 (f)。

表 15-2 技術需求展開之範例

1 次	居住性						
2 次	屋內環境性						
3 次	空間性	照明度	保溫度	防潮性	隔熱性	透氣性	流通性

顧客需求＼技術需求		a	b	c	d	e	f	g
A	6				○			◎
B	5	△		◎		△		
C	4			○	○			
D	3	◎		○				△
E	2							
F	9		◎			○		△

⇦ 未滿足（E）

⇧ 多餘（f）

圖 15-3 關係矩陣之檢討

品質屋之屋頂 (roof) 是用來表示每兩個技術需求之間的關係，稱爲相關矩陣 (correlation matrix)。不同的符號與權重可以用來表示不同之關係，目的是要區別正或負的相關。這些關係代表改變一項技術需求將如何改變其他的技術需求 (指出產品設計上之衝突)。分析時要特別留意正的相關，此代表相同的結果可以透過不同之方法來達成，我們可以採取相關措施以避免重複。我們也要注意負的相關，用來評估不同的技術需求間之權衡或抉擇 (trade-off)。解決權衡之問題需要一些創意，提早解決權衡之問題可以避免日後所產生之問題，並且可以創造顯著的競爭優勢和避免日後的重新設計。有關屋頂型矩陣圖，讀者可參考本書第 4 章。

由於產品必有競爭者，因此我們必須分析並決定產品之主要特色或賣點。此步驟包含由顧客對需求項目做一重要性評比及競爭評估 (competitive evaluation)。重要性評比可使業者了解改進項目之優先次序。競爭評估數據可讓業者了解顧客對其產品之看法和滿足顧客需求之競爭能力。簡單來說，競爭評估數據可指出業者之產品的弱點和強項。這些評估資訊來自調查、媒體上之情報、市場部門之回饋、銷售和服務部門所提供之資料。競爭評估數據要包含公司本身之產品和競爭者之產品資料。

競爭評估可以利用簡單的折線，比較公司和其他競爭對手的差異，請參考圖 15-4 之範例。競爭評估有時會以企劃品質矩陣方式彙整分析結果。企劃品質係透過競爭分析瞭解競爭廠商的市場評價，以及市場需求的重要度，決定今後設計的方向與定位。企劃品質矩陣包括七大項：顧客重視程度、公司水準、市場水準、企劃品質水準 (也稱爲品質提升度)、銷售重點、絕對權重和相對權重 (百分比權重)。顧客重視程度一般是以 1~9 分來評價。公司水準和市場水準可以用 1~5 分來評價。企劃品質水準等於 (市場水準 / 公司水準)。銷售重點是指對各項品質特性評價其賣點，一般是以 1.5 (絕對賣點)、1.2 (重要賣點) 和1 (一般性賣點) 三個等級來評價。一項顧客需求之絕對權重可表示爲：絕對權重=顧客重視程度×企劃品質水準×銷售重點，相對權重等於各要求品質之絕對權重的百分比。圖 15-5 爲企劃品質矩陣之範例。

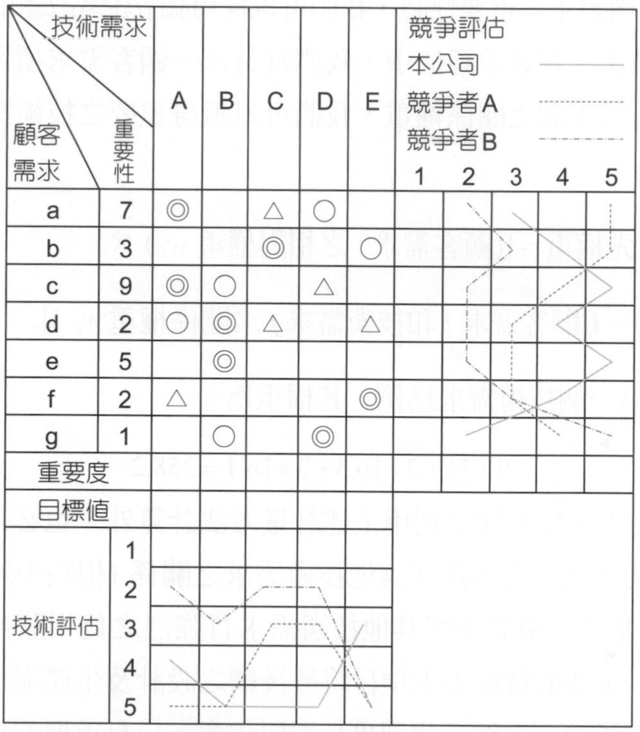

技術需求
顧客需求
重要性
A B C D E
競爭評估
本公司
競爭者A
競爭者B
1 2 3 4 5
a 7
b 3
c 9
d 2
e 5
f 2
g 1
重要度
目標值
技術評估
1
2
3
4
5

圖 15-4 競爭力評估之範例

顧客需求 ＼ 技術需求	形狀尺寸	重量	耐久性	點火性	操作性	設計性	話題性	顧客重視程度	競爭評估：本公司	其他公司：X公司	其他公司：Y公司	其他公司：Z公司	企劃：企劃品質	企劃：水準提升率	企劃：銷售重點	權重：絕對權重	權重：相對權重
① 能確實點著			○	◎	○			10	3	5	3	4	5	1.6	1.2	19.2	24.8
② 容易使用	◎	◎			◎			10	3	4	4	3	5	1.6	1.5	24.0	31.0
③ 可安心攜帶	○	△	◎	○		○		8	4	4	3	4	4	1.0	1.0	8.0	10.3
④ 可長時間使用			◎	○	○	△		6	3	3	4	3	3	1.0	1.0	6.0	7.7
⑤ 設計佳	○	○				◎	○	8	3	4	3	3	4	1.3	1.2	12.5	16.1
⑥ 愛不釋手		△	△		△	○	◎	6	3	4	3	3	4	1.3	1.0	7.8	10.1
重要度	358	347	247	277	386	214	139								合計	77.5	
目標值																	
技術評估：本公司																	
技術評估：其他公司 X公司																	
技術評估：其他公司 Y公司																	
技術評估：其他公司 Z公司																	

對應關係：
◎ 9：強相關
○ 3：中相關
△ 1：弱相關

圖 15-5 企劃品質矩陣之範例

完成競爭評估後，接下來要進行的是技術評估 (technical assessment)，包含：(1) 決定技術需求之目標值、(2) 公司及競爭對手在技術需求項目上之表現、(3) 決定各項技術需求的重要性。第一項及第二項代表公司及競爭對手達成技術需求之程度 (how much 或 how well)。在決定技術需求之重要性時，我們可以採用獨立配點法和比例配分法。以下之說明是採用獨立配點法。在競爭評估中，我們針對每一顧客需求項目計算出相對權重。經由顧客需求和技術需求間之關係權重，我們可以獲得重要之技術需求項目，以公式表示爲：

技術需求 j 之優先權重 = [(顧客需求 i 之相對權重 w_i) ×

(顧客需求 i 和技術需求 j 之關係權重 w_{ij})]

以圖 15-5 中之第一個技術需求爲例，其權重爲：

$$9\times 31+3\times 10.3+3\times 16.1=358.2$$

一項技術需求之重要性，除了利用上述計量方法計算外，也必須考慮到其他因素，例如：技術上的難易程度、成本及與其他技術需求之關係 (相關矩陣所呈現之正相關或負相關)。若一項重要之技術需求與其他技術需求有強烈之負相關存在時，必須妥善考慮如何設定目標值。重要的技術需求項目將於後續之設計及生產過程中繼續展開，以維持對顧客需求之回應能力。當然，我們也必須要注意，只有重要的項目才繼續展開，否則後續之品質屋將會非常龐大，難以管理。需要繼續展開之技術需求爲：與顧客需求有強烈關係之項目、與競爭對手比較屬於較差之項目和具有賣點之項目。圖 15-6 爲一簡單範例，彙整上述品質屋之內容。

當完成最上層之產品規劃後，我們可以再繼續展開，直到最後之生產作業階段 (如圖 15-7 所示)。根據完成品之技術需求，我們可以更深入地研究次系統和關鍵零件。我們必須找出影響完成品特性之零件特性，並以一矩陣分析產品特性和零件特性間之關係。在分析過程中所找到之主要零件特性則必須在後續階段繼續展開。

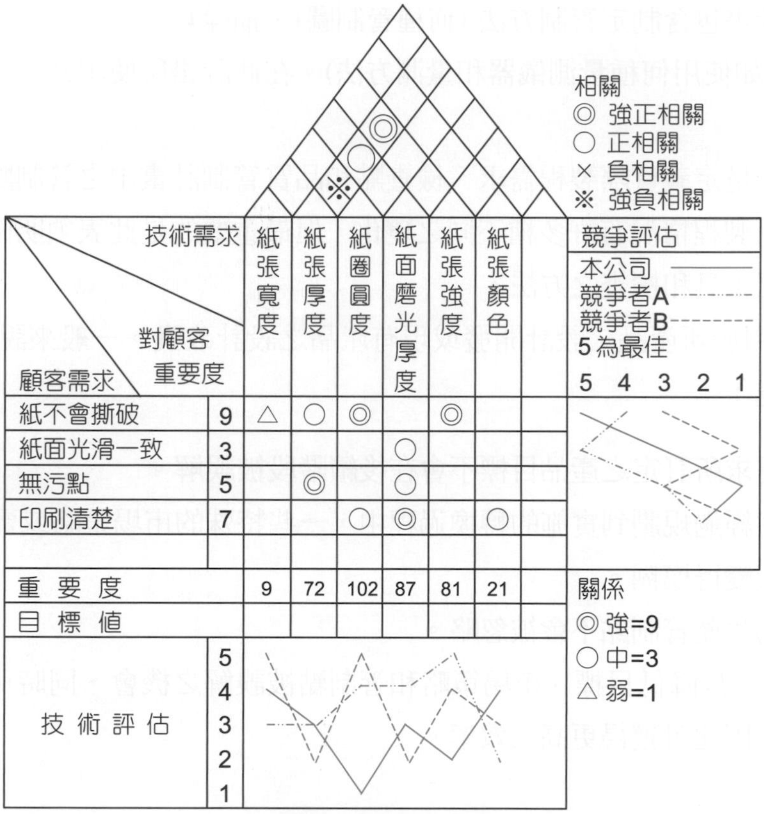

圖 15-6 品質屋之範例

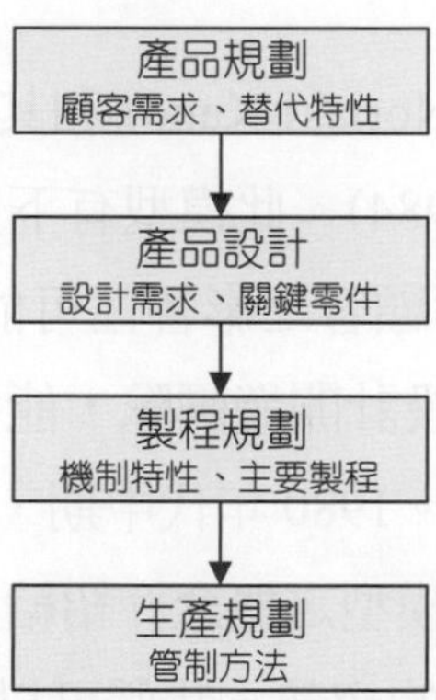

圖 15-7 QFD 的階段性

在製程規劃階段，主要是發展主要之零件管制特性和生產這些零件之製程間的關係矩陣。如果某一零件之管制特性受到製程影響，則此管制特性之參數被視爲一管制點，此管制點將用來建立品質管制計畫之數據和策略。主要製程參數則被視爲檢查點，並成爲作業指示和製程管制策略之基礎。

品質管制計畫包含制定管制方法 (何種管制圖)、抽樣頻率、樣本大小及每一管制點之檢查方法 (例如使用何種量測儀器和量測方法)。在此計畫所使用到之情報將被用來發展作業指示表。

作業指示表是定義實際製程需求、檢查點和品質管制計畫中之管制點的作業方法。作業指示表會依製程情況有許多種不同之變化，但最重要的是此表須明確定義所牽涉到之物件、檢查之工具和檢查之方法。

QFD 可應用於新產品之設計開發或現有產品之設計改良。一般來說，QFD 能給公司帶來下列好處：

1. 根據顧客需求所訂定之產品目標不會在後續階段被誤解。
2. 從市場評估經過規劃到實施的轉換過程中，一些特殊的市場策略或賣點 (sale points) 不會遺失或變得模糊。
3. 一些重要的生產管制點不會被忽略。
4. 由於 QFD 可以降低目標、市場策略和管制點被誤解之機會，同時可以降低工程變更之情形，因此可獲得更高之效率。

15.4 狩野紀昭模型

1980 年代日本學者狩野紀昭 (Noriaki Kano) 和其同事提出一個與產品 / 服務特性有關之顧客滿意模型 (Kano 等人，1984)。此模型有下列假設：並非所有之顧客需求都同等重要、解決不同之顧客需求，對顧客之影響性可能不一樣。狩野紀昭模型 (Kano 模型) 之主要目的是協助公司內部的設計開發團隊，能夠發掘顧客的需求或要素，將它們分類並整合到開發中的產品 / 服務。1980 年代中期，日本品管大師赤尾洋二 (Yoji Akao) 在美國介紹品質機能展開時，將此模型之概念介紹給西方國家，獲得熱烈的回應。Kano 模型和品質機能展開之整合是目前的趨勢。我們可以將 Kano 模型中的品質要素，整合到品質機能展開之過程。圖 15-8 為 Kano 模型，包含下列三種需求要素 (屬性)：

1. 期望品質

   期望品質或要求 (expected quality or requirements) 是顧客對於產品或服務之基本功能或特性之期待。此種品質出現 (或正常運作) 時，顧客會視為理所當然 (或者說這種需求即使被滿足，顧客通常也不會察覺)；但當它未出現 (或不能正常運作) 時會使顧客不滿意。由圖 15-8 可看出，當缺少此種品質時，將使顧客不滿意之程度急劇地以非線性之方式增加。通常顧客並不會提出此種需求，因爲顧客認爲這種品質是理所當然，本來就應該做好。此種品質需求即使再好，顧客的滿意度也不會增加，只是不會不滿意。由圖 15-8 我們可以看到編號「1」之曲線，沿著橫軸形成一漸近線 (滿意度的上限)。例如旅館的浴室提供 10 捲衛生紙，顧客的滿意度也不會增加 (除非拿回家當紀念品)，但是如果沒有提供衛生紙，顧客將會非常不高興，此種品質也稱爲不滿足因子 (dissatisfier) 或一定要有的 (must-be) 特性。此種要素之涵義說明即使沒有缺點也不代表顧客會滿意。

2. 一維品質

一維品質 (one-dimensional quality) 會使顧客滿意度線性改變，多數之顧客需求都屬於這一類。此種品質要越高越好 (公司才能留在市場)。當我們提供更多的一維品質時，顧客會更加滿意。例如：更多的容量、更低的成本、更高的可靠度、更快的服務速度、更容易使用。一維品質是屬於較容易量測之要素，因此，也常用於競爭分析。此種品質也稱爲滿足因子 (satisfier)、性能品質 (performance quality)、要求 (渴望的) 品質 (desired quality) 或正常需求 (normal requirements)。

3. 令人興奮的品質

令人興奮的品質 (exciting quality) 是產品或服務超乎正常之功能或特性，當顧客第一次接觸到它時，會產生愉悅的驚喜。即使沒有此種品質仍可滿足顧客，顧客也不會抱怨。由圖 15-8 我們可以看到編號「3」之曲線，沿著橫軸形成一漸近線。此種品質通常會使顧客滿意度非線性提升。顧客通常沒有此種品質需求之知覺 (因爲是超出預期的)，企業有責任發掘此種需求，因爲它具有獲得較高回報之潛力。此種品質通常是無形或不可見的，當此特性出現時，會使顧客滿意，而成爲有形且可見的。此種品質也稱爲取悅因子 (delighters)、魅力品質 (attractive quality)、超乎預期的品質 (unexpected quality)、潛在需求 (latent) 或隱藏需求 (hidden needs)。

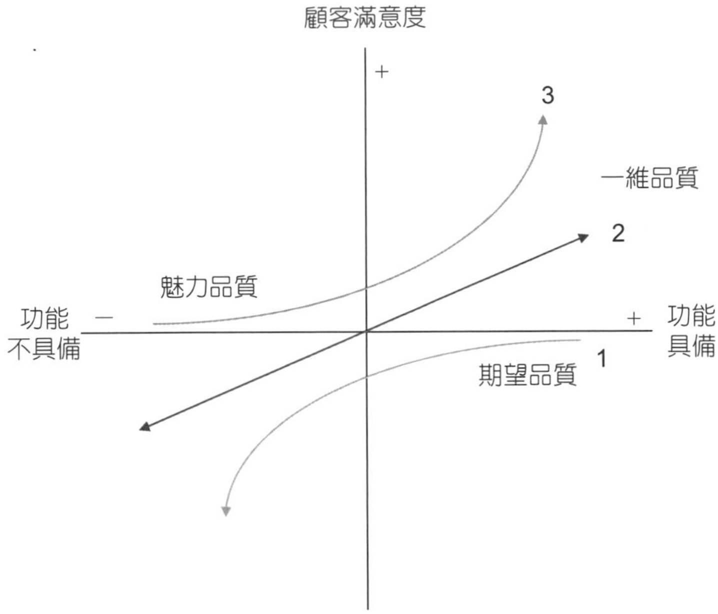

圖 15-8 狩野紀昭模型

我們必須注意，品質或者顧客需求具有時間動態特性，它們會隨著時間、技術而改變。令人興奮的品質可以用來創造新的市場，獲得短暫的競爭優勢。但隨著時間，此種品質通常會變成一維品質 (因爲競爭對手可以抄襲或複製)，例如：披薩店宣稱 30 分鐘內送達；「George and Mary」現金卡。另外，像汽車內之安全氣囊、防鎖死煞車系統、DVD、倒車雷達等配備，在早期都是屬於令人興奮的品質，但隨著科技的進步和製造成本的降低，這些項目目前都只能算是基本配備。

除了上述三種品質要素外，還有無差異品質要素 (indifferent elements) 和反向品質要素 (reverse elements)。無差異品質指的是不論功能充足或不充足，都不會令顧客的滿意度提升或感到不滿；反向品質也稱爲逆向品質，代表著當一種功能出現時反而會造成顧客的不滿意，相反的，當功能未出現時反而會令顧客的滿意度提升。

我們一般是利用問卷調查的方式來對品質要素加以分類 (參見表 15-3)。對於每一個問項提出正 (品質要素充足 / 存在)、反 (品質要素不充足 / 存在) 兩面的狀況，讓填卷者能夠在「喜歡」、「一定要有」、「沒感覺 (neutral)」、「能忍受」、「不喜歡」的五個喜好度上，勾選出個人所認同的感受選項。一項品質要素可以由正面及反面陳述所得到的一組答案，依據表 15-4 之品質要素詮釋表，來將其分成 6 類。除了上述 5 種品質要素外，另外一項是無效品質要素 (questionable elements)。 無效品質要素是指顧客的反應存在矛盾，可能是顧客對問題有所誤解，或是對品質要素本身的了解不夠。以表 15-3 爲例，如果品質要素之正面陳述的回答爲「(1) 喜歡」，而反面陳述的回答爲「(3) 沒感覺」，則依據表 15-4，此項品質要素將歸類爲魅力品質。

另外，不同顧客對品質要素之具備與否，可能會有不同之滿意程度，亦即不同之顧客對一品質要素可能會有不同之歸類。例如某甲認爲A品質要素是魅力品質，而某乙則認爲是一維品質等等，一般的處理方式是以「顯著多數」之方式來歸類，請參考表 15-5 之分類範例。

表 15-3　品質要素之問卷範例

問　　題	回　答
1(a). 如果汽車駕駛座坐椅具有加熱功能，你覺得如何？	□ (1) 喜歡 □ (2) 一定要有 □ (3) 沒感覺 □ (4) 能忍受 □ (5) 不喜歡
1(b). 如果汽車駕駛座坐椅沒有加熱功能，你覺得如何？	□ (1) 喜歡 □ (2) 一定要有 □ (3) 沒感覺 □ (4) 能忍受 □ (5) 不喜歡

表 15-4　品質要素詮釋表

		反面陳述				
		1	2	3	4	5
正面陳述	1	無效	魅力	魅力	魅力	一維
	2	反向	無差異	無差異	無差異	一定要有
	3	反向	無差異	無差異	無差異	一定要有
	4	反向	無差異	無差異	無差異	一定要有
	5	反向	反向	反向	反向	無效

表 15-5　品質要素之判定

顧客需求	魅力	一定要有	一維	反向	無效	無差異	總分	級別
1	1	1	*21*				23	一維
2		*22*			1		23	一定要有
3	*13*		5			5	23	魅力
…	6	1	4	1		*11*	23	無差異
…	1	*9*	6	1		6	23	一定要有
…	7		2	3	1	*10*	23	無差異

在 Kano 模型中，另一個需要考慮的因素是顧客區隔 (customer segments)。例如：在國內航線提供魚子醬是一種令人興奮的品質，但對於國際航線頭等艙之顧客而言，這只是一種期望品質。

了解品質要素之類別，有助於公司作出正確的決策。一個具備競爭力的產品必須具備期望品質要素，將一維品質要素極大化，並根據市場的接受程度盡可能提供令人興奮的品質要素。根據 Kano 模型，企業必須採取下列策略。首先，企業要先滿足顧客之所有基本期望品質，否則公司將被迫退出市場，滿足顧客對一維品質的需求，公司也只能在市場上屹立不搖而已。公司必須盡可能創造和提供令人興奮之品質，以獲得市場區隔及競爭優勢。因爲令人興奮之品質所獲得之優勢，將因爲競爭對手趕上而消失，爲了維持競爭優勢，企業必須依賴持續之創新。

15.5 結 論

QFD 可以保證顧客的需求能夠被轉換爲產品或製程的設計。QFD 矩陣一般來說相當龐大，它可能包含 30 至 100 項顧客需求。QFD 之最終結果爲設計和生產計畫，它不僅可以達成顧客的需求，同時也可以加強一個組織的溝通。在 QFD 發展過程中，我們會對技術性、成本、可靠度或安全因素等加以研究探討，能夠發現一些潛在之問題並加以處理，此能夠降低產品或製程之開發時間。

將 Kano 模型與品質機能展開整合是目前的趨勢。透過 Kano 分析可以協助公司內部的設計開發團隊，發掘顧客的需求要素，並將它們分類，整合到開發中的產品／服務。

本章習題

一、選擇題

( ) 1. 下列關於品質機能展開之敘述，何者為錯誤？ (a) 源自於日本的一種品管手法 (b) 主要工具為品質屋 (c) 用來將顧客的心聲設計進入產品或服務 (d) 以上皆非。

( ) 2. 品質屋是哪一種工具的應用？ (a) 特性要因圖 (b) 箭頭圖 (c) 矩陣圖 (d) 親和圖。

( ) 3. 下列關於令人興奮的品質之敘述，何者為錯誤？ (a) 即使沒有此種品質仍可滿足顧客，顧客也不會抱怨 (b) 此種品質通常會使顧客滿意度非線性提升 (c) 顧客有此種品質需求之知覺 (d) 企業有責任發掘此種需求。

( ) 4. QFD 的主要精神，乃是欲將____轉換為公司的要求。(a) 顧客的聲音 (b) 員工的要求 (c) 供應商的聲音 (d) 主管的要求。

( ) 5. 在品質屋的屋頂所表達的是 (a) 顧客需求 (b) 技術需求之間的相互關係 (c) 技術評估 (d) 競爭力評估。

( ) 6. 在 Kano 模型中，會使顧客滿意度線性改變的是哪一種品質？ (a) 理所當然的特性 (b) 性能 (performance) 品質 (c) 潛在需求 (d) 一定要有的品質。

( ) 7. 能夠協助設計工程師將顧客需求融入設計的是哪一種技術／手法？ (a) SPC (b) QFD (c) SQC (d) FMEA。

( ) 8. 在 Kano 模型中，會使顧客滿意度非線性改變的是哪一種品質？ (a) 正常需求 (b) 性能 (performance) 品質 (c) 潛在需求 (d) 滿足因子。

( ) 9. 下列敘述何者為正確？ (a) Kano 模型是屬於二維品質模型 (b) 無差異品質屬性對企業而言是一種浪費，因此要能省則省 (c) 反向品質對企業來說是一種傷害，故要盡可能避免 (d) 以上皆是。

( )10. 在品質機能展開之品質屋中，關係矩陣 (relationship matrix) 是屬於哪一種矩陣圖？ (a) C型 (b) X 型 (c) Y 型 (d) L型。

( )11. 在品質機能展開之品質屋中，相關矩陣 (correlation matrix) 屬於哪一種矩陣圖？ (a) Z型 (b) 屋頂型 (c) X 型 (d) L 型。

(　)12. 在品質機能展開中，位於品質屋底部的是哪一項？ (a) 關係矩陣　(b) 市場競爭評估　(c) 技術評估　(d) 相關矩陣。

(　)13. 魅力品質與下列哪一項不同？ (a) 隱藏需求　(b) 潛在需求　(c) 令人興奮的品質　(d) 性能品質。

(　)14. 在品質機能展開之品質屋中，技術需求適合以哪一個英文字來表達？ (a) What　(b) Why　(c) How　(d) Target。

(　)15. 在品質屋中，顧客需求項目和技術需求間之關係，是置於哪一個矩陣？ (a) 競爭評估矩陣　(b) 關係矩陣　(c) 相關矩陣　(d) 技術評估矩陣。

(　)16. 在 Kano 模型中，哪一種需求即使被滿足，顧客通常也不會察覺？ (a) 一維品質　(b) 期望品質　(c) 性能品質　(d) 潛在需求。

(　)17. 下列哪一種品質即使不存在，顧客也不會抱怨？ (a) 令人興奮的品質　(b) 性能品質　(c) 一定要有的特性　(d) 反向品質。

(　)18. 在品質機能展開中，競爭評估不需要考慮下列哪一個項目？ (a) 銷售重點　(b) 顧客重視程度　(c) 技術能力　(d) 水準提升率。

(　)19. 顧客對某一項品質要素之正面和反面陳述的回應，分別乃是「喜歡」以及「不喜歡」。根據 Kano 模型之定義，此項品質特性應該被歸類爲？ (a) 一維品質 (b) 一定要有　(c) 相反　(d) 無效。

(　)20. 顧客對某一項品質要素之正面和反面陳述的回應，分別爲「喜歡」和「喜歡」。根據 Kano 模型之定義，此項品質特性應該被歸類爲？ (a) 魅力　(b) 反向　(c) 無效　(d) 無差異。

(　)21. 根據 Kano 模型，滿足下列哪一種需求要素要仰賴不斷的創新？ (a) 一維品質　(b) 一定要有的特性　(c) 理所當然的品質　(d) 令人興奮的品質。

二、問答題

1. 根據下列 QFD 關係矩陣回答下列問題。

		技術需求							
顧客需求	重要度	a	b	c	d	e	f	g	h
A	10	9	9	1			9		1
B	6		3	3	9				
C	3	1			1		3		9
D	3	9				1			1
E	1		3				1		1
F	5								
G	5				3		9		3

(a) 哪一項技術需求影響顧客需求之項目最多？
(b) 請指出此關係矩陣不完善之處。
(c) 請指出需要繼續展開之技術需求 (3 項)。

2. 試以學生向教務處申請成績爲例，以 QFD 之方法建立品質計畫。
3. 試以自助洗衣店爲對象，列出顧客需求和技術需求。
4. 試以自助餐店爲對象，列出顧客需求項目，並予以分類。
5. 請以飯店爲例，舉例說明期望品質、一維品質和令人興奮的品質。
6. 請針對下列產品：(a) NoteBook 電腦 (b) 轎車，說明其品質要素，由過去屬於令人興奮的品質變成一維品質或期望品質。
7. 請針對下列項目：(a) 醫院 (b) 銀行，列出期望品質、一維品質和令人興奮之品質。

NOTE

Chapter 16

服務業之品質管理

章節概要和學習要點

全球經濟體系中，服務業占據了龐大的市場。在服務業中，服務品質不易量化，因此比製造業之產品品質更不易衡量。本章將先介紹服務業的定義，及一些特有的性質和特徵。本章也將探討服務業與製造業之比較，並說明有關服務品質之代表性定義，和學者對服務品質特性之看法。最後將說明傳統品質管制和改善方法在服務業之應用。

透過本課程，讀者將可了解：

- 服務業之定義與分類。
- 服務業與製造業之區別。
- 服務品質之評估。
- 提升服務品質之設計與應用。

16.1 概 論

在整個經濟結構中，服務業是一個很重要的經濟活動，超過 70% 之就業機會是與服務業有關，而且此比率正逐漸增加。一般而言，本書先前介紹之品管方法和技術都可應用於服務業，但服務業與製造業之品質特性仍有差異，因此服務業之品質量測過程和管理重點仍與製造業有些不同。服務業除了要考慮技術層次來滿足顧客需求外，同時還要考慮執行服務之人員的行爲因素。

在服務業中，由於服務品質不易量化，因此比製造業之產品品質更不易衡量。以航空公司爲例，由於有預定之時刻表，因此班機是否延誤屬可以量化之特性，但是顧客滿意程度也受到其他行爲因素所影響，而且很難量化，例如：服務人員和售票人員之服務態度。服務品質之評估不僅是看結果，而且也牽涉到服務之傳遞 (delivery) 過程。

在本章中，我們將先介紹服務業的定義，並將其特性與製造業比較。對服務業或顧客而言，服務品質比一般製造業的有形產品品質更難衡量，因此本章也將對服務品質的定義作一說明。最後我們將探討傳統品管手法在服務業之應用。

16.2 服務與服務業的特性

一國之工業可概分爲製造業和非製造業。製造業是指將原料加工而成爲物品之行業，非製造業包含服務業和農、礦業。服務是指爲他人所做的工作，接受服務的對象可爲一般消費者或一個機構。服務業包含政府部門、民間營利和非營利機構。政府部門中，屬於服務業的有郵局、消防、國防機構、就業輔導機構等。藝術、團體、博物館、各式基金會等都算民間非營利服務業。交通事業、銀行業、旅館業、房地產公司、管理顧問公司等則是屬於具有營利性質之服務業。

服務業之劃分方式很多，有的學者是從提供服務者與接受服務者雙方接觸的時間長短將服務業劃分爲 (1) 高接觸性服務業，例如電影院、大眾運輸、學校；(2) 中接觸性服務業，例如銀行、律師、房地產公司等；(3) 低接觸性服務業，例如資訊中心、郵電等行業。若以服務範圍來區分可分爲商業服務業、個人服務業及社會服務業。商業服務業是指由公司提供服務給顧客，如商店買賣和批發、金融機構、餐飲服務等。個人服務業是指由個人提供服務給顧客，如律師、醫師、美容、顧問。社會服務業指爲全社會提供公共服務的機構，如政府、宗教及各種社會工作單位。若以服務成分的高低來區分，可

分爲 (1) 高服務成分服務業，如旅館、理髮業；(2) 中服務成分服務業，例如：餐飲業、修理業等；(3) 低服務成分服務業，例如：汽車旅館、自助商店。圖 16-1 的分法是將服務業分成下列 3 項：以人員爲主、以設備爲主和介於兩者之間的混合式。

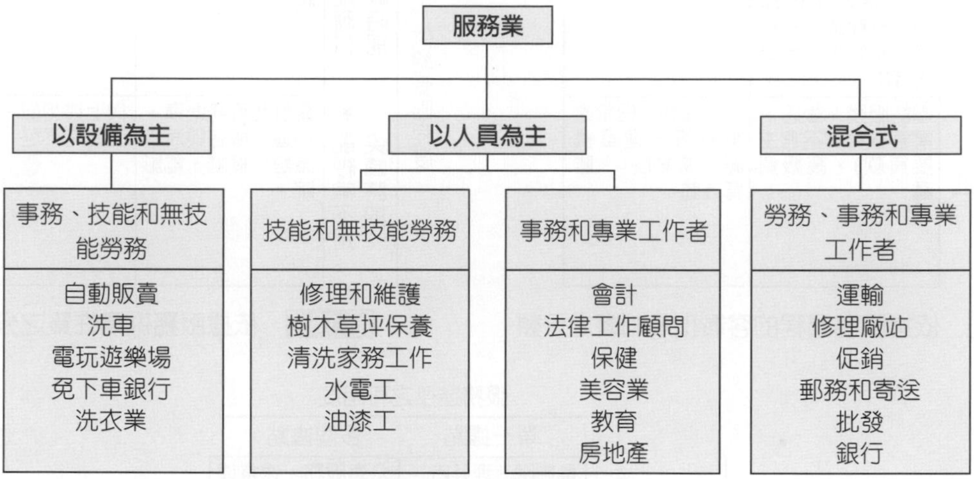

圖 16-1 服務業之分類

Lovelock (1983) 建議根據 (1) 服務行爲性質；(2) 組織與顧客間關係；(3) 服務過程的客製化及判斷；(4) 服務供需性質；(5) 服務提供方式來將服務業分類，一些範例請見圖 16-2~16-6 之說明。

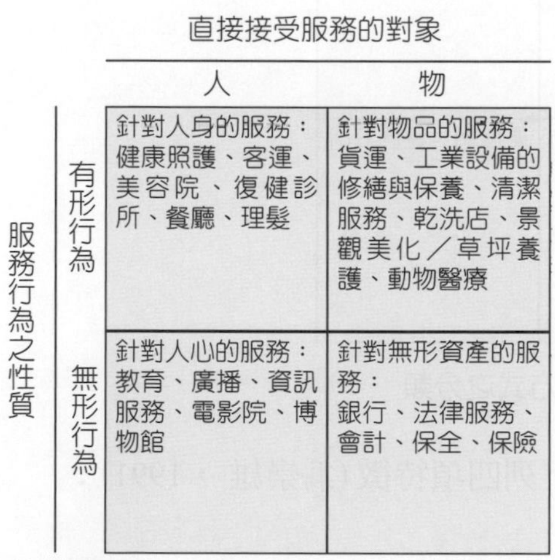

圖 16-2 依據服務行為性質之分類

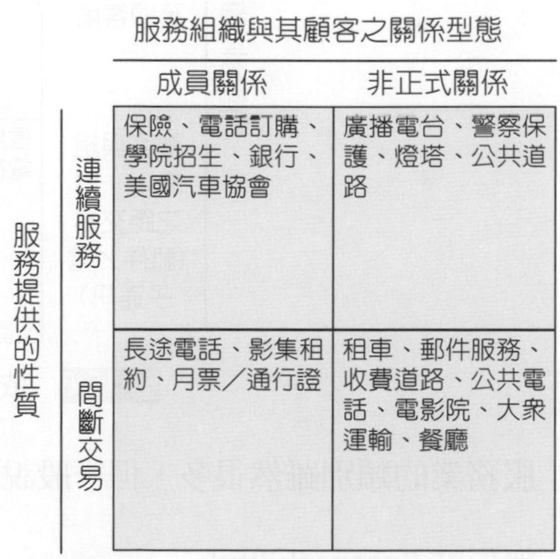

圖 16-3 依據組織與顧客間關係之分類

服務人員依顧客需求判斷的程度 ＼ 客製化服務程度	高	低
高	法律服務、健康照護／手術、建築設計、人力資源公司、房地產代理商、計程車、美容師、鉛管工、教育(家教)	教育(大班級)、預防保健計畫
低	電話服務、飯店、零售銀行(不含主要貸款)、高級餐廳	大眾運輸、日常家電維修、速食餐廳、電影院、體育運動

圖 16-4 依據服務過程的客製化及判斷之分類

供給受限程度 ＼ 需求變動程度	大	小
尖峰時期尚能應付	電力、天然氣、電話、醫院婦科、警察與消防之緊急任務	保險、法律服務、銀行、乾洗店
尖峰時期產能經常不足	會計和稅務準備、客運、飯店與汽車旅館、餐廳、電影院	與上述相似，但產能經常不足

圖 16-5 依據服務供需性質之分類

顧客與服務組織互動性質 ＼ 服務途徑之可用度	單一據點	多個據點
顧客至服務組織處	電影院、理髮店	公車服務、速食連鎖
服務組織至顧客處	草坪養護服務、有害生物防治、計程車	郵件遞送、美國汽車協會緊急維修
顧客與組織以一臂之距交易(郵件／電子通訊)	信用卡公司、地方電視台	廣播網、電信公司

圖 16-6 依據服務提供方式之分類

服務業的類別雖然很多，但一般說來都具有下列四項特徵(翁崇雄，1991)：

1. 無形性 (intangibility)

服務最重要也是最明顯的特徵是無形性。顧客在購買一項服務之前，無法知道服務的內容與價值，在購買服務後，服務過程隨即消失，只能從感覺上主觀的評價和衡量它的品質與效果。

2. 不可分離性 (inseparability) 或同時性 (simultaneity)

在多數情形下，服務的生產過程和消費過程在空間和時間上是同時並存。

3. 易消滅性 (perishability)

服務不具有形產品之儲存功能，它無法因應尖峰需求而預先儲存。例如飛機起飛時，即使有空位也無法留至下班次使用。

4. 異質性 (heterogeneity) 或變異性 (variability)

此特徵是指服務的不穩定性和多變性。同一項服務，常由於服務供應者與服務時間、地點的不同，而有許多不同的變化。不同人員所提供的服務或相同一個人所提供重複的服務都不可能完全相同。另外，消費者之體會也影響服務之變異性。

服務本身具備一些特有的性質和特徵，它與製造業有一些差別 (見表 16-1)。在製造業中，當求過於供時，生產可先接受訂單，隨後再補足。但在服務業中，服務之功能具有時間上之限制。由於服務之易滅性，服務無法預先生產，亦無法以存貨方式調節供需，例如交通事業在離峰期之空位不能保留給尖峰時間使用。

在服務業中，生產者與消費者之關係也與製造業不同。對於製造業，產品的製造過程是由生產者所控制，雖然生產者會依據顧客之需求來設計產品，但在產品與製程設計完成後，顧客並無法影響生產過程中之產品品質。在服務業中，提供服務者與顧客兩者都參與服務傳送過程 (前述之同時性)。例如：在醫院中，醫生或護士和病人互動以提供服務，病人之回應將會影響服務傳送之方式。

表 16-1 製造業與服務業主要特徵對比

製造業	服務業
產品品質可由設計、製造來達成	服務品質只能設計在服務過程
產品設計著重工程因素	服務設計著重人性因素
有形及可見產品	無形產品
資本密集	勞力密集
產品較易儲存	產品不易儲存
顧客很少親自參與製造過程	顧客親自參與服務過程
個人化產品不常見	個人化產品十分常見
顧客之滿意程度可以很容易量化	顧客之滿意程度不容易量化
顧客提供產品之正式規格	規格並不須由顧客提供

產品規格之設定也是區別製造業與服務業的因素之一。在製造業中，顧客對於產品正式規格之設定有直接的影響。影響顧客滿意度之品質特性，會在產品設計階段被

考慮。對於某些服務業，顧客並無法對服務品質提供任何正式之規格 (由於服務之無形性)，例如公共事業中，電力公司、電信局和瓦斯公司是由政府單位來管理。

區別製造業和服務業之最後一項因素是有關於品質之量測和評估。在製造業中，產品之品質特性可以很容易地量化；相反地，在服務業中，多數服務之品質特性不易被量化，因爲在服務傳遞過程中牽涉到提供服務者之行爲表現。另外，當顧客對服務不滿意時，我們很難診斷其原因；而在製造業中，產品不被顧客接受時，通常是因爲產品無法符合某項規格。製造者可以很容易的診斷出問題之原因和規劃對策，透過產品及 / 或製程之改變來改善品質。

16.3 服務品質與衡量

如同製造業的產品品質，學者對於服務品質之定義並沒有一致之看法。本節彙整一些有關服務品質之代表性定義及看法。

杉本辰夫 (1986) 將服務品質分成下列 5 類：

1. 內部品質 (internal qualities)

   內部品質是指使用者看不到的品質，例如：各種設施以及設備的保養與維護。

2. 硬體品質 (hardware qualities)

   硬體品質是指使用者看得到的品質，例如：飯店的室內裝潢、交通工具的座位舒適程度、圖書館的照明亮度等。

3. 軟體品質 (software qualities)

   軟體品質是指使用者看得見的軟性品質，例如：不當的廣告、帳單金額算錯、銀行記帳錯誤、電腦的失誤、送錯商品、交通意外事故、電話故障、商品缺貨、污損等都是軟體品質不良的例子。

4. 即時反應 (time promptness)

   即時反應是指服務時間與迅速性，例如：排隊等候的時間、服務人員前來接待的時間、申請訴怨或修理的答覆時間、服務員到現場的時間、修理時間等。

5. 心理品質 (psychological qualities)

   心理品質是指服務提供者有禮貌的應對、親切的招待、員工敬業精神等。

Mitra (1993) 將服務之品質特性分為下列 4 類：

1. **服務人員之行為及態度**

與服務人員之態度有關之特性包含禮貌、提供服務之意願、細心程度和自信等。上述特性有些可以經由訓練獲得，而另一些特性則是與個人本質有關。另外，經由應徵人員之篩選或適當之工作指派也可以獲得較佳之服務品質。

2. **時效性**

由於多數之服務都不能儲存，因此適時提供服務將會影響顧客之滿意程度。屬於時效性之品質特性有獲得服務前之等待時間、服務完成所需之時間等。

3. **服務不合格點**

服務不合格點 (service nonconforming) 是考慮實際成效偏離目標值之情況，例如餐廳每 100 位顧客之抱怨數、醫療機構中每 100 位顧客帳單錯誤數目。

4. **設施有關之特性**

與服務有關之設施的實體特性也會影響顧客之滿意程度，例如餐廳之裝潢、旅館之娛樂設備等。

國內學者楊錦洲 (1993) 將影響服務品質的特性分成 5 類，這些特性與 Mitra (1993) 所考慮的特性類似，其內容列於表 16-2。

表 16-2　評估服務品質之屬性 (I)

	特性				
	時間	服務人員	服務方式	服務本身	設施與位置
範例	預訂時間 等候時間 回應時間 服務時間 事後服務時間 交貨時間 延遲時間 保證時間 修正之時間	服務的態度 耐心的聆聽 理解的能力 溝通的能力 詳盡的說明 禮貌與儀容 技術與能力 服務的正確性 對顧客的尊重	回應與接待 符合顧客要求 服務品質的一致性 先到先服務 錯誤次數與比率 修正之品質 負責之態度 服務之價格 後續服務 主動徵詢顧客意見	商品的品質 商品的種類 商品是否齊全 服務之項目 合乎顧客口味 服務項目之完整性 服務之適合性	地點之便利性 停車之便利性 環境的好壞 服務場所的整潔 設施的安全性 設施的便於使用 設施的舒適 設施的維護 設施的故障率

(資料來源：楊錦洲，1993)

服務品質是來自於顧客事前期望與事後評價兩者間的比較。Sasser 等人(1978) 認為衡量服務品質應包含以下七個構面：安全 (security)、一致性 (consistency)、態度

(attitude)、完整性 (completeness)、調節性 (condition)、可用性 (availability) 和即時性 (timing)。安全性是指顧客對服務系統信賴的程度。一致性則指服務應齊一、標準化，不會因服務人員、地點或時間的不同而有所差異。態度是指服務人員的態度親切有禮。完整性是指具有周全之服務設備。調節性是指能依據不同顧客的需求而調整服務。可用性是指交通之方便性。即時性是指在顧客期望的時間內完成服務。

Berry 等人 (1985) 將一般顧客在評估服務品質時所考慮之屬性分為 10 項(見表 16-3)。接近性是指服務業者易於請求、易於聯繫、易於接近且很容易接觸。溝通是指服務人員能夠耐心的聽顧客的陳述，並以適當的表達方式(依顧客層次使用適當的語言和文字) 向顧客說明。勝任性是指服務人員具有提供服務所需之相關技能和知識。禮貌是指服務人員態度親切、有禮貌，能夠尊重及體諒顧客。信用指的是信賴感 (trustworthiness)、可信度 (believability) 及誠實性 (honesty)。可靠度包含績效 (performance) 和可依賴度 (dependability) 的一致性。它指服務業者執行服務時第一次就做對、能夠準時完成、準時交貨、做到了對服務品質保證的承諾以及服務的正確性。反應力是指對顧客的要求能夠迅速的回應，此有賴服務人員的事前準備和提供服務的意願。安全性是要讓顧客免於危險、危機或懷疑之憂慮。了解性是指充分了解顧客的需求，而且要能夠提供正確的服務。有形性是指在服務過程中所需要的實體部分。

表 16-3 評估服務品質之屬性 (II)

	特性				
	接近性	**溝通**	**勝任性**	**禮貌**	**信用**
範例	容易透過電話得到服務或預約服務的時間 等待服務的時間不會太長 服務時間便利 服務作業的時間短 服務公司或服務設備設在方便的地點	向顧客解說服務本身的意義和內容 解說服務費用 解說服務費用之價值 保證顧客之問題必將得到處理	服務人員的知識和技術 作業支援人員的知識和技術 組織的研究能力	體貼顧客的東西和財產 服務人員整潔的儀表	公司名稱 公司信譽 服務人員的個人特質 與顧客互動時積極之程度
	可靠度	**反應力**	**安全性**	**了解性**	**有形性**
範例	帳單之正確性 記錄之正確性 於指定時間執行服務	立刻寄出交易傳票 立刻回答或處理顧客之問題 提供快速之服務	設施上沒有安全顧慮 財務沒有風險	了解顧客的需求 提供正確的服務	實體設施 員工的外觀 提供服務的工具與設備 服務的實體特徵

Takeuchi 和 Quelch (1983) 認爲衡量服務品質時，應依消費者在消費前、消費時與消費後三階段來加以評估並綜合之。表 16-4 彙整他們在此三階段所考慮之衡量因素。

雖然學者對服務品質特性之分類並無一致之看法，但一般都會考慮服務人員之行爲因素 (心理品質)。行爲因素也是眾多品質特性中最難衡量的一項，因爲多數服務功能之成功與否是由提供服務者和接受服務者間之互相作用來決定，服務品質並不容易被量測或評估。在製造業中，產品品質會受到設備、製程和環境因素之影響而產生變異。在服務業中，服務品質也會受到這些因素之影響，但由於服務過程中牽涉到許多人的因素，因此服務品質還會受到其他因素之影響而產生變化。例如相同之工作由不同人執行時，其服務品質也可能不同。另外，同一個人執行不同之服務工作時，其成效也不盡相同。

表 16-4　評估服務品質之屬性 (III)

	特性		
	消費前	消費時	消費後
範例	業者的形象 過去的經驗 朋友的看法口碑 商店的聲譽 政府檢驗結果	績效衡量標準 對服務人員的評價 服務保證條款 服務與維護政策 支援方案 索價	使用的便利性 維修、顧客抱怨與產品保證的處理 零件的即時性 服務的有效性 可靠度 相對績效

在考慮服務行爲時，另一個難以控制之因素是服務人員並不像設備或設施可以預測。由於提供服務者之心理狀態會受到當天所發生的事情所影響，服務品質很難逐日預測。此項因素將造成提供服務之人員在每日或每週的表現上之大量差異。

爲了考慮在某一時段內，服務行爲之差異，我們必須要有適當之程序以產生具有代表性之服務品質的統計量。在抽樣時，我們可考慮先將時間分成不同區段，再從中抽取樣本；另外，有些人可能會特別適合作某一時段之工作 (例如有些人在晚上特別有精神)，此也是在抽樣時必須考慮之因素。

以上所介紹的是服務品質特性之項目、影響服務品質之因素和評估服務品質之一些注意事項。在提升服務品質之作法上，我們必須了解服務品質水準不僅是根據服務的結果，並包含服務傳遞之過程。顧客認知的服務品質是來自於顧客心目中的預期與實際感受的服務水準兩者之間的比較。Parasuraman 等人 (1985) 所提出服務品質模式 (見圖 16-7) 可作爲業者在提升服務品質水準時之參考。服務業者必須致力於消除或降低模式中之五種差距 (gap)，才能眞正提升服務品質水準。

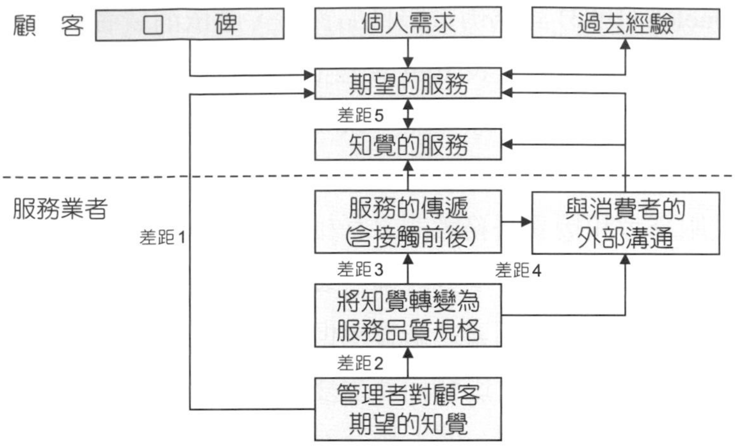

圖 16-7　服務品質模式

16.4 傳統品管手法在服務業之應用

應用在製造業中之品質管制和改善方法，也可以應用在某些可以量化之服務品質特性，但由於服務業之特性與製造業有些不同，因此在應用這些品管方法時，必須考慮服務之時效性、服務系統之實體特性、服務人員之行爲因素等。

第 5 章所介紹之描述性統計方法可以用來量測和分析服務品質數據，簡易圖形方法 (參見本書第 4 章) 可以描述服務品質特性之分布和提供整體性之量測。連串圖 (run chart) 和趨勢圖 (trend chart) 可以顯示觀測到之品質特性與時間次序之關係，此可用來監視服務之成效。例如若將等候時間以時間次序之方式繪製時，將可顯示出最忙碌的時間區段，提供改善之參考。第 4 章所介紹之柏拉圖可用來找出最重要之服務缺點項目，特性要因圖可以協助診斷問題的原因。

管制圖之原理也可以應用在監視服務過程，並決定服務品質是否在統計管制狀態內。在各種管制圖中，計量值管制圖可應用在可量測之品質特性上，例如時效性及與服務設施有關之特性。計數值 p 管制圖可用在管制服務之不合格率上，例如帳單有誤之比例、航空公司誤點之比例。不合格點管制圖 (c 和 u 管制圖) 則適用於服務不合格點、服務設施和服務人員之行爲有關之特性上，例如旅館中每個月之顧客抱怨數、每 1000 件訂單中有錯誤之數目。

除了管制圖外，抽樣和抽樣計畫也可用在服務品質稽核上，例如銀行行員所處理之各項交易、醫院帳單之稽核等。

表 16-5 是以醫療機構爲例，列舉一些品質特性和對應之品管手法。

表 16-5 醫院及健康醫療有關之品質特性及品管手法

品質特性	品管手法
等候醫生門診之時間的分布 等候服務時間之分布	直方圖
等待救護車時間之管制 等待允許進入急診室時間之管制	$\overline{X}-R$ 管制圖
每 100 個樣本中血液或尿液測試錯誤之數目 每 100 個樣本中，帳單錯誤之數目	c 管制圖
測試、檢驗錯誤之比例 不正確診斷之個案比例之管制 藥物或醫療造成副作用之個案比例之管制	p 管制圖
醫院帳單之稽核	抽樣計畫

16.5 結論

在現今之消費形態中，服務之比重正逐年加大，甚至是以服務業爲主導，無疑地將爲服務業者帶來許多發展機會；但是，由於人們對服務品質的要求不斷提高，也將爲服務業者帶來重大的壓力。在評估服務品質時，必須考慮服務之無形性和人類行爲因素。服務品質若能提升，將可提高顧客滿意度、提高企業之市場占有率、提高員工士氣、提高商譽和增加企業利潤。

個案研究

遠傳電信－電信業服務的 No.1 領導品牌

遠傳電信股份有限公司是由國內遠東集團與全球最大的行動電話業者之一的美國電報電話無線通訊公司 (AT&T Wireless Services) 合資成立，是一間以行動電話為核心業務的通信公司。遠東集團鑑於電信自由化所帶來的無限商機，暨配合政府既定的產業發展政策，乃結合美國 AT&T 公司於民國 85 年 7 月發起設立「遠傳電信股份有限公司籌備處」，申請經營行動電話業務。經過激烈的競爭，遠傳電信以其堅強的技術能力及健全的財務實力，獲得評審委員青睞而脫穎而出，於 86 年 1 月取得交通部核發全區 GSM1800 和北區 GSM900 兩張行動通訊執照。經過近一年的建設及籌劃，遠傳電信於 87 年 1 月 20 日正式開台營運，為全臺近兩千三百萬居民提供數位行動通信服務。

身處競爭激烈的電信服務市場，除了在專業的電信領域提供穩定的通話品質與跨地域性的通話服務外，如何利用現有的顧客資料，針對顧客需求提供加值服務，以藉此提高顧客滿意度，擴大顧客範疇已經成為電信服務業者決戰市場的重要關鍵。

遠傳電信公司之經營理念為「創新、機動、誠信」，其領導團隊所建立之遠傳的願景為：生活有遠傳，溝通無距離，人生更豐富。在各項宣傳中，遠傳電信所打出的口號為：「只有遠傳，沒有距離」。遠傳電信不斷採用最新的無線通訊與網際網路技術，領導臺灣無線通訊業的發展。在服務品質方面，遠傳電信持續致力提供優質服務，多年來榮獲許多肯定，代表著遠傳電信向消費大眾宣示其對服務品質以及企業責任所做出的具體承諾。98 年，遠傳電信第二次榮獲遠見雜誌電信產業服務獎第一名。

遠見雜誌之「服務業大調查」，堪稱國內最具公信力的調查之一。至 98 年，此項調查已邁入第七個年頭。《遠見雜誌》委託博智全球管理顧問公司，邀集美商英特美 (ITA)、法商貝爾 (BERT) 等國際知名驗證公司旗下領有國際服務驗證執照的 30 位神祕客，經過兩個月特訓，在 98 年 5 月 1 日到 9 月 30 日，扮演消費者，親赴全省 14 大業態的各服務據點評分。以「基本服務態度」(75%) 和「魔鬼大考驗」(25%) 為評量標準，檢查和國人生活息息相關的各大服務業第一線服務品質。

遠傳電信繼 97 年獲得電信產業服務獎第一名後，98 年再度以優質服務蟬聯冠軍寶座。遠傳電信門市人員不怕來自專業稽核人員的各種魔鬼大考驗，成功的以最親切的服務、迷人的微笑與關心問候、專業的談吐獲得專業稽核人員的關關檢驗。此次蟬聯冠軍寶座也再次證明遠傳居於電信服務 No.1 的品牌魅力，得獎後，遠傳電信高層指出，所有榮耀應歸功給遠傳電信站在第一線從事顧客服務的員工。一言一行代表遠傳品牌的客服人員，是品牌與顧客之間最直接也是最好的溝通媒介。遠傳電信承諾該公司服務品質將不斷創新精進，持續以作為電信業服務的 No.1 領導品牌為自許，帶給消費者最優質、最創新、最精緻的服務品質。

遠傳電信自 87 年正式開台，即矢志成為電信業服務的 No.1，將顧客服務精神貫徹落實於門市顧客服務中。對於門市人員的訓練，特別重視「創新服務」，藉由設計及創造有區隔且對顧客有價值的服務經驗，提升顧客滿意度及顧客忠誠度。「創新服務」強調的就是「精緻化」、「差異化」、以及「經營在地化」的服務，從「禮貌」、「熱忱」、「專業」、「效率」、「舒適」等面向作訓練管理，而最終之目的就是要給顧客們好感度最高的購物空間與商場購物經驗，打造一個視覺、聽覺、嗅覺、味覺、觸感等具備的「五感」頂級服務環境。

遠傳電信高層表示，企業之所以能夠永續經營發展，就是有賴於員工的奉獻努力。員工就是公司最重要的資產，尤其是服務業，站在第一線的服務人員就是企業成功、獲得消費者認可的幕後最大功臣。

個案問題討論：

1. 遠傳電信隸屬於國內「遠東集團」旗下的事業體，該公司為最早獲得遠見雜誌之服務獎的電信業，而在客服作業方面也頗為成功並獲得認同。請探討此公司成功之因素為何？
2. 遠見雜誌之服務業調查，為國內最具公信力的調查之一，請參考相關資料，列出歷年來得獎次數最多的前三名，並討論這三家公司在建構顧客服務品質的核心能力為何。

資料來源：

1. 遠見雜誌第 281 期。
2. 遠傳電信公司首頁，公司簡介。

本章習題

一、選擇題

(　) 1. 下列何者非服務業的特徵？(a) 無形性　(b) 不可分離性　(c) 同質性　(d) 變異性。

(　) 2. 衡量服務品質應包含下列哪些構面？(a) 安全　(b) 態度　(c) 可用性　(d) 以上皆是。

(　) 3. 下列何種因素可用來區別製造業和服務業？(a) 時間上之限制　(b) 生產者與消費者之關係　(c) 產品規格之設定　(d) 以上皆是。

(　) 4. 關於服務業之敘述下列何者為非？(a) 資本密集　(b) 服務設計著重人性因素　(c) 規格不須由顧客提供　(d) 服務品質只能設計在服務過程。

(　) 5. 餐廳採用預約或在尖峰時間僱用兼職人員，主要是針對服務業的哪一個特性來加以管理？(a) 異質性 (heterogeneity)　(b) 易消滅性 (perishability)　(c) 一致性 (consistency)　(d) 無形性 (intangibility)。

(　) 6. 下列關於製造業與服務業的比較，何者不正確？(a) 製造業的產出標準化程度較低　(b) 製造業之顧客滿意程度較易衡量　(c) 服務業提供無形的產出　(d) 服務業的生產活動與顧客消費者常會同時進行。

(　) 7. 傳統品管手法在服務業之應用上，下列品質特性和對應之品管手法中何者為非？(a) 等候公車時間之分布—直方圖　(b) 理髮店每 100 位顧客中染髮的人數—c 管制圖　(c) 戶口調查—抽樣計畫　(d) 等候取餐之時間分布—散佈圖。

(　) 8. 下列哪位學者提出將服務品質分為內部品質、硬體品質、軟體品質、即時反應與心理品質？(a) 石川馨　(b) 費根堡　(c) 狩野紀昭　(d) 杉本辰夫。

二、問答題

1. 定義服務業。
2. 說明服務業之特徵。
3. 討論服務業和製造業之主要差別。
4. 討論服務業之品質特性的分類，對每一類品質特性列出兩個例子。
5. 討論在衡量服務品質時可能遭遇到之困難。

6. 討論交通運輸業之重要品質特性和其管制方法。
7. 討論一般學校之行政管理作業的重要品質特性和其管制方法。
8. 討論銀行業之重要品質特性和其管制方法。
9. 討論個人服務業之重要品質特性和其管制方法。
10. 討論公共事業之重要品質特性和其管制方法。
11. 一項有關服務品質的報導 (天下雜誌第 214 期，第 74 頁) 指出，全球各地的花旗銀行，都訂有兩項顧客電話服務指標：第一項是接話服務率 (service level)，規定 85% 以上的電話，服務人員必須在 15 秒內 (大約三聲半) 接起來，否則即使顧客沒有掛斷，也要算為失誤。第二項是掛斷率，規定每一百通電話，不能有超過 2 個以上的顧客真正掛斷。花旗銀行所制定的是業界很高的標準，該公司認為「花旗的顧客覺得他買的是服務，所以我們必須要在市場上做區隔」。請參考相關資料，說明是否有其他企業或公司的標準超越或接近花旗銀行之要求。

NOTE

Chapter 17

品質標準與品質獎

章節概要和學習要點

ISO 9000 是有關於品質管理系統的國際標準，制定 ISO 9000 系列標準之目的是要發展一個一般性之品質系統結構，希望能夠獲得國際性的採用，促進國際貿易。雖然 ISO 9000 系列標準並不具有強制性，但為了與歐洲國家貿易，世界上各國都非常重視並希望能符合此標準之要求。本課程的目的之一是在介紹 ISO 9000 系列標準之觀念、改版過程和驗證程序。

追求品質是國際經濟競爭的關鍵要素之一，各個先進國家莫不藉由國家品質獎最高榮譽的頒發，以肯定企業界推動全面品質的成就，並激勵產業界用心經營、提升企業經營績效，進而創造出高品質的社會與有競爭力的國家。本章之另一個目的是在介紹各種品質獎之理念和評審重點，本章介紹之品質獎包含戴明獎、美國國家品質獎、歐洲品質管理基金會卓越獎和我國之國家品質獎。

透過本課程，讀者將可了解：

- ISO 9000 系列品質標準，包含品質系統之文件架構、改版之歷程及驗證標準之內容。
- ISO 9000 之流程導向模式和品質管理八項管理原則。
- 各種品質獎之理念和評分重點。

17.1 ISO 9000 系列品質標準

ISO 9000 系列標準 (ISO 9000 series standards) 是由位於瑞士日內瓦之國際標準組織 (International Organization for Standardization) 的技術委員會 (ISO/TC176)，於 1987 年 3 月所擬訂。ISO 9000 系列標準之目的是要發展一個一般性 (generic) 之品質管理系統架構，希望能夠獲得國際性的採用，促進國際貿易。雖然 ISO 9000 系列標準並不具有強制性，但爲了與歐洲國家貿易，世界上各國之企業都非常重視並希望能符合此標準之要求。

國際標準組織 (簡稱 ISO) 是於 1947 年 2 月 23 日成立。ISO 將該機構定位爲非政府機構，但透過條約和協定或者因爲納入或轉訂爲國家標準，ISO 所制定的標準通常都變成一種法規。

ISO 9000 系列標準彙集了多國品質標準之精華而成，早在二次世界大戰之際，美國即引用美軍 MIL-Q-9858A 品質系統之作業規範和 MIL-I-45208 檢驗系統之標準要求，作爲美軍對各種零件補給之民間供應製造商的評核依據。美國是最早將品質作業標準化的國家，在實施之後發現成效卓著，因此引起世界各國之注目。ISO/TC176 技術委員會，以及英、法、美、加等各國的參與，利用 BS 5750 系列的內容模式做爲擬訂參考，於 1987 年 3 月完成了目前眾所熟知的 ISO 9000 系列標準。

ISO 9000 系列標準自頒布後，即廣受各主要工業國家的重視，並將之納入或轉訂爲其國家標準，例如：美國國家標準學會 (American National Standards Institute, ANSI) 和美國品質學會 (ASQ) 將 ISO 9000 系列標準修改稱爲Q90系列標準 (註：1994 年改稱爲 Q9000)。而我國也於 1990 年 3 月，由中央標準局 (現爲標準檢驗局) 將 ISO 9000 系列，轉訂爲中華民國國家標準 CNS 12680-12684 系列 (請參見表 17-1)。

表 17-1 對應於 ISO 9000 的各國標準

標準主體 (國家)	品質系統標準
歐洲聯盟	EN 29000
台灣	CNS 12680
中國	GB/T 19000
美國	ANSI/ASQ Q9000
英國	BS 5750
德國	DIN ISO 9000
法國	NF X 50
日本	JIS Z 9000
澳洲	AS 3900
新加坡	SS 308

17.1.1 ISO 9000 品質系統之文件架構

建立及維持 ISO 9000 品質管理系統包含兩項關鍵因素：品質系統文件和現場作業。ISO 9000 系列標準主要之驅動力是一個組織內部品質系統文件之管理。一個組織必須將品質系統中的要項文書化，並依據文件上之資料來施行。品質系統之適當性和一個組織是否遵守此系統，是經由第三者 (不屬買方或賣方之機構) 審查之方式進行。顧客以買方立場向賣方進行評鑑則是屬於第二者驗證，例如美國波音公司的 D1 9000 供應商品質系統標準和 MIL-Q-9858A 軍用規範均屬此類。ISO 9000 系列標準並未衡量系統的效率或產品 / 服務之好壞。它是屬於品質系統的標準，而非產品 / 服務的標準。生產者必須自行衡量系統的效率，第三者審查只能判斷一個公司或組織是否遵照文件上之程序進行。

品質系統文件是以文字說明一個組織如何做好品管及相關作業。一個完善之品質系統文件對提升作業品質相當有助益。有效之文件和記錄可以使人思考及認清事情的順序和步驟。語意清楚的文件可保存技術資料，以供新進員工參考或作訓練用途。另外，當發生問題時，文件和記錄也可以作爲診斷原因的憑藉。

品質系統文件架構一般可分爲四階，包含品質手冊、作業程序 (procedure)、工作指示 (instruction) 和表單 (見圖 17-1)。第一階文件一般稱爲品質手冊，其主要目的在於定義各項影響品質之工作的權責、管理及執行面的關連性。品質手冊之內容可包含：(1) 品質政策、目的、目標、範圍及使命；(2) 作業流程圖；(3) 組織圖；(4) 品質組織圖；(5) ISO 9000 各項條款之作業說明；(6) 名詞之定義；(7) 品質手冊之發行及管制。根據品質手冊可對品質系統中之各要素制定適當之作業程序 (一般稱爲第二階文件)。作業程序說明各項作業程序之內容，包含 (1) 負責人員；(2) 須完成事項；(3) 完成時間；(4) 各項介面；(5) 工作之重點。由作業程序所產生之文件稱爲工作指示，此爲部門內爲達成特定工作之逐步說明，例如工作指導書、機器手冊、工作說明書。第四階文件則是各項表單、資料及記錄，記載品質管制活動之過程和結果，以證明品質系統是有效地運作。品質手冊、作業程序與工作說明書必須由相關人員草擬後，經有關單位主管考慮其可行性，審慎審核後，逐步實施、檢討、修正，成爲正式制度。

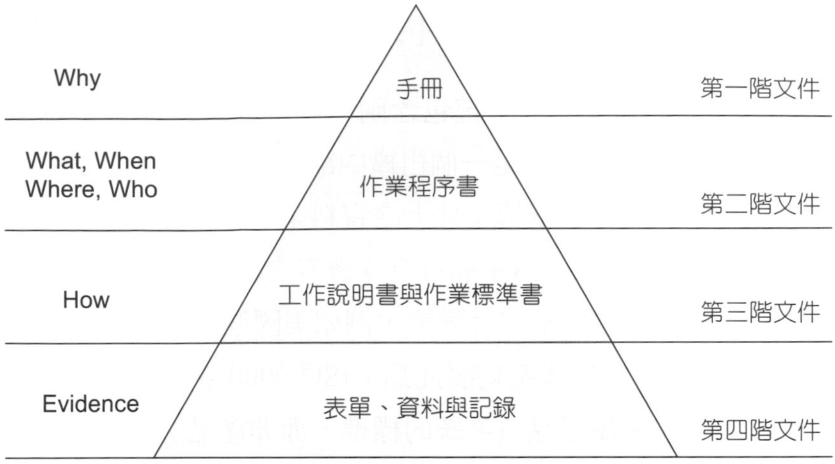

圖 17-1　品質系統文件架構

品質手冊中，各品質要項可以用五段式來描述，包含下列項目：

1. 目的：說明品質系統中某要項訂定之目的。
2. 範圍：說明該要項所適用之範圍。
3. 權責：說明執行該要項之相關單位的權責。
4. 管理重點：說明該品質要項之重點要求。
5. 相關程序：說明執行該品質要項時，所需的相關作業程序名稱與編號。

作業程序可採用七段式敘述，其內容包含：

1. 目的：說明該作業程序之目的與意圖。
2. 範圍：說明該作業程序適用的產品、部門及人員。
3. 權責：簡述執行該作業程序的主辦單位與協辦單位。
4. 定義：說明在該作業程序中，所引用到的一些不常用之字句、術語或縮寫字之解釋。
5. 相關文件：列出一切與該作業程序相關連之標準、法規及規定之名稱，以便於查詢。
6. 作業要求：說明相關人員所進行的工作，可以用5W1H的方式來描述，包含：做那些事；爲何要做那些事；由誰來做或哪個單位做；在何時做；在何地做；以及如何去執行。爲了簡化，本段也可引用已有的辦法、細則、基準或規定等。本段亦可採用作業流程圖輔助文字之說明。
7. 附件：將該作業程序所提及或使用的文件、表單的名稱及編號予以列出，以方便查詢。

文件系統之建立及維持必須有一個專責的單位來負責，在一般企業界，此項文件管制工作通常是由品管部門來負責。文件管制必須遵守下列兩項基本原則：

1. 當需要時，必須可得到適當的文件。
2. 不適當 (過時、不正確版本) 之文件必須立即銷毀。

在此要強調的是，ISO 9000 爲因應電子化時代的來臨，自 2000 年起，對於文件已採取更爲廣義、開放的定義。ISO 9000 強調文件應以能夠爲過程增值爲主，紀錄只是證據的一種形式。ISO 9000 將資訊系統等任何足以傳遞資訊的媒介物 (例如：紙張、電腦光碟、相片、標準樣品) 都視爲文件，因此企業在進行文件化時，並不一定要將組織內的所有規範作成紙張式文件。自 2015 年開始，ISO 9000 提供更多的彈性。紀錄、程序文件等改稱爲文件化資訊 (documented information)。每一個組織可以決定其最適數量的文件化資訊，用來顯示其能有效的規劃、操作和管制其流程，並說明其如何實行品質管理系統和進行持續改善。

文件化資訊包含下列三種：

1. 爲了建立品質管理系統，而必須維持 (maintain) 的文件化資訊，例如：品質政策；品質目標；品質管理系統的範圍；爲了支援流程之運作所必須提供的文件化資訊。
2. 爲了傳達必要之資訊使組織運作，而必須維持的文件化資訊，例如：組織圖、流程圖、工作指導書、程序、規格、表單、測試和檢驗計畫、生產排程、合格的供應商清單、品質計畫等。
3. 爲了提供取得之成果的證據，而必須保留 (retain) 的文件化資訊，例如：流程已根據計畫執行之證據；設計及開發輸入 (或輸出) 之紀錄；不符合事項之紀錄；實施稽核作業和稽核結果之證據。

維持文件化資訊之目的有下列幾點：

1. 傳遞資訊：作爲傳遞和傳輸資訊之工作。文件化資訊形式和範圍，決定於組織之產品和服務之性質；傳播系統之正式程度；組織內傳播技能之水準；組織文化。
2. 符合之證據：提供已完成規劃事項之證據。
3. 知識分享。
4. 傳播和保留組織的經驗。例如：技術規格可作爲設計和開發新產品或服務之基礎。

17.1.2 ISO 9000 之改版歷程

ISO 9000 系列標準至今歷經了四次正式的改版，分別是1994年 (小修改)，2000年 (大修改)，2008年 (小修改) 和2015年 (大修改)。 ISO 9000 之 1987 年版主要可分成兩大部分：一是品質驗證標準，包括 ISO 9001、ISO 9002 與 ISO 9003；另一部分是工作指導綱要，提供各機構在選用與施行作業之細則說明。ISO 9000：1987 年版和英國 BS 5750 具有相同的架構，亦即根據組織活動的領域和範圍，具有 3 種標準。另外，這個版本似乎較著重在是否符合程序，而不是整體的管理流程。根據 ISO 協定其所推行的標準至少每五年應修訂一次或確認一次，因此，ISO 9000 系列在 1994 年 7 月 1 日完成第一次修訂工作。

ISO 9000：1994年版包含 ISO 9000、ISO 9001、ISO 9002、ISO 9003 及 ISO 9004 五部分。ISO 9001 驗證標準考慮設計 / 開發、生產、安裝及服務之品質系統要求，顧名思義，產品設計必須具有原創性才可以申請 ISO 9001 的驗證；ISO 9002 則是考慮生產與安裝之品質驗證標準，係強調製造與安裝過程中各階段的品質管理；ISO 9003 則為最終檢驗與測試之品質驗證標準；ISO 9004 係提供 ISO 9001~9003 業者，推動品保制度之作業細則指導綱要，使企業推動品質管理時有所依循。由於行業別或製造過程不同，並非所有公司均須採用 ISO 9004 的所有要項。相較於 1987 年版，ISO 9000：1994 年版強調品質保證的預防性活動，而不是最終產品的檢驗。但如同 1987 年版，1994 年版仍要求供應商要提出符合書面程序之證明，造成大量的文件負擔，並形成一種ISO官僚作風。在有些公司內，改善流程反而會受到品質系統的阻礙。

ISO 9000：2000 年版之條文結構，係利用 PDCA 管理循環來架構系統內容。國際標準組織在 2000 年之改版中，將 ISO 9001、ISO 9002 和 ISO 9003 合併為「ISO 9001：2000品質管理系統-要求」(2000 年 12 月 15 日發布)。換言之，ISO 9001 為企業可以取得驗證之標準，也是第三方驗證機構所依據的標準。表 17-2 為 ISO 9000 系列標準之內涵。由於各標準之發行時間並不相同，因此本書後續之引用均是指 ISO 9001 標準。

表 17-2 ISO 9000系列標準之內涵

內 涵	標 準	說 明
品質管理系統	ISO 9000	基本原則與詞彙，說明品質管理系統之基本原則與釐清品質管理系統之基本用語。
	ISO 9001	系統要求，提供符合顧客要求及組織使用時之法規要求。
	ISO 9004	績效改善指導綱要，對組織品質管理系統持續改善之指引。
稽核指導綱要	ISO 19011	稽核品質管理系統之指導綱要，提供管理與執行環境之品質稽核指引 (包括 ISO 10011-1、10011-2、14010、14011及14012)。

國際標準組織於 2008 年 11 月 13 日發布 ISO 9001：2008 年版標準，除了英文版外，另外增加法文版本，使該版本能夠獲得國際性的採用，促進國際貿易。此次改版是以澄清條款的要求，說明條款的應用及解釋條款的意義爲主，故在條款中增加了許多備註說明。ISO 9001：2008 年版標準之改版是屬於校訂 (amend) 性質，而非修訂 (revise) 性質。國際標準組織於 2015 年 09 月 15 日發布 ISO 9001：2015 年版標準，也稱爲第五版。

17.1.3 ISO 9001：2015

ISO 國際標準組織自從成立以來，在品質、環境、食品、資訊安全、勞工安全等領域，制定了許多 ISO 國際標準，雖然消弭了許多障礙，但在不同的管理系統間，仍各有不同的條文架構與規範。此種現象造成企業或組織在執行與整合多個系統時的困難性。

爲了避免組織內部運作多個管理系統所耗費的時間和資源，ISO 之附件 SL (稱爲 Annex SL, SL 爲編號) 描述一個通用的管理系統架構，各組織可以利用此架構爲基礎，再根據不同產業特性，加入特殊要求與特定的專業內容。此附件規定所有管理系統標準都必需遵守之架構、文字以及名詞與定義。此附件所規定之高階結構 (High Level Structure, HLS)，使 ISO 9001 更能與其它管理系統相容，例如：ISO 14001 (環境管理系統)、ISO 22301 (營運持續管理系統)、ISO 20000 (資訊科技服務管理系統)。此高階結構方便不同管理系統之整合，簡化不同管理系統之推動。最近的 ISO 9001 版本是於 2015 年 9 月 15 日發行，稱爲 ISO 9001：2015，其內容包含下列十個 ISO 附件 SL 規定之章節 (clause)：

1. 範圍 (scope)
2. 參考規範 (normative references)
3. 用語 (術語) 和定義 (terms and definitions)
4. 組織背景 (context of the organization)
5. 領導 (leadership)
6. 規劃 (planning)
7. 支援 (support)
8. 營運 (operation)
9. 績效評估 (performance evaluation)
10. 改善 (improvement)

表 17-3 爲 ISO 9001：2015 與 ISO 9001：2008 之條文對照表。ISO 9001：2015 之主要改變，可以彙整成下列幾點：

1. ISO 9001：2015 重視輸入和輸出

   ISO 9001：2015 重視衡量和評估流程的輸入和輸出。根據 ISO 9001：2015之要求，組織必須密切監測生產流程所牽涉到的物品、資訊和規格。我們必須仔細的檢查生產流程是否可以得到優良的物品。

2. 基於風險之思維 (risk-based thinking)

   一個組織必須利用風險分析 (risk analysis)，確定在管理企業流程中所將面臨的挑戰。風險是指不確定性 (uncertainty) 所造成的正面效應或負面效應。此種思維要求一個組織必須處理風險和應對各種機會 (opportunities)。當我們採取行動來應對各種機會時，也必須考慮相關的風險。此種作法可以建立一個基礎，用來提升品質管理系統之效能 (effectiveness)，以獲得較佳之結果，並預防負面之影響。

3. 組織背景

   一個組織需確定內部和外部之議題，並要了解內部和外部團體之需求和期望並做出回應。內部背景包含組織的治理方式；與顧客的合約關係；利害關係人。外部背景是指來自於社會、技術、環境、道德、政治、法律和經濟環境所造成的議題，例如：科技的改變；影響組織形象之事件；組織的競爭對手等。(註：有些作者會將「context of the organization」翻譯爲組織環境)

4. 利害關係人 (interested parties)

   在過去，利害關係人一詞通常指的是顧客，ISO 9001：2015 則是將其內容擴充，包含供應商、監督機構 (主管機關、驗證單位)、社會、股東及內部員工等。一個組織必須留意利害關係人之要求和標準，將其轉換爲產品和服務之特徵。

5. 領導和承諾 (leadership and commitment)

   ISO 9001：2015 重視領導和管理承諾。它要求高階主管必須更加投入在品質管理系統，以提升其效能。

6. 文件化資訊 (documented information)

   ISO 9001：2015 重視一個組織必須要管制和維持的資訊，資訊可來自於不同來源和媒體，同時可以利用任何形式呈現。

由表 17-3 可以看出，ISO 9001：2015 之標準章節由 8 章改成 10 章。ISO 9001：2015 也取消管理代表 (management representative) 及品質手冊 (quality manual) 之規定。另外，8 項品質管理原則 (eight quality management principles) 改成 7 項原則 (請參考下一節之說明)。

除了條文結構上之改變外，ISO 9001：2015 在用語方面也有一些不同。表 17-4 匯整 ISO 9001：2015 與 ISO 9001：2008 在用語方面之差異。

1. 外包 (outsourcing) 一詞改爲外部提供 (external provision)。採購之產品 (purchased product) 一詞改爲外部提供之產品與服務 (externally provided products and services)。供應商 (supplier) 改爲外部提供者 (external provider)。
2. 以改善 (improvement) 一詞取代持續改善 (continual improvement)。改善包含改正、措施、持續改善、突破性改變、創新及組織重組。
3. ISO 9001：2008 標準使用產品 (product) 一詞來包含所有產出種類 (硬體、軟體、服務及加工材料)。ISO 9001：2015 則是使用產品與服務 (product and services)。
4. 紀錄 (records) 與文件 (document) 整併爲文件化資訊。
5. ISO 9001：2008 標準所使用的工作環境 (work environment) 一詞，在 ISO 9001：2015 標準中已改爲流程操作之環境 (environment for the operation of processes)。
6. ISO 9001：2008 標準所使用的監測和量測設備 (monitoring and measuring equipment)，在 ISO 9001：2015 標準中已改爲監測和量測資源 (monitoring and measuring resources)。

表 17-3 ISO 9001：2015 與 ISO 9001：2008 條文對照表

ISO 9001：2008 年版	ISO 9001：2015 年版
範圍	範圍
參考規範	參考規範
用語和定義	用語和定義
4. 品質管理系統 4.1 一般要求 4.2 文件要求	4. 組織背景 4.1 了解組織及其背景 4.2 了解利害關係人的需求和期望 4.3 確定品質管理系統的範圍 4.4 品質管理系統與其流程

表 17-3 ISO 9001：2015 與 ISO 9001：2008 條文對照表 (續)

ISO 9001：2008 年版	ISO 9001：2015 年版
5. 管理責任 5.1 管理承諾 5.2 顧客導向 5.3 品質政策 5.4 規劃 5.5 職責、權限和溝通 5.6 管理審查	5. 領導 5.1 領導與承諾 5.2 政策 5.3 組織的角色、職責和權限
6. 資源管理 6.1 資源提供 6.2 人力資源 6.3 基礎設施 6.4 工作環境	6. 規劃 6.1 處理風險和機會的行動 6.2 品質目標和達成目標之規劃 6.3 變更之規劃
7. 產品的實現 7.1 產品實現的規劃 7.2 與顧客有關的流程 7.3 設計與開發 7.4 採購 7.5 生產與服務提供 7.6 監督與量測設備之管制	7. 支援 7.1 資源 7.2 能力 7.3 認知 7.4 溝通 7.5 文件化資訊
8. 量測、分析與改善 8.1 一般要求 8.2 監督與量測 8.3 不合格品的管制 8.4 資料分析 8.5 改善	8. 營運 8.1 營運規劃和管制 8.2 產品及服務需求 8.3 產品與服務之設計與開發 8.4 外部供應產品與服務之管制 8.5 生產與服務提供 8.6 產品與服務之放行 8.7 不符合輸出之管制
	9. 績效評估 9.1 監測、量測、分析和評估 9.2 內部稽核 9.3 管理審查
	10. 改善 10.1 一般要求 10.2 不符合事項與矯正措施 10.3 持續改善

表 17-4 ISO 9001：2015 與 ISO 9001：2008 用語之差異

ISO 9001：2008	ISO 9001：2015
產品 (product)	產品與服務 (product and services)
紀錄、文件 (records, document)	文件化資訊 (documented information)
工作環境 (work environment)	流程操作之環境 (environment for the operation of processes)
監測和量測設備 (monitoring and measuring equipment)	監測和量測資源 (monitoring and measuring resources)
採購之產品 (purchased product)	外部提供之產品與服務 (externally provided products and services)
供應商 (supplier)	外部提供者 (external provider)

17.1.4 流程導向模式與品質管理七項原則

ISO 9000 系列標準提倡在開發、實施和改善品質管理系統之效能時，採用流程導向(process approach) 之觀念，透過滿足顧客需求，來增強顧客滿意度。了解和管理具有相互關係 (interrelated) 之流程，將其視爲一個系統，此種作法可幫助一個組織，以有效能、有效率的方式，來獲得期望之結果。採用流程導向，可以讓一個組織管制系統內各流程之相關性和相依性，使一個組織之整體績效得以強化。

流程導向包含以系統性的方式定義和管理流程及其交互作用，以便依據組織的品質政策和策略方向，來達成預期的結果。將流程和系統作爲一個整體來管理時，可以應用 PDCA 循環，並將焦點放在「基於風險之思維」，其目的是要利用機會並預防不良的結果。

採用流程導向，可以使組織達到下列效果：

1. 了解並以一致的方式符合要求事項。
2. 以附加價值 (added value) 的方式考量所有流程。
3. 達成具有效能之流程績效。
4. 根據資料和資訊的評估，改善所有流程。

圖 17-2 說明單一流程和流程中各元素之交互作用。圖中監測和量測的檢查點，是管制的必要元素，但它們是特定於某一個流程，會依據相關的風險而改變。

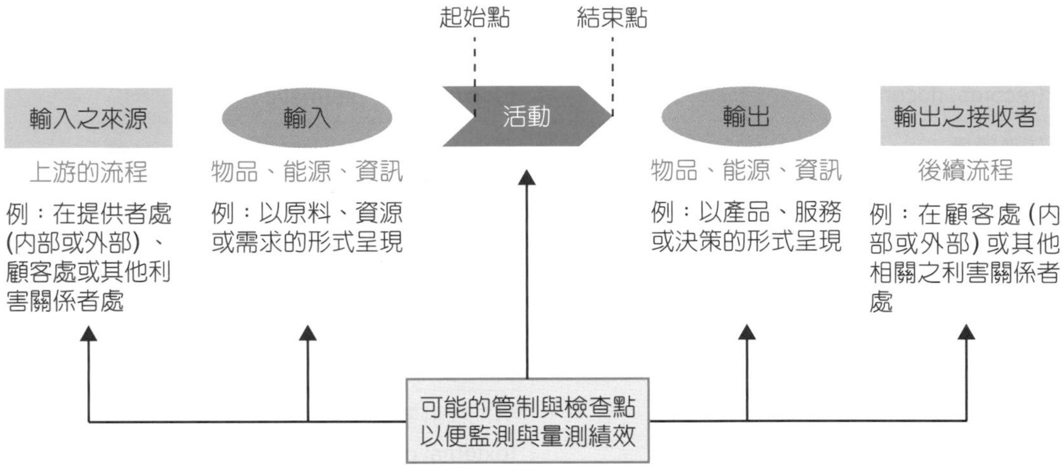

圖 17-2 單一流程中各元素之圖示

ISO 9001：2015 年版增強 PDCA 循環之概念。透過 PDCA，一個組織可以得到系統性持續改善內部流程的動力。圖 17-3 爲 ISO 9001 架構對應 PDCA 循環之圖示。PDCA 循環各階段之內容可以簡略描述如下:

1. 計畫 (P)：根據顧客需求和組織的政策，建立系統及其流程之目標和交付結果所需要的資源，同時也要確定和處理風險及機會。
2. 執行 (D)：執行所規劃的事項。
3. 檢查 (C)：依據政策、目標、需求和規劃的活動，監測和量測 (若適用) 流程及其產出的產品和服務，並通報其結果。
4. 行動 (A)：必要時，採取行動 (措施) 以改善績效。

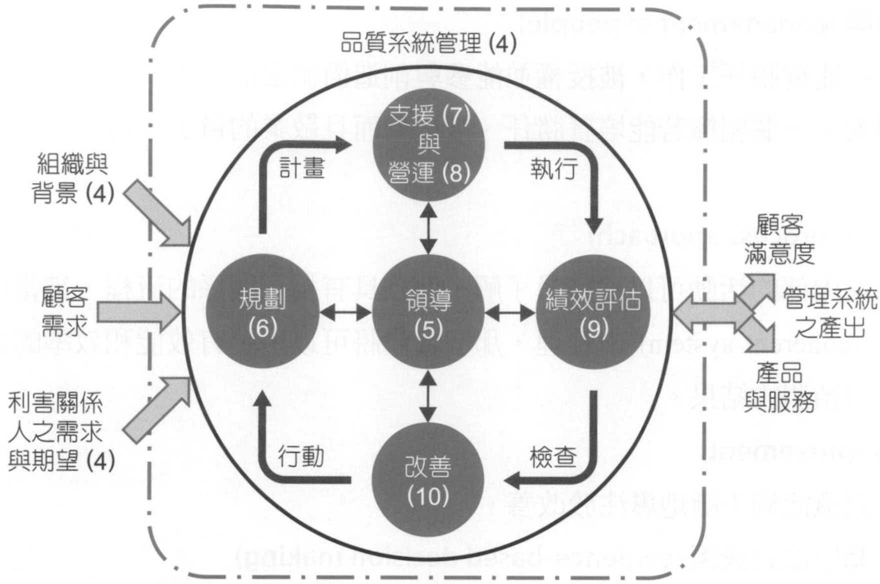

註：( ) 內數字為條文編號

圖 17-3 ISO 9001 架構對應 PDCA 循環之圖示

相較於 2000 年和 2008 年之 ISO 9001 標準，ISO 9001：2015 年版標準將八項品質管理原則改爲七項品質管理原則。品質管理原則是一組基本信仰 (beliefs)、規範 (norms)、規則 (rules) 和價值 (values)，可以做爲品質改善之基礎。品質管理原則可以視爲一個基礎，用來導引一個組織進行績效改善。每一項原則均包含陳述 (statement)；基本原理 (rationale)；主要效益 (key benefits)；可以採取的行動 (actions you can take)。「陳述」部分是用來描述各原則的內容。「基本原理」部分，則是說明該原則爲何重要。「主要效益」則是列舉應用該原則，可能得到效益之範例。「可以採取的行動」則是列舉典型的行動範例，說明可以利用哪些行動來改善組織的績效。

以下先說明 ISO 9001：2015 標準之七項原則的陳述。

1. **顧客導向 (customer focus)**

   品質管理的主要重點是滿足顧客的要求，並致力於超越顧客的期望。

2. **領導 (leadership)**

   所有階層的領導均須建立一致的目標和方向，並創造能夠促使員工參與達成組織品質目標的環境。

3. **員工參與 (engagement of people)**

所有人員能夠勝任工作，被授權並能參與創造價值之活動，此二者對組織而言是基本的要素。一個組織若能培養勝任、被授權而且敬業的員工，將可以強化其創造價值之能力。

4. **流程導向 (process approach)**

如果組織內部的活動可以被成員了解，而且具有相互關係的流程，被當成一個連貫的系統 (coherent system) 來管理，那麼我們將可以用更有效能和效率的方式，達成一致及可預測的結果。

5. **改善 (improvement)**

成功的組織能夠不斷地專注於改善。

6. **以證據為依據之決策 (evidence-based decision making)**

基於資料和資訊之分析和評估的決策，更有可能產生期望的結果。

7. **關係管理 (relationship management)**

爲了能夠持續成功 (sustained success)，一個組織必須管理其與利害關係人的關係，如供應商、客戶等。

以下說明各原則之「基本原理」、「主要效益」和「可以採取的行動」三要素之內容。組織應用及實施「顧客導向」原則，其基本原理在於當一個組織可以吸引並維持顧客和其他利害關係人之信心時，就可以獲得持續之成功。各層面之顧客互動都可以提供機會，爲顧客創造更多的價值。了解顧客和利害關係人之目前和未來需求，有助於一個組織的持續成功。

應用「顧客導向」原則之主要效益有下列幾點：

1. 增加顧客價值。
2. 增加顧客滿意度。
3. 提高顧客忠誠度。
4. 增強再次交易 (購買) (repeat business)。
5. 增強組織的商譽。
6. 擴大客戶群。
7. 增加營收和市占率。

注重「顧客導向」原則可以採取的行動有下列幾點：

1. 識別從組織獲得價值之直接顧客和間接顧客。
2. 了解顧客目前和未來之需求和期望。
3. 將顧客的需求和期望與組織的目標連結。
4. 在組織各處傳達顧客的需求和期望。
5. 規劃、設計、開發、生產、運送和支援產品和服務，滿足顧客需求和期望。
6. 衡量和監測 (monitor) 顧客之滿意度並採取適當行動。
7. 確定哪些利害關係人之需求和期望會影響其滿意度，並針對這些項目採取行動。
8. 主動的管理顧客關係，以達成持續成功。

組織應用及實施「領導」原則，其基本原理在於創造統一的目標、方向和員工參與，可以讓一個組織校準它的策略、政策、流程及資源，來達成其目標。

應用「領導」原則之主要效益有下列幾點：

1. 增加達成組織之品質目標的效能和效率。
2. 組織內的流程可以得到更好的協調。
3. 增加組織內部各層級和各功能部門間的溝通。
4. 發展和改善一個組織及其員工交付期望結果之能力。

注重「領導」原則可以採取的行動有下列幾點：

1. 在組織內各處，傳達組織的使命、願景、策略、政策和流程。
2. 爲組織內各層級之行爲創造和維持共享價值 (shared values)、公平性及道德模式 (ethical model)。
3. 建立信任和正直的文化。
4. 鼓勵整個組織對於品質之承諾。
5. 確保組織內各層級之領導者，對員工而言都是正面典範 (positive examples)。
6. 提供員工必要的資源、訓練和權力，使其能當責 (accountability)。
7. 啓發、鼓勵和表揚員工的貢獻。

組織應用及實施「員工參與」原則，其基本原理在於爲了能夠以有效能及有效率的方式來管理一個組織，我們必須讓所有員工參與，並尊敬其爲重要的個體。表揚、授權和增強員工能力，能夠促使員工參與以達成組織的品質目標。

應用「員工參與」原則之主要效益有下列幾點：

1. 改善組織內員工對於品質目標之理解，並加強其達成目標之動力。
2. 增強員工在改善活動之參與度。
3. 增強個人發展、主動性和創造力。
4. 增強員工的滿意度。
5. 增強組織內之信賴和合作。
6. 增強組織內對於共享價值和文化之注意。

注重「員工參與」原則可以採取的行動有下列幾點：

1. 與員工溝通，促進其了解個人貢獻之重要性。
2. 促進組織內部的合作。
3. 促進公開討論和分享知識及經驗。
4. 授權員工確定績效的限制並採取措施。
5. 表揚和感謝員工的貢獻、學習和改善。
6. 使員工能自我評估其績效和個人目標之間的差異。
7. 進行調查，評估員工的滿意度，傳達結果並採取適當行動。

組織應用及實施「流程導向」原則，其基本原理在於一個品質管理系統包含多個相關的流程，了解一個系統如何產生結果，可使組織將其系統和績效最適化。

應用「流程導向」原則之主要效益有下列幾點：

1. 增強將心力放在關鍵流程和改善機會之能力。
2. 透過一個經過校準之流程系統，提供一致性和可預測之結果。
3. 透過有效能的流程管理，資源的有效率應用和降低部門間的障礙，將績效加以優化。
4. 使組織可以在一致性，效能和效率等方面，對利害關係人提供信心。

注重「流程導向」原則可以採取的行動有下列幾點：

1. 定義系統之目標及達成目標所需的各項流程。
2. 建立權力、責任和當責來管理流程。
3. 了解組織的能力，在行動之前先確認資源之限制。
4. 確定流程之相互關係，分析修改系統內個別流程後之效應。
5. 管理各項流程和其相互關係，使組織能以有效能和有效率之方式，達成其品質目標。
6. 確保可獲得需要的資訊來操作和改善流程，並且監測、分析和評估整個系統之績效。
7. 針對會影響流程輸出和影響品質管理系統之整體結果的各項風險，進行管理。

組織應用及實施「改善」原則，其基本原理在於爲了維持目前的績效水準、對內部或外部的改變作出回應，並創造新的機會，改善對組織而言是一件很重要的工作。

應用「改善」原則之主要效益有下列幾點：

1. 改善流程績效、組織能力和顧客滿意度。
2. 加強對於根因的調查和確認，並加強後續之預防和矯正措施。
3. 增強預期內部或外部風險和機會並做出回應之能力。
4. 增強對於遞增型 (incremental) 和突破型 (breakthrough) 改善之考量。
5. 增強利用學習來進行改善之能力。
6. 增強創新之動機。

注重「改善」原則可以採取的行動有下列幾點：

1. 促進在組織內各階層建立改善目標。
2. 在各階層，教育和訓練員工利用基礎工具和方法論來達成改善目標。
3. 確保內部員工能勝任並成功完成改善專案。
4. 在組織內發展和展開各項流程，來實施改善專案。
5. 對各項改善專案之計劃、實施、完成和結果等事項，進行追蹤、審查和稽核。
6. 將改善之考量，整合到開發或修改產品、服務和流程之過程中。
7. 表揚和肯定改善成果。

組織應用及實施「以證據爲依據之決策」原則，其基本原理在於決策是一個複雜的流程，通常會牽涉到一些不確定性，它也牽涉到多樣式和多來源的輸入，而且其闡釋具有主觀性。了解因果關係和可能的意外結果是一件重要的事。專業、證據和資料分析，對於決策可以導致更高的客觀性和信心。

應用「以證據爲依據之決策」原則之主要效益有下列幾點：

1. 改善決策過程。
2. 改善流程績效之評估和達成目標之能力。
3. 改善營運效能 (operational effectiveness) 和效率 (efficiency)。
4. 增加評論、挑戰及改變意見和決策之能力。
5. 增加展示過去決策之效能的能力。

注重「以證據爲依據之決策」原則可以採取的行動有下列幾點：

1. 確定、衡量和監測關鍵指標，來展示一個組織的績效。
2. 確保相關人員可以得到其所需的資料。
3. 確保資料和資訊具有足夠的正確性、可靠性和安全性。
4. 利用適當的方法，分析和評估資料和資訊。
5. 當需要時，確保人員能夠勝任分析和評估資料之工作。
6. 根據證據來進行決策和採取行動，並與經驗和直覺取得平衡。

組織應用及實施「關係管理」原則，其基本原理在於利害關係人會影響一個組織的績效。當組織可以管理其與各利害關係人之關係，並將他們對於組織績效之影響加以優化時，便可以達成持續的成功。因此，一個組織與其供應商和合作伙伴的關係管理，便顯得十分重要。

應用「關係管理」原則之主要效益有下列幾點：

1. 透過對各利害關係人相關之機會和限制的回應，增加組織和利害關係人之績效。
2. 在各利害關係人間，對目標和價值取得共識。
3. 透過資源和技能分享並管理品質相關的風險，增強爲利害關係人創造價值之能力。
4. 建立一個管理完善的供應鏈，爲產品和服務提供穩定的流程。

注重「關係管理」原則可以採取的行動有下列幾點：

1. 確定相關的利害關係人 (例如：供應商、合作夥伴、顧客、投資人、員工和整體社會)。
2. 確定需要加以管理之與利害關係人的各項關係，並將其重要性排序。
3. 建立可以在短期獲利和長期考量間取得平衡之關係。
4. 與相關的利害關係人共用、分享資訊、技術和資源。
5. 在適當時，衡量績效並將績效回饋給利害關係人，以增強改善措施。
6. 與各供應商、合作夥伴、和其他利害關係人，建立合作開發和改善活動。
7. 鼓勵並表揚供應商和合作夥伴所達成之各項改善成果。

17.1.5 ISO 9000 系列標準之驗證程序及目的

前面提到品質系統文件和現場作業是建立及維持 ISO 9000 品質管理系統之關鍵因素。換句話說，ISO 9000 品質標準之基本精神是「做你所寫、寫你所說、說你所做」。一個組織之品質系統必須把要做的事寫成書面規定 (文件)，確實依書面規定執行，並將執行結果加以記錄，亦即：規定、執行、記錄，必須一致。ISO 9000 之理念加上內、外部之稽核作業，管理者可避免下列在一個組織中常見之弊端：(1) 承辦人員在執行某一項作業時，因無明確之辦法或程序可遵行，而感到無所適從，而且作業品質會因人而異；(2) 一項作業有明確之規定，但承辦人員敷衍了事或未依規定執行，造成成效不佳；(3) 一項作業之程序，由於未記載於文件資料中，而造成經驗之流失。若能作好 ISO 9000 所要求之文件系統，配合稽核制度，將可避免上述各項弊端之發生。

申請驗證必須投入大量之人力和物力，Arnold (1994) 將取得驗證之步驟歸納成三個階段，其詳細步驟如表 17-5 所示。

表 17-5 申請 ISO 9000 系列標準之階段性工作

	階段 I	階段 II	階段 III
工作內容	1. 獲得管理階層之承諾 2. 發展內部稽核程序 3. 任務編組，組成團隊 4. 決定品質手冊之架構 5. 指派各部門之責任 6. 將每一重要元素繪製成流程圖 7. 選擇驗證機構	1. 進行公司內部之宣傳活動 2. 發展並公布詳細之流程圖 3. 實施新的程序 4. 進行正式內部稽核 5. 安排預評之時程 6. 進行訓練 7. 文件系統之製作	1. 完成預評 2. 公布稽核之結果並針對缺失改善 3. 繼續進行訓練 4. 正式評審

圖 17-4 爲英國標準協會 (British Standard Institution, BSI) 所建議之驗證作業流程。ISO 9000 證書之有效期間依驗證機構而異 (一般爲三年，但有些爲永久有效)，通過驗證後仍須每半年 (有些爲一年) 接受檢查。一個組織在通過驗證後，必須依作業系統之作業標準，持續性落實執行，不斷努力改善。在執行過程中，任何之缺失，都必須有預防與矯正之措施。透過矯正、預防措施，使改善效果得以維持。

在取得 ISO 9000 證書之過程中，「認證 (accreditation)」與「驗證 (certification)」是我們經常聽到的名詞。整個過程共牽涉到企業本身、顧問公司、驗證機構 (certification body，也稱爲 registrar) 和認證機構四個團體。顧問公司協助企業內部人員來建置品質系統。驗證機構則是從事稽核及發予企業證書的工作。而認證機構則是各國的主管機關，負責監督考核驗證機構，給予書面正式承認驗證機構具有執行規定工作之能力。例如：我國國內之 TAF (全國認證基金會)、CNAB (中國)、ANAB (美國)、SCC (加拿大)……等均屬於國家認證機構。驗證機構接受認證機構的「認證」則是爲了表示其公正性。BSI、UL、DNV、BVQI、SGS 等均屬於驗證機構。

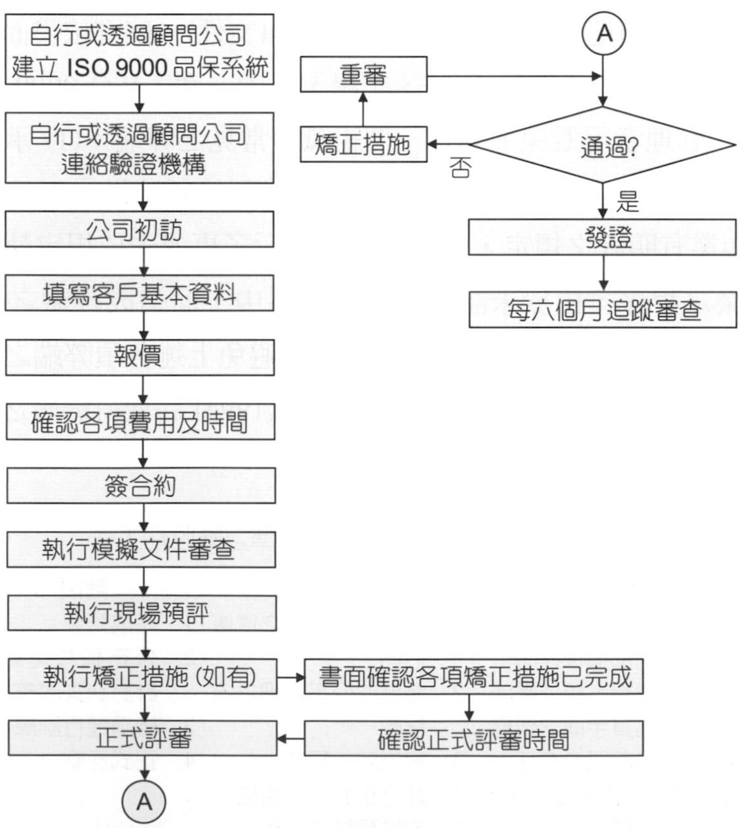

圖 17-4 ISO 9000 驗證作業流程圖 (英國BSI)

一般企業在對外宣傳時，可以用驗證 (certified, certification) 或者登錄 (registered, registration) 兩種說法，但不能夠用認證 (accredited, accreditation) 一詞。另外，企業也必須使用正確的被驗證標準。例如，目前最新可被驗證的標準是 2015 年所頒布的 9001 標準，因此企業要宣稱其通過「ISO 9001：2015 驗證」。

雖然 ISO 9000 系列標準並不具有強制性，但仍有許多國內外企業投入取得驗證之工作。學者專家將企業獲得驗證之動機歸納為下列數項：(1) 客戶之要求；(2) 符合歐洲共同市場之要求；(3) 希望藉由 ISO 9000 之導入，協助生產單位建立品質改善基礎。

國內企業導入 ISO 9000 之主要動機為提升公司產品及管理品質，和拓展外貿機會。多數國內廠商認為推行 ISO 9000 系列驗證活動可提升組織內各階層員工的品質意識。此乃因為 ISO 9000 系列著重於品質管理及品質保證體系的建立，而非產品的檢驗。在取得驗證的過程中，一個組織必須對管理體系做審查，從而了解品質保證方面的缺失，並獲得改善之機會。ISO 9000 系列標準對業者的主要影響在管理、人力資源、制度化及企業形象提升等方面，其次才是品質管制或是銷售力的提升。

ISO 9000 系列標準之目的主要是提供各組織做好內部品質管理 (ISO 9004) 及外部品質保證 (ISO 9001) 的參考。大部份國內業者在應用 ISO 9000 系列標準時，通常只重視外部品質保證標準，反而忽略了內部品質管理指導綱要。此種觀念造成即使獲得 ISO 9000 驗證，也不一定對降低流程之變異和提升品質有所助益。許多專家學者對申請 ISO 9000 驗證有極嚴厲之批評，讀者請參考本章之「品質觀點探討」。

國內業者之另一項觀念是將 ISO 9000 驗證，當作是公司內部品質活動的唯一目標，或看成是具有最高品質的榮譽，其實 ISO 9000 規範的只是一個公司品質作業的最基本要求。取得 ISO 9000 驗證主要是賣方為了顯示自己具備基本品質保證作業能力，以吸引潛在顧客或增強顧客對公司 / 組織的信心。ISO 9000 的目的在協助公司建立品質保證體系，但它是對供應商的品保制度作驗證，而非針對產品本身加以驗證。所以即使廠商完全符合 ISO 9000 系列標準之要求，也未必能直接提高產品的品質，對增加企業的銷售額未必有幫助。ISO 9000 系列標準並未考慮一個完整品質系統的要項，如新產品或技術的開發、解決問題的活動、品質的改善、經營效率的改善、成本或工時的降低、安全性、工作士氣和人才的培育等。

取得驗證之組織將會越來越多，獲得驗證只是代表一個組織具有與其他企業競爭之能力。企業要維持市場競爭能力，還得運用 ISO 9000 規定以外的品質管理模式，以及各種品質技術與工具，進行組織內各項作業品質之持續改善活動。

17.2 各種品質獎項

17.2.1 戴明獎

1950 年 7 月，簡稱為「日科技連」的日本科學技術連盟 (Union of Japanese Scientists and Engineers, JUSE)，邀請美國戴明博士對日本企業經營者開設八天的統計品管課程。課程結束之後，為了感念戴明博士為日本企業界奠下現代品管之基礎，日科技連於 1951年，以戴明捐贈的課程講義版稅加上募得之資金設立戴明獎 (Deming Prize)。戴明獎被視為是全面品質管理 (TQM) 之最高榮譽。

在介紹戴明獎之種類前，我們先了解日本人如何定義全面品質管理。日本戴明獎委員會在 2009 年 10 月修訂TQM 之定義，修訂後之內容為：

TQM 是一組有系統性的活動(1)，這些活動是由整個組織來執行，以有效能和有效率之方式達成(2) 組織目標(3)，使組織能夠在適當的時間、以適當的價格，提供(4)具有一定品質(5) 水準的產品和服務(6)，來滿足顧客(7)。

我們將上述之定義分段來解釋。

1. 「有系統性的活動」是指為了達成公司使命 (目標) 之有組織性的活動。透過設立明確的中、長期願景及適當的品質策略和政策，在強而有力的管理階層領導下，完成有組織性的活動。
2. 「由整個組織來執行，以有效能和有效率之方式達成」是指要包含組織內各層級人員和包含組織之每一部分，在使用最少資源的情況下，以最迅速的方式來達成組織的目標。這項要求可以透過一個以品質保證為核心的適當管理系統來達成，此管理系統整合其它跨功能 (cross-functional) 之管理系統，例如：成本、運送、環境和安全。由於對人性價值之尊重，促成組織發展人力資源，以維持組織的「核心技術」、「迅速反應」和「活力」。組織可以利用適當的統計技術和其它工具來維持和改善其流程及作業。組織以事實為根據，應用 PDCA 循環來經營其事業。組織也可以利用適當的科學方法和資訊技術來重建其管理系統。
3. 「組織目標」是指透過「一致」而且「持續」地達成顧客滿意和員工滿意，及提升利害關係人 (stakeholders) 之利益 (利害關係人包括員工、社會、企業夥伴和股東 (shareholders))，確保長期而言，組織能夠獲利和成長。

4. 「提供」是指從生產產品 / 服務到交付給顧客之間所發生的系列活動，包含調查、研究、計畫、開發、設計、產品準備、採購、製造、安裝、檢驗、處理訂單、銷售、行銷、維護、售後服務和產品使用完後之處置及回收再利用。
5. 品質是指有用性 (usefulness) (包含功能和心理兩方面)、可靠度和安全性。在定義品質時，我們也要考慮對於第三方 (the third parties)、社會、環境和後代之影響。
6. 「產品和服務」是指提供給顧客的所有益處，包含伴隨產品 (及其物件和材料) 和服務而來之系統、軟體、能源和資訊。
7. 「顧客」不單指購買者，同時也包含利害關係人，例如： 使用者、消費者和受益 (惠) 者。

戴明獎共分為下列四個類別：

1. 戴明獎 (The Deming Prize)
   戴明獎 (日文為「賞」) 是頒給一個組織 (公司、機構、部門、事業單位等)。申請此獎項的組織，必須能根據其管理哲學、企業經營之範圍、型式、規模和管理環境，實施適當的 TQM。
2. 戴明大獎 (The Deming Grand Prize)
   頒給已獲得戴明獎和戴明大獎 (日文為「戴明賞大賞」) 之組織。得獎組織在其得到戴明獎或戴明大獎後，能維持和加強 TQM 水準至少 3 年以上 (含得獎該年)。戴明大獎之得獎組織可以在得獎 3 年後，持續申請此獎項。申請此獎項的組織必須證明其實施 TQM 之成果已大幅改善且優於上一次得獎的水準。
3. 戴明個人獎 (The Deming Prize for Individuals)
   頒給主要活動發生在日本境內之個人。得獎者必須在傳播和推廣 TQM 方面，已有卓越之貢獻。
4. 戴明傳播和推廣傑出服務獎 (The Deming Distinguished Service Award for Dissemination and Promotion (Overseas))
   頒給主要活動發生在日本境外之個人，得獎者必須在傳播和推廣 TQM 方面，已有卓越之貢獻。

上述第一個獎項「戴明獎」在 2012 年之前，稱為「戴明獎實施獎 (Deming Application Prize)」。 戴明大獎之前身為日本品質獎章 (Japan Quality Medal)， 此獎項在 2012 年改名。「日本品質獎章」主要是紀念在 1969 年 10 月，於日本東京所舉行的第一屆國際品質管制會議 (International Conference on Quality Control, ICQC)。

戴明個人獎並未對國籍設限，但如果申請人之所有活動都是在日本境外所完成，則不具有申請資格。本書所提到的數位日本知名學者，如石川馨 (Kaoru Ishikawa) 於 1952 年獲得戴明獎，其他如納谷嘉信 (Yoshinobu Nayatani)、近藤次郎 (Jiro Kondo)、狩野紀昭 (Noriaki Kano)、田口玄一 (Genichi Taguchi)、杉本辰夫 (Tatsuo Sugimoto) 和赤尾洋二 (Yoji Akao) 也都是個人獎的得主。第四個獎項是頒給日本境外之傑出貢獻者，其重要性等同第三個獎項。

圖 17-5 說明戴明獎之架構，表 17-6 爲戴明獎/戴明大獎之評量準則 (www.juse.or.jp)。戴明獎強調適當使用和應用 TQM，因此審查的重點在於申請戴明獎的企業是否能建立一個適合其事業和規模之 TQM 架構。一般企業在申請時，常誤會要使用進階的統計方法，才能通過評審。相反的，企業專注於適合其事業和規模之新活動，才會得到較高的評價。

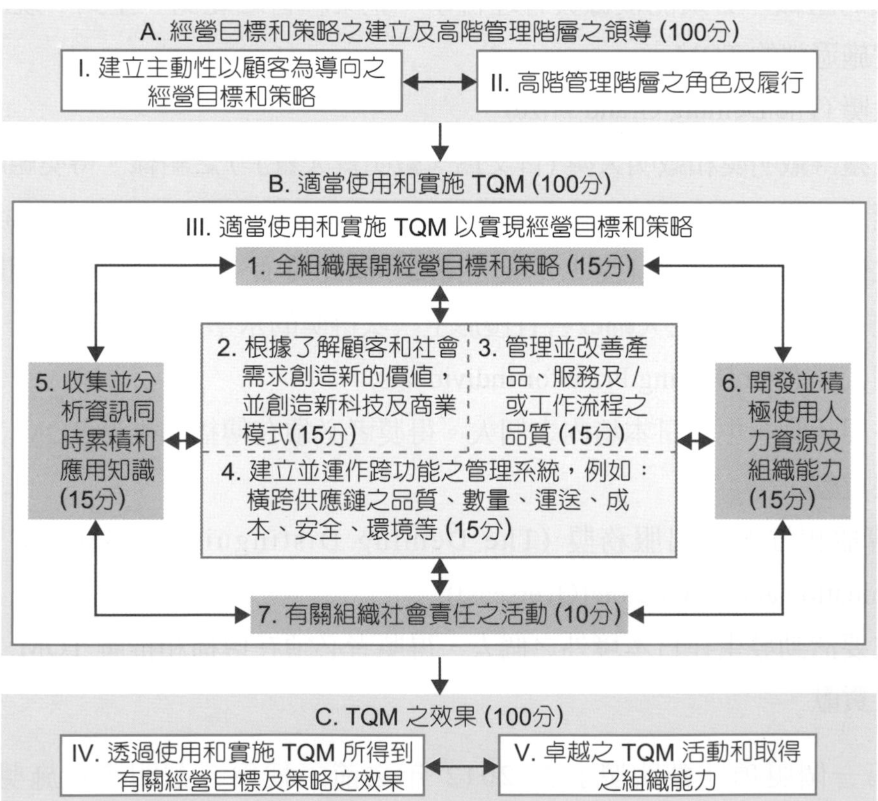

圖 17-5 戴明獎之架構

表 17-6 戴明獎/戴明大獎之評量準則

A. 經營目標和策略之建立及高階主管之領導

<table>
<tr><th>評 審 項 目</th><th>分數</th><th>及格分數</th></tr>
<tr><td>I. 建立主動性以顧客為導向之經營目標和策略
在明確的管理信仰之下，公司已根據管理哲學、產業特性、規模和環境及組織社會責任之考量，建立主動性之以顧客為導向的經營目標和策略。而且組織已明確的說明企圖達成之目標及未來計畫。</td><td rowspan="2">100</td><td rowspan="2">70以上</td></tr>
<tr><td>II. 高階主管之角色及履行
高階主管在規劃主動性、以顧客為導向之經營目標和策略及實施 TQM 時，能展現領導力。高階主管能洞察經營目標、策略和環境的改變並能了解增強組織能力、人力資源發展和公司社會責任的重要性。高階主管能了解 TQM 並對邁向 TQM 具有熱忱。</td></tr>
</table>

B. 適當使用和實施 TQM

<table>
<tr><th>評 審 項 目</th><th>分數</th><th>及格分數</th></tr>
<tr><td>III. 適當使用和實施 TQM 以實現經營目標和策略
TQM 被視為一個管理工具，並被適當的使用和應用，以實現經營目標和策略。組織能夠在流程中，適當的使用科學方法 (例如：統計學) 及 IT 技術。</td><td>100</td><td rowspan="8">70以上</td></tr>
<tr><td>1. 全組織展開經營目標和策略
經營目標和策略，已在整個組織內展開，並且能根據全體員工參與，部門和相關組織間之密切合作，以統一的方式來實施。</td><td>(15)</td></tr>
<tr><td>2. 根據了解顧客和社會需求創造新的價值，並創造新科技及商業模式
新的事業、產品和服務及/或工作流程的創新，被主動而且有效的完成，其目的是根據了解顧客和社會需求及技術和商業模式之創新，來創造新的價值。</td><td>(15)</td></tr>
<tr><td>3. 管理並改善產品、服務及/或工作流程之品質
日常管理：透過標準化和教育、訓練等措施，在每日之作業中，僅存在極小數之問題，另外，在每一部門中之主要作業已趨穩定。
持續改善：有關產品和服務及/或工作流程之改善，被以有計畫性和持續的方式實施。索賠或流至市場或下一個流程之缺點正在下降或被維持在非常低的水準。顧客滿意度水準已被改善或被維持在非常高的水準。</td><td>(15)</td></tr>
<tr><td>4. 建立並運作跨功能之管理系統，例如：橫跨供應鏈之品質、數量、運送、成本、安全、環境等
組織所需要的跨功能管理系統，在橫跨合作夥伴和相關組織之供應鏈內，已被建立和適當的運作。組織能以快速而且可靠的方式，在快速改變的企業環境下，有效的達成目標。</td><td>(15)</td></tr>
<tr><td>5. 收集並分析資訊同時累積和應用知識
收集及分析從市場和組織內部所得到的資訊，並能以有系統性的方法，累積和使用營運所需要的知識。另外，這些資訊有助於：創造新的價值；管理和改善產品、服務及/或作業品質；建立及運作跨功能之管理系統。</td><td>(15)</td></tr>
<tr><td>6. 開發並積極使用人力資源及組織能力略
能以有規劃的方式，發展人力資源及組織能力，此有助於實現經營目標及策略和 TQM 的實施，同時激發相關人員和組織。</td><td>(15)</td></tr>
<tr><td>7. 有關組織社會責任之活動
組織能意識到其身為社會一員的角色和責任，並已建立特定之指標，且根據其管理哲學，產業型態，經營規模和經營環境，主動採取行動 (例如：環境保護、區域貢獻、公平營運實務、尊重人權、資訊安全等)。</td><td>(10)</td></tr>
</table>

C. TQM 之效果

評審項目	分數	及格分數
IV. 透過使用和實施 TQM 所得到有關經營目標及策略之效果 組織透過適當的使用和實施 TQM，在經營目標及策略方面已獲得效果。	100	70以上
V. 卓越之 TQM 活動和獲得之組織能力 組織能根據卓越之 TQM 活動內容及/或實施 TQM 之過程，獲得維持未來持續成長之組織能力，實現經營目標和策略，在核心領域已獲得成效。		

資料來源：www.juse.or.jp

17.2.2 美國國家品質獎

美國在 1987 年，根據第 100-107 號公共法案 (Public Law)，設立「美國國家品質獎」。設立之動機是因為美國政府認為其國內產品受到外國公司產品之激烈競爭，為了提高競爭力，必須要有一個以管理階層領導、顧客導向之品質改善計畫。設立國家品質獎，將可以刺激美國企業提高品質和生產力，同時也可以提供評估品質改善計畫之指引和準則。另外，也可對有心改善品質之企業，提供學習和觀摩之機會。美國國家品質獎是以當時之商業部長「Malcolm Baldrige」來命名，所以也稱為馬康包立治國家品質獎 (Malcolm Baldrige National Quality Award, MBNQA)。美國國家品質獎分為6個類別：製造業、服務業、小型企業、教育機構 (education organizations)、健康照護機構 (health care organizations) 和非營利機構，每年每一類別之得獎公司或組織不得超過3家。教育和健康照護類是在 1999 年加入，在 2007 年增加非營利機構類。美國國家品質獎是由商業部負責推動，並由美國國家標準與技術局 (National Institute of Standards and Technology, NIST) 負責主辦，而行政業務則是由美國品質學會協助 NIST 辦理。美國國家品質獎每年頒發給在品質管理及產品品質有高度成就之公司或組織，得獎者皆由美國總統親自頒獎。因成功推行六標準差的摩托羅拉公司於 1988 年獲得第一屆美國國家品質獎。

美國國家品質獎建立一個卓越績效架構 (excellence framework)，提供有系統性之步驟來改善組織的績效，其主要特色有下列幾點：

1. 重視核心價值 (core values) 和原則 (concepts)

   核心價值和原則可以在成果導向的架構下，建立一個基礎，用來整合關鍵績效和作業需求，作為行動、回饋和持續成功之根據。

2. 重視流程

流程是一個組織完成其工作所使用的方法，美國國家品質獎從下列 4 個面向來評估和改善組織的流程：

(a) 步驟 (approach)：組織如何完成工作？關鍵步驟是否具有效能？

(b) 展開 (deployment)：關鍵步驟在組織內相關部門使用的一致性如何？

(c) 學習 (learning)：組織對關鍵流程之評估和改善做得如何？改善是否能在組織內分享？新的知識是否導致創新？

(d) 整合 (integration)：步驟是否能與組織目前和未來的需求保持一致？在不同流程和工作單位間，「衡量」、「資訊」和「改善系統」是否能相互配合？

3. 重視成果 (results)

美國國家品質獎之架構，可以協助一個組織從 3 個觀點來檢查其成果：外部觀點 (利害關係人的看法)；內部觀點 (組織的營運是否有效能和有效率？)；未來觀點 (組織是否能學習和成長？)。成果涵蓋對組織具有重要性的各個領域。採用綜合性的測量 (composite measures)，可以確保組織的各項策略可以取得平衡。不會在不同關係人間、不同的目標、短期和長期目標間，去做不適當的妥協 (trade off)。美國國家品質獎是從下列 4 個面向來評估組織的成果：

(a) 程度 (levels)：組織目前的績效如何？

(b) 趨勢 (trends)：組織的成果是有改善、持平或者更差？

(c) 比較 (comparisons)：是否將組織的績效與其他組織、競爭對手、標竿 (benchmarks) 或業界領導者比較？

(d) 整合 (integration)：是否追蹤對組織重要的成果？是否考慮利害關係人之期望和需求？是否在決策中應用這些成果？

4. 重視鏈接 (linkage)

例如：

(a) 流程和成果之間的連結。

(b) 人力規劃和策略規劃之間的連結。

5. 重視改善

美國國家品質獎可以讓組織了解和評估其成就；流程展開之程度；組織是否能學習和改善；回應組織需求之步驟是否恰當。

圖 17-6 爲美國國家品質獎之整體架構。美國國家品質獎之審查共分爲七個構面 (見表 17-7)，分別爲領導 (leadership)、策略 (strategy)、顧客 (customers)、量測、分析與知識管理 (measurement, analysis, and knowledge management)、員工 (workforce)、營運 (operations) 和成果 (results)。在美國國家品質獎之評審中，過程部分 (前 6 項) 之權重占 55%，成果部分 (第 7 項) 之權重爲 45% (註：美國國家品質獎之評審項目及權重每年均有修改，表 17-7 僅供參考)。美國國家品質獎的核心價值觀與概念是表現在此七個評審項目中。以下說明各大項之內容：

1. 領導

   此項目是要評量高階主管的個人行爲如何引導組織並維持組織之成功。同時也評估組織的治理系統及組織如何滿足法律、道德和社會責任。

2. 策略

   此項目是要評量一個組織是如何發展其策略目標和行動方案 (計畫)；如何執行；環境需要時，如何改變；如何衡量其進展。

3. 顧客

   此項目是要評量一個組織是如何獲得有關顧客心聲的資訊；如何滿足並超越顧客的期望；如何與顧客建立良好的關係。

4. 量測、分析與知識管理

   此項目是要評量一個組織是如何選擇、收集、分析、管理和改善其資料、資訊和知識資產 (knowledge assets)。組織如何利用檢討之發現來改善其績效。組織如何進行學習。

5. 員工

   此項目是評量一個組織如何評估員工技能 (capability) 和承受能力 (capacity) 的需求，以建立一個能創造高績效之工作環境。此項目也評估一個組織如何聘用、管理和開發員工，利用他們的豐富潛能並能與組織的整體需求維持一致。

6. 營運

   此項目是評量一個組織如何設計、管理、改善和創新其產品及工作流程，同時評估如何改善營運效能，爲顧客創造價值 (deliver value)，以達成組織持續的成功。

7. 成果

   此項目是評量一個組織在所有關鍵領域的績效和如何進行改善。此項目也檢視組織與其他競爭對手之相對績效。

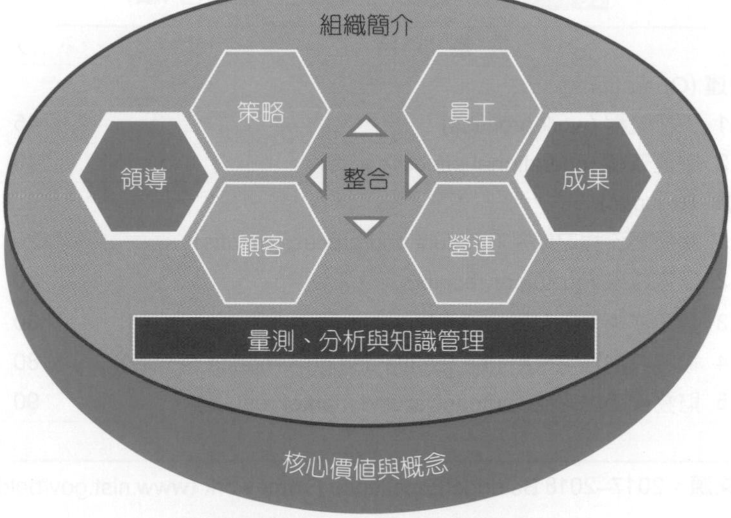

圖 17-6 美國國家品質獎之架構

資料來源：美國國家標準與技術局 (NIST)
www.nist.gov/baldrige

表 17-7 美國國家品質獎之評審項目

評審項目		分數
1.0 領導 (Leadership)		**120**
1.1 高階主管的領導 (senior leadership)	70	
1.2 治理 (governance) 和社會責任 (societal responsibilities)	50	
2.0 策略 (Strategy)		**85**
2.1 策略之發展 (development)	40	
2.2 策略之執行 (implementation)	45	
3.0 顧客 (Customers)		**85**
3.1 顧客參與度 (customer engagement)	40	
3.2 顧客參與 (customer engagement)	45	
4.0 量測、分析與知識管理 (Measurement, Analysis, and Knowledge Management)		**90**
4.1 組織績效的量測、分析和改善 (measurement, analysis, and improvement of organizational performance)	45	
4.2 資訊與知識管理(information and knowledge management)	45	
5.0 員工 (Workforce)		**85**
5.1 員工工作環境 (workforce environment)	40	
5.2 員工參與 (workforce engagement)	45	

表 17-7 美國國家品質獎之評審項目 (續)

評審項目	分數	
6.0 **營運** (Operations)		**85**
6.1 工作流程 (work process)	45	
6.2 營運效能 (operational effectiveness)	40	
7.0 **成果** (Results)		**450**
7.1 產品和流程之成果 (product and process results)	120	
7.2 顧客成果 (customer results)	80	
7.3 員工成果 (workforce results)	80	
7.4 領導與治理之成果 (leadership and governance results)	80	
7.5 財務與市場之成果 (financial and market results)	90	
總分		**1000**

資料來源：2017–2018 Baldrige Excellence Framework (www.nist.gov/baldrige)

爲了能夠更深入了解美國國家品質獎評審項目之涵義，一些重要的名詞解釋如下。治理 (governance) 是指在組織之管理工作中所運用的管理和管制系統。顧客參與 (customer engagement) 是指顧客對於我們所提供之產品的投資或者承諾。它是奠基於我們能夠持續滿足顧客需求之能力和因爲建立良好的關係，使得顧客願意持續使用我們的產品。顧客參與的特徵包含：顧客保留與顧客忠誠度；顧客願意盡其所能和我們進行交易；顧客願意積極地擁護我們的品牌和產品。

員工 (workforce，也譯爲勞動力、人力) 一詞是指積極地參與完成組織之工作的所有人，包含全職之正式員工、約聘人員、兼職人員和志工。員工包括團隊領導人、基層管理人員和各階層的經理人員。奉獻心力的員工 (engaged workforce) 是指員工具有熱情、全面投入、奉獻的精神，能夠積極、專注並願意投入額外心力在工作上。人力資源專家指出，奉獻心力並不是指滿意或快樂，而是員工在情感上跟組織認同的程度，知道自己要做什麼，才能增加價值，也願意並全心投入採取這種行動。員工參與 (workforce engagement) 是指爲了達成組織之工作、使命和願景，員工在情緒和智能層面所投入之程度 (此名詞又翻譯爲「員工投入度」)。在一個具有高水準之員工參與的組織中，員工在高績效的工作環境下，被激勵而且竭盡心力爲顧客的利益和組織的成就而努力。一般而言，當員工可以感受到個人的意義和工作動機時，會有奉獻投入的感覺。奉獻心力之員工是受惠於信任的關係、一個安全與合作的環境、良好的溝通與資訊流通、授權和績效責任。影響員工參與 (投入度) 的關鍵因素包含：訓練和生涯發展、有效的表揚和獎勵系統、平等的機會與公平的對待和有如家庭般的親切感。

截至 2018 年止，美國國家品質獎共頒發出 123 個獎項。表 17-8 爲美國國家品質獎歷年頒出獎項數目之分布情形。由設獎時間和獲獎組織數目來看，「健康照護」產業較熱衷於申請美國國家品質獎。

表 17-8 美國國家品質獎歷年獲獎之分布情形

製造業	小型企業	服務業	教育機構	健康照護	非營利
31	29	16	13	25	9

資料來源： www.nist.gov/baldrige/award-recipients

17.2.3 歐洲品質獎

在 1988 年，14 個大型、跨國之歐洲公司組成歐洲品質管理基金會 (European Foundation for Quality Management, EFQM)，其目的是要在西歐國家推廣 TQM 之理念。在 1991 年，EFQM 得到歐洲品質組織 (European Organization for Quality) 和歐洲委員會 (European Commission) 之支持，成立歐洲品質獎。歐洲品質獎之設立主要是受到美國國家品質獎成功之激勵。歐洲品質獎包含兩種品質獎項：EQP (European Quality Prize) 和 EQA (European Quality Award)。EQP 主要是頒給符合標準之企業，而 EQA 則是給予有最高成就之申請者。第一次給獎始於 1992 年，共發出 4 個 EQP 和 1 個 EQA。

歐洲品質管理基金會爲避免讓人產生歐洲品質獎只著重於產品與服務品質的錯誤印象，於 2006 年將它改名爲 「歐洲品質管理基金會卓越獎 (the EFQM Excellence Award, EEA)」，用以展示一個成功的組織，能夠在 EFQM 卓越模式的各個面向，展現其卓越性。

圖 17-7 爲歐洲品質獎中，「卓越」之八項基本觀念，其內容簡略說明如下。

1. **為顧客增加價值 (adding value for customers)**

   卓越的組織會經由瞭解、預測和滿足顧客的需求、期望與機會，持續的爲他們創造價值。

2. **建立可持續的未來 (creating a sustainable future)**

   卓越的組織會提升其績效，同時在他們所接觸的群體內促進經濟、環境和社會條件，進而對世局產生積極影響。

3. **發展組織能力 (developing organizational capability)**

卓越的組織會在 (或超越) 組織邊界內，透過有效的變革管理，來增強其能力。

4. **發揮創造力和創新能力 (harnessing creativity and innovation)**

卓越的組織會發揮其利害關係人之創造力，透過持續改善和有系統性的創新，來產生增加的價值和提升績效水準。

5. **以願景、鼓舞和正直來領導 (leading with vision, inspiration and integrity)**

卓越的組織有領導人來爲其組織塑造未來並使其實現，同時擔任價值觀和倫理的角色楷模 (role models)。

6. **敏捷的管理 (managing with agility)**

卓越的組織會因其具有識別機會和威脅的能力，並能做出有效能及有效率的回應，而受到廣泛認可。

7. **透過人員的才能來實現目標 (succeeding through the talent of people)**

卓越的組織會重視其員工，並創造一種賦權 (empowerment) 文化，以實現組織和個人之目標。

8. **維持傑出的成果 (sustaining outstanding results)**

卓越的組織在其運營環境中，可以達成持續性的傑出成果，來滿足所有利害關係人之短期和長期需求。

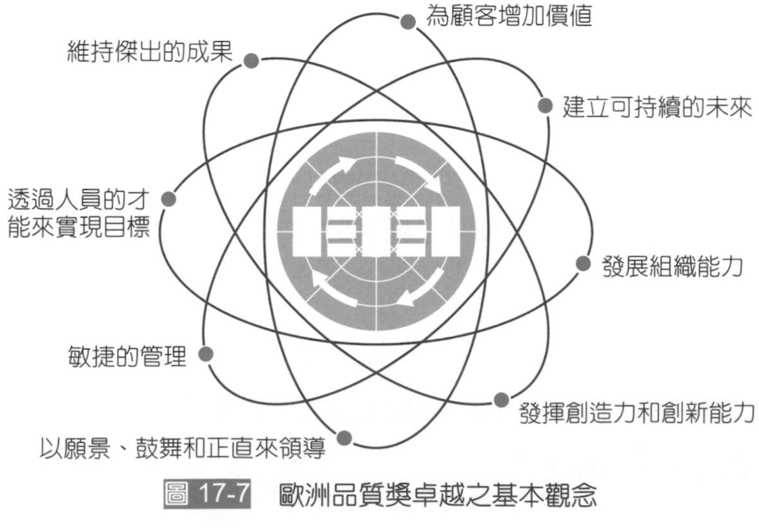

圖 17-7 歐洲品質獎卓越之基本觀念

企業卓越模式準則是依據卓越基本觀念之八項內容，轉化成可執行與評審的九項品質獎評審項目 (圖 17-8)，它又劃分為「促成者 (enabler)」與「成果」兩大類，前者包括：領導、人員 (員工)、策略、夥伴關係與資源、及流程 / 產品 / 服務等共五項，後者包括：人員成果、顧客成果、社會成果及經營成果等共四項。EEA 的卓越模式有下列基本假設：「顧客成果」，「人員成果」與「社會成果」是：經由「領導」帶動「策略」、「人員」、「夥伴關係與資源」及「流程 / 產品 / 服務」，邁向最終卓越的「經營成果」。「促成者」準則包括讓模式使用者知道組織應在哪些關鍵領域有所作為？「成果」準則包括要達成何種成果？「成果」是由「促成者」造成的，它需有回饋機制以協助「促成者」改進。

EFQM 卓越模式可以有下列應用：

1. 當作是組織管理系統的架構。
2. 當作是自我評鑑的參考。
3. 提供一個和其他組織比較的架構。
4. 協助確認改善的方向和範圍。

EEA 的卓越模式評審標準共計 1000 分 (見表 17-9)，五項「促成者」準則與四項「成果」準則皆配置 50%，顯示出所執行的活動與達到成果，在評獎過程中此二者之價值是相等的。

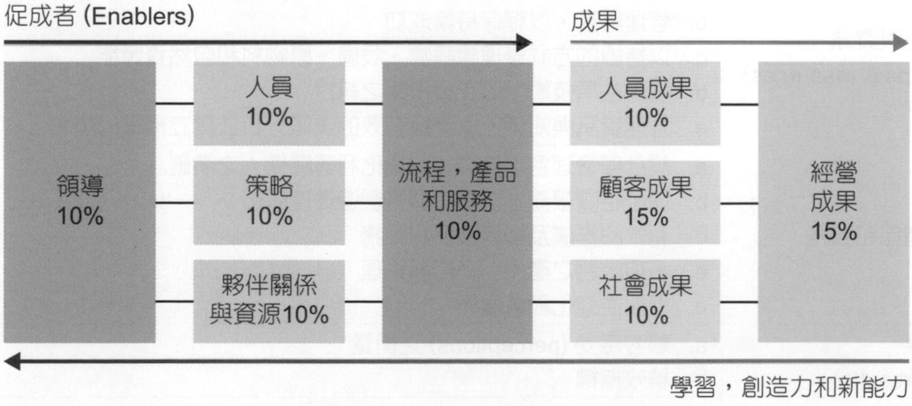

圖 17-8 歐洲品質獎之架構

EEA 的評分方式是採用 RADAR 評分矩陣，在評促成者中的任一個部分均要考量其成果 (results)、步驟 (approaches) 、展開 (deploy)、評估 (assess) 及改善 (refine) 等五個要素，依據實施的程度給予不同的百分比，以作為評分的參考標準。而在評成果中的任何一個部分均要考量其成果的優質與幅度。

EFQM 卓越獎每年對所有歐洲組織開放，其申請類別包含：

1. 大型組織與企業單位。
2. 大型組織的作業單位。
3. 公共部門(大或小)。
4. 中小企業(250人以下)，又區分附屬於大型組織的中小企業和獨立的中小企業。

表 17-9 歐洲品質獎之評審重點與配分

評分項目	評分重點	分數(%)
1. 領導 (leadership)	a. 領導者能發展使命、願景、價值觀和倫理，並成為角色楷模(role models) b. 領導者能定義、監測、評估並驅動改善組織之管理系統和績效 c. 領導者能與外部利害關係人互動 d. 領導者能對內部人員強化卓越的文化 e. 領導者能確保組織具有彈性並能有效的管理變革	10
2. 策略 (strategy)	a. 策略之擬訂是基於了解利害關係人和外部環境的需求和期望 b. 策略之擬訂是基於了解內部績效和能力 c. 策略與政策皆已開發、檢討及更新 d. 策略與政策皆已傳達、實施和監測	10
3. 人員 (people)	a. 人力資源計畫能支援組織的策略 b. 人員的知識與能力皆已開發 c. 人員能密切合作、參與並獲得授權 d. 組織內人員能有效的溝通 e. 人員受到獎勵、表揚及關懷	10
4. 夥伴關係與資源 (partnerships & resources)	a. 管理外部夥伴和供應者，以獲得持續性的利益 b. 管理財務，以確保持續成功 c. 以持續的方式管理建築物、設備、原物料和自然資源能 d. 管理各項技術，以支援策略之執行 e. 管理資訊與知識，以支援有效的決策分析並建立組織的能力	10
5. 流程、產品和服務	a. 設計與管理各項流程，以優化利害關係人之價值 b. 開發相關服務，以便為顧客創造最佳價值 c. 有效的推廣及銷售產品和服務 d. 各項服務之產生、交付和管理 e. 管理並強化顧客關係	10
6. 顧客成果 (customer results)	a. 顧客感受(perceptions)之衡量 b. 績效指標	15
7. 人員成果 (people results)	a. 人員感受之衡量 b. 績效指標	10
8. 社會成果 (society results)	a. 社會感受之衡量 b. 績效指標	10
9. 經營成果 (business results)	a. 經營結果(outcomes) b. 績效指標	15

資料來源： www.efqm.org

17.2.4 中華民國國家品質獎

由於戴明獎與美國國家品質獎對企業界的品質提升具有顯著之貢獻，因此行政院也在民國 79 年設立國家品質獎，權責機關爲經濟部。以下內容將說明我國國家品質獎之設立過程和目前之獎項內容。

我國國家品質獎是由行政院延聘有關機關首長、學者及專家，組成「國家品質獎評審委員會」，負責評審及處理有關表揚業務。委員會組織如圖 17-9 所示。

國家品質獎爲國家最高品質榮譽，其設立之動機，是希望建立一個最高品質管理典範，讓企業能夠分享到得獎公司提升品質水準的作法與經驗，同時透過評選程序，清楚地將這套品質管理規範，推展成爲企業強化體質，增加競爭力的參考標準。國家品質獎的頒發、得獎企業的示範與觀摩活動，可激發企業追求高品質的風氣。

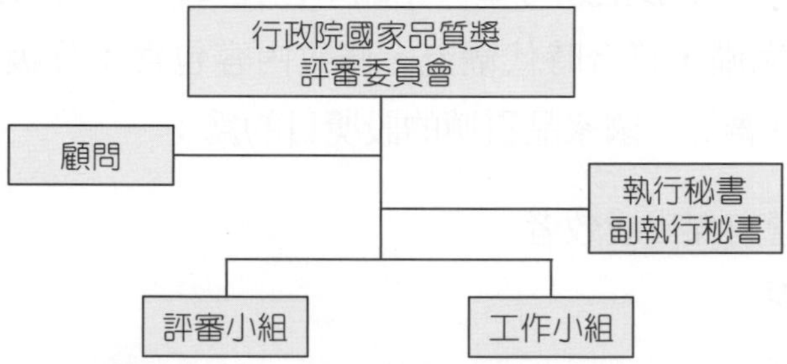

圖 17-9 我國國家品質獎評審委員會組織

隨著每年國家品質獎的頒發，國內品質提升的工作正大步向前邁進。透過國家品質獎挑戰的過程，促使企業全面升級，亦使社會因追求高品質而進步，進而使我們成爲現代化、高品質的國家。

申請國家品質獎的企業，可經由申請資料之整理與評審作業之進行，對全公司作一次品質診斷，發掘企業經營上之優缺點，並可參考評審委員會於評審後所做的意見書，進行改善。一個公司亦可以利用申請國家品質獎爲號召，全員致力於經營合理化及品質之提升，對於公司體質之強化、競爭力之提升有很大的幫助。一個公司獲獎後，除了代表該公司的企業經營及產品 / 服務品質獲得肯定外，同時也提高了企業的形象及員工的向心力。

我國國家品質獎共分爲下列五類：(1) 企業獎；(2) 中小企業獎；(3) 機關團體獎；(4) 個人獎；(5) 特別貢獻獎。我國國家品質獎在設立之初，只限公民營製造業才能申請。到了民國 84 年才開放資訊服務業、倉儲業、零售業、綜合零售業、運輸業、土木工程業、建築工程業及旅館業等 8 種非製造業。

自從 1987 年美國設立國家品質獎後，我國是亞洲第一個設立國家品質獎的國家。但追求品質是一條無止境的道路，隨著社會環境的演進，學術界和企業對於品質的認知一直在演化中，從最初「品質是檢驗出來的」、「品質是製造出來的」、「品質是設計出來的」、「品質是管理出來的」，進展到「品質是習慣出來的」。品質的意涵也從最基本的品質檢驗 (QI) 邁向全面品質管理 (TQM)，再發展至卓越經營 (Business Excellence)。近年來，競爭力的關鍵要素已由過去僅以產品品質 / 技術爲核心的「效率」驅動，轉變爲以顧客爲核心的「創新」驅動；不僅重視產品品質的卓越，更強調是否具備創新營運模式。基於上述考量，相關單位在 2016 年重塑我國國家品質獎之機制，使獎項內容更臻完備，符合時代潮流，修改內容包含：分級獎項、增設功能性獎項、增加獎額、分業評審等。國家品質獎的設獎目的爲：

1. 獎勵推行卓越經營有傑出成效者。
2. 樹立標竿學習楷模。
3. 提升整體品質水準。
4. 建立優良組織形象。

國家品質獎期望透過周密完備之評審標準及嚴密謹慎之評審程序，由學者專家代表遴選出獲獎者，作爲典範楷模，帶領產業各界邁向卓越經營，強化經營體質，建立國家競爭力。表 17-10 匯整國家品質獎各獎項類別及其意涵。有關國家品質獎之其他細節，請參考卓越經營整合服務資訊網 (http://nqa.cpc.tw)。

表 17-10 中華民國國家品質獎各獎項意涵

<table>
<tr><th>類別</th><th>名稱</th><th>意涵</th><th>對象</th><th>名額</th></tr>
<tr><td rowspan="3">全面卓越類</td><td rowspan="2">卓越經營獎</td><td>表揚企業或團體於推動全面經營品質達卓越績效者。</td><td rowspan="3">企業、學校、機構、法人及團體與個人</td><td rowspan="3">共 25 名
(和卓越經營獎個人 5 名)</td></tr>
<tr><td>表揚個人於推動全面經營品質之作法或貢獻具卓越績效者。</td></tr>
<tr><td>績優經營獎</td><td>表揚企業或團體於推動全面經營品質達績優績效者。</td></tr>
<tr><td rowspan="6">功能典範類</td><td>製造品質典範獎</td><td>表揚企業於推動產品製造品質管理之作法、效益與影響，具相當成就而足資典範者。</td><td>企業
(針對製造業)</td><td rowspan="6">共 15 名</td></tr>
<tr><td>服務品質典範獎</td><td>表揚企業於推動服務 (商品) 品質管理之作法、效益與影響，具相當成就而足資典範者。</td><td>企業
(針對服務業)</td></tr>
<tr><td>經營技術典範獎</td><td>表揚企業或團體於推動特定經營管理技術 (包含既有及創新技術) 之作法、效益與影響，具相當成就而足資典範者。</td><td rowspan="4">企業、學校、機構、法人及團體</td></tr>
<tr><td>地方經營典範獎</td><td>表揚企業或團體於經營地方生活、就業之作法、效益與影響，具相當貢獻而足資典範者。</td></tr>
<tr><td>永續發展典範獎</td><td>表揚企業或團體於落實工安環保等有利企業永續發展之作法、效益與影響，具相當成就而足資典範者。</td></tr>
<tr><td>產業支援典範獎</td><td>表揚企業或團體於協助產業推動卓越經營之作法、效益與影響，具相當貢獻而足資典範者。</td></tr>
</table>

資料來源：卓越經營整合服務資訊網

表 17-11 說明我國國家品質獎「全面卓越類」之評審標準。圖 17-10 爲國家品質獎「全面卓越類」之八大構面，其架構是以「領導」作爲驅動力。「領導」項目主要是審視高階經營層 (包含董監事會、執行長、高階主管等) 如何有系統地制定經營理念、使命、願景及其行動準則，塑造公司文化，進而帶領公司追求長期成功，並能遵行法律、嚴守道德倫理、落實性別平等及善盡環境保護責任等，以得到利害關係人之認同與承諾。

「策略管理」項目主要是檢視公司如何根據公司之使命及願景，有系統地分析內外部環境與資源配置，決定核心競爭力，運用整合架構發展適當之策略目標，據以建立經營模式並擬定行動方案，促使公司凝聚競爭優勢，以因應環境變遷與各式挑戰。

「研發與創新」項目主要是檢視公司如何根據使命、願景及整體策略目標，逐步地進行研發與創新策略之發展、投入與管理，藉以創造適合研發與創新之環境與文化，激發其成員求新求變之動機，培育公司未來發展及永續成長之動力。

「顧客與市場發展」項目主要是檢視公司如何以市場導向爲核心，充分瞭解與掌握顧客及市場需求，並以此展開公司之研發、設計、作業及傳遞相關產品 (技術服務)。利用此種策略思維來滿足或超越現有顧客需求，並能發掘其他顧客與市場，以利擬定公司未來經營方向。

「人力資源管理與知識管理」項目主要是評量公司在人力資源規劃、人力資源開發、人力資源運用、員工關係管理及知識管理等方面之作爲。「人力資源管理」部分是檢視公司如何落實性別平等、建立適當工作環境、凝聚員工向心力，及具備領導人才發展及培訓計畫，並進而發展與應用員工能力、結合員工目標與公司目標、創造具有挑戰性與成長性 (包括知識、技能、經驗及升遷) 之工作環境，以及投資相關教育訓練。「知識管理」部分是評量公司如何以資訊科技爲基礎，發展一套系統性之方法，管理及應用公司內部和外部知識，爲員工、顧客及股東創造價值，同時實現公司知識 (外顯、內隱知識) 共享，運用個人與集體智慧，提高公司應變與創新能力，建立學習型公司。

「資訊運用策略與管理」項目是要檢視公司如何透過即時有效之工具，如雲端運算(cloud computing)、巨量資料 (big data)、物聯網 (internet of things, IoT) 及網宇實體 (cyber-physical systems, CPS) 等，充分掌握內外部重要資訊 (包括公司內各部門、顧客、供應者、同業、競爭者及周遭環境等) 之蒐集、取得、分析及應用，以作爲規劃、控制及決策之依據，並有效改善公司績效與提升競爭力。

「流程管理」之內容包括顧客導向設計，產品 (技術服務) 運送、支援流程管理，以及與供應商 (者) 及合作機構之關係流程管理等。流程管理之要點在於具有「效率」及「效能」之過程管理，包括：具效率之設計與預防功能，供應鏈及跨公司機構之連結、作業或技術服務流程前置時間、績效評估及持續改善、彈性、成本降低與前置時間縮短及公司學習等。

「經營績效」部分是評量公司是否能落實上述七大構面之要求，並持續進行改善，以強化公司的競爭力。公司經營成果、經營績效對於公司之整體運作極其重要，因其目標達成度與公司生存具有密切的關係。「經營績效」是藉由公司之績效，檢視及探討公司如何達成其使命、願景及整體策略目標，進而持續改善，追求公司之卓越長期績效。

表 17-11 我國國家品質獎評審標準 (全面卓越類，製造業)

評審項目	權重	評審項目	權重
1. **領導** (120)		5. **人力資源與知識管理** (80)	
1.1 高階領導	60	5.1 人力資源規劃與運用	30
1.2 公司治理與社會責任	60	5.2 員工關係管理	20
		5.3 知識管理	30
2. **策略管理** (80)		6. **資訊運用策略與管理** (80)	
2.1 整體策略規劃	25	6.1 資訊策略規劃	20
2.2 經營模式	25	6.2 網路應用	30
2.3 策略執行與改善	30	6.3 資訊應用	30
3. **研發與創新** (80)		7. **流程管理** (110)	
3.1 研發與創新策略	40	7.1 主要工作流程管理	50
3.2 研發與創新之投入與管理	40	7.2 支援性流程管理	30
		7.3 跨組織流程管理	30
4. **顧客與市場發展** (100)		8. **經營績效** (350)	
4.1 產品 (技術服務) 與市場策略	30	8.1 財務績效	60
4.2 顧客關係與商情管理	70	8.2 研發與創新績效	50
		8.3 顧客與市場發展績效	60
		8.4 人力資源發展績效	40
		8.5 資訊管理績效	40
		8.6 流程管理績效	50
		8.7 社會評價 (品質榮譽)	50

資料來源：國家品質獎評審參考手冊，全面卓越類

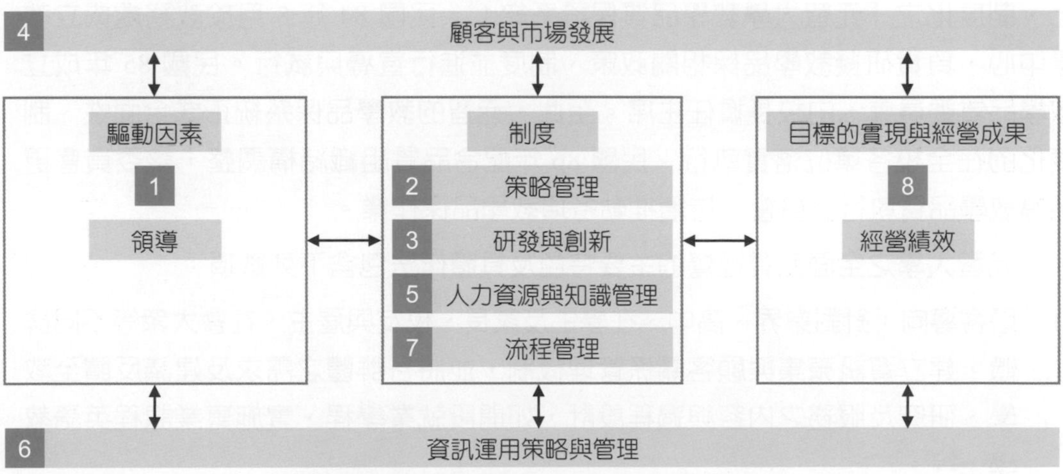

圖 17-10 中華民國國家品質獎之八大構面

個案研究

元智大學－高等教育機構推行 TQM 之典範

遠東集團創辦人徐有庠先生秉承「己立立人、己達達人」之庭訓，於歷經五十寒暑創業有成後，懷抱「回饋社會、為國育才」的心念並為追懷親恩，遂以其先嚴名諱為校名，於民國 78 年創設「元智工學院」，繼於民國 86 年獲准改名「元智大學」。建校第一個十年，元智大學本於「卓越、務實、宏觀、圓融」之教育理念，在人才培育、校園文化、研發建教以及行政管理等方面皆發展出自己的特色，並建立多項創新與先導性之教育模式。

在企業興學之背景下，元智大學創校初期，即援引企業精神辦學，創校校長王國明教授為管理學界專家，除陸續引進優良管理實務並推動各項品質改善活動外，並邀請我國工業工程與品質學界之大師葉若春教授擔任該校工業工程學系創系系主任 (民國 85 年出任教務長，87 年退休後獲選為中華民國品質學會理事長)。民國 83 年 3 月在「大學經營與財務規劃」研討會中，王國明教授首次提出「教學品質管理」，期望將全面品質經營 (TQM) 的概念應用於高等教育，以提升大學教學品質。此後，在該校葉若春教授及鄭春生教授等品質專家全力推動下，元智階段性地將 TQM 應用於教學、輔導及行政等層面。

民國 83 年元智大學結合教師團隊研究及行政系統的支援，逐步完成具體化、制度化之「元智大學教學品質保證系統」。民國 84 年 8 月於教務處成立教學中心，負責研擬教學品保相關政策、制度並進行宣導與試行。民國 85 年成立教學品質委員會，由校長擔任主席。至此，元智的教學品保系統正式全面性、制度化的在全校各單位落實執行。民國 86 年配合品質組織結構調整，該委員會更名為教學品質執行委員會，持續推動各項教學品保作業。

元智大學之全面品質經營的主要特色及具體作法包含下列數項：

1. 顧客導向：針對業界、高中、在學生及家長、校友與雇主、社會大衆等不同群體，建立資訊蒐集與顧客關係管理機制，並將各群體之需求及建議反饋至教學、研究及服務之內容與過程設計，如開設就業學程、實施專業課程英語教學…等。
2. 重視過程：建構「教學品質保證體系」及「教學與輔導整合新體制」，將教學與輔導活動劃分為易於管理之過程，於過程中建立及確保教學品質與學習成效。

3. 強調預防：建立學習預警制度，包含期初學習問卷調查、期中評量、課後輔導等；整合系所、導師、家長、專業輔導人員之力量，協助學生及早發現並解決學習困擾。
4. 全員參與：重視管理團隊及教職員教育訓練，實施全面績效評核與獎勵制度，以整合團隊與個人之努力方向，促進跨部門合作俾產生綜效。
5. 持續改善：塑造全面品質文化，導入優良管理實務及系統化機制，將各項品質促進活動整合為全面品質改善系統。

元智大學在全面品質經營之成就屢獲外界肯定。民國 87 年 12 月 24 日通過英國 BSI 審查，成為國內第一所獲得 ISO 9001 教學行政品質國際驗證之大學。元智同時也是第一所榮獲中華民國品質學會品質團體獎之大學 (88 年)。

我國國家品質獎於民國 90 年，大幅修訂評審架構，並開放予非營利性質機關團體申請。元智大學於該年參加第 12 屆國家品質獎但並未能獲獎。該校於民國 92 年第二次申請國家品質獎，由於全面品質經營的成績卓著脫穎而出，成為國內首次獲得國家品質獎 (機關團體獎) 的大學。元智大學獲獎不僅是該校的榮耀，也是學術界的創舉及高等教育全面品質管理的重要里程碑。

在國家品質獎評審委員總評中提到，元智大學依據「卓越、務實、宏觀、圓融」之教育理念，肩負起創新知識、培育人才、服務社會之使命。在發展階段中，創新教育模式有 23 項之多。總評中也提到元智大學實施內部顧客與外部顧客對其學校服務品質滿意度調查分析，並採取改進措施。評審委員指出元智大學之品質保證系統，係以戴明的 PDCA 管理循環及朱蘭 (Juran) 之品質三部曲為基礎，強調「重視顧客心聲」、「重視過程」、「強調預防」、「全員參與」以及「持續改善」之原則來運作，十分完整。評審委員也認為元智大學處處皆可看見 PDCA 文化之呈現，該校對 TQM 制度之實施亦相當成熟，實可作為優良示範單位，發揮標竿之效能。

累積 20 年之努力，創新、彈性、務實及品質已成為元智大學辦學之整體特色，亦是該校得以更上層樓及永續經營的原動力。

個案問題討論：

1. 請討論元智大學在推行全面品質管理方面之特色及有利條件。
2. 請討論臺灣高等教育機構在推行全面品質管理的過程中，可能會有哪些限制與劣勢。
3. 請討論為什麼私立大學較國立大學積極地推動全面品質管理及國家品質獎的申請。

資料來源：

1. 中華民國第 14 屆國家品質獎頒獎典禮手冊，中衛發展中心。
2. 品質管制月刊，第 36 卷，2000 年 8 月。
3. 元智大學首頁：http://www.yzu.edu.tw/

個案研究

淡江大學－推動高等教育全面品質管理之先驅

民國 39 年 (1950 年)，張驚聲、張建邦父子創辦淡江英語專科學校，是臺灣第一所私立高等學府，先後開設三年制及五年制課程。民國 47 年 (1958 年) 改制為文理學院，民國 69 年 (1980 年) 獲准升格為大學，正名為淡江大學。目前已發展成擁有淡水、臺北、蘭陽、網路等 4 個校園的綜合型大學，共有 8 個學院、26,000 餘名學生、2,100 餘位教職員工及 25 萬多名校友，是國內具規模且功能完備的高等教育學府之一。

創辦人張建邦擁有伊利諾大學教育行政博士學位，他在淡江奉獻了五十年的歲月，淡江自英專以來的進步與政策，幾乎都循著他所規劃的軌道來運行著。而淡江鮮明的「國際化、資訊化、未來化」的發展方向也是出自於他的擘劃。因此可以說他的教育事業就是淡江的一草一木。

1990 年代起，美國教育界秉著「工業界能，為什麼教育界不能？」的信念，借重企業導入全面品質管理 (TQM) 的成功經驗，將之應用於學校管理並建立教育努力標竿，藉此因應日益激烈的競爭環境，以提高教育品質，遂掀起教育機構應用 TQM 提升行政與教學績效之風潮。淡江大學自民國 81 年起，張建邦創辦人即將全面品質管理之理念引進管理體系，以提升教學、研究、行政及服務之品質，確保「學術優異、品質保證」。

淡江大學第八任校長張家宜博士，擁有美國史丹福大學教育行政學博士，其專長為高等教育行政與高等教育全面品質管理。她於 2002 年出版「高等教育行政全面品質管理-理論與實務」一書，倡導大學的經營一如企業，亦需強調品質管理。張校長自民國 93 年 8 月接任校長以來，建構了屬於淡江的品質屋，勾勒出淡江的使命、願景、價值、策略與治理的五項辦學理念，持續推動全面品質管理。

淡江大學為國內最早實行 TQM 的大學，從張建邦創辦人到張家宜校長推動 TQM 歷經 20 餘年。在推行 TQM 時即設置「教育品質管制委員會」，由校長擔任主任委員直接領導運作，並成立教育品質管理專責單位執行推動 TQM。其推行 TQM 之歷程，可分為四個階段：

1. 導入期 (1993 年～1995 年)

本階段重點在強化認知，凝聚共識。由領導者負責 TQM 之規劃，成立「教育品質管制委員會」，舉辦全面品質管理研習會，進行教育訓練，並加速推進淡江大學資訊化工作。

2. 紮根期 (1995 年 ~ 1998 年)

本階段重點在建立制度，形塑文化。建立各種品管制度，教學與行政單位業務確實依 PDCA 執行，過程重視團隊合作與全員參與。

3. 發展期 (1998 年 ~ 2001 年)

本階段重點在實施評鑑，落實方案。建立評鑑與激勵制度，執行 TQM 績效評估，獎勵及表揚推動品質管理績優人員及單位，塑造淡江持續改進、提升教育品質使顧客滿意的組織文化。

4. 精進期 (2001 年之後)

本階段重點在標竿學習，精益求精。挑戰各項品質相關認證，設置淡江品質獎，追求卓越辦學績效，提升學校社會評價。

此外每年定期舉辦「全面品質管理研習會」、「教學與行政革新研討會」，集教學與行政各級主管和行政人員於一堂，集思廣益，創發有利學校發展的策略，藉以提升教學、行政與服務的品質。

實行 TQM 多年之後，淡江大學於民國 90 (第 12 屆)、96 年 (第 18 屆) 兩度申請國家品質獎，兩度進入複審卻未能獲獎。此兩次挫敗，並未影響淡江大學推行全面品質管理之決心。民國 95 年 (2006 年) 淡江大學為了有效推行全面品質管理，特別設立「淡江品質獎」，獎勵該校執行 TQM 績效卓著的單位。「淡江品質獎」除了採用與國家品質獎相同之審查項目和評分架構外，並聘請國內學者專家擔任評審。

經過兩次國家品質獎挑戰的淬煉，淡江大學也成就了許多高等教育的表率：(1) 94 年淡江大學榮獲教育部公佈 92 學年度大學校務評鑑 10 項表現較佳。(2) Cheers 雜誌自 1997 年起持續針對國內 1,000 大企業進行最愛大學生調查，連續 21 年蟬聯企業最愛的私校第 1。(3) 世界大學網路排名中榮獲台灣區私校排名第 1 名。(4) 遠見雜誌自 2007 年起「大學院校畢業生評價調查」，連續 3 年獲企業界最愛的私校第 1 名。(5) 2013 年三度榮獲「中華民國企業環保獎」，並獲頒「榮譽企業環保獎」獎座，為國內第一且唯一連續 3 年獲獎之大學。

鑑於全面推行 TQM，持續改善教學與行政品質，已成為淡江文化，全校教職員工生均傾力投入，因此，經由檢討 90、96 年度評審委員意見，並派員到各獲獎單位進行標竿學習，97 年初決定再度爭取此國家最高品質榮譽。淡江大學之努力獲得評審委員之肯定，於民國 98 年 5 月 5 日獲頒第十九屆國家品質獎，成為第一所「非企業集團經營」而榮獲國家品質獎之大學。

根據評審委員之意見，淡江大學在推行全面品質管理方面具有下列特色及具體成果：

1. 在領導與經營理念方面

該校是國內最早實行 TQM 的大學，以領導承諾、全員參與、全程管理、事實依據、顧客滿意、持續改進等六大精神為基礎，塑造全面品質文化。

打造健康與安全之校園，善盡社會責任亦是該校實踐經營理念的一部份；該校不但獲選為台北縣政府健康安全示範學校，更成為全球第一所通過「國際安全校園」認證的大學。

2. 在策略管理方面

架構完善為該校品質管理策略之特色，品質系統管理特別重視輸入、過程、輸出與成果等元素的經營，兼顧內部顧客與外部顧客。該校訂定品質的類別，包含「效率」、「生產力」、「客戶滿意度」、「財務健全與永續經營」、「效能」。

該校在整體策略規劃與執行上，定期舉辦「全面品質管理研習會」及「教學與行政革新研討會」，藉此不斷的檢討與革新提高教育品質。

3. 在研發與創新、顧客與市場發展方面

該校水資源、風工程、文化創意產業等研究，充分展現出核心競爭力。其中，機器人研究榮獲 2003、2006、2007 及 2008 年 FIRA 世界機器人足球賽之冠軍；「神來 e 筆」系統，更為全球首創、最先進的電腦書寫工具。此外，開發中文盲用電腦、招收視障生，及推動「視障教育資訊化」更奠定該校關懷、服務弱勢的精神。

全國首創實施「大三學生出國研習」、蘭陽校園全英語授課等，都是該校創新國際學術合作，重視顧客發展之方向。該校迄今連續 12 年榮獲天下 Cheers 雜誌企業最愛大學生調查的私校第 1 名，近年來新生報到率更屢創新高。

4. 在資訊策略、應用與管理方面

建構經濟實惠的校外宿網、便捷快速的校園網路、多重綿密的資安防護網、別具特色的教學支援平台、選課、成績、公文管理、遠距教學等校務資訊系統，成為最吸引人的 e 化校園大學。另外，該校為亞洲地區第一所使用 OCLC (Online Computer Library Center) 服務、及臺灣第一所訂購 netLibrary 電子書的圖書館。

得獎後，張家宜校長表示，追求品質卓越是一條無止盡的路，獲獎不是結束，而是另一階段的開始。展望未來，該校也將更持續「打造顧客滿意度創新知識管理平台，建立高等教育全面品質管理的典範」、「以全面創意管理，重塑全面品質管理新標竿」、「活化課程的設計，滿足學子多元學習的需求」及「結合校友的社會能量，打造企業最愛、實至名歸的卓越影響力」。

個案問題討論：

1. 根據媒體報導，淡江大學是「第一所非企業集團經營」而獲獎的大學，請討論究竟「企業集團經營」的大學與全面品質管理的推動，二者間是否有特殊的關聯性。
2. 淡江大學自民國 90 年第一次申請國家品質獎開始，到民國 98 年得獎，其間歷經 9 年，請討論淡江大學能持續此動力的主要原因。
3. 請討論從哪些地方可以看出，淡江大學即使前兩次未得到國家品質獎，仍具有推行全面品質管理之企圖心。

資料來源：

1. 淡江時報第 750 期 2009-05-04。
2. 淡江大學首頁：http://www.tku.edu.tw。
3. 中華民國第 19 屆國家品質獎頒獎典禮手冊，中衛發展中心。
4. 聯合新聞網 98 年 5 月 5 日 (二) 淡大 獲國家品質獎。
5. 經濟日報 98 年 5 月 6 日 (三)。
6. 工商時報 98 年 5 月 6 日 (三)。
7. 聯合報 98 年 5 月 6 日 (三)。
8. 張家宜著，高等教育行政全面品質管理—理論與實務，高等教育出版社，台北，2002。
9. 高教技職簡訊，2009 年 6 月 8 日。

品質觀點探討

美國品質學者 Montgomery 對於 ISO 9000 之看法

蒙哥馬利 (Montgomery, Douglas C.) 是一位知名的品質研究學者。他在其著作中，對 ISO 9000 有極嚴厲的批判。他認為 ISO 9000 (和其他特定工業的標準) 多著重在品質系統的正式文件化，也就是說著重於品質保證的活動。組織通常得費盡一番工夫，才能使其文件符合標準的要求。整個過程耗費太多力氣在準備文件、文書工作和記錄工作上，這些工作並無法實際地減少變異或是改善製程和產品品質。蒙哥馬利指出許多在此領域的第三者驗證公司、稽核員和顧問師並沒有接受過充足之品質改善訓練，也沒有足夠的經驗來使用這些工具。他們通常都不太瞭解現代工程和統計實務，只了解最基礎的品管技術。因此，他們大多只能注重驗證相關的紀錄和文件資料。

蒙哥馬利認為 ISO 9000 或是其他特定之工業標準對於預防不良品的設計、製造和運送只有很小的幫助。他以發生在美國的重大交通意外事故，來說明取得 ISO 9000 驗證並不代表該公司具有高水準之品質。在 1999 年到 2000 年間，美國使用 Bridgestone/Firestone (普利司通／凡世通) 輪胎的福特 Explorer 運動休旅車經常發生車輛翻覆事故，而這些事故總共造成將近 300 人死亡，也讓 Bridgestone/Firestone 公司回收了大約六百五十萬個輪胎。顯然地，大部分事故車輛所使用的輪胎都是由 Bridgestone/Firestone 在美國伊利諾州迪凱特鎮的工廠所生產。在 2000 年 9 月 18 號出刊的時代雜誌中，有一張照片顯示迪凱特鎮的工廠入口貼著「通過 QS 9000 驗證」和「通過 ISO 14001 驗證」(ISO 14001 是一種環境標準) 的看板。蒙哥馬利指出，雖然這些事故的可歸屬原因並沒有全部被發現，但此例顯示，儘管取得品質系統的驗證，一家公司仍可能面臨嚴重的品質問題。蒙哥馬利認為依賴 ISO 驗證是一項策略管理的錯誤。

根據估計，全球 ISO 驗證活動每年大約有 400 億美元的金額。而大部分的錢都流向登錄者、稽核員及顧問公司。這些費用尚不包含一個組織為了取得註冊所產生的內部成本，例如工程和管理人員數以千計的作業時間、差旅、內部訓練及內部審核成本。我們也無法清楚的看出這些花費是否能對取得驗證之公司的帳本底線 (bottom line) 有幫助。此外，取得驗證也不能保證對於品質有任何的影響 (像是 Bridgestone/Firestone 事件)。蒙哥馬利指出，許多品質工程專家認為 ISO 驗證只是白白浪費組織的努力。蒙哥馬利建議企業向 ISO 說「不」(say no to ISO)，將 400 億元經費的一小部分花費在品質系統上，並將大部分的經費投注在有意義之減少變異的努力上，發展自有的內部 (或是產業別的) 品質標準，嚴謹地執行這些標準並抑制差異。

問題討論：

1. 如同蒙哥馬利指出普利司通／凡世通輪胎公司的品質問題，我們常聽到這樣子的批評：「貴公司通過 ISO 9000 驗證，為什麼還會出現此種問題？」請討論這樣的批評是否持平。
2. 美國國家品質獎、歐洲品質管理基金會卓越獎和我國之國家品質獎均代表卓越經營模式，但仍有許多獲獎之企業因為經營不善而倒閉，請討論我們要如何看待這些事件？

資料來源：

1. Montgomery, D. C., 2009, Introduction to Statistical Quality Control, Wiley, NY.

本章習題

一、選擇題

( ) 1. 第一版之 ISO 9000 系列標準是在何時發布？(a) 1951 年 (b) 1987 年 (c) 1994 年 (d) 2000 年。

( ) 2. 國際標準組織 (ISO) 成立於何時？(a) 1930 年 (b) 1947 年 (c) 1987 年 (d) 2008 年。

( ) 3. 下列有關品質稽核敘述何者爲錯誤？(a) 可分爲第一者 (first-party)、第二者 (second-party) 及第三者 (third-party) 稽核 (b) 第一和第二者稽核均屬於內部稽核 (c) 第一者稽核是屬於內部稽核，但也可以由外部組織代表公司來執行 (d) 第三者稽核是屬於外部稽核。

( ) 4. 下列何者爲正確？(a) ISO 9000：1994 年版之理論基礎爲八項品質管理原則 (b) ISO 9000：2000 年版是採用流程導向模式 (c) ISO 9000：2008 年版廢除流程導向模式 (d) ISO 9000：2000 年版包含三種驗證用標準。

( ) 5. 下列何者爲正確？(a) ISO 9000：2000 年版只保留一種驗證用標準 (b) ISO 9000：2000 年版包含五大項 (c) 八項品質管理原則是ISO 9000：2000年版的精神所在 (d) 以上皆是。

( ) 6. 下列哪一項不屬於 ISO 9000 之八項管理原則中？(a) 顧客焦點 (b) 持續改善 (c) 人員參與 (d) 矯正與預防措施。

( ) 7. ISO 9000 是從哪一年版開始採用八項管理原則？(a) 1987 (b) 1994 (c) 2000 (d) 2008。

( ) 8. 流程導向模式是始於 ISO 9000 之哪一年版？(a) 1987 (b) 1994 (c) 2000 (d) 2008。

( ) 9. 在美國對應於 ISO 9000 之標準稱爲？(a) Q60 (b) Q9000 (c) ISO/TS 16949 (d) AS 3900。

( )10. 在我國對應於 ISO 9000 之標準稱爲？(a) CNS 12680 (b) Q9000 (c) ISO/TS 16949 (d) TW 9000。

( )11. 有關 ISO 9000 之制定和改版時間，下列何者爲正確？(a) 1987, 1994, 2000, 2009 (b) 1989, 1994, 1999, 2004 (c) 1987, 1994, 2000, 2008 (d) 1988, 1994, 2000, 2006。

(　)12. ISO 9000 標準包含：(a) ISO 9000 —基本原理與詞彙　(b) ISO 9001 —要求　(c) ISO 9004 —績效改善指導綱要　(d) 以上皆是。

(　)13. 下列敘述何者錯誤？(a) ISO 9000：2000 年版共包含 23 分項　(b) ISO 9000：1994 年版共包含 20 項品質要項　(c) CNS 12680 爲加拿大之國家標準　(d) AS 3900 爲澳洲之國家標準。

(　)14. BS 5750 是哪一國的國家標準？(a) 美國　(b) 澳洲　(c) 英國　(d) 印度。

(　)15. 在 ISO 9000 中，有利害關係之團體包括？(a) 顧客　(b) 企業主　(c) 員工　(d) 以上皆是。

(　)16. 設立戴明獎 (Deming Prize) 的是下列哪一個單位？(a) 美國品質學會　(b) 美國國家標準與技術局　(c) 美國商業部　(d) 以上皆非。

(　)17. 負責美國國家品質獎行政工作的是美國哪一個單位？(a) 貿易部　(b) 美國品質學會 (ASQ)　(c) 國防部　(d) 工業局。

(　)18. 美國國家品質獎不開放哪一種組織申請？(a) 教育機構　(b) 政府機關　(c) 醫療事業　(d) 以上皆非。

(　)19. 下列哪一種品質獎是最早成立的獎項？(a) 美國國家品質獎　(b) 日本國家品質獎　(c) 戴明獎　(d) 歐洲品質獎。

(　)20. 負責我國國家品質獎行政工作的是哪一個單位？(a) 工業局　(b) 中華民國品質學會　(c) 中衛發展中心　(d) 經濟部。

(　)21. 歐洲品質管理基金會卓越獎 (EEA) 的評分方式是採用 RADAR 評分矩陣，請問第一個字母「R」代表的是？(a) resources　(b) results　(c) reengineering　(d) review。

(　)22. 下列敘述何者爲正確？(a) 戴明獎之首獎頒發是在 1951 年　(b) 美國國家品質獎之首獎頒發是在 1987 年　(c) 我國國家品質獎之首獎頒發是在 1990 年　(d) 歐洲品質獎之首獎頒發是在 1991 年。

(　)23. 下列哪一位學者曾獲得戴明獎？(a) 田口玄一　(b) 朱蘭 (Juran)　(c) 克勞斯比 (Crosby)　(d) 費根堡 (Feigenbaum)。

(　)24. 下列哪一位學者最早獲得戴明個人獎？(a) 納谷嘉信　(b) 朱蘭　(c) 石川馨　(d) 杉本辰夫。

(　)25. 在國內第一所獲得國家品質獎的是哪一所大學？(a) 臺灣大學　(b) 清華大學　(c) 中山大學　(d) 元智大學。

( )26. 在國內第一所獲得 ISO 9001 驗證的是哪一所大學？(a) 中原大學 (b) 清華大學 (c) 中山大學 (d) 元智大學。

( )27. 在國內第二所獲得國家品質獎的是哪一所大學？(a) 臺灣大學 (b) 逢甲大學 (c) 淡江大學 (d) 元智大學。

( )28. 在國內最早推行 TQM 的是哪一所大學？(a) 中原大學 (b) 淡江大學 (c) 中山大學 (d) 元智大學。

( )29. 下列哪一項不屬於歐洲品質管理基金會卓越獎之評審架構中的促成者？(a) 領導 (b) 關鍵成果 (c) 人員 (d) 夥伴關係。

( )30. 下列哪一項屬於歐洲品質管理基金會卓越獎之評審架構中的促成者？(a) 過程、產品和服務 (b) 顧客成果 (c) 方法 (d) 展開。

( )31. 簡稱爲「EEA」的是下列哪一個品質獎項？(a) 新加坡品質獎 (b) 歐洲品質管理基金會卓越獎 (c) 亞洲品質獎 (d) 韓國品質獎。

( )32. 在美國國家品質獎的評審項目中，哪一個項目所占的比例最高？(a) 人力焦點 (b) 顧客焦點 (c) 領導 (d) 成果。

二、問答題

1. ISO 9000 系列標準對於品質系統文件之要求分爲四個層級，請寫出各層級之內容。
2. 請參考相關資料，列舉最近 5 年獲得中華民國國家品質獎 (企業獎及中小企業獎) 之公司名稱。
3. 請參考相關資料，列舉最近 5 年獲得美國國家品質獎之公司名稱，依製造業、服務業、小型企業、教育機構及非營利機構列舉。
4. 請比較 ISO 9001：2015 年版與 ISO 9001：2008 年版品質管理原則之差異。
5. 請比較驗證機構 (Certification Body, CB) 與認證機構 (Accreditation Body, AB) 之差別。
6. 請參考相關資料，說明下列標準之適用範圍：AS 9100、PS 9000、IATF 16969、ISO 27001、ISO 22000 和 TL 9000。

NOTE

Appendix 附表

- 附表 1　建立計量值管制圖之因子
- 附表 2　累積二項分配
- 附表 3　累積卜瓦松分配
- 附表 4　標準常態分配
- 附表 5　χ^2 分配表
- 附表 6　t 分配表
- 附表 7　F 分配表

附表 1　建立計量值管制圖之因子

樣本大小	平均數管制圖			標準差管制圖						全距管制圖						
	管制界限因子			中心線因子		管制界限因子				中心線因子		管制界限因子				
	A	A_2	A_3	c_4	$1/c_4$	B_3	B_4	B_5	B_6	d_2	$1/d_2$	d_3	D_1	D_2	D_3	D_4
2	2.121	1.880	2.659	0.7979	1.2533	0	3.267	0	2.606	1.128	0.8865	0.853	0	3.686	0	3.267
3	1.732	1.023	1.954	0.8862	1.1284	0	2.568	0	2.276	1.693	0.5907	0.888	0	4.358	0	2.574
4	1.500	0.729	1.628	0.9213	1.0854	0	2.266	0	2.088	2.059	0.4857	0.880	0	4.698	0	2.282
5	1.342	0.577	1.427	0.9400	1.0638	0	2.089	0	1.964	2.326	0.4299	0.864	0	4.918	0	2.114
6	1.225	0.483	1.287	0.9515	1.0510	0.030	1.970	0.029	1.874	2.534	0.3946	0.848	0	5.078	0	2.004
7	1.134	0.419	1.182	0.9594	1.0423	0.118	1.882	0.113	1.806	2.704	0.3698	0.833	0.204	5.204	0.076	1.924
8	1.061	0.373	1.099	0.9650	1.0363	0.185	1.815	0.179	1.751	2.847	0.3512	0.820	0.388	5.306	0.136	1.864
9	1.000	0.337	1.032	0.9693	1.0317	0.239	1.761	0.232	1.707	2.970	0.3367	0.808	0.547	5.393	0.184	1.816
10	0.949	0.308	0.975	0.9727	1.0281	0.284	1.716	0.276	1.669	3.078	0.3249	0.797	0.687	5.469	0.223	1.777
11	0.905	0.285	0.927	0.9754	1.0252	0.321	1.679	0.313	1.637	3.173	0.3152	0.787	0.811	5.535	0.256	1.744
12	0.866	0.266	0.886	0.9776	1.0229	0.354	1.646	0.346	1.610	3.258	0.3069	0.778	0.922	5.594	0.283	1.717
13	0.832	0.249	0.850	0.9794	1.0210	0.382	1.618	0.374	1.585	3.336	0.2998	0.770	1.025	5.647	0.307	1.693
14	0.802	0.235	0.817	0.9810	1.0194	0.406	1.594	0.399	1.563	3.407	0.2935	0.763	1.118	5.696	0.328	1.672
15	0.775	0.223	0.789	0.9823	1.0180	0.428	1.572	0.421	1.544	3.472	0.2880	0.756	1.203	5.741	0.347	1.653
16	0.750	0.212	0.763	0.9835	1.0168	0.448	1.552	0.440	1.526	3.532	0.2831	0.750	1.282	5.782	0.363	1.637
17	0.728	0.203	0.739	0.9845	1.0157	0.466	1.534	0.458	1.511	3.588	0.2787	0.744	1.356	5.820	0.378	1.622
18	0.707	0.194	0.718	0.9854	1.0148	0.482	1.518	0.475	1.496	3.640	0.2747	0.739	1.424	5.856	0.391	1.608
19	0.688	0.187	0.698	0.9862	1.0140	0.497	1.503	0.490	1.483	3.689	0.2711	0.734	1.487	5.891	0.403	1.597
20	0.671	0.180	0.680	0.9869	1.0133	0.510	1.490	0.504	1.470	3.735	0.2677	0.729	1.549	5.921	0.415	1.585
21	0.655	0.173	0.663	0.9876	1.0126	0.523	1.477	0.516	1.459	3.778	0.2647	0.724	1.605	5.951	0.425	1.575
22	0.640	0.167	0.647	0.9882	1.0119	0.534	1.466	0.528	1.448	3.819	0.2618	0.720	1.659	5.979	0.434	1.566
23	0.626	0.162	0.633	0.9887	1.0114	0.545	1.455	0.539	1.438	3.858	0.2592	0.716	1.710	6.006	0.443	1.557
24	0.612	0.157	0.619	0.9892	1.0109	0.555	1.445	0.549	1.429	3.895	0.2567	0.712	1.759	6.031	0.451	1.548
25	0.600	0.153	0.606	0.9896	1.0105	0.565	1.435	0.559	1.420	3.931	0.2544	0.708	1.806	6.056	0.459	1.541

若 $n > 25$，則依下列公式計算下列各項因子：

$$A = \frac{3}{\sqrt{n}},\ A_2 = \frac{3}{d_2\sqrt{n}},\ A_3 = \frac{3}{c_4\sqrt{n}},\ c_4 \cong \frac{4(n-1)}{4n-3},\ B_3 = 1 - \frac{3}{c_4\sqrt{2(n-1)}}$$

$$B_4 = 1 + \frac{3}{c_4\sqrt{2(n-1)}},\ B_5 = c_4 - \frac{3}{\sqrt{2(n-1)}},\ B_6 = c_4 + \frac{3}{\sqrt{2(n-1)}}$$

附表 2　累積二項分配

本表計算不同 n、x 和 p 組合下之二項分配累積機率，累積機率定義為

$$P\left\{X \le x\right\} = \sum_{i=0}^{x} \binom{n}{i} p^{i}(1-p)^{(n-i)}$$

例 當$n = 8, x = 4, p = 0.20$時，查表得

$$P\left\{X \le 4\right\} = 0.990$$

$$P\left\{X = 4\right\} = P\left\{X \le 4\right\} - P\left\{X \le 3\right\}$$

$$= 0.990 - 0.944$$

$$= 0.046$$

附表 2　累積二項分配

		p									
n	*x*	.05	.10	.15	.20	.25	.30	.35	.40	.45	.50
2	0	.903	.810	.772	.640	.563	.490	.423	.360	.303	.250
	1	.998	.990	.978	.960	.938	.910	.878	.840	.798	.750
3	0	.857	.729	.614	.512	.422	.343	.275	.216	.166	.125
	1	.993	.972	.939	.896	.844	.784	.718	.648	.575	.500
	2	1.000	.999	.997	.992	.984	.973	.957	.936	.909	.875
4	0	.815	.656	.522	.410	.316	.240	.179	.130	.092	.063
	1	.986	.948	.890	.819	.738	.652	.563	.475	.391	.313
	2	1.000	.996	.988	.973	.949	.916	.874	.821	.759	.687
	3		1.000	.999	.998	.996	.992	.985	.974	.959	.938
5	0	.774	.590	.444	.328	.237	.168	.116	.078	.050	.031
	1	.977	.919	.835	.737	.633	.528	.428	.337	.256	.188
	2	.999	.991	.973	.942	.896	.837	.765	.683	.593	.500
	3	1.000	1.000	.998	.993	.984	.969	.946	.913	.869	.813
	4			1.000	1.000	.999	.998	.995	.990	.982	.969
6	0	.735	.531	.377	.262	.178	.118	.075	.047	.028	.016
	1	.967	.886	.776	.655	.534	.420	.319	.233	.164	.109
	2	.998	.984	.953	.901	.831	.744	.647	.544	.442	.344
	3	1.000	.999	.994	.983	.962	.930	.883	.821	.745	.656
	4		1.000	1.000	.998	.995	.989	.978	.959	.931	.891
	5				1.000	1.000	.999	.998	.996	.992	.984
7	0	.698	.478	.321	.210	.133	.082	.049	.028	.015	.008
	1	.956	.850	.717	.577	.445	.329	.234	.159	.102	.063
	2	.996	.974	.926	.852	.756	.647	.532	.420	.316	.227
	3	1.000	.997	.988	.967	.929	.874	.800	.710	.608	.500
	4		1.000	.999	.995	.987	.971	.944	.904	.847	.773
	5			1.000	1.000	.999	.996	.991	.981	.964	.938
	6					1.000	1.000	.999	.998	.996	.992
8	0	.663	.430	.272	.168	.100	.058	.032	.017	.008	.004
	1	.943	.813	.657	.503	.367	.255	.169	.106	.063	.035
	2	.994	.962	.895	.797	.679	.552	.428	.315	.220	.145
	3	1.000	.995	.979	.944	.886	.806	.706	.594	.477	.363
	4		1.000	.997	.990	.973	.946	.894	.826	.740	.637
	5			1.000	.999	.996	.989	.975	.950	.912	.855
	6				1.000	1.000	.999	.996	.991	.982	.965
	7						1.000	1.000	.999	.998	.966
9	0	.630	.387	.232	.134	.075	.040	.021	.010	.005	.002
	1	.929	.775	.599	.436	.300	.196	.121	.071	.039	.020
	2	.992	.947	.859	.738	.601	.463	.337	.232	.150	.090
	3	.999	.992	.966	.914	.834	.730	.609	.483	.361	.254
	4	1.000	.999	.994	.980	.951	.901	.828	.733	.621	.500
	5		1.000	.999	.997	.990	.975	.946	.901	.834	.746

附表 2 累積二項分配 (續)

		p									
n	x	.05	.10	.15	.20	.25	.30	.35	.40	.45	.50
9	6			1.000	1.000	.999	.996	.989	.975	.950	.910
	7					1.000	1.000	.999	.996	.991	.980
	8							1.000	1.000	.999	.998
10	0	.599	.349	.197	.107	.056	.028	.013	.006	.003	.001
	1	.914	.736	.544	.376	.244	.149	.086	.046	.023	.011
	2	.988	.930	.820	.678	.526	.383	.262	.167	.100	.055
	3	.999	.987	.950	.879	.776	.650	.514	.382	.266	.172
	4	1.000	.998	.990	.967	.922	.850	.751	.633	.504	.377
	5		1.000	.999	.994	.980	.953	.905	.834	.738	.623
	6			1.000	.999	.996	.989	.974	.945	.898	.828
	7				1.000	1.000	.998	.995	.988	.973	.945
	8						1.000	.999	.998	.995	.989
	9							1.000	1.000	1.000	.999
11	0	.569	.314	.167	.086	.042	.020	.009	.004	.001	.000
	1	.898	.697	.492	.322	.197	.113	.061	.030	.014	.006
	2	.985	.910	.779	.617	.455	.313	.200	.119	.065	.033
	3	.998	.981	.931	.839	.713	.570	.426	.296	.191	.113
	4	1.000	.997	.984	.950	.885	.790	.668	.533	.397	.274
	5		1.000	.997	.988	.966	.922	.851	.753	.633	.500
	6			1.000	.998	.992	.978	.950	.901	.826	.726
	7				1.000	.999	.996	.988	.971	.939	.887
	8					1.000	.999	.998	.994	.985	.967
	9						1.000	1.000	.999	.998	.994
	10								1.000	1.000	1.000
12	0	.540	.282	.142	.069	.032	.014	.006	.002	.001	.000
	1	.882	.659	.443	.275	.158	.085	.042	.020	.008	.003
	2	.980	.889	.736	.558	.391	.253	.151	.083	.042	.019
	3	.998	.974	.908	.795	.649	.493	.347	.225	.134	.073
	4	1.000	.996	.976	.927	.842	.724	.583	.438	.304	.194
	5		.999	.995	.981	.946	.882	.787	.665	.527	.387
	6		1.000	.999	.996	.986	.961	.915	.842	.739	.613
	7			1.000	.999	.997	.991	.974	.943	.888	.806
	8				1.000	1.000	.998	.994	.985	.964	.927
	9						1.000	.999	.997	.992	.981
	10							1.000	1.000	.999	.997
	11									1.000	1.000
13	0	.513	.254	.121	.055	.024	.010	.004	.001	.000	.000
	1	.865	.621	.398	.234	.127	.064	.030	.013	.005	.002
	2	.975	.866	.692	.502	.333	.202	.113	.058	.027	.011
	3	.997	.966	.882	.747	.584	.421	.278	.169	.093	.046
	4	1.000	.994	.966	.901	.794	.654	.501	.353	.228	.133
	5		.999	.992	.970	.920	.835	.716	.574	.427	.291

附表 2　累積二項分配 (續)

n	x	p .05	.10	.15	.20	.25	.30	.35	.40	.45	.50
13	6		1.000	.999	.993	.976	.938	.871	.771	.644	.500
	7			1.000	.999	.994	.982	.954	.902	.821	.709
	8				1.000	.999	.996	.987	.968	.930	.867
	9					1.000	.999	.997	.992	.980	.954
	10						1.000	1.000	.999	.996	.989
	11								1.000	.999	.998
	12									1.000	1.000
14	0	.488	.229	.103	.044	.018	.007	.002	.001	.000	.000
	1	.847	.585	.357	.198	.101	.047	.021	.008	.003	.001
	2	.970	.842	.648	.448	.281	.161	.084	.040	.017	.006
	3	.996	.956	.853	.698	.521	.355	.220	.124	.063	.029
	4	1.000	.991	.953	.870	.742	.584	.423	.279	.167	.090
	5		.999	.988	.956	.888	.781	.641	.486	.337	.212
	6		1.000	.998	.988	.962	.907	.816	.692	.546	.395
	7			1.000	.998	.990	.969	.925	.850	.741	.605
	8				1.000	.998	.992	.976	.942	.881	.788
	9					1.000	.998	.994	.982	.957	.910
	10						1.000	.999	.996	.989	.971
	11							1.000	.999	.998	.994
	12								1.000	1.000	.999
	13										1.000
15	0	.463	.206	.087	.035	.013	.005	.002	.000	.000	.000
	1	.829	.549	.319	.167	.080	.035	.014	.005	.002	.000
	2	.964	.816	.604	.398	.236	.127	.062	.027	.011	.004
	3	.995	.944	.823	.648	.461	.297	.173	.091	.042	.018
	4	.999	.987	.938	.836	.686	.515	.352	.217	.120	.059
	5	1.000	.998	.983	.939	.852	.722	.564	.403	.261	.151
	6		1.000	.996	.982	.943	.869	.755	.610	.452	.304
	7			.999	.996	.983	.950	.887	.787	.654	.500
	8			1.000	.999	.996	.985	.958	.905	.818	.696
	9				1.000	.999	.996	.988	.966	.923	.849
	10					1.000	.999	.997	.991	.975	.941
	11						1.000	1.000	.998	.994	.982
	12								1.000	.999	.996
	13									1.000	1.000
16	0	.440	.185	.074	.028	.010	.003	.001	.000	.000	.000
	1	.811	.515	.284	.141	.063	.026	.010	.003	.001	.000
	2	.957	.789	.561	.352	.197	.099	.045	.018	.007	.002
	3	.993	.932	.790	.598	.405	.246	.134	.065	.028	.011
	4	.999	.983	.921	.798	.630	.450	.289	.167	.085	.038
	5	1.000	.997	.976	.918	.810	.660	.490	.329	.198	.105

附表 2 累積二項分配 (續)

n	x	p = .05	.10	.15	.20	.25	.30	.35	.40	.45	.50
16	6		.999	.994	.973	.920	.825	.688	.527	.366	.227
	7		1.000	.999	.993	.973	.926	.841	.716	.563	.402
	8			1.000	.999	.993	.974	.933	.858	.744	.598
	9				1.000	.998	.993	.977	.942	.876	.773
	10					1.000	.998	.994	.981	.951	.895
	11						1.000	.999	.995	.985	.962
	12							1.000	.999	.997	.989
	13								1.000	.999	.998
	14									1.000	1.000
17	0	.418	.167	.063	.023	.008	.002	.001	.000	.000	.000
	1	.792	.482	.252	.118	.050	.019	.007	.002	.001	.000
	2	.950	.762	.520	.310	.164	.077	.033	.012	.004	.001
	3	.991	.917	.756	.549	.353	.202	.103	.046	.018	.006
	4	.999	.978	.901	.758	.574	.389	.235	.126	.060	.025
	5	1.000	.995	.968	.894	.765	.597	.420	.264	.147	.072
	6		.999	.992	.962	.893	.775	.619	.448	.290	.166
	7		1.000	.998	.989	.960	.895	.787	.641	.474	.315
	8			1.000	.997	.988	.960	.901	.801	.663	.500
	9				1.000	.997	.987	.962	.908	.817	.685
	10					.999	.997	.988	.965	.917	.834
	11					1.000	.999	.997	.989	.970	.928
	12						1.000	.999	.997	.991	.975
	13							1.000	1.000	.998	.994
	14									1.000	.999
	15										1.000
18	0	.397	.150	.054	.018	.006	.002	.000	.000	.000	.000
	1	.774	.450	.224	.099	.039	.014	.005	.001	.000	.000
	2	.942	.734	.480	.271	.135	.060	.024	.008	.003	.001
	3	.989	.902	.720	.501	.306	.165	.078	.033	.012	.004
	4	.998	.972	.879	.716	.519	.333	.189	.094	.041	.015
	5	1.000	.994	.958	.867	.717	.534	.355	.209	.108	.048
	6		.999	.988	.949	.861	.722	.549	.374	.226	.119
	7		1.000	.997	.984	.943	.859	.728	.563	.391	.240
	8			.999	.996	.981	.940	.861	.737	.578	.407
	9			1.000	.999	.995	.979	.940	.865	.747	.593
	10				1.000	.999	.994	.979	.942	.872	.760
	11					1.000	.999	.994	.980	.946	.881
	12						1.000	.999	.994	.982	.952
	13							1.000	.999	.995	.985
	14								1.000	.999	.996
	15									1.000	.999
	16										1.000

附表 2 累積二項分配 (續)

		p									
n	*x*	.05	.10	.15	.20	.25	.30	.35	.40	.45	.50
19	0	.377	.135	.046	.014	.004	.001	.000	.000	.000	.000
	1	.755	.420	.198	.083	.031	.010	.003	.001	.000	.000
	2	.933	.705	.441	.237	.111	.046	.017	.005	.002	.000
	3	.987	.885	.684	.455	.263	.133	.059	.023	.008	.002
	4	.998	.965	.856	.673	.465	.282	.150	.070	.028	.010
	5	1.000	.991	.946	.837	.668	.474	.297	.163	.078	.032
	6		.998	.984	.932	.825	.666	.481	.308	.173	.084
	7		1.000	.996	.977	.923	.818	.666	.488	.317	.180
	8			.999	.993	.971	.916	.815	.667	.494	.324
	9			1.000	.998	.991	.967	.913	.814	.671	.500
	10				1.000	.998	.989	.965	.912	.816	.676
	11					1.000	.997	.989	.965	.913	.820
	12						.999	.997	.988	.966	.916
	13						1.000	.999	.997	.989	.968
	14							1.000	.999	.997	.990
	15								1.000	.999	.998
	16									1.000	1.000
20	0	.358	.122	.039	.012	.003	.001	.000	.000	.000	.000
	1	.736	.392	.176	.069	.024	.008	.002	.001	.000	.000
	2	.925	.677	.405	.206	.091	.035	.012	.004	.001	.000
	3	.984	.867	.648	.411	.225	.107	.044	.016	.005	.001
	4	.997	.957	.830	.630	.415	.238	.118	.051	.019	.006
	5	1.000	.989	.933	.804	.617	.416	.245	.126	.055	.021
	6		.998	.978	.913	.786	.608	.417	.250	.130	.058
	7		1.000	.994	.968	.898	.772	.601	.416	.252	.132
	8			.999	.990	.959	.887	.762	.596	.414	.252
	9			1.000	.997	.986	.952	.878	.755	.591	.412
	10				.999	.996	.983	.947	.872	.751	.588
	11				1.000	.999	.995	.980	.943	.869	.748
	12					1.000	.999	.994	.979	.942	.868
	13						1.000	.998	.994	.979	.942
	14							1.000	.998	.994	.979
	15								1.000	.998	.994
	16									1.000	.999
	17										1.000

附表3 累積卜瓦松分配

本表爲卜瓦松分配之累積機率，定義爲

$$P\{X \le x\} = \sum_{i=0}^{x} \frac{e^{-\lambda}\lambda^{i}}{i!}$$

例 當 $\lambda = 3, x = 6$ 時，查表得

$P\{X \le 6\} = 0.966$

$$\begin{aligned} P\{X = 6\} &= P\{X \le 6\} - P\{X \le 5\} \\ &= 0.966 - 0.916 \\ &= 0.050 \end{aligned}$$

附表 3 累積卜瓦松分配

	λ							
x	0.01	0.05	0.10	0.20	0.30	0.40	0.50	0.60
0	0.990	0.951	0.905	0.819	0.741	0.670	0.607	0.549
1	1.000	0.999	0.995	0.982	0.963	0.938	0.910	0.878
2		1.000	1.000	0.999	0.996	0.992	0.986	0.977
3				1.000	1.000	0.999	0.998	0.997
4						1.000	1.000	1.000
x	0.70	0.80	0.90	1.00	1.10	1.20	1.30	1.40
0	0.497	0.449	0.407	0.368	0.333	0.301	0.273	0.247
1	0.844	0.809	0.772	0.736	0.699	0.663	0.627	0.592
2	0.966	0.953	0.937	0.920	0.900	0.879	0.857	0.833
3	0.994	0.991	0.987	0.981	0.974	0.966	0.957	0.946
4	0.999	0.999	0.998	0.996	0.995	0.992	0.989	0.986
5	1.000	1.000	1.000	0.999	0.999	0.998	0.998	0.997
6				1.000	1.000	1.000	1.000	0.999
7								1.000
x	1.50	1.60	1.70	1.80	1.90	2.00	2.20	2.40
0	0.223	0.202	0.183	0.165	0.150	0.135	0.111	0.091
1	0.558	0.525	0.493	0.463	0.434	0.406	0.355	0.308
2	0.809	0.783	0.757	0.731	0.704	0.677	0.623	0.570
3	0.934	0.921	0.907	0.891	0.875	0.857	0.819	0.779
4	0.981	0.976	0.970	0.964	0.956	0.947	0.928	0.904
5	0.996	0.994	0.992	0.990	0.987	0.983	0.975	0.964
6	0.999	0.999	0.998	0.997	0.997	0.995	0.993	0.988
7	1.000	1.000	1.000	0.999	0.999	0.999	0.998	0.997
8				1.000	1.000	1.000	1.000	0.999
9								1.000
x	2.6	2.8	3.0	3.5	4.0	4.5	5.0	5.5
0	0.074	0.061	0.050	0.030	0.018	0.011	0.007	0.004
1	0.267	0.231	0.199	0.136	0.092	0.061	0.040	0.027
2	0.518	0.469	0.423	0.321	0.238	0.174	0.125	0.088
3	0.736	0.692	0.647	0.537	0.433	0.342	0.265	0.202
4	0.877	0.848	0.815	0.725	0.629	0.532	0.440	0.358
5	0.951	0.935	0.916	0.858	0.785	0.703	0.616	0.529
6	0.983	0.976	0.966	0.935	0.889	0.831	0.762	0.686
7	0.995	0.992	0.988	0.973	0.949	0.913	0.867	0.809
8	0.999	0.998	0.996	0.990	0.979	0.960	0.932	0.894
9	1.000	0.999	0.999	0.997	0.992	0.983	0.968	0.946
10		1.000	1.000	0.999	0.997	0.993	0.986	0.975
11				1.000	0.999	0.998	0.995	0.989
12					1.000	0.999	0.998	0.996

附表 3 累積卜瓦松分配 (續)

x \ λ	2.6	2.8	3.0	3.5	4.0	4.5	5.0	5.5
13						1.000	0.999	0.998
14							1.000	0.999
15								1.000
x	6.0	6.5	7.0	7.5	8.0	8.5	9.0	9.5
0	0.002	0.002	0.001	0.001				
1	0.017	0.011	0.007	0.005	0.003	0.002	0.001	0.001
2	0.062	0.043	0.030	0.020	0.014	0.009	0.006	0.004
3	0.151	0.112	0.082	0.059	0.042	0.030	0.021	0.015
4	0.285	0.224	0.173	0.132	0.100	0.074	0.055	0.040
5	0.446	0.369	0.301	0.241	0.191	0.150	0.116	0.089
6	0.606	0.527	0.450	0.378	0.313	0.256	0.207	0.165
7	0.744	0.673	0.599	0.525	0.453	0.386	0.324	0.269
8	0.847	0.792	0.729	0.662	0.593	0.523	0.456	0.392
9	0.916	0.877	0.830	0.776	0.717	0.653	0.587	0.522
10	0.957	0.933	0.901	0.862	0.816	0.763	0.706	0.645
11	0.980	0.966	0.947	0.921	0.888	0.849	0.803	0.752
12	0.991	0.984	0.973	0.957	0.936	0.909	0.876	0.836
13	0.996	0.993	0.987	0.978	0.966	0.949	0.926	0.898
14	0.999	0.997	0.994	0.990	0.983	0.973	0.959	0.940
15	0.999	0.999	0.998	0.995	0.992	0.986	0.978	0.967
16	1.000	1.000	0.999	0.998	0.996	0.993	0.989	0.982
17			1.000	0.999	0.998	0.997	0.995	0.991
18				1.000	0.999	0.999	0.998	0.996
19					1.000	0.999	0.999	0.998
20						1.000	1.000	0.999
21								1.000
x	10.0	12.0	14.0	16.0	18.0	20.0	22.0	24.0
0								
1								
2	0.003	0.001						
3	0.010	0.002						
4	0.029	0.008	0.002					
5	0.067	0.020	0.006	0.001				
6	0.130	0.046	0.014	0.004	0.001			
7	0.220	0.090	0.032	0.010	0.003	0.001		
8	0.333	0.155	0.062	0.022	0.007	0.002	0.001	
9	0.458	0.242	0.109	0.043	0.015	0.005	0.002	
10	0.583	0.347	0.176	0.077	0.030	0.011	0.004	0.001

附表 3　累積卜瓦松分配 (續)

	λ							
x	10.0	12.0	14.0	16.0	18.0	20.0	22.0	24.0
11	0.697	0.462	0.260	0.127	0.055	0.021	0.008	0.003
12	0.792	0.576	0.358	0.193	0.092	0.039	0.015	0.005
13	0.864	0.682	0.464	0.275	0.143	0.066	0.028	0.011
14	0.917	0.772	0.570	0.368	0.208	0.105	0.048	0.020
15	0.951	0.844	0.669	0.467	0.287	0.157	0.077	0.034
16	0.973	0.899	0.756	0.566	0.375	0.221	0.117	0.056
17	0.986	0.937	0.827	0.659	0.469	0.297	0.169	0.087
18	0.993	0.963	0.883	0.742	0.562	0.381	0.232	0.128
19	0.997	0.979	0.923	0.812	0.651	0.470	0.306	0.180
20	0.998	0.988	0.952	0.868	0.731	0.559	0.387	0.243
21	0.999	0.994	0.971	0.911	0.799	0.644	0.472	0.314
22	1.000	0.997	0.983	0.942	0.855	0.721	0.556	0.392
23		0.999	0.991	0.963	0.899	0.787	0.637	0.473
24		0.999	0.995	0.978	0.932	0.843	0.712	0.554
25		1.000	0.997	0.987	0.955	0.888	0.777	0.632
26			0.999	0.993	0.972	0.922	0.832	0.704
27			0.999	0.996	0.983	0.948	0.877	0.768
28			1.000	0.998	0.990	0.966	0.913	0.823
29				0.999	0.994	0.978	0.940	0.868
30				0.999	0.997	0.987	0.959	0.904
31				1.000	0.998	0.992	0.973	0.932
32					0.999	0.995	0.983	0.953
33					1.000	0.997	0.989	0.969
34						0.999	0.994	0.979
35						0.999	0.996	0.987
36						1.000	0.998	0.992
37							0.999	0.995
38							0.999	0.997
39							1.000	0.998
40								0.999
41								0.999
42								1.000

附表 4　標準常態分配

本表計算下圖斜線面積，亦即標準常態分配曲線下由 $-\infty$ 到 z 的機率

$$P\{Z \le z\} = \Phi(z) = \int_{-\infty}^{z} f(y)dy$$

其中 $f(z) = \frac{1}{\sqrt{2\pi}} e^{-\frac{z^2}{2}}, -\infty < z < \infty$

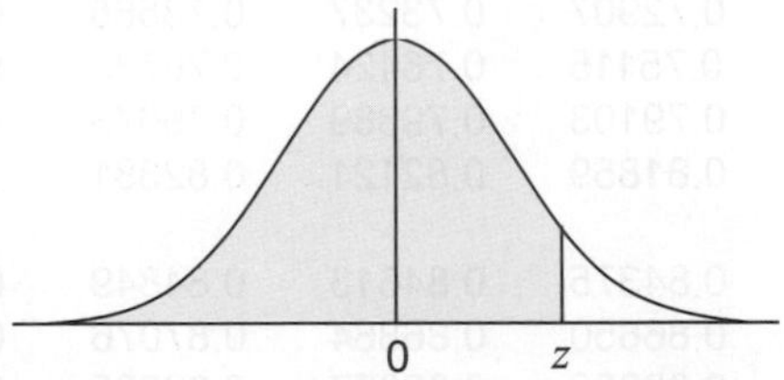

例 $\Phi(2) = 0.97725$

$\Phi(-1.5) = 1 - 0.93319 = 0.06681$

$$P\{-1.0 \le Z \le 1.0\} = \Phi(1.0) - \Phi(-1.0)$$
$$= 0.84134 - (1 - 0.84134)$$
$$= 0.68268$$

附表 4　標準常態分配

z	0.00	0.01	0.02	0.03	0.04	*z*
0.0	0.50000	0.50399	0.50798	0.51197	0.51595	0.0
0.1	0.53983	0.54379	0.54776	0.55172	0.55567	0.1
0.2	0.57926	0.58317	0.58706	0.59095	0.59483	0.2
0.3	0.61791	0.62172	0.62551	0.62930	0.63307	0.3
0.4	0.65542	0.65910	0.66273	0.66640	0.67003	0.4
0.5	0.69146	0.69497	0.69847	0.70194	0.70540	0.5
0.6	0.72575	0.72907	0.73237	0.73565	0.73891	0.6
0.7	0.75803	0.75115	0.76424	0.76730	0.77035	0.7
0.8	0.78814	0.79103	0.79389	0.79673	0.79954	0.8
0.9	0.81594	0.81859	0.82121	0.82381	0.82639	0.9
1.0	0.84134	0.84375	0.84613	0.84849	0.85083	1.0
1.1	0.86433	0.86650	0.86864	0.87076	0.87285	1.1
1.2	0.88493	0.88686	0.88877	0.89065	0.89251	1.2
1.3	0.90320	0.90490	0.90658	0.90824	0.90988	1.3
1.4	0.91924	0.92073	0.92219	0.92364	0.92506	1.4
1.5	0.93319	0.93448	0.93574	0.93699	0.93822	1.5
1.6	0.94520	0.94630	0.94738	0.94845	0.94950	1.6
1.7	0.95543	0.95637	0.95728	0.95818	0.95907	1.7
1.8	0.96407	0.96485	0.96562	0.96637	0.96711	1.8
1.9	0.97128	0.97193	0.97257	0.97320	0.97381	1.9
2.0	0.97725	0.97778	0.97831	0.97882	0.97932	2.0
2.1	0.98214	0.98257	0.98300	0.98341	0.98382	2.1
2.2	0.98610	0.98645	0.98679	0.98713	0.98745	2.2
2.3	0.98928	0.98956	0.98983	0.99010	0.99036	2.3
2.4	0.99180	0.99202	0.99224	0.99245	0.99266	2.4
2.5	0.99379	0.99396	0.99413	0.99430	0.99446	2.5
2.6	0.99534	0.99547	0.99560	0.99573	0.99585	2.6
2.7	0.99653	0.99664	0.99674	0.99683	0.99693	2.7
2.8	0.99744	0.99752	0.99760	0.99767	0.99774	2.8
2.9	0.99813	0.99819	0.99825	0.99831	0.99836	2.9
3.0	0.99865	0.99869	0.99874	0.99878	0.99882	3.0
3.1	0.99903	0.99906	0.99910	0.99913	0.99916	3.1
3.2	0.99931	0.99934	0.99936	0.99938	0.99940	3.2
3.3	0.99952	0.99953	0.99955	0.99957	0.99958	3.3
3.4	0.99966	0.99968	0.99969	0.99970	0.99971	3.4
3.5	0.99977	0.99978	0.99978	0.99979	0.99980	3.5
3.6	0.99984	0.99985	0.99985	0.99986	0.99986	3.6
3.7	0.99989	0.99990	0.99990	0.99990	0.99991	3.7
3.8	0.99993	0.99993	0.99993	0.99994	0.99994	3.8
3.9	0.99995	0.99995	0.99996	0.99996	0.99996	3.9

附表 4　標準常態分配 (續)

z	0.05	0.06	0.07	0.08	0.09	z
0.0	0.51994	0.52392	0.52790	0.53188	0.53586	0.0
0.1	0.55962	0.56356	0.56749	0.57142	0.57534	0.1
0.2	0.59871	0.60257	0.60642	0.61026	0.61409	0.2
0.3	0.63683	0.64058	0.64431	0.64803	0.65173	0.3
0.4	0.67364	0.67724	0.68082	0.68438	0.68793	0.4
0.5	0.70884	0.71226	0.71566	0.71904	0.72240	0.5
0.6	0.74215	0.74537	0.74857	0.75175	0.75490	0.6
0.7	0.77337	0.77637	0.77935	0.78230	0.78523	0.7
0.8	0.80234	0.80510	0.80785	0.81057	0.81327	0.8
0.9	0.82894	0.83147	0.83397	0.83646	0.83891	0.9
1.0	0.85314	0.85543	0.85769	0.85993	0.86214	1.0
1.1	0.87493	0.87697	0.87900	0.88100	0.88297	1.1
1.2	0.89435	0.89616	0.89796	0.89973	0.90147	1.2
1.3	0.91149	0.91308	0.91465	0.91621	0.91773	1.3
1.4	0.92647	0.92785	0.92922	0.93056	0.93189	1.4
1.5	0.93943	0.94062	0.94179	0.94295	0.94408	1.5
1.6	0.95053	0.95154	0.95254	0.95352	0.95448	1.6
1.7	0.95994	0.96080	0.96164	0.96246	0.96327	1.7
1.8	0.96784	0.96856	0.96926	0.96995	0.97062	1.8
1.9	0.97441	0.97500	0.97558	0.97615	0.97670	1.9
2.0	0.97982	0.98030	0.98077	0.98124	0.98169	2.0
2.1	0.98422	0.98461	0.98500	0.98537	0.98574	2.1
2.2	0.98778	0.98809	0.98840	0.98870	0.98899	2.2
2.3	0.99061	0.99086	0.99111	0.99134	0.99158	2.3
2.4	0.99286	0.99305	0.99324	0.99343	0.99361	2.4
2.5	0.99461	0.99477	0.99492	0.99506	0.99520	2.5
2.6	0.99598	0.99609	0.99621	0.99632	0.99643	2.6
2.7	0.99702	0.99711	0.99720	0.99728	0.99736	2.7
2.8	0.99781	0.99788	0.99795	0.99801	0.99807	2.8
2.9	0.99841	0.99846	0.99851	0.99856	0.99861	2.9
3.0	0.99886	0.99889	0.99893	0.99897	0.99900	3.0
3.1	0.99918	0.99921	0.99924	0.99926	0.99929	3.1
3.2	0.99942	0.99944	0.99946	0.99948	0.99950	3.2
3.3	0.99960	0.99961	0.99962	0.99964	0.99965	3.3
3.4	0.99972	0.99973	0.99974	0.99975	0.99976	3.4
3.5	0.99981	0.99981	0.99982	0.99983	0.99983	3.5
3.6	0.99987	0.99987	0.99988	0.99988	0.99989	3.6
3.7	0.99991	0.99992	0.99992	0.99992	0.99992	3.7
3.8	0.99994	0.99994	0.99995	0.99995	0.99995	3.8
3.9	0.99996	0.99996	0.99996	0.99997	0.99997	3.9

附表 5　χ^2 分配表

本表計算下圖陰影面積，亦即自由度爲 v 的 χ^2 分配曲線下，大於 $\chi^2_{\alpha,v}$ 的機率

$$P\{X \geq \chi^2_{\alpha,v}\} = \alpha$$

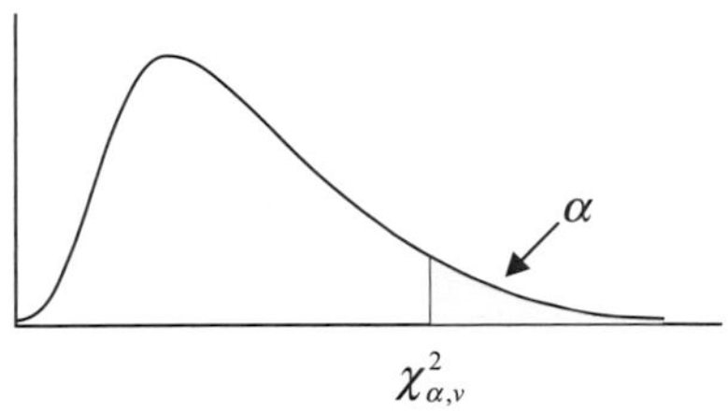

例　$\chi^2_{0.005,20} = 40.00$

$\chi^2_{0.995,20} = 7.43$

附表 5 χ^2 分配表

ν	α 0.995	0.990	0.975	0.950	0.500	0.050	0.025	0.010	0.005
1	0.00+	0.00+	0.00+	0.00+	0.45	3.84	5.02	6.63	7.88
2	0.01	0.02	0.05	0.10	1.39	5.99	7.38	9.21	10.60
3	0.07	0.11	0.22	0.35	2.37	7.81	9.35	11.34	12.84
4	0.21	0.30	0.48	0.71	3.36	9.49	11.14	13.28	14.86
5	0.41	0.55	0.83	1.15	4.35	11.07	12.83	15.09	16.75
6	0.68	0.87	1.24	1.64	5.35	12.59	14.45	16.81	18.55
7	0.99	1.24	1.69	2.17	6.35	14.07	16.01	18.48	20.28
8	1.34	1.65	2.18	2.73	7.34	15.51	17.53	20.09	21.96
9	1.74	2.09	2.70	3.33	8.34	16.92	19.02	21.67	23.59
10	2.16	2.56	3.25	3.94	9.34	18.31	20.48	23.21	25.19
11	2.60	3.05	3.82	4.57	10.34	19.68	21.92	24.72	26.76
12	3.07	3.57	4.40	5.23	11.34	21.03	23.34	26.22	28.30
13	3.57	4.11	5.01	5.89	12.34	22.36	24.74	27.69	29.82
14	4.07	4.66	5.63	6.57	13.34	23.68	26.12	29.14	31.32
15	4.60	5.23	6.26	7.26	14.34	25.00	27.49	30.58	32.80
16	5.14	5.81	6.91	7.96	15.34	26.30	28.85	32.00	34.27
17	5.70	6.41	7.56	8.67	16.34	27.59	30.19	34.41	35.72
18	6.26	7.01	8.23	9.39	17.34	28.87	31.53	34.81	37.16
19	6.84	7.63	8.91	10.12	18.34	30.14	32.85	36.19	38.58
20	7.43	8.26	9.59	10.85	19.34	31.41	34.17	37.57	40.00
25	10.52	11.52	13.12	14.61	24.34	37.65	40.65	44.31	46.93
30	13.79	14.95	16.79	18.49	29.34	43.77	46.98	50.89	53.67
40	20.71	22.16	24.43	26.51	39.34	55.76	59.34	63.69	66.77
50	27.99	29.71	32.36	34.76	49.33	67.50	71.42	76.15	79.49
60	35.53	37.48	40.48	43.19	59.33	79.08	83.30	88.38	91.95
70	43.28	45.44	48.76	51.74	69.33	90.53	95.02	100.42	104.22
80	51.17	53.54	57.15	60.39	79.33	101.88	106.63	112.33	116.32
90	59.20	61.75	65.65	69.13	89.33	113.14	118.14	124.12	128.30
100	67.33	70.06	74.22	77.93	99.33	124.34	129.56	135.81	140.17

附表 6　t 分配表

本表計算下圖陰影面積，亦即自由度為 v 的 t 分配曲線下，大於 $t_{\alpha,v}$ 的機率

$$P\{X \geq t_{\alpha,v}\} = \alpha$$

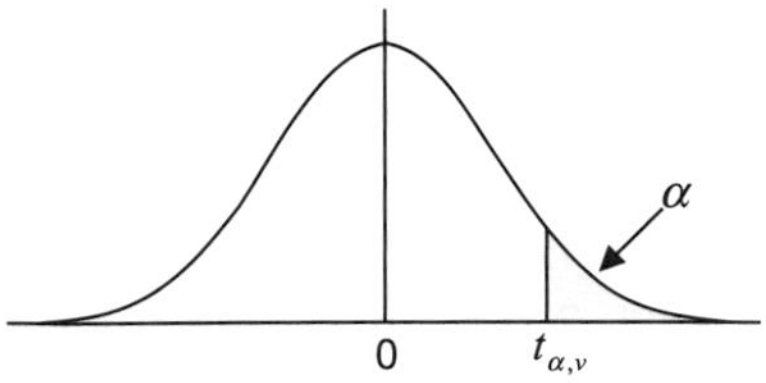

例　$t_{0.005,20} = 2.845$

$t_{0.05,10} = 1.812$

附表 6　*t* 分配表

ν	α 0.40	0.25	0.10	0.05	0.025	0.01	0.005	0.0025	0.001	0.0005
1	0.325	1.000	3.078	6.314	12.706	31.821	63.657	127.32	318.32	636.62
2	0.289	0.816	1.886	2.920	4.303	6.965	9.925	14.089	23.326	31.598
3	0.277	0.765	1.638	2.353	3.182	4.541	5.841	7.453	10.213	12.924
4	0.271	0.741	1.533	2.132	2.776	3.747	4.604	5.598	7.173	8.610
5	0.267	0.727	1.476	2.015	2.571	3.365	4.032	4.773	5.893	6.869
6	0.265	0.718	1.440	1.943	2.447	3.143	3.707	4.317	5.208	5.959
7	0.263	0.711	1.415	1.895	2.365	2.998	3.499	4.029	4.785	5.408
8	0.262	0.706	1.397	1.860	2.306	2.896	3.355	3.833	4.501	5.041
9	0.261	0.703	1.383	1.833	2.262	2.821	3.250	3.690	4.297	4.781
10	0.260	0.700	1.372	1.812	2.228	2.764	3.169	3.581	4.144	4.587
11	0.260	0.697	1.363	1.796	2.201	2.718	3.106	3.497	4.025	4.437
12	0.259	0.695	1.356	1.782	2.179	2.681	3.055	3.428	3.930	4.318
13	0.259	0.694	1.350	1.771	2.160	2.650	3.012	3.372	3.852	4.221
14	0.258	0.692	1.345	1.761	2.145	2.624	2.977	3.326	3.787	4.140
15	0.258	0.691	1.341	1.753	2.131	2.602	2.947	3.286	3.733	4.073
16	0.258	0.690	1.337	1.746	2.120	2.583	2.921	3.252	3.686	4.015
17	0.257	0.689	1.333	1.740	2.110	2.567	2.898	3.222	3.646	3.965
18	0.257	0.688	1.330	1.734	2.101	2.552	2.878	3.197	3.610	3.922
19	0.257	0.688	1.328	1.729	2.093	2.539	2.861	3.174	3.579	3.883
20	0.257	0.687	1.325	1.725	2.086	2.528	2.845	3.153	3.552	3.850
21	0.257	0.686	1.323	1.721	2.080	2.518	2.831	3.135	3.527	3.819
22	0.256	0.686	1.321	1.717	2.074	2.508	2.819	3.119	3.505	3.792
23	0.256	0.685	1.319	1.714	2.069	2.500	2.807	3.104	3.485	3.767
24	0.256	0.685	1.318	1.711	2.064	2.492	2.797	3.091	3.467	3.745
25	0.256	0.684	1.316	1.708	2.060	2.485	2.787	3.078	3.450	3.725
26	0.256	0.684	1.315	1.706	2.056	2.479	2.779	3.067	3.435	3.707
27	0.256	0.684	1.314	1.703	2.052	2.473	2.771	3.057	3.421	3.690
28	0.256	0.683	1.313	1.701	2.048	2.467	2.763	3.047	3.408	3.674
29	0.256	0.683	1.311	1.699	2.045	2.462	2.756	3.038	3.396	3.659
30	0.256	0.683	1.310	1.697	2.042	2.457	2.750	3.030	3.385	3.646
40	0.255	0.681	1.303	1.684	2.021	2.423	2.704	2.971	3.307	3.551
60	0.254	0.679	1.296	1.671	2.000	2.390	2.660	2.915	3.232	3.460
120	0.254	0.677	1.289	1.658	1.980	2.358	2.617	2.860	3.160	3.373
∞	0.253	0.674	1.282	1.645	1.960	2.326	2.576	2.807	3.090	3.291

附表 7　F 分配表

本表計算下圖陰影面積，亦即分子自由度為 v_1，分母自由度為 v_2 的 F 分配曲線下，大於 F_{α,v_1,v_2} 的機率

$$P\{X \geq F_{\alpha,v_1,v_2}\} = \alpha$$

註 $F_{1-\alpha,v_1,v_2} = 1/F_{\alpha,v_2,v_1}$

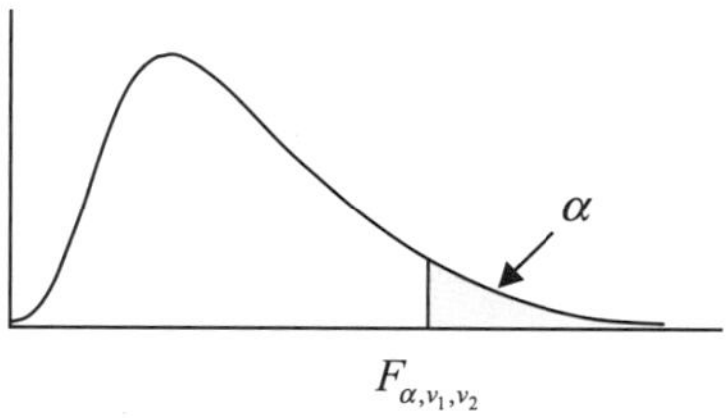

例 $F^{2}_{0.025,10,5} = 6.62$

$F^{2}_{0.025,5,10} = 4.24$

附表 7 F 分配表，$F_{0.25,\nu_1,\nu_2}$

ν_2 \ ν_1	1	2	3	4	5	6	7	8	9	10
1	5.83	7.50	8.20	8.58	8.82	8.98	9.10	9.19	9.26	9.32
2	2.57	3.00	3.15	3.23	3.28	3.31	3.34	3.35	3.37	3.38
3	2.02	2.28	2.36	2.39	2.41	2.42	2.43	2.44	2.44	2.44
4	1.81	2.00	2.05	2.06	2.07	2.08	2.08	2.08	2.08	2.08
5	1.69	1.85	1.88	1.89	1.89	1.89	1.89	1.89	1.89	1.89
6	1.62	1.76	1.78	1.79	1.79	1.78	1.78	1.78	1.77	1.77
7	1.57	1.70	1.72	1.72	1.71	1.71	1.70	1.70	1.70	1.69
8	1.54	1.66	1.67	1.66	1.66	1.65	1.64	1.64	1.63	1.63
9	1.51	1.62	1.63	1.63	1.62	1.61	1.60	1.60	1.59	1.59
10	1.49	1.60	1.60	1.59	1.59	1.58	1.57	1.56	1.56	1.55
11	1.47	1.58	1.58	1.57	1.56	1.55	1.54	1.53	1.53	1.52
12	1.46	1.56	1.56	1.55	1.54	1.53	1.52	1.51	1.51	1.50
13	1.45	1.55	1.55	1.53	1.52	1.51	1.50	1.49	1.49	1.48
14	1.44	1.53	1.53	1.52	1.51	1.50	1.49	1.48	1.47	1.46
15	1.43	1.52	1.52	1.51	1.49	1.48	1.47	1.46	1.46	1.45
16	1.42	1.51	1.51	1.50	1.48	1.47	1.46	1.45	1.44	1.44
17	1.42	1.51	1.50	1.49	1.47	1.46	1.45	1.44	1.43	1.43
18	1.41	1.50	1.49	1.48	1.46	1.45	1.44	1.43	1.42	1.42
19	1.41	1.49	1.49	1.47	1.46	1.44	1.43	1.42	1.41	1.41
20	1.40	1.49	1.48	1.47	1.45	1.44	1.43	1.42	1.41	1.40
21	1.40	1.48	1.48	1.46	1.44	1.43	1.42	1.41	1.40	1.39
22	1.40	1.48	1.47	1.45	1.44	1.42	1.41	1.40	1.39	1.39
23	1.39	1.47	1.47	1.45	1.43	1.42	1.41	1.40	1.39	1.38
24	1.39	1.47	1.46	1.44	1.43	1.41	1.40	1.39	1.38	1.38
25	1.39	1.47	1.46	1.44	1.42	1.41	1.40	1.39	1.38	1.37
26	1.38	1.46	1.45	1.44	1.42	1.41	1.39	1.38	1.37	1.37
27	1.38	1.46	1.45	1.43	1.42	1.40	1.39	1.38	1.37	1.36
28	1.38	1.46	1.45	1.43	1.41	1.40	1.39	1.38	1.37	1.36
29	1.38	1.45	1.45	1.43	1.41	1.40	1.38	1.37	1.36	1.35
30	1.38	1.45	1.44	1.42	1.41	1.39	1.38	1.37	1.36	1.35
40	1.36	1.44	1.42	1.40	1.39	1.37	1.36	1.35	1.34	1.33
60	1.35	1.42	1.41	1.38	1.37	1.35	1.33	1.32	1.31	1.30
120	1.34	1.40	1.39	1.37	1.35	1.33	1.31	1.30	1.29	1.28
∞	1.32	1.39	1.37	1.35	1.33	1.31	1.29	1.28	1.27	1.25

附表 7　F 分配表，$F_{0.25,\nu_1,\nu_2}$ (續)

ν_2 \ ν_1	12	15	20	24	30	40	60	120	∞
1	9.41	9.49	9.58	9.63	9.67	9.71	9.76	9.80	9.85
2	3.39	3.41	3.43	3.43	3.44	3.45	3.46	3.47	3.48
3	2.45	2.46	2.46	2.46	2.47	2.47	2.47	2.47	2.47
4	2.08	2.08	2.08	2.08	2.08	2.08	2.08	2.08	2.08
5	1.89	1.89	1.88	1.88	1.88	1.88	1.87	1.87	1.87
6	1.77	1.76	1.76	1.75	1.75	1.75	1.74	1.74	1.74
7	1.68	1.68	1.67	1.67	1.66	1.66	1.65	1.65	1.65
8	1.62	1.62	1.61	1.60	1.60	1.59	1.59	1.58	1.58
9	1.58	1.57	1.56	1.56	1.55	1.54	1.54	1.53	1.53
10	1.54	1.53	1.52	1.52	1.51	1.51	1.50	1.49	1.48
11	1.51	1.50	1.49	1.49	1.48	1.47	1.47	1.46	1.45
12	1.49	1.48	1.47	1.46	1.45	1.45	1.44	1.43	1.42
13	1.47	1.46	1.45	1.44	1.43	1.42	1.42	1.41	1.40
14	1.45	1.44	1.43	1.42	1.41	1.41	1.40	1.39	1.38
15	1.44	1.43	1.41	1.41	1.40	1.39	1.38	1.37	1.36
16	1.43	1.41	1.40	1.39	1.38	1.37	1.36	1.35	1.34
17	1.41	1.40	1.39	1.38	1.37	1.36	1.35	1.34	1.33
18	1.40	1.39	1.38	1.37	1.36	1.35	1.34	1.33	1.32
19	1.40	1.38	1.37	1.36	1.35	1.34	1.33	1.32	1.30
20	1.39	1.37	1.36	1.35	1.34	1.33	1.32	1.31	1.29
21	1.38	1.37	1.35	1.34	1.33	1.32	1.31	1.30	1.28
22	1.37	1.36	1.34	1.33	1.32	1.31	1.30	1.29	1.28
23	1.37	1.35	1.34	1.33	1.32	1.31	1.30	1.28	1.27
24	1.36	1.35	1.33	1.32	1.31	1.30	1.29	1.28	1.26
25	1.36	1.34	1.33	1.32	1.31	1.29	1.28	1.27	1.25
26	1.35	1.34	1.32	1.31	1.30	1.29	1.28	1.26	1.25
27	1.35	1.33	1.32	1.31	1.30	1.28	1.27	1.26	1.24
28	1.34	1.33	1.31	1.30	1.29	1.28	1.27	1.25	1.24
29	1.34	1.32	1.31	1.30	1.29	1.27	1.26	1.25	1.23
30	1.34	1.32	1.30	1.29	1.28	1.27	1.26	1.24	1.23
40	1.31	1.30	1.28	1.26	1.25	1.24	1.22	1.21	1.19
60	1.29	1.27	1.25	1.24	1.22	1.21	1.19	1.17	1.15
120	1.26	1.24	1.22	1.21	1.19	1.18	1.16	1.13	1.10
∞	1.24	1.22	1.19	1.18	1.16	1.14	1.12	1.08	1.00

附表 7 F 分配表，$F_{0.10,\nu_1,\nu_2}$

ν_2 \ ν_1	1	2	3	4	5	6	7	8	9	10
1	39.86	49.50	53.59	55.83	57.24	58.20	58.91	59.44	59.86	60.19
2	8.53	9.00	9.16	9.24	9.29	9.33	9.35	9.37	9.38	9.39
3	5.54	5.46	5.39	5.34	5.31	5.28	5.27	5.25	5.24	5.23
4	4.54	4.32	4.19	4.11	4.05	4.01	3.98	3.95	3.94	3.92
5	4.06	3.78	3.62	3.52	3.45	3.40	3.37	3.34	3.32	3.30
6	3.78	3.46	3.29	3.18	3.11	3.05	3.01	2.98	2.96	2.94
7	3.59	3.26	3.07	2.96	2.88	2.83	2.78	2.75	2.72	2.70
8	3.46	3.11	2.92	2.81	2.73	2.67	2.62	2.59	2.56	2.54
9	3.36	3.01	2.81	2.69	2.61	2.55	2.51	2.47	2.44	2.42
10	3.29	2.92	2.73	2.61	2.52	2.46	2.41	2.38	2.35	2.32
11	3.23	2.86	2.66	2.54	2.45	2.39	2.34	2.30	2.27	2.25
12	3.18	2.81	2.61	2.48	2.39	2.33	2.28	2.24	2.21	2.19
13	3.14	2.76	2.56	2.43	2.35	2.28	2.23	2.20	2.16	2.14
14	3.10	2.73	2.52	2.39	2.31	2.24	2.19	2.15	2.12	2.10
15	3.07	2.70	2.49	2.36	2.27	2.21	2.16	2.12	2.09	2.06
16	3.05	2.67	2.46	2.33	2.24	2.18	2.13	2.09	2.06	2.03
17	3.03	2.64	2.44	2.31	2.22	2.15	2.10	2.06	2.03	2.00
18	3.01	2.62	2.42	2.29	2.20	2.13	2.08	2.04	2.00	1.98
19	2.99	2.61	2.40	2.27	2.18	2.11	2.06	2.02	1.98	1.96
20	2.97	2.59	2.38	2.25	2.16	2.09	2.04	2.00	1.96	1.94
21	2.96	2.57	2.36	2.23	2.14	2.08	2.02	1.98	1.95	1.92
22	2.95	2.56	2.35	2.22	2.13	2.06	2.01	1.97	1.93	1.90
23	2.94	2.55	2.34	2.21	2.11	2.05	1.99	1.95	1.92	1.89
24	2.93	2.54	2.33	2.19	2.10	2.04	1.98	1.94	1.91	1.88
25	2.92	2.53	2.32	2.18	2.09	2.02	1.97	1.93	1.89	1.87
26	2.91	2.52	2.31	2.17	2.08	2.01	1.96	1.92	1.88	1.86
27	2.90	2.51	2.30	2.17	2.07	2.00	1.95	1.91	1.87	1.85
28	2.89	2.50	2.29	2.16	2.06	2.00	1.94	1.90	1.87	1.84
29	2.89	2.50	2.28	2.15	2.06	1.99	1.93	1.89	1.86	1.83
30	2.88	2.49	2.28	2.14	2.03	1.98	1.93	1.88	1.85	1.82
40	2.84	2.44	2.23	2.09	2.00	1.93	1.87	1.83	1.79	1.76
60	2.79	2.39	2.18	2.04	1.95	1.87	1.82	1.77	1.74	1.71
120	2.75	2.35	2.13	1.99	1.90	1.82	1.77	1.72	1.68	1.65
∞	2.71	2.30	2.08	1.94	1.85	1.77	1.72	1.67	1.63	1.60

附表 7 F 分配表，$F_{0.10,\nu_1,\nu_2}$ (續)

ν_2 \ ν_1	12	15	20	24	30	40	60	120	∞
1	60.71	61.22	61.74	62.00	62.26	62.53	62.79	63.06	63.33
2	9.41	9.42	9.44	9.45	9.46	9.47	9.47	9.48	9.49
3	5.22	5.20	5.18	5.18	5.17	5.16	5.15	5.14	5.13
4	3.90	3.87	3.84	3.83	3.82	3.80	3.79	3.78	3.76
5	3.27	3.24	3.21	3.19	3.17	3.16	3.14	3.12	3.10
6	2.90	2.87	2.84	2.82	2.80	2.78	2.76	2.74	2.72
7	2.67	2.63	2.59	2.58	2.56	2.54	2.51	2.49	2.47
8	2.50	2.46	2.42	2.40	2.38	2.36	2.34	2.32	2.29
9	2.38	2.34	2.30	2.28	2.25	2.23	2.21	2.18	2.16
10	2.28	2.24	2.20	2.18	2.16	2.13	2.11	2.08	2.06
11	2.21	2.17	2.12	2.10	2.08	2.05	2.03	2.00	1.97
12	2.15	2.10	2.06	2.04	2.01	1.99	1.96	1.93	1.90
13	2.10	2.05	2.01	1.98	1.96	1.93	1.90	1.88	1.85
14	2.05	2.01	1.96	1.94	1.91	1.89	1.86	1.83	1.80
15	2.02	1.97	1.92	1.90	1.87	1.85	1.82	1.79	1.76
16	1.99	1.94	1.89	1.87	1.84	1.81	1.78	1.75	1.72
17	1.96	1.91	1.86	1.84	1.81	1.78	1.75	1.72	1.69
18	1.93	1.89	1.84	1.81	1.78	1.75	1.72	1.69	1.66
19	1.91	1.86	1.81	1.79	1.76	1.73	1.70	1.67	1.63
20	1.89	1.84	1.79	1.77	1.74	1.71	1.68	1.64	1.61
21	1.87	1.83	1.78	1.75	1.72	1.69	1.66	1.62	1.59
22	1.86	1.81	1.76	1.73	1.70	1.67	1.64	1.60	1.57
23	1.84	1.80	1.74	1.72	1.69	1.66	1.62	1.59	1.55
24	1.83	1.78	1.73	1.70	1.67	1.64	1.61	1.57	1.53
25	1.82	1.77	1.72	1.69	1.66	1.63	1.59	1.56	1.52
26	1.81	1.76	1.71	1.68	1.65	1.61	1.58	1.54	1.50
27	1.80	1.75	1.70	1.67	1.64	1.60	1.57	1.53	1.49
28	1.79	1.74	1.69	1.66	1.63	1.59	1.56	1.52	1.48
29	1.78	1.73	1.68	1.65	1.62	1.58	1.55	1.51	1.47
30	1.77	1.72	1.67	1.64	1.61	1.57	1.54	1.50	1.46
40	1.71	1.66	1.61	1.57	1.54	1.51	1.47	1.42	1.38
60	1.66	1.60	1.54	1.51	1.48	1.44	1.40	1.35	1.29
120	1.60	1.55	1.48	1.45	1.41	1.37	1.32	1.26	1.19
∞	1.55	1.49	1.42	1.38	1.34	1.30	1.24	1.17	1.00

附表 7 F 分配表，$F_{0.05,\nu_1,\nu_2}$

ν_2 \ ν_1	1	2	3	4	5	6	7	8	9	10
1	161.4	199.5	215.7	224.6	230.2	234.0	236.8	238.9	240.5	241.9
2	18.51	19.00	19.16	19.25	19.30	19.33	19.35	19.37	19.38	19.40
3	10.13	9.55	9.28	9.12	9.01	8.94	8.89	8.85	8.81	8.79
4	7.71	6.94	6.59	6.39	6.26	6.16	6.09	6.04	6.00	5.96
5	6.61	5.79	5.41	5.19	5.05	4.95	4.88	4.82	4.77	4.74
6	5.99	5.14	4.76	4.53	4.39	4.28	4.21	4.15	4.10	4.06
7	5.59	4.74	4.35	4.12	3.97	3.87	3.79	3.73	3.68	3.64
8	5.32	4.46	4.07	3.84	3.69	3.58	3.50	3.44	3.39	3.35
9	5.12	4.26	3.86	3.63	3.48	3.37	3.29	3.23	3.18	3.14
10	4.96	4.10	3.71	3.48	3.33	3.22	3.14	3.07	3.02	2.98
11	4.84	3.98	3.59	3.36	3.20	3.09	3.01	2.95	2.90	2.85
12	4.75	3.89	3.49	3.26	3.11	3.00	2.91	2.85	2.80	2.75
13	4.67	3.81	3.41	3.18	3.03	2.92	2.83	2.77	2.71	2.67
14	4.60	3.74	3.34	3.11	2.96	2.85	2.76	2.70	2.65	2.60
15	4.54	3.68	3.29	3.06	2.90	2.79	2.71	2.64	2.59	2.54
16	4.49	3.63	3.24	3.01	2.85	2.74	2.66	2.59	2.54	2.49
17	4.45	3.59	3.20	2.96	2.81	2.70	2.61	2.55	2.49	2.45
18	4.41	3.55	3.16	2.93	2.77	2.66	2.58	2.51	2.46	2.41
19	4.38	3.52	3.13	2.90	2.74	2.63	2.54	2.48	2.42	2.38
20	4.35	3.49	3.10	2.87	2.71	2.60	2.51	2.45	2.39	2.35
21	4.32	3.47	3.07	2.84	2.68	2.57	2.49	2.42	2.37	2.32
22	4.30	3.44	3.05	2.82	2.66	2.55	2.46	2.40	2.34	2.30
23	4.28	3.42	3.03	2.80	2.64	2.53	2.44	2.37	2.32	2.27
24	4.26	3.40	3.01	2.78	2.62	2.51	2.42	2.36	2.30	2.25
25	4.24	3.39	2.99	2.76	2.60	2.49	2.40	2.34	2.28	2.24
26	4.23	3.37	2.98	2.74	2.59	2.47	2.39	2.32	2.27	2.22
27	4.21	3.35	2.96	2.73	2.57	2.46	2.37	2.31	2.25	2.20
28	4.20	3.34	2.95	2.71	2.56	2.45	2.36	2.29	2.24	2.19
29	4.18	3.33	2.93	2.70	2.55	2.43	2.35	2.28	2.22	2.18
30	4.17	3.32	2.92	2.69	2.53	2.42	2.33	2.27	2.21	2.16
40	4.08	3.23	2.84	2.61	2.45	2.34	2.25	2.18	2.12	2.08
60	4.00	3.15	2.76	2.53	2.37	2.25	2.17	2.10	2.04	1.99
120	3.92	3.07	2.68	2.45	2.29	2.17	2.09	2.02	1.96	1.91
∞	3.84	3.00	2.60	2.37	2.21	2.10	2.01	1.94	1.88	1.83

附表 7　F 分配表，$F_{0.05,\nu_1,\nu_2}$ (續)

	ν_1								
ν_2	12	15	20	24	30	40	60	120	∞
1	243.9	245.9	248.0	249.1	250.1	251.1	252.2	253.3	254.3
2	19.41	19.43	19.45	19.45	19.46	19.47	19.48	19.49	19.50
3	8.74	8.70	8.66	8.64	8.62	8.59	8.57	8.55	8.53
4	5.91	5.86	5.80	5.77	5.75	5.72	5.69	5.66	5.63
5	4.68	4.62	4.56	4.53	4.50	4.46	4.43	4.40	4.36
6	4.00	3.94	3.87	3.84	3.81	3.77	3.74	3.70	3.67
7	3.57	3.51	3.44	3.41	3.38	3.34	3.30	3.27	3.23
8	3.28	3.22	3.15	3.12	3.08	3.04	3.01	2.97	2.93
9	3.07	3.01	2.94	2.90	2.86	2.83	2.79	2.75	2.71
10	2.91	2.85	2.77	2.74	2.70	2.66	2.62	2.58	2.54
11	2.79	2.72	2.65	2.61	2.57	2.53	2.49	2.45	2.40
12	2.69	2.62	2.54	2.51	2.47	2.43	2.38	2.34	2.30
13	2.60	2.53	2.46	2.42	2.38	2.34	2.30	2.25	2.21
14	2.53	2.46	2.39	2.35	2.31	2.27	2.22	2.18	2.13
15	2.48	2.40	2.33	2.29	2.25	2.20	2.16	2.11	2.07
16	2.42	2.35	2.28	2.24	2.19	2.15	2.11	2.06	2.01
17	2.38	2.31	2.23	2.19	2.15	2.10	2.06	2.01	1.96
18	2.34	2.27	2.19	2.15	2.11	2.06	2.02	1.97	1.92
19	2.31	2.23	2.16	2.11	2.07	2.03	1.98	1.93	1.88
20	2.28	2.20	2.12	2.08	2.04	1.99	1.95	1.90	1.84
21	2.25	2.18	2.10	2.05	2.01	1.96	1.92	1.87	1.81
22	2.23	2.15	2.07	2.03	1.98	1.94	1.89	1.84	1.78
23	2.20	2.13	2.05	2.01	1.96	1.91	1.86	1.81	1.76
24	2.18	2.11	2.03	1.98	1.94	1.89	1.84	1.79	1.73
25	2.16	2.09	2.01	1.96	1.92	1.87	1.82	1.77	1.71
26	2.15	2.07	1.99	1.95	1.90	1.85	1.80	1.75	1.69
27	2.13	2.06	1.97	1.93	1.88	1.84	1.79	1.73	1.67
28	2.12	2.04	1.96	1.91	1.87	1.82	1.77	1.71	1.65
29	2.10	2.03	1.94	1.90	1.85	1.81	1.75	1.70	1.64
30	2.09	2.01	1.93	1.89	1.84	1.79	1.74	1.68	1.62
40	2.00	1.92	1.84	1.79	1.74	1.69	1.64	1.58	1.51
60	1.92	1.84	1.75	1.70	1.65	1.59	1.53	1.47	1.39
120	1.83	1.75	1.66	1.61	1.55	1.55	1.43	1.35	1.25
∞	1.75	1.67	1.57	1.52	1.46	1.39	1.32	1.22	1.00

附表 7 F 分配表，$F_{0.025,\nu_1,\nu_2}$

ν_2 \ ν_1	1	2	3	4	5	6	7	8	9	10
1	647.8	799.5	864.2	899.6	921.8	937.1	948.2	956.7	963.3	968.6
2	38.51	39.00	39.17	39.25	39.30	39.33	39.36	39.37	39.39	39.40
3	17.44	16.04	15.44	15.10	14.88	14.73	14.62	14.54	14.47	14.42
4	12.22	10.65	9.98	9.60	9.36	9.20	9.07	8.98	8.90	8.84
5	10.01	8.43	7.76	7.39	7.15	6.98	6.85	6.76	6.68	6.62
6	8.81	7.26	6.60	6.23	5.99	5.82	5.70	5.60	5.52	5.46
7	8.07	6.54	5.89	5.52	5.29	5.12	4.99	4.90	4.82	4.76
8	7.57	6.06	5.42	5.05	4.82	4.65	4.53	4.43	4.36	4.30
9	7.21	5.71	5.08	4.72	4.48	4.32	4.20	4.10	4.03	3.96
10	6.94	5.46	4.83	4.47	4.24	4.07	3.95	3.85	3.78	3.72
11	6.72	5.26	4.63	4.28	4.04	3.88	3.76	3.66	3.59	3.53
12	6.55	5.10	4.47	4.12	3.89	3.73	3.61	3.51	3.44	3.37
13	6.41	4.97	4.35	4.00	3.77	3.60	3.48	3.39	3.31	3.25
14	6.30	4.86	4.24	3.89	3.66	3.50	3.38	3.29	3.21	3.15
15	6.20	4.77	4.15	3.80	3.58	3.41	3.29	3.20	3.12	3.06
16	6.12	4.69	4.08	3.73	3.50	3.34	3.22	3.12	3.05	2.99
17	6.04	4.62	4.01	3.66	3.44	3.28	3.16	3.06	2.98	2.92
18	5.98	4.56	3.95	3.61	3.38	3.22	3.10	3.01	2.93	2.87
19	5.92	4.51	3.90	3.56	3.33	3.17	3.05	2.96	2.88	2.82
20	5.87	4.46	3.86	3.51	3.29	3.13	3.01	2.91	2.84	2.77
21	5.83	4.42	3.82	3.48	3.25	3.09	2.97	2.87	2.80	2.73
22	5.79	4.35	3.78	3.44	3.22	3.05	2.93	2.84	2.76	2.70
23	5.75	4.38	3.75	3.41	3.18	3.02	2.90	2.81	2.73	2.67
24	5.72	4.32	3.72	3.38	3.15	2.99	2.87	2.78	2.70	2.64
25	5.69	4.29	3.69	3.35	3.13	2.97	2.85	2.75	2.68	2.61
26	5.66	4.27	3.67	3.33	3.10	2.94	2.82	2.73	2.65	2.59
27	5.63	4.24	3.65	3.31	3.08	2.92	2.80	2.71	2.63	2.57
28	5.61	4.22	3.63	3.29	3.06	2.90	2.78	2.69	2.61	2.55
29	5.59	4.20	3.61	3.27	3.04	2.88	2.76	2.67	2.59	2.53
30	5.57	4.18	3.59	3.25	3.03	2.87	2.75	2.65	2.57	2.51
40	5.42	4.05	3.46	3.13	2.90	2.74	2.62	2.53	2.45	2.39
60	5.29	3.93	3.34	3.01	2.79	2.63	2.51	2.41	2.33	2.27
120	5.15	3.80	3.23	2.89	2.67	2.52	2.39	2.30	2.22	2.16
∞	5.02	3.69	3.12	2.79	2.57	2.41	2.29	2.19	2.11	2.05

附表 7　F 分配表，$F_{0.025,v_1,v_2}$ (續)

v_2 \ v_1	12	15	20	24	30	40	60	120	∞
1	976.7	984.9	993.1	997.2	1001.0	1006.0	1010.0	1014.0	1018.0
2	39.41	39.43	39.45	39.46	39.46	39.47	39.48	39.49	39.50
3	14.34	14.25	14.17	14.12	14.08	14.04	13.99	13.95	13.90
4	8.75	8.66	8.56	8.51	8.46	8.41	8.36	8.31	8.26
5	6.52	6.43	6.33	6.28	6.23	6.18	6.12	6.07	6.02
6	5.37	5.27	5.17	5.12	5.07	5.01	4.96	4.90	4.85
7	4.67	4.57	4.47	4.42	4.36	4.31	4.25	4.20	4.14
8	4.20	4.10	4.00	3.95	3.89	3.84	3.78	3.73	3.67
9	3.87	3.77	3.67	3.61	3.56	3.51	3.45	3.39	3.33
10	3.62	3.52	3.42	3.37	3.31	3.26	3.20	3.14	3.08
11	3.43	3.33	3.23	3.17	3.12	3.06	3.00	2.94	2.88
12	3.28	3.18	3.07	3.02	2.96	2.91	2.85	2.79	2.72
13	3.15	3.05	2.95	2.89	2.84	2.78	2.72	2.66	2.60
14	3.05	2.95	2.84	2.79	2.73	2.67	2.61	2.55	2.49
15	2.96	2.86	2.76	2.70	2.64	2.59	2.52	2.46	2.40
16	2.89	2.79	2.68	2.63	2.57	2.51	2.45	2.38	2.32
17	2.82	2.72	2.62	2.56	2.50	2.44	2.38	2.32	2.25
18	2.77	2.67	2.56	2.50	2.44	2.38	2.32	2.26	2.19
19	2.72	2.62	2.51	2.45	2.39	2.33	2.27	2.20	2.13
20	2.68	2.57	2.46	2.41	2.35	2.29	2.22	2.16	2.09
21	2.64	2.53	2.42	2.37	2.31	2.25	2.18	2.11	2.04
22	2.60	2.50	2.39	2.33	2.27	2.21	2.14	2.08	2.00
23	2.57	2.47	2.36	2.30	2.24	2.18	2.11	2.04	1.97
24	2.54	2.44	2.33	2.27	2.21	2.15	2.08	2.01	1.94
25	2.51	2.41	2.30	2.24	2.18	2.12	2.05	1.98	1.91
26	2.49	2.39	2.28	2.22	2.16	2.09	2.03	1.95	1.88
27	2.47	2.36	2.25	2.19	2.13	2.07	2.00	1.93	1.85
28	2.45	2.34	2.23	2.17	2.11	2.05	1.98	1.91	1.83
29	2.43	2.32	2.21	2.15	2.09	2.03	1.96	1.89	1.81
30	2.41	2.31	2.20	2.14	2.07	2.01	1.94	1.87	1.79
40	2.29	2.18	2.07	2.01	1.94	1.88	1.80	1.72	1.64
60	2.17	2.06	1.94	1.88	1.82	1.74	1.67	1.58	1.48
120	2.05	1.94	1.82	1.76	1.69	1.61	1.53	1.43	1.31
∞	1.94	1.83	1.71	1.64	1.57	1.48	1.39	1.27	1.00

附表 7 F 分配表，$F_{0.01,v_1,v_2}$

v_2 \ v_1	1	2	3	4	5	6	7	8	9	10
1	4502.0	4999.5	5403.0	5625.0	5764.0	5859.0	5928.0	5981.0	6022.0	6056.0
2	98.50	99.00	99.17	99.25	99.30	99.33	99.36	99.37	99.39	99.40
3	34.12	30.82	29.46	28.71	28.24	27.91	27.67	27.49	27.35	27.23
4	21.20	18.00	16.69	15.98	15.52	15.21	14.98	14.80	14.66	14.55
5	16.26	13.27	12.06	11.39	10.97	10.67	10.46	10.29	10.16	10.05
6	13.75	10.92	9.78	9.15	8.75	8.47	8.26	8.10	7.98	7.87
7	12.25	9.55	8.45	7.85	7.46	7.19	6.99	6.84	6.72	6.62
8	11.26	8.65	7.59	7.01	6.63	6.37	6.18	6.03	5.91	5.81
9	10.56	8.02	6.99	6.42	6.06	5.80	5.61	5.47	5.35	5.26
10	10.04	7.56	6.55	5.99	5.64	5.39	5.20	5.06	4.94	4.85
11	9.65	7.21	6.22	5.67	5.32	5.07	4.89	4.74	4.63	4.54
12	9.33	6.93	5.95	5.41	5.06	4.82	4.64	4.50	4.39	4.30
13	9.07	6.70	5.74	5.21	4.86	4.62	4.44	4.30	4.19	4.10
14	8.86	6.51	5.56	5.04	4.69	4.46	4.28	4.14	4.03	3.94
15	8.68	6.36	5.42	4.89	4.56	4.32	4.14	4.00	3.89	3.80
16	8.53	6.23	5.29	4.77	4.44	4.20	4.03	3.89	3.78	3.69
17	8.40	6.11	5.18	4.67	4.34	4.10	3.93	3.79	3.68	3.59
18	8.29	6.01	5.09	4.58	4.25	4.01	3.84	3.71	3.60	3.51
19	8.18	5.93	5.01	4.50	4.17	3.94	3.77	3.63	3.52	3.43
20	8.10	5.85	4.94	4.43	4.10	3.87	3.70	3.56	3.46	3.37
21	8.02	5.78	4.87	4.37	4.04	3.81	3.64	3.51	3.40	3.31
22	7.95	5.72	4.82	4.31	3.99	3.76	3.59	3.45	3.35	3.26
23	7.88	5.66	4.76	4.26	3.94	3.71	3.54	3.41	3.30	3.21
24	7.82	5.61	4.72	4.22	3.90	3.67	3.50	3.36	3.26	3.17
25	7.77	5.57	4.68	4.18	3.85	3.63	3.46	3.32	3.22	3.13
26	7.72	5.53	4.64	4.14	3.82	3.59	3.42	3.29	3.18	3.09
27	7.68	5.49	4.60	4.11	3.78	3.56	3.39	3.26	3.15	3.06
28	7.64	5.45	4.57	4.07	3.75	3.53	3.36	3.23	3.12	3.03
29	7.60	5.42	4.54	4.04	3.73	3.50	3.33	3.20	3.09	3.00
30	7.56	5.39	4.51	4.02	3.70	3.47	3.30	3.17	3.07	2.98
40	7.31	5.18	4.31	3.83	3.51	3.29	3.12	2.99	2.89	2.80
60	7.08	4.98	4.13	3.65	3.34	3.12	2.95	2.82	2.72	2.63
120	6.85	4.79	3.95	3.48	3.17	2.96	2.79	2.66	2.56	2.47
∞	6.63	4.61	3.78	3.32	3.02	2.80	2.64	2.51	2.41	2.32

附表 7 F 分配表，$F_{0.01,v_1,v_2}$ (續)

v_2	v_1 12	15	20	24	30	40	60	120	∞
1	6106.0	6157.0	6209.0	6235.0	6261.0	6287.0	6313.0	6339.0	6366.0
2	99.42	99.43	99.45	99.46	99.47	99.47	99.48	99.49	99.50
3	27.05	26.87	26.69	26.60	26.50	26.41	26.32	26.22	26.13
4	14.37	14.20	14.02	13.93	13.84	13.75	13.65	13.56	13.46
5	9.89	9.72	9.55	9.47	9.38	9.29	9.20	9.11	9.02
6	7.72	7.56	7.40	7.31	7.23	7.14	7.06	6.97	6.88
7	6.47	6.31	6.16	6.07	5.99	5.91	5.82	5.74	5.65
8	5.67	5.52	5.36	5.28	5.20	5.12	5.03	4.95	4.86
9	5.11	4.96	4.81	4.73	4.65	4.57	4.48	4.40	4.31
10	4.71	4.56	4.41	4.33	4.25	4.17	4.08	4.00	3.91
11	4.40	4.25	4.10	4.02	3.94	3.86	3.78	3.69	3.60
12	4.16	4.01	3.86	3.78	3.70	3.62	3.54	3.45	3.36
13	3.96	3.82	3.66	3.59	3.51	3.43	3.34	3.25	3.17
14	3.80	3.66	3.51	3.43	3.35	3.27	3.18	3.09	3.00
15	3.67	3.52	3.37	3.29	3.21	3.13	3.05	2.96	2.87
16	3.55	3.41	3.26	3.18	3.10	3.02	2.93	2.84	2.75
17	3.46	3.31	3.16	3.08	3.00	2.92	2.83	2.75	2.65
18	3.37	3.23	3.08	3.00	2.92	2.84	2.75	2.66	2.57
19	3.30	3.15	3.00	2.92	2.84	2.76	2.67	2.58	2.59
20	3.23	3.09	2.94	2.86	2.78	2.69	2.61	2.52	2.42
21	3.17	3.03	2.88	2.80	2.72	2.64	2.55	2.46	2.36
22	3.12	2.98	2.83	2.75	2.67	2.58	2.50	2.40	2.31
23	3.07	2.93	2.78	2.70	2.62	2.54	2.45	2.35	2.26
24	3.03	2.89	2.74	2.66	2.58	2.49	2.40	2.31	2.21
25	2.99	2.85	2.70	2.62	2.54	2.45	2.36	2.27	2.17
26	2.96	2.81	2.66	2.58	2.50	2.42	2.33	2.23	2.13
27	2.93	2.78	2.63	2.55	2.47	2.38	2.29	2.20	2.10
28	2.90	2.75	2.60	2.52	2.44	2.35	2.26	2.17	2.06
29	2.87	2.73	2.57	2.49	2.41	2.33	2.23	2.14	2.03
30	2.84	2.70	2.55	2.47	2.39	2.30	2.21	2.11	2.01
40	2.66	2.52	2.37	2.29	2.20	2.11	2.02	1.92	1.80
60	2.50	2.35	2.20	2.12	2.03	1.94	1.84	1.73	1.60
120	2.34	2.19	2.03	1.95	1.86	1.76	1.66	1.53	1.38
∞	2.18	2.04	1.88	1.79	1.70	1.59	1.47	1.32	1.00

英中索引

A

B

C

D

英中索引

E

F

G

H

I

J

K

L

M

英中索引

英中索引

英中索引

Z

國家圖書館出版品預行編目資料

品質管理：現代化觀念與實務應用 /
鄭春生編著. -- 第六版. －
新北市：全華圖書,2019.11
面 ； 公分
ISBN 978-986-503-256-2 (平裝附光碟片)
1.品質管理
494.56 108015969

品質管理－現代化觀念與實務應用(第六版)

作者 / 鄭春生
發行人 / 陳本源
執行編輯 / 廖庭涵
封面設計 / 簡邑儒
出版者 / 全華圖書股份有限公司
郵政帳號 / 0100836-1 號
印刷者 / 宏懋打字印刷股份有限公司
圖書編號 / 03212057
六版五刷 / 2023 年 09 月
定價 / 新台幣 700 元
ISBN / 978-986-503-256-2 (平裝附光碟片)
全華圖書 / www.chwa.com.tw
全華網路書店 Open Tech / www.opentech.com.tw
若您對書籍內容、排版印刷有任何問題，歡迎來信指導 book@chwa.com.tw

臺北總公司(北區營業處)
地址：23671 新北市土城區忠義路 21 號
電話：(02) 2262-5666
傳真：(02) 6637-3695、6637-3696

南區營業處
地址：80769 高雄市三民區應安街 12 號
電話：(07) 381-1377
傳真：(07) 862-5562

中區營業處
地址：40256 臺中市南區樹義一巷 26 號
電話：(04) 2261-8485
傳真：(04) 3600-9806(高中職)
(04) 3601-8600(大專)

廣　告　回　信
板橋郵局登記證
板橋廣字第540號

行銷企劃部　收

23671 新北市土城區忠義路21號
全華圖書股份有限公司

讀者回函卡

填寫日期：　/　/

姓名：＿＿＿＿ 生日：西元＿＿年＿＿月＿＿日 性別：□男 □女

電話：（ ）＿＿＿＿ 傳真：（ ）＿＿＿＿ 手機：＿＿＿＿

e-mail：（必填）＿＿＿＿

註：數字零，請用 Φ 表示，數字 1 與英文 L 請另註明並書寫端正，謝謝。

通訊處：□□□□□＿＿＿＿

學歷：□博士 □碩士 □大學 □專科 □高中・職

職業：□工程師 □教師 □學生 □軍・公 □其他

學校／公司：＿＿＿＿ 科系／部門：＿＿＿＿

・需求書類：

□ A. 電子 □ B. 電機 □ C. 計算機工程 □ D. 資訊 □ E. 機械 □ F. 汽車 □ I. 工管 □ J. 土木

□ K. 化工 □ L. 設計 □ M. 商管 □ N. 日文 □ O. 美容 □ P. 休閒 □ Q. 餐飲 □ B. 其他

・本次購買圖書為：＿＿＿＿ 書號：＿＿＿＿

・您對本書的評價：

封面設計：□非常滿意 □滿意 □尚可 □需改善，請說明＿＿＿＿

內容表達：□非常滿意 □滿意 □尚可 □需改善，請說明＿＿＿＿

版面編排：□非常滿意 □滿意 □尚可 □需改善，請說明＿＿＿＿

印刷品質：□非常滿意 □滿意 □尚可 □需改善，請說明＿＿＿＿

書籍定價：□非常滿意 □滿意 □尚可 □需改善，請說明＿＿＿＿

整體評價：請說明＿＿＿＿

・您在何處購買本書？

□書局 □網路書店 □書展 □團購 □其他＿＿＿＿

・您購買本書的原因？（可複選）

□個人需要 □幫公司採購 □親友推薦 □老師指定之課本 □其他＿＿＿＿

・您希望全華以何種方式提供出版訊息及特惠活動？

□電子報 □ DM □廣告（媒體名稱＿＿＿＿）

・您是否上過全華網路書店？（www.opentech.com.tw）

□是 □否 您的建議＿＿＿＿

・您希望全華出版那方面書籍？＿＿＿＿

・您希望全華加強那些服務？＿＿＿＿

～感謝您提供寶貴意見，全華將秉持服務的熱忱，出版更多好書，以饗讀者。

全華網路書店 http://www.opentech.com.tw　　客服信箱 service@chwa.com.tw

2011.03 修訂

親愛的讀者：

感謝您對全華圖書的支持與愛護，雖然我們很慎重的處理每一本書，但恐仍有疏漏之處，若您發現本書有任何錯誤，請填寫於勘誤表內寄回，我們將於再版時修正，您的批評與指教是我們進步的原動力，謝謝！

全華圖書　敬上

勘誤表

書號		書名	作者
頁數	行數	錯誤或不當之詞句	建議修改之詞句

我有話要說：（其它之批評與建議，如封面、編排、內容、印刷品質等・・・）